Leitfäden der Informatik

Kowalk / Burke
Rechnernetze

# Leitfäden der Informatik

Herausgegeben von

Prof. Dr. Hans-Jürgen Appelrath, Oldenburg
Prof. Dr. Volker Claus, Stuttgart
Prof. Dr. Günter Hotz, Saarbrücken
Prof. Dr. Lutz Richter, Zürich
Prof. Dr. Wolffried Stucky, Karlsruhe
Prof. Dr. Klaus Waldschmidt, Frankfurt

Die Leitfäden der Informatik behandeln

- Themen aus der Theoretischen, Praktischen und Technischen Informatik entsprechend dem aktuellen Stand der Wissenschaft in einer systematischen und fundierten Darstellung des jeweiligen Gebietes.
- Methoden und Ergebnisse der Informatik, aufgearbeitet und dargestellt aus Sicht der Anwendungen in einer für Anwender verständlichen, exakten und präzisen Form.

Die Bände der Reihe wenden sich zum einen als Grundlage und Ergänzung zu Vorlesungen der Informatik an Studierende und Lehrende in Informatik-Studiengängen an Hochschulen, zum anderen an „Praktiker", die sich einen Überblick über die Anwendungen der Informatik(-Methoden) verschaffen wollen; sie dienen aber auch in Wirtschaft, Industrie und Verwaltung tätigen Informatikern und Informatikerinnen zur Fortbildung in praxisrelevanten Fragestellungen ihres Faches.

# Rechnernetze

## Konzepte und Techniken der Datenübertragung in Rechnernetzen

Von Prof. Dr. rer. nat. Wolfgang Peter Kowalk
und Dipl.-Inform. Manfred Burke
Universität Oldenburg

B. G. Teubner Stuttgart 1994

Prof. Dr. rer. nat. Wolfgang Peter Kowalk

Geboren 1950 in Hamburg. Studium der Informatik an der Universität Hamburg, Promotion 1982 und Habilitation in Informatik 1986. Bis 1990 wiss. Mitarbeiter in einem Unternehmen der Kommunikationsindustrie. Seit 1990 Professor der Informatik an der Universität Oldenburg.

Dipl.-Inform. Manfred Burke

Geboren 1963 in Lastrup. Studium der Informatik an der Technischen Universität Braunschweig, Diplom in Informatik 1990. Seit 1990 wiss. Mitarbeiter am Fachbereich Informatik der Universität Oldenburg.

Die Deutsche Bibliothek – CIP-Einheitsaufnahme

**Kowalk, Wolfgang:**
Rechnernetze : Konzepte und Techniken der Datenübertragung in Rechnernetzen / von Wolfgang Peter Kowalk und Manfred Burke. – Stuttgart : Teubner, 1994
(Leitfäden der Informatik)
ISBN-13: 978-3-519-02141-4 e-ISBN-13: 978-3-322-84810-9
DOI: 10.1007/978-3-322-84810-9
NE: Burke, Manfred:



Gesamtherstellung: Zechnersche Buchdruckerei GmbH, Speyer
Einband: Peter Pfitz, Stuttgart

# Vorwort

Die Informationstechnik erlebt gegenwärtig einen Übergang von den zentralen Großrechnern, die in Rechenzentren aufgestellt ihre Dienstleistung einer (verhältnismäßig) kleinen Gruppe von Nutzern anbieten, hin zur Verteilung der Rechenkapazität in Form von Arbeitsplatzrechnern oder PCs, die über verschiedene Technologien miteinander Nachrichten oder Arbeitsleistung austauschen können. Die Verschiedenheit der Technologie verhindert genauso ein einheitliches Konzept wie die inhärente Offenheit der Systeme, bei denen in kürzester Zeit jedes Netz heterogen auseinanderwächst und somit die verschiedensten Rechner untereinander zu verbinden sind. Aus diesem Grunde müssen insbesondere Informatiker umfassende Grundkenntnisse von Rechnernetzen besitzen, wenn sie in ihrem zukünftigen Beruf bestehen wollen.

In diesem Buch werden wichtige Fragestellungen und Lösungsansätze aus dem Gebiet Rechnernetze behandelt. Es wendet sich an Studenten der Informatik, sowohl an Universitäten als auch an Fachhochschulen. Darüber hinaus ist es auch zum Selbststudium geeignet und zum Nachschlagen wichtiger Stichworte, da es die verschiedenen Aspekte von Rechnernetzen in einzelnen, zusammenhängenden Kapiteln beschreibt, ohne daß allzusehr auf andere Kapitel aufgebaut wird.

Bei der Themenauswahl wurde auf eine gewisse Breite Wert gelegt. Viele Bücher aus dem Gebiet der Rechnernetze beschränken sich einseitig auf die Darstellung der Standards nach dem ISO/OSI-Basisreferenzmodell oder auf die TCP/IP-Protokolle. In heutigen Systemen werden aber beide Standards, neben weiteren, eingesetzt, so daß entsprechende Grundkenntnisse aller Ansätze vorhanden sein sollten. Diese werden in diesem Buch ebenso vermittelt wie weiterführende Gebiete, die in den klassischen Standards nicht geregelt sind. Hier sind vor allem die Gebiete Netzwerkmanagement und Hochgeschwindigkeitsprotokolle zu nennen. Außerdem gehen wir ausführlicher als üblich auf Fragen der Leistungsbewertung von Rechnernetzen, Verschlüsselungstechniken sowie der formalen Spezifikationstechniken ein.

Lehrbücher stellen in der Regel den Stand der Technik so dar, wie er sich den Autoren präsentiert. Dieses Buch verfährt ebenso, führt jedoch an geeigneter Stelle auch über diesen Stand der Technik hinaus. Allerdings verzichten wir bewußt auf die Darstellung der

Anwendung von Rechnernetzen. Im Ausblick gehen wir lediglich kurz auf ODP, CORBA und ähnliche Ansätze ein; Probleme der verteilten Programmierung werden nicht betrachtet.

In diesem Buch betrachten wir neben dem klassischen Gebiet Rechnernetze teilweise auch Bereiche, die eher der Telekommunikation zuzuordnen sind. Dieses rechtfertigt sich vor allem aus dem Entwicklungsstand der Technik, da diese beiden Gebiete immer enger zusammenwachsen. Darüber hinaus spielen bei der Übermittlung von Daten heute die digitalen öffentlichen Netze, insbesondere das ISDN-Netz, eine immer bedeutendere Rolle, so daß ohne ein Grundverständnis der Verfahren und Methoden der Telekommunikation keine großflächigen Rechnernetze aufgebaut werden können.

Das Gebiet Rechnernetze und Telekommunikation umfaßt einen sehr großen Bereich von technischen (Elektrotechnik, Lichtwellenleiter), theoretischen (Theorie der Fehlersicherung, Kodierungstheorie, Warteschlangentheorie), juristischen (Datenschutz, öffentliche Datennetze) und praktischen Fragen (Erstellung von Kommunikationssoftware, Betriebsaspekte von Rechnernetzen). Dieser Breite der notwendigen Untersuchungen ist in der Regel nicht mit einem einheitlichen, geschlossenen formalen Konzept beizukommen, so daß das Thema Rechnernetze einen ingenieursmäßigen Ansatz verlangt, und daher auch von uns mit eher pragmatischen Methoden in Angriff genommen wird; dennoch scheuen wir uns nicht, wo nötig auch mathematische oder andere formale Techniken vorzustellen und anzuwenden.

Ein Manuskript des Titels Rechnernetze diente als Unterlage zu den Vorlesungen Rechnernetze I, Rechnernetze II und "Grundlagen der praktischen Informatik". Es wurde im SS 1992 an der Universität Oldenburg unter Mitarbeit von Dipl.-Inform. M. Stadler, Dipl.-Inform. M. Krippendorf und Frau M. Brandes-Bruns begonnen, denen wir an dieser Stelle unseren herzlichen Dank dafür aussprechen. Im April 1993 wurde es korrigiert und erweitert. Die Autoren danken den Koreferenten, Herrn Dipl.-Inform. M. Stadler, Herrn Dipl.-Inform. M. Krippendorf und Herrn Dipl.-Inform. K. Beckmann für die kritische Durchsicht und die konstruktiven Anregungen. Frau M. Brandes-Bruns gilt unser Dank für die sorgfältige editorische Bearbeitung.

Oldenburg, Juli 1994 W. Kowalk, M. Burke

# Inhaltsverzeichnis

# 1 Übersicht

Rechnernetze werden für sehr unterschiedliche Aufgaben eingesetzt, insbesondere zur Kommunikation zwischen Rechnern, aber auch immer mehr zur Verteilung von Information in den verschiedensten Erscheinungsformen. Diese Formen der Wissensverbreitung werden schon bald auf die meisten Menschen in der Ausbildung, im Beruf, im täglichen Leben oder in der Freizeit einen wichtigen Einfluß ausüben. Darüber hinaus werden Rechnernetze auch immer mehr zur Ablösung älterer zentraler Rechnerarchitekturen durch dezentrale verteilte Systeme verwendet.

In solchen zentralisierten Systemen gruppieren sich viele Endgeräte um teure Hardware. Dadurch wird die Rechenleistung eines Rechners vielen Prozessen gleichzeitig zur Verfügung gestellt. Mit Hilfe dieser Systeme können zwar einfach gemeinsame Daten benutzt bzw. Information zwischen verschiedenen Endgeräten ausgetauscht werden. Dennoch sind bei dieser Technik starke Leistungseinbrüche zu beobachten, so daß auch bei sehr schnellen zentralen Rechnern die Reaktionszeiten des Systems stark von der Belastung durch andere Benutzer abhängen.

Verteilte Rechensysteme stellen eine Alternative dar, weil zum einem die Kosten für Hardware mittlerweile relativ gering geworden sind und zum anderen die Rechenleistung eines Arbeitsplatzrechners heute meistens größer ist als die Rechenleistung früherer Zentralrechner. Um weiterhin gemeinsame Datenbestände nutzen und Information untereinander austauschen zu können, muß die Kommunikation dieser Geräte untereinander ermöglicht werden, was früher vorwiegend durch spezielle Lösungen, heute jedoch fast ausschließlich durch standardisierte Verfahren realisiert wird, so daß sowohl Rechner verschiedener Hersteller als auch Systeme mit unterschiedlicher Betriebssoftware miteinander kommunizieren können.

Auch hier werden Rechnernetze (*computer network)* eingesetzt, die mit standardisierten Protokollen und einheitlichen Schnittstellen, solche Aufgaben systematisch lösen können. Dieses Buch beschreibt die Techniken, die sich zur Realisierung solcher Systeme durchgesetzt haben. Dazu wird zum einen die Sichtweise des Informatikers betont, zum anderen aber auch die Grundlagen der Telekommunikation angerissen, um die heute übliche Vernetzung mehrerer Standorte zu beschreiben.

In diesem ersten Kapitel werden einige grundlegende Betrachtungen zu diesem Problemkreis vorgenommen, die einen kurzen Abriß des gesamten Gebiets geben; gewisse Details werden erst in späteren Kapiteln behandelt.

## 1.1 Informatik und Kommunikation

Die Informatik beschäftigt sich mit der systematischen algorithmischen Verarbeitung von **Information**. Unter Information wollen wir hier die **Zustände** uns interessierender realer oder abstrakter Systeme verstehen. Die Zustände solcher realen Systeme werden mittels **Symbolen** beschrieben; zu verschiedenen Zuständen des realen Systems muß es daher verschiedene Symbole geben.

**Beispiele**

**Buchhaltung**: Abbildung des Bestands von Lager, Kasse, Außenstände usw. auf Kontenrahmen. Die Information sind die Geldbeträge, gelagerte Waren usw. Die Symbole sind Zahlen, die mit entsprechenden Datensätzen korrespondieren.

**Walzstraße**: Abbildung der Maschinen und der Werkstücke, einschließlich ihrer physikalischen Eigenschaften, auf entsprechende Zahlen im Rechner. Die Information sind die Lage der Werkstücke, deren Masse, Temperatur, Abmessungen usw. Die Symbole sind wiederum Zahlen, die z.B. die Koordinaten, das Gewicht, usw. der Werkstücke angeben, sowie qualitative Merkmale wie z.B. die Materialart (Stahl, Eisen, Aluminium).

Die Informatik ist somit eine **Modellbildungstechnik**. Aufgrund praktischer Randbedingungen wie hoher Flexibilität und selbsterklärender Darstellung ist die Informatik besonders geeignet, komplexe Systeme differenziert zu modellieren.

Die symbolische Darstellung von Information wird meist als **Datum** bezeichnet (wenn sie nur gespeichert oder verarbeitet wird) oder, insbesondere wenn sie transportiert wird, auch als **Nachricht**. Differenziertere Definitionen dieser Begriffe sollen hier nicht weiter untersucht werden, da sie in grundlegenden Einführungen in die Informatik behandelt werden. Wir gehen im folgenden davon aus, daß ein reales oder abstraktes System Information in Form von Zuständen besitzt, die in einem informatischen Modell mittels Daten dargestellt werden.

Eine Nachricht oder ein Datum, d.h. eine adäquate symbolische Beschreibung der Zustände eines Systems mittels informatischer Methoden, kann **gespeichert**, **umgewandelt** (indem mit den Symbolen 'gerechnet' wird), aber auch **transportiert** werden, um die aus der Nachricht herleitbare Information an verschiedenen Orten zur Verfügung zu haben. Aus diesem Grunde beschäftigt sich die Informatik mit der **Speicherung**, der **Verarbeitung** sowie dem **Transport** von Nachrichten.

Die **Speicherung** und das Auffinden von Information (in Form von Daten) wird bei kleinen Datenmengen durch Benennung der Daten realisiert. Bei komplexeren Datenbeständen sind jedoch häufig Abhängigkeiten vorhanden, so daß die gewünschte Information nicht mehr durch die Angabe von Namen ermittelt werden kann, sondern durch die Angabe beliebiger logischer Bedingungen festgelegt werden muß. Informatische Teilgebiete, die sich mit der Aufgabe beschäftigen, aus einer gegebenen Menge von Daten eine bestimmte Information herauszusuchen, sind Datenbanken und Informationssysteme.

Die **Umwandlung** von Information (genauer deren symbolischen Darstellung, also der Daten) wird mittels Algorithmen (= Berechnungsvorschriften) durchgeführt. Spätestens seit der Entwicklung des Zahlenrechnens im Stellenwertsystem sind dem Menschen Algorithmen bekannt. Wichtig ist hier, daß während der Rechnung nur die Symbole (in denen die Information dargestellt wird) betrachtet werden; die Interpretation der Symbole (die eigentliche Information) bleibt bei der Umwandlung unberücksichtigt.

Der **Transport** von Information (in Form von Nachrichten) ist zum einen notwendig, um sämtliche Details eines weitläufigen Systems (verteiltes Unternehmen, Fließband) zusammenzuführen; zum anderen ist der Transport von Nachrichten für die Verteilung der Information an verschiedene Instanzen (Rechner, Menschen) erforderlich.

In diesem Buch beschäftigen wir uns vorwiegend mit dem **Transport von Nachrichten** und den damit zusammenhängenden Methoden und Techniken, die diese Probleme lösen.

## 1.2 Zielsetzungen der Kommunikationstechnik

Während in einer privaten Umgebung im Prinzip jeder Anwender von Informationsübertragungssystemen seine eigenen Techniken entwickeln und einsetzen könnte, gilt dieses aus verschiedenen Gründen nicht mehr in öffentlichen Umgebungen, in denen sich zwei oder mehr unabhängige Teilnehmer wechselseitig Information zusenden wollen, wobei sie Hard- und Software verschiedener Hersteller verwenden:

- In öffentlichen Systemen müssen alle Teilnehmer "die gleiche Sprache sprechen"
- Informationsübertragung außerhalb von privaten Einrichtungen unterliegen in vielen Ländern dem Postmonopol (in der BRD: Deutsche Bundespost Telekom)
- Die Entwicklung spezieller Techniken ist zu kostspielig, als daß jeder Anwender sie separat durchführen könnte
- Das Personal zum Aufbau und Betrieb lokaler Netze ist nur schwierig auszubilden
- Die sich schnell entwickelnde Technik (insbesondere Hardware, aber auch Software) erfordert eine Standardisierung für die Handhabung spezieller Geräte

Somit hatten die Anwender von Systemen zur Übertragung von Nachrichten frühzeitig ein Interesse daran, Standards zu entwickeln und möglichst alle Geräte, auch die ausschließlich in privater Umgebung betriebenen, mit gleichartigen Schnittstellen auszustatten. Dennoch gibt es gegenwärtig eine große Anzahl verschiedener Rechnernetztechnologien. Es bleibt jedoch zu hoffen, daß zukünftige Entwicklungen frühzeitig auf einen gemeinsamen Standard hinarbeiten werden. So ist z.B. abzusehen, daß der ATM-Standard sich sowohl im lokalen wie im Weitverkehrsbereich als universelles Übertragungsverfahren durchsetzen wird.

## 1.3 Geschichte der Rechnernetze

Die Entwicklung der Rechnernetze begann bald nach der Einführung der ersten Computer. Zunächst wurden in den fünfziger Jahren Luftüberwachungssysteme (SAGE=*Semi Automatic Ground Environment*) entwickelt sowie Buchungssysteme für Fluggesellschaften, Reisebüros, Hotels usw. Heute sind den meisten Menschen verschiedene Formen des *Electronic Banking* vertraut; die meisten Wertpapiere werden heute elektronisch gemakelt. Alle diese Techniken konnten nur eingeführt werden, weil der Transport von Information effizienter und damit preisgünstiger geworden ist.

Auf der anderen Seite steht das Telefonnetz, welches heute zum integralen Bestandteil des täglichen Lebens gehört. Diese Technik ist über den gesamten Erdball verteilt und kann mit Hilfe von Modems auch für digitale Datenübertragung verwendet werden. Außerdem bieten die Postverwaltungen (**PTT** =*Postes, Téléphone et Télégraphique*, auch *Postal, Telephone and Telegraph*) häufig auch die digitale Datenkommunikation an; in Deutschland gibt es dazu die DATEX-Dienste, die zum Teil auch international verwendet werden können. Mit der Einführung von **ISDN** (***Integrated Services Digital Network*** = **Digitales Netz Integrierter Dienste**) ist es jetzt möglich, Daten über das normale Telefonnetz zu übertragen, wobei sowohl die Qualität als auch die Übertragungsraten bei gesenkten Kosten deutlich gegenüber der Datenkommunikation mit Modems oder DATEX verbessert werden können.

Im Bereich der reinen Rechnernetze gibt es nationale und internationale Netze. International ist vor allem das **Internet** von Bedeutung, neben vielen anderen Netzen (z.B. BITNET, USENET, WiN). Während sich diese Netze vorwiegend im Bereich der Verwaltung und Finanzierung voneinander unterscheiden, ist die verwendete Technik häufig identisch: Die meisten öffentlichen Rechnernetze benutzen entweder das **Internetprotokoll** (häufig **TCP/IP** abgekürzt), oder ein CCITT-Protokoll (**X.25**).

Die Technik des Internets wurde im **ARPA**-Netz entwickelt und hat sich mittlerweile in weltweiten Anwendungen bewährt. Neben diesen in der Informatik entwickelten Protokollen wurde die wichtigste zweite Technik im OSI-Basisreferenzmodell festgelegt (OSI=*Open System Interconnection*); dieses wurde von der Telekommunikationsindustrie betrieben und wird vorwiegend im öffentlichen Datenbereich (DATEX-P) eingesetzt.

## 1.4 Einsatzgebiete von Rechnernetzen

Die Beweggründe für die Einführung von Rechnernetzen liegen vorwiegend im Bereich der Datenkommunikation, d.h. in der Übertragung von Nachrichten von einem Benutzer zu einem anderen. Daneben können Rechnernetze jedoch häufig auch für weitere Aufgaben eingesetzt werden, so daß sich ein zusätzlicher Nutzen ergibt; z.B. können auf anderen Rechnern Aufträge gestartet, oder Dateien gesichert werden, oder es können Netze benutzt werden, um über diese neue Software zu verteilen oder einen Terminalbetrieb durchzuführen.

Neben diesem funktionalen Nutzen bieten mehrere verteilte Rechner jedoch noch weitere Vorteile gegenüber Einzelsystemen, von denen hier einige angedeutet werden:

- höhere Verläßlichkeit
- Verfügbarkeit
- einfache Erweiterbarkeit
- zentrale Administration
- Unabhängigkeit ( leichtere Umstellung auf andere Hersteller/Generationen)
- Möglichkeit, Spezialhardware gemeinsam zu verwenden

Eine weitere wichtige Anwendung von Rechnernetzen ist der Übergang von Zentralrechnern zu verteilten Arbeitsplatzrechnern. Diese Technologie stellt gegenwärtig den größten Umbruch im Bereich der Rechnertechnologie dar, mit entsprechenden Auswirkungen auf die Hersteller von Großrechnern.

Nachdem die ersten Rechnernetze zur Verteilung elektronischer Post benutzt wurden (als 'Briefersatz') hatten sich verschiedene Dienste eingebürgert, die als öffentliche Diskussionsbretter betrachtet werden können. Im Rahmen von *News Groups* wurden Themengebiete diskutiert, Nachrichten ausgetauscht und auch Konferenzen, Literatur oder ähnliches annonciert. Eine Weiterentwicklung hierzu stellt das *World Wide Web* dar, durch welches Information nicht nur versendet werden kann, sondern sich jeder durch geeignete Verweise stets aktuelle Information anfordern kann. Hierdurch werden nicht nur Ressourcen gespart, sondern die Information wird wesentlich besser strukturiert angeboten, so daß sie einfacher zu handhaben und auszuwerten ist.

## 1.5 Klassifizierung von Rechnersystemen und -netzen

Um Rechnernetze von anderen Informatiksystemen unterscheiden zu können, müssen diese klassifiziert werden, wozu wir die folgende Einteilung verwenden. Dieses soll zum einen das Gemeinsame der Rechnernetze hervorheben, sie also von anderen Rechensystemen, wie sie in der Informatik gebräuchlich sind, abheben; zum anderen sollen jedoch auch die Unterschiede zwischen verschiedenen Rechnernetzen betont und deren typische Merkmale betrachtet werden.

Ein einzelnes Gerät mit Prozessor, Speicher und E/A-Geräten wird als **Rechner** bezeichnet. Gibt es in diesem zwar nur eine Speicherhierarchie, jedoch mehrere Prozessoren, so spricht man von einem **Mehrprozessorsystem**. (Hier sind nur Systeme gemeint, die mehr als einen frei programmierbaren Prozessor, evtl. auch mit lokalem Speicher, enthalten. Tatsächlich besitzt ein heutiger PC oder eine Workstation in der Regel mehrere Prozessoren, z.B. einen für die Tastatursteuerung, Koprozessoren für schnelle Gleitpunktrechnung, evtl. einen Graphikprozessor oder einen Prozessor für den Netzanschluß.) Ist es für die Funktionalität nicht wichtig, daß das System mehrere Prozessoren hat, so nennt man auch ein Mehrprozessorsystem einen Rechner.

Man spricht von einem **Rechnerverbund**, wenn die Rechner als ein einheitliches System erscheinen, welches an einer gemeinsamen Aufgabe arbeitet oder arbeiten kann. Wenn die Rechner lediglich beliebig Information untereinander austauschen können, ohne das ein gemeinsames Betriebsziel erkennbar ist oder spezifiziert wurde, so spricht man von einem **Rechnernetz**.

Bei Rechnernetzen steht somit die Kommunikation zwischen den Rechnern im Vordergrund. Jeder Rechner wird weiterhin als Einzelsystem aufgefaßt, das bei Bedarf anderen Information zukommen läßt oder von diesen entgegennimmt. Es sind weder gemeinsame Aufgaben zu lösen, noch muß ein Rechner darauf warten, daß ein anderer eine beliebige Teilaufgabe erledigt hat, ehe er weiterrechnen kann, wie dieses häufig bei Mehrprozessorsystemen der Fall ist. Im Prinzip könnte sich jeder Rechner beliebig lange mit sich selbst beschäftigen.

Moderne Rechensysteme arbeiten häufig nach dem Client-Server-Prinzip: Ein schneller zentraler Rechner mit großer Plattenkapazität, der ***Server***, speichert die permanenten Daten der meisten anderen Rechner. Diese (***client*** oder *diskless workstations* genannten) Rechner holen sich beim Einschalten sämtliche benötigte Information über das Netz, z.B. das lokale Betriebssystem, den eigenen Rechnernamen, insbesondere Netzadressen, Nutzer-Berechtigungen usw. und können dann wie ein normaler Rechner betrieben werden – außer daß sie keine Speicherhierarchie (d.h. Platte, Bänder usw.) vor Ort haben. Somit ist bei solchen Systemen jeder Rechner von einem anderen, dem Server, abhängig, und daher stimmt die obige Definition eines Rechnernetzes nicht für solche Systeme. Es handelt sich aber auch nicht um einen Rechnerverbund, da die einzelnen Rechner nicht an einer gemeinsamen Aufgabe arbeiten müssen. Dennoch werden solche Systeme unter der Klassifikation Rechnernetz behandelt, da ihre wesentlichen Merkmale denen von Rechnernetzen entsprechen.

Darüber hinaus können Rechnernetze nach ihrer Ausdehnung klassifiziert werden. Ist der maximale Abstand von Rechnern eines Netzes nicht größer als wenige hundert Meter, so spricht man von einem **lokalen Rechnernetz** (**LAN**=*local area network*). Ist die

Entfernung der Rechner voneinander sehr groß, z.B. wenn sie auf verschiedenen Kontinenten stehen, so nennt man das Netz ein Weitverkehrsnetz (**WAN**=*wide area network*). Beschränkt sich der Abstand auf eine Region, z.B. eine Stadt, so wird dieses auch als **MAN** (*metropolitan area network*) bezeichnet.

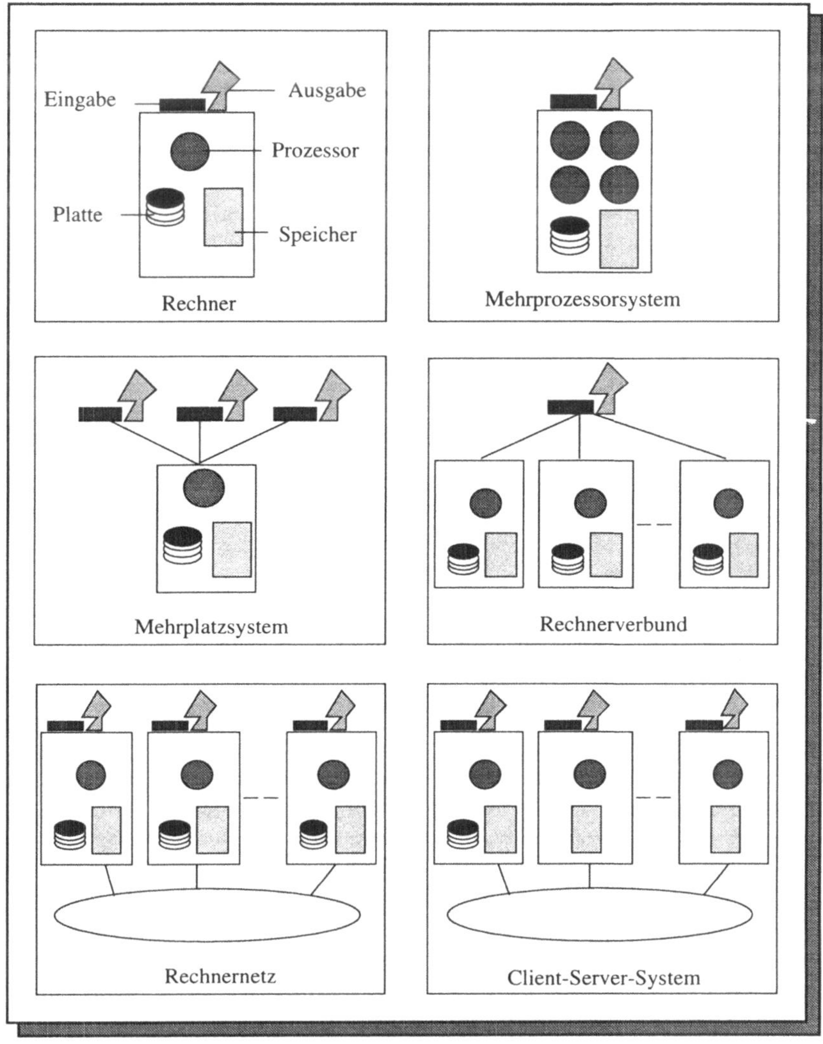


Klassifizierung

Neben der räumlichen Entfernung muß auch die eingesetzte Übertragungstechnik bei der Einteilung von Rechnernetzen berücksichtigt werden. So können die verbreiteten

Ethernet- oder Tokenring-Techniken nur wenige hundert Meter überbrücken, sind also für LANs kennzeichnend. Die neue **Lichtwellenleitertechnik** (Glasfaser, *fibre optics*) kann mehrere Kilometer überbrücken, ist also für MANs typisch; hier wird zur Zeit meist ein modifiziertes Tokenringprotokoll eingesetzt (FDDI), welches speziell auf die hohen Geschwindigkeiten, die mit Lichtwellenleitern erreicht werden können, abgestimmt ist. Für größere Entfernungen benötigt man in jedem Falle öffentliche Datenwege, so daß spezielle Paketübertragungstechniken wie X.25 meist in WANs eingesetzt werden.

Die wichtigste Standardisierungsorganisation ist die **ISO** (*International Organisation of Standardisation*), die praktisch sämtliche technischen Standards herausgibt. Sie hat für die Kommunikation das **OSI-Basisreferenzmodell** (OSI=*Open System Interconnection*) entwickelt, welches für die Kommunikation in offenen Netzen bestimmte Protokolle vorschlägt. Diese wurden teilweise von dem wichtigsten Standardisierungsgremium im Telekommunikationsbereich, der **CCITT** (*Comité Consultatif Internationale de Télégraphique et Téléphonique*) übernommen. Zwar kennt das ISO/OSI-Basisreferenzmodell verschiedene Vorschläge, die teilweise z.B. von nationalen Postverwaltungen noch "variiert" werden können, so daß von einer einheitlichen Norm keine Rede sein kann; aber innerhalb gewisser Grenzen hilft dieses Modell die Kommunikation zu vereinfachen. Netze, in denen dieses Protokoll verwendet wird (insbesondere die unteren drei Schichten, die als X.25 bezeichnet werden), werden häufig als **OSI-Netze** bezeichnet.

Ein anderes wichtiges Protokoll wurde in den sechziger und siebziger Jahren im Rahmen der Forschungen am ARPA-Net in den USA entwickelt, und wird heute meist als **TCP/IP** bezeichnet. IP steht für *Internet Protocol*, so daß diese Netze häufig **IP-Netze** genannt werden. Diese können, wie das OSI-Protokoll, sowohl für lokale Netzwerke als auch für weltweite Netze benutzt werden.

## 1.6 Architektur von Kommunikationssystemen

Komplexe Systeme erfordern eine geeignete Strukturierung, da gegenwärtige Kommunikationssysteme nicht mehr von einer Person alleine realisiert werden können. Außerdem erfordern moderne softwaretechnische Methoden, wie sie heute empfohlen werden, eine strikte Modularisierung der Software. Eine solche Softwarestruktur wird auch als **Softwarearchitektur** bezeichnet. Für Kommunikationssysteme wurde 1978 von der internationalen Standardisierungsorganisation (ISO) eine Softwarearchitektur entworfen (OSI=***Open System Interconnection***), die heute breite Beachtung findet und als Entwurfsrichtlinie für die meisten Kommunikationssysteme verwendet wird.

Ein Kommunikationssystem wird in **Schichten** (*layer*) aufgeteilt. Jeder Schicht wird eine Menge von Funktionen zugeordnet, wobei die 'höheren' Schichten sämtliche Funktionen aller 'unteren' Schichten zur Verfügung haben, selbst jedoch weitere Funktionen implementieren, die sie den jeweils höheren Schichten zusätzlich zur Verfügung stellen. Somit erscheint auf der obersten Schicht, auf welche die Anwendungsprozesse zugreifen können, eine komplexe Funktionalität.

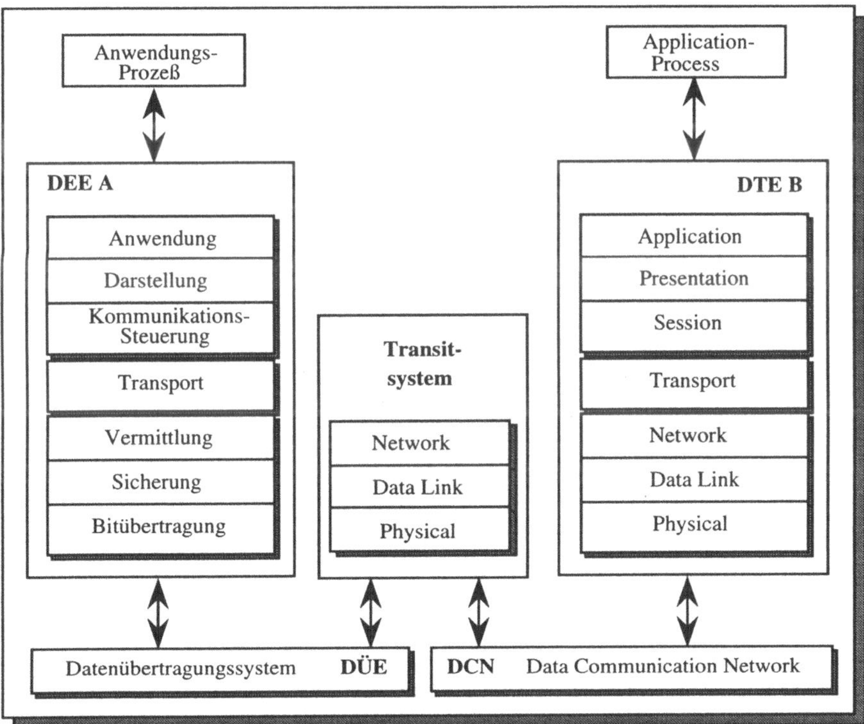


OSI–Basisreferenzmodell: Schichtenarchitektur

Tatsächlich ist diese Komplexität nicht erwünscht. Der Anwender (meist ein Prozeß auf dem lokalen Rechner) möchte möglichst wenig Funktionen haben, die ihm in ihrer Summe einen gewünschten Dienst zur Verfügung stellen. Daher faßt die oberste Schicht, die **Anwendungsschicht** (*application layer*) genannt wird, sämtliche Funktionen der unteren Schichten zusammen, und bietet dem Teilnehmer einige wenige Dienste an, die er über einfache **Dienstprimitive** (*service primitive*) benutzen kann (das Primitiv, vom lat. *primitivum*).

**Beispiel**

Der Anwender möchte eine Datei übertragen. Er hat die folgenden Dienstprimitive zu benutzen:

1. Veranlasse Aufbau einer Verbindung zum gewünschten Ziel:

2. Falls Verbindungsaufbau erfolgreich: Spezifiziere zu übertragende Datei und führe Übertragung durch.
3. Falls Übertragung erfolgreich oder unmöglich: Baue Verbindung wieder ab.

Zur ersten Grobstrukturierung der OSI-Architektur wird das System in zwei Teile untergliedert, die Übertragungs- und Anwendungsprotokolle genannt werden.

| | |
|---|---|
| **Anwendungsprotokolle** | *Application Protocols* |
| **Übertragungsprotokolle** | *Presentation Protocols* |

Die Anwendungsprotokolle werden in die Schichten:

| | |
|---|---|
| **Anwendungsschicht** | *Application Layer* |
| **Darstellungsschicht** | *Presentation Layer* |
| **Kommunikationssteuerungsschicht** | *Session Layer* |

eingeteilt.

Die **Darstellungsschicht** (***presentation layer***) hat die Aufgabe, die Kodierung der Information derart durchzuführen, daß sie im Netz einheitlich vorliegt. Die Idee hinter diesem Ansatz ist es, daß sämtliche Information (d.h. Bedeutung der Nachricht) von allen Rechnern nur auf genau eine Weise ins Netz geschickt, bzw. vom Netz an die Rechner abgegeben wird. Dadurch kann jeder Rechner mit jedem anderen Rechner kommunizieren, ohne daß sich der einzelne Anwender mit Fragen der Kodierung beschäftigen muß. Die Darstellungsmethode kann zwischen den Kommunikationspartnern ausgehandelt werden. Zur Zeit gibt es nur eine offizielle Norm für die Darstellung der Information im Netz: **ASN.1** (*Abstract Syntax Notation Number One*). In ASN.1 wird die **abstrakte Transfersyntax** der Daten beschrieben, d.h. der Wertebereich und die Bedeutung von Daten; die **konkrete Transfersyntax**, d.h. die Kodierung der Daten in transportierbare Bytes, wird durch die **BER** (*basic encoding rules*) festgelegt. Allerdings wird ASN.1 nur bei wenigen Anwendungen eingesetzt, da heute vorwiegend noch proprietäre (herstellerspezifisch) Protokolle verwendet werden.

**Beispiel**

Die meisten Rechner verwenden heute die Zeichenkodierung nach dem internationalen Alphabet Nr. 5 (ASCII), andere benutzen das EBCDIC-Alphabet von IBM. Trotzdem können solche Rechner miteinander kommunizieren, wenn sie die in der Darstellungsschicht angebotenen Funktionen verwenden und ihre Information mittels ASN.1 beschreiben bzw. mit BER kodieren.

Weitere Unterschiede der Darstellung in verschiedenen Rechnern findet man bei Zahlen (Einer- oder Zweierkomplement; Reihenfolge der Bytes) oder Zeichenketten (gepackt oder ungepackt; recordweise oder zeilenweise, usw.)

Die **Kommunikationssteuerungsschicht** (***session layer***) hat die Aufgabe, die geregelte Kommunikation zwischen zwei Teilnehmern sicherzustellen, d.h. festzulegen, wann Teilnehmer A oder wann Teilnehmer B senden darf. Außerdem können **Kontrollpunkte** (Synchronisationspunkte) gesetzt werden, so daß (während einer längeren Kommunikation) bei einem Fehler des Netzes die Kommunikation wieder geordnet aufgenommen werden kann. Es wird sogar ermöglicht, die Kommunikation an einem beliebigen Punkt für eine beliebige Zeit zu unterbrechen und später wieder fortzusetzen.

Die Funktionalitäten der unteren vier Schichten der OSI-Architektur werden als **Übertragungsprotokolle** bezeichnet.

| | |
|---|---|
| **Transportschicht** | *Transport Layer* |
| **Vermittlungsschicht** | *Network Layer* |
| **Datensicherungsschicht** | *Data Link Layer* |
| **Bitübertragungsschicht** | *Physical Layer* |

Die **Transportschicht** (***transport layer***) hat die Aufgabe, den höheren Schichten eine einheitliche Schnittstelle zum Netz zur Verfügung zu stellen. Sie baut Ende-zu-Ende-Verbindungen auf und ab und kann mehrere virtuelle Verbindungen gleichzeitig unterhalten (*multiplexen*). Sie stellt somit das Bindeglied zwischen den Anwendungs- und den Übertragungsschichten dar und wird von uns auch entsprechend behandelt.

Die **Vermittlungsschicht** (***network layer***) bestimmt einen Weg durch ein Netz von Vermittlungsstationen zu einem gewünschten Ziel; während der Datenübertragung zerlegt sie die Datenpakete (*packet*) in Blöcke (*block*), die die Sicherungsschicht übertragen kann; und sie führt die Adreßumsetzung zur Identifikation der Datenpakete durch.

Die **Datensicherungsschicht** (***data link layer***) garantiert den zuverlässigen Transport von Information zwischen zwei benachbarten (d.h. durch die gleiche Leitung (*link*) verbundenen) Rechnern. Hier wird die Information in **Rahmen** (*frame*) eingepackt und mit zusätzlicher Kontrollinformation zu einem benachbarten Rechner geschickt; in der Regel wird durch ein geeignetes Protokoll die sichere, fehlerfreie Übertragung solcher Rahmen garantiert

Die **Bitübertragungsschicht** (***physical layer***) ist für die Übertragung einzelner Bits zwischen zwei Rechnern am gleichen *Link* verantwortlich. Zu diesem Zweck werden im ISO/OSI-Basisreferenzmodell, Spannungswerte, Steckergrößen, Kabeleigenschaften usw. festgelegt.

Das folgende Bild stellt die unteren vier Schichten des ISO/OSI-Basisreferenzmodells dar. Die unteren drei Schichten werden in der Empfehlung X.25 der CCITT festgelegt. Während die oberen Schnittstellen offenbar systematisch aufgebaute Namen verwenden, sind die Namen der PDUs an den unteren Schnittstellen ganz anders gewählt, da hier das bereits vor dem ISO/OSI-Basisreferenzmodell eingeführte HDLC-Protokoll verwendet wird.

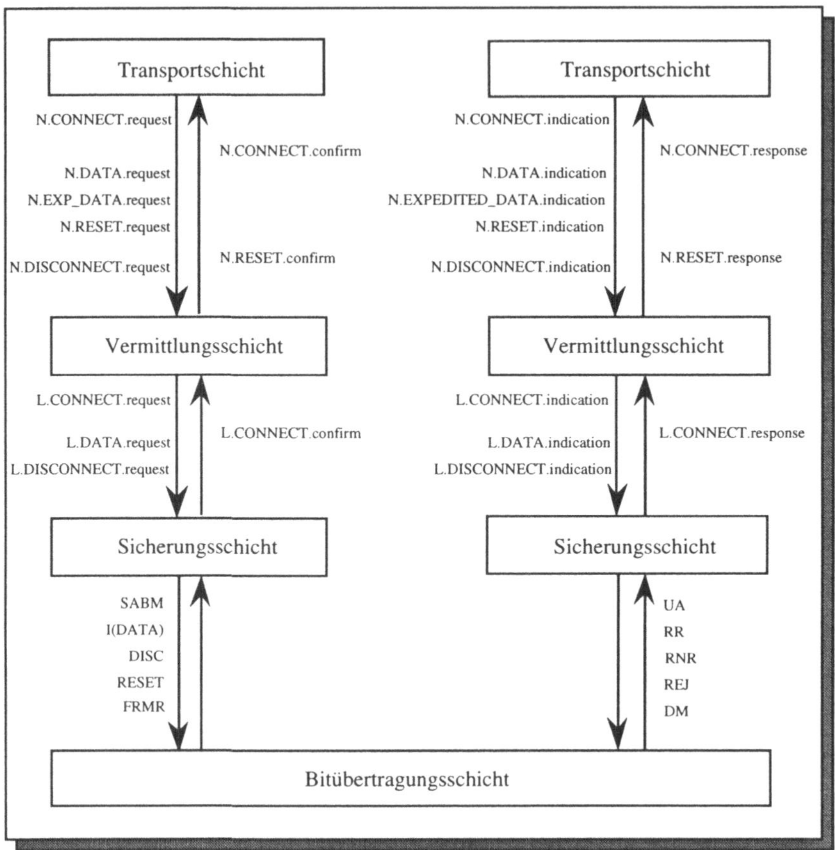


X.25–Protokoll, Schichten und PDUs

**Beispiel**

Zur Veranschaulichung stellen wir uns vor, daß ein Datensatz mit dem Datum "X" übertragen werden soll. Der Anwendungsprozeß übergibt diesen Datensatz der Anwendungsschicht. Diese ordnet ihn der richtigen Verbindung zu und kodiert ihn mittels der Funktionen der Darstellungsschicht in BER; man erhält das Datum: "X". Dann bittet die Kommunikationssteuerungsschicht die Gegenseite, senden zu dürfen, was diese durch Übermittlung einer Sendeberechtigungsmarke gestattet. Sodann wird die entsprechende Funktion der Transportschicht aufgerufen, die vor "X" eine netzweit gültige Adresse "A" stellt und dieses Produkt "A:X" an die Vermittlungsschicht weiterreicht. Diese sucht den passenden benachbarten Rechner mit der Adresse "B" heraus und übergibt das Produkt: "B:A:X" an die Datensicherungsschicht. Diese ersieht aus "B", auf welche Ausgangsleitung dieses Paket zu schicken ist, und übergibt es der zugehörigen Datensicherungsschicht. Diese sendet das Paket bitweise an den Rechner mit der Adresse "B" unter Zuhilfenahme der Funktionen der Bitübertragungsschicht. Der Rechner B reicht das Paket an einen anderen Rechner in Richtung auf das Ziel weiter. Irgendwann trifft das Paket am Rechner "A" ein; dieser vollführt die umgekehrte Prozedur und liefert das Datum "X" dem jeweiligen Anwendungsprozeß ab.

(Wir haben in diesem vereinfachten Beispiel die Datensicherung und andere Funktionen nicht betrachtet. Diese werden weiter unten genauer behandelt.)

Man sieht an diesem Beispiel, daß sich die Kommunikation mit dieser Architektur relativ gut strukturieren läßt. Allerdings wird dieses Schema in den meisten Anwendungen nicht vollständig eingehalten, da es häufig unnötig kompliziert ist (z.B. in lokalen Netzen, siehe nächsten Abschnitt), oder weil es andere, ältere Protokolle gibt, die sich in der Praxis bereits bewährt haben. Dennoch eignet sich dieses Modell insbesondere zur Darstellung der Problematik der Kommunikationstechnik, weshalb es häufig in der Literatur verwendet wird. Es wird aufgrund politischen Drucks mittlerweile auch in vielen öffentlichen Netzen (z.B. Regierungsnetzen in den USA) eingesetzt.

## 1.7 Routing und Flußkontrolle

Die Aufgabe der Routing-Verfahren, auch **Leitwegbestimmung** genannt, ist die Auswahl eines geeigneten Weges für Pakete, die zwischen zwei Rechnern ausgetauscht werden. Diese Verfahren sind im ISO/OSI-Basisreferenzmodell in der Vermittlungsschicht, also in der dritten Schicht, angesiedelt. Routing–Verfahren sind wichtig, da mit ständig wachsendem Kommunikationsaufkommen zwischen Rechnern in verschiedenen Teilnetzen eine möglichst gute Wegewahl die Belastung für die beteiligten Netze erheblich reduzieren kann. Als Teilziele der Leitwegbestimmung sind insbesondere die gleichmäßige Auslastung der Leitungen, möglichst kurze Wartezeiten in den Knoten auf dem Weg zum Zielrechner und eine geringe Anzahl von Knoten, die auf dem Weg zu durchqueren sind, zu nennen. Darüber hinaus wird die Qualität eines Routing–Verfahrens auch durch eine geringe Störanfälligkeit (**Robustheit**) sowie durch die Fähigkeit bestimmt, bei einem Ausfall einer Leitung alternative Wege zu wählen.

Routing-Verfahren werden in adaptive und nicht adaptive unterteilt. **Adaptive Routing-Verfahren** sind in der Lage, bei Bedarf (z.B. Ausfall eines Knotens, Veränderung der Belastungsverhältnisse von Leitungen) den Weg, auf dem die Daten zwischen zwei Rechner ausgetauscht werden, zu ändern. Es gibt drei verschiedene Arten adaptiver Algorithmen, die danach unterschieden werden, wie bzw. woher sie die Information zur Bestimmung der 'optimalen' Leitwege zwischen zwei Rechnern erhalten.

Die **globalen Algorithmen** erhalten ihre Entscheidungskriterien für die Wegewahl aus den verschiedenen Teilnetzen. Die lokalen (auch isolierten) Algorithmen laufen vollständig getrennt auf den einzelnen Zwischenknoten (IMP) im Netz und treffen die Entscheidungen für die Wegewahl nur aufgrund lokaler Information (z.B. Länge der Warteschlangen). Die dritte Gruppe der Algorithmen zur Wegewahl verwendet eine Kombination aus globaler und lokaler Information zur Entscheidung für die Wegewahl. Hier wird die benötigte Information in regelmäßigen Abständen zwischen allen benachbarten IMPs im Netz ausgetauscht. Aus dieser lokalen Information kann nach mehreren Übertragungen eine globale Information zur Bestimmung der Leitwege ermittelt werden.

Bei den **nicht adaptiven Verfahren** wird die Entscheidung über die zu verwendenden Wege aufgrund von Messungen und Schätzungen des zu erwartenden Datenverkehrs getroffen. Als Eingabewerte für diese Schätzungen dienen insbesondere die Topologie des Netzes, die aktuell gemessenen Leitungsbelastungsverhältnisse, die erwartete mittlere Belastung, die Übertragungsgeschwindigkeit der Leitungen und die Länge der Warteschlangen. Der Nachteil dieser Verfahren ist jedoch darin zu sehen, daß bei einer Änderung im Netz (Ausfall eines Knotens, Überlastung einer Leitung) die erforderlichen Änderungen nicht während des laufenden Betriebs durchgeführt werden können, sondern eine Unterbrechung des Netzbetriebs stattfinden muß, um die Steuerparameter den veränderten Verhältnissen anzupassen.

Während die adaptiven Verfahren sich geänderten Situationen flexibel anpassen können, sind die nicht adaptiven Verfahren in der Regel stabiler und belasten nicht zusätzlich das Netz mit Kontrollinformation. Je nach Anwendungsumgebung sollte daher den besseren Verfahren der Vorzug gegeben werden. In vielen Netzen wird heute eine Mischstrategie verfolgt: Die potentiell adaptiven Verfahren werden 'möglichst lange' unverändert belassen, und erst wenn die Situation es unbedingt erfordert, werden Änderungen bei der Wegewahl durchgeführt.

Eng mit der Wegewahl ist das Problem der Flußkontrolle, welches bei den Datenaustausch zwischen Rechnern mit unterschiedlicher Leistungfähigkeit entsteht, verbunden. Besitzt beispielsweise der Sender einer Nachricht (**Quelle**, *source*) die Fähigkeit, Daten ständig schneller auf das Netz zu übertragen als sie vom Empfänger (**Senke**, *drain*) angenommen werden können, so kann es unter bestimmten Bedingungen zu einer Überflutung der Senke kommen. Zur Vermeidung dieser Situationen, in welcher der Empfänger nicht mehr in der Lage ist, die ankommenden Pakete zu verarbeiten, müssen Maßnahmen zur **Flußkontrolle** getroffen werden. Das Ziel der Flußkontrolle ist die Regulierung der Kommunikationsgeschwindigkeit bzw. –ablaufs zwischen unterschiedlich leistungsfähigen Teilnehmersystemen eines Netzwerks durch eine Geschwindigkeitsanpassung.

Voraussetzung für den Einsatz einer Flußsteuerung ist allerdings die Existenz eines **Rückkanals**, über den der Empfänger dem Sender mitteilen kann, daß keine weiteren Pufferkapazitäten zur Annahme von Daten zur Verfügung stehen. Während in leitungsvermittelnden Netzen in der Regel keine Geschwindigkeitsanpassung vorgesehen wird, da Sender und Empfänger gleich schnell arbeiten müssen, kann die Flußkontrolle bei speichervermittelnden Netzen als unverzichtbarer Bestandteil der Teilnehmerschnittstelle angesehen werden. Die eigentlichen Mechanismen zur Flußkontrolle sind alle sehr ähnlich. Die Grundlage hierfür bildet ein exakt definiertes Regelwerk (Protokoll) welches festlegt, wann ein Sender Daten (Pakete) abschicken darf.

## 1.8 Leistungsbewertung

Rechnernetze sind technische Systeme und als solche ist ihr Leistungsverhalten zu bewerten. Neben den Kosten steht die quantitative Leistungsfähigkeit im Vordergrund, z.B. die Nettoübertragungsrate, die Fehlerwahrscheinlichkeit, Verfügbarkeit usw. Weitere Kriterien, die nicht ohne weiteres quantifizierbar sind, sind Sicherheit, Bedienerfreundlichkeit, Ergonomie usw. Die **Leistungsbewertung** (*performance evaluation*) beschäftigt sich vorwiegend mit quantitativen Bewertungsmaßen. Beispiele hierfür sind:

| | |
|---|---|
| $\varepsilon = \frac{\text{geleistete nützliche Arbeitszeit}}{\text{Zeit}}$ | **(effektive) Auslastung** |
| $\rho = \frac{\text{geforderte Arbeitszeit}}{\text{Zeit}}$ | **(geforderte) Auslastung** |
| $\nu = \frac{\text{geleistete nützliche Arbeit}}{\text{maximal mögliche Arbeit}}$ | **Ausnutzung** |
| $\lambda = \frac{\text{eintreffende Aufträge}}{\text{Zeit}}$ | **Zugangsrate** |
| $\mu = \frac{\text{fertige Aufträge}}{\text{Zeit}}$ | **Durchsatz** |
| $\kappa = \frac{\text{maximale Auftragszahl}}{\text{Zeit}}$ | **Kapazität** |
| $s = T_{Ende}(\text{Bedienung}) - T_{Beginn}(\text{Bedienung})$ | **Bedienzeit** |
| $S = \frac{\text{geleistete nützliche Arbeit}}{\text{fertige Aufträge}}$ | **mittlere Bedienzeit** |
| $w = T_{Austritt}(\text{Warteschlange}) - T_{Eintritt}(\text{Warteschlange})$ | **Wartezeit** |
| $v = T_{Austritt}(\text{System}) - T_{Eintritt}(\text{System})$ | **Verweilzeit** |
| $t_a = T_{Eintreffen}(\text{Antwort}) - T_{Absendung}(\text{Anfrage})$ | **Antwortzeit** |
| $p = \frac{\text{Anzahl falscher Pakete}}{\text{Anzahl übermittelter Pakete}}$ | **Fehlerwahrscheinlichkeit** |

Dazu werden Leistungskenngrößen eingeführt, wie **Durchsatz**, **Antwortzeit**, **Fehlerwahrscheinlichkeit** usw., und zwischen diesen Beziehungen gesucht.

Daneben können Systeme mittels Computerprogrammen modelliert werden. Wird das zeitliche Verhalten des modellierten Systems gleichfalls nachgebildet, so nennt man dieses auch **zeitgetreue Simulation**. Simulationsmodelle können reale Systeme sehr viel differenzierter nachbilden als mathematische Modelle, jedoch ist ihr Laufzeitverhalten ungünstiger; außerdem können nur schwer allgemeine Beziehungen zwischen Kenngrößen erkannt werden.

Wenn komplexe verteilte Systeme wie Rechnernetze untersucht werden, so sind diese ständig zu kontrollieren. Die Beobachtung eines Rechensystems wird meist als ***Monitoring*** bezeichnet. Wird eine künstliche Last auf das System gegeben, so spricht man auch von **Messung** (*measuring*). Vor allem zur Überwachung des laufenden Betriebs eines Systems muß dieses ständig beobachtet werden und die Ergebnisse an eine zentrale Instanz, den Netzwerkmanager (*Network Manager*) gemeldet werden. Für die Auswertung dieser Beobachtung sind intelligente automatische Verfahren zur Verfügung zu stellen. Somit greifen die Teilgebiete Leistungsbewertung und Netzwerkmanagement stark ineinander.

## 1.9 Internationale Datennetze

Es gibt weltweit zur Zeit eine große Anzahl lokaler Netze. Allein an SNA-Netzen (*system network architecture*) soll es mehr als 20.000 geben. Der Nutzen dieser Netze wird sicherlich vergrößert, wenn diese untereinander verbunden sind, so daß die einzelnen Rechner miteinander kommunizieren können. Dadurch können Daten und Nachrichten nicht nur zwischen einzelnen Abteilungen, sondern auch zwischen Institutionen, Interessengruppen oder Länder ausgetauscht werden. Wir nennen die Verbindung einzelner Netze auch **Netzverbunde** (*internets*), von denen es heute eine unüberschaubare Anzahl gibt. Einzelne Netzverbunde können auch wieder mit anderen zusammengekoppelt sein, so daß eine mehrstufige Hierarchie entsteht.

Um derartige Netzverbunde realisieren zu können, müssen zum einen die Netze bekannt sein, und zum anderen müssen Methoden entwickelt werden, mit denen diese Netze untereinander Daten austauschen können. Netze unterscheiden sich hinsichtlich ihrer Technologie und ihrer Organisation. Eine Übersicht über die meisten bekannten Netze, deren Technologie und Geschichte findet man in [Frey/Adams90]. Das Buch [Quarterman90] gibt zusätzlich einen Einblick in die Technik, die in internationalen Netzwerken verwendet wird.

Sind derartige Verbundnetze technisch realisiert, so müssen verschiedene Dienste zur Verfügung stehen, damit die Benutzer die Netze verwenden können. Es gibt drei wichtige Dienstklassen:

- **Postdienste** (*mail service, electronic mail*)
  MHS (message handling system)

- **Dateiübertragungsdienste**
  FTP (file transfer protocol)
  FTAM (file transfer access and management)
- **Remote Login**

Weitere standardisierte Dienste erlauben den Teilnehmern, Aufträge auf anderen Rechnern zu starten (**RPC**=*remote procedure call*), Dateien vor Änderungen zu schützen (*remote file locking*), Fenster zu verwalten (*window management*) usw. Neuere Dienste gestatten es, von der eigenen Tastatur aus alle Funktionen eines anderen Rechners über das Netz zu steuern, also auch die Maus zu bewegen. Solche Dienste werden z.B. für das kooperative Arbeiten verwendet.

Welche dieser Dienste in Zukunft eine breitere Anwendung finden werden, muß sich noch zeigen. Während das *World Wide Web* als globaler Informationsdienst bereits Realität ist, sind sowohl technologisch als auch politisch weitere Initiativen (*Information Highway*) zu erwarten, die das Kommunikationsverhalten der Menschheit in kurzer Zeit ändern werden.

Wichtig ist in jedem Falle die Einhaltung von Sicherheitsschranken, um die einzelnen Systeme vor unbefugten Zugriffen zu bewahren; darüber hinaus ist die Nutzerfreundlichkeit häufig ein ernstes Hindernis für die Anwendung solcher Dienste.

## 1.10 Netzwerkmanagement

Rechnernetze sind komplexe, verteilte Systeme, die aufgrund von fehlerhafter Hard- oder Software, aber auch durch nicht beeinflußbare Einwirkungen wie Strahlung, Benutzer oder Zerstörung von Leitungen ständig zu überwachen und zu steuern sind. Die Überwachung und Steuerung, aber auch andere Aspekte wie Rekonfiguration, Wartung oder Neuinstallation, werden unter dem Begriff **Netzwerkmanagement** (*network management*) zusammengefaßt.

Es gibt auf verschiedenen Ebenen Hilfsmittel, Netze zu überwachen. Die meisten Systeme kennen einfache Anfragen, mit denen z.B. andere Rechner, Gateways oder Leitungen kontrolliert werden können. In TCP/IP werden diese in dem **ICMP**-Protokoll (*internet control message protocol*) zusammengefaßt; die dort spezifizierten Datagramme können z.B. Echo-Pakete auslösen, Durchlaufzeiten messen, die Uhren verschiedener Rechner synchronisieren usw.

Auf einer höheren Ebene werden neben solchen Basisfunktionen jedoch auch komplexere Überwachungen standardisiert. Dabei sind zwei Problemgruppen zu behandeln. Zum einen ist der Zustand des Netzes systematisch abzufragen. Die dafür notwendigen Strukturen von Datenbanken (**MIB**=***Management Information Base***) und Abfrageprotokollen werden z.B. für das IP-Protokoll in dem **SNMP** (*simple network management protocol*) festgelegt.

Die zweite Problemgruppe untersucht die Funktionen, die ein Netzwerkmanagementsystem zur Verfügung zu stellen hat. Hier werden von der ISO einige Funktionen festgelegt, die im wesentlichen fünf Gruppen zugeordnet werden können:

- Sicherheit und Schutz
- Leistungsabrechnung
- Leistungsbewertung
- Störungsbehandlung
- Konfigurationsüberwachung

Allerdings sind die einzelnen Funktionen noch nicht vollständig spezifiziert. Es ist darüber hinaus stets zu berücksichtigen, daß die Netzverwaltung selbst das Netz u.U. stark belasten kann, so daß hier ein Kompromiß zwischen vollständiger Überwachung und möglichst geringer Beeinflussung des Netzes zu finden ist. Die Forschungen und Entwicklungen in diesem Gebiet stehen jedoch erst ganz am Anfang.

# 2 Grundlegende Begriffe

In diesem Kapitel werden einige grundlegende Begriffe aus dem Gebiet Rechnernetze eingeführt. Diese sollen den Leser insbesondere in die Lage versetzen, das Fachgebiet Rechnernetze zu verstehen, sich darin zu artikulieren und die einzelnen Teile gegeneinander und gegen andere Gebiete der Informatik abzugrenzen. Darüber hinaus werden die Kriterien, nach denen solche Netze unterschieden werden können (bzw. üblicherweise werden), etwas genauer betrachtet.

## 2.1 Entfernung

Da sich Rechnernetze von zentralen Rechnern gerade dadurch unterscheiden, daß sich die Komponenten eines Rechnernetzes nicht an einem Ort befinden müssen, ist der räumliche Abstand der einzelnen Komponenten eines Rechnernetzes sicherlich ein wichtiges Unterscheidungsmerkmal.

Man könnte den Abstand $d_{ij}$ aller Rechner i, j untereinander (jeder mit jedem) zur Beschreibung der Entfernung von Rechnern heranziehen. Dieses ergibt jedoch eine große Menge von Zahlen, die nur schwierig zu handhaben ist. Man führt daher eine Metrik ein, welche die Größte all dieser Zahlen bestimmt; um Ausreißer nicht überzubetonen, wird häufig nur ein bestimmter Anteil der Rechner, die in einer typischen Entfernung zueinander stehen, berücksichtigt.

Als Kriterium der Entfernung kann somit der maximale räumliche Abstand verwendet werden: Entfernung = 100 m, = 20.000 km usw. Jedoch hat es sich eingebürgert, diese Klassifizierung noch gröber durchzuführen, indem man nur drei Klassen von Rechnernetzen betrachtet:

| | |
|---|---|
| Entfernung ≤ 1.000 m: | **LAN** (*local area networks*, lokale Netze) |
| Entfernung ≤ 10.000 m: | **MAN** (*metropolitan area networks*, Orts-Netze) |
| Entfernung > 10.000 m: | **WAN** (*wide area networks*, weltweite Netze) |

Die Entfernungsangaben sind dabei eher als Richtlinien zu verstehen; insbesondere wird die Zuordnung LAN, MAN, WAN auch häufig von der verwendeten Übertragungstechnologie abhängig gemacht.

## 2.2 Anwendungen

Die verschiedenen Anwendungsbereiche eines Rechnernetzes können als weitere Unterscheidungsmerkmale verwendet werden. Hier sind allerdings in der Regel keine eindeutigen Kriterien für ein bestehendes Netz zu finden; die Anwendung solcher Netze können sich im Laufe ihrer Entwicklung ändern, z.B. vom Datenverbund hin zum Kommunikationsverbund (s.u.). Die genannten Merkmale können also auf das gleiche Netz zu verschiedenen Zeiten verschieden stark zutreffen.

### 2.2.1 Lastverbund

**Ziel**: Gleichmäßige Auslastung verschiedener Ressourcen;

**Methode:** Aufteilung stoßweise anfallender Lasten auf verschiedene Rechner

Wenn eine große Anzahl von Rechnern zur Verfügung steht, so sollte jeder dieser Rechner möglichst lange arbeiten, um die Auslastung der Ressourcen zu optimieren; dieses ist ein allgemeines Ziel jeder technischen Anlage. Rechnernetze vereinfachen zumindest die Verteilung der Aufgaben auf die verschiedenen Rechner. Dazu ist es aber erforderlich, daß jede der Aufgaben auf jedem der Rechner (oder zumindest auf mehr als einem Rechner) ausgeführt werden kann.

Ist diese Voraussetzung gegeben, so kann man einen **Betriebsmittel-Pool** einrichten. Soll eine Aufgabe erledigt werden, so wird zunächst angefragt, welcher Rechner dafür zur Verfügung steht; einem dieser Rechner wird diese Aufgabe dann übertragen. Die Verteilung der Aufgaben kann entweder automatisch von einem zentralen **Lastmanager** erledigt werden, oder sie kann von jedem Benutzer selbst durchgeführt werden.

Mit einem Lastverbund erreicht man insbesondere eine Verringerung der **Leerlaufzeiten** von Rechnern. Im Lastverbund können aber auch Speicher, Drucker u.a. betrieben werden.

### 2.2.2 Leistungsverbund

**Ziel**: Verringerte Antwortzeiten;

**Methode**: Aufteilung einer Aufgabe in Teilaufgaben

Man versucht, die Geschwindigkeit der Ausführung einer Aufgabe dadurch zu erhöhen, daß man die Aufgabe in Teilaufgaben zerlegt und diese gleichzeitig auf verschiedenen Rechnern ausführen läßt; dadurch wird die gesamte Bearbeitungszeit für die Aufgabe verringert. Dazu ist es erforderlich, daß die Aufgabe in möglichst unabhängige Teilaufgaben zerlegt werden kann.

Ist diese Voraussetzung gegeben, so könnte man eine Prozeßsteuerung implementieren, die möglichst viele Teilaufgaben auf möglichst viele Rechner verteilt, die Ergebnisse wieder einsammelt und ein Protokoll über den erfolgreichen Ablauf der Bearbeitung erstellt. Die Prozeßsteuerung kann entweder vom Benutzer manuell erstellt werden, oder automatisch aus dem Programm generiert werden. Letzteres ist i.allg. zur Zeit und aus prinzipiellen Überlegungen heraus noch nicht möglich. Rechner, die auf diese Weise betrieben werden, also an einem gemeinsamen Ziel arbeiten, werden auch als **Rechnerverbund** (statt Rechnernetz) oder als **verteiltes System** bezeichnet.

Man erreicht mit dieser Vorgehensweise insbesondere eine Verringerung der Antwortzeit. Zwar werden die Rechner auch besser ausgelastet als wenn die Aufgabe nur auf einem Rechner liefe; aber dieses ist weder das Ziel dieses Vorgehens noch wird das auch immer erreicht. Außerdem kann dieser Ansatz nur dann zum Erfolg führen, wenn der Verwaltungs-Overhead deutlich geringer ist als die Einsparung an Antwortzeit, was auch nur bei sehr langen Teilaufgaben gegeben sein dürfte.

Stehen mehrere Aufträge zur Bearbeitung an, so kann man durch geschickte Auswahl der Aufträge ebenfalls die Antwortzeiten verringern. Die mittlere Antwortzeit wird z.B. minimal, wenn immer der Auftrag mit der kürzesten Bearbeitungszeit vorgezogen wird. Dadurch werden jedoch Aufträge mit langer Bearbeitungszeit u.U. stark benachteiligt, so daß differenzierte Strategien angewendet werden sollten. Bei Einprozessorsystemen wird dieses Ziel annähernd durch das **Zeitscheibenverfahren** (*processor sharing*) erreicht. Bei Rechnerverbunden ist diese Methode vermutlich erfolgversprechender als die Zerlegung einer Aufgabe in verschiedene Teilaufgaben.

### 2.2.3 Kommunikationsverbund

**Ziel**: Übertragung von Daten, insbesondere Nachrichten, an verschiedene, räumlich getrennte Stellen

**Methode**: Erstellung eines Briefdienstes (Mail-Dienst)

Werden Rechner als persönliche Computer benutzt, so können auf diesen Nachrichten zwischen den Benutzern ausgetauscht werden. Dazu werden **Postdienste** (*mail services*) eingerichtet, die es einfach ermöglichen sollen, einem anderen Benutzer einen beliebigen Text zukommen zu lassen; dieser andere Teilnehmer kann sich in der gleichen Firma, oder auch irgendwo anders im öffentlichen Netz befinden. Neuere Erweiterungen gestatten es darüber hinaus, auch Sprache, Bilder, Videosequenzen usw. in standardisierten Formaten zu übertragen, z.B. die *mime*-Erweiterung im Internet.

Viele internationale Netze werden gegenwärtig vorwiegend als **Nachrichtennetze** (*mail networks)* betrieben, bei denen einzelnen Benutzern die Möglichkeit gegeben wird, entweder selbst Post zu senden oder zu empfangen. Dabei kann die Information zentral abgelegt sein, so daß jeder Teilnehmer diese jederzeit abrufen kann (**BBS** = *Bulletin Board System* oder *News System*).

Zur Teilnahme an den Postdiensten werden mehrere technische Voraussetzungen benötigt: Editor, Benutzeragent, der ein Adreßregister zur Verfügung stellt, Nachrichten empfängt, speichert und anzeigt; Verschlüsselungsverfahren zum Schutz der Vertraulichkeit von Nachrichten bereithält; sowie einen Netzanschluß mit Protokolle zur Übertragung von Nachrichten.

Eine weitere Infrastruktur ist erforderlich, um die Nachrichten vom Sender zum Empfänger über den richtigen Pfad zu transportieren, sowie neue Teilnehmer dem System bekannt zu machen und das System wartet und fehlgeleitete Meldungen bearbeitet. Die Person, die so etwas tut, wird meistens als *postmaster* bezeichnet.

Zwischen unterschiedlichen Netzen sind in der Regel Format- und Adreßanpassungen sowie Code-Umwandlung durchzuführen.

### 2.2.4 Datenverbund

**Ziel**: Bessere Plattenauslastung, erhöhte Verfügbarkeit, erhöhte Sicherheit

**Methode**: Speicherung von Daten an verschiedenen Stellen

Der Datenverbund wird mittels einer geographisch verteilten Datenbank realisiert. Dadurch können Daten, die vorwiegend an einer Stelle gebraucht werden, auch dort gespeichert werden, ohne daß ihr logischer Zusammenhang mit anderen Daten, die vorwiegend an anderen Stellen benötigt werden, verlorengeht. Dazu ist es jedoch nötig, daß eine solche verteilte Datenbank logisch und technisch installiert werden kann.

Man erhält damit zugleich eine wirksamere Zugriffskontrolle, da es mehrere Kontrollinstanzen gibt und die Residenz der Daten dem Benutzer verborgen bleibt. Auch vermindert man den Datenverkehr über größere Entfernungen, da die Daten meistens nur vor Ort benutzt werden. Dieses erhöht auch die Sicherheit vor Verlust bei der Übertragung, die Verfügbarkeit beim temporären Ausfall von Verbindungen usw. Bei lokalem Ausfall einzelner Komponenten kann u.U. mit den Daten, die auf nicht ausgefallenen Rechnern residieren, noch weiter gearbeitet werden.

Eine wichtige Aufgabe der Datenbanktechnik ist es, die Datenbestände konsistent zu halten. Dieses wird durch eine Verteilung der Daten stark erschwert; so kann es sein, daß zeitweilig nicht verfügbare Daten die Verfügbarkeit anderer Daten blockieren, nur weil die Konsistenz bei Änderungen nicht garantiert werden kann. Dieses Problem befindet sich noch in der Erforschung und wird nicht im Rahmen des Gebiets Rechnernetze behandelt.

## 2.2.5 Wartungsverbund

**Ziel:** Schnellere und billigere Wartung verschiedener Rechner

**Methode:** Zentrale Störungserkennung und -behebung

Die Wartung von Geräten kann leicht teurer werden als die Anschaffung der Geräte; insbesondere das dafür zuständige Personal ist häufig sehr kostenintensiv. Mit einer zentralen Überwachung des verwendeten Netzes versucht man zum einen, das vorhandene Personal effizienter einzusetzen, zum anderen das Wartungspersonal bei seiner Arbeit effektiv zu unterstützen. Diese Problematik wurde erst vor kurzer Zeit in vollem Umfang erkannt und wird unter dem Stichwort **Netzwerkmanagement** behandelt; siehe Kapitel 13 ff.

Jedem zu überwachenden Gerät ist ein Kontrollprozeß zugeordnet, der meist als **Agent** bezeichnet wird. Dieser sammelt 'vor Ort' für das Management notwendige Information in einer genormten Datenstruktur (**MIB**=***Management Information Base***). Im Fehlerfall oder auf Anfrage benachrichtigt er den zentralen ***'Netzwerkmanager'***, welcher weitere Aktionen einleitet. Störungen sollen möglichst durch den Netzwerkmanager automatisch, oder falls nötig durch das Wartungspersonal manuell erledigt werden. Die Gründe für die Störung sollten diagnostiziert und protokolliert werden. Hersteller verschiedener Rechner bieten ihren Kunden bereits ferndiagnostische Wartungsdienste an.

Weitere Aufgaben des Netzwerkmanagers könnten es sein, Hard- und Software-Tests durchzuführen, Verbindungen (Leitungen oder auch logische Verbindungen) zu testen, Systemaktivitäten zu überwachen, (neue) Software zu installieren oder Hilfestellungen bei der Bedienung zu geben.

## 2.2.6 Funktionsverbund

**Ziel:** Bereitsstellung spezieller Funktionen an verschiedenen Stellen

**Methode:** Verteilung spezieller Aufgaben auf spezielle Rechner (Feldrechner, Superrechner, Transputer)

Für bestimmte Aufgaben können bestimmte Rechner effizienter eingesetzt werden als andere. Ein Rechnernetz kann benutzt werden, um die Aufgaben an solche Spezialrechner heranzubringen. Dazu ist es notwendig, daß die Aufgaben so implementiert werden, daß sie auf dem Spezialrechner ablaufen können.

An Beispielen für diese Anwendungen sind insbesondere 'Superrechner' zu nennen, die alleine bestimmte Aufgaben in vertretbarer Zeit erledigen. Einfachere Beispiele sind spezielle Hardware (Plotter, graphische Farbterminals, besondere Drucker) oder spezielle Programme, die z.B. für einen Transputer geschrieben sind. In der Regel muß der Benutzer bei solchen Systemen selbst dafür sorgen, daß seine Aufgabe an den richtigen Rechner übertragen wird.

### 2.2.7 Kapazitätsverbund

**Ziel**: Ausnutzung sämtlicher zur Verfügung stehender Rechenkapazität

**Methode**: Versendung von Aufgaben an möglichst viele verschiedene Rechner

Im Vordergrund steht hier die Ausnutzung sämtlicher Ressourcen, wie Rechenleistung, Speicher, besondere Software (mathematische Bibliotheken, Service- und Dienstfunktionen) usw. Hier muß der Benutzer wissen, wo welche Ressourcen zur Verfügung stehen, ob diese gerade frei verfügbar sind, und wie diese benutzt werden können. Dieses erfordert zumeist einen erheblichen Verwaltungsaufwand, der von einem durchschnittlichen Benutzer nicht erbracht werden kann, da dieses nicht seine Aufgabe ist (er soll Programme implementieren und laufen lassen, aber nicht das Rechnernetz verstehen und verwalten). Für diesen Zweck könnte ein zentrales Auskunftsystem erstellt werden, welches einem Anwender z.B. mitteilt, auf welchem Rechner eine spezielle Funktion verfügbar ist, z.B. ein Programm, welches lineare Gleichungssysteme löst.

Der Kapazitätsverbund ist am schwierigsten von anderen Rechnernetztypen abgrenzbar, z.B. vom Lastverbund, oder auch vom Datenverbund oder verteilten System. Hier kommt mehr die Sichtweise des Betreibers zum Tragen als die eigentlichen funktionellen Unterschiede.

## 2.3 Übertragungstechnik

Zur Kommunikation zwischen Komponenten sind Verbindungen nötig, welche Signale übertragen können. Die Verbindungstechniken, die hierzu entwickelt wurden, stellen zum Teil wesentliche Entwicklungspunkte im Bereich der Rechnernetze dar. Daher wurden und werden Netze häufig nach der auf den Verbindungen verwendeten Technologie benannt, sowohl der physikalischen Technik, als auch der Protokolle. Zunächst wurden Rechner vorwiegend mit beliebigen elektrischen Leitungen (Telefonkabel (*twisted pair*), Koaxialkabel) untereinander verbunden, und die Daten mit beliebigen, den jeweiligen Anwendungen angepaßten Protokollen übermittelt; in den siebziger Jahren verbreitete sich sehr schnell das Protokoll **Ethernet**, welches als physikalisches Medium ein genormtes Koaxialkabel verwendet; später kamen **Satellitennetze** auf, welche Satelliten als Relais-Stationen für die Überbrückung größerer Entfernungen verwendeten. Heute entstehen vielerorts **Glasfasernetze**, wobei neuerdings durch die Verbesserung der technischen Infrastruktur auch das verdrillte Kabel (UTP=*unshielded twisted pair*, STP=*shielded twisted pair*) für sehr hohe Übertragungsraten (über 100 MBit/sec) eingesetzt wird.

Neben technischen spielen auch ökonomische Merkmale eine wichtige Rolle. So kann die Benutzung öffentlicher Netze u.U. ökonomischer sein als die privater, da hier die Entwicklungs-, Installations- und Betriebskosten einer weit verbreiteten Technologie mit anderen Teilnehmern geteilt werden können. Jedoch ist man auf die von dem öffentlichen Anbieter zur Verfügung gestellte Technik angewiesen; die DBP Telekom ermöglicht zur

Zeit die Anwendung eines leitungsvermittelten Datennetzes (DATEX-L) und eines speichervermittelten Datennetzes (DATEX-P). Darüber hinaus wird mit dem neuen ISDN-Konzept ein byte-orientiertes, leitungsvermitteltes Netz angeboten. Gegenwärtig werden Glasfasernetze (**FDDI**) im Ortsnetz (MAN) eingeführt, und für Hochgeschwindigkeitskommunikation sollen später moderne Übertragungskonzepte (Breitband-ISDN oder **ATM**) bereitgestellt werden.

Im lokalen Bereich werden Netze verwendet, die vorwiegend nach der Topologie und dem Übertragungsprotokoll, evtl. auch nach der Technik, unterschieden werden (Ethernet / Token-Ring; Zeitmultiplex / Breitband)

## 2.3.1 Vermittlungsnetze, Rundsendesysteme

Ein **Vermittlungsnetz** baut für jede Kommunikationssitzung eine eigene Verbindung zwischen zwei Teilnehmern auf. Diese Technik ist bei öffentlichen Netzen (Telefon, ISDN, DATEX) vorherrschend; sie wird als **Punkt-zu-Punkt-Verbindung** (*point-to-point*) bezeichnet. Sie ist bezüglich der Störung und Beeinflussung durch andere Teilnehmer im Netz deutlich sicherer als die meisten anderen Verfahren, jedoch zumeist auch deutlich aufwendiger.

Bei **Rundsendesystemen** steht nur ein (meist sehr leistungsfähiger) Kanal zur Verfügung; alle Teilnehmer hören ständig den Kanal ab und können ihn bei Bedarf entweder gleichzeitig (**frequenzmultiplex** *frequency multiplex*) oder nacheinander (**zeitmultiplex** *time division*) benutzen. In der Regel sind mehr als zwei Teilnehmer an ein solches System angeschlossen, da sich sonst der zu treibende Aufwand nicht lohnen würde. Man nennt dieses Verfahren **Mehrpunktkommunikation** (*multi-point communication*) oder auch **Vielfachzugang** (*multi-point-access*). Beispiel für solche Systeme sind ALOHA, Ethernet oder Basisband, die später noch genauer besprochen werden.

## 2.3.2 Leitungsvermittlung, Speichervermittlung

Bei der **Leitungsvermittlung** (*circuit switching*) wird zwischen Endteilnehmern eine durchgehende physikalische (oder virtuelle) Verbindung geschaltet, die die Kommunikationspartner ausschließlich benutzen dürfen. Die Kommunikationspartner sind daher weitgehend von anderen Verbindungen ungestört. Sendet ein Teilnehmer eine Information auf das Netz, so ist der Empfänger in der Regel verpflichtet, diese Information zur gleichen Zeit und mit der gleichen Geschwindigkeit (d.h. synchron) abzunehmen. Das Netz ist nicht in der Lage, Information zurückzuhalten und sie dem Empfänger verzögert oder mit einer anderen Taktfrequenz zur Verfügung zu stellen. Die wichtigsten Netze, die so betrieben werden, sind das **Telefonnetz** für die Sprachübertragung, und das **Datex-L-Netz** für die Datenübertragung. Zunehmende Bedeutung wird das **ISDN-Netz** erlangen, welches Daten- und Sprachdienste vereinigt.

Bei der **Speichervermittlung** werden nur zwischen jeweils zwei Relais-Stationen physikalische Verbindungen geschaltet. Eine Nachricht wird meist in Einheiten fester (aber maximaler) Länge zerlegt (**Pakete** *packets*), und diese zum nächsten Knoten-Rechner übermittelt; dieser schickt sie weiter in Richtung auf den Empfänger. Da mehrere Teilnehmer gleichzeitig über die gleichen Leitungen und Knotenrechner ihre Pakete schicken können, kann es zu Überlastungen im Netz kommen, die erst während der Verbindung entstehen. Es können einzelne Pakete verloren gehen, oder Pakete falsch zugestellt werden. Um solche Fehler zu erkennen und zu beheben, sind zusätzliche Aufwendungen erforderlich, die als **Fehlerkontrolle**, **Flußkontrolle**, **Wegewahl** und **Überlastkontrolle** bezeichnet werden. Die DBP Telekom stellt im öffentlichen Netz mit DATEX-P in Deutschland ein speichervermitteltes Netz zur Verfügung. Diese Art von Netzen wird auch als ***Store-and-Forward-Network*** bezeichnet, da Information zunächst in einem Knoten-Rechner gespeichert (*store*) werden muß, ehe sie weitergereicht (*forward*) werden kann.

### 2.3.3 Verbindungslose und verbindungsorientierte Kommunikation

Muß sich ein Teilnehmer vor der Übertragung von Information beim Empfänger anmelden, so spricht man von **verbindungsorientierter** (CO=*connection oriented*) **Kommunikation**; man sagt in diesem Fall, daß eine Verbindung zum Kommunikationspartner aufgebaut werden müsse (**Verbindungsaufbau** *connection set up*). Kann jeder Kommunikationspartner direkt erreicht werden, so spricht man von **verbindungsloser** (CL=*connectionless*) **Kommunikation**; manchmal wird dieses Verfahren auch als **Datagrammtechnik** (*datagram*) bezeichnet, wobei die übertragenen Dateneinheiten **Datagramme** genannt werden. Dieses sind in der Regel logische Konzepte, die z.B. sowohl bei der Leitungsvermittlung als auch bei der Speichervermittlung eingesetzt werden können.

Bei beiden Verfahren muß der Teilnehmer die Adresse des Empfängers kennen. Bei der verbindungsorientierten Kommunikation wird in der Regel nach dem Aufbau einer Adresse eine sehr viel kürzere Hilfsadresse erstellt, die der sendende Teilnehmer zur Identifikation seiner Information verwendet. Bei der verbindungslosen Kommunikation muß dagegen zu jeder Informationseinheit die vollständige Adresse des Empfängers mit übertragen werden. Das sieht auf den ersten Blick aufwendiger aus, hat sich aber dennoch im Internetprotokoll bewährt.

### 2.3.4 Übertragungsmedien

Die Übertragungsmedien hängen zum einen von der physikalischen Übertragungstechnik ab: In den meisten Fällen werden heute elektrische Signale verwendet, die je nach Technik frequenz-, amplituden- oder phasenmoduliert sind. Da Information nur bei einem sich ändernden Signal übertragen werden kann, spielt die Änderungsgeschwindigkeit elektrischer Felder bzw. Ladungen und auch deren Ausbreitungsgeschwindigkeit (von der Größenordnung der Lichtgeschwindigkeit im leeren Raum, d.h. ca. 300.000 km/sec) eine wichtige Rolle. Andere Techniken verwenden Laserlicht (Lichtwellenleiter oder Glasfaserkabel) und in besonderen Anwendungen Ultraschall oder Infrarotlicht.

Die preiswerteste Technologie verwendet **verdrillte Kupferkabel** (Telefondraht *twisted pair*) für niedrige Frequenzen; diese ist jedoch sehr störungsempfindlich, da elektromagnetische Einstrahlungen (Motoren, Spulen, Höhenstrahlung) nahezu ungedämpft die Signale beeinflussen können. Da solche Kabel jedoch sehr kostengünstig, einfach zu verlegen, weitverbreitet und gut genormt sind, sollten sie bei entsprechenden geringen Qualtitätsanforderungen auch verwendet werden.

Neuere Entwicklungen gestatten es, auch über solche verdrillten Kupferkabel hohe Übertragungsraten (über 100 MBit/sec) zu erzielen. Dieses ist zwar nur für kurze Entfernungen (ca. 100 m) möglich, aber für die Verkabelung in einem Gebäude häufig ausreichend. Man spricht hier von geschirmten und nicht geschirmten verdrillten Kabeln (**STP** = *shielded twisted pair*; **UTP** = *unshielded twisted pair*), welche in verschiedene Kategorien eingeteilt werden. Die höchste Kategorie 5 garantiert gegenwärtig ca. 100 MBits/sec über ca. 100 m Entfernung.

**Koaxialkabel** (***coaxial cable***) werden für hohe bis sehr hohe Frequenzen eingesetzt. Technisch bestehen sie aus einem zentralen Leiter, der von einem peripheren Leiter ummantelt wird. Elektromagnetische Einstrahlungen wirken daher auf beide Leiter in beide Richtungen gleichermaßen und heben sich daher nahezu auf. Aufgrund der Bauform strahlen sie auch bei hohen Frequenzen nahezu keine eigene Energie ab, so daß die Dämpfung entsprechend gering bleibt. Sie sind jedoch teurer in der Anschaffung und Verlegung, da die Anschlußtechnik nicht unkompliziert ist. Es gibt heute verschiedene Ausführungen, die größtenteils genormt sind (z.B. für das Ethernet).

**Lichtwellenleiter** (**LWL**; *fibre optics*) (populär auch **Glasfaser**) sind für höchste Frequenzen geeignet. Während der erste Lichtwellenleiter das Licht nur über wenige Meter mit ausreichender Intensität weiterleiten konnte, können moderne Monomodefasern Licht über nahezu hundert Kilometer ohne Zwischenverstärkung übertragen; sie übertreffen damit auch Koaxialkabel in Leistungsfähigkeit und Kosten.

In einem Lichtwellenleiter (LWL) wird ein (monochromatischer) Laserlichtstrahl mittels totaler Reflektion im inneren des LWL entlanggeführt und kann an dessen Ende wieder empfangen werden. Die Grenzen der Übertragung vor allem in der Modulierung des Lichts durch den Sender bzw. der Demodulierung durch den Empfänger.

**Richtfunk** benutzt eine elektromagnetische Welle als Träger und moduliert dieser das zu übertragende Signal auf. Eingesetzt wird dieses vor allem in unwegsamen, dünn besiedelten Gebieten oder über sehr weite Entfernungen. Da zwischen Sender und Empfänger Sichtverbindung herrschen muß, sind die Einsatzmöglichkeiten beschränkt.

**Satelliten** werden eingesetzt, wenn interkontinentale Kommunikationsverbindungen aufgebaut, oder ein Rundsendesystem eingerichtet werden soll. Man beachte bei Satelliten jedoch die sehr großen Entfernungen zwischen Sender und Empfänger, die eine Sendelaufzeit (Sender-Empfänger-Sender) von ca. 1/5 Sekunden bedeuten. Aus diesem Grund treten merkbare Übertragungszeitverzögerungen auf, während jedoch die Übertragungsleistung jener von Richtfunkstrecken entspricht.

### 2.3.5 Basisband- und Breitbandnetze

**Basisbandnetze** benutzen das gesamte Frequenzspektrum nur für jeweils eine Verbindung. Verschiedene Verbindungen werden nacheinander, aber jeweils unterbrochen, bedient, so daß der Eindruck einer kontinuierlichen Bearbeitung jeder einzelnen Verbindung entsteht (Zeitmultiplex). Vorteile sind frequenzunabhängige Verzerrungen, sowie einfachere (und preiswertere) Technik.

Man unterscheidet zwischen **synchronen Zeitmultiplex-Verfahren** (STD: *synchronous time division*) und **asynchronen Zeitmultiplex-Verfahren** (ATD: *asynchronous time division*). In der STD-Technik wird jeder Verbindung zyklisch eine gleich lange Zeit zur Übertragung zugeteilt; diese Methode wird z.B. in ISDN verwendet. In der ATD-Technik kann jeder Sender (im Rahmen gewisser Protokolle) Daten in unterschiedlichen Zeitabschnitten übermitteln.

**Breitbandnetze** teilen das gesamte Frequenzspektrum eines Leiters (z.B. bis zu 450 MHz) in einzelne Kanäle auf, die von jedem Knoten gleichzeitig benutzt werden können. Dadurch können über das selbe physikalische Medium gleichzeitig verschiedene Verbindungen betrieben werden. Die Technik ist in der Regel sehr teuer (z.B. sind Hochfrequenztechniker erforderlich) und aufwendig und wird daher zur Zeit nur in Versuchsimplementierungen verwendet.

## 2.4 Übertragungswege

Um zwei Stationen miteinander zu verbinden, sind Pfade zwischen diesen Stationen bereitzustellen, die die Signale übermitteln. Diese Pfade dürfen aus rechtlichen Gründen in vielen Ländern nur von bestimmten Diensteanbietern betrieben werden, wobei es häufig öffentliche oder private Monopole gibt, um innerhalb einer Region ein gleichmäßiges Angebot an Kommunikationsinfrastruktur garantieren zu können. Während national solche Monopole selbstverständlich sind, sind diese international unüblich; dort greifen dann die internationalen Standards. In Bezug auf die Klassifizierung lassen sich die folgenden Netztypen unterscheiden.

### 2.4.1 Öffentliche Netze

Ein Netz heißt öffentlich, wenn dieses im Prinzip jeder zu einer angemessenen Gebühr benutzen kann. Die Betreiber dieser Netze werden in der Regel von der Regierung kontrolliert und müssen ihre Dienstleistungen jedem im gleichen Umfang anbieten. In vielen Ländern sind diese Trägergesellschaften noch staatliche Behörden, wenngleich im Zuge einer weltweiten Liberalisierung der Telekommunikation die meisten Länder eine Privatisierung dieser Einrichtungen anstreben.

Werden Daten zwischen privaten Grundstücken übertragen, wobei öffentliche Grundstücke überquert werden müssen, so muß in der Bundesrepublik Deutschland die Deutsche Bundespost Telekom die Übertragung übernehmen (hierzu gibt es Ausnahmen; z.B. dürfen zwischen eigenen Grundstücken, die nicht weiter als 25 km entfernt sind, Nachrichten übertragen werden). Die Deutsche Bundespost Telekom stellt analoge und digitale Netze zur Sprach- und Datenkommunikation zur Verfügung; zur Zeit wird mit ISDN ein 64-kBit/sec-Digitaldienst geschaffen, der auch für die Sprachübertragung geeignet ist. Ferner lassen sich von der Bundespost private Leitungen mieten.

In anderen Ländern liegen die Verhältnisse meist sehr ähnlich.

### 2.4.2 Private Netze

Werden nur private Leitungen, evtl. auch vom öffentlichen Träger gemietete Standleitungen, verwendet, so spricht man von privaten Netzen. Diese haben entweder keinen oder nur einen beschränkten, und dann meist gut kontrollierten, Zugang zum öffentlichen Datennetz, so daß Dritte keinen Zugang zu den privaten Daten haben (*hacker*).

Private Netze haben oft eine sehr große Ausdehnung, z.B. das Buchungsnetz der Fluggesellschaften oder von Reisebüros. Entsprechend hängt die verwendete Technik von der vom öffentlichen Dienstanbieter bereitgestellten Technik und weiteren Randbedingungen ab; z.B. verwenden Reisebüros in Deutschland DATEX-L-Netze, da diese eine sehr kurze Verbindungsaufbauzeit haben und die verwendete Hardware sehr homogen ist. In lokalen Bereichen verwendet man hingegen häufig Ethernet, Token-Ring oder ähnliches.

### 2.4.3 Elektrische Netze

Werden die Daten in elektrische Impulse umgesetzt und übertragen, so nennt man damit aufgebaute Rechnernetze auch **elektrische Netze**. Diese gibt es mit einer großen Leistungsbandbreite und mit den unterschiedlichsten Protokollen (siehe auch den letzten Abschnitt). Wegen der üblichen Rechnertechnologie erscheint dieses als die natürlichste Methode der Datenübertragung; dennoch hat sich aus gutem Grunde in den letzten Jahren eine andere Technologie, die Lichtwellenleitertechnik, entwickelt.

### 2.4.4 Lichtwellenleiter

Da Licht eine große Bandbreite besitzt, lassen sich im Prinzip alle Bandbreitenprobleme durch Einsatz der **Lichtwellenleiter** (oder **Glasfaser**) bewältigen. Allerdings stellt dieses eine völlig neue Technik dar, mit neuen Anschlußgeräten, und neuen technischen Randbedingungen, so daß die Handhabung zur Zeit noch sehr schwierig ist. In gegenwärtigen Standards werden für Lichtwellenleiter hohe Übertragungs–geschwindigkeiten festgelegt, z.B. für FDDI 100 MBit/sec oder für ATM 150 MBit/sec.

### 2.4.5 Satellitennetze

Werden **Satelliten** verwendet, z.B. um interkontinentale Kommunikationsverbindungen aufzubauen, so spricht man von **Satellitennetzen**. Während Satelliten wegen der großen Rundlaufzeiten für die interaktive Kommunikation weniger geeignet sind, können sie jedoch eine sehr große Übertragungsleistung in einer Richtung zustande bringen, so daß sie besonders gut für Verteildienste benutzt werden können.

### 2.4.6 Funknetze

Werden elektromagnetische Wellen als Träger für Daten benutzt, so spricht man auch von **Funknetzen**. Diese finden heute nur noch in Sonderfällen bei der Datenkommunikation Anwendung; sie werden vor allem im Mobilfunk eingesetzt, und sind somit auch für die mobile Datenübertragung interessant.

## 2.5 Protokolle

Rechnernetze werden häufig danach unterschieden, welche Protokolle verwendet werden; insbesondere bei Standardprotokollen spricht man häufig z.B. von **IP-Netzen** oder **OSI-Netzen**. Darüber hinaus gibt es auch herstellerspezifische Protokolle, die nur für Geräte bestimmter Hersteller (SNA von IBM oder DECNET von DEC) oder Bauart (PCs: NETBIOS, Novell) Verwendung finden.

In diesem Buch werden viele dieser Protokolle ausführlich behandelt, so daß hier nicht detaillierter darauf eingegangen werden soll.

## 2.6 Topologie

Verschiedene Netze können nach der räumlichen Anordnung von Rechnern und Leitungen unterschieden werden. Allerdings hat die Technologie häufig einen starken Einfluß darauf, wie die Rechner miteinander zu verbinden sind. Die typischen Technologien sollen hier kurz vorgestellt werden.

### 2.6.1 Busnetze

Sind alle Rechner an einem Strang angeschlossen, so nennt man dieses ein **Busnetz** (nach dem Lateinischen: omni**bus**=alle zusammen). Vom logischen Gesichtspunkt aus entsprechen solche Netze einem Rundsendenetz, da jede Station ständig das Netz abhört.

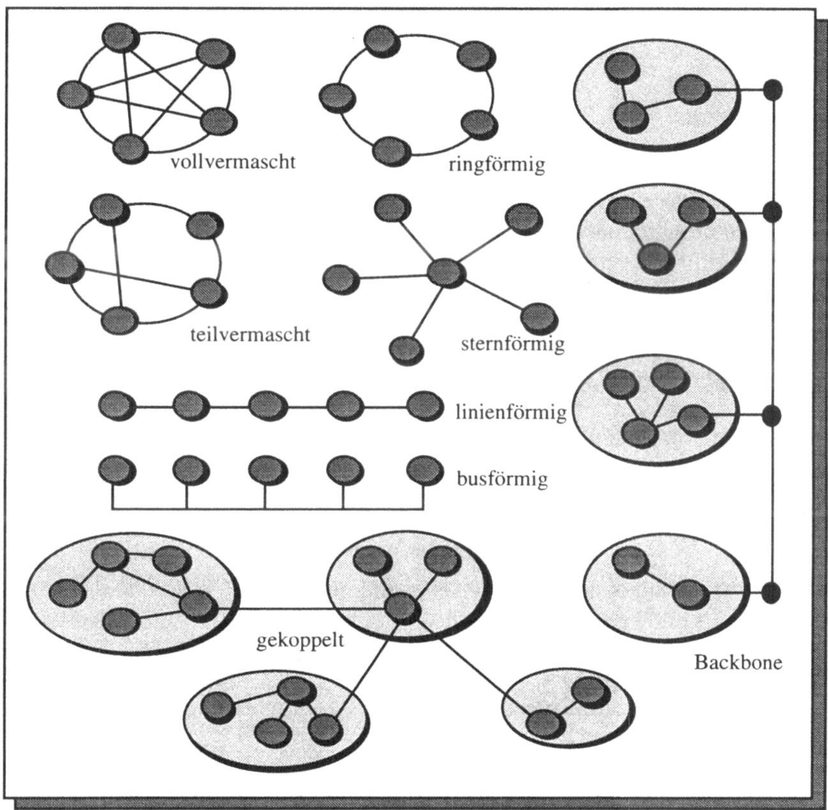


Gebräuchliche Topologien von Rechnernetzen

Man kann einem Bus jedoch unterschiedliche logische Strukturen aufprägen. Beim Ethernet hören alle Rechner das Netz ab und nehmen nur jene Nachrichten (oder Pakete) entgegen, die für sie bestimmt sind. Beim Tokenbus-Konzept können sich alle Stationen zyklisch in bestimmter Reihenfolge Berechtigungsmarken zusenden (*daisy-chain*), wobei jedoch ausgefallene Stationen Probleme bereiten können. In alternativen Verfahren teilt eine ausgezeichnete Station (*master*) den Bus für die anderen Stationen in zeitliche Abschnitt ein, indem sie einer Station eine Berechtigungsmarke (*token*) übermittelt; wenn diese den Bus nicht mehr benötigt (bzw. nach einer fairen Strategie) gibt sie die Marke zurück, und die nächste Station kann ausgewählt werden. Nachteilig ist hier die erhöhte Fehleranfälligkeit, da man von einer dedizierten Station abhängig ist.

Ein weiteres Verfahren wird als **Doppelbus** bezeichnet: DBDQ (*double bus double queue*). Hier werden zwei gegenläufige Busse benutzt, auf denen die Stationen wie auf einer Perlenkette aufgereiht sind. Die Auswahl der Sendeberechtigung wird durch besondere Zähler ermöglicht. Dieses Verfahren soll vor allem die Fairness der Zuteilung erhöhen und läßt sich auch für große Übertragungsgeschwindigkeiten (Lichwellenleiter) bei dezentraler Kontrolle einsetzen.

### 2.6.2 Ringnetze

Schließt man die beiden Enden eines Busses zusammen, so erhält man einen Ring. In der Regel sendet jede Station nur in eine Richtung und empfängt aus der anderen; somit muß jede Station ein empfangenes Paket weitersenden, so daß technisch der Ring aus Punkt-zu-Punkt-Verbindungen besteht. Zur Zuteilung der Sendeberechtigung wird von einer ausgezeichneten Station eine Berechtigungsmarke ausgesendet; die Station, die diese empfängt, darf bei Bedarf die Marke vom Bus nehmen und stattdessen ein Paket absetzen. Da dieses von jeder Station weitergereicht wird, erhält der Sender irgendwann einmal sein Paket zurück, was zur Fehlerkontrolle verwendet werden kann.

Ringnetze werden im Tokenring-Protokoll verwendet (bis zu 16 MBit/sec) und im FDDI-Protokoll (100 MBit/sec).

### 2.6.3 Sternnetze

Wird jede Station mit einer ausgezeichneten (zentralen) Station verbunden, so nennt man dieses ein Sternnetz. Diese sind z.B. vom Telefonnetz der DBP Telekom her bekannt, werden aber auch für lokale Rechnernetze, z.B. ARC-Netze, verwendet. Die zentrale Station muß bei dieser Struktur hoch zuverlässig sein; der Vorteil liegt jedoch darin, daß das Fehlverhalten einer einzelnen Station schnell erkannt und der Rest des Netzes vor dieser geschützt werden kann.

Heute werden auch Bus- und Ringnetze immer mehr als Sternverkabelungen über einen zentralen Verteiler ausgeführt. Ein solcher Verteiler wird allgemein als **Hub** bezeichnet, wobei er auch verschiedene Netze mit unterschiedlichen Protokollen (Ethernet, Tokenring, FDDI) miteinander verbindet. Die Verkabelung zwischen den Stationen und dem Hub kann preisgünstig durch STP oder UTP realisiert werden. Neben möglichen Kosteneinsparungen stellt vor allem die wesentlich flexiblere Möglichkeit der Umkonfigurierung einzelner Dienste (Telefon, langsame (10 MBit/sec) oder schnelle (100 MBit/sec) Vernetzung) einen Vorteil bei der Administrierung solcher Netze dar.

### 2.6.4 Vollvermaschte Netze

Wird jede Station mit jeder anderen verbunden, so nennt man dieses ein vollvermaschtes Netz. Solche Architekturen werden nur in Ausnahmefällen verwendet, da die Anzahl der Verbindungen quadratisch steigt, und der Aufwand somit bereits für kleine Netze nicht mehr vertretbar ist. Außerdem dürfte jede einzelne Verbindungsleitung nur sehr gering ausgelastet sein, so daß einfachere Architekturen ökonomischer und dennoch ausreichend sind.

### 2.6.5 Gekoppelte Netze

Werden beliebige Rechnernetze miteinander verbunden, so nennt man dieses ein **gekoppeltes Netz** oder ***internet*** (Aus historischen Gründen wird die Bezeichnung ***The Internet*** auch für eine bestimmte Menge untereinander verbundener, vorwiegend US-amerikanischer Rechnernetze verwendet). Für die Verbindungen zwischen zwei Netzen werden eigene Rechner zur Verfügung gestellt, die im Internet als Gateways, und nach dem ISO/OSI-Standard als Relaisstationen bezeichnet werden. Genaueres wird im Abschnitt 2.7 erläutert.

### 2.6.6 Backbone-Netze

Werden an Netze Rechner angeschlossen, die für andere Aufgaben als den Netzbetrieb benutzt werden, so bezeichnen wir solche als **Nutzer-Netze** (*user networks*) oder einfach nur als **Netze**. Es gibt auch Netze, die alleine dazu dienen, andere Netze zu verbinden. Diese werden meist als **Backbone-Netze** bezeichnet. Da diese Netze recht schnell sein müssen, werden sie häufig in einer schnellen Technologie erstellt, z.B. mit Lichtwellenleitern (FDDI-Backbone).

## 2.7 Kopplung von Rechnernetzen

Werden mehrere Rechnernetze miteinander verbunden, so werden für die Verbindungen meist wieder Rechner eingesetzt. Allgemein nennt die ISO ein Gerät, welches zwei nicht direkt verbundene Systeme verbindet, ein **Relais** (*relay*). Diese werden danach unterschieden, welche Protokollschichten der verbundenen Netze als gleich betrachtet werden (d.h. nicht übersetzt werden müssen) und in den folgenden Unterabschnitten genauer beschrieben.

Aufgaben, die von Relais-Stationen zwischen Netzen erledigt werden, umfassen u.a.:

- Adressierung und Namensvereinbarungen
- Wegewahl (*routing*) und Flußkontrolle
- Informationsgrößen, wie Paketzähler oder Fenstergrößen
- Umsetzung von Paketgrößen
- Umsetzung zwischen verbindungsorientierten und verbindungslosen Diensten
- Fehlerkontrolle
- Zeitüberwachung
- Weiterleitung von Unterbrechungen
- Senden von Status-Berichten und Abrechnungen
- Kontrolle des Nutzerzugriffs
- Verbindungsauf- und -abbau

### 2.7.1 Repeater

***Repeater*** können als Verstärker angesehen werden, die (auf der Schicht 1 des OSI-Basisreferenzmodells) nur die elektrischen Signale von dem einen Standard auf den anderen umsetzen. Somit sind Blöcke (die auf der zweiten Schicht bearbeitet werden) bei zwei Netzen, die mit Repeatern verbunden sind, identisch, d.h. die gleiche Bitfolge wird auf die gleiche Weise interpretiert.

### 2.7.2 Bridge

***Bridges*** müssen die Blöcke (*frames*) des einen Netzes in solche des anderen Netzes umsetzen, wenn diese für das andere Netz bestimmt sind. Somit müssen Bridges zumindest die Adressen der Blöcke interpretieren können, und gegebenenfalls die Blöcke abändern, z.B. ein anderes Adreßformat oder eine andere Fehlerprüfsumme einfügen.

### 2.7.3 Router

***Router*** müssen die Pakete (*packets*) eines Netzes in solche des anderen Netzes umsetzen. Hier müssen neben Adressen auch weitere Anpassungen an das Paket-Format des anderen Netzes durchgeführt werden. Fehlerhafte Pakete müssen weitergeschickt werden, da eine Fehlermeldung nicht von den Routern gemacht werden kann (oder sollte). Bei Adreßfehlern und ähnlichen Übertragungsproblemen wird jedoch der Router selbst eine Fehlerbehandlung durchführen müssen.

### 2.7.4 Gateway

***Gateways*** verbinden Netze, deren Protokolle sich bereits in den Anwendungsschichten unterscheiden, z.B. wenn die Zeichendarstellung unterschiedlich ist (ASCII / EBCDIC), bei verschiedenen Postdiensten (X.400 / Internet Mail) oder unterschiedlichen Dateiübertragungsprotokollen (FTAM / FTP). Ansonsten sind die Aufgaben analog denen von Bridges und Routern. In der Umgangssprache werden aus historischen Gründen häufig alle Relais als Gateways bezeichnet, wenngleich dieses nicht der ISO/OSI-Konvention entspricht.

# 3 Technische Grundlagen

## 3.1 Bemerkungen zur Informationstheorie

Die klassische **Informationstheorie** (***information theory***) wurde von **C.E. Shannon** im Jahre 1950 begründet. Sie ist eigentlich eine Kommunikationstheorie (wie auch der Original-Titel belegt: "*A mathematical theory of communication*"), da sie nicht die Semantik der Nachrichten betrachtet.

Der Empfänger einer Nachricht weiß in der Regel über den Zustand eines Systems weniger als der Sender einer Nachricht. Dieser unterschiedliche Kenntnisstand wird **Entropie** genannt. Man kann die Entropie verringern, indem der Sender dem Empfänger **Information** zukommen läßt. Somit ist der Verlust an Entropie gleich der Zunahme an Information.

Um die Entropie zu verringern, übergibt der Sender dem Empfänger Nachrichten in Form von Zeichen, die die Entropie reduzieren können. In der deutschen Sprache wird der Buchstabe 'e' z.B. sehr viel häufiger benutzt als der Buchstabe 'x'. Wird ein 'x' gesendet, so erhält der Empfänger mehr Information als wenn nur ein 'e' empfangen würde. Daher haben verschiedene Zeichen auch einen unterschiedlichen Informationsgehalt.

Um die Entropie, und somit auch die Informationsmenge, messen zu können, wird die Anzahl von Fragen gezählt, die der Empfänger benötigt, um sein Unwissen zu beseitigen. Dabei darf der Sender nur mit 'Ja' oder 'Nein' antworten. Auch soll die optimale Anzahl von Fragen gestellt werden, d.h. möglichst wenige. Darüber hinaus soll das Problem nicht nur für einen, sondern für alle möglichen Fälle (die mit unterschiedlicher Wahrscheinlichkeit $p_i$ auftreten) behandelt werden. Faßt man all diese Randbedingungen zusammen, so erhält man ein quantitatives Maß der **Informationsmenge** (oder Entropie H) (zur Herleitung: Topsøe) welches folgendermaßen definiert ist:

$$H = -\sum_i p_i \log_2 p_i$$

Die **Entropie** H ist durch diese Formel eindeutig definiert. Hierbei liegt von allen möglichen Fällen, die auftreten können, der i-te Fall mit der Wahrscheinlichkeit $p_i$ vor. Die hier definierte Funktion wird auch als **ideelle Entropie** bezeichnet, da sie mit der wirklichen Entropie nicht notwendigerweise identisch sein muß. Die **wirkliche Entropie** gibt stets zugleich ein Verfahren an, wie man tatsächlich die Information optimal durch die oben angegebene Fragestrategie erhalten kann. Ihr numerischer Wert ist größer oder gleich dem der ideellen Entropie.

Die Ergebnisse der Informationstheorie spielen in der praktischen Informatik heute nur eine geringe Rolle. Dieses liegt zum einen daran, daß die Informationstheorie die auftretenden Fälle entsprechend ihrer Häufigkeit wichtet, und sich dann geschickte Codes überlegt, diese Fälle optimal zu unterscheiden. Dieses ist bei der Speicherung und Verarbeitung von Information unnütz, da jeder Fall – gleich wie selten er auftritt – gespeichert werden muß. Aber auch bei der Übertragung von Information sind die Einsparungen, die ein solches Verfahren erbringen würde, in der Regel viel zu gering, um den damit verbundenen rechen- und verwaltungstechnischen und auch theoretischen Aufwand in Kauf zu nehmen.

Zum anderen benutzt die Informationstheorie optimale Codes, die daher eigentlich für jede Anwendung anders sein müßten. Das ist nun aber gerade auf dem Gebiet der offenen Kommunikationssysteme wenig hilfreich; hier werden weltweit die gleichen Codes verwendet, deren Standards zumeist in langwierigen Prozessen erarbeitet wurden. Wichtiger als Optimalität sind hier Systematik (z.B. sequentielle Anordnung von Ziffern und Buchstaben) oder die Kodierungseigenschaften bestimmter Bitmuster.

Obgleich die Informationstheorie eine schöne, geschlossene Ideensammlung ist, haben sich deren Techniken aus den genannten Gründen in der Praxis kaum durchgesetzt. Die Informationstheorie stellt aber die Grundlage dar für weiterführende Überlegungen, z.B. für die Berechnung der maximalen Bitrate eines Kanals mit einer bestimmten Menge an 'Rauschen' usw., so daß ihr Nutzen zumindest für Grenzwertaussagen durchaus vorhanden ist. In der Nachrichtentechnik werden Ergebnisse aus der Informationstheorie auch zur Kodierung von Nachrichten verwendet, z.B. zur Reduktion der Übertragungsraten von Sprach- oder Bildsignalen (C-Mobilfunk-Netz, 64 kBit/sec-Bildtelefon), oder zur Verbesserung der Sprachübertragung (72 kBit/sec-Telefon im ISDN).

## 3.2 Zerlegung analoger Funktionen in Oberwellen

Eine Funktion oder Abbildung:

$$f: T \rightarrow R$$

Ist eine Zuordnung eines Elements einer Menge T auf genau ein Element der Menge R. Sei T die Zeit, die als ein Intervall der reellen Zahlen betrachtet werden kann. Das Bild der

Funktion f, also f(t), kann dann z.B. als Spannung auf einer Leitung zum Zeitpunkt $t \in T$ aufgefaßt werden, und hat somit eine konkrete physikalische Interpretation. Wir nennen solche Funktionen **reelle Zeitbereichsfunktionen**.

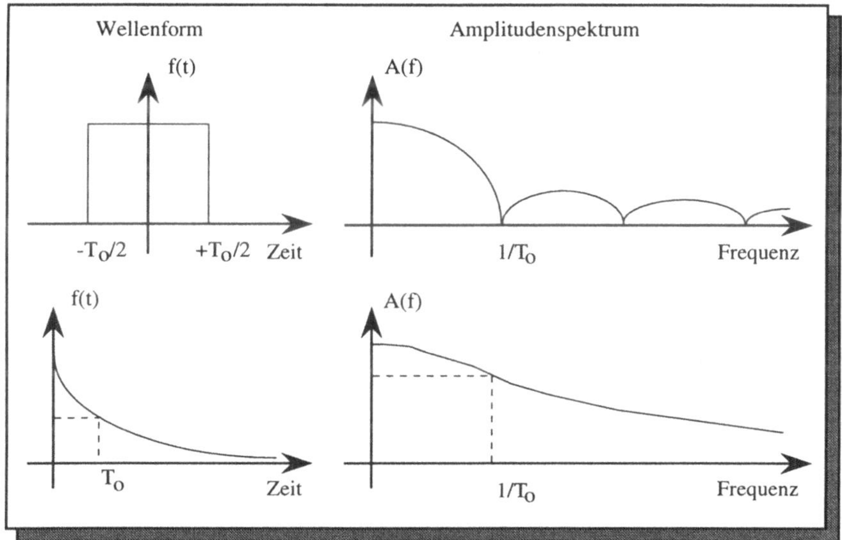


Amplitudenspektrum zu einigen Wellenformen

Wenn eine reelle Zeitbereichsfunktion gegeben ist, so läßt sich diese gemäß eines Satzes aus der Mathematik von Fourier durch die Summe anderer Funktionen darstellen. Durch die Wahl **unabhängiger Funktionen** (**orthogonaler Funktionen**) wird diese Zerlegung eindeutig, was gewisse Vorteile bietet. Eine wichtige Klasse unabhängiger Funktionen, welche zugleich alle anderen analytischen Funktionen approximieren können, sind die Sinus- und Cosinus-Funktionen für alle Kreisfrequenzen ω:

$$f(t) = \int_{\omega \in \mathbb{R}^+} A_\omega \cdot \sin(\omega t) + B_\omega \cdot \cos(\omega t)$$

Die Verwendung trigonometrischer Funktionen hat verschiedene Vorteile. Insbesondere kann man sich vorstellen, daß es eine tiefste Grundschwingungen gibt; diese erhält man für das kleinste ω, für welches einer der Koeffiziente $A_\omega$ oder $B_\omega$ nicht null ist. Darüber hinaus gibt es Oberschwingungen, die auf diese Grundschwingung addiert werden. Wegen der Eindeutigkeit dieser Zerlegung sind Grund- und Oberschwingungen jeweils eindeutig bestimmt.

Die Bestimmung der Koeffizienten $A_\omega$ und $B_\omega$ wird als **Fourier-Analyse** bezeichnet; hierfür gibt es ein mathematisch geschlossenes Verfahren. Das Ergebnis der Fourier-Analyse einer Funktion sind die Koeffizienten $A_\omega$ und $B_\omega$, die die Amplituden der entsprechenden Oberschwingungen angeben. Im allgemeinen Fall ist dieses ein kontinuierliches Spektrum, da sich allgemeine Funktionen nur als Integrale verschiedener Sinusfunktionen mit sich stetig ändernder Frequenz darstellen lassen. Die Funktion von Amplituden, abhängig von der Kreisfrequenz $\omega$, wird als das **Frequenzspektrum** oder als die **Frequenzbereichsdarstellung** der Ausgangsfunktion bezeichnet, da die Abszisse die Frequenzwerte angibt. Entsprechend spricht man bei der Funktion selbst von der Zeitbereichsdarstellung, da die Abszisse die Werte der Funktion über die Zeit angibt.

Die Energie eines Signals ist proportional dem Quadrat der Zeitfunktion. Dieses sieht man folgendermaßen: Für ein elektrisches Signal gilt

$$W = U \cdot I,$$

wobei W die Arbeit (oder Energie) ist, und U und I die Spannung bzw. der Strom. An einem ohmschen Widerstand R ist U=I*R, so daß gilt

$$W = U \cdot I = U \cdot \frac{U}{R} = \frac{1}{R} \cdot U^2$$

Dieses ergibt somit auch die Energie einer Oberwelle. Je energiereicher diese sind, desto eher können sie andere Wellen beeinflussen. Wird in der Frequenzbereichsdarstellung statt der Amplitude die Energie eines Signals aufgetragen, so spricht man auch von seinem **Frequenzenergiespektrum**.

Für die Nachrichtenübertragung hat diese Erkenntnis verschiedene Anwendungen. So hängt die Dämpfung einer elektrischen Spannung von der Frequenz der Spannung ab, da sich eine lange Leitung wie eine Kombination aus Kondensator und Widerstand verhält.

Insbesondere die frequenzabhängige Dämpfung langer Leitungen bewirkt, daß die ursprüngliche Wellenform, zerlegt in Grundschwingung und Oberschwingungen, sich am anderen Ende einer Leitung aus verschiedenen Oberschwingungen, deren Amplituden sich unterschiedlich verändert haben, zusammensetzt; dadurch entsteht eine Verfälschung der Form des Signals. Für die Datenübertragung wird als Signalform häufig das Rechteck gewählt, welches sich jedoch leicht völlig verformen kann und dann nur noch als breiter Bogen erkannt wird, wobei sich aufeinanderfolgende Impulse überlappen können; dadurch wird die Erkennung des Signals deutlich erschwert.

Ein weiteres Problem tritt auf, wenn sich aufeinanderfolgende Signale gegenseitig beeinflussen (*intersymbol interference*). Dieses bewirkt insbesondere, daß aufeinanderfolgende Signale nur schwierig zu unterscheiden sind, wobei besonders die Grenze zwischen zwei Signalen aus dem eigentlichen Signal nicht mehr erkannt werden kann. Man kann theoretisch untersuchen, welche Signalform sich am besten für die Übertragung eignet, wobei die Wechselwirkung zwischen zwei Symbolen eleminiert wird. Die theoretisch beste Signalform ist jedoch praktisch nicht realisierbar. Darüber hinaus gibt es andere Randbedingungen, insbesondere Störungen, die häufig einen wesentlich stärkeren Einfluß haben, so daß diese Untersuchungen nicht getrennt von anderen Überlegungen durchgeführt werden sollten.

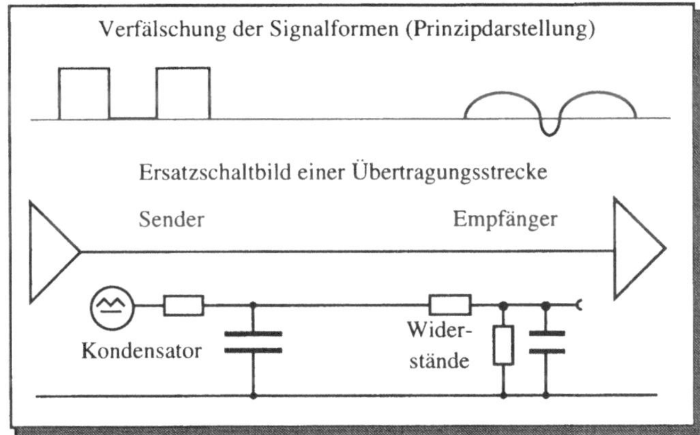


Ersatzschaltbild einer Übertragungsstrecke

In vielen Anwendungen werden deutlich komplexere Signalformen verwendet, z.B. bei der später noch genauer untersuchten AMI-Kodierung, die einen Code mit drei Werten (**ternären Code**) benutzt. Hier werden die Flanken benutzt, um den ursprünglichen Takt am Empfänger zurückzugewinnen. Die Spektraldarstellung dieser Codes zeigt zum Teil sehr unterschiedliche Frequenzanteile, die bei der Auswahl eines bestimmten Codes gegebenenfalls berücksichtigt werden müssen.

## 3.3 Physikalische Grundlagen

### 3.3.1 Geschichte der Nachrichtenübertragung

Die ersten Geräte für die Informationsverarbeitung waren mechanische Geräte, z.B. die 'Analytical Engine' von Babbage. Nach Entwicklung der Elektrotechnik wurden relativ schnell elektrische Geräte zur Informationsübertragung verwendet. Der erste elektrische Telegraph wurde von C.F. Gauß und W. Weber in Göttingen entwickelt; später folgte die Entwicklung der Telegraphie und Telefonie überall auf der Welt (in Deutschland durch J.P. Reis und W. Siemens). Die Grundbausteine dieser Technik waren Widerstände, Kapazitäten, Induktivitäten, sowie elektrische Energieerzeuger, d.h. vor allem Batterien, Dynamos und später Generatoren. Erst Anfang dieses Jahrhunderts kam die Elektronenröhre in Gebrauch, so daß auch eine Verstärkung der übertragenen Signale möglich wurde. Damit war die erste industriell nutzbare Nachrichtenübertragung möglich.

Diese Entwicklung wurde erst durch die Erfindung der Halbleiter (Transistoren) in den fünfziger Jahren, und der integrierten Schaltkreise (ICs) in eine wesentlich andere Bahn gelenkt. Die IC-Technik ermöglichte es, sowohl Verstärkung, als auch logische Funktionen auf kleinstem Raum zu integrieren und eröffnete somit völlig neue Anwendungsmöglichkeiten, welche im wesentlichen in zwei Richtungen zielten:

Durch die Erfindung der Computer wurde der Bedarf zur Übertragung von Information über das Telex-Netz hinaus geweckt. Dieser Bedarf stellte die Grundlagen der Datenübermittlung dar, welche aufgrund gesetzlicher Regelungen in Deutschland alleine durch die DBP Telekom durchgeführt werden darf. Diese hatte somit auf Druck interessierter Anwender ein öffentliches Datenkommunikationsnetz zu entwickeln. Es entstanden die DATEX-P- und DATEX-L-Dienste.

Im Bereich der Sprachübertragung waren zwei technische Möglichkeiten ausschlaggebend. Zum einen konnte gezeigt werden, daß die Sprachübertragung rein digital möglich ist, und sogar bessere Qualitäten garantiert als die analoge Übertragung. Da die digitalen Verbindungen außerdem optimal für die Datenübertragung verwendet werden können, entstand die Idee des digitalen Netzes mit integrierten Diensten (**ISDN**: *integrated services digital network*). Zur Zeit stehen wir am Anfang dieser Entwicklung.

Bis in die siebziger Jahre wurde die Verbindung zwischen zwei Teilnehmern mechanisch hergestellt, zunächst manuell durch Steckverbindungen an einem Schaltbrett, später elektromechanisch durch Hub-Dreh-Wähler und EMD (Edelmetall-Motor-Drehwähler). Erst aufgrund der Entscheidung der Deutschen Bundespost (DBP, heute DBP Telekom) im Jahre 1978, das Fernsprechnetz zu digitalisieren, verschwanden sämtliche mechanischen Geräte zum Verbindungsaufbau im Westen der Bundesrepublik Deutschland. Damit war das Vermittlungsnetz in Deutschland digitalisiert, so daß sich ISDN in diesem Netz besonders lohnen dürfte.

Aufgrund dieser Entwicklungen sind mittlerweile in Deutschland, sowie in den meisten Industrie-Nationen, optimale Voraussetzungen für die Datenübertragung über das öffentliche Netz geschaffen.

### 3.3.2 Grenzen elektrischer Systeme

Heute werden die meisten Datenverbindungen elektrisch hergestellt. Dieses ermöglicht zum Teil sehr hohe Übertragungsraten, hat natürlich aber irgendwo seine Grenzen. Elektrische Verbindungen bestehen aus Leitungen, sowie aus Beschaltungen mit Widerständen, Kondensatoren, Spulen und Transistoren am Anfang und Ende der Leitungen. Bis auf die Spulen, die praktisch immer durch die anderen Bauteile ersetzt werden können, sind diese Teile heute integrierbar, so daß ein IC meist ausreicht, um technisch differenzierte Funktionen zu realisieren.

Um ein Signal zu übertragen, ist der Zustand des Übertragungssystems zu ändern, was bei elektrischen Geräten durch Ändern eines Stroms oder einer Spannung geschieht. Die Zeit, die dieses braucht, wird in der Regel durch die Zeitkonstante: $\tau = R \cdot C$ bestimmt, wobei R der (ohmsche) Widerstand, und C die Kapazität eines Kondensators ist. Der Wert $\tau$ gibt die Zeit an, die nötig ist, um eine ca. 63 prozentige Änderung (1-1/e) eines Wertes herbeizuführen.

In integrierten Schaltkreisen lassen sich ohne großen technischen Aufwand Widerstände im Bereich von R=50 Ω bis 100 kΩ realisieren, und Kapazitäten im Bereich von unter C=100 pF. Dieses ergibt Zeitkonstanten im Bereich von $\tau$=100 kHz bis 200 MHz. Um eine annähernd 100 prozentige Signaländerung zu bewirken, lassen sich hiermit Frequenzen realisieren, die zwischen 10 kHz und 100 MHz liegen.

Ein Ziel der technologischen Entwicklung ist die Erhöhung der Integrationsdichte. Dieses ist aus zwei Gründen sinnvoll: Zum einen wird die erhöhte Anzahl von Bauelementen auf einem Chip bei gleichen Kosten die Funktionalität erhöhen; zum anderen bewirkt eine Verringerung der Abmessungen aber auch eine Erhöhung der Geschwindigkeiten, mit denen ICs schalten können. Dadurch kann eine weitere Verbesserung der Leistungsfähigkeit erreicht werden, die teilweise über die oben genannten 100 MHz hinausgeht. Durch alternative Technologien sind weitere Geschwindigkeitssteigerungen möglich, so daß für die Datenübertragung andere technische Einrichtungen den Engpaß darstellen.

Die Grenzen bei der elektrischen Verarbeitung von Signalen werden auch durch die Art des Übertragungsmediums bestimmt. Die einfachste Möglichkeit ist eine **verdrillte Leitung** (*twisted pairs*), wie sie in der Telefontechnik benutzt wird (Telefonkabel). Diese sind etwa 0,2 $mm^2$ (auch 0,4 $mm^2$) stark und können Frequenzen von bis zu 4 kHz über mehrere Kilometer übertragen. Für kleinere Abstände sind auch höhere Frequenzen bis in den Megahertz-Bereich möglich (der Anschluß von FDDI wird zur Zeit mit verdrillten Leitungen über bis zu 100 m mit 125 MHz realisiert). Für Telefonleitungen liegen die Fehler in der Größenordnungen von einem Bitfehler auf $10^5$ Bit (d.h. bei einer Fehlerwahrscheinlichkeit von $10^{-5}$), wobei bei der Analogübertragung die Fehlerwahrscheinlichkeit bis auf $10^{-3}$ hinaufgeht, während bei digitaler Übertragung auch Fehlerwahrscheinlichkeiten von $10^{-7}$ erreicht werden.

Ein weiterer Faktor, der berücksichtigt werden muß, ist die Beeinflußbarkeit durch elektromagnetische Strahlung. Ein Telefonkabel wirkt zum einen selbst als 'Radio-Sender', wenn eine hohe Frequenz durch das Kabel geleitet wird, so daß es andere Leitungen beeinflussen kann; zum anderen wirkt ein solches Kabel als Antenne, fängt also selbst die Signale anderer Kabel und darüber hinaus jede elektromagnetische Welle ein. Durch Überlagerungen können daher nennenswerte Effekte auf einem Kabel entstehen, welche die Fehlerwahrscheinlichkeit beeinflussen, so daß diese nicht nur von der Kabelart abhängt, sondern auch von der Umgebung, in der es verlegt wird.

Ebenso wirkt ein solches Kabel wie ein Widerstand mit Kondensator. Das Ersatzschaltbild (welches das elektrische Verhalten einer solchen Leitung beschreibt), zeigt, daß dieses Kabel auf höhere Frequenzen eine stärkere Dämpfung hat als auf niedrigere. Dadurch entsteht eine Signal-Verfälschung, wie im Abschnitt 3.2 gezeigt wurde.

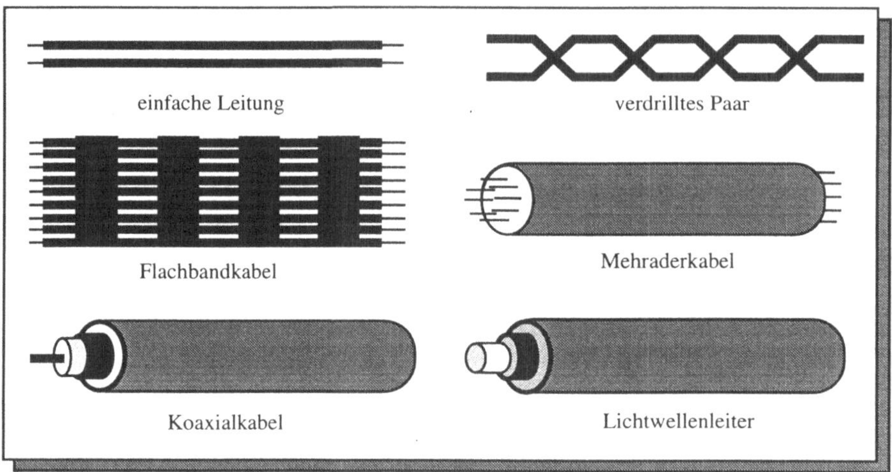


Verschiedene Kabelarten für die Datenübertragung

Die zweite Art gebräuchlicher Leiter sind die **Koaxialkabel**. Diese bestehen aus einer Kern-Ader, die von einem Isolator umgeben ist, welcher wiederum von einem Kupfergeflecht als äußerem Leiter umschlossen wird. Ein Mantel isoliert das Kabel nach außen.

Koaxialkabel haben die meisten der oben genannten Nachteile nicht; insbesondere geben sie praktisch keine eigene Strahlung ab, und darüber hinaus werden Einstrahlungen praktisch immer sofort kompensiert, da sie auf den inneren wie auf den äußeren Leiter gleichartig wirken, d.h. in gleicher Richtung mit gleicher Stärke. Ihre Fehlerwahrscheinlichkeiten liegen entsprechend in der Größenordnung von $10^{-7}$. Die maximale Frequenz für analoge Übertragung liegt bei 300 MHz (z.B. für Kabelfernsehen), und bei bis zu 500 MHz für digitale Anwendungen (Ethernet als verbreitetster Standard verwendet 10 MHz). Zwar ist das Dämpfungsverhalten von Koaxialkabeln deutlich besser als das von Telefonkabeln, aber dennoch liegt auch hier eine frequenzabhängige Dämpfung vor, die sich vor allem in einer Signalverfälschung bemerkbar macht, so daß auch Koaxialkabel Relaisstationen benötigen, die zum einen die Signale wieder verstärken, zum anderen die Form der Signale wieder restaurieren. Der Abstand dieser 'Repeater' liegt bei Koaxialkabeln in der Größenordnung von 50 km bis 100 km.

Das dritte Übertragungsmedium für elektrische Größen ist der freie Raum, durch welchen Radiowellen geschickt werden können. Radiowellen sind sich schnell ändernde elektromagnetische Felder, die sich mit Lichtgeschwindigkeit im freien Raum ausbreiten. Sie werden sowohl für die erdgebundene Übertragung als auch für die Satellitenübertragung eingesetzt.

Aufgrund physikalischer Randbedingungen ist die Frequenz einer Welle abhängig von der Länge der Antenne, so daß nur Funkwellen hoher Frequenz mit technisch vertretbarem Aufwand erzeugt werden können. Diese sind für die meisten Anwendungen viel zu hochfrequent, so daß diese Wellen lediglich als Träger für die Information benutzt werden, dem das eigentliche Signal aufmoduliert wird. Die Modulation von Trägerwellen betrachten wir weiter unten.

### 3.3.3 Lichtwellenleiter

Mit der Erfindung der Glasfaser in den sechziger Jahren entstand die Möglichkeit, Licht (eine sehr hochfrequente, elektromagnetische Welle) durch ein Kabel zu leiten. Zusammen mit der notwendigen Technologie für die Erzeugung und Aufnahme der Lichtsignale durch Halbleiter-Laser und -Dioden wurde eine Methode zur Datenübertragung entwickelt, welche mittlerweile technisch größere Möglichkeiten zuläßt als das Kupferkabel und darüber hinaus auch noch wirtschaftlicher ist. Die technische Bezeichung für eine Glasfaser ist **Lichtwellenleiter** (LWL; ***fibre optics***).

Die Kerntechnologie der Lichtwellenleiter beruht auf dem physikalischen Prinzip der Totalreflexion bzw. der Brechung des Lichts an der Grenzschicht zweier optisch transparenter Medien mit verschiedenen Brechungszahlen. In einem Lichtwellenleiter bestehen diese beiden Komponenten in der Regel aus Quarzglas und werden als Kern und Mantel bezeichnet. Gebildet wird der Kern aus einer extrem dünnen, zylinderförmigen Faser mit einer bestimmten Brechungszahl, die von einem Mantelmaterial, welches eine geringere Brechungszahl aufweist, umschlossen wird. Tritt nun ein Lichtstrahl auf die Stirnfläche des Faserkerns, so wird er entweder exakt entlang der Faserachse geführt oder beim Auftreffen auf die Grenzschicht zwischen dem Kern und dem Mantel gebrochen. Zu einer Reflexion zurück in den Kern des Leiters kommt es, wenn der Lichtstrahl mit einem Winkel auf die Faser trifft, der kleiner oder gleich dem sogenannten Akzeptanzwinkel $\Theta_A$ des Leiters ist. Definiert wird dieser Winkel durch die Brechzahldifferenz zwischen dem Kern- und dem Mantelmaterial. Den Sinus des Akzeptanzwinkels bezeichnet man als numerische Apertur $A_n$. Sie ist eine Maßzahl für die, in einen Lichtwellenleiter einkoppelbare Lichtmenge.

Ein Signal unterliegt jedoch bei der Übertragung in einem Lichtwellenleiter – wie in allen Übertragungsmedien – einer Abschwächung. Hervorgerufen wird diese Abschwächung durch kleinste Materialinhomogenitäten, wie Kristallite, Blasen oder eingeschlossene Schmutzpartikel, die zu Streueffekten im Lichtwellenleiter führen. Aber auch bei einem völlig homogenen Medium treten Streuungsverluste auf, deren Ursache in einer Veränderung der Dielektrizitätskonstanten zu sehen ist. Diese physikalisch bedingten Mindestverluste sind unter dem Begriff Rayleigh-Streuung bekannt und bilden die theoretische Grenze für die minimale Faserdämpfung bis zu einem Wellenlängenbereich von etwa 1,6 µm. Für die Datenübertragung ist insbesondere der Bereich um 1,3 µm von besonderem Interesse, da hier bestimmte Materialdispositionseigenschaften, deren Einfluß auf die Übertragungsqualität noch geklärt wird, am geringsten sind. Der Wellenlängenbereich von über 1,6 µm ist für die Nachrichtentechnik weniger interessant, da es in diesem Bereich zu starken Verlusten durch Schwingungsanregung im Molekülbereich kommt, wodurch die Dämpfung im Lichtwellenleiter stark erhöht wird.

Neben Streueffekten sind Absorptionsverluste ein weiterer Grund für die Abschwächung eines Signals in einem optischen Übertragungsmedium. Diese werden vor allem durch Verunreinigungen mit Metall- oder OH-Ionen hervorgerufen, treten aber auch – angeregt durch energiereiches Licht im UV-Bereich (kurzwelliges Licht) – durch Elektronenübergänge von tieferen zu höheren Energieniveaus auf (Intrinsic-Verluste). Werden diese Verluste zu stark, kann der Empfänger aufgrund der empfangenen Energiemenge keine Rekonstruktion des Signals vornehmen und es kommt zu einem Verlust der Datenverbindung. Weitere Dämpfungsverluste entstehen durch mechanische Einwirkungen. Hier sind in erster Linie Abstrahlungen durch Krümmung des Lichtwellenleiters bzw. durch Leckmoden zu nennen. Insgesamt beträgt die Dämpfung, die durch die Materialeigenschaften und die Formung des Lichtwellenleiters verursacht wird, in einem Lichtwellenleiter aus Quarzglas ($SiO_2$) etwa 0,3 db/km. Allerdings ist für die Begrenzung der Übertragungsleistung in einem Lichtwellenleiter nicht nur das verwendete Material, sondern ebenso der Aufbau des Lichtwellenleiters verantwortlich. Man unterscheidet hier generell zwischen der Multimode- und der Monomodefaser.

Eine Multimodefaser ist ein Lichtwellenleiter (LWL), der sich durch einen relativ großen Kerndurchmesser (50 bis 100 μm) auszeichnet, so daß eine Lichtquelle – bei Multimodefasern wird in der Regel eine Lumineszenzdiode verwendet – mit einem relativ großen Abstrahlwinkel mehrere Strahlen (Modes) in den Leiter einspeisen kann. Strahlen, die durch eine häufige Reflexion an der Grenzschicht zwischen dem Kern und dem Mantel eine größere Entfernung vom Sender zum Empfänger zurücklegen, werden als Strahlen hohen Modes bezeichnet. Strahlen, die sich entlang der Faserachse ausbreiten, sind Strahlen niedrigen Modes. Kennzeichnend für die Datenübertragung mit Hilfe einer Multimodefaser ist, daß mehrere Strahlen zur Signalübertragung und damit zur Identifizierung des Signals beitragen.

Innerhalb der Gruppe der Multimodefasern wird eine Unterscheidung zwischen Stufenprofil- und Gradientenprofilfasern vorgenommen. Als Stufenprofilfasern werden Lichtwellenleiter bezeichnet, die für den Kern- und für den Mantelfaserbereich jeweils eine feste Brechungszahl – d.h. eine konstante Materialeigenschaft – besitzen. Der Kerndurchmesser liegt hier bei etwa 250 μm und der Manteldurchmesser bei etwa 400 μm. Stufenprofilfaser besitzen allerdings das Problem, daß es durch die häufige Reflexion an der Grenzschicht zwischen dem Kern und dem Mantel zu unterschiedlichen Signallaufzeiten (modale Dispersion) der einzelnen Strahlen kommt. Diese Form der Dispersion berechnet sich aus dem maximalen Laufzeitunterschied zwischen den Strahlen, die exakt entlang der Faserachse geführt werden und den Strahlen, die noch gerade die Bedingung der Totalreflexion erfüllen. Dazu wird zunächst der maximale Winkel für die Totalreflexion $\Theta_K$ bei einem gegebenen Lichtwellenleiter bestimmt und dann die maximale Laufzeitdifferenz $\Delta t_s$ berechnet. Die so ermittelten Laufzeitunterschiede machen sich – insbesondere bei sehr hohen Datenübertragungsraten – in einer starken Veränderung des Ausgangssignals im Vergleich zum Eingangssignal bemerkbar.

Dieses Problem führte zur Entwicklung eines weiteren Multimodefasertyps (der Gradientenprofilfaser), der sich durch einen parabolischen Verlauf der Brechungszahl im Kernbereich auszeichnet. In dieser Faser ist der Verlauf der Strahlen nicht mehr geradlinig sondern nahezu sinusförmig. Strahlen, die einen längeren Weg zurücklegen, d.h. häufig den Randbereich der Faser durchlaufen, können diesen aufgrund der geringeren Dichte schneller durchqueren, was sich in einer deutlichen Abschwächung der modalen Dispersion bemerkbar macht, und sich in einem besserem Bitraten-Längenprodukt ausdrückt.

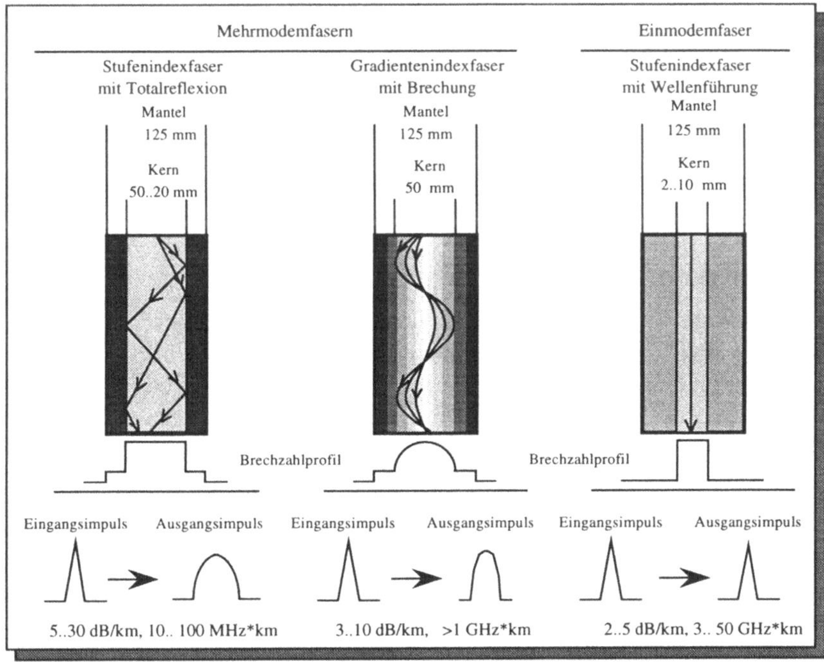


Übertragungseigenschaften von Lichtwellenleitern

In der Gradientenprofilfaser ist die Bestimmung der Ausbreitungsgeschwindigkeit mit Hilfe der Brechzahl des Strahls möglich. Damit kann die Laufzeitdifferenz $\Delta t_g$ zwischen den langsamsten und den schnellsten Strahlen in einer Gradientenprofilfaser bestimmt werden; sie ist um den Faktor $2/\Delta$ geringer als bei der entsprechenden Gradientenindex-faser. Neben der modalen Dispersion tritt noch eine weitere Form der Dispersion auf. Sie wird in der Wellentheorie als chromatische Dispersion bezeichnet und definiert die Abhängigkeit der Ausbreitungsgeschwindigkeit v einer Wellenbewegung (und damit auch des zugehörigen Berechungsindex n des Ausbreitungsmediums) von der Wellenlänge bzw. der Frequenz des Lichts, die sich bei der Brechung des Lichts in einer Aufspaltung in einzelne Spektralfarben ergibt.

Die Differenz der Strahllaufzeiten führte zur Entwicklung der sogenannten Monomodefaser, einer speziellen Stufenprofilfaser, die sich durch einen extrem geringen Kerndurchmesser auszeichnet. Dadurch können nur sehr wenige Lichtstrahlen die Faser durchlaufen, womit das Problem der unterschiedlichen Strahllaufzeiten weitestgehend vermieden werden kann. Darüber hinaus wird durch den Einsatz von Laserdioden als Strahlungsquelle – bei Multimodefasern werden in der Regel LEDs eingesetzt – eine besonders hohe Bündelung des eingespeisten Lichtstrahls ermöglicht, so daß nur ca. 3 - 4 Modem den Leiter durchlaufen. Laserdioden sind jedoch wesentlich teurer und haben eine 10fach geringere Lebensdauer als LEDs (der Einsatz von LEDs im Monomodefaserbereich ist aufgrund der breiten Abstrahlung von LEDs und des geringen Kerndurchmessers der Faser schwierig, da keine ausreichende Lichtleistung in die Faser eingespeißt werden kann).

Die genannten Gründe zeigen, daß für die Kommunikation über größere Distanzen, aber demnächst auch im lokalen Bereich, die LWL-Technik wesentliche Vorteile bietet, so daß die Koaxialkabel u.U. bald in vielen Anwendungen abgelöst werden können.

## 3.4 Übertragung von Information

Die Änderung einer elektrischen Spannung breitet sich schnell über eine elektrische Leitung aus, weshalb sich solche Systeme zur Nachrichtenübertragung gut eignen. Hierfür werden in der Regel zwei einfache Leitungen, verdrillte Leitungen (evtl. mit Abschirmung) oder Koaxialkabel verwendet. Die Normung solcher Art von Informationsträgern besprochen werden.

In vielen Fällen ist es jedoch sinnvoll, den Spannungspegel regelmäßig zu ändern, d.h. eine Wechselspannung recht hoher Frequenz zu benutzen, und dieser das eigentliche Signal **aufzumodulieren**. Dieses wird bei der Datenübertragung über das klassische analoge Telefon über **MODEM**s (MOdulator, DEModulator) benutzt, da ein Telefonnetz nur Wechselspannungen einer bestimmten Mindestfrequenz (300 Hz bis 3,4 kHz) übertragen kann; ebenso verwendet man die Modulation bei der Übertragung mit Radiowellen, welche eine sehr viel höhere Mindestfrequenz haben; oder bei der Breitbandtechnik für lokale Netze.

### 3.4.1 Störungsursachen für Signale

Die folgenden Betrachtungen beziehen sich insbesondere auf elektrische Signale; jedoch können in einigen Fällen auch andere Übertragungsmedien, z.B. Licht, in diese Betrachtungen mit einbezogen werden.

Jedes Signal, welches in einem Medium übertragen wird, wird in seiner Amplitude verringert. Dieses gilt für elektrische Signale in Kupferleitungen genauso wie für Licht in Lichtwellenleitern oder in der Luft oder elektromagnetische Wellen wie Mikrowellen.

Dieses Phänomen wird als **Dämpfung** (*attenuation*) bezeichnet. Es kann weitestgehend dadurch vermindert werden, daß **Verstärker** (*amplifier*, hier: *repeater*) in die zu überbrückenden Strecken eingebaut werden. Für solche Zwecke werden sowohl bei elektrischen Verbindungen als auch bei Lichtwellenleitern in die Kabel Verstärker eingefügt (die zugleich auch einer Verzerrung der Wellenform entgegenwirken). In Funkstrecken werden Relais-Stationen eingefügt, die lediglich die Aufgabe haben, ein Richtfunksignal zu verstärken und in eine gewünschte Richtung weiterzuschicken.

In elektrischen Anlagen hängt die Dämpfung vorwiegend vom ohmschen Widerstand ab. Dieser kann durch Verwendung dickerer Leitungen oder anderer Werkstoffe verringert werden, was jedoch die Kosten für solche Leitungen emportreibt (eine Ausnahme bildet die Supra-Leitung, die hier nicht weiter betrachtet wird).

In Lichtwellenleitern wird die Dämpfung durch **Streuung** des Lichts an Verunreinigungen des Materials bewirkt, durch **Absorption** im Material, welche niemals ganz zu vermeiden ist, und durch **Abstrahlung** bei zu großer Krümmung einer Lichtfaser. Durch Wahl eines hochreinen Ausgangsmaterials können diese Effekte stark verringert werden: Normales Glas besitzt eine Dämpfung von 50000 dB/km, während mit hochreinem Quarzglas eine Dämpfung von 1 dB/km erreicht wird. In solchen Gläsern dürfen je Tonne Material nur 1 Milligramm Fremdkörper sein. Neben materialabhängigen Dämpfungsursachen tritt auch eine Streuung aufgrund der Wärmeschwingungen der Atome auf, welche eine unterschiedliche Dichte des Mediums bewirken (**Rayleigh-Streuung**). Solche Ursachen sind gleichfalls niemals ganz auszuschalten.

Die Dämpfung in elektrischen Leitern hängt auch von der Frequenz des übertragenen Signals ab. Dieses kann man dadurch kompensieren, daß höhere Frequenzen bereits beim Sender mehr verstärkt werden als niedrigere; die so verzerrt auf die Leitung gegebene Welle kommt dann beim Empfänger entzerrt wieder an. Solche Vorrichtungen werden **Equalizer** genannt.

Die **Bandbreite** eines Kanals kann gleichfalls das Signal verzerren. Die Bandbreitenbeschränkung entsteht entweder durch die physikalische Eigenschaft des Mediums, wie bei der Dämpfung, oder sie wird künstlich bewirkt, z.B. bei der Übertragung von Schallwellen durch das Telefon (300 Hz bis 3400 Hz) oder bei der diskreten Abtastung eines analogen Signals. Von Nyquist gibt es hierzu eine Formel:

$$C = 2B \log_2(M) \text{ Bit/sec}$$ **Übertragungsbandbreite**

B: Bandbreite des Kanals
M: Stufen pro Signalelement
C: Übertragungsbandbreite
$\log_2$: Logarithmus zur Basis 2

Diese Formel definiert eine obere Grenze der Übertragungsbandbreite des Kanals in Bit/sec. Dieser Wert errechnet sich aus dem Produkt der zweifachen Kanalbandbreite mit dem Logarithmus zur Basis 2 der Anzahl der Stufen, mit denen die Signale kodiert werden (z.B. zwei Stufen bei binärer Kodierung, drei ternärer Kodierung usw.).

Die **Signallaufzeiten** auf einem Kanal hängen ebenfalls von der Frequenz des Signals ab. Dieses kann bewirken, daß die Oberwellen eines zusammengesetzten Signals während der Übertragung auseinandergeschmiert werden und somit zu einer Signalverzerrungen führen. Dieses wird auch **Verzögerungsverzerrung** (***delay distortion***) genannt. Besonders nachteilig ist hieran, daß eine Wechselwirkung zwischen aufeinanderfolgenden Signalwerten möglich ist, so daß ein früheres Signal ein späteres beeinflußt.

Unter **Rauschen** versteht man den Effekt, daß auch auf einer Leitung, an welche kein elektrisches Signal angelegt wurde, eine elektrische Spannung gemessen werden kann. Dieses kann mehrere Ursachen haben:

- **Übersprechen** (elektromagnetische Einstrahlung von anderen Leitungen)
- **Impulsrauschen** durch elektrische Geräte
- **Wärmerauschen** durch Elektronenbewegung im Metall (weißes Rauschen)

Werden zwei lange Leitungen über weite Strecken parallel geführt werden, so kann die induktive Beeinflussung ein **Übersprechen** bewirken. Der Effekt ist der gleiche, der z.B. in einem Transformator auftritt, wo er jedoch erwünscht ist. Dieses kann z.B. durch anderes Verlegen der Leitungen vermindert werden (moderne Verkabelungen werden 'kreuz-und-quer' verlegt, und nicht mehr in langen, parallelen Kabelsträngen). Andere Möglichkeiten zur Verringerung des Übersprechens sind die Verwendung abgeschirmter oder strahlungarmer Kabel (Koaxialkabel).

Das **Impulsrauschen** entsteht durch elektromagnetische Felder, die z.B. durch das Schalten elektrischer Maschinen, durch Induktionsspulen beim Einschalten von Leuchtstoffröhren, oder durch radioaktive Strahlung (Höhenstrahlung) entsteht. Sie treten nur kurzzeitig auf, können aber dennoch große Datenverluste bewirken. Dieses kann nur durch verbesserte Abschirmung vermindert werden, oder durch Verwendung elektrisch nicht beeinflußbarer Medien wie die Lichtwellenleiter.

Das **Wärmerauschen** entsteht durch die Bewegung von Atomen und Elektronen in jedem Metall, dessen Temperatur oberhalb eines gewissen (immer sehr niedrigen) Wertes liegt, z.B. 2° Kelvin. Es beinhaltet das gesamte Frequenzspektrum jeder Amplitude und kann in technischen Geräten niemals völlig vermieden werden. Auch in Halbleitern, die in jedem Verstärker benutzt werden, tritt es auf, so daß jede Verstärkung eines (analogen) Signals stets auch eine Verstärkung dieses Rauschens beinhaltet. Daher kann die häufige Verstärkung eines immer wieder gedämpften analogen Signals (z.B. eines Telefongesprächs über große Entfernungen) dieses Signal mit weißem Rauschen völlig überlagern. Erst die digitale Signalübertragung ermöglicht es, auch die Form eines Signals immer wieder zu restaurieren, und trotz häufiger Verstärkung beliebig weit ohne Wärme-Rausch-Effekte zu übertragen.

Ein weiterer Fehler kann durch **Reflektion** am Leitungsende entstehen. Man kann zeigen, daß die Energie eines Signals nur dann vom Empfänger völlig akzeptiert werden kann, wenn der Empfänger den gleichen Innenwiderstand (**Impedanz**) wie die Leitung hat. In allen anderen Fällen gibt es Reflektionen am Empfänger, d.h. der Empfänger sendet einen Teil des empfangenen Signals wieder auf die Leitung zurück. Dieses kann zu Störungen führen. Bei elektrischen Übertragungsleitungen wird in der Regel ein künstlicher Innenwiderstand mittels Abschlußwiderständen erzeugt. Üblich sind Abschlußwiderstände in der Größenordnung von 50 Ω bis 200 Ω; sie hängen von der Leitung (und dem Sender) ab und sollten eingemessen werden (bzw. hängen z.B. beim Ethernet von der Bauart der Leitung ab: Dort befinden sich an beiden Enden des Kabels ein Widerstand von 50 Ω).

### 3.4.2 Normung elektrischer Verbindungen

Wir beschreiben hier zunächst die elektrischen Signale zwischen zwei Geräten. Diese sind in verschiedenen Normen festgelegt. Die wichtigste (verbreitetste) Norm ist die **RS-232C** bzw. **V.24**-Schnittstelle, die zunächst für die Verbindung zwischen Datengeräten und Postgeräten (MODEMs) entwickelt wurde (V.24 ist die CCITT-Norm). Heute ist sie jedoch die Standardschnittstelle für praktisch alle kurzen Verbindungen geringer Bandbreite zwischen Datengeräten, wie Rechnern, Druckern, Terminals, Plottern usw. RS-232C (V.24) ist eine **spannungsgesteuerte Schnittstelle**, d.h. der Empfänger betrachtet bei einer bestimmten gemessenen Spannung einen **Signalwert** als gegeben und leitet daraus den **Zeichenwert** ab.

Für RS-232C bedeutet ein Signalwert von mehr als +3V eine logische 0, ein Signalwert von weniger als -3V eine logische 1. Übliche Spannungen sind ±12V oder ±15V. Da die meisten elektronischen Bausteine (TTL-Logik) mit wesentlich geringeren Spannungen arbeiten (0 bis 5 V) sind spezielle **Leitungstreiber** (***line driver***) und **Leitungsempfänger** (***line receiver***) bereitzustellen.

Die Verbindung geschieht häufig mit Flachkabeln oder Mehraderkabeln mit meist nur einer Null-Spannungsreferenz für beide Leitungstreiber. Die maximale (empfohlene) Entfernung zwischen zwei Geräten liegt bei nicht mehr als 15 m, die maximale (empfohlene) Bitrate bei 9.6 kBit/sec.

Eine weitere Schnittstelle ist die **20 mA-Schleife**. Sie schickt einen Signalwert von 20 mA über eine Leitung für den Zeichenwert 1, und sie schickt keinen Strom (öffnet die Strom-Schleife) für den Zeichenwert 0. Da für beide Leitungstreiber getrennte Leitungen verwendet werden, ist die Störunganfälligkeit sehr viel geringer als bei der RS-232C-Schnittstelle. Zwar lassen sich hier keine größeren Bitraten erzielen als bei der RS-232C-Schnittstelle, aber es lassen sich Entfernungen bis zu 1 km überbrücken. Manche Geräte besitzen zwei Treiber, eine RS-232C- und eine 20 mA-Schnittstelle.

Die **RS-422/V.11**-Schnittstelle benutzt **verdrillte Leitungen** und eine **differentielle Übertragungstechnik**: Somit wird jedes binäre Signal durch zwei Spannungen entgegengesetzter Polarität übertragen; auch sind Sende- und Empfangsleitung vollständig getrennt. Da sich Einstrahlungen in die Leitungen normalerweise wechselseitig aufheben, hat diese Technik sehr viel bessere Übertragungseigenschaften als die beiden anderen

Verfahren. Man kann sie für Entfernungen bis zu 100 m bei 1 MBit/sec benutzen, oder für größere Entfernungen bei kleineren Übertragungsraten. Die hieraus abgeleitete Schnittstelle RS-423 kann verwendet werden, um RS-232C Signale zu empfangen.

### 3.4.3 Modulationsverfahren

Wie bereits gesehen, benutzen die RS-232-Schnittstelle, die 20 mA-Schleife und die RS-423-Schnittstelle jeweils sehr unterschiedliche (und wohl auch beliebige) Zuordnungen zwischen dem **Signalwert**, d.h. der physikalischen Ausprägung eines Signals, und dem **Zeichenwert**, d.h. der Interpretation dieser Ausprägung als ein bedeutungstragendes Zeichen. Man nennt solche Zuordnungen einen **Code**, wobei eine Kodierung sehr viel komplexer sein kann, wie im nächsten Kapitel gezeigt wird.

Statt einem Zeichenwert eine Spannung oder einen Strom zuzuordnen, läßt sich einem Zeichenwert auch eine Frequenz zuordnen. Dabei ist eine Sinuswelle durch drei Parameter gekennzeichnet: Die Amplitude (der höchste Wert der Welle), die Frequenz (die Anzahl der Wellen je Zeiteinheit; Dimension 1/sec), sowie der Phase (wann geht eine Welle durch den Nullpunkt). Ändert der Sender einen dieser drei Parameter, so kann der Empfänger dieses feststellen. Entsprechend unterscheidet man im wesentlichen drei Modulationsverfahren.

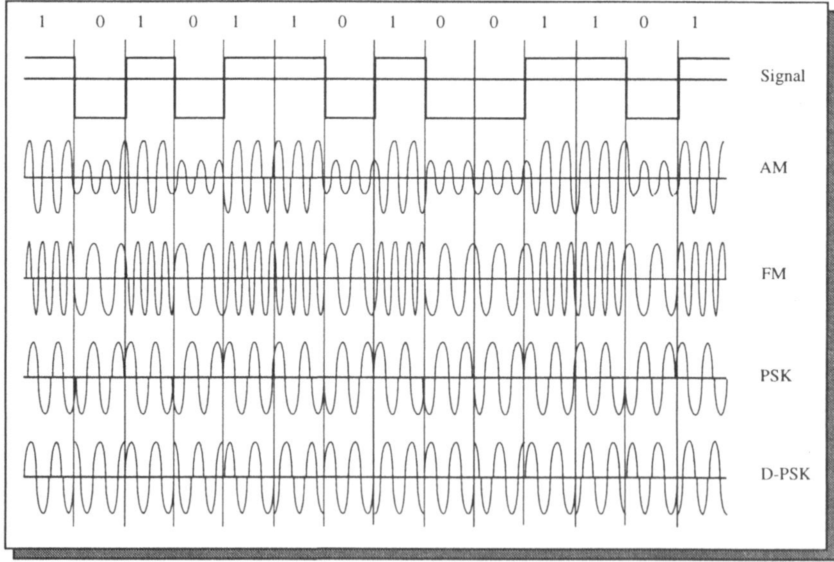


Modulationstechniken

Die **Amplitudenmodulation AM** wirkt auf die Amplitude der angelegten Wechselspannung, so daß aus der Höhe dieser Amplitude der Empfänger auf das Signal schließen kann. Sie wird in der klassischen Radio-Technik (Mittelwelle bzw. AM) verwendet, aber auch in Modems benutzt. Wegen der entfernungsabhängigen Dämpfung des Signals sind solche Modulationen etwas empfindlicher für Störungen als die beiden folgenden Verfahren.

Die **Frequenzmodulation FM** verändert die Trägerfrequenz. Da es auf die stetigen Werte der Amplitude jetzt nicht mehr ankommt, ist diese Methode wesentlich weniger anfällig gegen Störungen, hat aber zugleich den Nachteil, technisch wesentlich aufwendiger zu sein. Insbesondere sind hier zwischen Sender und Empfänger Vereinbarungen zu treffen, welche absolute Frequenz auf welche Zeichenwerte abzubilden ist. Die Frequenzmodulation wird für hochfrequente Hörfunkübertragung (UKW bzw. FM) benutzt, sowie für einfache MODEMs.

Die **Phasenmodulation PM** verändert die Phase der übertragenen Sinus-Schwingung. Der Empfänger kann die entsprechende Information auswerten und den gesendeten Signalwert erkennen. Hier gibt es unterschiedliche Verfahren: Die phasenkohärente **PSK**-Modulation (*phase-shift-key*) benötigt in der Regel ein Referenzsignal, da nur bei Änderung des Signalwerts ein Phasensprung von 180° durchgeführt wird. Die differentielle **D-PSK**-Modulation führt abhängig vom Signalwert einen 90°-Sprung oder einen 270°-Sprung durch. Somit läßt sich nicht nur jeder Signalwert absolut feststellen, sondern auch der Takt, mit dem der Sender die Signale abschickt, zurückgewinnen. Phasenmodulation wird in Kombination mit der Amplitudenmodulation in höherwertigen Modems eingesetzt.

### 3.4.4 MODEMs

Ein Modem (von MOdulator/DEModulator) dient der Übertragung digitaler Information über ein analoges Telefonnetz. Man kann einzelne der aufgezählten Verfahren zur Modulation benutzen oder Kombinationen dieser Verfahren einsetzen. In einfachen Modems mit Übertragungsleistungen bis zu 1200 Bit/sec oder 2400 Bit/sec werden für die 0-Werte oder 1-Werte einfach unterschiedliche Frequenzen übertragen. Hört man solche Leitungen ab, so kann man diese beiden charakteristischen Frequenzen häufig deutlich unterschieden.

Höherwertige Modems arbeiten nach anderen Verfahren. Zum einen verwenden sie unterschiedliche Trägerfrequenzen; diesen werden jeweils unterschiedliche Amplitudensignale aufmoduliert (zwischen 4 und 8 Werten); zum anderen moduliert man diese mittels Phasenmodulation (zwei oder vier Werte), so daß man je Trägerwelle bis zu 32 verschiedene Werte erhält. Mit diesen Verfahren lassen sich Modems bauen, die bis zu 19.200 Bit/s übertragen können.

Höherwertige Modems testen die Leitung, sowohl bei Verbindungsaufbau als auch während der Verbindung. Sollten sich einzelne Trägerfrequenzen als zu fehleranfällig herausstellen, so schalten die Modems automatisch auf niedrigere Übertragungsraten um.

Manche können danach wieder auf höhere Übertragungsraten gehen, wenn sich die Qualität der Leitung während des Betriebs verbessert (was durchaus geschehen kann).

Aufgrund theoretischer Überlegungen (Shannonscher Kanalkapazitätssatz) läßt sich über eine Leitung die folgende maximale Informationsrate in Bit je Sekunde übertragen:

$$\textit{Max. Bitrate [Bit/s]} = \textit{KanalBandbreite [Hz]} \cdot \log_2\left(1+\frac{S}{N}\right)$$

Hierbei ist S die Energie des Signals und N die Energie einer Störquelle, wobei von einer mittleren Energie auszugehen ist. Die Energie einer elektrischen Welle ist proportional dem Quadrat ihrer Amplitude. Verhalten sich also Amplitude von Signal und Störquelle im Mittel wie 30:1, so liegt das Verhältnis S/N bei 1.000. Also ist der Logarithmus dieser Zahl zur Basis 2 etwa 10.

Hieraus folgt, daß eine Telefonleitung mit einer maximalen Bandbreite von 3 kHz maximal 30 kBit/sec übertragen kann. Genauere Untersuchungen schränken diesen Wert auf ca. 23 kBit/sec ein. Damit liegen wir mit den oben genannten 19,2 kBit/sec in der Nähe der maximal möglichen Übertragungsrate. Höhere Übertragungsraten können somit durch elektrotechnische Vorrichtungen auf einer klassischen analogen Telefonleitung nicht erreicht werden; man kann jedoch durch eine geeignete Kodierung u.U. höhere Übertragungsraten erreichen, z.B. indem Sender und Empfänger für bestimmte häufig wiederkehrende Zeichenwerte einen abkürzenden Code vereinbaren.

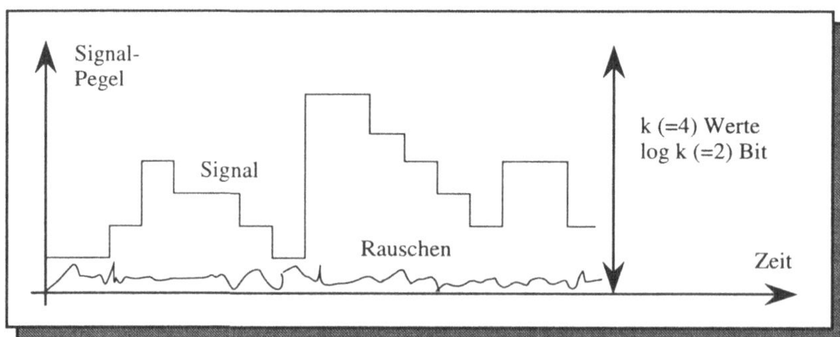


Zum Shannonschen Kanalkapazitätssatz

Hierzu gibt es verschiedene Normen. Die CCITT hat den Standard V.42bis herausgebracht; gegenwärtig befindet sich ein Standard V.fast in Arbeit, der noch bessere Ergebnisse erzielen soll. Insbesondere die Firma Microcom hat die sogenannten MNP-Protokolle entworfen (*Microcom Networking Protocol*), die mittlerweile als Industriestandard gelten. Sie sind in verschiedene Leistungsklassen eingeteilt, wobei eine höhere Klasse die Leistungen der niederen Klasse mit einschließt.

Die verschiedenen Leistungsklassen unterscheiden sich in der Art der Kommunikation (z.B. Halb- oder Vollduplex, synchron, asynchron, byte- oder paketorientiert usw.), sowie in der Art der Fehlererkennung und -behandlung. Ein weiterer Aspekt ist die Datenkompression: Durch geeignete Kodierung der Information kann die übertragbare Datenmenge gesteigert werden. Dieses ist jedoch nur möglich, wenn die Daten ausreichend viel Redundanz besitzen, d.h. z.B. bereits komprimierte Daten lassen sich meist nicht mehr weiter verringern, so daß in solchen Fällen wegen des unvermeidbaren Protokolloverheads besser ganz auf die Datenkompression verzichtet wird.

Dem Modembetrieb über die analoge Telefonleitung wächst vor allem mit der ISDN-Technik ein starker Konkurrent. Während die Modempreise viele Jahre lang relativ hoch gewesen waren, sinken sie jetzt stark, wobei gleichzeitig die Leistung steigt. Da ISDN-Anschlüsse noch immer deutlich teurer als normale Telefonanschlüsse sind, mag für eine absehbare Zeit das Modem noch konkurrenzfähig sein. Es bleibt abzuwarten, ob sich das demnächst ändert.

### 3.4.5 Digitale Übertragung analoger Signale

Die moderne digitale Telefontechnik erfordert die Digitalisierung des analogen Sprachsignals. Um ein analoges Signal digital übertragen zu können, wird dessen Ausprägung in der Regel mit einer bestimmten Rate abgetastet, und die gemessenen analogen Werte in digitale umgewandelt. Die technischen Werte sind international genormt und leiten sich insbesondere aus physiologischen Randbedingungen (Frequenzgang menschlichen Gehörs) her.

Aufgrund dieser Überlegungen mußte zum einen festgelegt werden, in wie viele verschiedene Amplitudenwerte das analoge Signal zu zerlegen ist, und wie häufig dieses Signal abgetastet werden muß. Letzteres ergibt sich aus dem **Abtasttheorem** von Nyquist, welches im folgenden kurz erläutert werden soll.

Die Aufgabe lautet, aus endlich vielen Werten eines Signals das originale Signal zu rekonstruieren. Dabei geht man von gleichmäßiger Abtastung des Signals aus, d.h. zwei Werte werden jeweils im gleichen zeitlichen Abstand ermittelt. Die Oberwelle mit der höchsten Frequenz in dem Signal habe die Frequenz f.

Würde man ein Signal höchster Frequenz mit dieser Frequenz abtasten, so erkennt man leicht, daß das aus diesem Signal restaurierte nicht von einem Gleichspannungssignal unterschieden werden kann. Würde man stattdessen eine Abtastung mit doppelter Frequenz vornehmen, so könnte man im günstigsten Fall das originale Signal rekonstruieren, im ungünstigsten Fall, nämlich bei einem Phasenversatz zwischen Amplitude und Abtastzeitpunkt von 90°, würde man jedoch das Signal 0 rekonstruieren. Also reicht auch diese Frequenz nicht aus. Tatsächlich muß die Abtastrate größer als das doppelte der höchsten Frequenz des Signals sein, um dieses rekonstruieren zu können. Wie viel größer, sagt das Theorem von Nyquist zu diesem Problem leider nicht aus. Auch gilt dieses Ergebnis nur für die Rekonstruktion eines statischen Signals, welches lange genug unverändert mit der gleichen Frequenz und Amplitude schwingt. Sprachsignale sind aber in der Regel stark dynamisch, d.h. sie stellen ein komplexes Gemisch sich ständig ändernder Wellen dar.

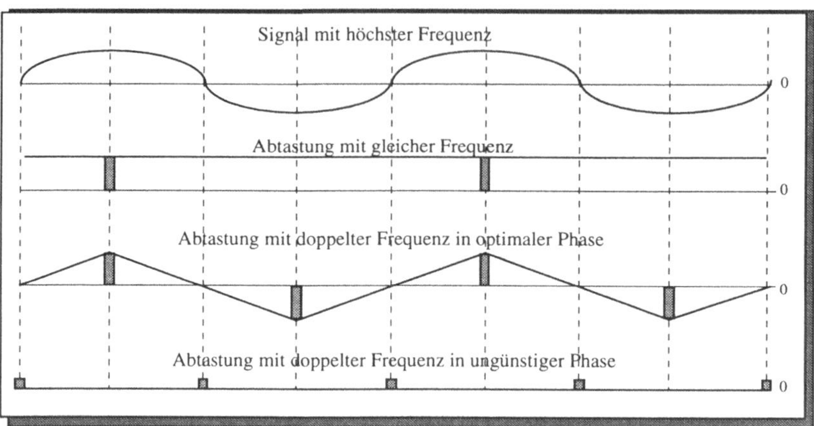


Zum Abtasttheorem von Nyquist

Beim Telefonieren wird die maximale Frequenz des Sprachsignals auf etwa 3,4 kHz beschränkt, so daß die Mindestabtastrate größer sein muß als 6,8 kHz. Man wählt wegen der genannten Probleme 8 kHz als Abtastrate. Moderne **Codecs** (Codec = COdierer / DECodierer) gestatten es auch, Sprachsignale mit 7 kHz zu übertragen. Auf diese Technik wird hier nicht weiter eingegangen.

Aufgrund physiologischer Untersuchungen reichen für die Aufteilung der Amplitude des Sprachsignals 256 Werte aus, so daß für die positive und negative Amplitude bis zu 127 Werte abgetastet werden können. Die Kodierung erfolgt in der Regel nicht linear, sondern logarithmisch, da die meisten menschlichen Sinnesorgane (wie Meßgeräte überhaupt) auf Energie reagieren. Feine Unterschiede werden bei leisen Signalen stärker wahrgenommen als bei lauten. Somit werden die Bereiche für leise Werte feiner unterteilt als für laute. Dieses wird gemäß der ISDN-Norm mittels einer stückweise linearen Funktion der theoretisch idealen logarithmischen Funktion approximiert. Da auf der Sendeseite große Amplituden **komprimiert** werden, die auf der Empfangsseite wieder **expandiert** werden, spricht man auch von **Kompandierung**.

Insgesamt ergibt sich eine Informationsrate von 8 Bit mit 8 kHz, also 64.000 Bit/sec. Aus diesem Grunde ist das ISDN-Netz gemäß der CCITT-Norm mit 64.000 Bit/sec ausgelegt. In den USA ist das Netz nach der Bell-Norm auf 7 Bit mit 8 kHz ausgelegt, also 56.000 Bit/sec.

Die digitale Abtastung analoger Signale wird auch als *Pulse Code Modulation* (**PCM**) bezeichnet. Eine weitere Technik aus diesem Gebiet wird als 'TASI' bezeichnet. Hier wird in Sprachpausen, wenn also keine Sprachsignale übermittelt werden müssen, die

Übertragung ausgesetzt. Die Kapazität des Kanals wird dann für andere Kanäle, auf denen gerade gesprochen wird, frei. Diese Technik (die früher analog ausgeführt wurde) lohnt sich natürlich nur bei entsprechend teuren Leitungen, z.B. Transatlantik-Leitungen, bzw. Satellitenübertragung. Die TASI-Technik soll hier ebenfalls nicht vertieft werden, wird aber evtl. in bestimmten modernen Breitband-ISDN-Systemen auf digitaler Basis wieder eingeführt werden (**IBN**=*Integrated Broadband Network*).

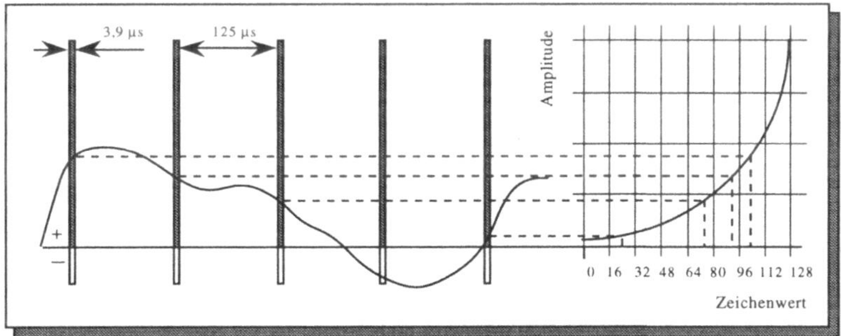


Kompandierung des Sprachsignals beim PCM

## 3.5 Informationsübertragungsmodell

Zur Übertragung von Information wurden verschiedene Techniken entwickelt. Bei den elektrischen Übertragungssystemen wird entweder eine Spannung oder ein Strom geändert; bei den optischen werden Lichtsignale unterschiedlicher Intensität gesendet. Wir bezeichnen dieses jeweils auch als Zustandsänderung des Kanals.

Bei der **asynchronen Übertragung** kann der Sender nur durch die Angabe eines Startbits die Übertragung einleiten. Danach muß im richtigen zeitlichen Abstand eine feste Anzahl von Bits übermittelt werden, welche dann im Kanal als eines von mehreren möglichen Zeichen interpretiert wird. Ein Stopbit schließt die Übertragung ab. Der Kanal sendet das Zeichen als Ganzes an den Empfänger und übermittelt diesem die Information mit einem entsprechenden Protokoll.

Bei der **synchronen Übertragung** wird die Datenübertragung mit Hilfe besonderer Startzeichen eingeleitet und durch ein besonderes Stopzeichen beendet. Zwischen diesen Zeichen wird die Nutzinformation eingefügt, wobei durch spezielle Kontrollzeichen die transparente Übertragung der Information garantiert wird.

Bei der **Paketübertragung** wird statt eines Zeichens ein ganzer Block von Zeichen vom Sender an den Kanal übermittelt. Hier wird die Synchronisation zwischen Sender und Kanal durch Senden eines Flagzeichens, und innerhalb eines Pakets entweder durch sehr genaue Uhren oder durch interne Maßnahmen, z.B. Taktrückgewinnung aus der

Leitungskodierung, erreicht. Alle diese Verfahren gestatten es, daß die Information im Prinzip zu jeder Zeit abgesetzt werden kann. Wenn keine Information vorliegt kann gegebenenfalls auch einige Zeit lang die Übertragung unterbrochen werden. Beim **synchronen Zeitmultiplex** (z.B. ISDN) wird jedoch in festen Abständen ein Byte übertragen. Da jetzt regelmäßig Daten übermittelt werden müssen, ist es die Aufgabe des Senders, durch eine geeignete Kodierung dafür zu sorgen, daß der Empfänger ein 'leeres' Byte, welches keine Information trägt, richtig interpretiert.

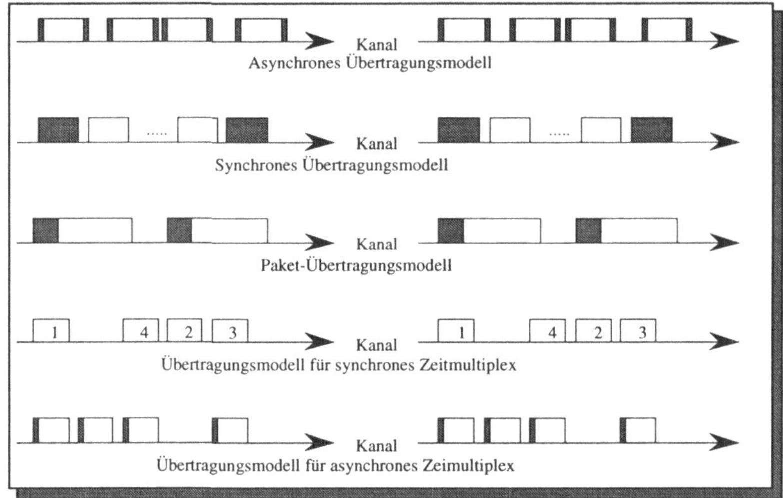


Übertragungsmodelle

Beim **asynchronen Zeitmultiplex** (*Asynchronous Time Multiplex*) wird der Kanal in Zeitabschnitte fester Länge (**Zeitschlitz**, *time slot*) eingeteilt. In einen solchen Zeitschlitz (mit einer Länge von mehreren Bytes, z.B. 48 Bytes) kann ein Sender bei Bedarf Daten übertragen; der Empfänger kann anhand einer besonderen Kennung, dem Header (z.B. 5 Byte Länge), feststellen, für welche virtuelle Verbindung dieses Datenpaket bestimmt ist.

## 3.6 Zur Ausnutzung von Kanälen

Übertragungseinrichtungen stellen stets eine feste Bandbreite für die Übertragung zwischen zwei Punkten bereit. In den meisten Fällen benötigen die Benutzer solcher Einrichtungen andere Bandbreiten als die maximale. Um die bereitgestellten Ressourcen optimal auszunutzen, werden die Übertragungseinrichtungen auf verschiedene Benutzer aufgeteilt; durch die gleichzeitige Nutzung der gleichen Ressource durch verschiedene Benutzer erhofft man sich einen **Bündelungsgewinn**, d.h. die Kosten werden unter mehreren Teilnehmern aufgeteilt. Dieser ökonomische Aspekt hat eine Reihe von Technologien entstehen lassen, von denen wir zwei prinzipielle Konzepte hier betrachten wollen. Man nennt die Zuteilung von Bandbreite entweder **Konzentrierung** oder **Multiplexen**.

Wenn eine Übertragungseinrichtung nur dann benutzt wird, wenn sie wirklich benötigt wird, so spricht man von **Konzentrierung**. Dieses erfordert in der Regel, daß der Empfänger darüber informiert wird, welcher Verbindung die gesendete Information zuzuordnen ist. Im Falle ungleichmäßiger Ausnutzung eines Kanals ist dieses die optimale Technik. Sie wird insbesondere benutzt, um Paketübertragungsnetze zu betreiben; Pakete werden nur geschickt, wenn Information ausgetauscht werden soll; ansonsten ruht die jeweilige Verbindung, es sei denn, sie wird von einer anderen Verbindung belegt. Jedes Paket identifiziert sich über einen eigenen Paketkopf, der z.B. im Internet-Protokoll über eine Nummer aus Internet-Adresse und Port-Nummer eindeutig einer virtuellen Verbindung zugeordnet werden kann. Weitere Protokollfamilien, die solche Techniken verwenden, sind die meisten Protokolle für lokale Netze, wie Ethernet oder Tokenring, sowie das HDLC/LAPB-Protokoll, welches ein Linkprotokoll für die Verbindung zwischen zwei Stationen ist und z.B. im Standard X.25 der CCITT benutzt wird.

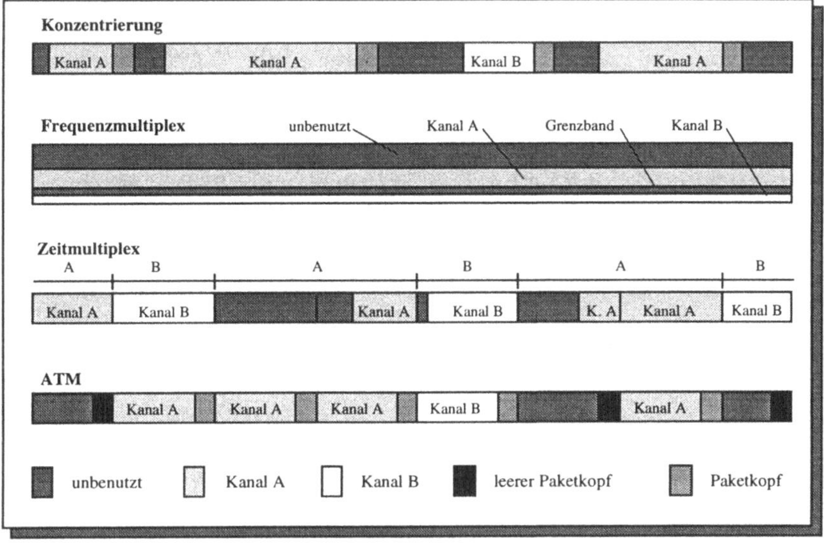


Verfahren zur Bandbreitenzuteilung

Unter **Multiplexen** versteht man die feste Zuteilung eines Teils der gesamten Bandbreite. Dieses ist (in der Regel) während der Verbindungszeit nicht mehr zu ändern. Man unterscheidet zwei Formen des Multiplexens:

**Frequenzmultiplex** (**FDM** = *Frequence Division Multiplexing*) unterteilt das zur Verfügung stehende Frequenzband in verschiedene Teilbänder. Ein Signal wird in dieses Band 'hineingehoben' und ist vom Empfänger aufgrund der Frequenzlage eindeutig zu erkennen; der Empfänger hat es wieder in die ursprüngliche Frequenzlage zurückzutransformieren. Zwischen zwei solchen Frequenzbändern gibt es ein **Grenzband**, d.h. einen Frequenzbereich, der nicht benutzt werden darf. Dieses ist notwendig, da technische Frequenzfilter nur mit einer endlichen Steilheit gebaut werden können; daher können Frequenzen nur in bestimmten Abständen sauber getrennt werden. Frequenzmultiplex ist die 'klassische' Methode der Nachrichtentechnik und wurde z.B. zur Übertragung von Telefonsignalen über Richtfunkstrecken verwendet. Der Nachteil dieser Technik ist ihre frequenzlagenabhängige Übertragungsqualität, die insgesamt deutlich schlechter ist als die Übertragungsqualität beim Zeitmulitplexverfahren.

Diese Technik wurde auch in lokalen Netzen zur Datenübertragung erforscht, hat sich aber (sowohl aus technischen Gründen als auch wegen der geringen Akzeptanz bei vorhandenen Standards) nicht durchgesetzt. Man nennt diese Technik auch **Breitbandtechnik**, im Gegensatz zu **Basisbandtechnik**, die beim Zeitmultiplex verwendet wird.

**Zeitmultiplex** (**TDM** = *Time Division Multiplexing*) unterteilt die Zeit, die ein Kanal von einer Verbindung benutzt werden darf, in kleinere Abschnitte. Während 'seines' Abschnitts darf der jeweilige Benutzer den Kanal mit seiner Information belasten. Der Empfänger kennt die **Zeitlagen** (auch **Zeitschlitze** (***time slots***) genannt) der einzelnen Verbindungen und kann die empfangene Information wieder trennen und den jeweiligen Verbindungen zuordnen. Dazu ist es notwendig, daß der Sender für jede Verbindung die Information zunächst ansammelt (*sample*), und sie dann stoßweise auf den Kanal gibt. Üblich ist die Zerlegung der Information in Blöcke (ATM 48 Bytes), in Bytes (ISDN; auch *octett* genannt) oder auch in Bit; Blöcke könnten im Prinzip auch unterschiedliche Längen haben. Zeitmultiplex wird insbesondere in modernen Nachrichtensystemen (ISDN) verwendet.

Eine andere Methode der Aufteilung eines Kanals auf mehrere Verbindungen wurde im letzten Abschnitt als **asynchrones Zeitmultiplex** (**ATD** = *Asynchronous Time Division* oder **ATM** = *Asynchronous Transfer Mode*) bezeichnet. Hierbei werden Informationseinheiten fester Länge (z.B. 48 Bytes) über einen Kanal geschickt, wobei sie nur in leere Zeitschlitze eingefügt werden dürfen. Eine zusätzliche Kennung in einem Kopf des Blocks (*header*) erlaubt es dem Empfänger, einen Block einer bestimmten Verbindung zuzuordnen. Diese Technik ist eigentlich weniger Multiplexen als Konzentrieren, da der Kanal nur belastet wird, wenn er benötigt wird. Das Verhalten solcher Systeme ist sehr komplex und läßt sich nur mit wartetheoretischen Untersuchungen ausreichend genau beschreiben und analysieren. Die ATM-Technik wird vermutlich für das Breitband-ISDN in den nächsten Jahren eingeführt werden und dürfte dann auch im öffentlichen Netz hohe Übertragungsraten (zur Zeit sind 150 MBit/sec geplant) zu geringen Kosten zur Verfügung stellen.

# 4 Leitungskodierung

Zur Übertragung von Information werden in der Regel Leitungen benutzt, in den meisten Fällen elektrische, gelegentlich auch Lichtwellenleiter. Um Nachrichten über solche Leitungen übertragen zu können, muß der Sender die Zeichendarstellung der Nachricht in ein physikalisches Signal umwandeln, welches der Empfänger als zugehöriges Zeichen interpretiert. Die physikalische Darstellung von Zeichen zur Nachrichtenübertragung wird als **Leitungskodierung** bezeichnet und soll in diesem Kapitel etwas genauer betrachtet werden.

## 4.1 Grundsätzliches zur Kodierungstechnik

In der modernen Informatik wird Information in der Regel digital dargestellt und in **Bit** kodiert, wobei mehrere Bits in Gruppen (Maschinenwörter genannt) zusammengefaßt werden, z.B. in **Bytes** (8 Bits), oder **Wörter** von 16 Bits oder 32 Bits Länge. Andere Maschinenwortlängen sind möglich (z.B. 36 Bits in der DEC 10), aber heutzutage unüblich. In der Nachrichtentechnik wird ein Byte zumeist als **Oktett** (*octet*) bezeichnet.

Wir schreiben für die beiden möglichen Werte eines Bits 0 und 1 und sprechen jeweils von einem 0-Bit und einem 1-Bit. n Bits können $2^n$ Werte unterscheiden; somit kann ein Byte 256 Werte annehmen, ein Wort 65536 Werte, und ein Langwort über 4 Milliarden Werte.

Ein Byte kann 256 Werte annehmen, und reicht somit völlig aus, um die druckbaren Zeichen des lateinischen Alphabets, ergänzt um nationale Sonderzeichen, Satzzeichen, Zahlen und weitere Sonderzeichen, zu unterscheiden. Zumeist benötigt man deutlich weniger Zeichen, z.B. für einfachen Text, und kommt dann auch mit 7 Bits aus. Da auch solche Zeichen häufig in einem Byte kodiert werden, bleibt ein Bit übrig, welches zur Sicherung benutzt werden kann; Genaueres hierzu findet sich im Kapitel zur Fehlererkennung.

Im älteren Telex-Dienst wurden sogar nur 5 Bits verwendet, womit nur $2^5$=32 Zeichen unterschieden werden können. Somit sind nur die 26 Großbuchstaben des lateinischen

Alphabets darstellbar. Ziffern und weitere Sonderzeichen müssen durch Umschaltungen erzeugt werden. Im Telex-Alphabet (Internationals Alphabet Nr. 2) gibt es ein BU- und ein ZI-Zeichen: Nach einem BU werden alle Zeichen als Buchstaben interpretiert, nach einem ZI als Ziffern (bzw. Sonderzeichen).

Die Technik, einem Zeichen durch ein Steuerzeichen verschiedene Bedeutungen zuzuordnen, wird auch in modernen Systemen verwendet. Solche Zeichen werden meist **Fluchtzeichen** (*escape-symbol*, z.B. DLE: *Data Link Escape*) oder **Ausweichzeichen** genannt. Fluchtzeichen beeinflussen die Bedeutung entweder nur des folgenden oder aller folgenden Zeichen bis zur Aufhebung durch ein weiteres Fluchtzeichen.

Auch bei der Datenübertragung werden häufig Fluchtzeichen verwendet, die es insbesondere ermöglichen sollen, die eigentliche Nachricht von der Kontrollinformation zu unterscheiden, die zur Fragmentierung, Adressierung, Fehlererkennung usw. nötig ist. Kann jede Nachricht, z.B. alle Zeichen des ASCII-Alphabets, unverändert übertragen werden, so spricht man auch von **transparenter** Datenübertragung.

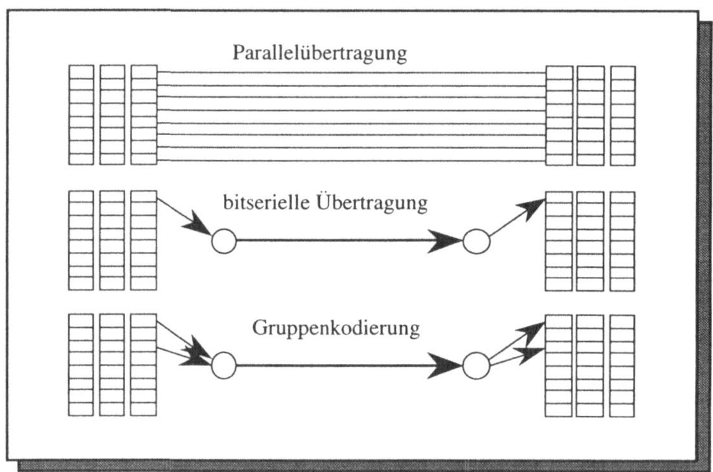


Übertragungsverfahren

In manchen Anwendungen werden jedoch bedeutend mehr Zeichen benötigt, z.B. in mathematischen Texten griechische, evtl. hebräische Buchstaben, ausgefallene Sonderzeichen, Fett- und Kursivdruck usw. Für solche Anwendungen reichen die 256 Werte eines Bytes nicht aus. Hier kann man sich ebenfalls durch Fluchtzeichen behelfen. Allerdings ist man hier von einer Standardisierung weit entfernt, so daß die meisten informatischen Systeme, die solche Zeichen verwenden, ihre eigene Festlegung treffen. Zum Beispiel werden in verschiedenen Texteditoren unterschiedliche Darstellungen verwendet, was den Austausch von Texten sehr behindert. Dieses Problem berührt die Datenübertragungstechnik insoweit als die Transparenz einer Übertragung häufig davon abhängt, mit welchem Editor ein Text erstellt wurde.

In einem System werden die Daten mittels Zeichen dargestellt. Werden die Daten übertragen, so werden die Zeichen in geeignete Einheiten zerlegt, und jede Einheit in physikalische Signale umgesetzt. Werden mehrere Signalwerte gleichzeitig übertragen, so spricht man von **Parallelübertragung** (*parallel transfer mode*). Da hierfür mehrere Leitungen nötig sind, wird diese Technik nur für kurze Entfernungen verwendet. Wird jedes Bit durch ein Signalwert kodiert und diese Signalwerte nacheinander übertragen, so spricht man von **bitserieller Übertragung** (*bit-serial transmission*). Wird mehr als ein Bit in einem Signalwert kodiert, so nennt man dieses **Gruppenkodierung**, z.B. wenn verschiedenen Amplituden des Signalwerts unterschiedliche Bedeutungen zugeordnet werden. Genaueres hierzu folgt unten.

## 4.2 Betriebsarten

Um Information von einem Ort zu einem anderen zu übertragen, reicht es offensichtlich aus, daß man vom Sender zum Empfänger Information übertragen kann. Man spricht in diesem Fall in der Regel von **Richtungsbetrieb** oder nennt dieses auch **Simplexbetrieb** (abgekürzt: **sx**). Die meisten Verteildienste (Radio, Fernsehen) arbeiten in dieser Weise. Für die Datenübertragung wird diese Betriebsweise allerding nur sehr selten eingesetzt, da kein Rückkanal für Quittungen, Fehlermeldungen usw. vorhanden ist. Ein Beispiel, bei dem dennoch Simplexbetrieb angewendet wird, ist die Steuerung entfernter Raumsonden, bei der ein normaler Quittungsverkehr zu langsam sein würde.

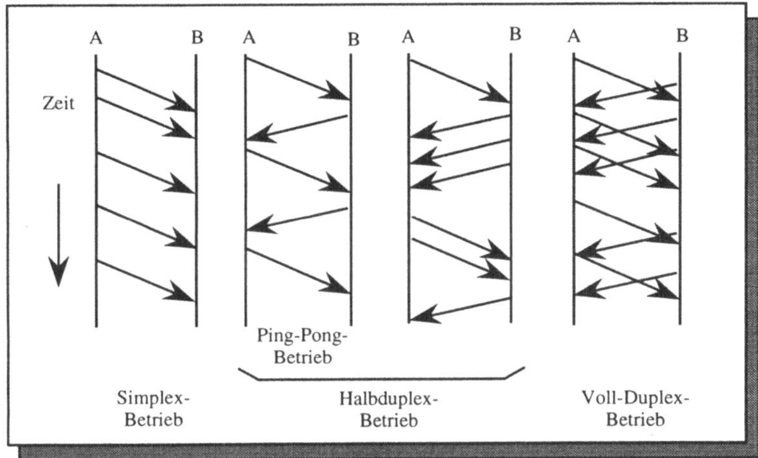


Betriebsarten von Übertragungseinrichtungen

Läßt sich beim Richtungsbetrieb die Richtung der Übertragung ändern, so nennt man dieses einen **Wechselbetrieb** oder **Halbduplexbetrieb** (abgekürzt: **hx**). Bei älteren Datengeräten (Terminals, Stapelstationen zum Einlesen von Lochkarten oder Lochstreifen, Druckerausgabe usw.) wurde häufig diese Betriebsart verwendet, da solche älteren Geräte keine eigene Intelligenz besaßen, und z.B. beim Erkennen eines Fehlers nicht imstande waren, mit einer entsprechenden Quittung angemessen zu reagieren.

Können sich zwei Datenstationen gleichzeitig einander Daten senden, so spricht man vom **Gegenbetrieb** oder **Duplexbetrieb** (bzw. zur deutlicheren Unterscheidung zum Halbduplexbetrieb auch vom **Vollduplexbetrieb**) (abgekürzt: **dx**). Hierbei kann die Kommunikation entweder über die gleiche, oder über verschiedene physikalische Leitungen durchgeführt werden. Da moderne Datengeräte, selbst der einfachsten Bauart, in der Regel eine eigene Intelligenz besitzen, ist dieses heutzutage das übliche Verfahren zum Austausch von Information. Nur der Duplexbetrieb erlaubt es, Daten kontinuierlich auszutauschen, wobei durch Quittungen und Fehlermeldungen zugleich eine zuverlässige Datenübertragung möglich ist.

## 4.3 Übertragungsprozeduren

Wenn der Sender den physikalischen Zustand eines Übertragungskanals ändert, so kann der Empfänger nur dann daraus Information herleiten, wenn er den Kanal ununterbrochen beobachtet. Als Beispiel nehmen wir eine einfache V.24-Schnittstelle, bei welcher der Empfänger abwechselnd eine positive oder eine negative Spannung von mehr als +3 V oder weniger als -3V auf die Übertragungsleitung legt. Wenn der Empfänger diese Leitung ständig beobachtet, so kennt er die Reihenfolge, in welcher der Sender den Zustand der Leitung verändert hat; wenn er sich dieses dann noch merkt, so weiß er in der Regel auch, was der Sender an Information übermitteln wollte.

In der Praxis passiert es jedoch häufig, das der Empfänger nicht ständig die Leitung zum Sender überwacht, entweder, weil er eine Zeitlang abgeschaltet war, weil ein Fehler auf der Leitung aufgetreten ist oder aus anderen Gründen. Daher ist es von Zeit zu Zeit notwendig, daß Sender und Empfänger einen Gleichlauf herstellen. Dieses wird als **Synchronisation** bezeichnet. Nach einer Synchronisation haben Sender und Empfänger die gleiche Vorstellung vom Zustand ihres Nachrichtenaustauschs und können von diesem Zeitpunkt an auf gesicherter Basis weiter miteinander kommunizieren.

Die Verfahren zur Informationsübertragung unterscheiden sich im wesentlichen darin, wie diese Synchronisation hergestellt wird, und wie lange eine synchronisierte Verbindung vorhält, bis wieder eine neue Synchronisation nötig wird. Die einzelnen Techniken sind zum Teil historisch begründet, oder durch organisatorische Maßnahmen entstanden. Im ISO/OSI-Basisreferenzmodell wird im Rahmen der Bitübertragungs- und Sicherungsschicht auch von **Übertragungsprozeduren** gesprochen. Man unterscheidet zwischen asynchronen und synchronen Übertragungsprozeduren, wobei letztere noch einmal unterteilt werden können in zeichen- und bitsynchrone Verfahren.

### 4.3.2 Asynchrone Übertragungsprozeduren

Die **asynchronen Übertragungsprozeduren** werden auch als **Start-Stop-Verfahren** bezeichnet, da vor dem Senden einer Dateneinheit ein **Start-Signal** geschickt wird, und danach ein **Stop-Signal**. Die Dateneinheit ist hier in der Regel nur ein Zeichen mit einer Länge, die zwischen 5 und 8 Bit beträgt, und die bitseriell über eine Leitung geschickt wird. Die Übertragung ist gemäß folgenden Protokolls vereinbart. Der Sender eines Zeichens geht folgendermaßen vor:

1. In der Ruhelage ist der Signalwert 1.
2. Soll ein Zeichen gesendet werden, so gehe der Signalwert auf 0 (**Start-Schritt**). Die Dauer dieses Zustands {0} ist länger (Faktor 1,3 bis 1,7-fache) als die Dauer eines Nutzdatenbits.
3. Danach wird der Sender mit dem aus seiner lokalen Uhr abgeleiteten Takt die entsprechenden Signalwerte auf die Leitung geben.
4. Nach Übertragung des letzten Signalwerts legt Sender wieder den Signalwert 1 (gegebenenfalls für eine etwas längere Zeit) auf die Leitung (**Stop-Schritt**).
5. Das nächste Zeichen kann erst nach dem Ende des Stop-Schritts gesendet werden.

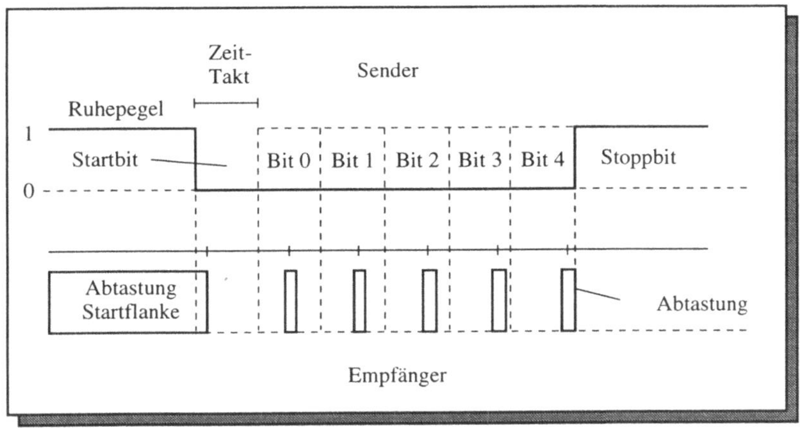


Asynchrone Übertragung

Der Empfänger hört die Leitung ununterbrochen ab. Solange der Signalwert 1 gemessen wird, erfolgt keine Datenübertragung. Ändert sich dieses, so synchronisiert sich der Empfänger an der negativen Flanke des Eingangsignals. Danach tastet er im festen Abstand einer Bitbreite die Leitung ab und interpretiert den dort gefundenen Signalwert entsprechend als Zeichenwert. Da genau vereinbart ist, wieviele Bits gesendet werden, besteht keine Gefahr, daß das Stop-Signal als Signalwert interpretiert wird. Nach dem Empfang des Stop-Signals sind Sender und Empfänger wieder im gleichen Zustand wie zu Anfang.

Das Stop-Signal dient dazu, dem Empfänger die Möglichkeit zu geben, sich auf das nächste Zeichen vorzubereiten; dieses kann durch Senden des nächsten Start-Signals unmittelbar nach dem letzten Stop-Signal eingeleitet werden. Damit hier ein definierter Übergang möglich ist, muß das Stop-Signal offenbar mit dem Ruhesignal übereinstimmen. Wenn für das Stop-Signal eine ausreichende Zeit vorgesehen wird, so kann der Empfänger das empfangene Zeichen ordnungsgemäß weiterleiten und seine Puffer und Zähler usw. für die Aufnahme des nächsten Zeichens vorbereiten.

Man benutzt den Signalwert 1 als Ruhezeichen, da auf diese Weise bei der 20 mA-Stromschleife sehr einfach eine Unterbrechung der Verbindung festgestellt werden kann. Bei der V.24-Schnittstelle wäre das Ruhesignal beliebig.

Der Nachteil dieses Übertragungsverfahrens liegt vor allem darin, daß der für die Synchronisation erforderliche Anteil an der Kanalkapazität bis zu 30% ausmachen kann. Bei langsameren Geräten ist dieser Overhead nicht kritisch, z.B. bei Fernschreibern, die von Menschen nicht schneller als mit ca. 10 Zeichen pro Sekunde betrieben werden können, und die auch selbst nicht viel schneller drucken können. Diese Übertragungstechnik ist relativ alt und wurde zunächst für das Telex-Netz verwendet. Da hohe Übertragungsraten hiermit nicht zu erreichen sind, werden mit dieser Technik in modernen Rechenanlagen nur noch langsame, zeichenweise arbeitende Geräte (Drucker, ASCII-Terminals) angeschlossen.

Die Bezeichnung asynchron bezieht sich darauf, daß der Abstand zweier aufeinanderfolgender Zeichen beliebig (und somit asynchron) sein kann. Selbst wenn Empfänger oder Sender eine Zeitlang abgeschaltet sind, kann nach dem Einschalten ohne Probleme wieder eine Verbindung aufgenommen werden. Während der Übertragung eines Zeichens arbeiten Sender und Empfänger allerdings synchron (wenngleich nicht synchronisiert, d.h. beide verwenden verschiedene Taktgeneratoren, die jedoch möglichst genau gleich sein sollten).

### 4.3.1 Synchrone Übertragungsprozeduren

Die **synchrone Übertragungstechnik** garantiert über eine längere Zeit den Gleichlauf zwischen Sender und Empfänger. Dieses geschieht entweder durch hochgenaue Uhren (selten) oder durch **Synchronisierung**. Wir verstehen hierunter die Möglichkeit, daß einer der beiden Kommunikationspartner dem anderen mitteilt, wann das nächste Zeichen (bzw. Bit) zu senden ist. Dieses kann entweder über eine eigene Taktleitung geschehen (*clock*) oder durch Rückgewinnung des Takts aus dem Signalwert. Genaueres hierzu wird im Abschnitt 4.4 dieses Kapitels über Übertragungscodes gesagt.

Da Sender und Empfänger über eine längere Zeit synchron laufen, kann wesentlich mehr Information ohne Resynchronisation übertragen werden. Diese Information besteht entweder aus einem oder mehreren Zeichen, (**zeichensynchron**) oder aus beliebig vielen Bits (**bitsynchron**). Im ersten Falle beträgt die Anzahl der übertragenen Bits stets ein Vielfaches der Bitzahl eines Zeichens; im zweiten Falle ist diese beliebig.

Die synchronen Übertragungsprozeduren teilen die zu übertragende Nachricht in **Blöcke** oder **Übertragungsblöcke** (*transmission blocks*) auf. Ein Block kann in der Regel jederzeit gesendet werden, also unabhängig vom Anfang oder Ende des letzten übertragenen Blocks (und damit asynchron!). Er wird durch bestimmte **Steuerzeichen** eingeleitet, die z.B. im ASCII-Code festgelegt sind; dort werden sie **Kontrollzeichen** (*control character*) genannt.

Zur Übertragung werden zunächst einige (2 bis 8) SYN-Zeichen auf die Leitung gelegt. Der Empfänger kann diese verwenden, um sich intern zu synchronisieren. Der Blockanfang wird durch ein **STX**-Zeichen (*Start-of-Text*) markiert; danach wird die eigentliche Nutzinformation übermittelt. Am Ende der Nutzinformation wird ein **ETX**-Zeichen (*End-of-Text*) gesendet; dann folgen in der Regel zwei oder vier **Prüfbytes** zur Fehlersicherung **BCC** (*Block Check Character*) (s.u.). Im folgenden Diagramm sind Nutzdatenzeichen durch **DAn** gekennzeichnet

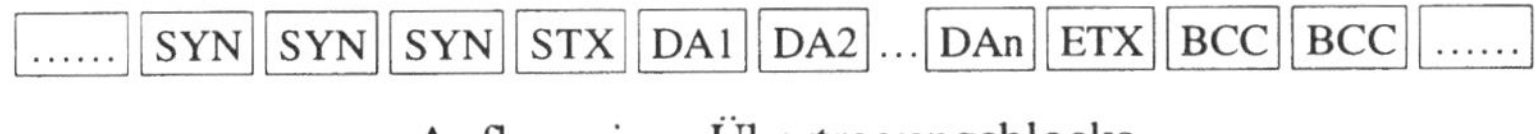


Aufbau eines Übertragungsblocks

Blöcke werden meistens in ihrer Länge begrenzt. Die Gründe hierfür sind pragmatischer Art (Blöcke müssen beim Empfänger zwischengespeichert werden), technischer Art (der Gleichlauf zwischen Sender und Empfänger kann nur eine begrenzte Zeit sicher aufrecht erhalten werden) und theoretischer Art (optimale Länge für ausreichende Fehlersicherung durch eine bestimmte Anzahl von Fehlerzeichen). Um dennoch beliebig lange **Informationsblöcke** (d.h. logisch zusammenhängende Information) übertragen zu können, wird die Information zerteilt. Man spricht von

- **Fragmentierung** (*fragmentation*), wenn ein langer Informationsblock auf mehrere Übertragungsblöcke aufgeteilt wird; von
- **Füllung** (*filling*), wenn mehrere Informationsblöcke in einem Übertragungsblock übertragen werden; und von
- **Füllung mit Fragmentierung**, wenn zugleich gefüllt und fragmentiert wird.

Wird Information fragmentiert, so wird dieses in der Regel im Übertragungsblock dadurch gekennzeichnet, daß statt eines ETX-Zeichens ein **ETB**-Zeichen (*End-of-Text-block*) gesendet wird. Erst der letzte Übertragungsblock mit Daten eines Informationsblocks wird mit einem ETX-Zeichen beendet:

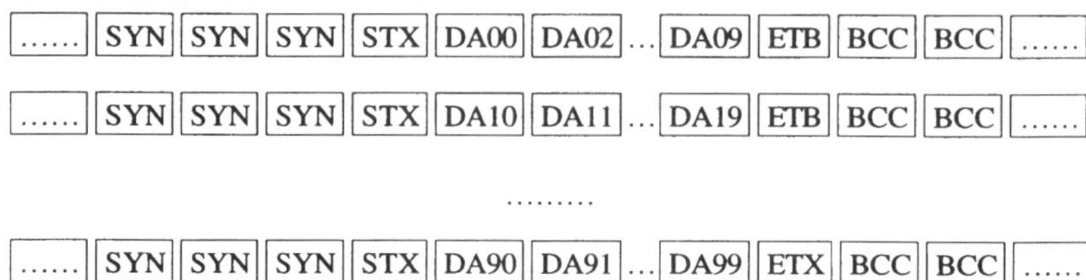


Aufbau von Übertragungsblöcken mit fragmentierter Information

Übertragungsblöcke des HDLC-LAP B Protokolls (welche im X.25-Protokoll verwendet werden) haben den folgenden Aufbau:

...... | flag | adr. | ctrl | DA1 | ... | DAn | BCC | BCC | flag | ......

Hierbei ist flag ein Byte mit der Bitfolge: 01111110. Dieses hat bestimmte pragmatische Gründe, die später genauer untersucht werden. adr. ist die Adreß-Information, und ctrl sind Kontrollzeichen. Man beachte, daß die Prüfbytes innerhalb des Übertragungsblocks (also vor dem abschließenden flag) stehen.

Bei der zeichenorientierten Übertragung kann das Problem auftreten, daß ein Nutzzeichen gleich einem Kontrollzeichen, z.B. ETX, ist. Damit auch solche Zeichen übertragen werden können, wird ein **Fluchtzeichen** (*escape*-Zeichen) verwendet: DLE. Wird dieses empfangen, so wird das folgende Zeichen nicht als Steuerzeichen, sondern als Nutzzeichen interpretiert und unverändert dem Nutzer übergeben. Man nennt dieses Verfahren: **Codeerweiterungstechnik** (*character stuffing*). Wenn ein Übertragungsprotokoll garantiert, daß beliebige Nutzdaten übermittelt werden können (und keine Gefahr besteht, daß diese mit Kontrolldaten verwechselt werden), so nennt man dieses Verfahren **transparent**. Die meisten heute eingesetzten Verfahren erfüllen diese Forderung (was jedoch nicht für alle klassischen Netztechniken gilt).

Bei der bitorientierten Übertragung kann genauso eine beliebige Bitfolge als Kontrollzeichen aufgefaßt werden. Beim HDLC-LAPB-Protokoll handelt es sich um eine bitorientierte Übertragung; das Ende eines Blocks wird allein durch ein flag erkannt. Hier könnte das abschließende flag als Datenzeichen aufgefaßt werden. Um dieses zu verhindern, wird jeder Bitfolge von fünf 1-Bits in den Nutzerdaten ein zusätzliches 0-Bit angehängt; dieses nennt man **Bitstopfen** (*bit stuffing*). Der Empfänger interpretiert jede Bitfolge: ...111110... als ...11111... (d.h. er löscht das 0-Bit wieder heraus), während eine Bitfolge ...111111... unverändert weitergegeben wird (und somit zu einem flag oder einem anderen Steuerzeichen gehören muß). Diese Bit-Manipulationen werden auf Seiten des Senders und Empfängers von einer Hardwarevorrichtung erledigt, so daß Sender und Empfänger nicht einzelne Bitfolgen untersuchen müssen. Diese darf natürlich beim Sender nur während der Nutzdatenübertragung arbeiten, nicht jedoch wenn flag gesendet werden. Beim Empfänger muß sie immer in Betrieb sein.

Die zeichenorientierte Übertragung wird auch als *basic mode* bezeichnet. Ein Vertreter aus dieser Klasse ist die **BSC**-Prozedur (*binary synchronous connection*) von IBM. Sie ist im industriellen Bereich stark verbreitet, und wird bei den meisten Kleinrechnern verwendet. Da moderne Datensichtgeräte über synchrone Übertragungsprozeduren angeschlossen werden, werden diese auch als **Synchronterminals** bezeichnet.

Die durch die ISO genormte **HDLC**-Prozedur (*high level data link control*) wurde aus der **SDLC**-Prozedur (*synchronous data link control*) von IBM abgeleitet, unterscheidet sich von dieser jedoch. Da die HDLC-Prozedur der ISO freie Parameter hatte, mußte für die Empfehlung X.25 der CCITT eine bestimmte Übertragungsprozedur ausgewählt werden, die als HDLC-LAPB (*link access procedure balanced*) bezeichnet wird.

## 4.4 Übertragungscodes

Die Darstellung der Daten haben wir bereits vorher als **Zeichenwerte** bezeichnet. Zum Beispiel kann ein Bit die Zeichenwerte '1' und '0' annehmen, wobei wir statt Zeichenwerte auch einfach den Begriff Zeichen verwenden. Damit die Daten gespeichert oder übertragen werden können, müssen sie in physikalische Signale umgewandelt werden. Diese Signale haben wir als **Signalwerte** bezeichnet. Bei der Speicherung eines Datums auf einem magnetisierbaren Medium sind die Signalwerte lokale Ausprägungen des magnetischen Feldes auf dem Trägermedium. Bei der Datenübertragung werden die Signalwerte in der Regel durch elektrische Ströme oder Spannungen dargestellt. Zum Beispiel kann dem Zeichenwert '1' der Signalwert '-3V' zugeordnet werden; dieses entspricht der Norm V.24, bei der ein Signalwert von weniger als -3V als Zeichenwert '1' festgelegt ist; der Zeichenwert '0' hat den Signalwert größer als '+3V'. Eine Abbildung zwischen Zeichen- und Signalwerten nennt man einen **Code**.

In den meisten Fällen wird man verlangen, daß jedem Signalwert eindeutig ein Zeichenwert zugeordnet ist und umgekehrt, so daß die Abbildung eineindeutig (oder bijektiv) ist; das ist jedoch nicht bei allen Codes der Fall. Die gebräuchlichsten Codes und deren wesentlichen Eigenschaften sollen hier besprochen werden.

### 4.4.1 Eigenschaften von Übertragungscodes

Codes können nach ihren verschiedenen Eigenschaften klassifiziert werden. Wir listen hier die für unsere Zwecke interessanten Eigenschaften auf:

- Anzahl gemeinsam kodierter Zeichen
- Fähigkeit zur Resynchronisation
- Redundanz
- Ausnutzung der Kanalkapazität
- Gleichstromanteil

- Fähigkeit zur Taktrückgewinnung
- Anzahl physikalischer Signalwerte

Die folgenden Anmerkungen erläutern diese neuen Begriffe etwas genauer.

Wird mehr als ein Zeichenwert in einem Signalwert kodiert, so haben wir das bereits früher als Gruppenkodierung bezeichnet. **Gruppencodes** werden z.B. im ISDN oder FDDI verwendet. Grundsätzlich sind solche Codes nur bei einer zeichenorientierten Übertragung sinnvoll, bei der stets ganze Zeichen übertragen werden müssen. Ansonsten könnte es zu Fällen kommen, in denen die Gruppen nicht vollständig mit Zeichen gefüllt sind. Hier müßte man sich gegebenenfalls mit Null-Zeichen (die keine Bedeutung haben) behelfen.

Für die Gruppenkodierung wird häufig eine spezielle Notation verwendet. Stehe B für 'binär', T für 'ternär', Q für 'quartär' usw., so besagt nB, daß n zweiwertige Ziffern gemeint sind, nT daß n dreiwertige Ziffern gemeint sind, nQ, daß n vierwertige Ziffern gemeint sind, usw. Sollen z.B. vier Bit durch drei ternäre Ziffern dargestellt werden (wie im AMI-Code, s.u.), so schreibt man: 4B3T. In manchen Anwendungen, z.B. dem FDDI-Standard, werden Gruppen von vier Bits in fünf Bits kodiert. Also schreibt man 4B5B. Diese Notation werden wir im folgenden verwenden.

**Resynchronisation** ist wichtig, wenn die Signalwerte ununterbrochen übertragen werden. Die Techniken zur Resynchronisation verwenden meist eine Rahmenbildung, so daß sich Fehler nicht über eine gewisse Grenze hinaus auswirken können. Auch die Kodierung der Signalwerte kann in einigen Fällen zur Resynchronisation verwendet werden.

**Redundante Codes** dienen zur Fehlererkennung; in manchen Fällen ist es möglich, den Code mit so viel Redundanz zu versehen, daß aus falschen Signalwerten die richtigen Zeichenwerte wieder erschlossen werden können. Man nennt dieses einen 'fehlerkorrigierenden Code'. Wegen des großen zusätzlichen Overheads verwendet man heute in der Regel andere Techniken, bei denen Fehler nur erkannt werden; entdeckt man einen Fehler, so werden die Daten noch einmal übertragen (ARQ).

Die **Kapazität** eines Kanals wird in der Regel durch seine elektrischen Werte bestimmt. Hier spielen die Grenzfrequenzen der Übertragungswege eine Rolle, d.h. insbesondere die höchste, aber auch die kleinste Frequenz, die der Kanal mit einer gewissen maximalen Dämpfung übertragen kann. Mit **Dämpfung** bezeichnet man die Abschwächung der Energie des Signalwerts. Um die höchsten Frequenzen eines Signals zu ermitteln, hat man eine Fourieranalyse des Signals durchzuführen und zu untersuchen, wie stark das Signal verfälscht wird, wenn die höchsten Frequenzanteile gedämpft bzw. ganz gelöscht werden. Hieraus läßt sich dann die maximale Kapazität eines Kanals bestimmen.

Bei anderen Übertragungstechniken können die Verhältnisse jedoch ganz anders liegen; z.B. bei Lichtwellenleitern stellt nicht der eigentliche Kanal den Engpaß dar, sondern die Lasersender und Fotosensoren. Hier spielen dann nur noch Dämpfungseigenschaften des

Lichtwellenleiters eine Rolle, die im Gegensatz zu elektrischen Leitern praktisch frequenzunabhängig sind.

Einige elektrische Übertragungsstrecken können keinen Gleichstrom übertragen. Insbesondere einfache Codes führen zu Folgen von Signalwerten, die einen **Gleichstromanteil** haben können. Da z.B. die Bundespost beim Aufbau des neuen Digitalnetzes jedoch möglichst auf bestehende Geräte, insbesondere im Teilnehmerbereich, zurückgreifen wollte, ist bei der dort verwendeten Kodierung ein Gleichstromanteil nicht zulässig. Im üblichen Computerbetrieb, z.B. zwischen Rechner und Terminal, oder bei Lichtwellenleitern, ist dieser Punkt weniger wichtig.

Die **Taktrückgewinnung** erlaubt es, aus den Signalwerten neben den Zeichenwerten auch den Takt (*clock*) des Senders zu bestimmen. In manchen Fällen ist es nötig, außer einzelnen Signalwerten auch Gruppen von Signalwerten (z.B. den Beginn eines neuen Bytes oder Blocks) zu erkennen. Dann spricht man auch von **Rahmenbildung**.

Statt nur zwei Signalwerte zuzulassen, können auch drei oder mehr verwendet werden, wenn die Frequenz der Signalwerte das Maximum des verwendeten Kanals nicht überschreitet. So verwendet die DBP Telekom im Teilnehmerbereich ternäre Signalwerte, woraus sich einige Vorteile in der dort verwendeten Hardware, z.B. der Echounterdrükkung, ergeben. Der weiter unten besprochene AMI-Code ist ein ternärer Code (4B3T).

Im folgenden sollen einige Codes und deren Eigenschaften genauer besprochen werden. Für die Zeichenwerte schreiben wir '0' und '1', bzw. für Gruppen dieser Signale: '00', '10' usw., wenn sie benötigt werden. Für die Signalwerte schreiben wir: '+' bzw. '–' für positive bzw. negative Spannungen oder Ströme, sowie '=' für den Null-Wert.

### 4.4.2 Non-Return-to-Zero (NRZ)

Dieses ist der einfachste Code: Jedem Bit wird ein Signal zugeordnet (z.B. einem Zeichenwert '0' eine '='-Spannung, '1' eine '+'-Spannung). Folgen gleicher Bits werden entsprechend durch Folgen gleicher Signalwerte übertragen. Sie eignen sich nicht zur Taktrückgewinnung und haben u.U. einen starken Gleichstromanteil. Bei Fehlern sind nur die fehlerhaften Bits falsch. Die resultierenden Signalfolge auf dem Kanal hat im Vergleich zu anderen Kodierungen eine relativ niedrige Frequenz.

### 4.4.3 Return-to-Zero (RZ)

Bei diesem Code kehrt ein Signal stets wieder zur Nullinie '=' (d.h. den Pegel für das Signal '0') zurück. Eine '1' wird durch einen '+'-Puls von halber Bitdauer kodiert, eine '0' durch einen '='-Puls von ganzer Bitdauer. Somit ändert sich das Signal bei längeren '0'-Folgen nicht, so daß keine sichere Taktrückgewinnung möglich ist. Der Gleichstromanteil kann beliebig groß werden.

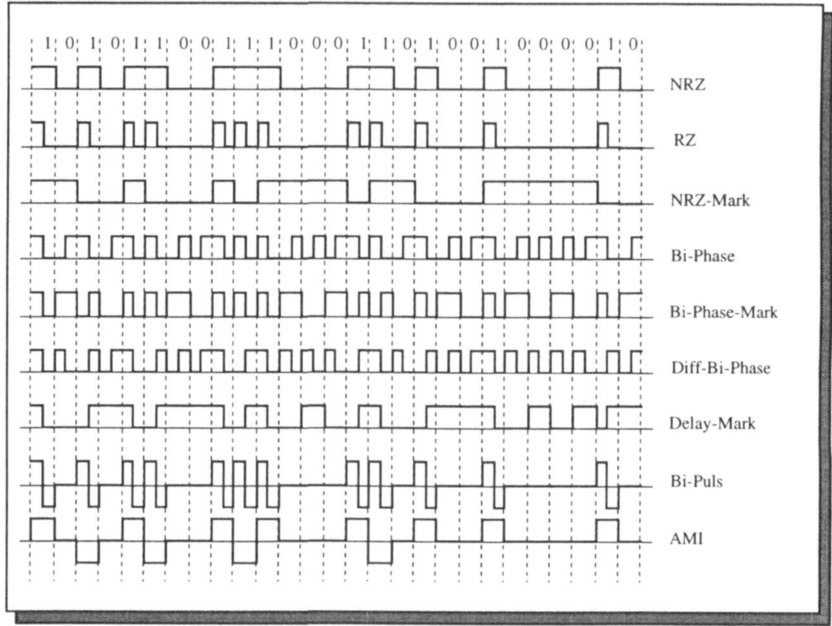


Signalwerte verschiedener Codes

### 4.4.4 Non-Return-to-Zero-Mark (NRZ-Mark)

Hier wird eine '1' übertragen, indem zu Beginn einer 1–Bitperiode ein Zustandswechsel durchgeführt wird ('+' zu '=' bzw. '=' zu '+'). Bei einem '0'-Wert ändert sich der Zustand nicht. Auch hier kann der Takt nicht sicher zurückgewonnen werden, und der Gleichstromanteil kann beliebig groß werden.

Bei den letzten drei Verfahren kann der Takt deshalb nicht zurückgewonnen werden, weil nicht auszuschließen ist, daß beliebig lange '0'-Folgen übermittelt werden müssen. Kann man dieses ausschließen, indem z.B. der Sender nach einer bestimmten Anzahl von '0'en stets eine '1' sendet, welche jedoch vom Empfänger wieder entfernt wird, so sind diese Codes u.U. doch zur Taktrückgewinnung brauchbar. Solch ein ähnliches Verfahren wird beim HDLC-Protokoll verwendet, um Nutzdatenzeichen und 'Flags' unterscheiden zu können. Allerdings bleibt noch der in der Regel nicht unerhebliche Gleichstromanteil, der z.B. eine Verwendung im Telefonnetz ausschließt.

### 4.4.5 Bi-Phase

In der Mitte einer Taktperiode erfolgt ein Übergang von '+' nach '=' bei Übertragung einer '1', bzw. von '=' nach '+' bei Übertragung einer '0'. Entsprechend ist der Signalwert am Anfang einer Bitperiode so einzustellen, daß ein solcher Signalübergang stattfinden kann. Hier ist eine sichere Taktrückgewinnung jederzeit möglich. Die maximale Frequenz des Signals ist allerdings deutlich höher als bei den anderen Verfahren.

### 4.4.6 Bi–Phase–Mark (Manchester)

Am Anfang der Bitperiode wird stets ein Signalwert-Wechsel durchgeführt, welcher der Taktrückgewinnung dient. In der Mitte einer Periode wird genau dann ein Übergang durchgeführt, wenn eine '1' übertragen wird, sonst nicht! Dieser Code entspricht in seinen Eigenschaften im wesentlichen dem Bi-Phase-Code. Er wird häufig in magnetischen Speichermedien, z.B. Platten oder Disketten, verwendet.

### 4.4.7 Differential Bi-Phase

Hier wird in der Mitte der Taktperiode stets ein Signalwert-Wechsel durchgeführt. Am Anfang wird nur ein Signalwert-Wechsel vollzogen, wenn eine '0' übertragen wird. Die Eigenschaften sind praktisch die gleichen wie beim Bi-Phase-Mark-Code.

### 4.4.8 Delay-Mark

Wie beim Bi-Phase-Mark wird in der Mitte einer Bitperiode bei einer '1' ein Zustandswechsel durchgeführt, die Zustandswechsel am Anfang einer Bitperiode werden aber fortgelassen. Um bei längeren '0'-Folgen sicher den Takt zurückgewinnen zu können, wird bei solchen am Anfang einer Bitfolge ein Taktwechsel durchgeführt. Daher ist dieser Code identisch mit der NRZ-Mark-Kodierung, bis auf den Phasenverschub um eine halbe Bitperiode und den zusätzlich eingefügten Puls bei langen Bitfolgen, deren Hochfrequenzanteil sowieso recht gering ist.

Ein Nachteil dieses Verfahrens sind die zeitlichen Unterschiede von einer halben Bitperiode, welche offensichtlich Information tragen. Sind Empfänger und Sender nicht mehr synchron, so kann der Empfänger aus dem Signal nicht unbedingt den Beginn einer Bitperiode ermitteln. Dieses ist erst möglich, wenn ein oder zwei '0'-Werte von '1'-Werten umgeben sind, da dann der Abstand zweier Übergänge das doppelte oder dreifache einer Bitperiode ist. Im Falle längerer '0'- oder '1'-Folgen ist dieser Abstand stets eine oder eineinhalb Bitperioden, und es ist nicht zu entscheiden, welcher der Fälle vorliegt.

### 4.4.9 Bi-Puls (Dipuls)

Hier wird ein ternäres Signal verwendet, welches drei Werte annehmen kann, die wir mit '–', '=' und '+' bezeichnen. Wird eine '1' übertragen, so wird in einer halben Bitperiode ein '+' und in der nächsten halben ein '–' gesendet. Bei einer '0' wird nur ein '=' übertragen. Daher ist auch hier eine sichere Taktrückgewinnung nicht möglich. Würde man für eine '0' zunächst ein '–' und dann ein '+' übertragen, so würde es sich um eine Bi-Phase-Kodierung handeln, bei der der mittlere Signalwert ('=') niemals für längere Zeit angenommen, sondern nur durchlaufen wird. Die Bi-Puls-Kodierung hat keinen Gleichstromanteil, und ist einfach zu resynchronisieren. Ihr Hochfrequenzanteil ist jedoch etwa doppelt so hoch wie beim einfachen NRZ-Mark-Code.

### 4.4.10 Alternating Mark Insertion (AMI)

Die **AMI**-Kodierung (*alternating mark insertion*) in einer besonderen Abwandlung wird nach Empfehlung G.703 der CCITT in den 2 MBit/sec-Systemen der europäischen Postverwaltungen verwendet und ist deshalb sehr wichtig. Sie wird am Ende dieses Kapitels ausführlich behandelt.

## 4.5 Gruppenkodierung

Bei der **Gruppenkodierung** wird ein Zeichenvorrat auf eine Gruppe von Signalwerten abgebildet. Wir untersuchen hier nur den Fall, daß eine Gruppe von binären Werten in ternäre Signalwerte abgebildet wird. Da Zweierpotenzen und Dreierpotenzen niemals die gleiche Zahl ergeben, ist dieser Code in der Regel redundant. So werden z.B. im PST-Code zwei binäre Werte auf zwei ternäre Signalwerte abgebildet, d.h. vier mögliche Zeichenwertkombinationen auf 9 mögliche Signalwertkombinationen. Die Redundanz wird hier dazu verwendet, den Gleichstromanteil auszugleichen. Im Falle des 4B3T-Codes werden 16 Werte auf 27 Signalwerte abgebildet, wobei auch hier eine Gleichstromkompensation durchgeführt wird. Der Signalwert '===' wird übrigens in der Regel nicht für die Signalübertragung, sondern für andere Zwecke, z.B. die Synchronisation, verwendet.

### 4.5.1 Paired Selected Ternary (PST)

Bei der PST-Kodierung wird einer Gruppe von zwei Binärwerten ein Signal von zwei Ternärwerten zugeordnet; es handelt sich also um einen 2B2T-Code:

Dabei wird durch eine entsprechende Kodierung dafür gesorgt, daß sich der Gleichspannungsanteil ausgleicht. Da gewisse Kombinationen – insbesondere die konstanten Signalwerte '+ +', '– –' oder '= =' – nicht vorkommen, eignet sich dieser Code auch zur Taktrückgewinnung, bzw. lassen sich besondere Codes für Synchronisation und Signalisierung außerhalb des Bandes benutzen.

| PST | <0 | >0 |
|---|---|---|
| 00 | -+ | -+ |
| 01 | =+ | =- |
| 10 | += | -= |
| 11 | +- | +- |

Beim PST-Code werden nur 6 Signale verwendet, welche alle zur Kodierung benötigt werden, um auf jeden Fall den Gleichspannungsausgleich zu garantieren. Dazu summiert der Sender den bisher verschickten Gleichspannungsanteil auf. Wird dieser zu positiv, so wird das nächste Signal aus der rechten Gruppe gewählt, wird er zu negativ, aus der linken. Der Code ist offenbar keine bijektive Abbildung zwischen den Zeichenwerten und den Signalwerten.

Solche Sende- bzw. Empfangsautomaten werden natürlich nicht dadurch realisiert, daß die Spannung am Eingang bzw. am Ausgang physikalisch aufsummiert wird, sondern indem der Automat sich in verschiedenen Zuständen befindet, die angeben, wie groß die bisherige Summe der Gleichstromanteile ist. Danach werden dann die entsprechenden Kodierungen ausgewählt.

## 4.5.2 4 Binary, 3 Ternary (4B3T)

Bei der 4B3T-Kodierung werden 4 Bits auf drei ternäre Signalwerte abgebildet, also 16 Zeichenwerte auf 27 Signalwerte. Die redundanten Signalgruppen werden benutzt, um den Gleichspannungsanteil auszugleichen. Dazu werden die bisherigen Gleichspannungsanteile summiert, und entsprechend dieser Summe einer von zwei möglichen ternären Codes gewählt. Der Sendeautomat merkt sich dieses auch hier mittels eines Zustandsmodells.

| | <0 | >0 | | <0 | >0 |
|---|---|---|---|---|---|
| 0111 | -++ | +-- | 1000 | =+- | =+- |
| 0110 | ==+ | ==- | 1001 | +-= | +-= |
| 0101 | =+= | =-= | 1010 | +=- | +=- |
| 0100 | =++ | =-- | 1011 | +== | -== |
| 0011 | +-+ | -+- | 1100 | +=+ | -=- |
| 0010 | -=+ | -=+ | 1101 | ++= | --= |
| 0001 | -+= | -+= | 1110 | ++- | --+ |
| 0000 | =-+ | =-+ | 1111 | +++ | --- |

Die 4B3T-Kodierung kann auch noch für andere Zwecke, wie Fehlererkennung, benutzt werden. Die Deutsche Bundespost Telekom benutzt im ISDN-Bereich bzw. bei der digitalen Fernsprechübertragung einen MMS43-Code (*modified monitored sum*; 43=4B3T). Außer daß der Gleichstromanteil stets ausgeglichen wird, wird auch noch die Summe der ternären Signale gebildet, welche einen bestimmten Wert nicht überschreiten darf. Tut sie dieses, so muß ein Fehler vorliegen. Es wird ein Zustandsmodell verwendet mit 4 Zuständen:

| | S1 | S' | S2 | S' | S3 | S' | S4 | S' |
|---|---|---|---|---|---|---|---|---|
| 0001 | =-+ | 1 | =-+ | 2 | =-+ | 3 | =-+ | 4 |
| 0111 | -=+ | 1 | -=+ | 2 | -=+ | 3 | -=+ | 4 |
| 0100 | -+= | 1 | -+= | 2 | -+= | 3 | -+= | 4 |
| 0010 | +-= | 1 | +-= | 2 | +-= | 3 | +-= | 4 |
| 1011 | +=- | 1 | +=- | 2 | +=- | 3 | +=- | 4 |
| 1110 | =+- | 1 | =+- | 2 | =+- | 3 | =+- | 4 |
| 1001 | +-+ | 2 | +-+ | 3 | +-+ | 4 | --- | 1 |
| 0011 | ==+ | 2 | ==+ | 3 | ==+ | 4 | --= | 2 |
| 1101 | =+= | 2 | =+= | 3 | =+= | 4 | -=- | 2 |
| 1000 | +== | 2 | +== | 3 | +== | 4 | =-- | 2 |
| 0110 | -++ | 2 | -++ | 3 | --+ | 2 | --+ | 3 |
| 1010 | ++- | 2 | ++- | 3 | +-- | 2 | +-- | 3 |
| 1111 | ++= | 3 | ==- | 1 | ==- | 2 | ==- | 3 |
| 0000 | +=+ | 3 | =-= | 1 | =-= | 2 | =-= | 3 |
| 0101 | =++ | 3 | -== | 1 | -== | 2 | -== | 3 |
| 1100 | +++ | 4 | -+- | 1 | -+- | 2 | -+- | 3 |

Der 3T-Block 000 wird als 4B-Block 0000 dekodiert. Das zu sendende Signal wird aus der entsprechenden Zeile für den Zeichenwert in der letzten Tabelle sowie der Spalte des Automatenzustands ermittelt; daneben steht jeweils der neue Zustand, in den der Automat übergeht.

Als Vorteile dieser Kodierung werden eine Verringerung des Hochfrequenzanteils sowie eine Reduktion der Symbolrate um 25% genannt. Bei der von der DBP Telekom verwendeten Technik (Hauptanschluß für ISDN) wird eine Datenrate von 160 kBit/s auf eine Signalwert-Rate von 120 kBaud verringert, wodurch sich die Verarbeitungs–geschwindigkeit z.B. des Echo-Unterdrückers entsprechend verringert und kosten–günstige 1-Chip-Lösungen möglich werden.

### 4.5.3 AMI-Kodierung

Die AMI-Kodierung (*Alternating Mark Insertion*) wird nach der Empfehlung G.703 der CCITT für das 2 MBit/sec-Netz der europäischen Postverwaltungen verwendet. Dieser Rate entsprechen 30 B-Kanäle des ISDN-Netzes und wird daher als Multiplexnetz für das ISDN-Netz sowohl intern als auch für den 2-MBit/sec-Hauptanschluß (Primärratenanschluß) verwendet. Es ist somit von der Verbreitung her eine sehr wichtige Kodierungsmethode. Sie soll in diesem Abschnitt etwas genauer besprochen werden.

Die AMI-Kodierung verwendet einen ternären Code, d.h. es werden drei physikalische Zustände als Signal verwendet. Wir schreiben dafür: '–', '=' und '+'. wobei '–' eine negative Spannung, '+' ein positive Spannung, und '=' keine Spannung bedeutet. Statt Spannung kann auch ein Strom oder anderes gemeint sein. Im einfachsten Fall wird dem Zeichen '0' der Signalwert '=', dem Zeichen '1' abwechselnd der Signalwert '–' und Signalwert '+' zugeordnet (dieses wird auch als **Wechselregel** bezeichnet). Dadurch soll erreicht werden, daß

- kein Gleichstromanteil vorliegt, und
- eine einfache Taktrückgewinnung möglich ist.

Letzteres ist bei zu langen '0'-Sequenzen bei dieser Kodierung offenbar nicht mehr möglich. Daher wird die **CHDBn**-Kodierung (*Compatible High Density Binary*) eingeführt, in der nach höchstens n Bitperioden ein Übergang stattfindet. Bei der CHBD3-Kodierung wird statt der vierten '0' ein Puls übertragen, der die Wechselregel verletzt.

Jedoch kann bei dieser CHBD3-Kodierung der Gleichstromanteil zu groß werden, da beliebig lange '0'-Folgen bei jeder vierten '0' einen Puls in die gleiche Richtung erfordern. Daher muß die Wechselregel stets alternierend verletzt werden: Falls ein '–' zuviel gesendet wurde und die nächste Verletzung wieder ein '–' ergeben würde, wird stattdessen eine Vierer-'0'-Folge als '+==+' kodiert. Damit ist ein '+' zuviel gesendet; dieses muß sich der Sendeautomat wieder in einem Zustand merken:

```
Zeichen  0101110000101101000000000 10000000101101011

    AMI  =+=-+-====+=-+=-========= +=======-=+-=+=-+zu lange '='-Folgen

  CHDB3  =+=-+-===-+=-+=-===-===- +===+===-=+-=+=-+4×'+', 7×'–'
         =+=-+-===-+=-+=-+==+-==- +===+===-=+-=+=-+11×'+', 10×'–'
```

Um zu verstehen, daß das gesendete Zeichen wieder eindeutig restauriert werden kann, beachte man, daß eine Verletzung der Wechselregel hier nach '==' vorkommt, und nicht erst nach '===', wie bei der 'normalen' Übertragung zu langer '0'-Zeichenfolgen; somit kann die Signalfolge '+==+' bzw. '–==–' nur der Zeichenfolge '0000' entsprechen.

Im folgenden soll ein AMI-Code entwickelt werden, der die folgenden Eigenschaften garantiert:

- Taktflanke bei jedem Bit
- Bei Fehlern sofortige Resynchronisation
- **jedoch**: Gleichstromanteil kann zu groß werden

Idee: Zwei aufeinanderfolgende '0'en werden durch eine '0' und eine verkehrte '1' kodiert. Dann gilt die Umkehrung des AMI-Codes, d.h. eine '1' wird wie eine normale '1' kodiert, usw.

```
Zeichen      1110110011010100000001
AMI-Code     +-+=-+=+-+=-=+=+=+=+-      10×'+', 5×'-'
```

Zur Analyse dieses Systems sollen der Sende- und Empfangsautomat für diese Kodierung aufgeschrieben und untersucht werden:

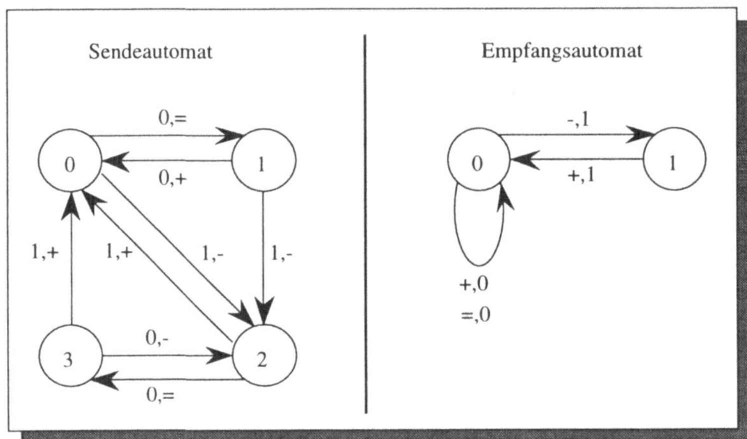


Sende- und Empfangsautomaten seien in korrespondierenden Zuständen, wenn der Sendeautomat im Zustand 0 oder 1, und der Empfangsautomat im Zustand 0, bzw. wenn der Sendeautomat im Zustand 2 oder 3 und der Empfangsautomat im Zustand 1 ist. Sind Sende- und Empfangsautomat in korrespondierenden Zuständen, so folgt der Empfangsautomat dem Sendeautomaten, wie man leicht anhand der Zustandsgraphen überprüft. Sei dieses nicht der Fall. Dann verliert der Empfänger höchstens 2 Bit; danach sind Empfänger und Sender wieder synchron. Dieses kann man durch Ausprobieren der endlich vielen Fälle beweisen, was dem Leser als Übung empfohlen wird.

# 5 Fehlererkennung

Zur Datenübertragung werden verschiedene physikalische Phänomene benutzt; neben der elektrischen Spannung können auch Licht (z.B. Infrarot oder Laserlicht in Lichtwellenleitern), elektromagnetische Wellen oder akustische Signale verwendet werden. All diesen ist gemein, daß sie eine hohe Anfälligkeit gegen Verfälschung der Signale besitzen, die meist mit der zu überbrückenden Entfernung anwächst.

Grundsätzlich ist kein technisches Gerät vor Fehlern gefeit. Daß dennoch bei der Datenübertragung das Auftreten von Fehlern besonders berücksichtigt werden muß hat seinen Grund in der Häufigkeit des Fehlverhaltens. Um daher entscheiden zu können, ob besondere Maßnahmen zur Fehlererkennung oder -korrektur zu ergreifen sind, ist zunächst die Fehlerhäufigkeit quantitativ zu bewerten. Sodann sind Methoden zu entwickeln, die das Auftreten von Fehlern möglichst sicher zu erkennen gestatten. Solche Verfahren werden in diesem Kapitel vorgestellt.

## 5.1 Entstehung von Fehlern

In allen technischen Geräten ist die Möglichkeit in Betracht zu ziehen, daß sich einzelne Komponenten fehlerhaft verhalten. Dieses gilt insbesondere bei der Übermittlung von Daten über Datenpfade, die in den meisten Fällen wegen ihrer räumlichen Ausdehnung nicht kontrolliert werden können und daher sehr unzuverlässig sind. Aus diesem Grunde muß bei der Übertragung von Daten zwischen Datenendgeräten das Auftreten unerwünschter Verfälschungen, die prinzipiell nicht vorhersehbar sind, durch geeignete Techniken erkannt werden, und es müssen geeignete Methoden bereitgestellt werden, solche Fehler zu korrigieren. Fehler dieser Art werden auch als **Rauschen** (*noise*) bezeichnet.

In heutigen elektrischen Systemen können Fehler dadurch auftreten, daß der Empfänger eines Signals die verschiedenen möglichen Signalwerte nicht voneinander unterscheiden kann. Dieses hat vielfältige Gründe, die sich zum Teil überlagern, und nicht immer genau voneinander abgegrenzt werden können; die folgenden technischen Erscheinungen sind die wichtigeren Ursachen solcher Fehler in praktischen System:

- thermische Elektronenbewegung in Halbleitern oder Leitungen
- elektromagnetische Einstrahlung (Motoren, Spulen von Zündanlagen, Blitze)
- radioaktive Einstrahlung (Höhenstrahlung, natürliche/künstliche Radioaktivität)

Einige dieser Phänomene, insbesondere die elektromagnetische Einstrahlung, verursacht häufig Fehler, die gehäuft während eines kurzen Abschnitts auftreten; man nennt dieses **Fehlerbündel** (*error burst*). Im nächsten Abschnitt untersuchen wir, wie solche Fehlerbursts analysiert werden können.

Auch die beschränkte Übertragungskapazität einer Leitung kann eine Ursache für das Auftreten von Fehlern bei der Übermittlung von Daten sein, indem das Signal zu stark gedämpft wird. Da in elektrischen Systemen die Dämpfung frequenzabhängig ist, kann eine unglückliche Signalfolge einen Fehler erzeugen, wenn sich diese Effekte mit anderen physikalischen Effekten überlagern. Zwar ändern sich die elektrischen Charakteristika von Übertragungsgeräten in kurzen Zeiten praktisch nicht, dennoch sind solche Fehler meist nur sehr schwierig einzugrenzen, weil Signalveränderungen, die durch solche Fehler entstehen, nur selten und unregelmäßig auftreten, und da einfache technische Maßnahmen, wie elektrische Abschirmungen, häufig nicht ausreichen, die Signalverfälschungen einzudämmen.

Die Untersuchung der Fehlerursachen verschiedenster Art ist zwar möglich, aber aus mehreren Gründen nicht sehr nützlich. Zum einen handelt es sich um zufällige, nicht vorhersehbare Ereignisse, durch die solche Fehler erzeugt werden. Zum anderen führen solche Ereignisse auch nicht immer zu einem Fehler in der Übertragung (z.B. wenn gerade keine Übertragung stattfindet, oder wenn das übertragene Bit gerade zu einem Wert 'verfälscht' wird, den es sowieso hatte). Außerdem werden die Geräte so ausgelegt, daß solche Fehler nur mit einer verschwindend geringen Wahrscheinlichkeit auftreten, so daß eine exakte numerische Bestimmung einer Fehlerwahrscheinlichkeit wenig Sinn macht.

Aus diesem Grunde werden heutzutage Fehlerhäufigkeiten an realen Geräten nur **gemessen** und nicht mit aufwendigen theoretischen Methoden errechnet. Dazu wird eine Übertragungsstrecke lange Zeit beobachtet, die auftretenden Fehler registriert, und zum Schluß ein statistisches Modell erstellt, welches das Fehlerverhalten der Übertragungsstrecke beschreibt. Im nächsten Abschnitt beschreiben wir zunächst einige Verfahren, wie man ein fehlerhaftes Verhalten beschreiben kann.

## 5.2 Fehlerbeschreibung

Die Fehlerbeschreibung für eine Übertragungsstrecke liefert eine statistische Beschreibung für das Auftreten von falschen Werten bei der Übertragung von Daten. Das einfachste Modell geht von einer unabhängigen Fehlerwahrscheinlichkeit aus, d.h. die Wahrscheinlichkeit, daß beim nächsten Bit ein Fehler auftritt, ist unabhängig von der 'Vorgeschichte', d.h. vom Auftreten des letzten Fehlers. Dieses ist insofern ein realistisches Modell, als zumindest zufällige Fehler (und nicht gerade Fehlerbursts) nur einzeln auftreten; außerdem kann ein erkanntes Bit zwar verfälscht sein, aber dennoch den richtigen Wert liefern, so daß selbst in Fehlerbündeln im Mittel jedes zweite Bit den richtigen Wert haben dürfte.

Möchte man aufwendigere Modelle betrachten, so läßt sich im Prinzip die Vorgeschichte durch ein Markov-Modell berücksichtigen; hier wird einer auftretenden Fehlerfolge ein Zustand zugeordnet, den das System betritt, sobald ein Fehler vorliegt. Entsprechend kann es Zustände für zwei, drei oder mehr Fehler in Folge geben. Ein solches System kann dann mit bekannten Verfahren analysiert werden, und man erhält die Wahrscheinlichkeiten, daß eine bestimmte Anzahl von Fehlern in Reihe auftritt.

**Beispiel**

Das Auftreten von n Fehlern in Folge wird sich im Zustand [n] gemerkt; treten keine Fehler auf, so ist das System im Zustand 0. Sei p die (unabhängige) Fehlerwahrscheinlichkeit, so geht das System mit der Wahrscheinlichkeit p vom Zustand [n] in den Zustand [n+1] über. Mit der Wahrscheinlichkeit (1-p) geht es in den Zustand [0].

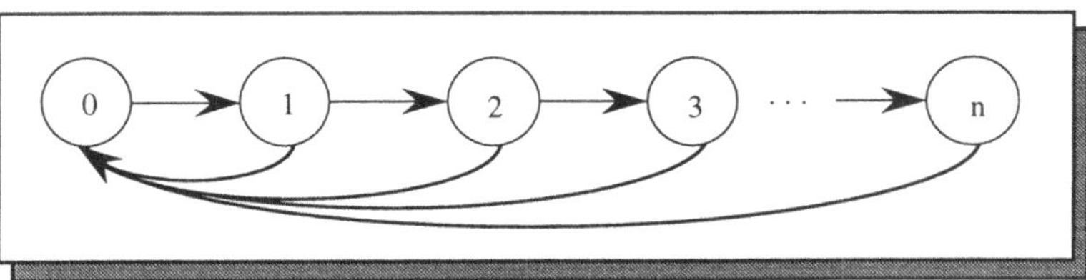


Dieses Modell läßt sich analystisch auswerten. Es folgt, daß sich die Wahrscheinlichkeit $\pi_n$, im Zustand [n] zu sein, berechnet zu:

$$\pi_n = p \cdot \pi_{n-1} = p^n \cdot \pi_0 = p^n \cdot (1-p)$$

Es läßt sich auch eine größere Anzahl von Bits einbeziehen, indem stets die Anzahl der Fehler in den letzten N Bits betrachtet wird. Allerdings handelt es sich dann nicht mehr um einen gedächtnislosen Prozeß, so daß die obige Analysetechnik nicht mehr ausreicht.

Wie diese Beispiele zeigen, sind solche Untersuchungen sehr kompliziert und meist wegen der sehr geringen Fehlerwahrscheinlichkeit in der Größenordnung von $10^{-7}$ auch nicht sehr aussagekräftig. Denn die Wahrscheinlichkeit, daß zwei Fehler in Reihe auftreten, liegt dann häufig in der Größenordnung des Quadrats dieser Werte ($10^{-14}$) und ist daher für praktische Überlegungen verschwindend gering. Darüber hinaus wird ein beeinflußtes Bit nur mit einer gewissen Wahrscheinlichkeit einen falschen Wert liefern, da entweder die Energie der Beeinflussung innerhalb eines Fehlerbursts für einige Bits zu gering ist, oder die Beeinflussung den tatsächlichen Wert des Bits verstärkt. Aus diesen

Gründen werden meist einfache Fehlermodelle mit unabhängigen Fehlerereignissen verwendet, welche für praktische Probleme hinreichend gute Aussagen liefern.

## 5.3 Fehlerentdeckung durch Redundanz

Liegt der Fehler in der Größenordnung von $10^{-7}$, so tritt in den verbreiteten Ethernet-Systemen im Mittel in jeder Sekunde ein Fehler auf. Dieses ist ein für praktische Anwendungen viel zu großer Wert, da dieses bedeutet, daß in fast jeder übertragenen Datei ein fehlerhaftes Bit vorliegt. Werden Dateien mehrfach hin und her geschickt, so kann sich die Anzahl der Fehler schnell vergrößern. Aus diesem Grunde sind Übertragungsfehler unbedingt zu erkennen und zu korrigieren.

Das wichtigste Verfahren zur Fehlererkennung faßt mehrere Bits in Blöcke zusammen und fügt jedem Block ein oder mehrere Kontrollbits hinzu. Dieses bedeutet, daß die Anzahl übertragener Bits größer ist als die Anzahl von Bits, die Nutzinformation tragen. Um dieses zu quantifizieren, führt man den Begriff der **Redundanz** ein; wir definieren hier die Redundanz als die relative zusätzliche Information, die zur Fehlererkennung verwendet wird:

$$Redundanz = \frac{Anzahl\ der\ übertragenen\ Bits}{Anzahl\ der\ Nutzdatenbit} - 1$$

In der Literatur (insbesondere der Informationstheorie) findet man auch etwas andere Definitionen für die Redundanz! Um entdeckte Fehler zu korrigieren, gibt es mindestens zwei Verfahren:

- Falsche Blöcke werden noch einmal gesendet (ARQ)
- Fehlerkorrigierende Verfahren

Das erste Verfahren wird auch **ARQ** genannt (*automatic-repeat-request*). Es ist bei weitem die am häufigsten angewendete Methode zur Fehlerkorrektur bei der Datenübertragung, da es in diesem Bereich ökonomischer ist als die zweite Methode. In anderen Bereichen, z.B. bei der Speicherung von Daten, ist diese Methode jedoch nicht immer anwendbar, da dieses Verfahren eine intensive Zusammenarbeit zwischen dem Sender und dem Empfänger einer Nachricht voraussetzt. So werden korrekte bzw. falsche Blöcke durch ein *Acknowledge* (**ACK**) bzw. *Not Acknowledge* (**NAK**) bestätigt. Sollten Blöcke verloren gehen, was auch geschehen kann, so sind besondere Vereinbarungen zu treffen, um die dadurch entstehenden Fehler zu beheben. Dieses wird z.B. im X.25-Protokoll auf der Bitsicherungsschicht angewendet (HDLC-LAPB) und dort genauer besprochen.

Bei fehlerkorrigierenden Verfahren wird die Redundanz so groß gewählt, daß bei wenigen Fehlern aus der fehlerbehafteten Information die korrekte Information geschlossen werden kann. Zwar lassen sich im Prinzip beliebig viele Fehler korrigieren, was aber nur mit sehr großen Redundanz möglich ist. Aus diesem Grunde haben solche Verfahren bei der

Datenübertragung nur einen theoretischen Wert. In manchen Anwendungen (z.B. CD-Kodierung) sind sie jedoch sehr wichtig.

Die folgenden Beispiele stellen zwei einfache und naheliegende Verfahren vor, die Fehler mit großer Wahrscheinlichkeit erkennen und sogar korrigieren können, dabei aber zugleich eine sehr große Redundanz besitzen.

Eine sehr einfache Fehlererkennungsmethode besteht darin, alle Blöcke zweimal zu senden: Tritt ein Fehler auf, so sind die Blöcke unterschiedlich, und der Fehler kann somit erkannt werden. Wir nehmen an, daß die Fehlerwahrscheinlichkeit für ein einzelnes Bit $10^{-7}$ beträgt und die Blocklänge 1000; die Wahrscheinlichkeit, daß in einem Block ein Fehler auftritt, ist dann:

$$P[\text{Mindestens ein Fehler in einem Block}] = 1 - (1-10^{-7})^{1000} \approx \frac{1}{10000{,}5}$$

Bei diesem Verfahren muß daher ungefähr jeder zehntausendste Block zweimal gesendet werden, d.h. die Menge zu übertragender Information erhöht sich um 2 Blöcke je 10.000 Nutzdatenblöcken. Die Redundanz ist daher:

$$\mathit{Redundanz} = \frac{\mathit{Anzahl\ der\ übertragenen\ Bits}}{\mathit{Anzahl\ der\ Nutzdatenbit}} - 1 = 1{,}0002$$

Dieses bedeutet, daß die zu übertragende Information etwa doppelt so groß ist wie die Nutzinformation; das ist ein sehr hoher Wert. Um einen fehlerhaften Block unmittelbar korrigieren zu können, kann jeder Block dreimal geschickt werden. Sind in den drei Blöcken einige Bits falsch, so wird jener Wert genommen, der mehrheitlich vorhanden ist; man nennt dieses auch ein **Entscheider**- oder **Schiedsrichterverfahren** (*arbiter*). Die Redundanz ist ungefähr 2, also praktisch doppelt so hoch wie im ersten Fall.

In diesen Beispielen erscheint die Redundanz in beiden Fällen sehr hoch; sie beträgt zwischen 100% und 200%. Zwar ist die Redundanz für die Kosten eines Verfahrens eine wichtige Kennzahl, dennoch sind auch andere Merkmale eines solchen Verfahrens für dessen Bewertung von Interesse, z.B.:

- die Wahrscheinlichkeit eines unerkannten Fehlers
- die Kosten für die Fehlererkennung
- die Abhängigkeiten von Fehlerwahrscheinlichkeiten

Die Wahrscheinlichkeit eines unerkannten Fehlers ist in beiden Fällen sehr gering. Tatsächlich wird im ersten Beispiel nur dann ein Fehler unentdeckt bleiben, wenn zwei Bits an der gleichen Stelle in beiden Blöcken falsch sind. Dieses tritt mit einer Wahrscheinlichkeit in der Größenordnung von $10^{-7000}$ auf, ist also praktisch ausgeschlossen. Im zweiten Beispiel liegen die Größenordnungen ähnlich.

Zwar sind dieses sehr sichere Verfahren, aber der Nutzen steht hier nur in einem sehr schlechten Verhältnis zum Aufwand, da die Übertragungskapazität einer Leitung nur sehr schlecht ausgenutzt wird; man muß entweder eine schnellere Leitung verwenden, die entsprechend teurer ist, oder man muß eine größere Übertragungszeit in Kauf nehmen.

Soll dieses Problem ingenieursmäßig behandelt werden, so müßte prinzipiell zunächst eine erträgliche Fehlerwahrscheinlichkeit vorgegeben, und dann ein effizientes Verfahren zur Fehlererkennung konstruiert werden, welches mit möglichst geringen Kosten die geforderte Fehlerwahrscheinlichkeit einhält. Solche Verfahren sollen jetzt untersucht werden.

## 5.4 Fehlerkorrigierende Codes

Wir fassen noch einmal die bereits früher eingeführte Terminologie zusammen. Soll **Information** (*information*) von einem Sender zu einem Empfänger übertragen werden, so wird dazu eine **Nachricht** (*message*) geschickt; unterschiedliche Information wird in der Regel durch verschiedene Nachrichten beschrieben. Die Darstellung einer Nachricht wird auch als **Kodierung** der Nachricht bezeichnet. Die Form, in der wir eine Nachricht schreiben, wird daher auch als **Codewort** bezeichnet. Soll ein Codewort übertragen werden, so nennen wir die Darstellung des Codeworts **Zeichenwert**. Die physikalischen Größen, in denen die Zeichenwerte auf dem Übertragungskanal dargestellt werden, nennen wir **Signalwerte;** für die folgenden Untersuchungen interessieren nur die Zeichenwerte der Nachrichten, also die **Codewörter**. Trifft die Nachricht (bzw. das Codewort) unverfälscht beim Empfänger ein, so kann dieser daraus die übermittelte Nachricht wieder herleiten.

Die Menge der Codewörter (die in einer bestimmten Anwendung vorkommen) wird als **Alphabet** bezeichnet. Die Zuordnung zwischen Nachricht und Codewörtern wird in einer **Codetabelle** vorgenommen. Codetabellen sind z.B. die internationalen Alphabete Nr. 2 (Telex) oder Nr. 5 (**ASCII**).

Ein Code kann außer der Nachricht, welche die Information repräsentiert, auch noch weitere Information tragen. Diese Information wird als **Redundanz** bezeichnet. Wir nennen im folgenden die Information, die zur Fehlererkennung dient, **Redundanzinformation** oder **Prüfinformation** (auch **Prüfdaten, Prüfbytes** usw.). Da die Prüfdaten stets über den gleichen Kanal geschickt werden müssen wie die Nutzdaten, können auch diese verfälscht beim Empfänger ankommen. Die Wahrscheinlichkeit eines Fehlers in einem Block errechnet sich stets aus der Wahrscheinlichkeit eines Fehlers entweder in den Nutzdaten oder in der Redundanzinformation, oder in beiden. Dieses wurde in den Beispielen im letzten Abschnitt übrigens nicht berücksichtigt!

Ein Code, der so viel Information enthält, daß ein auftretender Fehler entdeckt und zugleich korrigiert werden kann, wird als **selbstkorrigierender Code** (*error correcting code*) bezeichnet. Untersuchungen hierzu gehen auf den Mathematiker Hamming (ca. 1950) zurück. Aus diesem Grunde werden selbstkorrigierende Codes auch als **Hamming-Codes** bezeichnet. Im folgenden soll ein Verfahren zur Konstruktion eines Hamming-Codes beschrieben werden, welches, da es direkt auf Hamming zurückgeht, als **Hamming-Verfahren** bezeichnet wird.

Sei eine Information mit k Bits kodierbar (d.h. das Alphabet umfaßt höchstens $2^k$ verschiedene Zeichen). Zusätzlich zu diesen k Bits werden r Bits Redundanz-Information hinzugefügt. Es stellt sich die Frage, wie viele Redundanz-Bits mindestens hinzugefügt werden müssen, um einen Fehler von s Bits in der Nachricht erkennen und korrigieren zu können. Wir betrachten im folgenden nur den Fall, daß s=1, d.h. daß nur ein 1-Bit-Fehler auftreten kann und korrigiert werden soll.

[1][2]...[k][1]...[r] Codewort mit k Nutzdatenbit und r Prüfbit

Um diese Frage zu beantworten, führt man den Begriff **Hamming-Abstand** ein. Die Anzahl von Stellen, an denen zwei Codewörter verschiedene Bits haben, wird als Hamming-Abstand dieser beiden Codewörter definiert:

```
11001001
01001011
```

$\neq=====\neq=$ $\Rightarrow$ Hamming-Abstand ist 2

Als Hamming-Abstand eines **Alphabets** bezeichnet man den minimalen Abstand zweier verschiedener Codewörter in diesem Alphabet. Es soll jetzt ein Verfahren vorgestellt werden, zu einem Alphabet mit k Bits einen fehlerkorrigierenden Code zu konstruieren.

Zu einem Codewort C der Länge n=k+r Bits gibt es genau ein Codewort mit dem Hammingabstand 0, nämlich C selbst. Jedem Codewort C können genau n Codewörter gleicher Länge n mit dem Hamming-Abstand 1 zugeordnet werden, indem jeweils genau eines der n Bits des Codeworts C komplementiert wird.

11001001 fi Hamming-Abstand = 0

01001001 fi Hamming-Abstand = 1

10001001 fi Hamming-Abstand = 1

...

11001000 fi Hamming-Abstand = 1

= n+1 Worte

Daher haben n+1 Codewörter einen Abstand zum Codewort C, der kleiner ist als 2, nämlich 0 oder 1. Es soll $2^k$ Codewörter im Alphabet geben, von denen jedes n+1 Codewörter belegt. Daher müssen $(n+1)\cdot 2^k$ Codewörter mit n Bits darstellbar sein, d.h. es muß gelten: $(n+1)\cdot 2^k \leq 2^n = 2^{k+r}$. Also muß sein: $k+r+1 \leq 2^r$.

Dieses gibt eine Mindestzahl r von Prüfbits an, die für die Sicherung von k Datenbits nötig sind. Um zu einer effektiven Kodierung zu kommen, die jedem der $2^k$ Zeichenwerte ein Codewort der Länge k+r zuordnet, faßt man die k Nutzdatenbits so in r Gruppen (Paritätsgruppen) zusammen, daß ein Fehler in einer Gruppe auf jeden Fall erkannt und eindeutig identifziert werden kann. Um die i-te Gruppe abzusichern, wird das i-te Prüfbit so gewählt, daß die Anzahl der gesetzten Bits in der i-ten Gruppe zusammen mit dem i-ten Prüfbit gerade ist (Paritätsprüfung; siehe nächsten Abschnitt). Mit r=3 ist es z.B. möglich, systematisch die folgenden Bitgruppen zu bilden:

| Gruppe | Bit | Bit | Bit | Bit | Prüfbit |
|---|---|---|---|---|---|
| 1. | 1 | 4 | 6 | 7 | $r_1$ |
| 2. | 2 | 4 | 5 | 7 | $r_2$ |
| 3. | 3 | 5 | 6 | 7 | $r_3$ |

Ein falsches Bit wird somit genau eine Kombination von Paritätsfehlern der einzelnen Gruppen erzeugen:

| Fehlerhaftes Bit Nr. | 1 | 2 | 3 | 4 | 5 | 6 | 7 |
|---|---|---|---|---|---|---|---|
| Paritätsfehler in Gruppen | 1 | 2 | 3 | 1,2 | 2,3 | 1,3 | 1,2,3 |

Tritt kein Paritätsfehler auf, so ist auch kein 1-Bit-Fehler aufgetreten. Drei der sieben Bits des letzten Beispiels sind übrigens die Prüfbits, so daß mit r=3 folgt: k=4. Die obige Formel läßt sich also auch folgendermaßen rechtfertigen: Es gibt r Paritätsgruppen, in welchen

$$\binom{r}{1} + \binom{r}{2} + \binom{r}{3} + \ldots + \binom{r}{r} = 2^r - 1 = \textit{Anzahl der Bits} = k+r$$

Bits abgesichert werden können; dieses folgt, da auf $\binom{r}{m}$ verschiedene Arten m Elemente aus r verschiedenen ausgewählt werden können (Kombination ohne Wiederholung); daher lassen sich offensichtlich $\binom{r}{1}$ = r einzelne Bits auf r Paritätsgruppen verteilen, $\binom{r}{2}$ Paare von Bits auf jeweils zwei der r Paritätsgruppen , usw. Somit erhält man das gleiche Ergebnis wie oben; während oben die Mindestanzahl benötigter Prüfbits berechnet wurde, konnte hier jedoch zugleich ein konstruktives Verfahren zur Fehlererkennung dargestellt werden. Das ergibt den folgenden Satz:

**Satz**

Um 1-Bit-Fehler bei Informationsfeldern der Länge k Bits korrigieren zu können, werden genau r Prüfbits benötigt, wobei

$$k + r \leq 2^r - 1$$

Ordnet man in der obigen Darstellung die ersten 3 Bits den Prüfbit zu, so kann jede Gruppe so gestaltet werden, daß die Anzahl gesetzter Bits gerade ist, da die Werte der Prüfbits beliebig gewählt werden dürfen. Entdeckt der Empfänger, daß ein oder mehrere dieser Gruppen eine ungerade Anzahl gesetzter Bits enthalten, so kann er nach der letzten Tabelle eindeutig bestimmen, welches Bit verfälscht wurde.

Ein Algorithmus, der genau das fehlerhafte Bit bestimmt, könnte folgendermaßen implementiert werden: Das i-te Prüfbit wird in einem Codewort der Länge n=k+r an $2^{i-1}$-ter Stelle übertragen: das erste Prüfbit an 1., das zweite an 2., das dritte an 4. Stelle usw.:

| 1.Prüfbit | 2.Prüfbit | 1.Datenbit | 3.Prüfbit | 2.Datenbit | 3.Datenbit | 4.Datenbit |
|---|---|---|---|---|---|---|

Die restlichen Stellen werden mit Datenbits belegt. In die i-te Gruppe werden die Bits eingeordnet, in deren (binär dargestellter) Nummer (=i) das i-te Bit gesetzt ist, also in die erste Gruppe die Bits an ungerader Stelle, in die zweite die Bits an den Stellen 2, 3, 6, 7,... Jede Nummer steht also genau in sovielen Paritätsgruppen wie sie gesetzte Bits enthält.

| Gruppe | Prüfbit | Bit | Bit | Bit |
|---|---|---|---|---|
| 1. | 1 | 3 | 5 | 7 |
| 2. | 2 | 3 | 6 | 7 |
| 3. | 4 | 5 | 6 | 7 |

Ist nun das Bit an der Stelle p falsch, so ist hat i-te Prüfgruppe genau dann eine ungerade Parität, wenn in der Nummer der Stelle p das Bit i gesetzt ist. Addiert man die Nummern dieser fehlerhaften Prüfgruppenbits, so erhält man die Nummer des falschen Bits: Ist z.B. das 6. Bit falsch, so ist die zweite und die dritte Prüfgruppe, jedoch keine weitere falsch. Also ist die Nummer des falschen Bits: $2^1 + 2^2 = 6$.

Das Verfahren sichert im obigen Beispiel genau 4 Nutzbits mit 3 Prüfbits ab. Die Redundanz ist also 75%. Mit r=4 Prüfbits lassen sich bis zu k=11 Nutzbits absichern, so daß die Redundanz hier bei ca 36% liegt. Die allgemeine Formel für die Redundanz ist offensichtlich:

$$Redundanz\ (r) = \frac{n}{k} - 1 = \frac{r}{k} = \frac{r}{2^r - r - 1} \approx \frac{\log_2 k}{k}$$

und wird mit wachsendem r rasch kleiner. Für r=16 und somit $k \leq 65519$ erhalten wir: R=0.025%. Allerdings würden wir mit diesem Verfahren genau den Fall behandeln können, daß ein 1-Bit-Fehler in einem Wort der Länge k = 65519 auftritt. Treten jedoch zwei oder mehr Bitfehler auf, so meldet uns dieses Verfahren lediglich einen Bitfehler (oder keinen), so daß trotz Korrektur kein korrektes Ergebnis erzielt würde. Dieses hat seinen Grund offensichtlich darin, daß das Verfahren selbst keine Redundanz besitzt. Da in der Praxis jedoch meistens Folgen von Bitfehlern auftreten (*error bursts*), ist dieses Verfahren (zumindest im Bereich der Datenübertragung) wenig nützlich. Statt auch von sehr langen Bitfolgen genau einen Bitfehler zu erkennen, ist man eher daran interessiert zu erkennen, ob überhaupt ein Fehler aufgetreten ist. Aus diesem Grunde werden selbstkorrigierende Codes bei der Datenübertragung nur sehr selten verwendet.

Es gibt jedoch die Möglichkeit, auch mit selbstkorrigierenden Codes Bitfehlerfolgen einer maximalen Länge m zu entdecken und zu korrigieren. Dazu werden k oder mehr Zeichen kodiert, und zunächst die ersten Bits jedes der m Zeichen übertragen, sodann die zweiten

Bits, usw. Tritt jetzt eine Fehlerfolge auf, die nicht länger ist als m, so kann in jedem Zeichen höchstens ein Bit falsch sein. Dieses läßt sich natürlich korrigieren. Allerdings ist hier die Redundanz wieder sehr hoch.

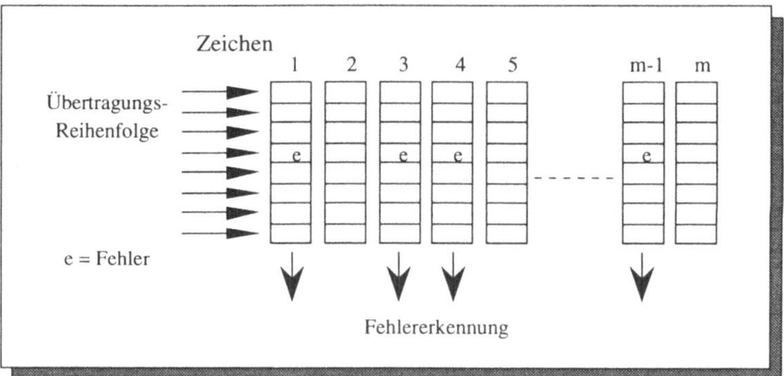


Die folgenden Untersuchungen betrachten somit keine fehlererkennenden, sondern (fast) nur noch fehlerentdeckende Codes.

## 5.5 Fehlererkennung durch Paritätsprüfung

Die meisten Verfahren zur Fehlererkennung berechnen aus den Nutzdaten eine neue Information, welche zum einen vom Sender zum Empfänger mitgeschickt wird, und welche zum anderen vom Empfänger noch einmal berechnet und dann mit der empfangenen Prüfinformation verglichen wird. Ist die errechnete Prüfinformation verschieden von der empfangenen, so wurde ein Fehler entdeckt.

Wir gehen im folgenden davon aus, daß die Daten binär kodiert sind. Dieses trifft zumindest im Bereich der lokalen Netze stets zu. Im Bereich der öffentlichen Netze müssen evtl. zusätzlich weitere Überlegungen angestellt werden. Die Nutzdatenlänge sei k Bits, und die Übertragungsdatenlänge sei n Bits. Die Differenz r=n-k ist somit die Länge der Prüfinformation; die Redundanz ist $\frac{n-k}{k}$.

Eine sehr einfache Methode zur Fehlererkennung bei binär-kodierten Daten ist die folgende: Füge ein Bit Prüfinformation hinzu, so daß die Anzahl aller gesetzten Bits (d.h. Bits mit dem Wert 1, auch als 1-Bit bezeichnet) gerade ist (oder ungerade, je nach Vereinbarung): Ein solches Prüfbit wird **Paritätsbit** genannt; man spricht auch von **gerader** (oder **ungerader**) **Parität**. Für die Redundanz erhalten wir:

$$\textit{Redundanz bei einem Paritätsbit} = \frac{1}{n-1}$$

Wird genau ein Bit verfälscht, also z.B. eine '1' zu einer '0', so ändert sich offenbar sofort die Parität, d.h. die Anzahl aller '1'en wird ungerade. Ein solcher Fehler kann daher erkannt werden. Dieses gilt ebenfalls für jede andere ungerade Anzahl von verfälschten Bits. Wird jedoch eine gerade Anzahl von Bits verfälscht, also '2', '4', '6' usw, so wird die Anzahl aller '1'en weiterhin gerade bleiben; diese Fehler werden somit nicht erkannt.

Um die Qualität dieses Fehlererkennungsverfahrens beurteilen zu können, muß zunächst die Wahrscheinlichkeit $p_s$ berechnet werden, daß in einem Block der Länge n bei einer Bitfehlerwahrscheinlichkeit von p genau s fehlerhafte Bits auftreten. Sind die Fehler unabhängig, so ist:

$$p_s = \binom{n}{s} \cdot p^s \cdot (1-p)^{n-s}$$

In der folgenden Tabelle werden für verschiedene Blocklängen n und verschiedene Bitfehlerwahrscheinlichkeiten p die Wahrscheinlichkeiten angegeben, daß in einem Block s Fehler auftreten:

| | n=100 | | n=300 | | n=1000 | |
|---|---|---|---|---|---|---|
| s | $p=10^{-3}$ | $p=10^{-6}$ | $p=10^{-3}$ | $p=10^{-6}$ | $p=10^{-3}$ | $p=10^{-6}$ |
| 0 | 0,9 | 0,99 | 0,74 | 0,99 | 0,37 | 0.99 |
| 1 | 9,06E-02 | 1,00E-04 | 2,22E-01 | 3,00E-04 | 3,68E-01 | 9,99E-04 |
| 2 | 4,49E-03 | 4,95E-09 | 3,33E-02 | 4,48E-08 | 1,84E-01 | 4,99E-07 |
| 3 | 1,47E-04 | 1,62E-13 | 3,31E-03 | 4,45E-12 | 6,13E-02 | 1,66E-10 |
| 4 | 3,56E-06 | 3,92E-18 | 2,46E-04 | 3,31E-16 | 1,53E-02 | 4,14E-14 |
| 5 | 6,85E-08 | 7,53E-23 | 1,46E-05 | 1,96E-20 | 3,05E-03 | 8,24E-18 |
| 6 | 1,09E-09 | 1,19E-27 | 7,17E-07 | 9,63E-25 | 5,06E-04 | 1,37E-21 |

Für größere Werte von s (hier $\geq 4$) und kleinere Werte von p (hier $p \leq 10^{-6}$) wird die Fehlerwahrscheinlichkeit verschwindend gering. Daher ist die Fehlerwahrscheinlichkeit im Falle der einfachen 1-Bit-Paritätsprüfung ungefähr gleich jener für 2 Bit-Fehler, da 1-Bit-Fehler und 3-Bit-Fehler ja stets erkannt werden. Man beachte, daß der Fall n=1000 um den Faktor 10.000 schlechter liegt als der Fall n=100, daß jedoch wegen der geringen Bitfehlerwahrscheinlichkeit von $4 \cdot 10^{-14}$ dieses keine Rolle spielt.

Als Beispiel betrachten wir noch einmal einen Übertragungskanal mit 10 MBit/sec (Ethernet); die Blocklänge sei n=1000, d.h. in jeder Sekunde werden bis zu 10.000 Blöcke gesendet, bzw. in jeder Millisekunde 10 Blöcke. Die Bitfehlerwahrscheinlichkeit sei $p=10^{-3}$, so daß je Block die Bitfehlerwahrscheinlichkeit 0,36 beträgt, was 3,6 Fehler je 10 Blöcken bedeutet. Somit entstehen im Mittel 3,6 Fehler in jeder Millisekunde, oder ist der mittlere Abstand zwischen zwei Fehlern ungefähr 0.3 msec. Da dieses 1-Bit-Fehler sind, werden sie erkannt.

Für 2-Bit-Fehler errechnet sich die Wahrscheinlichkeit je Block zu 0,184, dieses bedeutet 1,84 Fehler je msec, oder etwa 0,6 msec zwischen zwei unentdeckten Fehlern. Dieses ist natürlich ein viel zu großer Wert, der in der Regel nicht zu tolerieren ist. Für andere Fehlerwahrscheinlichkeiten erhält man zwar andere Werte, wie der folgenden Tabelle entnommen werden kann; diese sind aber auch noch zu groß. Wir nennen die mittlere Zeit zwischen zwei Fehlern **MTBE** (*mean time between errors*), und die mittlere Zeit zwischen zwei unentdeckten Fehlern **MTBUE** (*mean time between undiscovered errors*). Mit diesen Bezeichnungen und verschiedenen Blocklängen n und Bitfehlerwahrscheinlichkeiten p erhält man die folgende Tabelle:

| | n=100 | | n=1000 | |
|---|---|---|---|---|
| | MTBE | MTBUE | MTBE | MTBUE |
| $p=10^{-3}$ | 0,11 msec | 2,0 msec | 0,3 msec | 0,6 msec |
| $p=10^{-6}$ | 1,00 sec | 0,5 Std | 0,1 sec | 3,3 Min. |

Zwar werden bei Verringerung der Bitfehlerwahrscheinlichkeiten die Werte von MTBUE deutlich kleiner; aber ein unentdeckter Fehler in jeder halben Stunde, bzw. sogar alle 3 Minuten, ist offenbar noch immer zu groß. Hieraus ergibt sich, daß das einfache 1-Bit-Paritätsprüfverfahren nicht geeignet ist, ausreichenden Schutz vor unentdeckten Fehlern zu gewährleisten.

Das Paritätsprüfverfahren ist zwar mit einem Bit 'Prüfsumme' nicht sehr zuverlässig, aber dieses Verfahren läßt sich noch sehr verbessern; heutige Prüfverfahren bestehen im Prinzip aus einem verallgemeinerten Paritätsprüfverfahren. Dazu kann man sich vorstellen, daß entweder die Blocklängen verkürzt werden, oder – was dem entspricht – die Anzahl der Prüfbits erhöht wird. Würde z.B. für jeweils 10 Bits ein Prüfbit eingefügt werden, so würde sich die Fehlerwahrscheinlichkeit stark verringern. Natürlich müssen die geprüften Bits nicht unbedingt nebeneinander stehen. Wegen der Möglichkeit von Bitfehlerhäufungen wäre es sogar günstiger, es würde nur jedes zehnte Datenbit mit jeweils einem Prüfbit kontrolliert werden, also: Prüfbit 1 zählt die Anzahl der '1'en im ersten, elften, einundzwanzigsten, usw. Bit, Prüfbit 2 im zweiten, zwölften, usw. Bit. Wir erhalten:

| Prüfbit | überwacht Bits |
|---|---|
| 1 | 1 11 21 31 41 51 61 71 81 91 |
| 2 | 2 12 22 32 42 52 62 72 82 92 |
| 3 | 3 13 23 33 43 53 63 73 83 93 |
| ... | ... |
| 10 | 10 20 30 40 50 60 70 80 90 100 |

Eine Verallgemeinerung dieses Verfahrens werden wir später kennenlernen. Statt die Bits in einem gewissen Abstand zu zählen, werden auch Gruppen von Bits als Zahlen aufgefaßt, und diese dann addiert. Üblich ist es, 8 oder 16 Bits zusammenzufassen; wir verwenden hier als Beispiel 8 Bits. Werden hinreichend viele Zahlen addiert, so ergibt die Summe in der Regel einen Wert, der größer ist oder gleich $2^8=256$, d.h. es findet ein Überlauf statt. Dieser Überlauf wird ignoriert. Man sagt, die Summe wird 'Modulo 256' gebildet. Das so erhaltene Ergebnis wird dann als **Prüfsumme** bezeichnet. Neben den Nutzdaten wird auch diese Prüfsumme übertragen. Der Empfänger bildet aus den Nutzdaten die gleiche Prüfsumme, und kann durch Vergleich mit der Prüfsumme erkennbare Fehler entdecken. Die Redundanz bei diesem Verfahren ist bei k Nutzdatenbits und n-k Prüfsummenbits: Red=(n-k)/k.

Beim IP-Protokoll hat der Header des IP-Datagramms eine Länge von mindestens 160 Bits, von denen 16 Bits als Prüfsumme verwendet werden. Hier ist die Redundanz also 16/144 oder 11,1%. Als Prüfwert wird übrigens immer das Komplement der Prüfsumme übertragen, so daß die Summe der 16 Bit-Worte eines IP-Headers (einschließlich der Prüfsumme) stets den Wert null ergeben muß.

Verwendet man wie bei der Paritätsprüfung eine Prüfsumme der Länge 1, so wird die Summe der Bits – als Zahlen aufgefaßt – mod 2 genommen, was gerade 0 ergibt wenn die Summe der Nachrichtenbits gerade ist, und sonst 1. Wird dieses Prüfbit unverändert mitübertragen, so ist die Summe aller Bits stets gerade.

In der Regel wird die Prüfsumme deshalb gebildet, weil die Addition in den meisten Rechnern implementiert ist und nicht mehr Rechenzeit kostet als die meisten logischen Operationen. Statt die gruppierten Bits als Zahlen aufzufassen, können diese auch mittels der 'Exklusiv-Oder'-Operation verknüpft werden. Dieses entspricht genau der Aufsummierung aller Bits mit gleichem Abstand, wie zuerst oben erwähnt wurde. Bei der 1-Bit-Paritätsprüfung sind die Addition mod 2 und die 'XOR'-Operation zufälligerweise identisch.

Die Vergrößerung der Anzahl der Prüfbits erkennt alle ungeraden Bitfehler, sowie einige gerade Bitfehler, jedoch nicht alle! Sind z.B. nur das erste und das elfte Bit (in der obigen Tabelle) verfälscht, so wird dieser Fehler nicht erkannt. Also gibt es bereits einige 2-Bit-Fehler, die durch dieses Verfahren nicht erkannt werden. Zwar ist deren Auftreten in diesem Falle sehr viel unwahrscheinlicher als wenn man jeden 2-Bit-Fehler nicht erkennen würde; dennoch stellt sich die Frage, ob es nicht Prüfverfahren gibt, die jeden r-Bit-Fehler, mit r=1,2,..,R erkennen, wobei in diesem Falle R=2?

Ein Verfahren, welches außer allen ungeraden Bitfehlern auch alle 2-Bit-Fehler, die meisten 4-Bit-Fehler und alle 6-Bit-Fehler erkennt, soll jetzt vorgestellt werden. Es wird vorwiegend in Speichermedien wie Magnetbändern verwendet, da es im Falle eines 1-Bit-Fehlers sogar eine Fehlerkorrektur erlaubt; entsprechend groß ist allerdings auch die Redundanz. In diesem Verfahren werden wieder Gruppen von Bits zusammengefaßt, z.B. acht Bits. Über jeweils acht Bits wird dann eine 1-Bit-Prüfsumme gebildet; zusätzlich wird auch noch über jedes achte Bit eine Prüfsumme gebildet. Dieses Verfahren wird dann besonders anschaulich, wenn man die Nachrichtenbits ('x' bzw. 'e' im folgenden Diagramm) als Matrix darstellt, wobei die acht Bits einer Gruppe nebeneinander stehen, während jedes achte Bit untereinander steht. Die vertikale Summe über die Bits des Blocks wird als 'vertikale Redundanz-Prüfsumme' bezeichnet und **VRC** (*Vertical Redundancy Check*) abgekürzt. Das Paritätsbit einer Gruppe wird als 'longitudinale Prüfsumme' (**LRC** = *Longitudinal Redundancy Check*) bezeichnet:

| | | |
|---|---|---|
| x x x x x x x x | p | 1. Gruppe |
| x e x x x e x x | p | 2. Gruppe |
| x x x x x x x x | p | 3. Gruppe |
| x e x x x e x x | p | 4. Gruppe |
| x x x x x x x x | p | 5. Gruppe |
| p p p p p p p | p | Prüfzeichen |

Dieses VRC/LRC-Verfahren entdeckt alle ungeraden Bitfehler, sowie alle geraden mit ungerader Anzahl von Bitfehlern in mindestens einer Zeile oder Spalte. 2-Bit-Fehler werden somit immer erkannt, da entweder eine Zeile oder eine Spalte nur ein falsches Bit enthalten kann. 4-Bit-Fehler werden zwar nicht mit Sicherheit erkannt, aber von allen möglichen 4-Bit-Fehlern wird die überwiegende Mehrzahl ebenfalls erkannt. Unerkannt bleiben nur jene 4-Bit-Fehler, bei denen die fehlerhaften Bits auf den Eckpunkten eines beliebigen gedachten Rechtecks im Diagramm oben (einschließlich der Prüfbits p) liegen (im Diagramm ist ein solches Rechteck beispielhaft durch 'e' eingezeichnet). Somit ist die Wahrscheinlichkeit, Bitfehler nicht zu erkennen, deutlich verbessert. Im obigen Beispiel ist die Redundanz offenbar: $\frac{14}{40} \approx 0{,}29 = 29\%$. Die Redundanz ist also ziemlich hoch!

**Aufgabe**

Verwendet man m horizontale und n vertikale Bits (jeweils einschließlich der Prüfsumme), so zeige man, daß es $\frac{m \cdot (m-1) \cdot n \cdot (n-1)}{4}$ vierer Bitgruppen gibt, bei denen ein Fehler nicht erkannt werden kann. Wie groß ist daher die Wahrscheinlichkeit, daß ein bis fünf Bitfehler sicher entdeckt werden?

Werden sechs Bitfehler sicher erkannt? Wie groß ist die Wahrscheinlichkeit, daß ein bis sieben Bitfehler sicher entdeckt werden?

Die bisher entwickelten Verfahren zielten im Prinzip darauf ab, Gruppen von Bits eines Blocks zusammenzufassen und über diesen eine Paritäts-Prüfung durchzuführen. Eine weitere Verbesserung stellt das folgende Verfahren dar, welches den bisher vorgestellten Ansatz systematisiert und verallgemeinert.

## 5.6 Zyklische Redundanzprüfung (CRC)

In diesem Abschnitt stellen wir ein Prüfverfahren vor, welches die bisher vorgestellten Methoden der Paritätsprüfung verallgemeinert; es hat allgemein Anerkennung gefunden und wird heutzutage in vielen Bereichen für die Fehlererkennung bei der Übertragung von Daten verwendet. Allerdings stellt es hinsichtlich der Darstellung und der mathematischen Theorie etwas höhere Anforderungen, so daß es leider nicht überall dort eingesetzt wird, wo es sinnvoll wäre. Zur Vereinfachung entwickeln wir hier eine etwas andere Theorie als allgemein üblich, die das Verständnis für die Möglichkeiten dieser Methode besser zu belegen gestattet.

Das Verfahren wird als '**Zyklisches Redundanz-Prüf-Verfahren**' oder **Polynomprüfverfahren** bezeichnet (**CRC**=*Cyclic Redundancy Check*). Es erweitert die Paritätsprüfverfahren insofern, als es die Prüfung vieler Gruppen von Bits gestattet, soweit dieses für die Fehlererkennung sinnvoll ist.

### 5.6.1 Zur Darstellung von Bitfolgen durch Polynome

Der zu übertragende Block enthalte k Bits Nutzinformation, denen noch r = n–k Bits Prüfinformation hinzugefügt werden. Wir nennen diesen n Bits langen Block **Übertragungsnachricht** und schreiben meistens C (von Code) dafür.

Als erstes soll ein neues Verfahren vorgestellt werden, mit dem Nachrichtenblöcke etwas abstrakter dargestellt werden können. Statt wie bisher eine Bitfolge durch eine Folge von Nullen und Einsen zu schreiben, verwenden wir die Polynomschreibweise, d.h. die Bifolge: $(c_i)_{i=0..n-1}$ wird durch das Polynom in X:

$$V(X) = \sum_{i=0}^{n-1} c_i \cdot X^i$$

dargestellt; z.B. würde die Bitfolge mit 17 Bits::

10001110011001001

als folgendes Polynom geschrieben werden:

$$X^{16} + X^{12} + X^{11} + X^{10} + X^7 + X^6 + X^3 + 1$$

wobei üblicherweise $X^0$=1 und $X^1$=X geschrieben wird. Es ist eigentlich beliebig, welches Bit der Bitfolge man der 1=$X^0$ bzw. $X^r$ zuordnet. Wir vereinbaren hier, daß das von rechts erste Bit stets der 1 zugeordnet werden soll, wodurch diese Schreibweise direkt in die Darstellung für die Polynomdivision übertragen werden kann.

Mathematisch handelt es sich bei dieser Schreibweise um den Ring der Polynome in X über dem Körper {0,1}; für die Elemente dieses Körpers gelten die folgenden Rechenregeln:

Addition:

| + | 0 | 1 |
|---|---|---|
| 0 | 0 | 1 |
| 1 | 1 | 0 |

Multiplikation

| * | 0 | 1 |
|---|---|---|
| 0 | 0 | 0 |
| 1 | 0 | 1 |

Eine Potenz von X nennen wir auch einen Term. Dem Zeichenwert '$c_k$' wird der Term $c_k \cdot X^k$ zugeordnet. Bei der Schreibung werden Terme mit dem Koeffizient '0' fortgelassen, während Terme mit dem Koeffizienten '1' addiert werden wobei der Koeffizient nicht extra geschrieben wird. Die Zeichenwerte '0' bzw. '1' des Codeworts werden also als Zahlenwerte null bzw. eins interpretiert.

Der Grad der Polynome wird durch die höchste Potenz definiert. Der Grad ist durch die längste Bitfolge beschränkt und beträgt bei einer Codelänge von n Bits höchstens n-1, im obigen Beispiel offenbar 16.

Faßt man die Terme $X^i$ als Basisvektoren auf, was aufgrund ihrer algebraischen Eigenschaften zulässig ist, so sind Terme unterschiedlichen Grads unabhängig voneinander; daher beinhaltet die Polynom-Schreibweise eines Codeworts im wesentlichen die gleiche Information wie die direkte Schreibung der Bitfolge.

Zur Einübung des Rechnens mit Polynomen sollen hier einige Rechenaufgaben vorgeführt werden. Als erstes Beispiel stellen wir die Polynom-Addition vor:

$$V(X) = X^9 + X^7 + X^5 + +4 + X^3 + 1$$

$$W(X) = X^8 + X^7 + X^6 + X^4 + X^2 + X$$

$$V(X)+W(X) = X^9 + X^8 + X^6 + X^5 + X^3 + X^2 + X + 1$$

Bei der Addition ist zu beachten, daß $X^k+X^k = 0$ ist, da nach den Rechenregeln für den Körper {0,1} gilt: 1+1 = 0. Aus diesem Grunde liefert die Subtraktion zweier Polynome exakt das gleiche Ergebnis wie die Addition.

Für Polynome kann sowohl eine Multiplikation als auch eine Division eingeführt werden. Es gelten die üblichen distributiven, assoziativen und kommutativen Gesetze, so daß das Produkt zweier Polynome einfach ausmultipliziert werden kann. Es gilt für die beiden folgenden Polynome:

$$V_1(X) = X^3 + X + 1$$

$$V_2(X) = X^3 + X$$

$$V_1(X)*V_2(X) = X^6 + X^3 + X^2 + X$$

Die Division zweier Polynome wird im Prinzip als die umgekehrte Operation der Multiplikation definiert. Das Verfahren ist analog der üblichen manuellen Division, d.h. der Divisor wird vom dem Dividenden abgezogen und das restliche Polynom weiter dividiert, bis es kein Vielfaches des Divisors mehr gibt. Letzteres wird als Rest der Division bezeichnet und wird uns im folgenden besonders interessieren. Insbesondere sind auch Verfahren zu entwickeln, den Rest möglichst effizient und automatisch bei der Übertragung von Nachrichtenblöcken zu ermitteln. Zunächst betrachten wir jedoch auch hier ein Beispiel. Es sollen die beiden folgenden Polynome dividiert werden:

$$V_1(X) = X^3 + X + 1$$

$$V_2(X) = X + 1$$

Man kann sich die Polynome so hinschreiben, als wären es ganze Zahlen; dazu wird der Divisor derart mit einem passenden Term $X^k$ erweitert, daß der Grad von Divisor und Dividend übereinstimmen:

$$
\begin{array}{llll}
X^3 + X + 1 \;/\; X + 1 & = X^2 + X \quad Rest \quad 1 \\
X^3 + X^2 & \{= X^2*(X+1)\} \\
\hline
X^2 + X + 1 \\
X^2 + X & \{= X*(X+1)\} \\
\hline
\quad\quad 1 & \{= Rest\}
\end{array}
$$

Das Ergebnis wird üblicherweise in der folgenden Form als Produkt aufgeschrieben:

$$V_1(X) \;=\; (X^2+X)*V_2(X) + 1$$

Man beachte bei der obigen Division, daß zwei Polynome gleichen Grads stets voneinander subtrahiert werden können und dann ein Polynom geringeren Grads ergeben. Bei der Division mit ganzen Zahlen müssen gegebenenfalls Zahlenüberläufe berücksichtigt werden, was bei der Polynomdivision jedoch nicht der Fall ist. Diese Beobachtung vereinfacht die später noch zu beschreibende Implementation der Polynomdivision mittels Schieberegistern sehr.

### 5.6.2 Das CRC-Verfahren zur Fehlererkennung

Wir verwenden jetzt Polynome und entsprechende Bitfolgen bzw. Codewörter gleichberechtigt. Für die betrachteten Zeichensequenzen führen wir zunächt die folgenden Bezeichnungen ein:

G(X) = Generatorpolynom vom Grad r

U(X) = Nachrichtenpolynom vom Grad ≤ k-1

D(X) = Rest der Division von $U(X) \cdot X^r$ mit G(X)

C(X) = Übertragenes Codepolynom vom Grad ≤ n-1, wobei n=k+r

E(X) = Fehlerpolynom vom Grad n-1

R(X) = C(X)+E(X): Empfangenes Codepolynom vom Grad n-1

Das Polynomprüfverfahren wird in der Regel auf die folgende Weise durchgeführt:

1. Sender und Empfänger vereinbaren ein Generatorpolynom G(X) vom Grad r
2. Der Sender dividiert das zu übertragende Nachrichtenpolynom $U(X) \cdot X^r$ durch G(X) und bestimmt den Rest dieser Division: D(X), so daß gilt:

   $$U(X) \cdot X^r \;=\; G(X) \cdot Q(X) + D(X)$$

   Der Rest D(X) wird zusätzlich zum Nachrichtenpolynom übermittelt:

   $$C(X) = U(X) \cdot X^r + D(X) = G(X) \cdot Q(X)$$

3. Das Polynom wird bei der Übertragung evtl. verfälscht; die Verfäschung wird durch das Fehlerpolynom E(X) beschrieben: R(X) = C(X) + E(X)

4. Der Empfänger dividiert das empfangene Polynom R(X) durch G(X); ist der Rest nicht null, so liegt ein Übertragungsfehler vor.

Die Übertragungsprozedur läßt sich also folgendermaßen formal darstellen:

$$C(X) = U(X)\cdot X^r + Rest\left[\frac{U(X)\cdot X^r}{G(X)}\right] = U(X)\cdot X^r + D(X) \Rightarrow$$

$$\Rightarrow R(X) = U(X)\cdot X^r + D(X) + E(X)$$

Zunächst wird das Codepolynom C(X) gebildet, indem an den Nachrichtenvektor der Rest von $U(X)\cdot X^r/G(X)$ angehängt wird. Der Empfänger erhält dieses Polynom, eventuell durch E(X) verfälscht. Nach Division von R(X) mit G(X) gilt:

$$\frac{R(X)}{G(X)} = \frac{U(X)\cdot X^r + D(X) + E(X)}{G(X)} = \frac{G(X)\cdot Q(X)+E(X)}{G(X)} = Q(X)+\frac{E(X)}{G(X)}$$

Da die Summe zweier gleicher Polynome null ergibt: D(X)+D(X) = 0. Also erhalten wir hier den gleichen Rest wie bei der Division von E(X) mit G(X). Es bleibt also genau dann ein Rest, wenn E(X) nach Division mit G(X) einen Rest läßt. Daher werden genau bestimmte Kombinationen von Bitfehlern E(X) von diesem Verfahren erkannt, die nur von G(X) abhängen. Im folgenden untersuchen wir genauer, wie man diese Bitfehlerkombinationen beschreiben kann. Es wird sich dabei um bestimmte Mengen von Bits handeln, die mit einem **Bitfilter** beschrieben werden können.

### 5.6.3 Definition und Eigenschaften von Bitfiltern

Um die folgende Analyse knapp halten zu können, werden nur die wichtigsten Definitionen und Ergebnisse angegeben, während die zugehörigen Beweise nur skizziert werden.

Ein Bitfilter dient dem Herausfiltern gewisser Stellen aus einer Folge von Bits. Diese Stellen können selbst durch eine Bitfolge beschrieben werden, welche an den herauszufilternden Stellen eine '1' steht und sonst eine '0'. Daher kann ein Bitfilter sowohl als Bitfolge wie auch in Form eines Polynom geschrieben werden.

Ein Bitfilter ist eine (im Prinzip unbeschränkte) Folge von Bits, die wir als Polynom mit F(X) bezeichnen. Soll F(X) aus dem Polynom V(X) Bits **herausfiltern**, so definieren wir als Ergebnis genau das Polynom jener Terme $X^s$, die sowohl in V(X) als auch in F(X) vorkommen. Wir können daher das Herausfiltern auch als Verknüpfung von F(X) und V(X) schreiben mit dem Verknüpfungssymbol '&':

$$V(X) = X^9 + X^7 + X^5 + X^4 + X^3 + 1$$

$$F(X) = X^8 + X^7 + X^6 + X^4 + X^2 + X$$

$$V(X)\&F(X) = X^7 + X^4$$

Es handelt sich also logisch gesehen um eine bitweise Konjunktion. Man zeigt leicht, daß der Operator '&' kommutativ, assoziativ und distributiv über '+' ist. Als Bitfolge dargestellt würden wir für das obige Beispiel folgendermaßen schreiben:

| | | $X^9$ | $X^8$ | $X^7$ | $X^6$ | $X^5$ | $X^4$ | $X^3$ | $X^2$ | X | 1 |
|---|---|---|---|---|---|---|---|---|---|---|---|
| V | = | 1 | 0 | 1 | 0 | 1 | 1 | 1 | 0 | 0 | 1 |
| F | = | 0 | 1 | 1 | 1 | 0 | 1 | 0 | 1 | 1 | 0 |
| V&F | = | 0 | 0 | 1 | 0 | 0 | 1 | 0 | 0 | 0 | 0 |

Wir betrachten jetzt nur noch solche Bitfilter, die bezogen auf ein Generatorpolynom G(X) der Bedingung genügen:

Für alle Zahlen s≥0 gilt: $|(G(X)\cdot X^s)\ \&\ F(X)|$ ist gerade.

Hier beschreibe |V(X)| die Anzahl von Termen in V(X), bzw. die Anzahl von 1-Bits in dem Vektor v. Stattdessen können wir auch schreiben:

Für alle Zahlen s≥0 gilt: $(G(X)\cdot X^s)\ \&\ F(X)\ |_{X=1} = 0$

Da die Summe einer geraden Anzahl von '1' den Wert null ergibt. In Vektorschreibweise bedeutet dieses, daß bei jeder Lage der Generatorbitfolge im Vergleich zum Bitfilter die Konjunktion beider Vektoren eine gerade Anzahl gesetzter Bits ergibt.

Jeder Bitfilter, der dieser Bedingung genügt, hat jetzt die folgende wichtige Eigenschaft: Ist $E_i(X)$ ein Polynom, welches aus E(X) durch Subtraktion von $G(X)\cdot X^s$ für geeignete Exponenten s entsteht, so hat $E_i(X)\&F(X)$ die gleiche Parität wie E(X)&F(X). Denn gilt dieses für $E_i(X)$, so folgt wegen $E_{i+1}(X) = E_i(X) + G(X)\cdot X^u$:

$$E_{i+1}(X)\&F(X)|_{X=1} = (E_i(X) + G(X)\cdot X^u)\ \&\ F(X)\ |_{X=1} =$$

$$= E_i(X)\&F(X)\ |_{X=1} + (G(X)\cdot X^u)\ \&\ F(X)\ |_{X=1} =$$

$$= E_i(X)\&F(X)\ |_{X=1}$$

Gibt es somit zu einem Generatorpolynom G(X) einen Bitfilter F(X), der aus einem Fehlerpolynom E(X) eine ungerade Anzahl von Termen filtert ($E(X)\&F(X)|_{X=1}=1$), so läßt E(X)/G(X) einen Rest, d.h. es wird ein Fehler angezeigt. Somit genügt es, die Bitfilter zu einem Generatorpolynom zu betrachten, um dessen Eigenschaften zur Fehlererkennung studieren zu können.

Aus einer Folge von r Bits an beliebiger Stelle läßt sich genau ein Bitfilter eindeutig bestimmen, da jedes Generatorpolynom die Terme 1 und $X^r$ enthält; denn sind die r Stellen: $X^u \ldots X^{u+r-1}$ aus F(X) festgelegt, so ergibt sich für die Stellen $X^{u-1}$ die Bedingung:

$$F(X)\&X^{u+r}\ |_{X=1} = (G(X)\cdot X^u)\&(F(X)\&(X^u + \ldots + X^{u+r-1}))\ |_{X=1}$$

Daher gibt es zu einem Generatorpolynom vom Grad r genau $2^r$ verschiedene Bitfilter. Konstruiert man einen Bitfilter aus einer Folge von r Bits, so muß sich wegen der Eindeutigkeit die Bitfolge nach spätestens $2^r$ Bits wiederholen. Somit enthält jeder Bitfilter genau einen Zyklus einer bestimmten Länge p, die wir als **Periode** bezeichnen. Durch diesen Zyklus werden offenbar p verschiedene Bitfilter bestimmt, die durch zyklisches Vertauschen auseinander hervorgehen. Solche Bitfilter werden **kongruent** genannt. Enthalten zwei Bitfilter keine gleichen Bitfolgen, so heißen sie **disjunkt**.

Das Polynom F(X)=0 ist offenbar für jedes Generatorpolynom ein Bitfilter. Hat G(X) eine gerade Anzahl von Termen, so ist offenbar $F(X)=1+X+X^2+..$ (jeder Term ist vorhanden) ebenfalls ein Bitfilter zu diesem G(X), wie man leicht zeigt. Da dieser Bitfilter trivialerweise aus jedem Fehlerpolynom mit ungerader Anzahl von Bits eine ungerade Anzahl von Bits ausfiltert, werden bei solchen Generatorpolynomen alle Fehler mit einer ungeraden Anzahl von fehlerhaften Bits erkannt.

Da es zu jeder Bitfolge der Länge r an jeder Stelle genau einen Bitfilter gibt, kann ein Bitfilter stets so gewählt werden, daß er aus einem Fehlerburst, der nicht länger als r ist, eine ungerade Anzahl von Bits ausfiltert. Damit werden also alle Fehlerburst bis zu Länge r erkannt.

Ein Fehlerburst der Länge r+1 wird nicht erkannt, wenn $E(X)=G(X)\cdot X^u$ für ein geeignetes u ist, da dann $E(X)/G(X)=G(X)\cdot X^u/G(X)=X^u$ keinen Rest läßt. Alle anderen Fehlerbursts der Länge r+1 werden jedoch erkannt. Enthält E(X) nämlich einen Term $X^w$, der nicht in $X^u \cdot G(X)$ liegt, so definiert $X^u \cdot (X^r+X^w+1)$ einen Bitfilter zu G(X), welcher eine ungerade Anzahl von Termen aus E(X) herausfiltert. Enthält E(X) nur Terme, die auch in $X^u \cdot G(X)$ liegen, so liegt ein Term $X^w$ von $X^u \cdot G(X)$ mit Sicherheit nicht in E(X), da $E(X) \neq X^u \cdot G(X)$ angenommen ist. Dann definiert $X^u \cdot (X^w+1)$ eine Bitfolge der Länge r+1 (an der Stelle $X^{u+r},...X^u=0...010...01$), welche einen Bitfilter zu G(X) definiert, der nur eine ungerade Anzahl von Termen aus E(X) ausfiltert (nämlich $X^u$). Von den $2^{r+1}$ möglichen Bitfehlern werden somit $2^{r+1}-1$ erkannt, d.h. die Wahrscheinlichkeit, einen Fehlerburst der Länge r+1 nicht zu erkennen, ist $1/2^{r+1}$, wenn alle Bitfehler gleichwahrscheinlich sind.

Wir zeigen jetzt, daß von den 2-Bit-Fehlern alle erkannt werden, bis auf jene, die in Abständen zueinander liegen, die ein Vielfaches der Perioden aller Bitfilter sind. Ist nämlich $E(X) = X^u+X^w$, wobei u-w nicht durch die Periode p zumindest eines Bitfilters teilbar ist, so gibt es für diesen Bitfilter mindestens einen kongruenten Bitfilter F(X), der genau einen der beiden Terme $X^u+X^w$ enthält, den anderen jedoch nicht. Daher enthält F(X)&E(X) genau einen Term, also eine ungerade Anzahl, so daß dieser Fehler erkannt wird.

Mit diesen Ergebnissen sollen unsere Überlegungen zu Bitfiltern abgeschlossen werden. Man beachte, daß es zu einem Generatorpolynom Bitfilter sehr unterschiedlicher Länge geben kann, so daß für solche Fälle die obigen Überlegungen noch verfeinert werden müßten.

Wir fassen daher die Ergebnisse dieses Abschnitts in einem Satz zusammen:

**Satz**

Jedes Generatorpolynom erkennt sämtliche Fehler, bei denen genau ein Bit falsch ist.

Jedes Generatorpolynom mit gerader Anzahl von Termen erkennt alle Fehler mit einer ungeraden Anzahl fehlerhafter Bits.

Jedes Generatorpolynom vom Grad r erkennt jeden Fehlerburst, dessen Länge nicht größer als r ist; und von jedem Fehlerburst der Länge r+1 erkennt es alle Fehler bis auf einen.

Jedes Generatorpolynom vom Grad r erkennt sämtliche 2-Bit-Fehler, die nicht in einem Vielfachen des Periodenabstands aller Generatorbitfilter zu G(X) liegen.

### 5.6.4 Eigenschaften einiger Generatorpolynome

Die Überlegungen im letzten Abschnitt sollen hier auf praktisch relevante Generatorpolynome angewendet werden. In der Praxis werden Polynome des Grads 8, 16 oder 32 verwendet:

| | |
|---|---|
| *CRC-16* | $X^{16}+X^{15}+X^2+1$ |
| *CRC-CCITT* | $X^{16}+X^{12}+X^5+1$ |
| *CRC-32* | $X^{32}+X^{26}+X^{23}+X^{22}+X^{16}+X^{12}+X^{11}+X^{10}+X^8+X^7+X^5+X^4+X^2+X+1$ |
| *HEC* | $X^8+X^2+X+1$ |

Das erste Polynom CRC–16 wird häufig eingesetzt und ist daher sehr wichtig. Es hat im wesentlichen die gleichen Eigenschaften wie das Generatorpolynom CRC–CCITT.

Es gibt genau zwei disjunkte Bitfilter der Periode $2^{15}$-1=32767, wie durch Konstruktion der entsprechenden Bitfilter gezeigt werden kann. Da es insgesamt $2^{16}$ verschiedene Bitfilter gibt, gibt es nur noch die beiden weiterern Bitfilter 000... und 111... Daher werden bei allen Blöcken, die nicht länger als 4095 Bytes sind, alle Fehler mit einer ungeraden Anzahl von Bitfehlern, alle 2-Bit-Fehler, sowie alle Fehlerbursts, die nicht länger als 16 Bits sind, erkannt.

Während die ersten beiden Generator-Polynome, die jeweils eine gerade Anzahl von Termen besitzen, mit Sicherheit alle ungeraden Bitfehler erkennen, hat das dritte eine ungerade Anzahl von Termen und kann somit nicht alle ungeraden Bitfehler erkennen (nämlich die Bitfolge der Generatorpolynoms: 100000100110000010001110110110111). Dennoch ist auch hier das Auftreten genau dieser Bitfehlerfolge praktisch unwahrscheinlich.

HEC ist ein Prüfpolynom, welches von der CCITT in der Empfehlung I.432 für die Prüfung des vier Byte langen Headers einer ATM-Zelle vorgeschlagen wird. Die Periode der Bitfilter ist 127, so daß sämtliche 1, 2 und 3-Bit-Fehler in dem vier Byte langen Header mit Sicherheit erkannt werden. Allerdings geht die Empfehlung I.432 noch weiter, indem sogar 1-Bit-Fehler korrigiert werden. Da ein 1-Bit-Fehler jedoch nicht mit Sicherheit als solcher (1-Bit-Fehler) erkannt werden kann, wird diese Korrektur nur einmal in einer Folge von ATM-Zellen durchgeführt. Tritt bei der nächsten ATM-Zelle ebenfalls ein 1- oder Mehrbit-Fehler auf, so werden diese Zellen und alle folgenden fehlerhaften verworfen.

Wir zeigen jetzt, daß ein 1-Bit-Fehler und gewisse 3-Bit-Fehler nicht alleine aus dem Rest unterschieden werden können. Der 1-Bit-Fehler $E(X)=X^{11}$ läßt den Rest:

$$\frac{X^{11}}{X^8+X^2+X+1} = X^3 \quad Rest \quad X^5+X^4+X^3$$

Natürlich lassen die drei Bitfehler $E(X) = X^{11}\cdot HEC+X^{11} = X^{19}+X^{13}+X^{12}$ genau den gleichen Rest,

$$\frac{X^{19}+X^{13}+X^{12}}{X^8+X^2+X+1} = X^{11} + \frac{X^{11}}{X^8+X^2+X+1} = X^{11}+X^3 \quad Rest \quad X^5+X^4+X^3$$

so daß ein Fehler nicht eindeutig aus dem Rest als 1-Bit-Fehler erkannt werden kann. Dennoch wird das oben beschriebene Verfahren vorgeschlagen, da man auf dem verwendeten Übertragungsmedium (LWL) in der Regel nur von vereinzelten Bit-Fehlern oder längeren Fehlerbursts ausgeht.

Die Wahrscheinlichkeit, einen Fehler nicht zu entdecken, hängt auch von den verwendeten Daten ab, sowie von der Fehlercharakteristik des verwendeten Kanals. Empirische Untersuchungen für gute Fehlercodes benötigen normalerweise sehr große Stichproben. In einem Beispiel wurden bei 157.000 Blöcken der Länge 2048 Bits beim CRC-32 kein unentdeckter Fehler beobachtet. Eine Berechnung der Wahrscheinlichkeit für unentdeckte Fehler ergab, daß diese kleiner als $10^{-14}$ ist.

## 5.7 Implementierung der Polynomdivision

Der Kodierer bzw. Dekodierer muß offenbar eine Polynom-Division durchführen. Da heutige Hardware dann besonders günstig ist, wenn sie in großen Stückzahlen hergestellt wird, sollten Sender und Empfänger – so weit möglich – die gleiche Hardware verwenden. Außerdem sollte die Kodierung bzw. Dekodierung so schnell sein, daß sie die Übertragung nicht wesentlich behindert. Die heute übliche Realisierung geschieht durch ein Schieberegister (nach Peterson und Brown, 1961), welches auf der Sende- und Empfangsseite gleich aufgebaut ist. Es genügt daher den oben genannten Ansprüchen. Darüber hinaus ist natürlich stets auch eine Software-Lösung möglich.

Bei der Polynomdivision wird der Divisor G(X) an dem Dividenden R(X) beginnend mit der höchsten Stelle entlanggeschoben und gegebenenfalls $G(X)\cdot X^s$ addiert. Bei dem Schieberegisterverfahren wird genauso vorgegangen, wobei nur jener Bereich (r Bits) im Register erfaßt wird, der von G(X) verändert werden kann.

Sind nämlich die höchsten Bits von R(X) in das Register geschoben (siehe Bild), so wird genau dann $G(X)\cdot X^s$ addiert, wenn das höchste (linke) Bit gesetzt ist; in dem Schieberegister werden genau in diesem Fall die Bits an den Stellen 12, 8 und 0 komplementiert. In jedem Falle werden alle Bits um eine Stelle nach links geschoben (während bei der Polynomdivison G(X) nach rechts geschoben wird). Danach hat man den gleichen Zustand wie vorher erreicht, nur daß jetzt die nächste Stelle bearbeitet werden kann. Dieses Verfahren wird solange fortgesetzt, bis das letzte Bit von R(X) in das Schieberegister verbracht wurde. Dessen Inhalt bildet dann offenbar den Rest bei der Division von R(X) mit G(X).

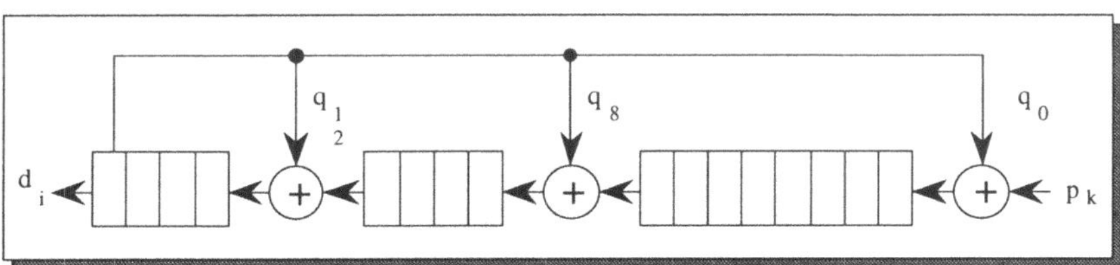


Schieberegister mit Divisor $Q(X) = X^{16} + X^{12} + X^8 + 1$

Man sieht an dieser Beschreibung, daß die Berechnung der Prüfinformation so schnell wie die bitweise Übertragung der Information durchgeführt werden kann, falls die Schieberegister so schnell schalten können wie Bits übertragen werden. Daher ist dieses eine geeignete Methode zur Fehlerüberprüfung bei der Datenübertragung, weshalb diese Hardware fast überall eingesetzt wird.

# 6 Leitungsprotokolle

Zur Übertragung von Daten zwischen zwei Stationen über eine Leitung wurden verschiedene Protokolle entwickelt; solche Protokolle werden **Leitungsprotokolle** (*Data Link Protocol*) genannt. Verschiedene Leitungsprotokolle unterscheiden sich in ihrem Aufwand und in ihrer Zuverlässigkeit. Wir betrachten hier zunächst einige abstrakte Leitungsprotokolle und untersuchen deren wesentlichen Eigenschaften. Im zweiten Teil werden dann konkrete Leitungsprotokolle, wie sie tatsächlich in der Praxis angewendet werden, besprochen.

## 6.1 Einfache Leitungsprotokolle

Die Aufgabe eines **Leitungsprotokolls** besteht darin, Datenblöcke **zuverlässig, unverfälscht, schnell** und mit möglichst **geringem Aufwand** von einer Station (DEE= **Datenendeinrichtung**, auch DTE=*Data Terminal Equipment*) zu einer anderen zu transportieren. Dabei wird davon ausgegangen, daß sich zwischen zwei solchen Stationen nur eine Leitung befindet, die auch als **Datenübertragungseinheit** (DÜE, auch DCE=*Data Communication Equipment* ) bezeichnet wird. Es soll sich (zumindest logisch) zwischen beiden keine weitere Station befinden; insbesondere soll die DÜE nicht die Werte, die eine Station absendet, verändert an die andere Station weiterreichen (außer im Falle eines Übertragungsfehlers). Wir erhalten also das folgende Modell:

Soll die DÜE gleichfalls dargestellt werden, oblgeich sie für den logischen Ablauf keine Rolle spielt, so schreiben wir:

Statt von DÜE wird vor allem in der Informationstheorie auch von einem **Kanal** (*channel*) gesprochen. Wir verwenden hier beide Bezeichnungen mit gleicher Bedeutung. Die oben eingeführten Begriffe sollen noch etwas genauer erläutert werden.

- **Zuverlässige** Übertragung liegt vor, wenn ein abgesendeter Datenblock mit großer Wahrscheinlichkeit am Ziel eintrifft.
- **Unverfälschte** Übertragung liegt vor, wenn die Daten (d.h. Bitfolgen) in einem Datenblock mit großer Wahrscheinlichkeit unverfälscht am Ziel ankommen.
- **Schnelle** Übertragung liegt vor, wenn die Datenblöcke mit möglichst geringer Verzögerung am Ziel eintreffen, d.h. die **Übertragungszeit** eines Blocks möglichst klein ist. Die Übertragungszeit bemißt die Zeit von der Bereitstellung eines Datums zur Übertragung beim Sender bis zu der Zeit, zu der das Datum beim Empfänger verfügbar ist.
- **Effiziente** Übertragung liegt vor, wenn die Ausnutzung des Kanals möglichst hoch ist, d.h. die redundante Information, die zur Sicherung, für den Quittungsverkehr oder für andere Steuerungszwecke beigefügt werden muß, möglichst gering ist. Die Belegung eines Kanals mit derartiger Information wird auch als **zusätzliche Last** oder *Overhead* bezeichnet. Ist der Overhead gering, so kann der **Durchsatz** (*throughput*), der die Anzahl der übertragenen Information in einer Zeiteinheit (meist Sekunden) mißt, sehr hoch werden.
- Die **Auslastung** (*utilization*) eines Geräts, z.B. der DÜE, ist hoch, wenn dieses Gerät relativ viel benutzt wird; eine hohe Auslastung verringert die **Kosten** je Auftrag und ist daher anzustreben.
- **Hohe Verfügbarkeit** ist gegeben, wenn die DÜE möglichst zu jeder Zeit benutzt werden kann. In der Kommunikationstechnik hat das Telefon eine sehr hohe Verfügbarkeit erreicht, da garantiert wird, daß ein Anschluß nur wenige Stunden in mehreren Jahren nicht betriebsbereit ist. Die Verfügbarkeit von Rechnernetzen ist gegenwärtig sehr viel geringer, da die Kommunikationsanforderungen andere sind.

Die genannten Anforderungen sind sehr widersprüchlich. So kann zwar praktisch jede Übertragungsrate auch mit hoher Verfügbarkeit bereitgestellt werden, wodurch jedoch hohe Kosten entstehen. Teilt man sich ein Übertragungsmedium mit anderen Teilnehmern, so sinken die Kosten, aber die Verzögerungszeiten steigen. Hohe Auslastungen können die Fehlerwahrscheinlichkeit ungünstig beeinflussen, welche wiederum durch kostenintensive Maßnahmen gesenkt werden kann. Daher müssen beim Entwurf von Nachrichtensystemen neben Fragen der Übertragungsleistung auch die anderen erwähnten Randbedingungen angemessen berücksichtigt werden.

Im folgenden werden anhand einiger einfacher Protokolle Maßnahmen untersucht, die den gestellten Anforderungen genügen sollen, also insbesondere eine sichere und unverfälschte Datenübertragung gewährleisten, den Durchsatz und die Auslastung der DÜE hoch und die Übertragungszeit gering halten.

### 6.1.1 Echo-Überwachung

Es wurde bereits im sechsten Kapitel gezeigt, daß eine fehlerkorrigierende Kodierung in der Regel eines so großen zusätzlichen Aufwands an Übertragungskapazität und Zeit bedarf, daß diese für praktische Zwecke ungeeignet ist; nach unserer obigen Einteilung würden der Einsatz fehlerkorrigierender Codes zumindest der Forderung widersprechen, die Übertragungszeit und den Overhead gering zu halten. Daher wird bei der Datenübertragung in der Regel eines von zwei anderen möglichen Verfahren verwendet, um das Auftreten von Fehlern zu bemerken und entsprechende Maßnahmen zu ergreifen.

Das eine Verfahren erkennt Fehler und wiederholt die Übertragung (**ARQ**=*automatic repeat request*). Es wird in den folgenden Abschnitten näher untersucht. Das andere Verfahren sendet die empfangene Information an den Absender zurück, und dieser kann dann überprüfen, ob die Daten unverfälscht beim Empfänger eingetroffen sind. Diese Methode wird als **Echo-Überwachung** (*echo checking*) bezeichnet.

Echo-Überwachung wird insbesondere beim Anschluß von Terminals an einen Rechner verwendet. Das Terminal befindet sich entweder im **lokalen** Modus (*local mode*) oder im **abgesetzten** Modus (*remote mode*). Im lokalen Modus wird ein Zeichen unmittelbar an den Rechner geschickt und zugleich auf dem Bildschirm des Benutzers angezeigt.

Im abgesetzten Modus wird das Zeichen erst zum entfernten Computer geschickt, welcher das Zeichen reflektiert (*to echo*). Der Bildschirm zeigt nur das reflektierte Zeichen an, und falls dieses nicht mit dem abgesendeten übereinstimmt, kann der Benutzer das Zeichen korrigieren, indem er ein besonderes Steuerzeichen (**DEL**) an den Computer sendet, welcher das zuletzt gesendete Zeichen löscht oder als ungültig markiert. Dieses Zeichen kann durch eine entsprechende Steuerfolge vom Computer auf dem Bildschirm gelöscht werden, oder das gelöschte Zeichen wird zur Kontrolle noch einmal auf dem Bildschirm angezeigt.

Dieses Verfahren hat für die Datenübertragung natürlich gravierende Nachteile. Zum einen bedarf es einer überwachenden und steuernden Einheit am Sender, welche die gesendeten und irgendwann einmal reflektierten Daten wieder empfängt. Daher ist die Kapazität des Kanals mindestens zur Hälfte für die Übermittlung der reflektierten Information belegt, also für Nutzinformation unbrauchbar. Schließlich dürften in der Hälfte aller fehlerhaften Fälle Zeichen korrekt am Empfänger angekommen, aber ihr Echo verfälscht worden sein, so daß hier eine unnötig hohe Fehlerrate vorgetäuscht wird. Da der Sender jedesmal auf das Echo warten muß, ist dieses Verfahren auch nicht besonders schnell. Daher soll Echo-Überwachung im folgenden nicht weiter betrachtet werden (außer bei der Flußkontrolle, bei der es noch einmal kurz erwähnt wird).

### 6.1.2 Sende-und-Warte-ARQ-Protokoll

Erkennt das System eine fehlerhafte Übertragung, werden die Daten noch einmal gesendet; statt von Daten sprechen wir im folgenden von einem Datenblock oder kürzer einem Block. Dieses Verfahren wird als **automatische Wiederholungsanforderung** (**ARQ** =*automatic repeat request*) bezeichnet. Da die meisten Verfahren bei der Datenübertragung nach dieser Methode arbeiten, soll sie im folgenden etwas genauer erläutert werden.

Bei diesem sehr einfachen Protokoll zur Übertragung von Datenblöcken wartet nach jedem gesendeten Block der Sender so lange, bis der Empfänger den empfangenen Block quittiert. Wir beschreiben dieses Verhalten in dem folgenden Diagramm, in welchem die Zeit von oben nach unten verläuft:

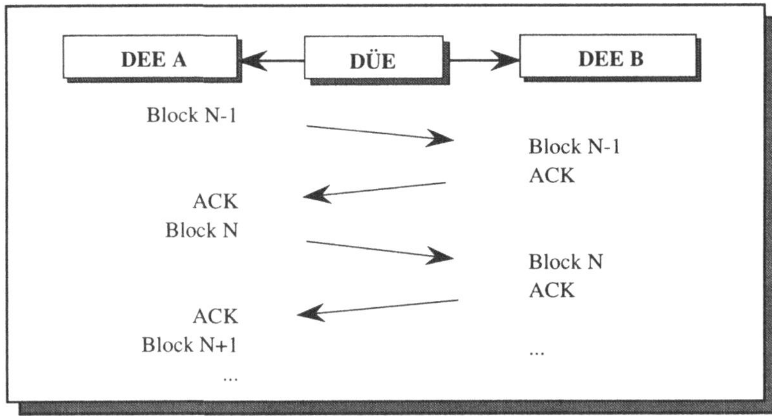


Das Diagramm ist folgendermaßen zu lesen: Zunächst sendet der Sender (DEE A) einen Block. Dieser wird vom Empfänger (DEE B) empfangen und mittels eines besonderen Bestätigungsblocks (ACK=*acknowledgement block*) dem Empfänger bestätigt, woraufhin dieser seinen nächsten Block sendet, usw. Ein Fehler tritt auf, wenn entweder ein Block gar nicht, oder nicht richtig empfangen wird; dieses kann sowohl für einen Datenblock, als auch für einen Bestätigungsblock gelten.

Es gibt Verfahren, die nur **positive Quittungen** (*positive acknowledgement*) versenden, und solche, bei denen auch **negative Quittungen** (NAK=*negative acknowledgement*) benutzt werden.

Während gegebenenfalls erkannt werden kann, ob ein Block fehlerhaft ist, ist der Empfänger natürlich nicht imstande zu erkennen, daß ein Block verloren gegangen ist. Daher wird eine **Zeitüberwachung** (*timer*) benutzt: Der Sender startet beim Absenden eines Blocks einen Wecker, wartet maximal eine entsprechende Zeit, und falls er nach Ablauf dieser Wartezeit keine Antwort erhalten hat, ergreift er entsprechende Maßnahmen. Diese können z.B. im wiederholten Senden des Blocks bestehen, oder im Senden einer besonderen Anfrage an den Empfänger (**ENQ**=*enquiry*).

Ein übermittelter Block kann zwar richtig sein, aber er kann außerhalb einer vorgegebenen Reihenfolge liegen, weil z.B. ein Block unerkannt verloren gegangen ist. Daher werden Blöcke häufig numeriert, entweder mit absoluten Nummern (1, 2, 3,...) oder aus Platzgründen mit kurzen Nummern *modulo* einer maximalen Zahl (meist 2 oder 8; bei hohen Raten auch 128). Werden Blöcke nur *modulo* 2 numeriert, so nennt man dieses Verfahren auch **alternierende Bestätigung** (*alternating acknowledgment*).

Bei diesen Verfahren entstehen in bestimmten Fehlersituationen Probleme, die im folgenden diskutiert werden sollen.

Wird keine Zeitüberwachung verwendet, so kann ein verlorener Block niemals erkannt werden. Der Sender würde 'ewig' auf die Bestätigung warten, und die Kommunikation würde einschlafen. Daher wird in allen Verfahren eine Zeitüberwachung benutzt, um den Verlust von Datenblöcken sicher behandeln zu können:

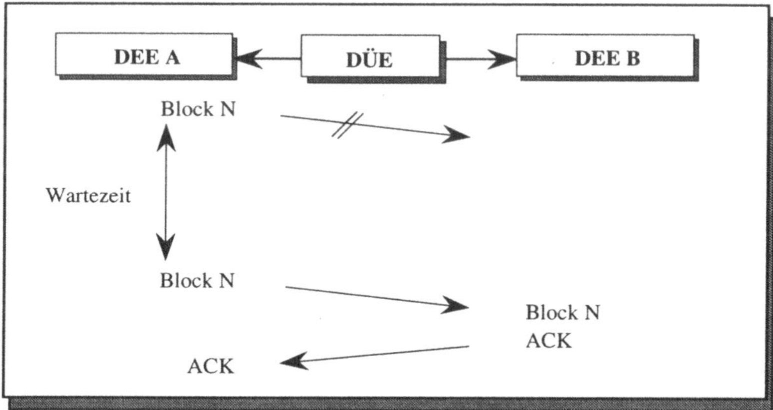


Geht die Bestätigung eines Blocks verloren, so würde der Sender diesen Block ein weiteres Mal senden

Der Empfänger würde somit zweimal den gleichen Block erhalten, was er allerdings nicht erkennen kann. Auch der Sender würde diesen Fehler nicht bemerken können, da die beiden letzten Situationen aus seiner Sicht völlig gleich sind. Um diesen Fehler zu vermeiden, muß in einem besonderen Teil des Blocks eine Information untergebracht werden, die die Nummer des Blocks angibt. Bei dieser Protokollklasse reicht es aus, ein einzelnes Bit dafür vorzusehen, so daß wir eine alternierende Bestätigung haben. Der Sender erwartet abwechselnd einen 0-Block und einen 1-Block, und da jeder einzelne Block bestätigt werden muß, kann der Empfänger erkennen, ob er einen Block bereits bekommen hat:

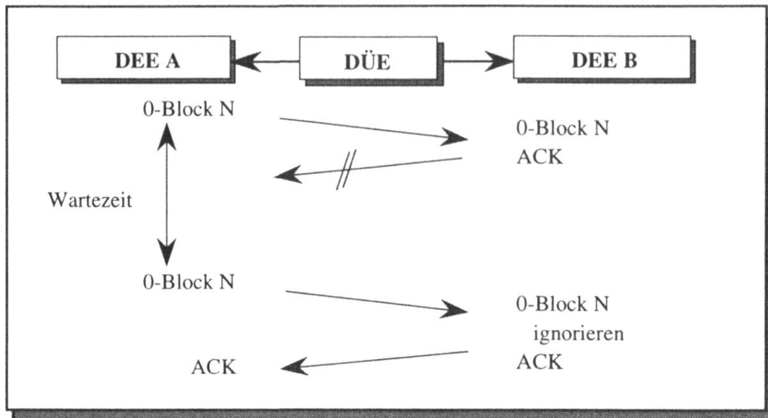


Erkennt der Empfänger, daß ein Block falsch übertragen wurde, so kann er entweder gar nichts tun, da der Sender nach dem Ablaufen der Zeitüberwachung einen Fehler erkennt, oder er kann mit einer negativen Bestätigung (**NAK**= *negative acknowledgment*) antworten. Da auch diese Bestätigung verloren gehen kann, sind die Probleme die gleichen wie im eben geschilderten Fall, so daß weder auf die Zeitüberwachung, noch auf das Senden von Blöcken mit alternierender Numerierung verzichtet werden kann. Der Vorteil liegt jedoch darin, daß die Wartezeit evtl. verkürzt werden kann:

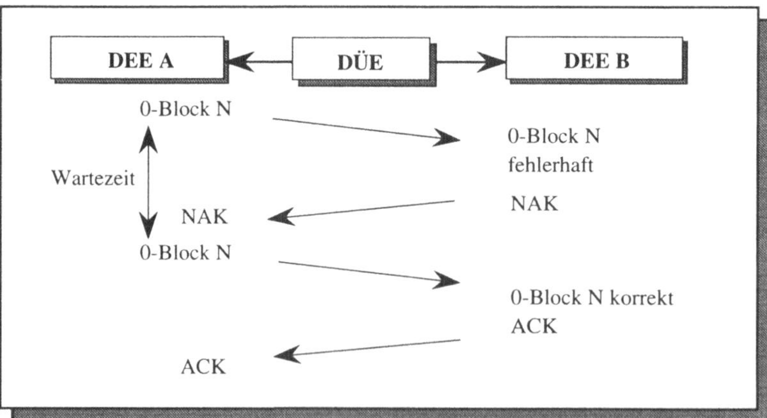


Erhält der Sender keine Antwort, so kann er auch eine Anfrage (ENQ) an den Empfänger schicken, in welchem Zustand dieser sich befindet; als Antwort auf diese Anfrage sendet der Empfänger noch einmal den letzten von ihm verschickten Block. Dennoch gibt es auch hier zwei verschiedene Situationen, die sich für den Sender gleich darstellen:

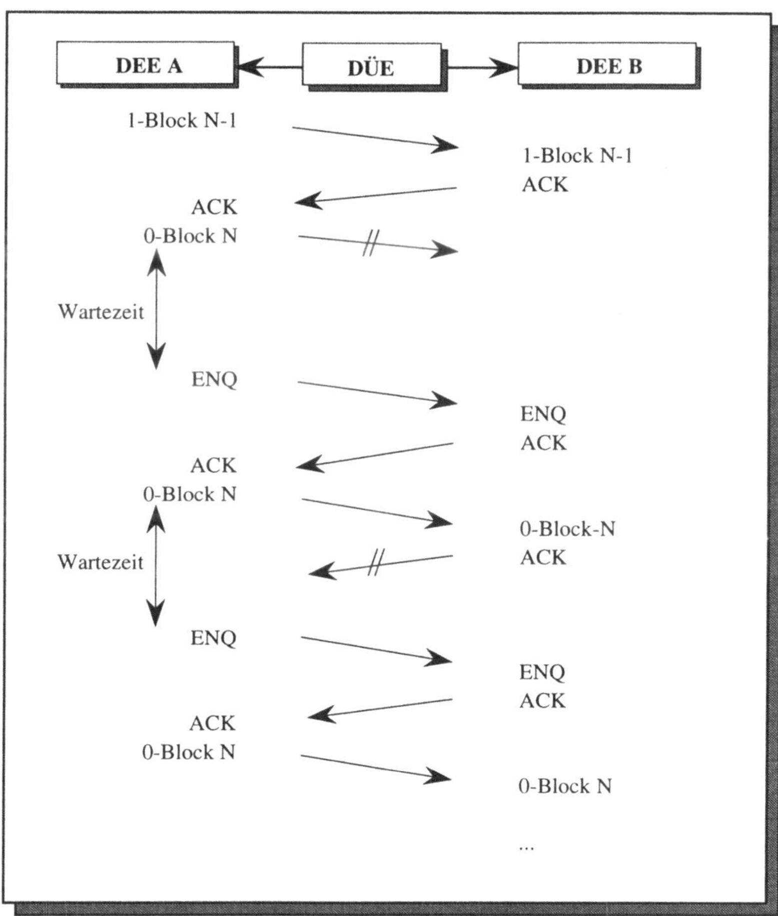


Das erste ACK bestätigt den Block N-1; da aber der Block N verloren gegangen ist, quittiert das zweite ACK den Block N-1 noch einmal. Im zweiten Teil geht das ACK, daß als Quittung des Blocks N gemeint ist, verloren. Der Sender erhält auf Anfrage auch hier ein ACK, so daß er in beiden Situationen exakt das gleiche Verhalten der Gegenstelle sieht. Im ersten Falle ist aber der Block N nicht richtig übertragen worden (das ACK quittiert daher den Block N-1), im zweiten Falle ging jedoch nur die Quittung verloren (das ACK quittert daher den Block N).

Damit der Sender weiß, ob der letzte Block mit ACK bestätigt wurde, oder ob das ACK zum vorletzten Block gehört, werden alternierende Bestätigungen verwendet: ACK0 und ACK1. Damit ist die Situation aus der Sicht des Senders eindeutig:

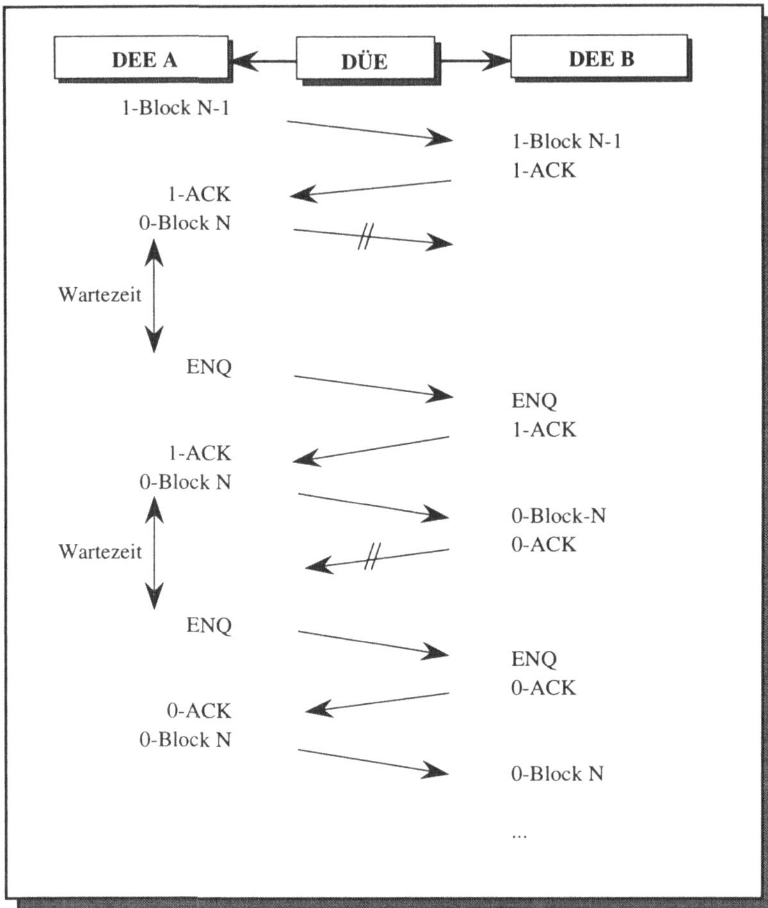


Solange die Übertragung von Blöcken anhält und es zumindest eine hinreichend große Wahrscheinlichkeit gibt, daß die Blöcke korrekt übertragen werden, bleibt die Kommunikation bestehen, da Empfänger und Sender immer eine (wenn auch zeitlich verzögerte) Kenntnis über den Zustand der jeweiligen Gegenstelle haben.

Erst das Ende eines Datenaustauschs (**Auslösung**) kann u.U. nicht mehr erkannt werden, da der letzte Absender einer entsprechenden Meldung niemals wissen kann, ob die Gegenstelle diese Nachricht erhalten hat. Dennoch kann dieses Problem in der Praxis mit entsprechend pragmatischen Ansätzen zufriedenstellend gelöst werden, indem eine nicht quittierte Auslösungsanforderung eine bestimmte Anzahl von Malen wiederholt wird (z.B. dreimal).

Zusammenfassend kann gesagt werden, daß eine zuverlässige, unverfälschte Datenübertragung möglich ist, wenn Techniken wie Zeitüberwachung und alternierende Bestätigung verwendet. Ehe dieses Verfahren in einem späteren Unterabschnitt erweitert wird, sollen zunächst die Leistungsdaten dieses Verfahrens ermittelt werden, wozu einige Rechnungen notwendig sind.

### 6.1.3 Leistungsbewertung des ARQ-Protokolls

Es sei n=k+s, wobei n die Länge eines Datenblocks in Bits ist, k die Anzahl der Nutzdatenbits, und s die Anzahl der Bits in der Zusatzinformation, wie Rahmenbildung, das Bit für die alternierende Bestätigung, usw. Da wir hier das Auftreten eines Fehlers im Bestätigungsblock nicht besonders betrachten, soll s auch die Bits des ACK bzw. NAK enthalten.

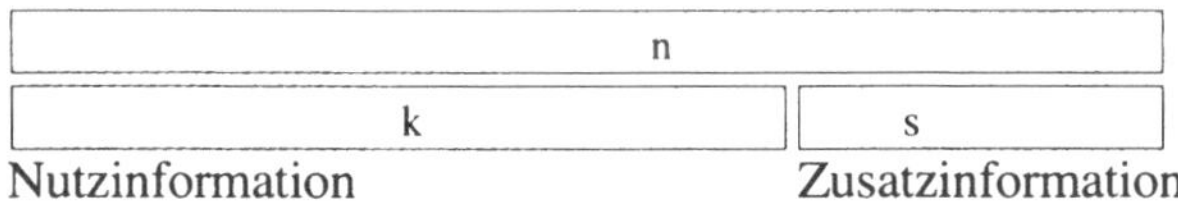


Sei die Anzahl der übertragenen Blöcke A, dann ist die Menge der insgesamt übertragenen Nutzinformation in Bits $A \cdot k = A \cdot (n-s)$. Die Zeit für die Übertragung dieser Information hängt von der Fehlerhäufigkeit ab.

Wir verwenden ein unabhängiges Fehlermodell, so daß für die Wahrscheinlichkeit eines Fehlers in einem Block der Länge n gilt:

$$P = P[\text{Fehler im Block der Länge } n] = 1 - (1-p)^n$$

Hier ist p die Wahrscheinlichkeit für einen einzelnen Bitfehler. Die Anzahl von Blöcken, die gesendet werden, ist A vermehrt um die Anzahl der aufgrund eines aufgetretenen Fehlers mehrfach gesendeten Blocks. A Blöcke müssen mindestens einmal gesendet werden. Deren Übertragungszeit errechnet sich aus dem Zeitintervall vom Senden eines Blocks bis zum Senden des nächsten Blocks, wenn kein Fehler auftritt. Hierin sind die Zeiten für die Übertragung von Blöcken: $\frac{\text{Blocklänge}}{\text{Bitrate}}$, die Signalverzögerungszeit, die Bearbeitungszeit im Sender und Empfänger für ein- und ausgehende Blöcke usw. enthalten. Die Zeitüberwachung braucht hier jedoch nicht berücksichtigt zu werden.

Wir nennen diese Zeit:

$$T_B = (n \cdot t_b + t_p + 2 \cdot t_v) \qquad \textbf{Blockübertragungszeit}$$

Hier ist $t_b$ die Zeit zur Übertragung eines Bits und $t_v$ die Verzögerungszeit aufgrund der **Signalfortpflanzungsverzögerung** (*propagation delay*). Diese muß zweimal berücksichtigt werden, da sie vom Sender zum Empfänger, und vom Empfänger zum Sender vorkommt. $t_p$ sei die **Verarbeitungszeit** (*processing time*) eines Blocks im Sender und im Empfänger.

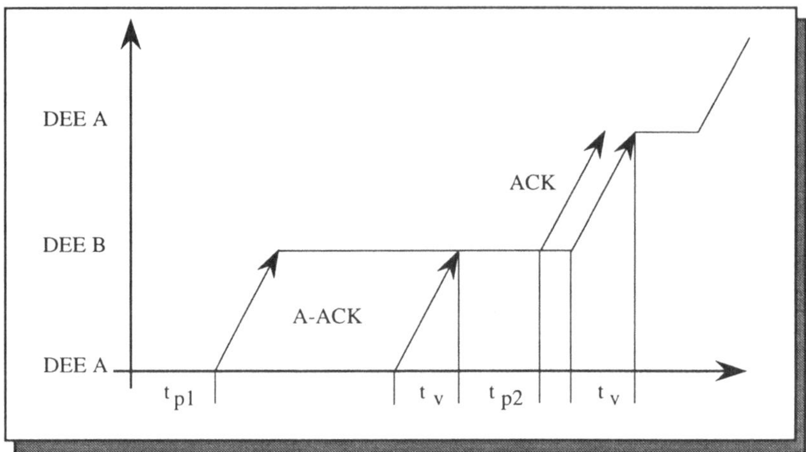


Zur Berechnung der Datenblockübertragungszeit

Von A Blöcken sind beim ersten Senden A·P fehlerhaft, so daß A·P Blöcke mindestens zweimal gesendet werden müssen. Von diesen sind wiederum mit der Wahrscheinlichkeit P fehlerhafte dabei, so daß $A \cdot P^2$ mindestens dreimal gesendet werden müssen, usw. Im Mittel sind $A \cdot (P + P^2 + P^3 ...) = A \cdot \frac{P}{1-P}$ Blöcke fehlerhaft und müssen die Fehlerprozedur durchlaufen. Wenn kein NAK verwendet wird, ist deren Verzögerungszeit im wesentlich durch die Laufdauer der Zeitüberwachung bestimmt, so daß diese Verzögerungszeit als $T_Z$ bezeichnet werden soll. Wir nehmen an, daß $T_Z$ ein bestimmtes Vielfaches der Zeit $T_B$ ist, da $T_Z$ natürlich länger sein muß als $T_B$, welches eine 'ideale' Übertragungszeit darstellt.

$$T_Z = z \cdot T_B$$ Blockübertragungszeit bei Fehlern

Somit ergibt sich für die Dauer der Übertragung aller Blöcke:

$$T = A \cdot T_B + A \cdot \frac{P}{1-P} \cdot T_Z$$

$$= A \cdot (T_B + \frac{P}{1-P} \cdot T_Z)$$

$$= A \cdot T_B \cdot ( 1 + \frac{P}{1-P} \cdot z)$$

$$= A \cdot T_B \cdot ( \frac{1 + P \cdot (z-1)}{1-P} )$$

$$= A \cdot (n \cdot t_b + t_p + 2 \cdot t_v) \cdot ( \frac{1 + P \cdot (z-1)}{1-P} )$$

$$= A\cdot(n\cdot t_b+t_p+2\cdot t_v)\cdot\left(\frac{1+(1-(1-p)^n)\cdot(z-1)}{(1-p)^n}\right)$$

$$= A\cdot(n\cdot t_b+t_p+2\cdot t_v)\cdot\left(\frac{(1-(1-p)^n)\cdot z+(1-p)^n}{(1-p)^n}\right)$$ **Übertragungszeit**

Die effektive Bitrate, d.h. die Anzahl der übertragenen Nutdatenbit je Zeiteinheit, ist dann gegeben durch:

$$\lambda = \frac{A\cdot(n-s)}{T}$$

$$= \frac{n-s}{(n\cdot t_b+t_p+2\cdot t_v)\cdot\left(\frac{1+P\cdot(z-1)}{1-P}\right)}$$

$$= \frac{(1-p)^n\cdot(n-s)}{(n\cdot t_b+t_p+2\cdot t_v)\cdot((1-(1-p)^n)\cdot z+(1-p)^n)}$$ **Effektive Übertragungsrate**

Enthält kein Block Nutzbits (d.h. k=n-s=0), so ist $\lambda=0$. Konvergiert die Anzahl k der Nutzbits je Datenblock gegen unendlich, so konvergiert $\lambda$ gegen 0, da der Term im Zähler $(1-p)^n$ gegen 0 konvergiert. Da zwischen diesen beiden extremen Werten natürlich eine effektive Bitübertragung stattfindet, gibt es ein Optimum, welches durch entsprechende analytische Methoden gefunden werden kann.

**Beispiel**

Für die Parameter: $t_b=10^{-7}$, $t_p=10^{-4}$, $t_v=10^{-6}$, s=100 und z=10 erhalten wir für verschiedene Verlustwahrscheinlichkeiten die folgenden optimalen Längen von Paketen:

| p | n | λ | U |
|---|---|---|---|
| $10^{-3}$ | 430 | 357kBit/sec | 29 % |
| $10^{-4}$ | 1130 | 2181kBit/sec | 52 % |
| $10^{-5}$ | 3410 | 5547kBit/sec | 77 % |
| $10^{-6}$ | 10640 | 8166kBit/sec | 91 % |

Wird in dem Protokoll ein NAK verwendet, so weiß der Sender genauso schnell wie bei der fehlerfreien Übertragung, ob der Block richtig übermittelt wurde. Es ist dann: $T_Z = T_B$, also z=1, so daß sich die obige Formel etwas vereinfacht:

$$\lambda = \frac{(1-p)^n\cdot(n-n_h)}{n\cdot t_b+t_p+2\cdot t_v}$$ **Effektive Übertragungsrate (NAK)**

Hier gilt das gleiche für die Extremwerte wie im ersten Fall. Die optimalen Werte für die Blocklänge sind hier in der Regel aber andere.

Als zweite Kenngröße für dieses Protokoll soll die Auslastung des Kanals berechnet werden. Treten keine Fehler auf, so ist p=0. Dann folgt für die Übertragungszeit:

$$T = A\cdot(n\cdot t_b+t_p+2\cdot t_v)$$ **Übertragungszeit (fehlerfrei)**

Wir nehmen darüber hinaus an, daß die Bearbeitungszeit $t_p$ verschwindet. Die Zeit für die Übermittlung aller Blöcke ist: $T_G = A\cdot n\cdot t_b$. Die Auslastung U (*utilization*) ist dann definiert als:

$$U = \frac{T_G}{T} = \frac{A\cdot n\cdot t_b}{A\cdot(n\cdot t_b+2\cdot t_v)} = \frac{1}{1+\frac{2\cdot t_v}{n\cdot t_b}}$$ **Auslastung**

Sei n=1000. Die Übertragungsgeschwindigkeit ist meist von der Größenordnung 2/3·c, wobei c die Lichtgeschwindigkeit ist. Dann gilt für $t_v$:

$$t_v \approx Länge[m]/2\cdot 10^8[m/sec] = Länge\cdot 5\cdot 10^{-9}\ sec = Länge\cdot 5\ nsec.$$

Für zwei verschiedene Bitraten $t_b$ (1 kbit/sec und 1 Mbit/sec) und verschiedene Kabellängen betrachten wir die Kanalauslastung U. Es ist:

| Länge des Kanals | 1 kbit/sec | 1 Mbit/sec |
|---|---|---|
| 1 km, verdrilltes Kabel | U=1 | U=1 |
| 200 km, Mietleitung Koaxialkabel | U=1 | U=0,33 |
| 50.000 km, Satellitenverbindung | U=0,67 | U=0,002 |

Man sieht hieraus deutlich, daß die Auslastung des Kanals bei diesem Protokoll u.U. sehr schlecht ist, insbesondere wenn man sehr leistungsfähige Kanäle verwendet.

### 6.1.4 Kontinuierliches ARQ

Das ARQ-Verfahren ist zwar imstande, Daten sicher zu übertragen; es scheint jedoch nicht sehr effizient zu sein, da stets so lange gewartet werden muß, bis eine Bestätigung für den gesendeten Block beim Sender eintrifft. Um dieses Verfahren zu verbessern erlaubt man, daß der Sender mehr als einen Block absetzt, ehe der vorhergehende Block quittiert worden ist, so daß die Anzahl der unbestätigten Blöcke zu einer bestimmten Zeit u.U. größer als eins sein kann. Dieses Verfahren wird auch als ***Continuous ARQ*** bezeichnet. Das Vorgehen ist im Prinzip das folgende:

1. Der Sender sendet Blöcke, ohne deren Quittierung abzuwarten.
2. Jeder Block enthält eine eindeutige Identifizierung.
3. Von jedem gesendeten Block bewahrt der Sender in einer **Sendeliste** eine Kopie auf.
4. Der Empfänger sendet für jeden empfangenen Block eine Quittung, die die Identifizierung dieses Blocks enthält.

5. Der Empfänger bewahrt alle Identifizierungen empfangener Blöcke in einer **Empfangsliste** auf.
6. Wird ein ACK für einen Block empfangen, löscht der Sender den Block aus seiner Sendeliste.

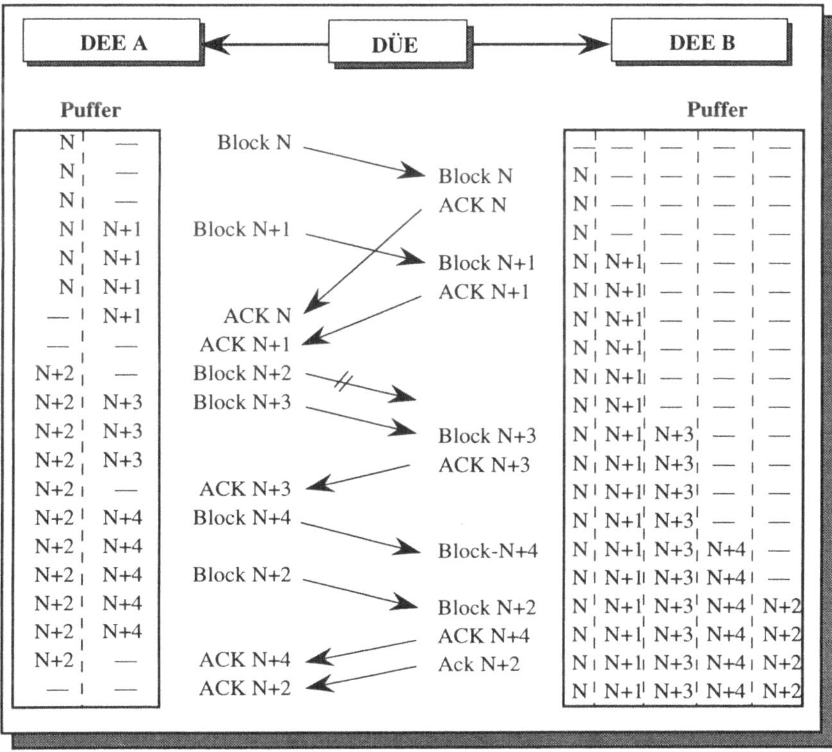


Tritt ein Fehler auf, so gibt es im wesentlichen zwei Möglichkeiten, darauf zu reagieren:

Wenn der Sender bemerkt, daß ein ACK-Block 'außer der Reihe' empfangen wurde, d.h. einer ACK-Blocknummer N+1 nicht die ACK-Blocknummer N+2, sondern z.B. N+3 folgt, so wird der nicht bestätigte Block noch einmal gesendet. Dieses Verfahren wird **selektive Wiederholung** (*selective retransmission*) genannt.

Beim zweiten Verfahren fordert der Empfänger im Fehlerfall den Sender explizit auf, alle Blöcke noch einmal zu senden ab jenem Block, der zuletzt korrekt empfangen wurde. Dieses Verfahren wird ***go-back-N-ARQ*** genannt. Obgleich es offenbar deutlich mehr Übertragungskapazität verschwendet, ist es dennoch das heute am meisten implementierte Verfahren. Es vereinfacht die Abarbeitung der Blöcke, da diese nicht sortiert werden müssen, und ist auch beim Auftreten mehrerer Fehler relativ stabil, während die selektive Wiederholung in diesem Falle einer aufwendigeren Implementierung bedarf.

In den meisten Fällen werden Sender und Empfänger wechselseitig Blöcke im Vollduplexbetrieb austauschen. Werden Informationsfelder in den gesendeten Blöcken dafür vorgesehen, ARQ-Meldungen zu übertragen, so bezeichnet man dieses auch als **Huckepack-Quittierung** (*piggy-backed acknowledegement*). Durch dieses Verfahren spart man Übertragungskapazität, wenngleich der Aufbau der Blöcke unübersichtlicher wird.

In der Regel läßt man nicht beliebig viele Blöcke unbestätigt ausstehen, sondern nur ein begrenzte Anzahl, z.B. bis zu sieben, da dann für die Identifizierung der Blöcke wenige Bits ausreichen. Die maximale Anzahl unbestätigter Blöcke wird auch als **Fenstergröße** bezeichnet. Darüber hinaus werden in der Regel nicht einzelne quittiert, sondern mehrere ausstehende Blöcke gleichzeitig. Die Quittierung des Blocks N bedeutet zugleich immer auch eine Quittierung der Blöcke N-1, N-2, usw., wenn diese Blöcke noch nicht quittiert wurden. Dadurch können auch Probleme mit unterschiedlichen Sende- und Empfangsgeschwindigkeiten zweier Stationen effizient behandelt werden (Flußkontrolle).

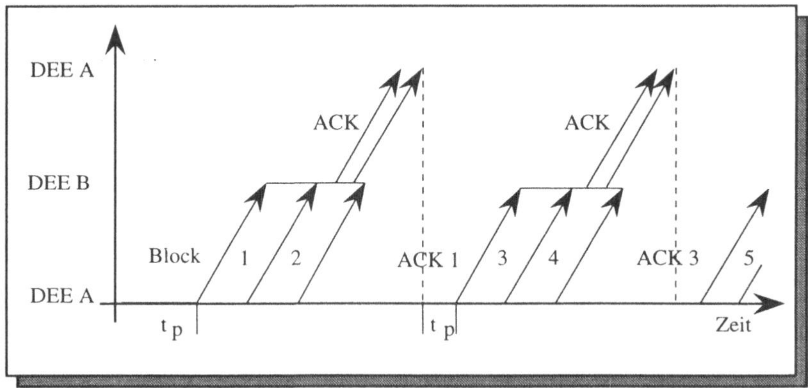


Datenübertragung mit Fenstergröße 2

## 6.2 BSC-Leitungsprotokolle

Unter den in der Praxis verwendeten Leitungsprotokollen war das von der ISO definierte ***Basic Mode***-Protokoll lange Zeit das verbreitetste. Es wurde von IBM unter dem Namen ***Binary Synchronous Control*** übernommen und deshalb auch **BSC** oder **Bisync** genannt, welches der häufigste Name für dieses Protokoll ist.

Das BSC-Protokoll ist ein zeichenorientiertes, synchrones Protokoll, d.h. es werden nur Blöcke übermittelt, in denen sich ganze Bytes (meist ASCII/IA5) befinden; in einigen Anwendungen werden auch EBCDIC-Zeichen benutzt. Die Datenübermittlung wird in den Auf- bzw. Abbau einer Verbindung und die Datenübertragung unterteilt. Der Verbindungsaufbau wird mit besonderen Kontrollzeichen durchgeführt, die dem ASCII-Zeichensatz entnommen sind:

Positive Quittung:

SYN SYN ACK

Negative Quittung:

SYN SYN NAK

Einfache Anfrage:

SYN SYN ENQ

Select/Poll-Anfrage:

SYN SYN P/S Adresse ENQ

Beende Verbindung:

SYN SYN EOT

Einfacher Block:

SYN SYN STX ... Text ... ETX BCC

Einfacher Block mit Header:

SYN SYN SOH ID ... STX ..Text.. ETX BCC

Block einer Blockfolge:

SYN SYN STX ... Text ... ETB BCC

Letzter Block:

SYN SYN STX ... Text ... ETX BCC

Das BSC-Protokoll wird für einfache Verbindungen zwischen zwei Stationen (*link control*) und Mehrfachverbindungen (*contention control*) benutzt. Bei der einfachen Verbindung sind beide Stationen gleichberechtigt. Möchte eine Station kommunizieren, so sendet sie eine einfache Anfrage an die Gegenstation. Versuchen beide Stationen, gleichzeitig eine Verbindungen aufzubauen, so erhält eine ausgewählte Station die Erlaubnis dazu. Danach findet die Kommunikation wie bei der Mehrfachverbindung statt.

Bei Mehrfachverbindungen gibt es eine **Kontrollstation** (*control station*), welche für den Aufbau von Verbindungen verantwortlich ist. Zum Aufbau einer Verbindung kann an jede entsprechende Station eine Anfrage gestellt werden, indem eine *Select-Anfrage* zum Senden und eine *Poll-Anfrage* zum Empfangen geschickt wird. Die angesprochene Station antwortet mit einer positiven oder einer negativen Quittung, je nachdem, ob sie eine Verbindung aufbauen kann oder nicht. Darüber hinaus kann die Kontrollstation auch mittels einer *fast selection* einer anderen Station direkt einen Datenblock schicken.

Transparenz wird durch eine besondere Umschaltsequenz: DLE STX erreicht, welche alle nachfolgend gesendeten Zeichen (außer dem DLE) weiterleitet, ohne daß diese als Steuerzeichen interpretiert werden. Diese Betriebsart wird erst durch ein DLE ETX oder DLE ETB wieder beendet. Die Sequenz DLE DLE wird als einfaches Nutzbyte: DLE interpretiert. Darüber hinaus kann noch die Folge DLE SYN geschickt werden, welche keine Bedeutung hat. Andere Zeichen dürfen hinter einem DLE nicht erscheinen.

Die Übertragungsrate auf den Kanälen liegt zwischen 1.200 Bit/sec und 9.600 Bit/sec. Zur Fehlerüberwachung wird eine zyklisches Redundanzprüfverfahren verwendet; für die Prüfinformation sind somit ein oder zwei Bytes vorzusehen.

Die Wartezeiten der Zeitüberwachung liegen in der Größenordnung von zwei Sekunden. Innerhalb dieser Zeit muß ein Block bzw. eine Anfrage bestätigt sein. Ist das nicht der Fall, so wiederholt die sendende Station ihre Anfrage. Eine Flußkontrolle wird erreicht, indem ein Empfänger, der keine weiteren Blöcke verarbeiten kann, eine Quittierung verzögert erteilt; der Sender kann somit nur entsprechend langsamer Blöcke absetzen. Vor Ablauf der Wartezeit muß der Empfänger jedoch eine **verzögerte Bestätigung** erteilen: SYN SYN DLE DLE, auf die der Sender durch eine Anfrage reagieren muß.

Wenn der Sender für einige Zeit keine Blöcke zum Senden hat, so muß er nach Ablauf von zwei Sekunden einen **Verzögerungsrahmen** an den Empfänger schicken: \x(SYN)\x(SYN)\x(STX)\x(ENQ); der Empfänger muß mit einem **Rückfragerahmen** antworten: SYN SYN NAK. Man sieht aus diesen Protokollen, daß es sowohl für den Sender als auch für den Empfänger leicht möglich ist, die Übertragungsraten ihrer Verarbeitungsgeschwindigkeit anzupassen (Flußkontrolle). Da jedoch nicht vorgesehen ist, daß verschiedene Verbindungen gleichzeitig im Multiplexbetrieb einen Kanal belegen, reduziert dieses zugleich die Auslastbarkeit des Kanals.

Das Protokoll zum Austausch von Daten ist ähnlich dem Sende-und-Warte-ARQ-Protokoll; darüber hinaus hat dieses Protokoll weitere Nachteile:

- Das Protokoll ist nur für den Wechselbetrieb definiert (halbduplex), so daß der heutzutage bevorzugte Vollduplexbetrieb nur mit komplexen Zusätzen zum Protokoll ermöglicht werden kann.
- Blöcke besitzen keine Blocknummern, ACKs verwenden alternierende Quittungen. Daher können evtl. Blöcke mehrfach gesendet werden, ohne daß der Empfänger dieses erkennen kann.
- Die Fehlerkontrolle wird nur über die Datenbytes, nicht jedoch über den Rahmen gemacht, so daß Fehler in der Kontrollinformation unentdeckt bleiben können, deren Behandlung das Protokoll verkompliziert
- Wegen der großen Anzahl von Optionen können nur wenige Implementierungen zusammenarbeiten; darüber hinaus ist die Implementation dieses Protokolls relativ umfangreich.
- Einige Zeichen werden mehrfach Weise verwendet, was in bestimmten Situationen zu Fehlern führen kann; z.B. wird ENQ benutzt, um eine Sende- und Empfangsanfrage durchzuführen, aber auch um die Wiederholung der letzten Nachricht zu veranlassen.

Aus diesen Gründen wird heute in der Praxis meist ein anderes Protokoll verwendet, welches im übernächsten Abschnitt 6.4 vorgestellt werden wird.

## 6.3 Weitere Leitungsprotokolle

Es wurden einige weitere Protokolle entwickelt, die jedoch größtenteils nur noch historisches Interesse haben. Sie sind jedoch in vielen Fällen als Vorläufer der heute verwendeten Protokolle zu betrachten, und somit zu deren Verständnis von einiger Wichtigkeit.

### 6.3.1 Das HASP-Protokoll

Das HASP-Protokoll wird für den abgesetzten Stapelbetrieb benutzt, z.B. um Programme, die in Lochkarten abgelegt sind, über Standleitungen oder im Wählverkehr zu übertragen. Es dient insbesondere dazu, entfernte Drucker oder Kartenleser anzuschließen, so daß auch das Format der Daten entsprechend dem der Zeilen von Zeilendruckern oder Lochkarten gewählt ist. Es ist ein unsymmetrisches Protokoll, welches jedoch sowohl für den Vollduplexbetrieb als auch für den Multiplexbetrieb ausgelegt ist, so daß z.B. mehrere Kartenleser gleichzeitig angesteuert werden können. Da wesentliche Protokolleigenschaften vom BSC-Protokoll übernommen sind, kann es als eine unkonventionelle Anwendung des BSC-Protokolls bezeichnet werden. Es hat, auch wegen der Auslegung für spezielle Formate, heute keine Bedeutung mehr.

### 6.3.2 ARPANET

Im Arpanet wurde eine andere Abart des BSC-Protokolls verwendet. Neben einem zyklischen Redundanzprüfverfahren mit drei Byte Prüfinformation werden wesentlich komplexere Blockköpfe verwendet, welche u.a. zwei 16-Bit-Adressen enthalten, damit das Protokoll im Vollduplexbetrieb arbeiten kann. Sowohl die Blöcke als auch die ACKs enthalten alternierende Blockzähler; es werden keine NAKs verwendet.

Statt des Fenstermechanismus wird bei diesem Protokoll ein anderes Verfahren zur Erhöhung der Übertragungsleistung eingesetzt. Die Übertragungsleitung wird in acht logische Kanäle eingeteilt, die durch eine 3-Bit-Adresse identifiziert werden. Die Blöcke werden unabhängig von der Nachricht einem freien logischen Kanal zugeordnet. Allerdings wird ein logischer Kanal erst dann frei, wenn das ACK für den zuletzt über diesen logischen Kanal gesendeten Block eingetroffen ist. Dadurch entsteht ein Fließband-Effekt, der die Belastbarkeit der Übertragungsleitung gegenüber dem BSC-Protokoll spürbar erhöht. Da eintreffende Blöcke für alle logischen Kanäle eine Quittierung enthalten können, kann die Belegung des Kanals mit Verwaltungsblöcken klein gehalten werden.

Da Blöcke häufig in falscher Reihenfolge angeliefert werden, muß der Empfänger diese wieder sortieren. Das macht die Protokolle und die Verwendung in höheren Schichten deutlich komplexer; daher wird dieses Protokoll, trotz beachtlicher Leistungsfähigkeit, nicht häufig eingesetzt.

### 6.3.3 Digital's DDCMP

**DDCMP** ist eine Abkürzung für *Digital's Data Communication Message Protocol* der amerikanischen Firma *Digital Equipment Corporation* (DEC). Es kann auf synchronen und asynchronen Leitungen verwendet werden, im Halb- und Vollduplexbetrieb, sowie bei Punkt-zu-Punkt- und Mehrpunktverbindungen. Es ähnelt dem BSC- bzw. ARPA-NET-Protokoll, da es Standardprotokollzeichen für die Steuerung und die Trennung der Blöcke in Kopf und Datenteil verwendet.

Darüber hinaus verwendet es jedoch drei Klassen von Blöcken für Information, Wartung und Überwachung; die Fehlerkontrolle geschieht getrennt für den Kopf und die Nutzdaten. Die Blocklänge wird im Kopf explizit angegeben, weshalb diese Art von Protokollen auch ***byte-count-oriented*** genannt wird. Blöcke werden Modulo 256 gezählt, wobei ein Block im Huckepack-Verfahren mehrere empfangene Blöcke quittieren kann. Es werden ACKs und NAKs verwendet. Ein ACK-N bestätigt alle Blöcke einschließlich der Nummer N, ein NAK-N quittiert alle Blöcke einschließlich der Nummer N, jedoch weist explizit daraufhin, daß der Block N+1 verfälscht eingetroffen ist. Zusätzlich können in NAK-Blöcken Gründe für den Fehler angegeben sein. Treten die Fehler in den Blockköpfen auf, so senden die Stationen bei Mehrpunktverbindungen keinen NAK, da es sich um eine verfälschte Adresse handeln könnte. In diesen Fällen wird ein Wartezeitverfahren benutzt.

Zum Verbindungsaufbau werden spezielle Blöcke benutzt: STRT. Die Verbindungen wird im *3-hand-shake*-Verfahren aufgebaut: Zunächst wird von Station A ein STRT-Block geschickt, welcher mit genau dem gleichen Block beantwortet wird. Dann wird ein STACK (*Start Acknowledge*) geschickt, welches mit einem ACK beantwortet wird :

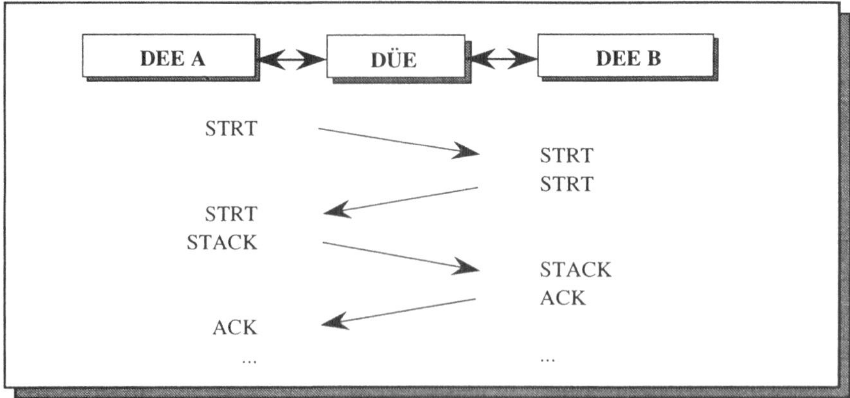

Offensichtlich hat DDCMP viele der Probleme anderer, klassischer Protokolle nicht. Der einzige Nachteil dieses Protokolls ist es, zu einer Zeit erfunden worden zu sein, als bereits in internationalen Gremien andere Protokolle entworfen und weltweit diskutiert wurden. Das wichtigste von diesen ist das HDLC-LAPB-Protokoll, welches im nächsten Abschnitt vorgestellt werden soll.

## 6.4 Das HDLC-LAPB-Leitungsprotokoll

In der CCITT-Empfehlung X.25 garantiert die zweite Schicht (Sicherungsschicht) die transparente, gesicherte Übertragung von Blöcken zwischen zwei **Datenendeinrichtungen** (DEE). Außerdem wird der Auf- und Abbau von Verbindungen realisiert, eine Flußkontrolle ermöglicht sowie eine Fehlerüberwachung installiert, die nicht behebbare Fehler an die nächsthöhere Schicht meldet.

Die Lage der Sicherungsschicht im ISO/OSI-Basisreferenzmodell kann folgendermaßen veranschaulicht werden:

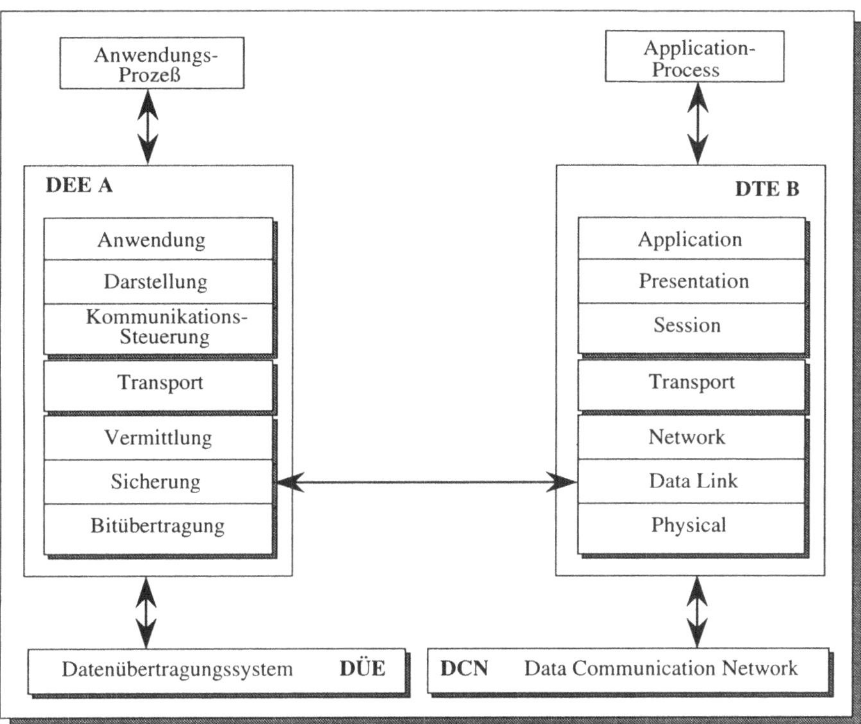

### 6.4.1 Modell und Aufgaben des HDLC-LAPB-Leitungsprotokolls

Wir stellen uns vor, daß eine Datenendeinrichtung mit einer bestimmten anderen Datenendeinrichtung kommuniziert. Es gibt ein Datenübertragungssystem, welches die beiden Datenendeinrichtungen transparent im Vollduplexbetrieb miteinander verbindet. Die Kommunikation geschieht aus der Sicht der DEE alleine mit der anderen DEE, mit der diese eine Reihe von Protokollen abwickelt.

Zur Bereitstellung der oben genannten Dienste werden Funktionen definiert, welche folgende Aufgabe durchführen:

- Herstellen und Freigeben von Schicht-2-Verbindungen
- Erhaltung der Übertragungsreihenfolge der Blöcke
- Fehlererkennung und -behebung (soweit möglich)
- Flußkontrolle

### 6.4.2 Der Aufbau der Blöcke

Die CCITT-Empfehlung X.25 schreibt für die ISO Prozedur **HDLC** (*high level data link control*) die Variante **LAP B** (*link access procedure balanced*) vor. Die Dateneinheiten in HDLC werden als **Blöcke** (*frames*) bezeichnet, die den folgenden Aufbau haben:

... | flag | Adresse | Steuerfeld | Datenfeld | FCS | flag | ...

Hierbei bedeuten:

**flag**: **Blockbegrenzung**. Länge 1 Byte: 01111110. Zwischen zwei Blöcken muß mindestens ein flag stehen. Werden keine Blöcke gesendet, so werden ununterbrochen Flags geschickt, so daß beide Stationen auf diese Weise ständig synchronisiert sind.

**Adresse**: Man unterscheidet zwischen Adressen des Senders und des Empfängers. Bei Befehlen wird als Adresse die des Empfängers angegeben, bei Meldungen die des Senders.

**Steuerfeld**: Gibt den **Blocktyp** an, der unten genauer beschreiben wird.

**Datenfeld**: Enthält die **Benutzerdaten**, die von der Schicht 3 übergeben werden. Die Länge des Datenfelds kann zwischen 0 und 131 Bytes betragen.

**FCS**: Das **Blockprüffeld** (*frame checking sequence*) besteht aus zwei Bytes, welche der Sicherung der Datenübertragung dienen. Es wird ein CRC-Prüfverfahren verwendet, das den gesamten Block | Adresse | Steuerfeld | Datenfeld | überprüft.

Die Sicherung der Datenblöcke wird durch eine CRC-Kodierung erreicht. Darüber hinaus ist auch die Reihenfolge der Blöcke zu sichern. Dieses wird durch ein Fensterverfahren realisiert, welches zugleich für die Flußkontrolle benutzt werden kann.

Im HDLC-Protokoll werden drei Blockformate verwendet, von denen eines dem Transport von Daten dient, eines zur Steuerung der Datenübermittlung verwendet wird, und eines die Steuerung der Verbindung zwischen den Endgeräten regelt. Die Befehle und Meldungen haben das folgende Format:

| Steuerfeld / Bits | 1 | 2 | 3 | 4 | 5 | 6 | 7 | 8 |
|---|---|---|---|---|---|---|---|---|
| I-Block | 0 | | N(S) | | P | | N(R) | |
| S-Block | 1 | 0 | S | S | P/F | | N(R) | |
| S-Block: RR | 1 | 0 | 0 | 0 | P/F | | N(R) | |
| S-Block: RNR | 1 | 0 | 1 | 0 | P/F | | N(R) | |
| S-Block: REJ | 1 | 0 | 0 | 1 | P/F | | N(R) | |
| U-Block | 1 | 1 | M | M | P/F | M | M | M |
| U-Block: DM | 1 | 1 | 1 | 1 | P/F | 0 | 0 | 0 |
| U-Block: SABM | 1 | 1 | 1 | 1 | P | 1 | 0 | 0 |
| U-Block: DISC | 1 | 1 | 0 | 0 | P | 0 | 1 | 0 |
| U-Block: UA | 1 | 1 | 0 | 0 | F | 1 | 1 | 0 |
| U-Block: CMDR / FRMR | 1 | 1 | 1 | 0 | F | 0 | 0 | 1 |

N(S) : Sendefolgenummer: (Wertigkeit: Bit 2 niedrigstes Bit)
N(R) : Empfangsfolgenummer: (Wertigkeit: Bit 6 niedrigstes Bit)
S : Bits für Steuerung
M : Legt die Steuerungsfunktion fest
P/F : Sendeaufruf bei Befehlen (*Polling*=1)
Ende-Anzeige bei Meldungen (*Finish*=1)

Die **I-Blöcke** (Informationsblöcke) werden zum Übertragen von Daten benutzt, wie sie an der Schnittstelle zur Schicht 3 übergeben werden. Ist P/F=1, so hat die Gegenstelle auf den übermittelten Block (z.B. durch eine Quittung) zu reagieren. N(S) gibt den aktuellen Sendefolgezähler an, d.h. die Nummer dieses Blocks. N(R) quittiert den korrekten Empfang aller bisher empfangenen Blöcke bis zum Block mit der Nummer N(R)-1.

Die **S-Blöcke** (Steuerungsblöcke) steuern die Datenübermittlung. Mit ihnen können drei Befehle übermittelt werden:

Der Befehl **RR** (*Receive Ready*) teilt die Empfangsbereitschaft dieser Station mit; zugleich wird der korrekte Empfang aller Blöcke bis einschließlich Block N(R)-1 quittiert. Ist P=1, so muß die Gegenstelle ihren Zustand (durch RR oder RNR) mitteilen.

Der Befehl **RNR** (*Receive Not Ready*) teilt einer Gegenstelle mit, daß die Station nicht empfangsbereit ist; zugleich werden die Blöcke bis einschließlich Block N(R)-1 quittiert. Dieser Befehl wird durch Senden eines UA-, RR-, REJ- oder SABM-Blocks wieder aufgehoben.

Der Befehl **REJ** (*Reject*) fordert die Gegenstelle auf, alle I-Blöcke ab der Nummer N(R) noch einmal zu übertragen. Ehe nicht der Block mit der Nummer N(R) eingetroffen ist, darf kein weiterer REJ-Block ausgesendet werden.

Die **U-Blöcke** (unnumerierte Blöcke) dienen nur dem Auf- und Abbau von Verbindungen. Da hier in der Regel ein Block zur Übertragung der gewünschten Information ausreicht, sind keine Folgenummern vorgesehen. Es gibt fünf verschiedene Befehle:

Der Befehl **SABM** (*Set Asynchronous Balanced Mode*) fordert die Gegenstelle auf, in die Datenübertragungsphase des gleichberechtigten Spontanbetriebs überzugehen. Die Antwort auf diesen Befehl ist UA; zusätzlich werden alle internen Zähler (N(R), N(S)) auf null gesetzt.

Der Befehl **DISC** (*Disconnect*) hält die Übermittlung an; die Gegenstation hat mit UA zu antworten, und die Station geht in den Zustand abgebrochen über.

Die Meldung **UA** (*Unnumbered Acknowledge*) bestätigt SABM- und DISC-Befehle, mit deren Ausführung (z.B. Nullsetzen von Zählern, Senden von Datenblöcken) bis zum Eintreffen dieser Nachricht gewartet wird.

Die Meldung **DM** (*Disconnected Mode*) wird gesendet, wenn sich eine Station im Zustand abgebrochen befindet und zur Zeit nicht in einen anderen Zustand wechseln kann.

Die Meldung **CMDR** (*Command Reject*) oder **FRMF** (*Frame Reject*) zeigt einen Fehler an, der nicht durch Blockwiederholung behebbar ist, da das Prüffeld korrekt ist, aber einer der folgenden Fehler erkannt wurde:

- ungültige Kodierung im Steuerfeld
- Datenblock zu lang
- empfangene Folgenummer N(R) ist ungültig
- ein U- oder S-Block hat eine falsche Länge

Dieser Meldung ist ein Datenfeld der Länge 3 Bytes beigegeben, in welchem die Gründe für die Rückweisung beschrieben sind.

Der Protokollablauf gliedert sich in den Verbindungsauf- und -abbau und die Datenphase. Für die Verbindungsauf- und -abbauphasen werden eine Zeitüberwachung (mit der Zeit T1) und ein Zähler (N2) benötigt. Für die Datenphase werden zusätzlich die Zähler V(S), VO(S), V(R), sowie die maximale Anzahl von Bits je Block (N3) und die maximale Anzahl ausstehender Blöcke (K) verwendet:

**V(S)**: Sendefolgezähler; enthält die Nummer, mit der der nächste Datenblock zu senden ist. V(S) wird nach Senden eines Datenblocks um 1 (mod 8) erhöht.

**VO(S)**: Folgenummer N(R) des letzten von der Gegenstation empfangenen Blocks. Der Abstand zwischen V(S) und VO(S) (mod 8) darf niemals größer als sieben werden, damit niemals mehr als sieben unbestätigte Blöcke ausstehen.

**V(R)**: Empfangsfolgezähler N(S) des nächsten erwarteten Datenblocks. Trifft ein fehlerfreier Block mit der Nummer N(S)=V(R) ein, so wird N(S) um 1 (mod 8) inkrementiert.

**K**: Maximale Anzahl unquittierter Datenblöcke (z.B. 7)

**T1**: Timer für die Zeitüberwachung

**N2**: Höchste Anzahl von Wiederholungen bei Zeitablauf

**N3**: Höchste Anzahl von Bits in einem Block.

### 6.4.3 Die Verbindungsauf- und -abbauphasen

Die Protokolle werden in einem Zeitdiagramm beschrieben, bei welchem die Zeit von oben nach unten vergeht, d.h. die späteren Ereignisse werden unter die früheren geschrieben. Wir verwenden die folgende Notation:

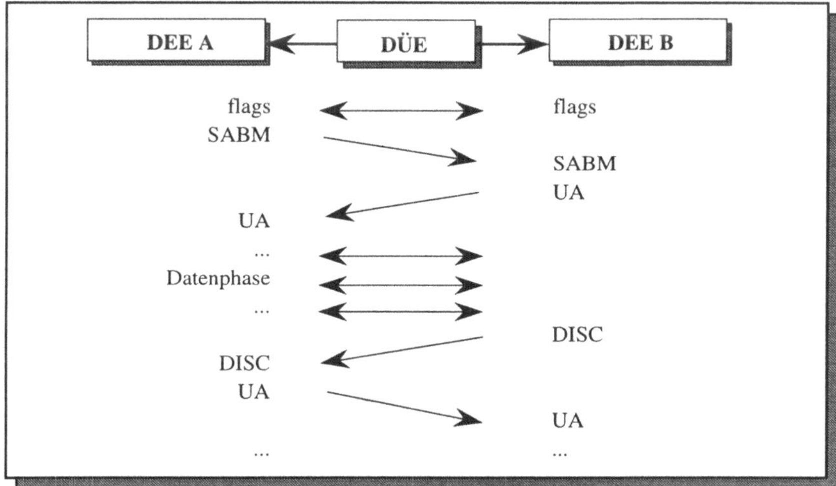


Dieses ist ein Beispiel für einen ordnungsgemäßen Verbindungsauf- und -abbau. Zunächst senden beide Stationen nur flags um zu kennzeichnen, daß sie betriebsbereit sind. Will z.B. DEE A eine Verbindung aufbauen, so sendet sie einen SABM-Block an DEE.B. Diese antwortet nach einiger Zeit mit einem UA-Block, so daß DEE A weiß, daß DEE.B bereit ist, eine Kommunikation durchzuführen.

Wenn DEE.B nicht rechtzeitig mit einem UA-Block antwortet, so läuft ein Timer mit der Zeit T1 ab. Daraufhin wird der entsprechende Befehl noch einmal gesendet. Dieses geschieht höchstens N2-mal. Wird irgendwann einmal die Meldung UA empfangen, so werden die internen Zähler initialisiert, und die Datenphase kann aufgenommen werden. Analoges gilt, wenn der Abbau einer Verbindung durch DISC nicht ordentlich quittiert wird.

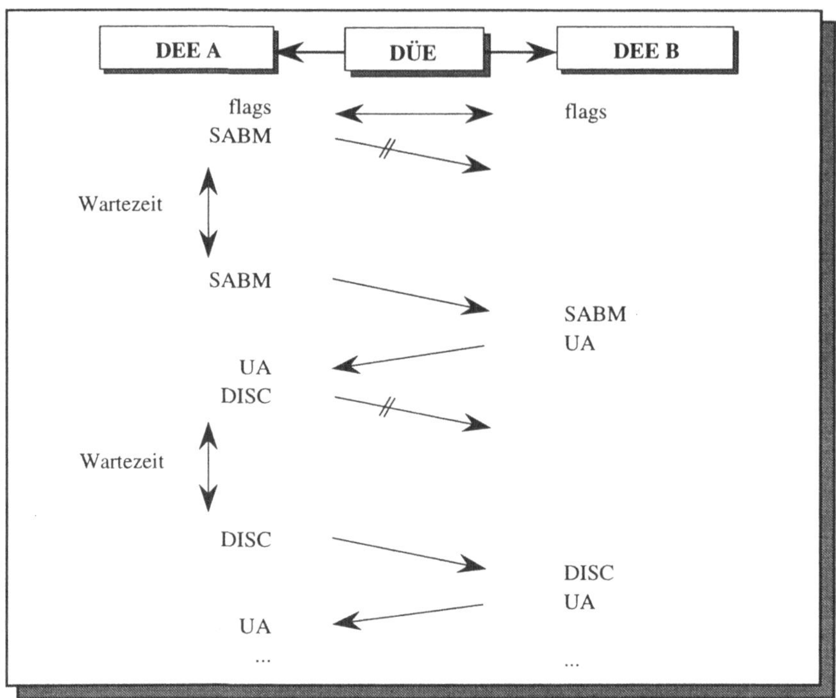


### 6.4.4 Die Datenphase

Nachdem eine Verbindung aufgebaut wurde, kann die Datenübertragung durchgeführt werden. Wir schreiben im folgenden:

| | |
|---|---|
| I(N(R),N(S)) | für einen Datenblock mit Folgenummern N(R) und N(S) |
| RR(N(R)) | für einen Receive-Ready-Block mit Folgenummer N(R) |
| RNR(N(R)) | für einen Receive-Not-Ready-Block mit Folgenummer N(R) |
| REJ(N(R)) | für einen Reject-Block mit Folgenummer N(R) |

Wird ein P/F-Bit gesetzt, so wird dieses unmittelbar hinter den Block geschrieben. Zusätzlich werden in einer weiteren Spalte die Werte der Zähler angegeben.

Bei einer fehlerfreien Übertragung kann die Quittierung empfangener Datenblöcke implizit in den gesendeten Datenblöcken erfolgen:

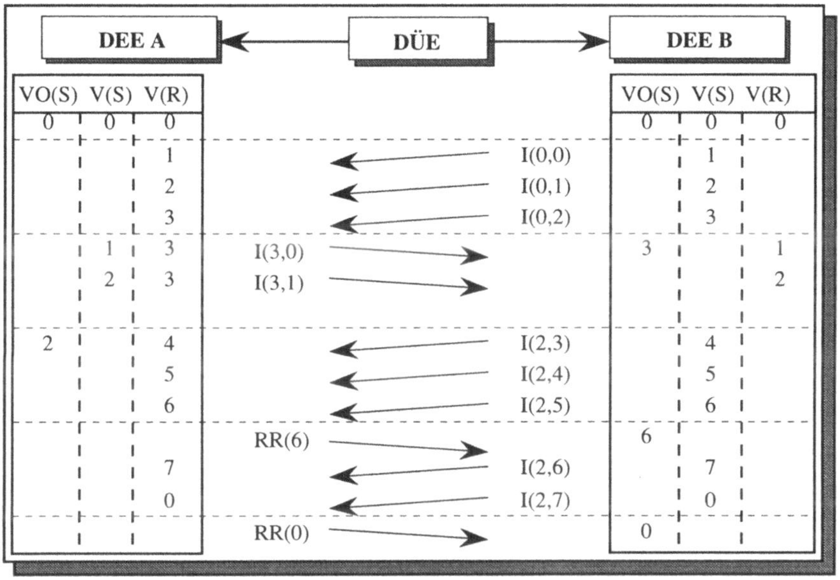

DEE A ← DÜE → DEE B

| VO(S) | V(S) | V(R) | A ↔ B | VO(S) | V(S) | V(R) |
|---|---|---|---|---|---|---|
| 0 | 0 | 0 | | 0 | 0 | 0 |
| | | 1 | ← I(0,0) | | 1 | |
| | | 2 | ← I(0,1) | | 2 | |
| | | 3 | ← I(0,2) | | 3 | |
| | 1 | 3 | I(3,0) → | 3 | | 1 |
| | 2 | 3 | I(3,1) → | | | 2 |
| 2 | | 4 | ← I(2,3) | | 4 | |
| | | 5 | ← I(2,4) | | 5 | |
| | | 6 | ← I(2,5) | | 6 | |
| | | | RR(6) → | 6 | | |
| | | 7 | ← I(2,6) | | 7 | |
| | | 0 | ← I(2,7) | | 0 | |
| | | | RR(0) → | 0 | | |

Wenn jedoch der Empfänger keine Datenblöcke zu senden hat, muß er die Quittierung explizit in einem RR-Block durchführen:

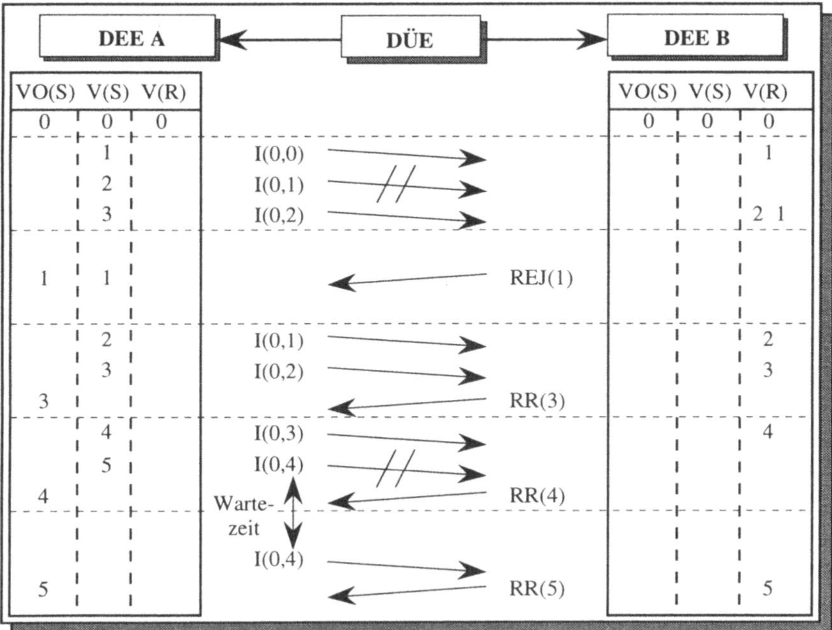

Geht ein Datenblock verloren, so kann der Empfänger dieses erkennen, wenn die Folgenummer des empfangenen Datenblocks nicht mit der erwarteten übereinstimmt, d.h.: N(S)≠V(R). Dieses kann der Empfänger dem Sender dadurch mitteilen, daß er einen REJ-Block schickt, in welchem die Nummer des fehlenden Datenblocks angegeben ist. Der Sender muß dann entsprechend dem Protokoll den fehlenden Datenblock und alle auf diesen folgenden Datenblöcke noch einmal senden. Auch der (korrekt) empfangene Datenblock mit einer zu großen Folgenummer muß noch einmal gesendet werden:

Ein Sonderfall tritt auf, wenn der fehlende Datenblock der zuletzt gesendete ist, d.h. nach diesem kein weiterer gesendet wird. Dann kann das Fehlen dieses letzten Datenblocks nicht mehr mit der beschriebenen Methode erkannt werden. Um diese Art von Fehler zu beheben, stößt der Sender nach Senden des letzten Datenblocks einen Timer an, der eine bestimmte Zeit auf die Quittung für diesen letzten Datenblock wartet. Läuft der Timer vor der Quittierung aus, so wird der betreffende Block noch einmal übertragen:

Wenn eine Station nicht mehr imstande ist, eintreffende Datenblöcke zu verarbeiten, z.B. weil interne Puffer überlaufen oder weil kurzzeitig ein Verarbeitungsengpaß im Prozessor aufgetreten ist, so kann sie der Gegenseite signalisieren, keine Datenblöcke mehr zu senden, indem sie RNR sendet. Die Gegenseite fragt dann in bestimmten Abständen immer wieder nach, ob die Station wieder empfangsbereit ist. Sobald diese wieder mit RR antwortet, kann der nächste Datenblock gesendet werden.

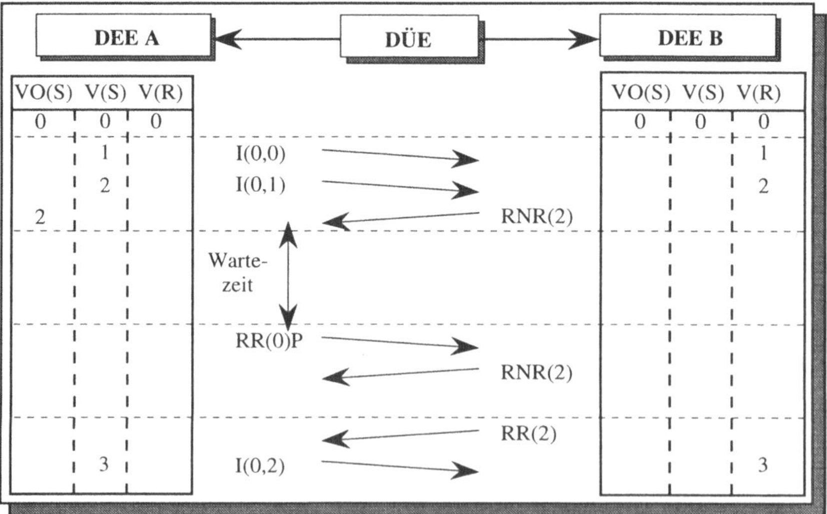

# 7 Medienzugangskontrolle

Im letzten Kapitel wurden nur Übertragungsmedien betrachtet, die vollständig von einem Prozeß kontrolliert werden. Soll ein Paket übermittelt werden, so wird dieses über das jeweilige Übertragungsmedium durchgeführt; soll vom gleichen Prozeß ein Paket empfangen werden, so ist dafür in der Regel (zumindest logisch) eine andere Leitung vorzusehen. Der Zugriff auf solche Voll-Duplex-Medien wirft somit keine Kontrollprobleme für die jeweiligen Leitungen auf. Beispiele hierfür sind *Store-and-Forward*-Netze (HDLC-LAPB im DATEX-P) und andere Link-Verbindungen (d.h. direkte Verbindungen zwischen zwei Rechnern).

Auf manche Übertragungsmedien können mehrere Teilnehmer gleichzeitig zugreifen. Insbesondere bei LANs, MANs, Satellitennetzen, Paket-Radio-Netzen usw. werden solche Techniken eingesetzt, da in diesen Netzen die Laststruktur in der Regel so geartet ist, daß nur wenige Übertragungen gleichzeitig durchgeführt werden müssen, diese jedoch mit möglichst hohen Übertragungsraten. Greifen zwei Teilnehmer gleichzeitig auf solch ein Übertragungsmedium zu, so behindern sie sich gegenseitig; man nennt dieses einen **Zugriffskonflikt** (*Access Conflict*, auch *Access Collision*). Derartige Konflikte müssen durch geeignete Maßnahmen erkannt und gelöst werden. Zur Kontrolle solcher Ereignisse und der damit verbundenen Leistungsminderung des Übertragungsmediums sind entsprechende Methoden zur Analyse dieser Phänome bereitzustellen, um Mechanismen zur Erhaltung der Leistungsfähigkeit zu entwickeln und zu bewerten.

Die Art und Verteilung der Zugriffsanforderungen auf mehrfach benutzte Übertragungsmedien können sehr unterschiedlich sein. Im Dialogverkehr wird es viele, kurze Zugriffe geben, bei der Dateiübertragungen wenige lange; ebenso sind beliebige Varianten zwischen diesen Verteilungen denkbar, die sich auch während des Betriebs eines Netzes plötzlich oder stetig ändern können. In manchen Anwendungen ist die Übertragungsverzögerung kritisch (z.B. bei der Sprachübertragung), in anderen die Fehlersicherkeit von größter Wichtigkeit. Auch sind die Topologien von Netzen häufig sehr unterschiedlich; bei lokalen Netzen werden vielfach Busse, Ringe oder Sterne eingesetzt; manche Netze müssen große Entfernungen überbrücken, weshalb auch Radio-Netze eingesetzt werden. Alle diese Randbedingungen beeinflussen die Zugriffsmethode, so daß deren Auswirkungen auf das Verhalten der hier betrachteten Systeme untersucht werden müssen.

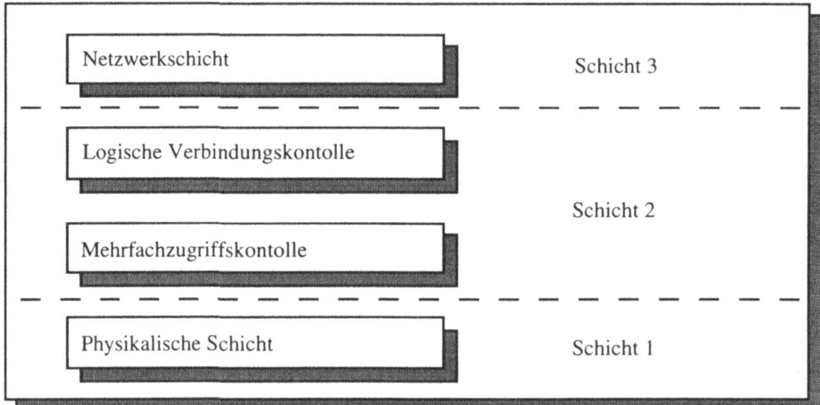


Mehrfachzugriffskontrolle im Basisreferenzmodell

Die Zugriffskontrolle bildet zusammen mit der **Logischen Verbindungskontrolle** die zweite Schicht im ISO/OSI-Basisreferenzmodell: Die Mehrfachzugriffskontrolle (auch Medienzugriffskontrolle, **MAC**=*Media access control*) regelt den Zugriff auf das Übertragungsmedium. Die logische Verbindungskontrolle (**LLC**=*Logical link control*) regelt die korrekte Übertragung von Daten zwischen zwei Stationen.

Bei der gemeinsamen Nutzung eines Mediums gibt es zwei prinzipiell verschiedene Strategien: **Zuteilungsstrategien**, bei denen sendewillige Stationen in festgelegter Reihenfolge senden, und **Zufallsstrategien**, bei denen sendewillige Stationen senden in zufälliger Reihenfolge senden. Bei den Zuteilungsstrategien wird viel Zeit darauf verwendet, jene Stationen herauszufinden, die senden wollen. Wird dieses durch zyklisches Abfragen aller Stationen erreicht, so nennt man das Verfahren auch **Pollen** (*polling*). Bei den Zufallsstrategien können Stationen gleichzeitig senden, so daß sich ihre Signale überlagern und unbrauchbar werden; dieses wird als **Kollision** (*collision*) bezeichnet. In solchen Fällen müssen die Daten ein zweites Mal gesendet werden. Diese Strategien können noch feiner klassifiziert werden: Zuteilungsstrategien werden unterschieden in:

- **feste Zuteilungsverfahren**, bei denen ein Teilnehmer zu festen Zeiten senden kann
- **variable Zuteilungsverfahren mit**
  - zentraler Kontrolle. die einem Teilnehmer den Kanal zentral zuteilen
  - dezentraler Kontrolle, bei denen die Teilnehmer die Zuteilung selbst vornehmen

Zufallsstrategien unterscheiden sich in solche:

- **ohne Mediumüberwachung**
- **mit Mediumüberwachung**
  - vor dem Senden
  - vor und während des Sendens

Im folgenden werden einige dieser Mediumzugriffsmethoden vorgestellt. Sie können nach den Zugriffsstrategien (Zuteilung/Zufall), oder nach der Struktur des Mediums (Ring/Bus) unterteilt werden. Wir verwenden die erste als Haupt-, die zweite als Nebenunterteilung.

# 7.1 Zuteilungsstrategien

## 7.1.1 Feste und variable Zuteilungsstrategien

Feste Zuteilungsverfahren werden z.B. in synchronen Nachrichtennetzen (ISDN) verwendet. In einer Rahmenstruktur von 30 Zeitschlitzen wird jedem Benutzer ein Zeitschlitz für ein Byte zugeteilt, so daß jeder Benutzer mit einer Rate von 64 kBit/sec Daten übertragen kann.

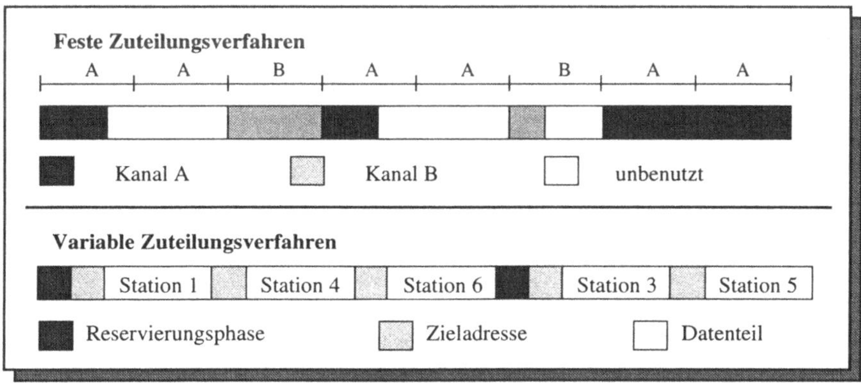


Multiplexen und Zuteilung

Die Vorteile dieses Verfahrens liegen insbesondere in dem relativ geringen Overhead, da praktisch die gesamte Bandbreite für nützliche Datenkommunikation verwendet werden kann. Darüber hinaus ist die Datenrate in gewissen Stufen variabel einstellbar; so kann jederzeit einer Verbindung statt nur jeder 30. Zeitschlitz auch jeder 15. oder 10. zugeteilt werden, so daß statt der einfachen die doppelte, dreifache usw. Datenrate bereitgestellt werden kann.

Der wesentliche Nachteil dieses Verfahrens ist es, daß jedem Teilnehmer eine feste Kapazität zugeteilt wird, die von keinem anderen Teilnehmer benutzt werden kann, auch dann nicht, wenn der erste Teilnehmer gerade keine Daten sendet. Daher ist auch kein Bündelungsgewinn durch Konzentration möglich. Insbesondere stoßweise auftretender Datenverkehr wird durch diese Verfahren nicht unterstützt, obgleich er gerade in Rechnernetzen relativ häufig vorkommt (ein konstanter Datenverkehr wie im Telefonnetz tritt bei gegenwärtigen Diensten in Rechnernetzen nicht auf). Variable Zuteilungsverfahren belegen den Kanal genau dann, wenn sie Daten übertragen wollen, geben ihn ansonsten frei.

Ein weiterer Nachteil der festen Zuteilungsverfahren besteht darin, daß sie in der Regel eine längere Übertragungszeit als die variablen Zuteilungsverfahren benötigen, da ihnen nur ein Bruchteil der tatsächlichen Kapazität des Kanals zur Verfügung gestellt wird:

**Beispiel:** Ein Kanal mit der Übertragungsgeschwindigkeit $\mu$ Bit/sec werde in N Teilkanäle mit der jeweiligen Geschwindigkeit von $\mu$/N Bit/sec aufgeteilt. Die Übertragungszeit (bei Einteilung in Teilkanäle) für X Bits beträgt dann

$$T_p = \frac{X}{\mu/N} = \frac{X}{\mu} \cdot N \; sec$$

Wenn die gesamte Kapazität des Kanals für eine Übertragung zur Verfügung steht, so setzt sich die Bearbeitungszeit $T_S$ aus der Wartezeit auf das Freiwerden des Kanals und der Übertragungszeit zusammen. Die Übertragungszeit (ohne Teilkanäle) ist $T_ü=X/\mu$ sec; die Wartezeit hängt von der Kanalbelegung $\varepsilon$ ab ($\varepsilon$ ist die Auslastung und gibt die relative Zeit an, die der Kanal Daten überträgt). Verwendet man die P-K-Formel (Kapitel 15), die die mittlere Wartezeit W bei negativ-exponentiell verteilten Bedienzeiten berechnet, so folgt: $W = \frac{\varepsilon \cdot S}{1-\varepsilon}$, wobei S die mittlere Zeit ist, die eine Datenübertragung den Kanal in Anspruch nimmt. Also folgt:

$$T_s = T_ü + W = \frac{X}{\mu} + \frac{\varepsilon \cdot S}{1-\varepsilon} \; sec$$

Der Vergleich von $T_S$ und $T_P$ zeigt, daß der Faktor N die Übertragungszeit von $T_P$ im Gegensatz zu der von $T_S$ sehr vergrößern kann. Nimmt man an, daß X zugleich die mittlere Länge eines Pakets ist, so ist dessen mittlere Übertragungszeit $S=X/\mu$:

$$T_s = \frac{X}{\mu} + \frac{\varepsilon \cdot X/\mu}{1-\varepsilon} \; sec = \frac{X}{\mu} \cdot \left(1 + \frac{\varepsilon}{1-\varepsilon}\right) sec = \frac{X/\mu}{1-\varepsilon} \; sec$$

Jetzt lassen sich $T_P$ und $T_S$ unmittelbar vergleichen. Es gilt:

$$\frac{T_p}{T_s} = N \cdot (1-\varepsilon)$$

Ist dieser Wert größer als 1, also $\varepsilon < 1-1/N$, so ist $T_P$ größer als $T_S$. Solange $\varepsilon$ nicht größer als 50 % ist, ist $T_P$ also immer schlechter als $T_S$, da stets $N \geq 2$. Für N=10 (30) kann die Auslastung bis zu 90 % (97 %) betragen, ehe $T_S$ schlechter als $T_P$ wird.

Man beachte aber auch, daß in manchen Anwendungen (z.B. in der Sprachübertragung) die Schwankung der Übertragungszeit kritischer ist als die mittlere Übertragungszeit. In diesen Fällen kann u.U. das Multiplexen die bessere Wahl sein.

## 7.1.2 Dezentrale Zuteilungsprotokolle

Aus den im letzten Abschnitt durchgeführten Betrachtungen folgt, daß in Rechnernetze variable Zuteilungsverfahren vorteilhafter sind als feste. Ein Beispiel für ein festes dezentrales Zuteilungsprotokoll ist das **Bit-Map-Protokoll**: In einer Reservierungsphase, in der ein Konkurrenzschlitz übertragen wird, teilen alle Rechner dem Netz (und somit allen anderen Rechnern) durch Setzen eines ihnen zugeordneten Bits mit, ob sie ein Paket senden wollen. Dieses wissen danach alle Rechner, und die sendewilligen können dann in einer vorgegebenen festen Reihenfolge ihre Pakete abschicken. Der Konkurrenzschlitz ist bei N Stationen gerade N Bits lang; sein Beginn ist allen Teilnehmern bekannt.

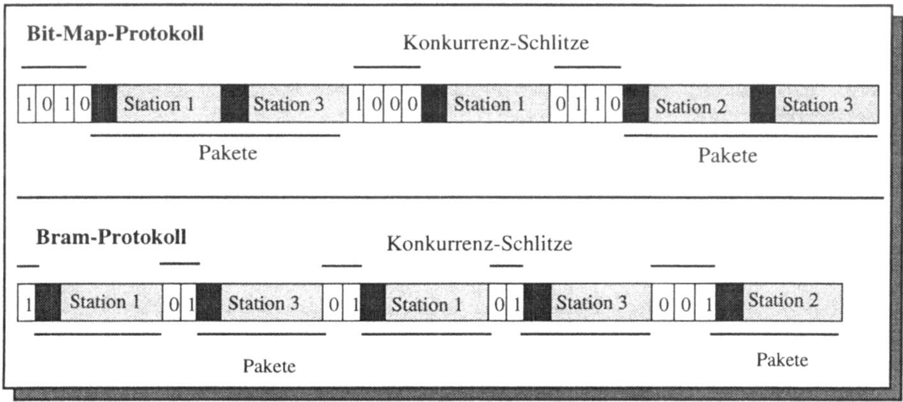


Zuteilungsprotokolle

Ist das System nur sehr gering belastet, so werden praktisch nur Konkurrenzschlitze gesendet. Da die Station mit der Nummer n sich jeweils nur im n-ten Bit des Konkurrenzschlitzes anmelden kann, muß eine Station, die nach dem ihr zugeordneten Bit sendebereit wird, die restlichen Bits des laufenden Konkurrenzschlitzes, die evtl. nachfolgende Datenphase sowie sämtliche Bits des folgenden Konkurrenzschlitzes abwarten, ehe sie senden kann. Daher gilt für die Anzahl der Bits im Kokurrenzschlitz, die die Station n warten muß, wenn sie im m-ten Schlitz sendebereit wird:

$$s_{nm} = \begin{cases} N-m & \text{falls } n<m \\ 2 \cdot N-m & \text{falls } n \geq m \end{cases}$$

Ist jeder Zeitpunkt für die Sendebereitschaft gleichwahrscheinlich (p=1/N), so ergibt sich für die mittlere Wartezeit der Station n (in Bits ohne Datenphase):

$$W_n = \sum_{m=1}^{N} p \cdot s_{nm} = p \cdot \left( \sum_{m=1}^{n-1} s_{nm} + \sum_{m=n}^{N} s_{nm} \right)$$

$$= 1{,}5 \cdot N + 0{,}5 - n$$

wie man leicht nachrechnet. Dieses Verfahren läßt Stationen mit kleiner Nummer n bis zu dreimal so lange warten wie solche mit großer Nummer. Dieses kann bei großer Zahl N zu merklichen Verzögerungen führen.

Bei hoher Auslastung des Kanals ist die Reservierungsphase in der Regel klein gegenüber der Belegung des Kanals durch übertragene Nutzdaten, so daß sich die Wartezeit vorwiegend aus der Übertragungszeit von Nutzdaten aller Stationen ergibt, die in der vorherigen Reservierungsphase Rahmen angemeldet haben.

Eine Abart des Bit-Map-Protokolls ist das **BRAM-Protokoll** (*braodcast recognition access mechanism*), auch **MSAP** (*mini slotted alternating priorities*) genannt, welches sofort, wenn eine Station einen Sendewunsch anmeldet, die Reservierungsphase unterbricht und die Sendung eines Pakets erlaubt. Nach dieser Übertragung ist die nächste Station in einem einmal festgelegten Zyklus anmeldungs- und sendeberechtigt. Somit gibt es keine Bevorzugung einzelner Stationen, d.h. die Wartezeit bei geringer Belastung beträgt im Mittel:

$$w_{BRAM} = 0{,}5 \cdot N + 0{,}5$$

ist also nicht mehr von n abhängig und im Mittel so groß wie die kleinste mittlere Wartezeit beim Bit-Map-Protokoll bei geringer Belastung.

In den hier beschriebenen Fällen ist die Wartezeit von der Anzahl der Stationen N abhängig, die den Kanal benutzen könnten. Ist diese sehr große, so ist auch die Wartezeit recht groß. Es gibt verschiedene Vorschläge, diese Wartezeiten zu verringern. Die meisten dieser Vorschläge versuchen, die Stationen in Gruppen aufzuteilen. Die extremste Form dieser Einteilung wurde bereits mit dem BRAM Protokoll vorgestellt, bei dem nur eine Station um einen Schlitz konkurriert. Bei dieser Zuordnung ist garantiert, daß niemals Kollisionen auftreten. Auf der anderen Seite könnten alle Stationen in einer Gruppe zusammengefaßt werden, was das Problem der Wartezeit minimiert, jedoch das Problem der Auswahl der Station deutlich erhöht. Es ist also ein Verfahren zu finden, welches das Problem der Wartezeit und der Auswahl einer Station minimiert. Ein Lösung bietet hier das adaptive Baumprotokoll. Bei diesem Verfahren kann die Nummer jeder Station z.B. binär kodiert werden, so daß eine Station einer Gruppe b angehört, wenn das b-te Bit ihrer Stationsnummer gesetzt ist (eine Station kann mehreren Gruppen angehören!). Im ersten Durchgang dürfen nach einer erfolgreichen Übertragung dann alle Stationen Sendewünsche anmelden, die in der Gruppe 1 sind.

Ist dieses erste Bit also 1, so möchte mindestens eine Station der Gruppe 1 senden, sonst keine Station aus dieser Gruppe. Die so ausgewählte Gruppe mit mindestens einer sendebereiten Station wird jetzt weiter halbiert, indem alle Stationen der Gruppe 2, wenn sie in der Gruppe 1 sind und bereits einen Sendewunsch genannt haben, das nächste Bit senden dürfen usw. Irgendwann sind alle Gruppen durchgeprüft und es kann nur noch eine sendebereite Station übrig bleiben. Damit kann bereits nach $\log_2(N)$ Schritten festgestellt werden, welche Station senden will.

Bei geringer Belastung des Kanals ist dieses Verfahren somit sehr viel günstiger als die anderen Verfahren. Bei hoher Belastung hängt die Wartezeit jedoch stark von der Nummer der Station ab, da Stationen mit vielen gesetzten Bits in ihrer Nummer offenbar eine bessere Chance haben zu senden. Hier kann man versuchen, durch Austauschen der Stationsnummern gezielt einzelne Stationen zu bevorzugen. Man kann auch vereinbaren, daß Stationen nur dann an einer Bewerbung um den Kanal teilnehmen dürfen, wenn mindestens einmal ein leerer Konkurrenzschlitz gesendet wurde. Dadurch sammeln sich alle Stationen, die während eines solchen Zyklus sendebereit werden, in einer besonderen Gruppe, so daß hier eine Fairness mit festen Prioritäten garantiert werden kann. Der zusätzlich Overhead ist lediglich ein Konkurrenzschlitz je Abarbeitungszyklus.

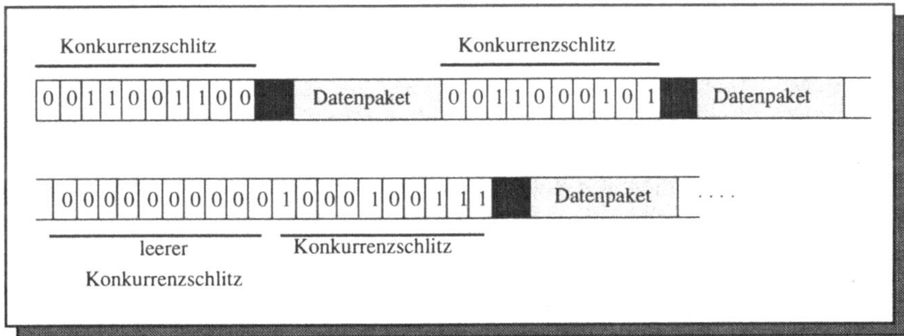


Adaptives Baumprotokoll

**Beispiel**: Sei N=1024. Den Stationen dürfen alle Nummern von 1 bis 1023 zugewiesen werden (d.h. 0 nicht). Die zehn Bits des Konkurrenzschlitzes werden nacheinander gesetzt. Wollen z.B. die Stationen '0011001100' und '0011000101' gleichzeitig senden, so setzen beide Stationen die ersten sechs Bits gleichartig; da das siebte Bit eine '1' wird, muß sich die zweite Station zurückziehen, und es bleibt nur noch die erste übrig. Die zweite Station wird dann beim nächsten Auswahlverfahren die einzige sein. Nachdem sie gesendet hat, wird ein leerer Konkurrenzschlitz gesendet werden, da keine Station mehr senden darf: '0000000000'. Wenn jetzt andere Stationen sendebereit sind, so dürfen sich diese beim nächsten Auswahlverfahren bewerben.

Da die Stationsgruppen entsprechend eines binären Baums ausgesondert werden, nennt man dieses Verfahren **adaptives Baumprotokoll** (*adaptive tree walk protocol*). Varianten hierzu wählen die Stationen nach einem Urnenmodell aus.

## 7.1.3 Zentrale Zuteilung durch Polling

Ein zentrales Zuteilungsprotokoll ist das ***Polling***: Eine ausgewählte Station sendet jeder anderen eine Pollingnachricht, welche diese annimmt und daraufhin ihr Datenpaket sendet. In der Regel findet bei solchen Systemen nur eine Kommunikation zwischen einem zentralen Rechner (*Host*) und den Stationen statt, wenngleich natürlich jede dieser Stationen auf dem Medium mithören kann, und gegebenenfalls ein Paket annehmen könnte. Nachdem eine Station ein ***Go-Ahead*-Signal** gesendet hat, fragt der zentrale Rechner den nächsten Knoten, ob er senden will, usw. Ein Knoten, der keine Nachricht zu senden hat, sendet nur das *Go-Ahead*-Signal.

Polling hat offensichtlich die gleichen Nachteile, die im letzten Abschnitt bei den dezentralen Zuteilungsprotokollen diskutiert wurden: Bei einer großen Anzahl von Stationen ist der Pollingzyklus sehr lang. Dieses kann auch beim Polling abgeändert werden, indem ein adaptives Baumprotokoll benutzt wird: Die zentrale Station fragt den Sendewunsch nach Gruppen ab, wobei durch entsprechende Binärteilung von der größeren zur kleineren Gruppe fortgeschritten wird, bis nur noch eine einzige Station übrig bleibt. Dabei kann zugleich wesentlich einfacher eine faire Strategie implementiert werden.

Wenn die anderen Rechner sowieso auf dem Medium mithören, so können sie natürlich sowohl feststellen, welcher Rechner zuletzt gesendet hat, als auch, ob ein *Go-Ahead*-Signal gesendet wurde. Seien alle Rechner in einer vorgegebenen Reihenfolge geordnet. Sobald ein Rechner feststellt, daß der in der Folge vorhergehende Rechner fertig ist, kann er selbst Daten senden. Hat er nichts zu senden, so setzt er nur das *Go-Ahead*-Signal ab. Allerdings müssen dann alle Rechner in der Folge stets betriebsbereit sein, da eine Unterbrechung eines Rechners die Sequenz irgendwann einmal aussterben läßt.

### 7.1.4 Dezentrale Zuteilung durch Token

Ein häufiges eingesetztes Verfahren zur Vergabe der Sendeberechtigung verwendet Marken (***Token***). Nur die Station, welche im Besitz dieser Marke ist, darf Daten auf das Übertragungsmedium leiten. Die anderen Stationen müssen warten, bis sie ihrerseits das Token erlangen. Ein Token wird nicht von einer zentralen Instanz vergeben, sondern vom Inhaber der Sendeberechtigung generiert, wenn dieser entweder keine Daten mehr versenden will oder eine durch das zugrundeliegende Protokoll festgelegte maximale Datenmenge gesendet hat. Das Verfahren der dezentralen Zuteilung durch Token wird auf Netzen verwendet, die als **logischer Ring** (in der Regel unidirektional) organisiert sind. Dieses läßt sich zum einen dadurch erreichen, daß jeder beteiligte Rechner über eine interne Liste verfügt, welche alle Stationen des Rings in ihrer logischen Reihenfolge enthält. Zum anderen ist es möglich, das Zuteilungsverfahren direkt auf einem Rechnernetz mit Ringtopologie zu verwenden. Ein Rechner gibt das Token immer an seinen Nachfolger im Ring weiter, welcher es entweder weiterleitet oder in Anspruch nimmt. Zu jedem Zeitpunkt muß eine Station die Aufgabe der Ringüberwachung übernehmen. Diese sogenannte **Monitorstation** reagiert beispielsweise, sobald ein Token verloren gegangen ist. Die Station, die als erste die Rolle der Monitorstation übernimmt, wird bei der Ringinitialisierung unter allen Stationen ausgehandelt.

Der Vorteil von Ringen liegt in einer garantierten oberen Schranke für die Zeit, die bis zur Sendeberechtigung einer Station vergeht, da das Token zirkuliert und von jeder Station nur für eine fest vorgegebe Zeit in Anspruch genommen werden darf. Als Hauptnachteil ist ein relativ hoher Verwaltungsaufwand in Ausnahmesituationen, wie dem Ausfall eines Rechners, Umkonfigurierung und verlorengegangenen Token zu nennen. Auch die Tatsache, daß ein sendewilliger Rechner, der gerade das Token weitergegeben hat, bei eigentlich freiem Übertragungsmedium warten muß, bis das Token den Ring einmal vollständig umrundet hat, ist bei einem wenig ausgelastetem Ring von Nachteil.

### Token Bus

Beim **Token Bus** Verfahren (IEEE 802.4) wird ein Ring durch logische Verkettung von Rechnern (in einer internen Liste) realisiert. In diesem Protokoll sind für die Phasen Initialisierung, Einfügen von Stationen, Löschen von Stationen und Fehlerbehebung genaue Verhaltensweisen vorgeschrieben, die das eigentlich recht einfache Protokoll stark verkomplizieren. Zusätzlich gibt es die Möglichkeit, Prioritäten einzuführen. Das Token Bus Protokoll wird gegenwärtig vorwiegend im Bereich der Produktion verwendet, da es ursprünglich von *General Motors* für die Steuerung von Produktionsanlagen entwickelt wurde.

Physikalisch besteht der Token Bus aus einem linear oder baumförmig verlegten Kabel (75 Ohm Breitband-Koaxialkabel), an das die Stationen über Transceiver angeschlossen werden. Die Übertragung von Rahmen erfolgt im Broadcast-Mode, bei dem Stationen die für sie bestimmten Rahmen vom Medium kopieren; alle anderen Stationen ignorieren den Rahmen. Die Reihenfolge, in der Stationen an das Medium angeschlossen werden, hat bei der Zuteilung der Sendeberechtigung keine Bedeutung, da hier eine logische Ringstruktur verwendet wird (jede Station kennt ihren Vorgänger und ihren Nachfolger). Stationen, die die Sendeberechtigung besitzen, geben diese nach der Übertragung an ihren Ringnachbarn weiter.

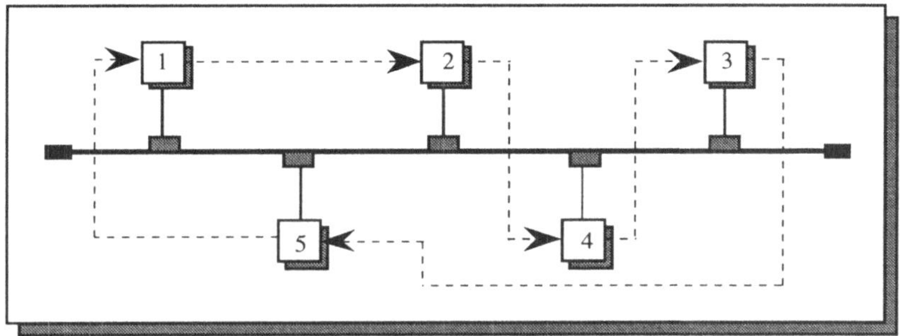


Logische Ringstruktur beim Token Bus

Die Initialisierung des logischen Rings erfolgt entsprechend der Stationsadressen von der höchsten zur niedrigsten. Eine Station erhält die Sendeberechtigung, sobald sie ein freies Token erhält, welches von der bei der Initialisierung ausgehandelten Station ausgesendet wird. Sie erhält damit das Recht, für eine bestimmte Zeitspanne Daten zu übertragen. Die hierfür vorgesehene Zeitspanne ist genau festgelegt und darf keinesfalls überschritten werden, damit für die gesamte logische Ringumlaufzeit des Tokens ein maximaler Wert garantiert werden kann. Nach der Übertragung von Daten wird die Sendeerlaubnis an die nachfolgende Station weitergereicht. Um sicherzustellen, daß die nächste Station das Token empfangen hat, erfolgt permanent eine Überwachung des Übertragungsmediums. Erfolgt nach vier Takteinheiten keine Übertragung von Daten oder wird das Token nicht weitergereicht, wiederholt die Station die Übertragung der Sendeerlaubnis. Kann auch mit dem zweiten Versuch die Sendeerlaubnis nicht weitergegeben werden, so geht die Station davon aus, daß das adressierte Endgerät in einen Fehlerzustand geraten ist und nicht mehr an der Übertragung im logischen Ring teilnehmen kann. Die Station sendet dann einen *Who Follows* Rahmen, der die Adresse der ausgefallenen Station beinhaltet. Alle Station empfangen diesen Kontrollrahmen. Erkennt nun der Nachfolger der ausgefallenen Station den Kontrollrahmen, so sendet er einen *Set Successor* Rahmen an die Station, deren Nachfolger ausgefallen ist, und benennt sich somit selbst als neuen Nachfolger. Damit ist die logische Ringstruktur wieder hergestellt.

Das Token Bus Protokoll sieht auch für andere Fehlersituationen genau spezifizierte Verhaltensregeln vor. Diese sollen jedoch an dieser Stelle nicht weiter diskutiert werden. Im achten Kapitel wird anhand des FDDI-Protokolls eine ausführliche Beschreibung eines lokalen Netzwerk-Protokolls durchgeführt.

### Token Ring

Das ***Token Ring*** Verfahren ist ein Beispiel für ein dezentrales Zuteilungssystem, bei dem die Stationen in einem physikalischen Ring angeordnet sind. Physikalisch beruht das Token Ring Protokoll auf einer echten Ringstruktur, bei der im Prinzip nur reine Punkt-zu-Punkt-Verbindungen eingesetzt werden, die auf Koaxialkabeln, verdrillten Kupferleitungen oder Lichtwellenleiter basieren.

Allerdings erfordert der Einsatz von physikalischen Ringen spezielle technische Maßnahmen, die eine minimale Verzögerung des Rings garantieren, dessen Länge sich nach den Daten richtet, die im Leerlauf auf dem Ring zirkulieren. Der Ring muß also mindestens in der Lage sein ein vollständiges Token (24 Bits beim Token Ring) zu speichern. Dies geschieht in einem Ring zum einen durch die Fortpflanzungsverzögerung des Signals im Übertragungsmedium und zum anderen durch eine 1 Bit-Verzögerung in der Ringanbindung der Station. In diesem Zusammenhang führe man sich vor Augen, daß ein Ring von 100 m Länge bei einer Bitdauer von 50 ns und einer Übertragungsgeschwindigkeit von 0,75 c nur 10 Bits enthalten kann. Reicht die Speicherkapazität dennoch nicht aus, so wird von einer ausgezeichneten Station (der Monitorstation) in der MAC Schicht ein zusätzlicher 24 Bit-Puffer zur Verfügung gestellt, der die Funktionalität des Rings in dieser Hinsicht garantiert.

Die Arbeitsweise des Token Ring Protokolls basiert auf dem Empfang eines Freitokens und der damit verbundenen Erlaubnis zur Datenübertragung. Eine Station, die ein Freitoken empfängt und Daten übertragen möchte, verändert das drei Byte lange Token so, daß es von anderen Stationen als Rahmenstart-Sequenz aufgefaßt wird. Unmittelbar im Anschluß an diese Sequenz sendet es dann die zu übertragenden Daten auf den Ring. Diese bestehen aus der Ziel- und der Quelladresse, den eigentlichen Nutzdaten, der Prüfsumme, dem Endebegrenzer und einem Rahmenstatusfeld, in das andere Stationen während der Übertragung Kontrollinformationen (Rahmen kopiert, Prüfsummenfehler entdeckt, Adresse erkannt) ablegen. Alle Stationen, die an den Ring angeschlossen sind, empfangen die eingehenden Daten und leiten sie unmittelbar an die nächste Station im Ring weiter. Erkennt eine Station ihre eigene Adresse im Übertragungsrahmen, so kopiert sie diesen vom Ring und setzt die entsprechenden Bits im Rahmenkontrollfeld, um der sendenden Station den Empfang mitzuteilen. Nachdem der Übertragungsrahmen den Sender wieder erreicht hat, entfernt dieser die Daten vom Ring und generiert ein neues Freitoken für die Übertragung an die nachfolgende Station. Durch die geringe Speicherkapazität des Rings ist es nahezu ausgeschlossen, daß ein kompletter Rahmen mit Nutzdaten auf dem Ring Platz findet. Aus diesem Grund muß eine Station noch während der laufenden Übertragung eines Nutzdatenrahmens die ersten Bits des Nutzdatenrahmens wieder empfangen. Eine Station darf nach dem Empfang eines Freitokens für die Dauer der sogenannten *Token Hold Time* (ca. 10 ms) Daten übertragen. Der Wert kann jedoch vom Netzwerkadministrator verändert werden, um etwa eine spezielle Anpassung an einen bestimmten Dienst zu erreichen.

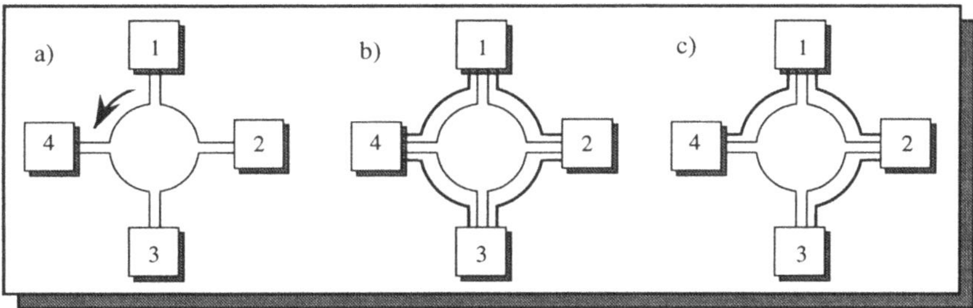


Arbeitsweise des Token Ring Protokolls

Neben der oben beschriebene Variante (4 MBit/sec), bei der das Token erst dann wieder freigegeben wird wenn alle Daten vom Ring entfernt worden sind, existiert noch ein anderes Verfahren, das bei der 16 MBit/sec Variante des Token Rings eingesetzt wird. Diese Verfahren wird als ***Early (Token) Release*** bezeichnet und erlaubt einer sendenden Station, unmittelbar nach dem letzten Bit der Nutzdaten das Freitoken an den Nachfolger zu übertragen.

Ein wichtiger Nachteil von Netzwerken, die auf einer physikalischen Ringstruktur beruhen ist die mangelnde Sicherheit beim Ausfall nur einer Verbindungsleitungen. Diese Fehleranfälligkeit kann jedoch durch den Aufbau eines Verkabelungszentrums verringert werden. Hierbei existiert aus logischer Sicht zwar immer noch ein Ring; physikalisch ist jedoch jede Station unabhängig von anderen Stationen mit dem Verkabelungszentrum verbunden. Durch die in den Verkabelungszentren integrierten *Bypass Relais* kann bei einem Ausfall einer Verbindungsleitung zu einer Station diese intern überbrückt und der laufende Betrieb aufrechterhalten werden.

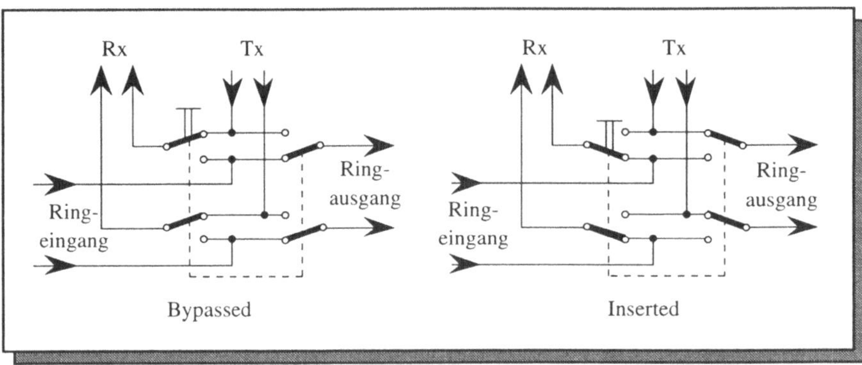


In den IEEE 802.5 Standard wird zwar die Möglichkeit des Aufbaus eines Verkabelungszentrums nicht vorgeschrieben, dennoch kann man davon ausgehen, daß alle nach dem IEEE 802.5 Standard arbeitenden Token Ringe diese Aufbau unterstützen. Darüber hinaus ist es bei entfernten Standorten möglich, mehrere Verkabelungszentren zu koppeln.

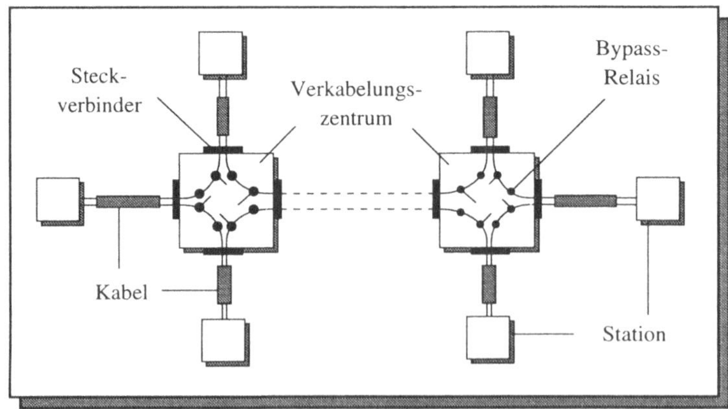


Token Ring mit Verkabelungszentrum

Eines der wesentlichen Unterschiede zum – im Prinzip doch sehr ähnlichen – Token Bus Protokoll besteht in der Monitorstation, die in jedem Token Ring Netzwerk vorhanden sein muß. Sie ist für die Überwachung der korrekten Arbeitsweise des Rings verantwortlich und veranlaßt im Fehlerfall die vom Protokoll vorgesehenen Maßnahmen. Insbesondere entstehen im Token Ring dann Probleme, wenn eine Station während der Übertragung eines Rahmen (oder bevor sie den Rahmen wieder zurückerhalten hat) ausfällt und so verwaiste Rahmen oder Rahmenbruchstücke auf dem Ring zurückläßt. Um diese Fehlersituationen aufzuspüren, besitzt die Monitorstation verschiedene Timer, die die maximale tokenlose Zeit festlegen. Sie generiert in diesem Fall – nachdem sie die noch evtl. vorhandenen Bestandteile eines defekten Rahmens vom Ring entfernt hat – ein neues Token und versucht so, die korrekte Arbeitsweise des Rings wiederherzustellen. Darüber hinaus gewährleistet sie, daß der Ring für die Übertragung eines Token genügend Speicherplatz zur Verfügung stellt. Fällt die Monitorstation aus, garantiert ein bestimmter Protokollbestandteil, daß sofort eine andere Station die Funktion der Monitorstation übernimmt.

## Slotted Ring

Beim ***Slotted Ring*** und seinen Varianten zirkulieren ständig ein oder mehrere Slots festen Formats auf dem Ring. Die Slots beinhalten Token, Kontrollinformationen und Nutzdaten. Bei Bedarf fügen übertragungswillige Stationen Daten in freie Slots ein und markieren sie als belegt. Es zirkulieren also u.U. mehrere Token auf dem Ring (bei mehr als einem Slot) und mehrere Stationen können gleichzeitig senden.

Den Ausgangspunkt für die Arbeitsweise des Slotted Rings bildet eine Monitorstation, die bei der Intialisierung des Rings für den Aufbau der Slots (bzw. des Slots) sorgt. Die Slots zirkulieren dann kontinuierlich im Ring von einer Station zur nächsten. Jede Station, die einen Slot empfängt, kontrolliert die enthaltenen Daten und sendet den Slot an die nachfolgende Station weiter. Die Slots besitzen ein fest vorgegebenes Format, das permanent von der Monitorstation überprüft wird. Es besteht aus 40 Bits, von denen 8 für Kontrollzwecke, je 8 Bits für die Sender- und Empfängeradresse und 16 Bits für Daten verwendet werden.

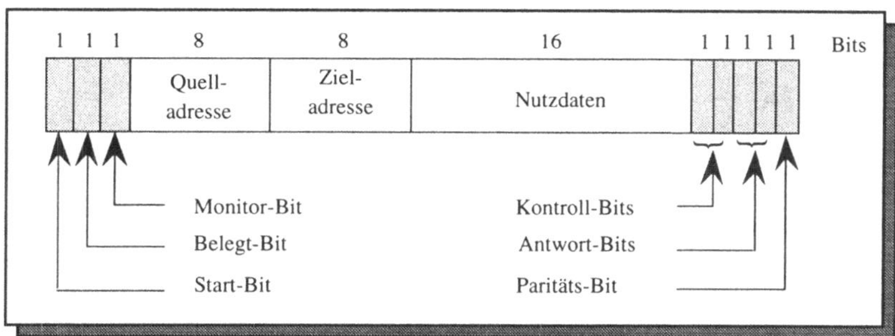


Rahmenformat des Slotted Rings

Wenn eine Station Daten übertragen möchte, wartet sie auf einen freien Slot und setzt das Belegtbit, löscht das Monitor-Bit und füllt den Slot mit Adressen und Nutzdaten. Außerdem werden die Antwortbits auf den Zustand *ignored (11)* gesetzt. Die empfangende Station erkennt anhand der Zieladresse, daß die Daten für Sie bestimmt sind, welche sie daher liest. Weiterhin setzt sie die Antwort-Bits auf *accepted (01)*, falls sie die Daten lesen konnte, auf *rejected (10)*,falls sie die Daten nicht lesen konnte bzw. auf *busy (00)*, falls sie überlastet ist. Ist sie nicht betriebsbereit (*inoperable*) so bleib der Zustand *ignored* unverändert.

Die empfangende Station erkennt den Slot aus dessen Position, setzt das Belegtbit auf *empty* und erkennt an den Antwortbits, ob die Daten korrekt übertragen wurden. Der Monitor setzt bei einem gefüllten Slot das Monitorbit. Kommt ein belegter Slot mit gesetztem Monitorbit ein zweites Mal bei der Monitorstation vorbei, so war die sendende Station nicht in der Lage, dieses vom Ring zu nehmen, was daher von der Monitorstation realisiert werden muß. Die beiden Kontrollbits am Ende eines Slots werden ausschließlich von anderen Protokollschichten verwendet und haben für den Medienzugang keine Bedeutung.

Die Nachteile des Slotted Rings liegen haupsächlich in dem sehr ungünstigen Verhältnis zwischen Nutzdaten und Kontrolldaten; lediglich 16 der 40 Bits stehen für die Übertragung von Daten zur Verfügung. Darüber hinaus kann eine Station auch bei einem nicht ausgelasteten Ring nicht mehrere Slots gleichzeitig verwenden, obwohl diese unbelegt im Ring zirkulieren. Vorteile besitzt diese Verfahren dadurch, das die Anzahl der auf dem Ring vorhandenen Slots jeder Statin bekannt ist. Dadurch kann eine Station erkennen, wann der von ihr verwendete Slot wiederkehrt und unmittelbar das führende Belegtbit invertieren, womit der Slot dann wieder als frei gekennzeichnet ist. Der Hauptvorteil liegt jedoch in der Einfachheit dieses Verfahrens, was eine einfache und zuverlässige Implementierung ermöglicht.

## 7.2 Zufallsstrategien

### 7.2.1 ALOHA

Die ersten Medienzugriffsmethoden mit Zufallsstrategien werden heute als **ALOHA** bezeichnet, da sie zuerst in einem Forschungsnetz in Hawaii verwendet wurden. Sie zeichnen sich dadurch aus, daß eine sendebereite Station sofort sendet, ohne irgendeine Erlaubnis abzufragen. Diese Strategien fallen somit in die Gruppe: Ohne Medienüberwachung. Probleme treten auf, wenn zwei Stationen gleichzeitig senden, da dann in der Regel das gesendete Signal so verfälscht wird, daß dieses beim Empfänger nicht mehr korrekt ankommt.

Ein nicht korrekt gesendetes Paket kann nur dadurch entdeckt werden, daß die Empfangsbestätigung vom Empfänger ausbleibt. Dann muß das entsprechende Paket ein zweites Mal gesendet werden, bis es evtl. einmal korrekt empfangen und quittiert wird. Auf diese Weise entsteht zum einen u.U. eine recht lange Verzögerung bei der Übertragung auf dem

Medium, zum anderen wird durch den Quittungsverkehr und die mehrfach zu sendenden Pakete der Kanal deutlich stärker belastet. Insgesamt kann daher mit diesem Verfahren das Medium nur einen Verkehr übertragen, der in der Größenordnung von ca. 18 % der Kanalkapazität besteht.

Eine einfache Rechnung kann dieses schlechte Ergebnis plausibel machen. Für jeden Fehlversuch (d.h. Kollision mit einem fremden Paket) muß eine Übertragung wiederholt werden; somit ist der Kanal entsprechend der Fehlversuchshäufigkeit mehr ausgelastet. Ein Fehlversuch (d.h. ein Zugriff auf einen belegten Kanal) erzeugt eine Belegung des Kanals mit b=1,5 Paketlängen (im Mittel wird ein überschneidendes Paket in der Mitte eines ersten gestartet).

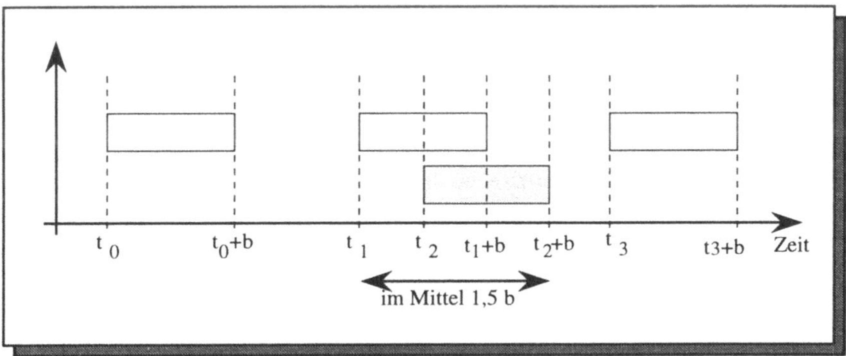


Nach der Formel für die mittlere Fehlversuchshäufigkeit H (siehe 15.5.2) erhalten wir für die Gesamtauslastung des Kanals $\varepsilon_b$:

$$\varepsilon_b = (H \cdot b + 1) \cdot \varepsilon_e = \left(\frac{\varepsilon_b}{1 - \varepsilon_b} \cdot b + 1\right) \cdot \varepsilon_e = \left(\frac{1 + (b-1) \cdot \varepsilon_b}{1 - \varepsilon_b}\right) \cdot \varepsilon_e$$

Dabei ist $\varepsilon_e$ die effektive Auslastung des Kanals mit nützlichen Paketen. Es ergibt sich, wenn man nach $\varepsilon_e$ auflöst:

$$\varepsilon_e = \frac{\varepsilon_b - \varepsilon_b{}^2}{1 + (b-1) \cdot \varepsilon_b}$$

Die maximale Auslastung erhalten wir bei:

$$\varepsilon_{b\ max} = \frac{1 - \sqrt{b}}{1 - b} = \frac{1}{1 + \sqrt{b}}$$

Setzt man diesen Ausdruck ein, so erhält man:

$$\varepsilon_{e\ max} = \varepsilon_{b\ max}{}^2$$

und das ergibt für b=1,5 ungefähr $\varepsilon_{emax}=20\%$ effektive Auslastung. Dieses ist somit die maximale Nutzdatenkapazität.

Beim ***Slotted ALOHA*** wird die Zeit ähnlich dem TDMA in Zeitschlitze eingeteilt wird, und jede Station darf nur am Beginn eines Zeitschlitzes senden. Dieses Verfahren erhöht die Belastbarkeit des Kanals auf ca. 36%.

ALOHA-Verfahren sind über das Forschungsstadium nie hinausgekommen, da mit wenig zusätzlichem Aufwand die Leistungsfähigkeit dieser Verfahren stark verbessert werden kann. Insbesondere nutzen Verfahren, die den Kanal zunächst abhören bevor sie etwas senden – und natürlich nur auf dem freien Kanal eine Sendeoperation beginnen – die Kapazität des Mediums wesentlich besser aus, da mit einfachem Aufwand Kollisionen weitestgehend vermieden werden.

### 7.2.2 CSMA

Wird vor dem Senden der Kanal abgehört, so wird das Verfahren als **CSMA** bezeichnet (*Carrier Sense Multiple Access*). CSMA kann in einer *slotted* und einer reinen Version betrieben werden. Zwei weitere Unterscheidungen sind die nicht persistenten CSMA- und die p-persistenten CSMA-Verfahren (persistent = *beharrend*).

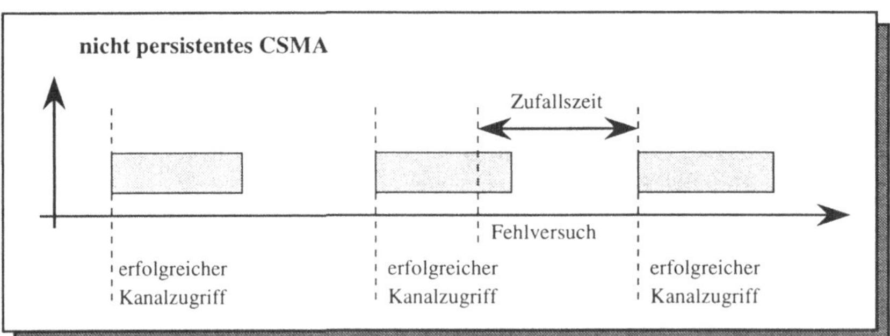


**Nicht persistentes CSMA** prüft bei Vorliegen eines Sendewunsches, ob der Kanal frei ist. Ist dieses der Fall, so wird das Paket sofort gesendet. Ist der Kanal nicht frei, so wird eine zufällig verteilte Zeit gewartet, und dann wieder von vorne begonnen. Dadurch wird die Chance vermindert, daß ein belegter Kanal beim Freiwerden durch mehrere gleichzeitig wartende Stationen gleichzeitig belegt wird, und somit wiederum Kollisionen provoziert.

**p-persistentes CSMA** prüft ebenfalls vor dem Senden, ob der Kanal frei ist. Ist dieses der Fall, so wird das Paket nur mit der Wahrscheinlichkeit p sofort gesendet. Mit der Wahrscheinlichkeit 1-p wird zunächst eine bestimmte Zeit $\tau$ gewartet, und dann wieder von vorne begonnen. Ist der Kanal belegt, so beobachtet die Station den Kanal, bis er frei wird, und verfährt dann wie oben. Die Zeit $\tau$ ist so gewählt, daß ein Bit gerade Zeit hat, den verwendeten Kanal zu durchlaufen. Dadurch kann (falls zwei Stationen senden wollen und eine nur sendet, die andere jedoch wartet) die zweite Station feststellen, daß eine andere sendet, um dann wieder zu warten.

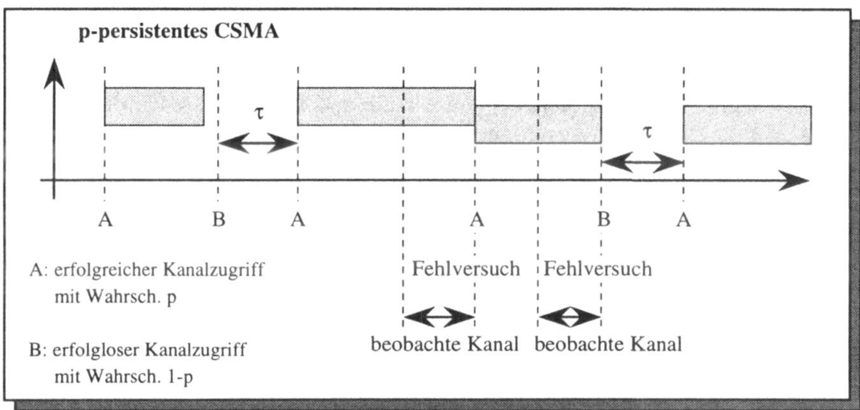


In beiden Fällen wird der Parameter p benutzt, um die Übertragungskapazität bzw. die Verzögerungszeit zu optimieren.

### 7.2.3 CSMA/CD und Ethernet

Tritt in den CSMA-Verfahren eine Kollision auf, weil zwei Stationen gleichzeitig zu senden beginnen, so werden zunächst die ganzen Pakete beider Stationen übertragen. Erst beim Ausbleiben einer Quittung kann eine sendende Station feststellen, daß ihr Paket nicht korrekt beim Empfänger eingetroffen ist, und das Paket noch einmal schicken. Würde jedoch die Station jeweils beim Senden zugleich überprüfen, ob die gesendeten Signale mit den empfangenen identisch sind, so könnten beide Stationen relativ schnell feststellen, daß die Übertragung fehlschlägt, das Senden einstellen, und nach einem der oben beschriebenen Algorithmen nach einer gewissen Zeit wieder versuchen zu senden. Dadurch wird der Kanal wesentlich kürzere Zeit mit unbrauchbaren Paketen belegt, und zusätzlich kann die sendende Station schneller erkennen, daß ein Fehler aufgetreten ist, und entsprechend schneller das Senden wiederholen. Dadurch werden sowohl die Fehlbelegung des Kanals mit unnützer Information als auch die Übertragungsverzögerung bei Kollisionen verringert.

**CSMA/CD** bedeutet *Carrier Sense Multiple Access/Collision Detection*. Eine sendende Station überprüft hierbei, ob das gesendete Signal gleich dem empfangenen ist. Ist dieses nicht der Fall, so sendet die Station ein Störsignal (*Jam-Sequence*) auf die Leitung, um allen anderen Stationen sicher mitzuteilen, daß eine Kollision stattgefunden hat, und stellt dann das Senden ein. Die andere, gleichzeitig sendende Station sollte dieses Signal entdecken und ebenfalls das Senden einstellen. Wie beim CSMA gibt es ein nicht persistentes und ein p-persistentes CSMA/CD.

Der Leistungsvergleich dieser Protokolle ist wesentlich schwieriger, da er z.B. von der Zeit abhängt, die ein Sender benötigt, um eine Kollision zu erkennen, von Parametern wie dem p für die Sendewahrscheinlichkeit, dem $\tau$, der Länge der Leitungen usw. Aus diesem Grunde werden diese Protokolle häufig durch Simulation optimiert. Eine analytische Herleitung findet sich z.B. in [Hammond 88 oder Bertsekas 92].

Das Ergebnis dieser Untersuchungen ist jedoch, daß das 1-persistente CSMA/CD-Verfahren sehr gute Ergebnisse liefert, und nur noch bei hohen angebotenen Belastungen vom nicht persistenten CSMA/CD in einer Zeitschlitzvariante übertroffen wird. Aus diesem Grunde wird das 1-persistente CSMA/CD-Verfahren heute im Ethernet angewendet. Es existiert heute eigentlich in drei Versionen; die Ethernet-Versionen 1 und 2 wurden von der DIX-Gruppe (Digital, Intel, XEROX) entwickelt und in einem 'blauen Buch' veröffentlicht; Lizenzen für Ethernet werden von der Firma XEROX vergeben. Der LAN-Standard für CSMA/CD wurde in IEEE 802.3 verabschiedet. Alle Versionen unterscheiden sich ein wenig und sind daher nur 'substantiell' kompatibel, d.h. man kann sie nicht gleichzeitig betreiben.

Die Norm IEEE 802 wurde von verschiedenen Normungsgremien, u.a. der ISO 8802, übernommen und gilt als Standardnorm für den Bereich der lokalen Netze. In IEEE 802.1 wird die Schnittstelle beschrieben. In IEEE 802.2 wird eine Sicherungsschicht nach dem Protokoll **LLC** (*logical link control*) dargestellt. IEEE 802.3 beschreibt das Ethernet-Protokoll, IEEE 802.4 das Token-Bus-Protokoll und IEEE 802.5 das Token-Ring-Protokoll.

Die Hardware des Ethernets verwendet ein Koaxialkabel, welches in der Regel gelb gefärbt ist und in einem Abstand von 2,5 m Markierungen für den Abgriff enthält, der mittels eines Dorns über einen ***Transceiver*** hergestellt wird; es wird als ***Thick Wire*** bezeichnet und kann bis zu 500 m lang sein, aber durch Repeater und Linksegmente bis zu 2,5 km verlängert werden. Alternativ kann ein ***Thin Wire*** verwendet werden; es ist dünner und flexibler und wird mit BNC-Steckern an die Stationen angeschlossen. Moderne Verkabelungskonzepte verwenden verdrillte Adernpaare, die in der Regel abgeschirmt sind (**UTP**=*unshielded twisted pair*, **STP**=*shielded twisted pair*); diese Kabel werden in der Regel über einen zentralen Verteiler (*Hub*) geführt, so daß eine sternförmige Topologie vorliegt.

Auf der Leitung wird eine Manchesterkodierung (*Bi Phase Mark*) angewendet mit Signalwerten zwischen 0 Volt und -2 Volt. Der Transceiver enthält die Elektronik zum Senden und Empfangen, sowie zur Kollisionserkennung. Sobald eine Kollision erkannt wird, sendet der Transceiver automatisch ein spezielles Ungültigkeitssignal (*Jam-Sequence*). Ein oder mehrere Transceiverkabel verbinden eine oder mehrere Stationen mit dem Transceiver; die Länge dieser Kabel darf jeweils 50 m nicht überschreiten.

In der Station befindet sich eine Schnittstellenkarte (**ECB**=*Ethernet Controller Board*), die die Aufgaben der physikalischen Schicht (Schicht 1) sowie der MAC übernimmt. Es gibt auch ECBs, die Aufgaben bis zur vierten Schicht erledigen. ECB und Transceiver arbeiten beim Senden eines Pakets eng zusammen. Dazu sind sie mit vier Leitungspaaren untereinander verbunden, die zur (bitseriellen) Sendung von Paketen, zum bitseriellen Empfang von Signalen auf dem Kanal und zur Mitteilung einer Kollision verwendet werden; das vierte Paar dient der Stromversorgung.

Werden Pakete empfangen, so werden diese aufbereitet, kontrolliert und gegebenenfalls an die LLC-Schicht weitergeleitet. Beim Senden von Daten wird zunächst kontrolliert, ob der Kanal frei ist. Ist dieses nicht der Fall, so wird solange gewartet, bis keine Signale mehr auf dem Kanal gesendet werden. Dann wartet der Sender noch mindestens 9,6 µsec (96 Bits) und beginnt mit der Übertragung des Pakets. Tritt eine Kollision auf, so teilt der Transceiver dieses dem ECB mit, welches noch 32 bis 48 Bits weitersendet, um allen Stationen diese Kollision sicher mitzuteilen.

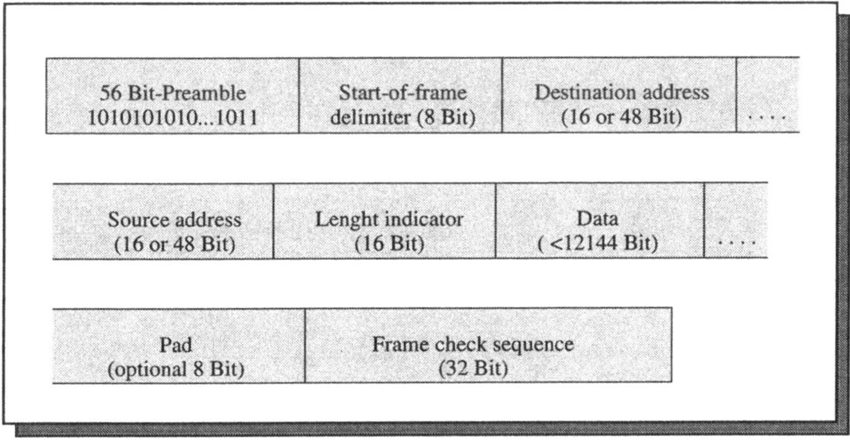


Ethernet-Rahmenformat

Bei einer Kollision tritt ein 'nicht persistenter' Algorithmus in Kraft, der **BEB** (*Binary Exponential Backoff*) genannt wird. Der Kanal wird in Zeitschlitze fester Länge (512 Bits oder 51,2 µsec) eingeteilt, innerhalb derer eine sendende Station auch beim größten Netz sicher erkannt werden kann. Die Anzahl dieser Slots wächst bei jedem Fehlversuch um den Faktor 2. Jede sendebereite Station wählt zufällig genau einen dieser Slots zum Senden aus; wenn wieder eine Kollision auftritt, so wird das Intervall abermals vergrößert und der nächste Slot wird zufällig ausgewählt, usw. Nach zehn Kollisionen (=1024 Slots) wird deren Zahl jedoch nicht mehr vergrößert. Bei 16 Kollisionen wird die Übertragung abgebrochen und die Fehlerbehandlung höheren Schichten überlassen. Dieses Verfahren soll bei wenigen sendebereiten Stationen eine schnelle, bei vielen eine sichere Kollisionsauflösung garantieren.

Die Pakete werden ***Frames*** genannt und haben das oben dargestellte Format. Die Stationen synchronisieren sich an der **Präambel**, in der die letzten beiden Bits den Wert

'1' haben. Die Ziel- und Quelladressen von jeweils 48 Bits adressieren genau ein ECB, da diese Adressen fest vom Hersteller dieser ECBs vergeben und aufgrund der Festlegung von Xerox einmalig sind. Dem Typfeld beim Ethernet entspricht ein Längenfeld gemäß der Norm nach IEEE 802.3. Das Datenfeld kann 46 bis 1500 Bits lang sein; es wird von einem Prüffeld gefolgt, welches neben dem Datenfeld auch die Adreß- und Längen/ Typfelder überprüft. Das Prüfpolynom hat den Wert:

$$CRC32 = X^{32}+X^{28}+X^{23}+X^{22}+X^{16}+X^{12}+X^{11}+X^{10}+X^{8}+X^{7}+X^{5}+X^{4}+X^{2}+X+1.$$

# 8 Das FDDI-Protokoll

## 8.1 Übersicht

FDDI (*Fiber Distributed Data Interface*) ist ein vom ANSI (*American National Standards Institute*) standardisiertes LAN, das eine Übertragungsrate von 100 MBit/s auf der Basis des Token Ring Protokolls unterstützt. Im ISO/OSI-Modell umfaßt FDDI die Bitübertragungsschicht und den unteren Teil der Sicherungsschicht. In den Dokumenten PMD (*Physical Medium Dependent*), PHY (*Physical Layer Protocol*) und MAC (*Medium Access Control*) sind die genauen Anforderungen festgelegt.

- Der Physical Layer Medium Dependent (PMD) Standard definiert die untere Ebene des FDDI Physical Layers. In diesem Dokument sind die optischen Eigenschaften und Parameter der zugelassenen Lichtwellenleiter beschrieben. Festgelegt sind hier auch die Wellenlänge des Lichtstrahls, die technischen Daten der verwendeten Lichtwellenleiter (LWL) wie z.B. die Dämpfung, die Bandbreite, die Dispersion, die numerische Apertur, die Lichtintensität, sowie die Geometrie der verschiedenen MIC-Stecker (Media Interface Connector).
- Das Physical Layer Protocol (PHY) beinhaltet die obere Teilschicht des FDDI Physical Layers mit der Kodierung und Dekodierung von Daten, dem Zeitverhalten des Protokolls (z.B. Tokenumlaufzeiten, Synchronisation zwischen zwei Stationen), der Pufferung von Daten zum Ausgleich von Gleichlaufschwankungen zwischen Sender und Empfänger und dem Einschwingverhalten zur Synchronisation. Eine weitere Aufgabe des PHY-Dokuments ist es, Symbole zu definieren, die die physikalische Übertragung auf dem Medium regeln und ermöglichen. FDDI kennt hier vier verschiedene Arten von Symbolen: Line State Symbols, Control Symbols, Data Symbols und Violation Symbols.
- Der Token Ring Media Access Control (MAC) Standard definiert die untere Teilschicht des FDDI Data Link Layers, insbesondere den Medienzugriff, die Adressierung, die Überprüfung der Datenintegrität sowie das Paketieren der Daten in die Übertragungs-

rahmen (Frames). Als Medien-Zugangsverfahren wird das deterministische Token Passing Verfahren eingesetzt.

- Das Station-Management (SMT) befindet sich gegenwärtig noch in der Standardisierung und liegt gegenwärtig als Working Draft Rev. 7.2 vor. In diesem Standard werden die lokalen Systemmanagement-Anwendungen sowie Funktionen zur Kontrolle des Ablaufgeschehens auf dem FDDI-Ring definiert.

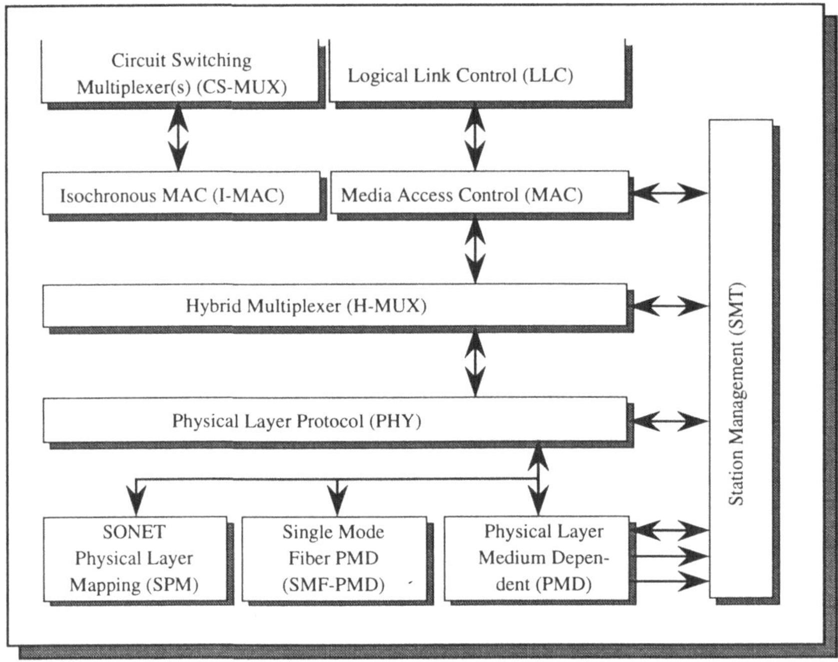


Schichtenmodell des FDDI-Protokolls

In der LLC-Schicht (Logical Link Control) – dem oberen Teil des Data Link Layers – wird der IEEE 802.2 Standard verwendet, wodurch sich Kombinationsmöglichkeiten mit dem IEEE 802.3 und IEEE 802.5 (Ethernet und Token Ring-Netzen) ergeben. Darüber hinaus existieren noch eine Reihe weiterer Dokumente, die Erweiterungen des FDDI-Protokolls beschreiben:

- In der *Single-Mode Fiber* (SMF) Version des PMD-Standards wird eine Alternative zum Multi-Mode Fiber – dem in der PMD standardisierten Kabeltyp mit 62,5/125 Mikron – darstellt. Durch den Einsatz der Single-Mode Fiber kann die maximale Entfernung zwischen zwei Stationen auf bis zu 60 km erhöht werden.
- Die *FDDI-to-SONET Physical Layer Mapping Function* (SPM) definiert ebenfalls eine Ergänzung des Standards auf der PMD Ebene (SONET = Synchronous Optical Net-

work). In diesem Standard wird die Übertragung von FDDI-Paketen (Frames) in SONET geregelt.

- Das *Hybrid Ring Control* (HRC) Dokument spezifiziert eine aufwärtskompatible Version des FDDI-Protokolls, die den paketorientierten Diensten des FDDI-(Basis-) Protokolls die Fähigkeiten der vermittlungsorientierten Dienste hinzufügt. Die Realisierung der vermittlungsorientierten Dienste erfolgt mit Hilfe eines Zeitmultiplexverfahrens, wodurch die Übertragung von Video- und Audiodaten ermöglicht wird. Diese erweiterte Form des FDDI-Protokolls wird als FDDI-II bezeichnet.

## 8.2 FDDI-Stationstypen

Im vorhergehenden Abschnitt wurde festgestellt, daß das FDDI-Protokoll in der Bitübertragungsschicht das IEEE 802.5 Token Ring Protokoll benutzt. Im Gegensatz zum originären Token Ring Protokoll, das eine einzelne ringförmige Struktur mit einem, zumeist auf Kupferkabeln basierendem Übertragungsmedium verwendet, erfolgt die Übertragung von Daten in einem FDDI-Netzwerk über einen doppelten, gegenläufigen (*primären* und *sekundären*) Ring mit einer maximalen Ausdehnung von 100 km (200 km im Doppelring) und einem Lichtwellenleiter als Übertragungsmedium. FDDI erlaubt die Einbindung von bis zu 500 Stationen mit einem maximalen Abstand von 2 km zwischen zwei aktiven Stationen. Der Datenverkehr erfolgt nur unidirektional auf einem (dem primären) Ring. Der sekundäre Ring stellt lediglich einen redundanten Datenweg bereit, auf den im Fehlerfall automatisch zurückgegriffen wird.

FDDI unterscheidet zwischen zwei Gerätetypen (Class A und B), die in das Netz integriert werden können. Als *Class A* oder *Dual-attached* Geräte bezeichnet man Geräte, die direkt in den Doppelring eingefügt werden. Sie verfügen über zwei Ports (A und B) sowie über zwei PHY-Einheiten (PHY A und PHY B), die jeweils einen Signaleingang ($P_{in}$ bzw. $S_{in}$) und Signalausgang ($P_{out}$ bzw. $S_{out}$) besitzen. Port A stellt den Signaleingang vom Primärring ($P_{in}$, Primary In) und den Signalausgang ($S_{out}$, Secondary Out) zum Sekundärring zur Verfügung. Port B besitzt dementsprechend den Signalausgang zum Primärring ($P_{out}$, Primary Out) und den Eingang vom Sekundärring ($S_{in}$, Secondary In). Innerhalb der Class A Geräte unterscheidet man zwischen Geräten mit einer oder zwei MAC-Einheiten. *Dual-MAC-Dual Attachment Stationen* (DM-DAS) besitzen zwei Medium Access Control Einheiten auf einer Interface-Karte und können parallel auf beiden Ringen senden und empfangen. Sie erhöhen damit die auf einem FDDI-Ring maximal mögliche Bandbreite auf 200 MBit/s (Diese Variante wird bei der US Navy unter der Bezeichnung SAFENET verwendet). In der Regel erfolgt die Datenübertragung bei einem intakten Netzwerk jedoch ausschließlich auf dem primären Ring.

Neben den Dual-attached Stationen (DAS) gibt es die sogenannten *Class B* oder *Single-attached* Stationen (SAS), die nur über einen einzigen Transceiver mit zugehöriger PHY-Einheit (PHY S mit $P_{in}$ und $P_{out}$) an den Datenring angeschlossen werden können. Sie besitzen immer nur eine MAC-Einheit und werden in der Regel nicht direkt an einen Ring des Doppelrings angeschlossen, sondern über Konzentratoren in das Netzwerk integriert. Bei der direkten Integration einer SAS in einen Ring würde bei einem Ausfall der Station der Ring unterbrochen werden.

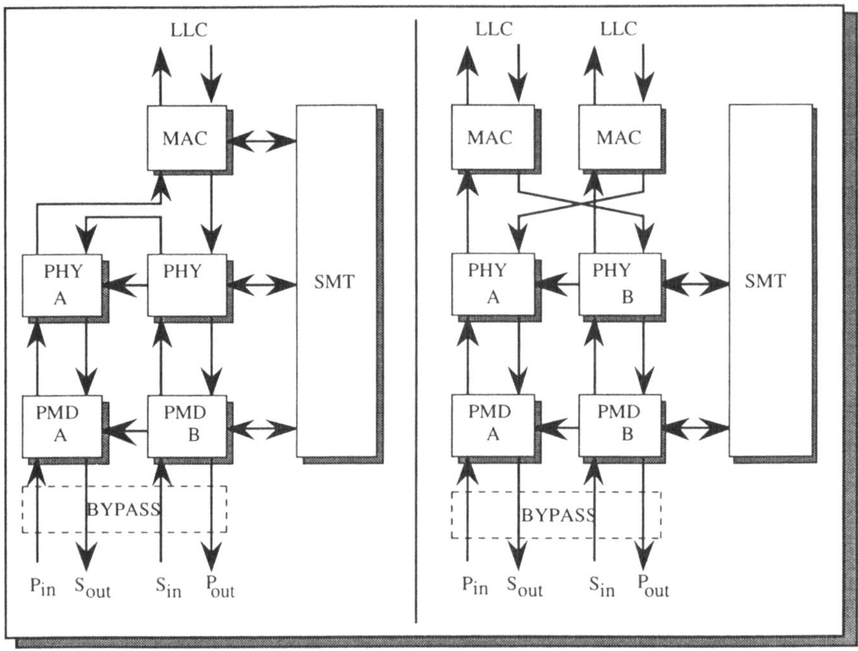


DAS/SM und DAS/DM

Als Konzentratoren bezeichnet man Geräte, durch die Single-attached Stationen in den Doppelring eingebunden werden können. Sie verfügen im Fall von *Dual-attached Concentrators* (DAC) über die beiden A und B Ports (PHY A bzw. PHY B) sowie über mindestens eine PHY M Einheit (M Port), die mit dem S Port einer SAS verbunden werden kann und so die Integration einer SAS in den Ring ermöglicht. *Single-attached Concentrators* (SAC) besitzen lediglich einen S Port (Slave Port) sowie mindestens einen M Port (Master Port) und ermöglichen durch eine kaskadenförmige Anordnung den Aufbau von Stern- und Baumtopologien in einem einzigen FDDI-Ring.

## 8.3 Topologie eines FDDI-Netzes

Die grundlegende FDDI-Netzwerk-Topologie ist ein gegenläufiger Doppelring mit einer kaskadenförmigen Anordnung von Konzentratoren und Stationen zum Aufbau von baum- und sternförmigen Strukturen. Beschränkungen hinsichtlich der Größe, Tiefe oder Anzahl der in den Doppelring integrierten Strukturen bestehen nicht, sofern die maximale Gesamtlänge bzw. die maximale Anzahl von Stationen nicht überschritten wird. Die einzige Einschränkung bezieht sich auf den Doppelring selbst. Dieser darf nur einmal vorhanden sein.

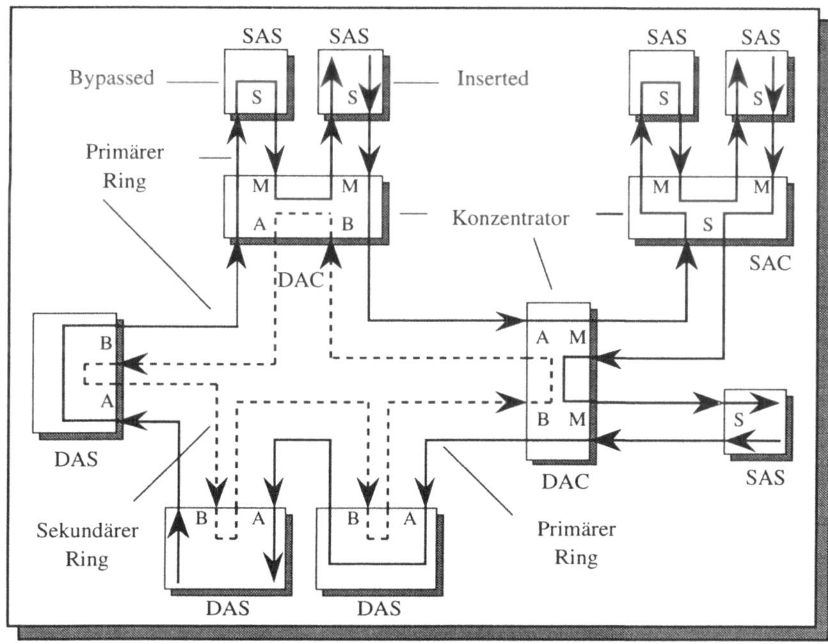


Beispieltopologie eines FDDI-Netzes

Das FDDI-Protokoll definiert eine Topologie, die sich aus einem *Trunk-Bereich* und einem *Tree-Bereich* zusammensetzt. Der Trunk Bereich besteht aus dem gegenläufigen Doppelring, an den FDDI-Stationen oder Konzentratoren angeschlossen werden. Konzentratoren werden in einem FDDI-Netzwerk als Strukturierungsmittel eingesetzt. Damit ist es möglich, Stationen in das Netz zu integrieren, die ausschließlich einen Zugang zum Primärring erhalten sollen. Die über einen Konzentrators angeschlossenen Geräte bilden den Tree-Bereich der FDDI-Topologie.

Die Konfiguration des Doppelrings sollte so vorgenommen werden, daß für den primären Ring der Dateneingang über den A Port und der Datenausgang über den B Port geführt wird. Generell sollten nur Class A Konzentratoren direkt an den Doppelring angeschlossen werden. In Abhängigkeit vom Gerätetyp und der beabsichtigten Topologie erfolgt dann der Anschluß weiterer Geräte an den M Port des vorgeschalteten Konzentrators. Stationen mit mehreren MAC-Schichten dürfen an einen oder an beide Ringe des Doppelrings angeschlossen werden; allerdings ist bei einem Anschluß an beide Ringe des

Doppelrings im Normalzustand des Netzes keine Kommunikation zwischen den MACs einer Interface-Karte möglich. Erst durch das Auftreten eines Fehlers und der dann automatisch durchgeführten Ringrekonfiguration kann es zu einer Kommunikation zwischen den beiden MACs einer Station kommen. Allerdings ist durch den Anschluß einer DM-DAS an beide Ringe eine Erhöhung der Bandbreite – zu Lasten der Fehlertoleranz des Netzwerkes – auf 200 MBit/s möglich. Der Betrieb einer DAS als Paar von SASs (d.h. die beiden A und B Ports werden als S Port betrieben) erlaubt jedoch in keinem Fall eine Kommunikation zwischen den beiden MAC-Einheiten.

## 8.4 Reaktionen im Fehlerfall

Geräte der Class A (DAS oder DAC) besitzen die Fähigkeit, bei einer Unterbrechung des Rings eine Rekonfiguration durchzuführen. Diese Funktion wird ***Ring-Wrapping*** genannt. Das Ring-Wrapping wird durch das Station-Management der Interface-Karte ausgelöst und bewirkt bei einem Fehler auf der B-Port-Seite der Station oder des Konzentrators eine logische Überbrückung des A Ports, indem die Daten nicht wie üblich über den B Port auf den primären Ring, sondern ebenfalls über den A Port auf den sekundären Ring gesendet werden. Entsprechend wird der B Port überbrückt, wenn es auf der A-Port-Seite zu einem Fehler kommt. Die Station befindet sich dann im sogenannten *Wrap Mode*.

Darüber hinaus verfügen Class A Systeme optional über eine weitere Funktionalität zur Erhöhung der Fehlertoleranz, die das Problem des Abschaltens oder des Ausfalls einer Station und die damit einhergehende Unterbrechung des geschlossenen Rings umgeht. Diese Funktion wird als *Optical Bypass* bezeichnet und erlaubt die direkte Übertragung des eingehenden Signals zur nachfolgenden Station. Bei dem Optical Bypass handelt es sich um einen mechanischen Schalter, der im Ruhezustand des Gerätes (d.h. das Gerät ist ausgeschaltet) die eingehende Faser direkt mit der ausgehenden Faser verbindet. Desweiteren verbindet der Schalter den optischen Eingang der Interface-Karte mit dem optischen Ausgang der Karte, so daß die Station in der Lage ist, einen Loopback (Selbsttest) durchzuführen. Die Funktion des Optical Bypass kann beim Auftreten eines Fehlers automatisch oder durch einen Benutzer ausgelöst werden.

Die Aktivierung bzw. Deaktivierung des Optical Bypass Switches ist im FDDI PMD (Physical Medium Dependent) definiert und darf eine Zeitspanne von 25 ms nicht überschreiten. Darüber hinaus fordert der Standard, daß die Signalabschwächung, der über den Optical Bypass verbundenen Stationen, 11 db nicht überschreitet. Der Zustand, in dem sich eine Station bei Aktivierung des Optical Bypass-Schalters befindet, wird als *Thru Mode* bezeichnet.

Konzentratoren besitzen eine weitere Möglichkeit, den Ausfall einer Station bzw. eine Unterbrechung der Verbindung zu den am M Port angeschlossenen Gerät(en) zu umgehen. Durch die Überwachung der M Ports durch das SMT kann unmittelbar ein Fehler festgestellt und eine interne Überbrückung dieses Ports ermöglicht werden (in vielen Fällen kann dies sogar ohne Verlust an Daten geschehen). Mit Hilfe dieser Funktionen stellt das FDDI-Protokoll sehr effiziente Möglichkeiten zur Verfügung, die es erlauben auf eine Reihe von Veränderungen im Netzwerk (z.B. dem An- und Abschalten von Stationen) automatisch zu reagieren, und welche die Verfügbarkeit des Netzwerks sicherzustellen.

## 8.5 Der PMD Layer

Der PMD (Physical Medium Dependent) Layer ist die unterste Schicht des FDDI-Protokolls. Er realisiert die digitale Punkt-zu-Punkt-Verbindung im Basisbandbetrieb zwischen den Stationen eines Netzwerks und stellt alle Dienste für die Übertragung eines von der PHY Schicht kodierten Bitstroms zur Verfügung. Das PMD Dokument definiert die hierfür notwendigen Eigenschaften des physikalischen Übertragungsmediums, der Steckertechnik sowie der Sende- und Empfangskomponenten. Darüber hinaus werden die Schnittstellen zum Station-Management festgelegt. Zusammen mit dem PHY Layer bildet der PMD Layer die Bitübertragungsschicht des ISO/OSI Referenzmodells. Die Aufteilung dieser Schicht wurde gewählt, um eine möglichst große Unabhängigkeit und Flexibilität bei der Wahl des Übertragungsmediums zu gewährleisten. Gegenwärtig sind vom ANSI zwei PMD Dokumente für das FDDI-Protokoll standardisiert. Diese beziehen sich auf die *Multimodefaser* (ANSI X3.166-1990) und die *Monomodefaser* (ANSI X3.184.199x Rev. 4.2). Desweiteren wird die Standardisierung von FDDI über *STP* (Shielded Twisted Pair), *UTP* (Unshielded Twisted Pair), *Low Cost Fiber* und *SONET* (Synchronous Optical Network) vorangetrieben.

## 8.6 Der PHY Layer

Der Physical Layer ist im Gegensatz zur PMD Schicht eine vom Übertragungsmedium unabhängige Schicht, die im wesentlichen für die Kodierung und Dekodierung der zwischen der PMD und der MAC Schicht ausgetauschten Daten verantwortlich ist. Darüber hinaus werden in dieser Schicht die Funktionen zur Synchronisation von Sender und Empfänger bereitgestellt.

### 8.6.1 Signalkodierung

Der PHY Layer erhält die zur Übertragung anstehenden Daten vom MAC Layer in Form von hexadezimalen Zeichen (4 Bit im Bereich von 0 bis F), die für die Übertragung an den PMD Layer auf 5 Bit erweitert werden (4B/5B Kodierung). Diese Art der Kodierung erfüllt drei wesentliche Aufgaben im FDDI-Protokoll: Zum einem ist FDDI ein Basisbandprotokoll, bei dem für einen gesicherten Datenaustausch zwischen einem Sender und einem Empfänger eine Synchronisation stattfinden muß. Diese Synchronisationsinformation ist bei einem Basisbandprotokoll mit bzw. in der Information derart zu übertragen, daß beim Empfänger der Daten eine sichere Taktrückgewinnung möglich ist; d.h. es muß eine ausreichende Zahl von Signalübergängen (Transitionen) vorhanden sein. Die *4B/5B Kodierung* garantiert dies, in dem sie nur Symbole verwendet, die über mindestens zwei Transitionen verfügen. Alle Symbole, die nicht über diese Minimalwert von zwei Transitionen verfügen, werden als *Violation-Symbole* bezeichnet und im FDDI-Protokoll nicht verwendet.

Zum anderen ist für eine effiziente Übertragung von Daten in einem Hochgeschwindigkeitsnetz eine Kodierung erforderlich, die möglichst wenig redundante Information enthält. Im Vergleich zur Manchester Kodierung – diese benötigt zwei Code-Bits für ein Datenbit – fügt das FDDI-Protokoll für die Übertragung eines hexadezimalen Zeichens nur ein zusätzliches Bit ein, womit der reine Nutzdatenanteil dieser Kodierung 80% beträgt. Um die im FDDI-Standard definierte Übertragungsrate von 100 MBit/s zu gewährleisten, muß das Übertragungsmedium also über eine Bruttoübertragungsleistung von 125 MBit/s verfügen.

Ein weiterer Grund entsteht durch die Notwendigkeit, neben Datensymbolen auch Kontrollsymbole zu übertragen. Dies ist ebenfalls mit der 4B/5B Kodierung möglich, die insgesamt 32 Zeichen ($2^5$ Kodierungsmöglichkeiten) bereitstellt von denen nur 16 für den eigentlichen Datenaustausch benötigt werden. Damit stehen weitere 16 Symbole zur Verfügung, von denen 8 als Kontrollsymbole genutzt werden (die restlichen 8 Symbole werden im FDDI-Protokoll nicht benutzt).

Die *Line State Symbols* (Q, H, I, QH) signalisieren das *Quiet*, *Halt*, *Idle* und *Master Symbol*. Sie werden vom Station-Management (SMT) verwendet, um anderen Stationen mitzuteilen, daß ein Verbindungsaufbau zur Konfiguration oder zur Rekonfiguration des Rings stattfinden soll, der z.B. durch das Anschalten bzw. Abschalten einer oder mehrerer Stationen hervorgerufen wurde. Darüber hinaus wird im PHY-Layer permanent der Zustand des Rings überwacht und mit Hilfe der Line State Symbols dem SMT mitgeteilt. Das Auftreten von Line State Symbols innerhalb eines Übertragungsrahmen führt zum sofortigen Abbruch der Verbindung.

Neben den Line State Symbolen, die einen bestimmten – in der Regel länger anhaltenden – Zustand des Übertragungsmediums anzeigen, werden die beiden Starting Delimiter J und K als Kontrollzeichen für die Einleitung eines Übertragungsrahmens verwendet. Darüber hinaus veranlaßt die JK-Folge die Empfangslogik, die jeweils folgenden fünf Bits als Kodegruppe und damit als Symbol zu akzeptieren. Tritt während der Übertragung des Frames erneut eine JK-Folge auf, wird diese sofort als Anfang eines neuen Übertragungsrahmens akzeptiert und ggf. eine Resynchronisation auf die neue Kodegruppe vorgenommen. Angestoßen wird die Übertragung der JK-Folge vom Data Link Layer, der auch für die Sequenz der Kodegruppen verantwortlich ist.

| **Dezimal** | **Codegruppe** | **Symbol** | **Bedeutung** | |
|---|---|---|---|---|
| Line State Symbols: | | | | |
| 00 | 00000 | Q | Quiet | |
| 31 | 11111 | I | Idle | |
| 04 | 00100 | H | Halt | |
| Startfolge : | | | | |
| 24 | 11000 | J | 1. Teil der Startfolge | |
| 17 | 10001 | K | 2. Teil der Startfolge | |
| Datensymbole: | | | Hex | Binär |
| 30 | 11110 | 0 | 0 | 0000 |
| 09 | 01001 | 1 | 1 | 0001 |
| 20 | 10100 | 2 | 2 | 0010 |
| 21 | 10101 | 3 | 3 | 0011 |
| 10 | 01010 | 4 | 4 | 0100 |
| 11 | 01011 | 5 | 5 | 0101 |
| 14 | 01110 | 6 | 6 | 0110 |
| 15 | 01111 | 7 | 7 | 0111 |
| 18 | 10010 | 8 | 8 | 1000 |
| 19 | 10011 | 9 | 9 | 1001 |
| 22 | 10110 | A | A | 1010 |
| 23 | 10111 | B | B | 1011 |
| 26 | 11010 | C | C | 1100 |
| 27 | 11011 | D | D | 1101 |
| 28 | 11100 | E | E | 1110 |
| 29 | 11101 | F | F | 1111 |
| Endezeichen: | | | | |
| 13 | 01101 | T | Endezeichen | |
| Kontrolzeichen: | | | | |
| 07 | 00111 | R | logisch Null (Reset) | |
| 25 | 11001 | S | logisch Eins (Set) | |
| nicht genutzte Zeichen: | | | | |
| 01 | 00001 | V or H | Die folgenden Zeichen werden nicht benutzt, da sie über keine ausreichende Zahl von Signaltransitionen verfügen. Falls die Zeichen 01, 02, 08 und 16 empfangen werden, erfolgt eine Interpretation als Halt-Symbol. | |
| 02 | 00010 | V or H | | |
| 03 | 00011 | V | | |
| 05 | 00101 | V | | |
| 06 | 00110 | V | | |
| 08 | 01000 | V or H | | |
| 12 | 01100 | V | | |
| 16 | 10000 | V or H | | |

Die Data Symbols dienen der eigentlichen Übertragung von Information in Form von Frames. Diese werden von der PMD Schicht empfangen und mit Hilfe des PM_UNIT-DATA.indication an die PHY Schicht übergeben. Im PHY-Layer erfolgt keine Interpretation der Daten, die an den Data Link Layer weitergereicht werden. Die erfolgreiche Dekodierung der Daten ist abhängig von der exakten Interpretation der anfänglich gesendeten JK-Folge. Beendet wird die Übertragung von Nutzdaten durch den Ending Delimiter T, der jedoch nicht notwendigerweise das letzte Zeichen der Übertragungsfolge ist, sondern von einer Sequenz weiterer Kontrollzeichen gefolgt werden kann, die zusammen mit dem T Symbol(en) immer eine gerade Anzahl von Symbolen bilden. Werden keine Kontrollzeichen übertragen, besteht die Abschlußsequenz aus zwei T Symbolen. Diese Zeichen signalisieren logische Informationen (Adresse erkannt, Fehler entdeckt, Rahmen kopiert), die unabhängig voneinander beim Durchlaufen von verschiedenen Stationen angehängt bzw. verändert werden können, um z.B. einen Fehler zu kennzeichnen.

Die letzten acht Symbole in der Tabelle werden im FDDI-Protokoll nicht benutzt, da bei einer Übertragung dieser Symbole bzw. durch Kombinationen dieser Symbole keine eindeutige Taktrückgewinnung durch den Empfänger des Datensignals möglich ist.

### 8.6.2 Technischer Aufbau

In den vorherigen Abschnitten wurde gezeigt, welche Symbole der PHY-Layer des FDDI-Protokolls für den Datenaustausch mit dem PMD-Layer verwendet. Im folgenden soll nun die Funktionsweise des PHY Layers, getrennt nach dem Sende- und Empfangspfad, genauer betrachtet werden.

Wie bereits bei der Beschreibung der PMD Schicht erwähnt, wandelt der PMD-Layer die vom Übertragungsmedium eingehenden optischen Signale in einen kontinuierlichen elektrischen Datenstrom um, und überträgt diesen an den PHY-Layer. Die erste Aufgabe der Empfangsfunktion im PHY-Layer (des Receivers) besteht darin, eine Dekodierung des eingehenden NRZI Datenstroms in eine NRZ-Darstellung vorzunehmen und ihn den weiteren Funktionen den PHY-Einheit zur Verfügung zu stellen (NRZI bedeutet im FDDI-Protokoll NRZI on ones, d.h. eine Signaltransition repräsentiert eine logische 1). Da der eingehende Datenstrom neben den reinen Nutzdaten auch die 125 MHz Taktinformation enthält, die zur Synchronisation zwischen dem Sender und dem Empfänger einer Nachricht verwendet wird, kann parallel mit der Entgegennahme der Daten der Sendetakt gewonnen werden, der für die weitere Übertragung des Datenstroms benötigt wird. Die Komponente, die diese Aufgabe erfüllt wird als *Clock/Data Separator* bezeichnet. Der Separator erhält hierfür von einem lokalen Taktgeber ein 125 MHz Signal – mit einer Toleranz ±50/1.000.000 Hz – und stellt somit sicher, daß jedes Bit des eingehenden Signals sicher erkannt werden kann. Im zweiten Schritt erfolgt dann die Übertragung der Nutzdaten – in serieller Form – an den Elasticity-Buffer, der für die Angleichung der mit dem Sendetakt eingehenden Daten an den lokalen Takt verantwortlich ist. Die Übertragung der Nutzdaten an den Elasticity-Buffer erfolgt weiterhin mit dem Sendetakt.

Wie bereits erwähnt, erfolgt die Übertragung zum Elasticity-Buffer mit Hilfe des aus den einkommenden Daten gewonnenen Takts, der innerhalb einer bestimmten Bandbreite Schwankungen unterliegt. Das eingehende Datensignal kann somit zum nominalen Takt (125 MHz) eine höhere oder eine niedrigere Frequenz aufweisen. Aus diesem Grund wird in jeder Station ein Elasticity-Buffer (ein nach dem FIFO Prinzip arbeitender Speicher) benötigt, der den Takt der einkommenden Daten an den lokalen Takt angleicht. Die Taktdifferenz zwischen den beiden an der Übertragung beteiligten Stationen darf – dies ist im Standard festgelegt – maximal 0,01% des nominalen Taktes (125 MHz) betragen. Damit ist sichergestellt, daß während der Synchronisation für die Pufferung der

Daten nur eine bestimmte Anzahl von Speicherplätzen zur Verfügung gestellt werden muß. Der benötigte Speicherbedarf berechnet sich aus der Größe eines FDDI-Rahmens (4.500 Bytes) und der maximalen Abweichung von 1/10.000 (0,01%) zu 4,5 Bit (45.000 / 10.000). Um die Elastizität des Speichers von 4,5 Bit in beide Richtungen zu gewährleisten, ist ein minimaler Pufferspeicher von 10 Bit vorzusehen. Die Daten werden vom Empfänger erst dann aus dem Puffer entnommen, wenn dieser halb gefüllt ist. Damit ist sichergestellt, daß während der Übertragung eines Rahmens, auch bei einer maximalen Differenz zwischen dem Sende- und Empfangstakt für den Sender genügend Speicherplatz und für den Empfänger stets Daten zur Verfügung stehen. Die heute am Markt existierenden FDDI-Interface-Karten verfügen jedoch in der Regel über eine Speicherkapazität von 3 bis 10 Bytes.

Jedem FDDI-Rahmen geht ein Vorspann (Präambel) von Idle-Symbolen voraus, die sicherstellen, daß ein Einschwingvorgang zwischen dem Sender und dem Empfänger stattfinden kann. Dieser Vorspann hat eine minimale Länge von 16 Idle-Symbolen und dient der Abgrenzung zweier Übertragungsrahmen. Durch den unterschiedlichen Takt zwischen Sender und Empfänger einer Nachricht kann es nach der Übertragung eines Rahmens innerhalb des Elasticity-Buffer zu einem Löschen oder Einfügen von Idle-Symbolen kommen. Daten, die mit einer maximal erlaubten Taktrate eingehen und mit einer minimal erlaubten Taktrate ausgehen, haben den Puffer nach der Übertragung von 9.000 Symbolen (4.500 Bytes) vollständig gefüllt. Die nachfolgenden Idle-Symbole, die dem nächsten Übertragungsrahmen vorangestellt sind, können nicht mehr in den Puffer aufgenommen werden. Um jedoch weiterhin Daten mit dem Sendetakt übernehmen zu können und insbesondere keine Nutzdaten zu verlieren, werden einzelne Bits aus der Präambel gelöscht und erst die nachfolgenden Daten wieder in den Puffer übernommen. Im gegensätzlichen Fall ist der Puffer nach dem Auslesen des Übertragungsrahmens vollständig geleert und es kommt zum Einfügen von einzelnen Bits bevor der nächste Übertragungsrahmen mit vorangestellter Präambel in den Puffer übernommen werden kann. Die genaue Anzahl der Bits, die aus der Präambel gelöscht werden können, ist im Standard nicht festgelegt. Ein Löschen von Bits aus der Präambel kann jedoch frühestens nach dem Empfang von 9 Bits aus einer kontinuierlichen Idle-Symbolfolge geschehen. Das Einfügen von Bits in die Folge von Idle-Symbolen ist so durchzuführen, daß nur vollständige Idle-Symbole den Puffer verlassen.

Nach dem Verlassen des Elasticity-Buffers werden die Daten an den Decoder übertragen. Dessen erste Aufgabe besteht darin, den jetzt mit der lokalen Taktfrequenz eingehenden Datenstrom in einem seriell/parallel Register zu speichern, und ihn bitweise nach einer JK-Symbolfolge oder einem Line State Symbol zu durchsuchen. Eine gefundene JK-Folge oder ein Line State Symbol dient der Erkennung von Symbolgrenzen und im Fall einer JK-Folge zusätzlich der Identifizierung eines Datenblocks. Nachdem eine JK-Folge gefunden wurde, kann das byteweise bzw. das halbbyteweise (abhängig von der Implementierung) Auslesen der Daten aus dem Shift-Register erfolgen und die Dekodierung der Daten von der NRZ-Darstellung in die vom MAC-Layer benötigte Kodierung vorgenommen werden. Wird während der Übertragung von Nutzdaten innerhalb eines schon erkannten Rahmens erneut eine JK-Folge gefunden, wird diese sofort akzeptiert und die Übertragung des unvollständigen Rahmens eingestellt. Das letzte Byte bzw. Halbbyte des unvollständigen Rahmens wird ergänzt, wobei für das Ergänzen von Zeichen im Decoder die gleichen Regeln wie für den Elasticity-Buffer gelten. Das Ergänzen des Rahmens stellt sicher, daß der Rahmen ordnungsgemäß vom Ring entfernt werden kann (ganze Bytes bzw. Halbbytes). Abschließend werden die Daten 4 Bit parallel an den Smoother übertragen.

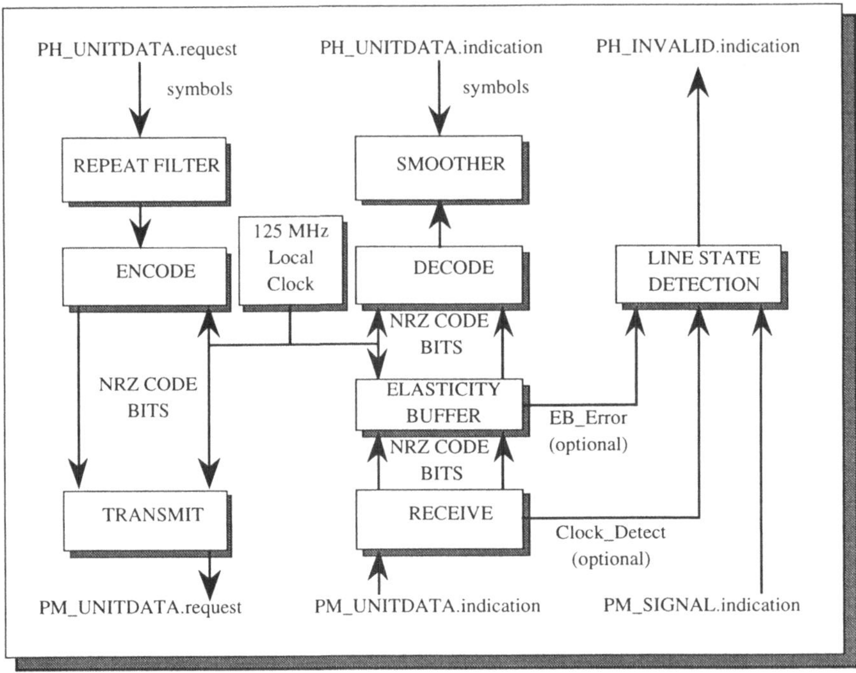


Blockschaltbild des PHY-Layers [ANSI b]

Durch die beschriebene Arbeitsweise des Elasticity-Buffers kann es bei der Übertragung von mehreren FDDI-Datenpaketen zu einer Verschiebung in der Länge der Präambel kommen. Das heißt der ursprüngliche Abstand von 16 Idle-Symbolen zwischen den Rahmen kann durch die Arbeitsweise des Elasticity-Buffers oder des Decoders verändert werden, so daß einige Rahmen durch einen Vorspann mit mehr als 16 Idle-Symbolen und andere durch einen Vorspann mit weniger als 16 Idle-Symbolen eingeleitet werden. Mehr als 16 Symbole bereiten beim sicheren Erkennen von Übertragungsrahmen keine Probleme; erhöhen aber die im Ring befindliche Datenmenge. Weniger als 16 Symbole zwischen zwei Rahmen können jedoch dazu führen, daß ein Datenpaket nicht mehr sicher erkannt werden kann. Desweiteren benötigt der MAC-Layer eine bestimmte Anzahl von Idle-Symbolen, um die ihm zugeordneten Funktionen (Kopieren des Rahmens und

Einfügen von Kontrollzeichen) durchzuführen. Aus diesem Grund wird in jeder PHY-Einheit eine sogenannte Smoothing Function integriert, die durch das Einfügen oder Löschen von Idle-Symbolen sicherstellt, daß ein Abstand von ca. 16 Idle-Symbolen zwischen zwei Übertragungsrahmen eingehalten wird. Zu diesem Zweck absorbiert der Smoother Idle-Symbole aus den Präambeln, die mehr als 16 Idle-Symbole enthalten und fügt Idle-Symbole in kürzere Präambeln ein. Der Smoother darf jedoch nicht beliebig Idle-Symbole einfügen, sondern muß sich hierbei aus einem Vorrat von zuvor entfernten Symbolen bedienen. Neben den Idle-Symbolen stehen hierfür Symbole zur Verfügung, die zuvor aus Rahmen gewonnen worden sind, deren Übertragung durch das Auftreten eines Fehlers abgebrochen wurde. Die letzte Funktion innerhalb des Empfangspfads besteht nach Abschluß der Aufgaben des Smoothers in der Übertragung der Daten an den MAC-Layer.

Neben den bereits beschriebenen Komponenten besitzt der PHY-Layer noch einen *Line State Decoder*, der permanent den Zustand der eingehenden Leitung (Link) überwacht und an das Station-Management (SMT) weiterleitet. Die Information über den Zustand der Leitung bezieht der Line State Decoder zum einen aus dem PMD Layer direkt und zum anderen vom Receiver, dem Elasticity-Buffer und dem Decoder. Sobald sich der Zustand auf den Link verändert (z.B. durch den Übergang vom Idle_Line_State in den Active_-Line_State), wird dies den SMT mitgeteilt. Das Station-Management leitet dann die erforderlichen Maßnahmen ein (die ausführliche Erläuterung der einzelnen Maßnahmen erfolgt im SMT-Abschnitt). Tritt ein Fehler innerhalb des Datenstroms auf, der diesen unbrauchbar macht, erfolgt zusätzlich eine Meldung an die MAC-Einheit.

In der bisherigen Betrachtung des PHY-Layers wurde der Empfangspfad beschrieben. In den folgenden Abschnitten soll nun der Sendepfad vorgestellt werden. Für diese Untersuchung kann eine Unterteilung in Abhängigkeit vom Initiator der Datenübertragung erfolgen. Zunächst soll eine Übertragung betrachtet werden, die durch die Überbrückung des MAC Layers angestoßen wird.

Bei einigen Situationen ist es erforderlich, daß der PHY-Layer in der Lage ist, einen eingehenden Datenstrom direkt auf den Ausgang weiterzuleiten. Dies kann beispielsweise der Fall sein, wenn Daten über den B Port in den PHY-Layer gelangen und keine MAC-Schicht zur Bearbeitung dieser Daten zur Verfügung steht (z.B. bei Single MAC - Dual Attachment Stations). Die Funktion des *Repeat-Filters* besteht dann in der Überbrückung des MAC Layers, indem die Daten direkt auf den Ausgangsport weitergeleitet werden. Er dient in diesem Fall somit als Brücke zwischen den an der Übertragung beteiligten PHY Einheiten und kann insbesondere bei Konfigurationen, die durch eine Fehlersituation im Netzwerk entstehen, die Funktionalität des Rings aufrechterhalten. Neben dieser Aufgabe erfüllt der Repeat-Filter allerdings noch eine wichtige Filterfunktion. Der Repeat-Filter untersucht bei der Überbrückung der MAC Einheit die eingehenden Signale auf Fehler und verhindert die Weiterleitung von Information, deren Inhalt nicht aus Daten oder Idle-Symbolen besteht. In diesem Fall sendet der Repeat-Filter genau vier Halt Symbole, die von Idle-Symbolen gefolgt werden, an die nächste Station. Diese entfernt die Halt Symbole vom Ring und ersetzt sie durch Idle-Symbole. Darüber hinaus unterstützt der

Repeat-Filter jedoch die Übertragung von beschädigten Datenrahmen (Fehler in der Checksumme), um der nachfolgenden Station die Fehlersituation anzuzeigen.

Normalerweise wird eine Übertragung jedoch durch die MAC Schicht direkt angestoßen, indem sie ein PH_UNITDATA.request an den Encoder sendet. Der Encoder führt dann zunächst eine Kodierung der Daten von der hexadezimalen Darstellung in die NRZ-Darstellung durch, wobei die Länge eines Halb-Oktetts auf 5 Bit erweitert wird (4B/5B Kodierung). Im Anschluß daran werden die Daten, die noch in einer parallelen Darstellung vorliegen, seriallisiert und an den Transmiter übergeben. Dieser wandelt die Daten in die NRZI-Darstellung um und überträgt sie an den PMD-Layer. Die Übertragung von Daten, die vom Station-Management angestoßen wird, erfolgt in analoger Weise.

## 8.7 Der MAC Layer

Die FDDI MAC Schicht definiert die untere Teilschicht des Data Link Layers, in der das Zugangsverfahren für das Übertragungsmedium festgelegt ist. Initiiert wird die Übertragung von Nutzdaten durch das *Logical Link Control* (LLC), der oberen Schicht des Data Link Layers. Diese übergibt der MAC Schicht eine Nachricht (Service Data Unit) mit der Aufforderung diese zu übertragen. Die MAC Schicht generiert aus diesen SDUs Protokolldateneinheiten (PDUs) zur Übertragung an die MAC Schicht der Zielstation, indem sie die SDU in das Informationsfeld der PDU einträgt. Weiterhin werden wesentliche Funktionen der Adressierung von dieser Schicht übernommen.

### 8.7.1 FDDI-Prokolldateneinheiten

FDDI verwendet auf der MAC Schicht verschiedene Protokolldateneinheiten (PDUs) für die Übertragung von Nachrichten zwischen benachbarten Stationen. Kennzeichnend für den Datenaustausch in einem Token Ring Netzwerk ist die Existenz einer Token-PDU, die zwischen den Stationen in einem Ring ausgetauscht wird, und welche die Zugangsberechtigung zum Übertragungsmedium regelt. Zusätzlich verwendet das FDDI-Protokoll die sogenannte *Frame-PDU*, die für die Übertragung sehr unterschiedlicher Arten von Information (z.B. Daten, Initialisierungs- und Reinitialisierungsdaten) benutzt wird und im Vergleich zur *Token-PDU* über einen teilweise identischen jedoch insgesamt komplexeren Aufbau verfügt.

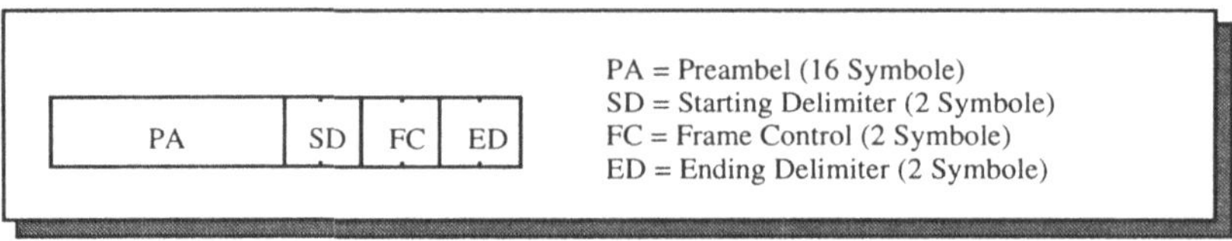


Die FDDI Token-PDU

Die Token-PDU besteht abgesehen von der Präambel nur aus dem Starting Delimiter, dem Frame Control und dem Ending Delimiter. Vorangestellt ist den Zeichen, die jeweils nur 2 Symbole also 1 Byte lang sind, eine Präambel mit einer Länge von 16 Symbolen. Sie dient – wie schon in den vorgehenden Abschnitten erwähnt – der Synchronisation zwischen dem Sender und Empfänger und kann u.U. in ihrer Länge variieren. Akzeptiert wird die Token-PDU von einer Station jedoch unabhängig von der Länge der Präambel (diese kann auch Null sein) sowie von den zuvor etablierten Symbolgrenzen, wenn sie innerhalb eines Datenstroms erkannt wird. Der Initiator der Übertragung der Token-PDU ist immer das Station-Management.

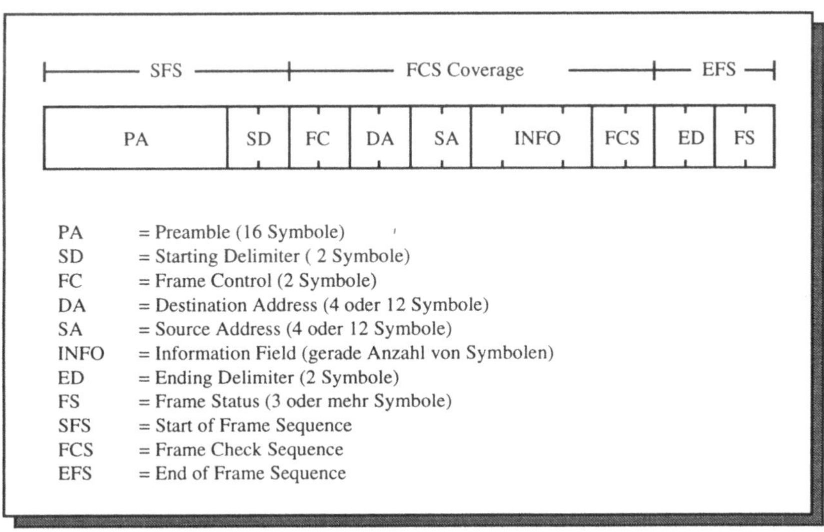


Die FDDI Frame-PDU

Neben der Token-PDU verwendet das FDDI-Protokoll die Frame-PDU, die in erster Linie von der LLC Schicht zur Übertragung von Nachrichten an eine Zielstation verwendet wird. Außerdem werden mit Hilfe der Frame-PDU wesentliche Aufgaben zur Initialisierung, Rekonfigurierung, und Steuerung des Rings erfüllt. Da diese Aufgaben ausschließlich vom Station-Management ausgeführt werden, steht die Frame-PDU somit auch der SMT Schicht zur Verfügung. Eingetragen werden die zu übertragenen Nachrichten bzw. Steuerungsdaten in das Informationsfeld der Frame-PDU, deren Länge von der MAC Schicht überwacht wird und insgesamt eine Länge von 4.500 Bytes (incl. vier Idle-Symbole der Präambel) nicht überschreiten darf. Die Präambel darf bei der Übertragung der Frame-PDU in ihrer Länge variieren, benötigt jedoch eine Mindestlänge von zwölf Symbolen, um vom Empfänger kopiert, d.h. in den Empfangspuffer übertragen zu werden. Unterschreitet die Präambel diesen minimalen Wert, kann die empfangene Station den Rahmen nicht kopieren, veranlaßt jedoch eine Weiterleitung der Dateneinheit, wenn mindestens zwei Präambel Symbole vorausgehen.

Nach einer erfolgreich abgeschlossenen Synchronisation des Senders und des Empfängers – dies ist die Voraussetzung für jede Datenübertragung im FDDI-Protokoll – kann ein Übertragungsrahmen nur durch den Starting Delimiters (SD) eingeleitet und somit vom Sender überhaupt erst erkannt werden. Er besteht aus einer Folge von zwei Symbolen (JK-Folge) und dient zur Identifizierung des Beginns eines Übertragungsrahmens und damit auch der eindeutigen Zuordnung von eingehenden Signalen zu Symbolen (5 Signale bilden ein Symbol). Der Starting Delimiter ist somit Bestandteil jedes Übertragungsrahmens, unabhängig von der Information, die darin übertragen wird.

### 8.7.2 Das Timed-Token Rotation Protokoll

Das FDDI-Protokoll ist eine Kombination aus dem IEEE 805.5 16 Mbit/s Token Ring Protokoll, das um die *Early Token* Funktionalität erweitert wurde, und dem Token Bus Protokoll. Die Grundlage für die Durchführung der Hauptaufgabe der MAC Schicht – der Paketierung und Übertragung von Daten, die vom LLC bereitgestellt werden – bildet das *Timed-Token RotationProtokoll*, welches mit Hilfe der Token-PDU den Zugang zum Übertragungsmedium regelt.

Nach dem physikalischen Aufbau eines FDDI-Netzes befinden sich alle Stationen (MAC Schichten) des Rings in einem Zustand, in dem keine Datenübertragung zwischen den einzelnen Stationen möglich ist. Aus diesem Grund muß zunächst eine Initialisierung durchgeführt werden, die als Ergebnis eine Station bestimmt, die das Initiale Token aussenden darf und damit die Datenübertragung einleitet. Zu diesem Zweck senden alle Stationen im Ring permanent das sogenannte *Claim Token* an die jeweils nachfolgenden Stationen, in der sie dieser die von ihnen gewünschte *Ringumlaufzeit* (T_Bid_TX im Info Feld des Frames) mitteilen. Diese Zeitspanne wird als *Target Token Rotation Time* (*TTRT*) bezeichnet und beinhaltet einen Wert, der zwischen den beiden im FDDI-Protokoll definierten Werten T_Min (4 ms) und T_Max (165 ms) angesiedelt ist. Wird dieses Token nun von der nachfolgenden Station im Ring erkannt (FC = 1L00 0011), so vergleicht die Station die darin enthaltene TTRT mit der von ihr im T_Req Register gewünschten (gespeicherten) TTRT. Erkennt sie, daß ihre eigene TTRT einen größeren Wert als die in dem empfangenen Claim Token eingetragene TTRT aufweist, stellt sie die Übertragung ihres eigenen Claim Tokens ein, setzt das T_Neg Register auf den durch den TTRT bestimmten Wert und sendet das empfangene Claim Token (das erste Claim-Frame wird gestripped; die nachfolgenden Claim Tokens werden repeated) an ihre nachfolgende Station weiter (bei gleichen TTRTs gewinnt die numerische größere Sendeadresse). Dieses Verfahren wird solange durchgeführt, bis eine Station ein Claim Token empfängt, das ihre eigene Sendeadresse enthält. Der Ring ist zu diesem Zeitpunkt also nur mit dem Claim Token einer Station belegt, das von allen Stationen permanent gesendet und akzeptiert wird. Die Station, die den *Claim Prozeß* gewonnen hat – das Token also am häufigsten für die Übertragung von Daten benötigt (von ihr wurde die kleinste Ringumlaufzeit gewünscht) – setzt das T_Opr Register auf den Wert von TTRT, initialisiert den TRT (Target Rotation Timer) neu und sendet danach ein einzelnes *nonrestricted Token* aus, mit dem sie die Initialisierung des Rings einleitet.

Zur Absicherung vor Fehlern bei der Initialisierung des Netzes unterliegt der Claim Prozeß einer Zeitüberwachung, die sicherstellt, daß auch bei einer maximalen Ausdehnung eines FDDI-Rings (200 km) und einer maximalen Stationsanzahl (500 bzw. 1000 MAC Schichten) der Claim Prozeß sicher beendet werden kann. Zu diesem Zweck initialisieren alle Stationen ihren Token Rotation Timer (TRT) mit dem Wert von T_Max (165 ms). Dieser ist so gewählt, daß der Claim Prozeß bei einem physikalisch intakten Ring in jedem Fall beendet werden kann. Meldet die Zeitüberwachung dennoch während des Claim Prozesses einen Fehler, so wird der Claim Prozeß abgebrochen und der *Beacon Prozeß* gestartet. Dieser zeigt gewöhnlich einen schwerwiegenden Fehler im Ring an. Die Ursache hierfür kann z.B. im Abschalten einer Station während des Claim Prozesses liegen, die eine Rekonfigurierung des Rings erforderlich macht. Zur Durchführung dieses Prozesses, der als Beacon Prozesses bezeichnet wird, sendet die Station, die den Fehler erkannt hat, kontinuierlich das Beacon Frame (FC 1L00 0010) an die nachfolgende Station, die das Frame unverzüglich weiterleitet. Dieser Vorgang wird solange fortgesetzt, bis der Ring rekonfiguriert ist, d.h. die Station, die ursprünglich die Rekonfiguration angestoßen hat, ihr eigenes Beacon Frame empfängt und wieder einen Claim Prozeß anstarten kann.

Der Gewinner des Claim-Prozesses hat bei einem erfolgreichen Abschluß ein initiales Token auszusenden, welches als Information die ausgehandelte TTRT enthält, die alle anderen Stationen in ihr Register T_Neg übernehmen. Während der Initialisierungsphase sind in den Stationen verschiedene Variablen gesetzt, die den aktuellen Zustand des Rings beschreiben. Die boolesche Variable Ring_Operational zeigt an, ob sich der Ring gegenwärtig in einem arbeitsbereiten Zustand befindet. Sie wird gelöscht, falls eine Station ein Claim oder ein Beacon Frame empfängt, oder falls sie selbst nach der Aufforderung MAC_Reset vom Station-Management die Ringinitialisierung durchführen möchte. In den Phasen, in denen die Variable Ring_Operational nicht gesetzt ist, werden alle Anfragen nach einer Datenübertragung abgelehnt.

Empfängt eine Station das vom Gewinner des Claim Prozesses ausgesendete Token, so kopiert sie den Wert von T_Neg in das T_Opr Register, setzt den Wert von TRT zurück (Reset) und belegt das Late_Ct Register (Counter) mit 1. (Das Late_Ct Register zeigt gewöhnlich an, daß das Token spät empfangen wurde, verhindert jedoch in diesem Fall beim nächsten Umlauf des Tokens die Aussendung von asynchronen Daten.) Darüber hinaus erfolgt in der Initialisierungsphase die Gleichschaltung aller TTRT Werte im Ring.

Nachdem das initiale Token wieder die Station erreicht hat, die den Claim Prozeß gewonnen hat, kann die Übertragung von (synchronen) Nutzdaten – sofern diese beim *Synchronous Bandwith Management Prozeß* (*SBM*) angemeldet sind – erfolgen. Der SBM-Prozeß ist Bestandteil des Station-Managements und vergibt die in Abhängigkeit von der TTRT noch freie synchrone Bandbreite an Stationen, die synchrone Bandbreite beantragen. Der zeitliche Anteil an der TTRT, der für synchrone Daten vom SBM zur Verfügung gestellt werden kann, unterliegt allerdings einer Beschränkung, da durch die Vergabe von synchroner Bandbreite die Tokenumlaufzeit verlängert wird und dadurch u.U. Anforderungen bestimmter Stationen nicht mehr erfüllt werden.

Solange jedoch synchrone Bandbreite verfügbar ist, kann von einer Station zusätzliche oder neue synchrone Bandbreite beim Station-Management (bzw. bei SBM) angefordert werden, ohne die zeitlichen Restriktionen für die Tokenumlaufzeit zu verletzen. Die Übertragung von asynchronen Daten kann prinzipiell erst (in Abhängigkeit von der Ankunftszeit des Tokens) mit dem dritten Umlauf des nonrestricted Tokens erfolgen.

Die Unterteilung von Daten in asynchrone und synchrone Bestandteile ist ein wesentliches Merkmal des FDDI-Protokolls. Dabei bezeichnet man als synchrone Daten den Anteil am Datenverkehr, für den eine fest definierte Bandbreite mit garantierten Antwortzeiten vorhanden ist. Sie wird in erster Linie für Anwendungen im Bereich der Video- und Audiodatenübertragung genutzt, die nur durchgeführt werden kann, wenn bestimmte zeitliche Bedingungen eingehalten werden. Als asynchrone Bandbreite bezeichnet man die dynamisch, in Abhängigkeit von der Ankunftszeit des Tokens, vergebene Bandbreite. Sie wird für Anwendungen benutzt, deren mengenmäßiger wie auch zeitlicher Bedarf nicht vorhersehbar ist. Die Vergabe beider Arten von Bandbreite wird durch das Timed Token Rotation Protokoll und damit im wesentlichen durch den Inhalt des TRT Werts beim Empfang des Tokens bestimmt. Das Verhalten des Timed Token Rotation Protokolls soll in den folgenden Abschnitten für einen bereits initialisierten Ring beschrieben werden.

Jede MAC Schicht der Stationen in einem Ring verwendet den TRT zur Bestimmung der Zeit, die seit dem Aussenden des letzten Tokens vergangen ist und setzt ihn bei jeder Ankunft des Tokens zurück. Wird der TRT zurückgesetzt, ehe dieser den Wert von T_Opr erreicht hat, signalisiert dies ein sogenanntes frühes Token bzw. ein nicht voll ausgelastetes Netzwerk. Eine Station, die ein frühes Token empfangen hat, wird damit die Erlaubnis erteilt, eine bestimmte Menge (abhängig vom Wert des TRT) asynchroner Daten zu übertragen. Dazu kopiert die Station den Wert des TRT in den *THT* (*Token Hold Timer*) und setzt den Wert von TRT auf seinen initialen Wert zurück. Die Differenz zwischen dem THT und dem TTRT bestimmt die Zeit, die für die Übertragung asynchroner Daten von dieser Station verwendet werden darf. Nachdem der THT den Wert von TTRT erreicht hat, muß das Token, das vor der Übertragung der Daten vom Ring entfernt worden ist, wieder freigelassen werden. Damit erhält die nächste Station die Sendeberechtigung für den Ring.

Optional kann die asynchrone Bandbreite jedoch noch zusätzlich in unterschiedliche Prioritätsklassen eingeteilt werden, die eine feinere Aufteilung der asynchronen Bandbreite in einem FDDI-Netzwerk erlaubt. Dazu werden zeitliche Schwellwerte für die einzelnen ***Prioritätsklassen*** (T_Pri[n]=Zeit]) definiert, die das Aussenden von asynchronen Daten einer bestimmten Klasse schon vor dem Ablauf des THT Timers verbieten. Mit dieser Einteilung kann die Menge der zur Verfügung stehenden asynchronen Bandbreite in einem FDDI-Netz auf mehrere Stationen verteilt werden. Andernfalls kann eine Station, die ein frühes Token erhält die gesamte asynchrone Bandbreite – unabhängig von der Priorität der Daten – für ihre Zwecke nutzen.

Das bisher beschriebene Verfahren zur Vergabe von asynchroner Bandbreite beruht auf der Entnahme eines nonrestricted Tokens vom Ring, und der im Anschluß daran, in

Abhängigkeit vom THT, durchgeführten Übertragung. Das FDDI-Protokoll sieht jedoch noch eine weitere Möglichkeit zur Vergabe von asynchroner Bandbreite vor, welche die exklusive Zuteilung der in einem Ring verfügbaren asynchronen Bandbreite an eine Station erlaubt. Bei diesem Verfahren entnimmt eine Station, die eine exklusive Datenübertragung durchführen möchte, nach Abstimmung mit dem Station Mangement ein nonrestricted Token vom Ring und sendet im Anschluß ein sogenanntes *Initiale Frame*, das von einem restricted Token gefolgt wird. Der Empfänger des Initiale Frames führt einen Zustandswechsel in den restricted Mode durch und sendet für die Zeitspanne des exklusiven Dialogs, die ein Vielfaches der TTRT betragen kann, restricted Token aus.

Im Restricted Mode besitzt nur eine Station das Recht, asynchrone Daten zu übertragen; allen anderen Stationen ist die Übertragung von asynchronen Daten untersagt, da für den asynchronen Zugriff auf den Ring stets ein nonrestricted Token empfangen werden muß. Da dies auch für die Initiierung eines exklusiven asynchronen Datenverkehrs gilt, kann während der Phase, in der restricted Token auf dem Ring verwendet werden, keine andere Station exklusive Bandbreite beantragen. Synchrone Daten werden hingegen unabhängig von solchen Phasen, übertragen in denen einer bestimmten Station die gesamte asynchrone Bandbreite exklusiv zugeordnet ist, da für die synchrone Übertragung beide Tokenarten verwendet werden können. Der restricted mode wird beendet, wenn die Station, die die exklusive Bandbreite angefordert hat, diese wieder freigibt und ein *Finale Frame* an die Zielstation aussendet.

Global wird die Verwendung des exklusiven asynchronen Datenverkehrs durch das Station-Management kontrolliert, welches die maximal zur Verfügung stehende Zeit für diese Art des Datenverkehrs bestimmt und überwacht. Nach Ablauf der vereinbarten Zeit veranlaßt das Station-Management den Abbruch der Verbindung über das SMT Protokoll. Die Unterstützung des exklusiven asynchronen Datenverkehrs und dessen Überwachung mit Hilfe des THTs ist optional und wird für die Funktionsfähigkeit des FDDI-Rings nicht benötigt. Voraussetzung für die Übertragung von asynchronen Daten ist jedoch in jedem Fall der Empfang des Tokens bevor der TRT den Wert von T_Opr erreicht hat. Dies gilt für die normale asynchrone, die in Prioritätsklassen eingeteilte asynchrone und für die exklusive asynchrone Bandbreite. Wird diese Voraussetzung nicht erfüllt, ist lediglich die Übertragung synchroner Daten möglich. Durch diesen Mechanismus wird verhindert, daß die während des Claim Prozesses ausgehandelte TRT überschritten wird und Stationen, die eine zeitkritische Datenübertragung durchführen möchten, das Token nicht rechtzeitig erhalten.

Jede MAC Schicht führt permanent eine Überwachung (*Monitoring*) des Rings durch, indem sie ständig die Ringumlaufzeit des Tokens kontrolliert und die Aktivitäten des Rings beaufsichtigt. Sie benutzt dazu den sogenannten *Valid-Transmission Timer* (*TVX*), der den Schwellwert für die Zeit angibt, in der kein Übertragungsrahmen empfangen wurde, jedoch von einer korrekten Funktion des Rings ausgegangen werden kann. Der hierfür benötigte Wert bestimmt sich aus dem Wert von D_Max, der die maximale Laufzeit für einen Starting Delimiter (SD) in einem 200 km langen Ring und den dabei entstehenden Verzögerungen in den Stationen, bei einem maximal ausgebauten Ring

(1000 MAC Einheiten), ergibt. Dieser Wert beträgt 1,617 ms. Zusätzlich muß jedoch noch die Zeit berücksichtigt werden, die für die Übertragung eines Tokens (0,00088 ms = 6 Symbole und 16 Präambel Symbole) sowie eines Frames maximaler Länge (0,361 ms = 9.000 Frame und 16 Präambel Symbole) aufgewendet werden muß.

Fehlerhafte Aktionen innerhalb des Rings – z.B. Protokollstörungen – werden durch das mehrfache Ablaufen des TVX oder durch die Überwachungsfunktionen des Station-Managements festgestellt. Zur Behebung dieser Fehler sind verschiedene Mechanismen im Protokoll implementiert (Claim- oder Beacon Prozesse), die bereits beschrieben wurden. Durch die verteilte Überwachung des Rings in jeder MAC Schicht ist ein wichtiges Unterscheidungsmerkmal zum IEEE 802.5 gegeben.

## 8.8 Der SMT Layer

Das Station-Management (SMT) bildet den vierten und letzten Teil des FDDI-Standardisierungswerks. Im Gegensatz zu den bereits beschriebenen Schichten kann das Station-Management als vertikale Schicht innerhalb des FDDI-Standards angesehen werden, welche die unteren drei Schichten – PMD, PHY und MAC – umfaßt und auf diese zugreift. Die Hauptaufgabe des Station-Managements besteht in der Bereitstellung von Diensten, die zur Initialisierung und zum Betrieb des Ringes erforderlich sind. Es überwacht den FDDI-Ring, koordiniert den Ringaufbau bei der Inbetriebnahme des Netzes und erstellt in regelmäßigen Abständen Statusberichte, die Auskunft über den Zustand des Netzes und insbesondere der lokalen Stationen geben. Mit Hilfe des Station-Managements werden die in den einzelnen Stationen vorhandenen PMD, PHY und SMT Schichten sowie Timer, Zähler und Statistiken verwaltet. Gegenwärtig liegt das SMT Dokument als Draft Proposed in der Version 7.2 vor, das als relativ stabil angesehen werden kann, jedoch noch nicht endgültig verabschiedet ist.

Das Station-Management ist in verschiedene Gruppen eingeteilt, welche die Bereiche SMT Ring Management (RMT), SMT Connection Management (CMT) und SMT Frame Services (FS) umfassen (siehe Bild) und jeweils spezielle Aufgaben innerhalb des Station-Managements übernehmen.

Die Management Information, die dem System Management zur Verfügung steht, wird in Anlehnung an das OSI Management durch einen objektorientierten Ansatz repräsentiert. Dies bedeutet, daß die Management Information durch Objekte definiert ist und deren Instanzen als Managed Object bezeichnet werden. Träger der eigentlichen Information sind die Attribute, die durch Get und Set Operationen manipuliert werden können. Darüber hinaus können die Managed Object durch das Versenden von Notifications, z.B. bei dem Erreichen eines bestimmten Schwellwertes, Nachrichten untereinander austauschen und den Manager informieren, der dann die zuvor definierten Operationen durchführt. Das SMT Dokument definiert in diesem Zusammenhang vier sogenannte *Managed Object Classes*, die als *SMT Object*, *MAC Object*, *Path Object* und *Port Object* bezeichnet werden. Sie modellieren die Management Information, die für die Verwaltung der Hard- und Softwarekomponenten des FDDI-Protokollstapels benötigt werden. Die Instanzen der Managed Object Classes werden als *Managed Objects* bezeichnet.

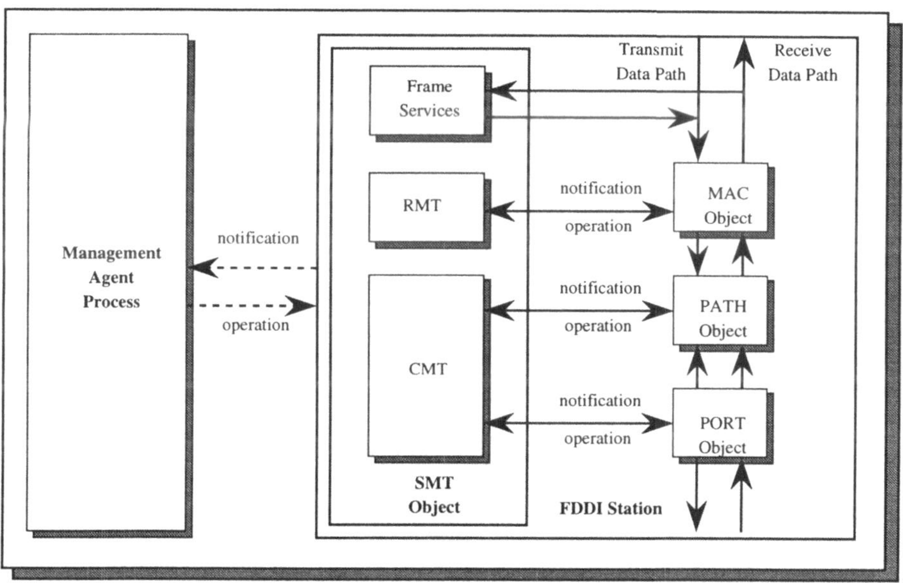


SMT Management [ANSI c]

Die Grundlage für die Definition der SMT Managed Object Classes bildet der *ISO Draft International Standard 10165/4 Structure of Management Information Part4: Guidelines for the Definition of Managed Objects (GDMO)*, der spezifische Strukturen in einer formalen Beschreibungssprache, sogenannte Templates, für die Definition von Anwendungen im OSI Management in einem objektorientierten Ansatz bereitstellt. Innerhalb der Templates erfolgt eine einheitliche Beschreibung, in der die präzise Festlegung der Attribute, Schwellenwerte, Funktionen und des Verhaltens der Managed Object Class durchgeführt werden kann. Die Beschreibung der erforderlichen Datenstrukturen von Templates erfolgt in der *Abstract Syntax Notation One* (*ASN.1*). Die Attribute der Managed Objects definieren deren Zustand, Möglichkeiten und Funktionen und sind mit bestimmten Zugriffsrechten (z.B. read, read/write) versehen, über die, mit Hilfe der *SMT Parameter Management Frames* zugegriffen werden kann. Darüber hinaus sind den einzelnen Managed Objects bestimmte Aktionen zugeordnet, die das dynamische Verhalten eines Objekts bei Eintreten einer festgelegten Bedingung (z.B. Überschreiten eines Schwellwertes) beschreiben.

### 8.8.1 Das Connection Management

Das *Connection Management* dient innerhalb des Station-Managements der logischen Einbindung von FDDI-Station oder Konzentratoren in den Ring. Wie bereits beschrieben, stellt das FDDI-Protokoll eine große Vielfalt von physikalischen und logischen Topologien bereit. Dies hat zur Folge, daß die physikalische Einbindung einer FDDI-Station in den Ring auch immer die Einbindung der entsprechenden PMD- PHY- und MAC-Einheiten beinhalten muß. Das Connection Management kontrolliert die für den Aufbau des Medienzugangs notwendigen Maßnahmen sowie die korrekte Verbindung der lokalen Ports mit den Ports anderer Stationen. Darüber hinaus sorgt es für die korrekte Anbindung der evtl. mehrfach vorhandenen PHY-Einheiten an die MAC-Einheit (diese ist in der Regel nur einmal vorhanden) einer Station oder eines Konzentrators. Die Aufgaben, die sie hierfür durchzuführen hat, sind so vielfältig und so komplex, daß eine Aufteilung des Connection Managements notwendig wird. Der SMT Standard definiert hierfür drei funktionale Einheiten, die als *Entity Coordination Management* (ECM), *Physical Connection Management* (PCM) und *Configuration Management* (CFM) bezeichnet werden, und beschreibt deren Schnittstellen untereinander.

#### Das Entity Coordination Management (ECM)

Das Entity Coordination Management unterstützt in erster Linie die Funktion des Optical Bypass Switches der PMD Schicht; außerdem meldet es die Verfügbarkeit des Übertragungsmediums an das Physical Connection Management. Den Ausgangspunkt für die Arbeitsweise des ECMs bildet der Zustand EC0 (OUT) des ECM Automaten, von dem ausgehend das ECM versucht, die zu den einzelnen Ports gehörenden PCMs mit Hilfe des PC_Start Signals zu aktivieren. Dazu startet die ECM die PCMs der Ports A und B sobald sich der Optical Bypass in der Position befindet, in der eingehende Signale vom Ring in der lokalen Station empfangen werden können. Im Fall eines Konzentrators werden zusätzlich die PCMs der M Ports aktiviert. Erreicht der ECM Automate seinen Zustand EC1 (IN), so befindet er sich in einem aktiven Zustand.

#### Das Physical Connection Management (PCM)

Das Physical Connection Management (PCM) ist jedem Port einer Station oder eines Konzentrators zugeordnet und verantwortlich für den Aufbau und den Betrieb der physikalischen Verbindung zwischen zwei benachbarten Stationen. Funktional besteht das PCM aus zwei verschiedenen Bestandteilen: dem PCM Zustandsautomaten und dem sogenannten *Pseudo-Code*. Der PCM-Zustandsautomat enthält alle Zustände und Zeitinformationen des PCMs und unterstützt die Signalisierung auf dem optischen Übertragungsmedium. Der Pseudo-Code spezifiziert die von dem PCM-Zustandsautomaten zu übertragenden Bits und bearbeitet die empfangenen Bits von der PCM-Instanz am anderen Ende der Verbindung. Für die korrekte Arbeitsweise der PCM-Maschine – bzw. für den Aufbau einer Verbindung – müssen zwei Bedingungen erfüllt sein:

- Es muß eine physikalische Verbindung zwischen der lokalen Station und der benachbarten Station bestehen.
- Die benachbarte Station muß sich in einem arbeitsbereiten Zustand befinden, und das PCM dieser Maschine muß aktiviert sein.

Falls beide Bedingungen erfüllt sind, wird vom Physical Connection Management eine Verbindung aufgebaut und permanent überwacht.

### Configuration Management (CFM)

Das Configuration Management ist die dritte Komponente des Connection Managements. Sie realisiert die Anbindung der PHY- an die MAC-Einheiten und kontrolliert das Einbinden und Entfernen von Stationen aus dem Ring. Die hierfür erforderlichen Signale (z.B. PC_Join) erhält CFM vom Physical Connection Management und führt dann die erforderlichen Aktionen aus. Arbeitet z.B. eine PHY Einheit nicht fehlerfrei, kann die PHY-Einheit die zuständige PCM Einheit stoppen und die Integration in den Ring unterbinden. Bedingt durch unterschiedlichen Gerätetypen (SAS, DAS, SAC, DAC), die in den Ring eingebunden werden können, unterscheiden sich natürlich auch die Aufgabenbereiche des CFM entsprechend dem jeweiligen Gerätetyp. Der SMT Standard sieht hierfür eine Einteilung in die oben aufgeführten Gerätetypen vor.

Bereits in den vorhergehenden Abschnitten wurde gezeigt, daß ein FDDI-Netzwerk aus zwei gegenläufigen Ringen, dem primären und dem sekundären Ring, besteht. Über dem primären Ring erfolgt im Normalzustand des Netzes die Datenübertragung während auf dem sekundären Ring lediglich Idle-Symbole ausgetauscht werden. Während der Entwicklung des FDDI-Protokolls wurde jedoch zunehmend der Bedarf nach einer flexibleren Topologie (z.B. SAFENET der US Navy, Hub-basierte FDDI-Netzwerke) deutlich, so daß mit der Version 7.2 des SMT Standards eine grundlegende Überarbeitung des CFM erforderlich wurde. Diese neue Version befaßt sich insbesondere mit der Anbindung der PHY- an die MAC-Einheiten und stellt damit die Grundlage für den Aufbau von flexibleren Strukturen bereit. Untrennbar mit dem Begriff des CFM ist im SMT 7.2 der Begriff des (Daten-) Pfades verbunden, der sich mit den Segmenten des FDDI-Rings beschäftigt, die durch die einzelnen Stationen verlaufen. FDDI definiert hierfür drei verschiedene Datenpfade: den primären, sekundären und lokalen Pfad.

Die Begriffe des primären und sekundären Datenpfades korrespondieren mit den Begriffen des primären und sekundären Rings; können damit jedoch nicht gleichgesetzt werden. So kann zwar der primäre Ring, der an eine Station angeschlossen ist, seine Fortsetzung im primären Datenpfad finden; dies muß aber nach der Definition des SMT 7.2 nicht zwangsläufig so sein, sondern hängt von der Konfiguration der Station ab. Die Daten, die für die Konfiguration bzw. die vorgesehene Anbindung von PHY- oder MAC-Einheiten einer Station erforderlich sind, sind Bestandteil der Management Information Base (MIB) des SMTs und können vom Administrator des Netzwerks kontrolliert bzw. verändert werden. Zur Durchführung dieser Aufgabe definiert das SMT drei verschiedene

MIB Attribute (*Requested Path*, *Current Path* und *Available Path*), mit deren Hilfe die Anbindung der verschiedenen Komponenten an einen vorgegebenen Pfad erfolgt.

Der Requested Path ist ein Attribut, das einer MAC- oder PHY-Einheit zugeordnet ist. Durch das Setzen von bestimmten Bits in diesem Attribut kann bei einer vorgesehenen Integration der Komponente der gewünschte Datenpfad identifiziert werden. Die Bits des Attributs sind dabei so angeordnet, daß mit Hilfe der nachfolgenden Bits ein anderer Pfad ausgewählt werden kann, falls aufgrund der Belegung des Available Path Attributs keine Integration möglich ist. Das Available Path Attribut definiert die in einer Station oder einem Konzentrator vorhandenen Pfade (primär, sekundär und lokal). Der Wert dieses Attributs bleibt im Gegensatz zum Requested Path Attribut konstant und kann nicht dynamisch verändert werden. Das einer MAC- oder PHY-Einheit zugeordnete Current Path Attribut identifiziert den aktuellen Pfad, in dem sich eine Komponente nach der Abarbeitung (Vergleich von Requested Path und Available Path) des Requested Path Attributs befindet. Mögliche Werte für das Current Path Attribut für Port- und MAC-Komponenten sind:

| | |
|---|---|
| Isolated | Die MAC- oder Port-Komponente ist nicht in einen Pfad integriert. |
| Local | Die MAC- oder Port-Komponente ist in den lokalen Pfad integriert. |
| Secondary | Die MAC- oder Port-Komponente ist in den sekundären Pfad integriert. |
| Primary | Die MAC- oder Port-Komponente ist in den primären Pfad integriert. |
| Concatenated | Der Port ist im Wrap Mode und in den primären und sekundären Pfad integriert. |
| Thru | Der Port ist im Thru Mode und in den primären und sekundären Pfad integriert. |

Die eigentliche Integration der einzelnen Komponenten in den Datenpfad erfolgt mit Hilfe des Configuration Control Elements (CCE), welches den einzelnen Komponenten zugeordnet ist. Es handelt sich dabei im wesentlichen um einen Switch, mit dem eine Komponente den verschiedenen Pfaden zugeordnet werden kann.

Die einzelnen CCEs der verschiedenen Komponenten (MAC oder PHY) sind in Reihe geschaltet und untereinander verbunden. Unabhängig vom Stations- oder Konzentratortyp besitzen CCE Einheiten mindestens einen primären Datenpfad; der sekundäre Pfad ist nur für Geräte mit einem A Port erforderlich, um den Thru Mode zwischen dem A Port und dem B Port eines Gerätes zur realisieren. Der lokale Pfad ist optional vorhanden und erlaubt den Austausch von Management Information zwischen benachbarten Geräten, kann aber auch für interne Kontrollzwecke verwendet werden.

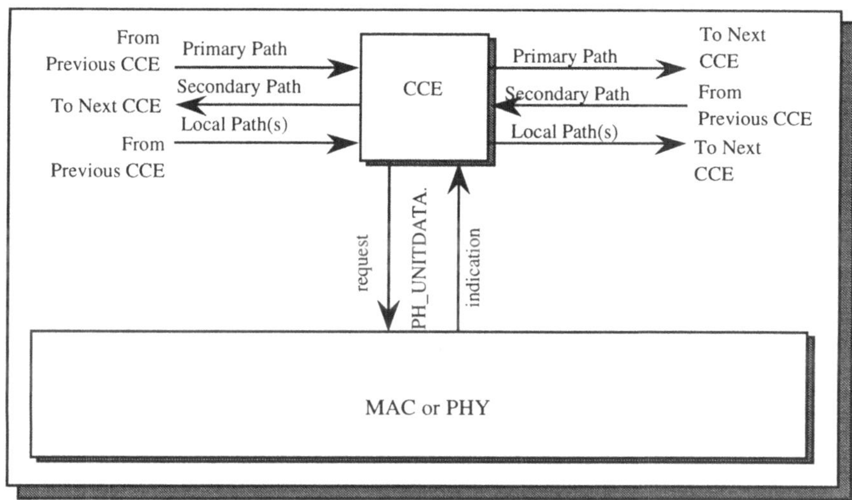


Aufbau des Configuration Control Elements (CCE)

Neben den Funktionen zur Konfiguration der Gerätetypen müssen die CCEs für A, B und S Ports die Fähigkeit besitzen, eine Wrap Konfiguration herzustellen. Geräte mit A und B Ports benötigen zusätzlich die Thru Funktionalität.

Änderungen, die die Konfiguration eines Netzwerkes betreffen, können mit Hilfe der CCE Einheit nicht nur in der Initialisierungsphase des Rings, sondern auch während des laufenden Betriebs durchgeführt werden. Dies hat jedoch zur Folge, daß u.U. Protokolldateneinheiten (PDUs) von MAC Einheiten erzeugt worden sind, die sich nach dem Ringumlauf der PDU nicht mehr im gleichen Datenpfad befinden, und deren PDUs nicht mehr vom Ring entfernt werden können. Aus diesem Grund stellt das CCE Funktionen zur Verfügung, die sicherstellen, daß alle PDUs, die sich im Netz befinden, nach der letzten (Re-)Konfiguration der MAC Einheiten erzeugt worden sind. Diese Funktion wird im SMT Standard als *Scrub Function* bezeichnet. Ihr obliegt die Aufgabe, die korrekte Arbeitsweise des Rings zu gewährleisten. Der Standard definiert hierfür unterschiedliche Mechanismen; schreibt jedoch kein spezielles Verfahren vor, sondern definiert nur Anforderungen, die bei der Implementierung zu berücksichtigen sind.

Die Steuerung der CCEs erfolgt mit Hilfe von speziellen CFM Zustandsmaschinen, die für den jeweiligen Aufgabenbereich eines bestimmten Porttyps (A, B, S oder M) definiert sind und somit unterschiedliche Ausprägungen besitzen. Damit ergibt sich für eine Station oder einen Konzentrator mit mehreren Ports oder MACs unmittelbar die Notwendigkeit, mehrere CFM Zustandsmaschinen zu besitzen und sie parallel zu betreiben. Insgesamt definiert das SMT fünf Zustandsmaschinen, die dem jeweiligen Aufgabenbereich entsprechen. Die Steuerung der einzelnen Zustandsautomaten erfolgt durch eine Veränderung der Eingangsbedingungen, die z.B. durch das Physical Connection Management (CF_-Join) oder durch den Administrator (Requested Path) ausgelöst werden können

Die folgenden Bilder zeigen Beispiele, wie eine Koppelung zwischen den CCE von Dual Attachment Stations durchgeführt werden kann.

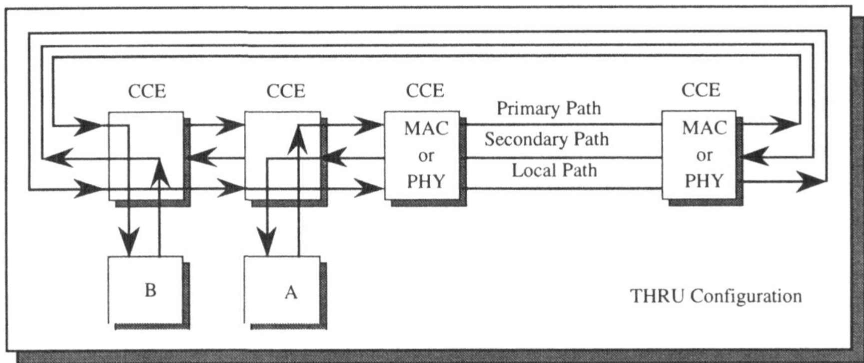


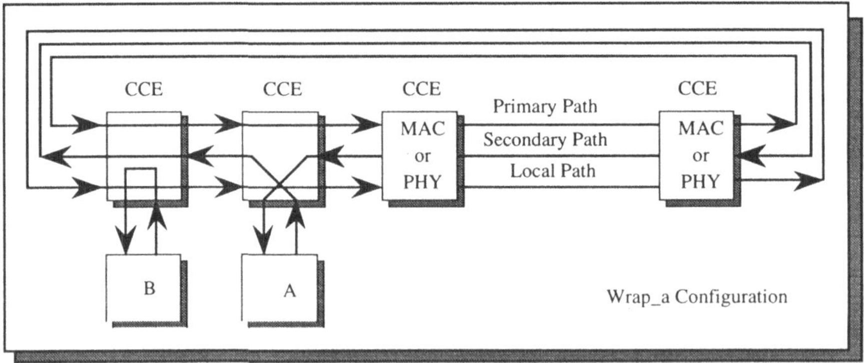


Beispielkonfigurationen

Nach dem vollständigen Aufbau des internen Datenpfads sendet das CFM ein Signal an das Ring Management und zeigt damit die Bereitschaft des Knotens zum Senden und Empfangen von Daten an.

## 8.8.2 Das Ring Management

Innerhalb des Station-Managements ist das *Ring Management* für die Kontrolle und die Verwaltung der MAC Einheiten und deren Einbindung in den Ring verantwortlich. Die dazu erforderliche Information erhält das Ring Management sowohl von den MAC Einheiten als auch vom Configuration Management. Wie beim bereits zuvor beschriebenen

Connection Managements (ECM, PCM, CFM) wird die Zusammenarbeit mit dem Ring-Management durch einen Automaten realisiert, der bestimmte Zustände annehmen kann und innerhalb dieser Zustände bestimmte Funktionen bzw. Aktionen ausführt. Diese Funktionen umfassen insbesondere:

- Die Identifikation von festgefahrenen Beacon Prozessen,
- das Anstoßen der Trace Funktion,
- das Überwachen der MAC-Verfügbarkeit,
- das Erkennen von Adress–Duplikaten,
- das Auflösen von Adress–Duplikat–Problemen,
- die Überwachung des restricted Token Zustands.

Den Ausgangspunkt für die Operationen des Ring Managements bildet der Zustand RM0 (ISOLATED). In diesem Zustand werden von der MAC Einheit keine Aktionen ausgeführt. Die Station befindet sich in einer Ruhephase. Erst durch das Eintreffen eines RM_Join oder RM_Loop Signals vom CFM wird dem RMT mitgeteilt, daß der Aufbau des internen Datenpfads abgeschlossen und eine Übertragung von Daten an das Netzwerk möglich ist. Zu diesem Zweck wird vom RMT ein Wechsel in den Zustand RM1 (NON_OP) vollzogen und ein Reset des MAC Chips durchgeführt, um die Übertragung von Claim und Beacon Frames anzustoßen. Gewinnt die Station den Claim Prozeß, so kann sie unmittelbar einen Wechsel in ihren Zielzustand RM2 (RING_OP) vornehmen und mit der Übertragung von Daten beginnen. Der weitere Ablauf der Datenübertragung wird dann durch das Timed Token Rotation Protokoll gesteuert.

Allerdings kann es während der Abarbeitung des Zustands NON_OP zu Situationen kommen, von denen aus kein Wechsel in den Zustand RING_OP möglich ist. Dieser Fall wird durch das Ablaufen des Timers T_NON_OP angezeigt, dessen Wert ($\geq$ 0.775 s) so gewählt ist, daß nach Ablauf dieser Zeit von einer fehlerhaften Funktion des Rings ausgegangen werden kann. Wird die Zeitspanne überschritten, so führt die RMT Maschine einen Zustandswechsel in den Zustand RM3 (DETECT) durch und versucht das mögliche Fehlverhalten des Netzwerks zu ermitteln, indem es die oben genannten Aufgaben ausführt.

Eine mögliche Ursache für das Ablaufen des Timers kann in einem festgefahrenen Beacon Prozeß bestehen. Er wird erkannt, wenn eine Station das Beacon Frame aussendet und es nach Ablauf der Zeit T_NON_OP noch nicht zurückerhalten hat. Der Grund für dieses Fehlverhalten kann nur in der Beschädigung des internen Empfangspfads (oberhalb der PHY Schicht), in einer Fehlfunktion der MAC-Einheit selbst oder in einem sogenannten Duplicate Address Problem (hervorgerufen durch die lokale Adreßadministration) liegen, da alle anderen Ursachen bereits durch das CMT erkannt worden wären (eine Beschädigung des Übertragungsmediums wäre bereits durch das CMT aufgedeckt worden; eine Fehlfunktion des Übertragungspfads verhindert nicht den Empfang von Beacon Token). Die Aufgabe des RM3 (DETECT) Zustands besteht also darin, die genaue Ursache des Fehlverhaltens zu ermitteln. Dazu verwendet RMT den D_Max Timer (maximale

Ringumlaufzeit, 1,773 ms), der die Zeit bestimmt, die ein Frame auf dem Ring verbleiben kann bevor es die Station wieder erreichen muß, von der es ausgesendet worden ist. Tritt nun der Fall ein, daß eine Station ein Claim oder ein Beacon Frame mit ihrer Sendeadresse erhält, nachdem die Zeit D_Max zweimal abgelaufen ist, so hat sie damit einen sicheren Anhaltspunkt für das Vorliegen eines Adreßproblem. (Die Zeitspanne 2 * D_Max ist erforderlich, um auch im Ring Wrapping Zustand das Adreßproblem sicher erkennen zu können.) Darüber hinaus kann sie hierfür eine Bestätigung erhalten, wenn sie ein Claim Frame mit ihrer Sendeadresse, jedoch mit einem anderen T_Req Wert für die gewünschte Ringumlaufzeit empfängt. Die RMT Zustandsmaschine wechselt dann in den Zustand RM4 (NON_OP_DUP), in dem sie versucht, das Adreßproblem zu lösen.

Die erste Aufgabe die von der RMT Maschine durchgeführt wird, besteht darin, die Station mit der fehlerhaften Adresse aus dem Ringinitialisierungsprozeß herauszuführen und damit den im Ring verbleibenden Stationen die Möglichkeit für den Aufbau einer Datenverbindung zu geben. Zusätzlich versucht die RMT Zustandsmaschine korrektive Mechanismen anzustarten, die zur Lösung des Adreßproblems beitragen. Diese Maßnahmen bestehen in erster Linie im Entfernen aller PDUs, die eine fehlerhafte Quelladresse enthalten, und in der Suche nach einer individuellen Adresse für die fehlerhaft arbeitende Station. Eine Änderung der Adresse kann natürlich nur dann automatisch vorgenommen werden, wenn bereits bei der Initialisierung der Station mehrere Adressen bereitgestellt worden sind (dies ist häufig bei der Verwendung von 16 Bit Adressen der Fall). Neben dem Versuch, eine Adreßänderung durchzuführen, bietet das FDDI-Protokoll die Möglichkeit, ein Beacon Frame des *Jam-Typ*s im Netzwerk zu übertragen, welches sicherstellt, daß die MAC Einheit, die eine ungültige Adresse besitzt, korrektive Maßnahmen ergreift, und eine andere MAC Einheit, die über eine universelle Adresse verfügt, den Claim Prozeß gewinnt. Darüber hinaus kann die fehlerhafte MAC Einheit ganz aus dem Ring entfernt werden; was auch die einfachste und effektivste Möglichkeit zur Lösung eines Adreßproblem ist und auch von den meisten Implementierungen verwendet wird, wenn kein – für die Funktion des Netzes – wichtiges Gerät (z.B. Server, Router, etc.) von dieser Maßnahme betroffen ist. In diesen Fällen wird eine Lösung nach den zuerst beschriebenen Methoden durchgeführt. Während der Zeitspanne, in der das Adreßproblem nicht gelöst ist, wird den fehlerhaft arbeitenden Stationen das Senden von Daten untersagt.

Allerdings besteht auch während der Arbeitsphase der RMT Maschine – also im laufenden Betrieb des Netzwerkes – keine völlige Sicherheit, daß ein Adreßproblem bereits während der Initialisierungsphase des Rings erkannt und gelöst worden ist. Aus diesem Grund kann es auch während der normalen Arbeitsphase des Rings zu Adreßproblemen kommen, die das SMT veranlassen, ein spezielles Frame (FC = 0x4F und DA = SA) auszusenden und einen Kontrollmechanismus auszulösen. Empfängt die Station das Frame und ist das A-Bit gesetzt, so erkennt die Station das Vorliegen eines Adreßproblems und führt die oben beschriebenen Aktionen aus.

Sollte jedoch eine Beschädigung des Empfangspfads für die nicht korrekte Arbeitsweise des Protokolls verantwortlich sein, wird ein Pfadtest (Zustand RM7: TRACE) durchgeführt, bei dem die MAC Einheit in den *Loopback Mode* geschaltet wird und einen Selbsttest ihrer Verbindungswege durchführt, der bei positiver Beendigung einen Neustart der CMT beinhaltet. Verläuft der Selbsttest negativ, wird ein Ring Wrapping vollzogen und die fehlerhafte Station isoliert.

Neben diesen korrektiven Maßnahmen ist das Ring Management auch für die Überwachung des restricted Token Dialogs verantwortlich, indem einer einzelnen Station das Recht für die ausschließliche Nutzung der asynchronen Bandbreite erteilt wird. Der Zustand des restricted Modes wird erreicht, wenn nach dem Empfang eines nonrestricted Tokens eine Station ein restricted Token auf das Netzwerk überträgt und anschließend ein initiales Frame aussendet. Danach steht dieser Station die volle Bandbreite des asynchronen Verkehrs zur Verfügung. Befindet sich der Ring in diesem restricted Mode, erfolgt durch das RMT eine Überwachung der Übertragungsdauer. Überschreitet der restricted Mode die Dauer von T_Rmode (Rmode ist eine einstellbare Größe), stoppt das RMT die weitere Übertragung und veranlaßt das Aussenden eines nonrestricted Tokens. Damit ist die normale Funktionsweise des Rings wiederhergestellt.

## 8.8.3 Frame-Based Management Protocols

Den dritten und letzten funktionalen Bestandteil innerhalb des Station-Managements bilden die sogenannten *Frame-Based Management Protocols*. Sie stellen die frame-basierten Dienste zur Verfügung, die den Austausch von Managementinformation zwischen den einzelnen Stationen realisieren.

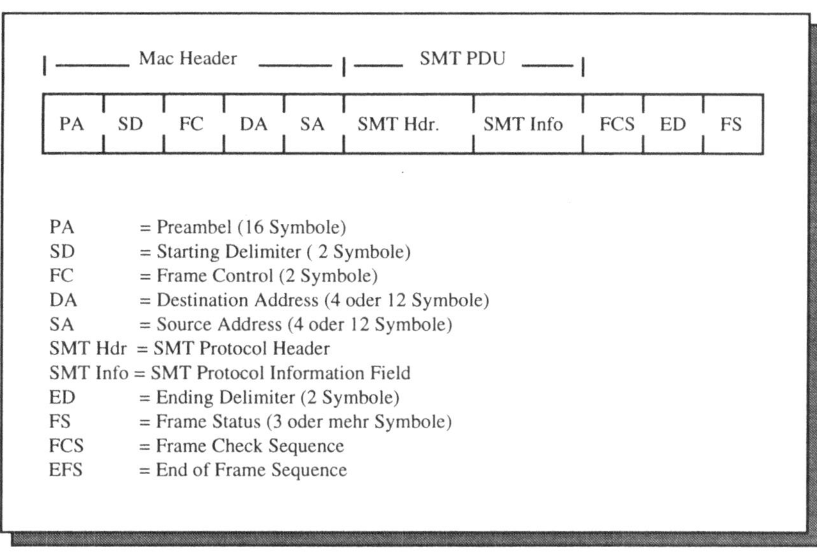


SMT Frame Format

Die Frame-Based Management Protocols werden in erster Linie von den in den höheren Schichten angesiedelten Managementfunktionen benutzt, um Information (z.B. Konfiguration einer Station, Austausch von Zustandsinformation) aus den unteren Protokollschichten zu beziehen und damit eine Kontrollfunktion über das Netzwerk auszuüben.

Für den Austausch von Information (SMT-Nachrichten) wird das SMT Frame-Format verwendet, daß im wesentlichen aus dem MAC Header und der SMT PDU, die in das Info Feld eines Übertragungsrahmen eingebettet ist, besteht (siehe oben).

Im folgenden sollen nun einige Management Protokolle des FDDI-Standards vorgestellt werden.

## Neighbor Notification Protocol

Das im FDDI-Protokoll verwendete Frame Based Management Protocol basiert grundsätzlich auf einem Anfrage-Antwort-Modell, bei dem eine einzelne Station oder mehrere Stationen auf eine Anfrage, die nur vom Management Agent Process durchgeführt werden kann, reagieren und eine Antwort zurücksenden. Durchbrochen wird dieser Ablauf lediglich vom dem sogenannten *Neighbor Notification Protocol*, welches zu bestimmten Zeitpunkten *Neighbor Information Frames* an eine oder mehrere Zielstationen absendet. Es ermöglicht einer MAC Einheit die Adressen seiner unmittelbaren Nachbarn im Ring zu erlernen und ergänzt die RMT Funktion zur Erkennung von Adreßduplikatsfehlern. Darüber hinaus wird mit Hilfe dieses Protokoll, das in periodischen Abständen aktiviert wird, die Arbeitsweise der Sende- und Empfangspfade im Ring überprüft; auch wenn sonst kein Datenverkehr auf dem Netz erfolgt.

Die Realisierung des NNP erfolgt mit Hilfe von zwei kooperierenden Prozessen; dem *Neighbor Notification Transmitter* (NNT) und dem *Neighbor Notification Receiver* (NNR). Der NNT ist verantwortlich für das regelmäßige Aussenden von Neighbor Information Frames (NIF) an die stromabwärts (downstream) gelegene Station, von der sie auch die beantworteten Rahmen entgegennimmt. Der NNT ist somit ein aktiver Prozeß, der in regelmäßigen Abständen (meist alle 30 s) selbstständig einen Rahmen aussendet. Der NNR ist hingegen eine passive Komponente, die nur auf Anfragen der stromaufwärts (upstream) gelegenen Station antwortet. Die Funktionsweise des Neighbor Notification Protocols beruht auf dem Aussenden eines Neighbor Information Frames (SA = fddiMACSMTAddress, DA = Broadcast) und der Auswertung des wieder empfangenen Rahmens. Dazu sendet eine Station, die nach dem Anschalten oder nach einer Rekonfiguration in den Ring integriert werden möchte einen NIF Request an alle Stationen im Ring. Hierfür setzt sie das *Upstream Neighbor Address* Feld (UNA) und das *Downstream Neighbor Address* Feld (DNA) des NIF Requests, der im Info Feld einer Frame-PDU übertragen wird, auf 'unkown'. Die erste Station, die den Rahmen erhält kopiert den Rahmen vom Ring, belegt das A und das C Bit des Frame Status Felds und sendet einen NIF Response an die Station, deren Adresse sie aus dem DA Feld entnommen hat, zurück. Darüber hinaus belegt sie die Felder UNA (aus dem DA Feld) und DNA (sofern sie diese kennt) des Antwortrahmens. Alle Stationen, die in der Zwischenzeit ebenfalls den NIF Request erhalten haben, erkennen an dem A und C Bit, daß sie nicht mit einem Response reagieren müssen. Nachdem der Initiator des NIF Requests die NIF Response erhalten hat, kennt er seinen Nachbarn und speichert dessen Adresse. Da das Aussenden von NIF Rahmen in der Regel von allen Stationen in regelmäßigen Abständen durchgeführt wird, sind bereits kurze Zeit nach dem Ausschalten oder Anschalten eines Gerätes alle anderen Stationen über den neuen Zustand informiert.

### Status Report Protocol

Das *Status Report Protocol* wird von den FDDI-Stationen genutzt, um in periodischen Abständen Status Report Frames (SRF) über den Zustand des Rings auszutauschen. Das Status Report Protocol unterscheidet drei verschiedene Gruppen von Bedingungen (Condition_Asserted, Condition Deasserted und Event_Occured), bei denen das Aussenden von *Status Report Frames* erfolgt. Condition_Asserted Bedingungen (z.B. Duplicate Address Condition, Frame Error Condition, usw.) veranlassen das Status Report Protocol, während der gesamten Dauer dieses Zustandes SRF zu übertragen. Der zeitliche Abstand zwischen zwei Übertragungen muß jedoch mindestens 1 sec. betragen, um das Netzwerk vor einer Überflutung mit SRFs zu schützen. Die beiden anderen Bedingungen werden hingegen lediglich durch das fünfmalige Aussenden eines SRFs angezeigt; der zeitliche Abstand zwischen der ersten und der zweiten Meldung beträgt 2 sec. Danach wird jeweils der Abstand verdoppelt und nach der 5ten Übertragung (32 sec Abstand) eingestellt und der Timer zurückgesetzt.

### Parameter Management Protocol (PMP)

Mit Hilfe des *Parameter Management Protocols* wird einem Netzwerk Manager die Möglichkeit gegeben, bestimmte SMT Variablen zu lesen oder zu verändern. Die hierfür vorgesehenen Übertragungsrahmen (PMF get und PMF set) arbeiten auf der Management Information Base (MIB) und erlauben den Netzwerk Manager mit Hilfe eines Management Protokolls (SNMP, CMIP) Manipulationen an der MIB einer oder mehrerer Stationen vorzunehmen und damit das Verhalten dieser Stationen zu verändern.

Der PMF get Übertragungsrahmen wird von einer Station zum Lesen von Attributen bzw. einer Attributgruppe in einer oder mehreren Stationen verwendet. Als Antwort liefern die angesprochenen Stationen eine PMF get Response zurück, in der die angeforderten Werte enthalten sind. Der PMF set Übertragungsrahmen erlaubt das verändern von Attributwerten, indem er die Bezeichnung und den Wert der zu verändernden Variable überträgt. Da eine Veränderung von Attributwerten eine sehr mächtige Funktion ist, sind zur Absicherung des Protokolls vor einer nicht zulässigen Benutzung sowohl eine Konsistenzkontrolle wie auch eine Zugriffkontrolle eingefügt.

**Synchronous Bandwidth Allocation (SBA)**

In der vorhergehenden Betrachtung des FDDI-Protokolls wurde festgestellt, daß FDDI sowohl die Verwendung von synchroner als auch von asynchroner Bandbreite unterstützt. Die Verwendung der asynchronen Bandbreite wird durch das Timed Token Rotation Protocol gesteuert, daß in Abhängigkeit von der zur Verfügung stehenden Token Hold Time Übertragungskapazität an die einzelnen Stationen vergibt. Insgesamt ist die für alle Stationen zur Verfügung stehende Übertragungskapazität jedoch durch die bei der Ringinitialisierung ausgehandelte Target Rotation Time bestimmt. Möchte nun eine Station synchrone Bandbreite (etwa für die Übertragung von zeitkritischen Audio- oder Videodaten) in Anspruch nehmen, so muß sie dementsprechend synchrone Bandbreite bei einem zentralen Prozeß (dem sogenannten *Synchronous Bandwidth Allocation Process*) beantragen, um möglicherweise die bei der Initialisierung ausgehandelte maximale Ringumlaufzeit nicht zu überschreiten – was ein Fehlverhalten des Protokolls zur Folge hätte.

Die benötigte Menge an synchroner Bandbreite wird u.a. durch die fest vorgegebene Menge an Daten (Overhead des FDDI-Protokolls) bestimmt, die für die Erzeugung und Übertragung von synchronen Daten benötigt wird. Zusätzlich muß der Overhead des Vermittlungs- und Transportprokolls (z.B. TCP/IP) berücksichtigt werden, der ebenfalls einen Einfluß auf die benötigte Bandbreite hat. Darüber hinaus ist von der Station die Menge der synchron zu übertragenen Daten zu bestimmen, die als Nutzlast in die Berechnung eingeht. Schließlich ist noch der zeitliche Bedarf festzulegen, der für die Beantragung der synchronen Bandbreite erforderlich ist (z.B. 500 Bytes alle 4 ms oder 1.000 Bytes alle 8 ms).

Mit Hilfe dieser Information kann dann der Prozeß zur Vergabe der synchronen Bandbreite entscheiden, welchen Einfluß die Vergabe der beantragten Daten auf die Ringumlaufzeit hat, und ob sie bewilligt werden kann. Gegenwärtig existierende FDDI-Netze verfügen jedoch in der Regel über keinen Synchronous Bandwidth Allocation Process, so daß nur der asynchrone Datentransfer vom Protokoll unterstützt wird.

## 8.9 Zusammenfassung

Das Station-Management stellt in einem FDDI-Netz wirkungsvolle Mechanismen zur Kontrolle des Protokolls und zur Behebung von Fehlern zur Verfügung, die über die Konfiguration der lokalen Stationen bis zur Überwachung des korrekten Protokollablaufs reichen. Darüber hinaus stellt es Funktionen bereit, die es erlauben, daß im Fehlerfall eine automatische Korrektur erfolgen kann.

Durch die Integration des Station-Managements kann das FDDI-Protokoll gegenwärtig als eine der anspruchsvollsten Implementierungen für die Aufgaben des Managements in lokalen Netzen angesehen werden.

# 9 Vermittlungsprotokolle

## 9.1 Einleitung

In den vorhergehenden Kapiteln wird die Verbindung von Rechnern über eine Leitung (*link*) oder über das gleiche lokale Netz (FDDI, Ethernet) betrachtet. Es sollen aber auch Rechner, die sehr weit entfernt stehen bzw. an verschiedenen Netzen angeschlossen sind, Daten austauschen können. Dieses wird in der Regel dadurch realisiert, daß die verschiedenen Rechner über eine Kette von Links und Rechnern bzw. über verschiedene Netze und Gateways (siehe 2.7.4) miteinander verbunden werden. Standards und Techniken, die diese Problem behandeln, werden allgemein als **Vermittlungsprotokolle** bezeichnet. Die beiden verbreitetsten Vermittlungsprotokolle werden in diesem Kapitel vorgestellt.

Das ISO/OSI-Basisreferenzmodell führt auf der **Vermittlungsschicht** (Schicht 3: *Network Layer*) ein Protokoll ein, welches eine sichere, transparente Verbindung zwischen zwei Datenendeinrichtungen (DEE) bereitstellt. Dieses Protokoll ist für die sichere Übertragung von Paketen über mehrere Stationen verantwortlich und wird auch als X.25/PLP (PLP=*Packet Layer Protocol*) bezeichnet.

X.25/PLP abstrahiert davon, daß sich zwischen den beiden Stationen noch weitere solcher Stationen befinden können, über die eine solche Verbindung zu führen ist. Solche Stationen werden als **Transitsysteme** bezeichnet; zusammen mit der DÜE bilden sie das Datenübertragungssystem (DÜE=Datenübertragungseinrichtung) in der X.25-Empfehlung der CCITT.

Das Internetprotokoll (IP) hat vergleichbare Aufgaben wie die Vermittlungsschicht im ISO/OSI-Basisreferenzmodell. Es überträgt Dateneinheiten über mehrere Transitrechner zu einem Zielrechner; die Dateneinheiten werden im Internetprotokoll Datagramme genannt. Die Transitrechner werden, insbesondere wenn sie IP-Netze miteinander verbinden, als Router bezeichnet. Allerdings gibt es wesentliche Unterschiede zum X.25/PLP, die im Abschnitt 9.4.1 genauer betrachtet werden.

In diesem Abschnitt betrachten wir zunächst allgemeine Dienste der Vermittlungsschicht. Dann stellen wir zunächst das X.25/PLP und dann das Internetprotokoll IP genauer vor.

### 9.1.1 Dienste zur Vermittlung von Daten

Die Dienste, die ein Vermittlungsprotokoll zur Verfügung stellen sollte, umfassen den Auf- und Abbau von Systemverbindungen (welche verbindungslos oder verbindungsorientiert sein können), die transparente Übertragung von Benutzerdaten, verschiedene Qualitätsmerkmale, die Meldung nicht behebbarer Fehler, eine Vorrangdatenübermittlung sowie das Rücksetzen von Endsystemverbindungen. Genau diese Dienste werden im X.25/PLP zur Verfügung gestellt. Das Internetprotokoll sieht ähnliche Dienste vor, wenngleich dort in der Regel von diesen Diensten nur die wichtigsten implementiert werden. Ein wichtiger Unterschied zwischen beiden Protokollen ist, daß IP keine sichere Datenübertragung garantiert.

### 9.1.2 Die Funktionen der Vermittlungsschicht im X.25-Protokoll

Zur Realisierung dieser Dienste stellt die Vermittlungsschicht der X.25-Empfehlung u.a. folgende Funktionalitäten zur Verfügung:

- Vermittlung zwischen Endsystemen (Routenwahl, Betriebsmittelzuordnung)
- Konzentrieren (im Standard als Multiplexen bezeichnet) mehrerer Endsystemverbindungen auf eine gesicherte Systemverbindung, um die Systemverbindung kostengünstig ausnutzen zu können
- Übertragung von Daten; sowohl von Vorrangdaten, die vor normalen Daten übertragen werden, und Daten ohne Vorrang, die z.B. in einer Warteschlange abgelegt werden
- Fragmentierung und Blocken von Benutzerdaten, damit diese von der Sicherungsschicht übertragen werden können
- Fehlererkennung und Behebung bei der Datenübertragung, um eine vereinbarte Qualtität des Übertragungsdienstes zu garantieren
- Flußregelung zur Steuerung des Datenstroms zwischen den Vermittlungsschichten der DEE

Die Vermittlungsschicht des X.25-Protokolls beschreibt sowohl virtuelle Verbindungen (verbindungsorientiert) als auch Datagrammdienste (verbindungslos). Letztere werden jedoch von dem Postdienst DATEX-P nicht unterstützt. Bei den virtuellen Verbindungen (**VC**=*Virtual Call*) unterscheidet man feste virtuelle Verbindungen (**PVC**=*permanent virtual calls*) und wählbare virtuelle Verbindungen (**SVC**=*switched virtual calls*). Wir betrachten hier nur die virtuellen Verbindungen; Datagrammdienste werden beim TCP/IP-Protokoll im Abschnitt 9.4 untersucht.

Mehrere Verbindungen können gleichzeitig betrieben werden. Dazu wird jede Verbindung einem logischen Kanal zugeordnet, welcher durch eine Kanalgruppennummer (0..15) und eine Kanalnummer (0..255) identifiziert wird. Festen virtuellen Verbindungen werden bereits bei der Einrichtung logische Kanäle zugeordnet, während gewählte virtuelle Verbindungen bei jedem Verbindungsaufbau einen beliebigen freien logischen Kanal erhalten. Die Aufteilung der Nummernräume in feste und wählbare virtuelle Verbindungen wird bei der Einrichtung des Anschlusses durchgeführt.

### 9.1.3 Die Funktionen der Vermittlungsschicht im Internet Protokoll

Das Vermittlungsprotokoll des Internets stellt die folgenden Funktionen zu Verfügung:

- Übertragung von Datagrammen zwischen Endsystemen (Routenwahl, Prozeßzuordnung)
- Übertragung von Vorrangdaten
- Fragmentierung und Reassemblierung von Benutzerdaten, damit diese von dem Transportmedium übertragen werden können
- Erkennung und Meldung von Systemfehlern, jedoch keine Erkennung von Datenverfälschungen
- Flußregelung zur Steuerung des Datenstroms zwischen den Routern

Das Internetprotokoll überträgt Datenpakete in Form von Datagrammen, welche alle die Zieladresse sowie weitere Kontrollinformation enthalten, die insgesamt mindest 40 Bytes belegt (im X.25/PLP 3 Bytes, im HDLC-LAPB je Block noch einmal 3 Bytes). Am ZIelrechner werden die einzelnen Prozesse durch eine Protokollnummer identifziert. Da die Kommunikations verbindungslos ist, ist das Konzentrieren ohne weiteres möglich. Während die Datenblöcke nicht auf Fehler überprüft werden, wird die Kontrollinformation überwacht und bei Verfälschung eine Meldung an den Absender gegeben. Ein eigenes Managementprotokoll (ICMP=*Internet Control Message Protocol*) wird für Meldungen, Routing, Flußkontrolle und anderes verwendet.

## 9.2 Die Protokollelemente im X.25/PLP

### 9.2.1 Das Modell

Während des Verbindungsaufbaus kommuniziert die Vermttlungsschicht eines Rechners mit der DÜE, der sie die Zieladresse und andere Parameter mitteilen muß. Während der Datenübertragung wird die DÜE als transparentes Übertragungsmedium angesehen und die Vermttlungsschicht kommuniziert nur direkt mit der Partnerschich (*Peer Layer*) des Zielrechners. Wir erhalten daher das folgende Modell einer Verbindung:

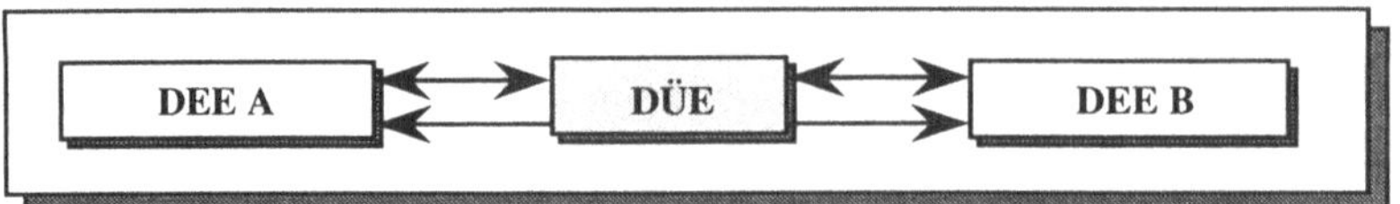


Übertragungsmodell der Vermittlungsschicht

wobei der untere Pfeil bedeutet, daß die transparente DÜE zwar vorhanden ist, logisch aber ignoriert wird.

Die Daten werden auf der Schicht 3 in **Paketen** (*packet*) organisiert. Die Pakete dienen, wie auf der Sicherungsschicht, zugleich dazu, die Kommunikation zwischen zwei Stationen zu steuern.

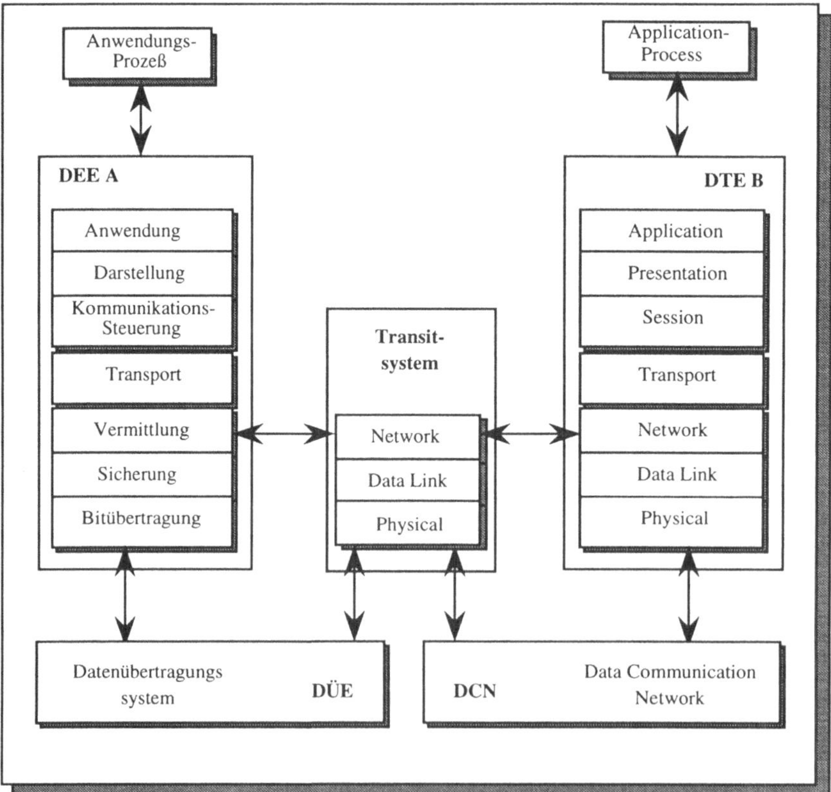


Die Vermittlungsschicht im Basisreferenzmodell

Um dieses zu ermöglichen, gibt es fünf Gruppen von Pakettypen, für die die folgenden Aufgaben vorgesehen sind:

- Verbindungserstellung und -auslösung (*Call Set-Up and Clearing*)
- Daten und Unterbrechung (*Data and iInterrupt*)
- Flußregelung und Rücksetzen (*Flow Control and Reset*)
- *Restart*
- Diagnose (*Diagnostic*)

Die Pakete sind mindestens drei Bytes lang und haben für die ersten drei Bytes das folgende Standardformat:

| Byte | Bit 8 | Bit 7 | Bit 6 | Bit 5 | Bit 4 | Bit 3 | Bit 2 | Bi 1 |
|---|---|---|---|---|---|---|---|---|
| 1 | Kennzeichen für das Grundformat | | | | Logische Kanalgruppennummer | | | |
| 2 | Logische Kanalnummer | | | | | | | |
| 3 | Kennzeichen für den Pakettyp | | | | | | | |

Das **Grundformat** beschreibt die Nummerierung der Pakete, die entweder Modulo 8 (0..7) numeriert werden (Kennzeichen = 0001) oder Modulo 128 (0..127) (Kennzeichen = 0010).

Die **logische Kanalgruppennummer** enthält die Kanalgruppennummer des logischen Kanals, für den das jeweilige Paket bestimmt ist. Die Werte reichen von 0 bis 15.

Die **logische Kanalnummer** enthält die Kanalnummer des logischen Kanals, für den das jeweilige Paket bestimmt ist. Die Werte reichen von 0 bis 255.

Das Kennzeichen für den **Pakettyp** beschreibt in verschlüsselter Form, welchem Pakettyp das Paket zuzuordnen ist.

An diese drei Bytes, die mindestens in dem Paket vorkommen müssen, können weitere angehängt werden, die andere notwendige Informationen beinhalten. Im folgenden werden diese Pakettypen und deren Aufgaben genauer beschrieben. Der Vollständigkeit halber wird auch deren genauer Aufbau angegeben.

### 9.2.2 Der Pakettyp für den Restart und dessen Quittung

Eine Station kann einen **Restart** initiieren, indem sie eine **Restart-Anforderung** (*Restart Request*) absetzt. Diese wird von der DÜE abgefangen und mit einer **Restart-Bestätigung** (*Restart Confirmation*) bestätigt. Die Wirkung dieser Anforderung ist es, alle logischen Kanäle an der Schnittstelle DÜE/DEE zu initialisieren. Damit werden alle gewählten virtuellen Verbindungen aufgelöst, und alle festen virtuellen Verbindungen werden zurückgesetzt. Setzen beide Seiten gleichzeitig eine Restart-Anforderung ab, so werden diese vom jeweiligen Empfänger als Restart-Bestätigung interpretiert. Das Paket zur Restart-Anforderung folgenden Aufbau:

| Byte | Bit 8 | Bit 7 | Bit 6 | Bit 5 | Bit 4 | Bit 3 | Bit 2 | Bi 1 |
|---|---|---|---|---|---|---|---|---|
| 1 | Kennzeichen für das Grundformat | | | | 0 | 0 | 0 | 0 |
| 2 | 0 | 0 | 0 | 0 | 0 | 0 | 0 | 0 |
| 3 | Kennzeichen für den Pakettyp **Restart-Anforderung** | | | | | | | |
| | 1 | 1 | 1 | 1 | 1 | 0 | 1 | 1 |
| 4 | Grund für den Restart | | | | | | | |
| | Örtlicher Ablauffehler | | | | ... | 0 | 0 | 1 |
| | Netz überlastet | | | | 0 | 0 | 1 | 1 |
| 5 | Diagnoseangaben | | | | | | | |

Die Diagnoseangaben können die Gründe für den Restart noch genauer angeben. Die **Bestätigung** für einen Restart geschieht mit dem folgenden Paket:

| Byte | Bit 8 | Bit 7 | Bit 6 | Bit 5 | Bit 4 | Bit 3 | Bit 2 | Bi 1 |
|---|---|---|---|---|---|---|---|---|
| 1 | Kennzeichen für das Grundformat | | | | 0 | 0 | 0 | 0 |
| 2 | 0 | 0 | 0 | 0 | 0 | 0 | 0 | 0 |
| 3 | Kennzeichen für den Pakettyp **Restart-Bestätigung** | | | | | | | |
| | 1 | 1 | 1 | 1 | 1 | 1 | 1 | 1 |

## 9.2.3 Die Pakettypen für die Verbindungserstellung und -auslösung

Pakete dieses Typs werden zum Auf- und Abbau wählbarer virtueller Verbindungen benutzt. Für feste virtuelle Verbindungen werden Pakete dieses Typs nicht benötigt. Zum Aufbau eines SVC wird ein Paket vom Typ **Verbindungsanforderung** abgesetzt, welche bei der empfangenden DEE als **ankommender Anruf** interpretiert werden. Die Verbindungsanforderung bzw. der ankommende Anruf wird durch ein Paket folgenden Aufbaus angezeigt:

| Byte | Bit 8 | Bit 7 | Bit 6 | Bit 5 | Bit 4 | Bit 3 | Bit 2 | Bi 1 |
|---|---|---|---|---|---|---|---|---|
| 1 | Kennzeichen für das Grundformat | | | | Logische Kanalgruppennummer | | | |
| 2 | Logische Kanalnummer | | | | | | | |
| 3 | Kennzeichen für den Pakettyp **Verbindungsanforderung** | | | | | | | |
| | 0 | 0 | 0 | 0 | 1 | 0 | 1 | 1 |
| 4 | Länge der Adresse der rufenden DEE | | | | Länge der Adresse der gerufenen DEE | | | |
| 5 | DEE-Adressen | | | | | | | |
| | ................................................ | | | | | | | |
| | | | | | 0 | 0 | 0 | 0 |
| | 0 | 0 | Länge des Feldes zur Angabe von Leistungsmerkmalen | | | | | |
| | Leistungsmerkmale | | | | | | | |
| | ......... | | | | | | | |
| | Angaben des rufenden Teilnehmers | | | | | | | |
| | ......... | | | | | | | |

Die einzelnen Netze bieten unterschiedliche **Leistungsmerkmale** an, die bei Bedarf in dem entsprechenden Feld eingetragen werden können. Die **Angaben des rufenden Teilnehmers** können z.B. Protokollvarianten höherer Schichten beschreiben. Diese Angaben können bis zu 16 Bytes umfassen.

Soll ein Ruf angenommen werden, so sendet die gerufene Station ein Paket des Typs **Annahme des Anrufs**, welches beim Rufer als **Verbindung hergestellt** eintrifft. Der Aufbau der Pakete dieses Typs ist folgender:

| Byte | Bit 8 | Bit 7 | Bit 6 | Bit 5 | Bit 4 | Bit 3 | Bit 2 | Bi 1 |
|---|---|---|---|---|---|---|---|---|
| 1 | Kennzeichen für das Grundformat | | | | Logische Kanalgruppennummer | | | |
| 2 | Logische Kanalnummer | | | | | | | |
| 3 | Kennzeichen für den Pakettyp **Annahme des Anrufs** | | | | | | | |
| | 0 | 0 | 0 | 0 | 1 | 1 | 1 | 1 |
| 4 | Länge der Adresse der rufenden DEE | | | | Länge der Adresse der gerufenen DEE | | | |
| 5 | DEE-Adressen<br>........................................... | | | | | | | |
| | | | | | 0 | 0 | 0 | 0 |
| | 0 | 0 | Länge des Feldes zur Angabe von Leistungsmerkmalen | | | | | |
| | Leistungsmerkmale<br>......... | | | | | | | |

Hier dürfen keine Angaben des rufenden Benutzers vorkommen; die Angaben über die Leistungsmerkmale können auch entfallen.

| Byte | Bit 8 | Bit 7 | Bit 6 | Bit 5 | Bit 4 | Bit 3 | Bit 2 | Bi 1 |
|---|---|---|---|---|---|---|---|---|
| 1 | Kennzeichen für das Grundformat | | | | Logische Kanalgruppennummer | | | |
| 2 | Logische Kanalnummer | | | | | | | |
| 3 | Kennzeichen für den Pakettyp **Auslösungsanforderung** | | | | | | | |
| | 0 | 0 | 0 | 1 | 0 | 0 | 1 | 1 |
| 4 | Grund der Auslösung (siehe unten) | | | | | | | |
| 5 | Diagnoseangaben (können entfallen) | | | | | | | |

| Grund der Auslösung: | Bit 1 2 3 4 5 6 7 8 |
|---|---|
| Auslösung durch DEE: | 0 0 0 0 0 0 0 1 |
| Gegenstelle belegt: | 0 0 0 0 0 0 0 1 |
| Störung/außer Betrieb: | 0 0 0 0 1 0 0 1 |
| Ablauffehler der Gegenstelle | 0 0 0 1 0 0 0 1 |
| Gebührenübernahme nicht vereinbar: | 0 0 0 1 1 0 0 1 |
| Unverträgliches Ziel: | 0 0 1 0 0 0 0 1 |
| Annahme von Einzelpaketen nicht vereinbart: | 0 0 1 0 1 0 0 1 |
| Ungültige Leistungsmerkmalanforderung: | 0 0 0 0 0 0 1 1 |
| Zugang nicht verfügbar: | 0 0 0 0 1 0 1 1 |
| Örtlicher Ablauffehler: | 0 0 0 1 0 0 1 1 |
| Netz überlastet: | 0 0 0 0 0 1 0 1 |
| Ziel nicht erreichbar: | 0 0 0 0 1 1 0 1 |
| Leitwegstörung: | 0 0 0 1 0 1 0 1 |

Zur Auslösung einer Verbindung wird ein Paket vom Typ **Auslösungsanforderung** gesendet, welche die Gegenstelle als **Auslösungsanzeige** interpretiert. Pakete dieses Typs sind entsprechend der vorhergehenden Tabelle aufgebaut:

Wenn Diagnoseangaben gemacht werden, so werden sie unverändert an die Gegenstelle weitergereicht.

Die Auslösungsanzeige muß mit einer **Auslösungsbestätigung** quittiert werden, welche folgenden Aufbau hat:

| Byte | Bit 8 | Bit 7 | Bit 6 | Bit 5 | Bit 4 | Bit 3 | Bit 2 | Bi 1 |
|---|---|---|---|---|---|---|---|---|
| 1 | Kennzeichen für das Grundformat | | | | Logische Kanalgruppennummer | | | |
| 2 | Logische Kanalnummer | | | | | | | |
| 3 | Kennzeichen für den Pakettyp **Auslösungsbestätigung** | | | | | | | |
| | 0 | 0 | 0 | 1 | 0 | 1 | 1 | 1 |

## 9.2.4 Die Pakettypen zur Datenübertragung und Unterbrechung

Nach dem Aufbau einer Verbindung können beide DEEs unabhängig voneinander Datenpakete senden und empfangen. Pakete dieses Typs haben den folgenden Aufbau:

| Byte | Bit 8 | Bit 7 | Bit 6 | Bit 5 | Bit 4 | Bit 3 | Bit 2 | Bi 1 |
|---|---|---|---|---|---|---|---|---|
| 1 | Kennzeichen für das Grundformat | | | | Logische Kanalgruppennummer | | | |
| | Q | D | 0 | 1 | | | | |
| 2 | Logische Kanalnummer | | | | | | | |
| 3 | P(R) | | | M | P(S) | | | 0 |
| 4 | Benutzerdaten | | | | | | | |
| ... | ......... | | | | | | | |

Man beachte, daß das Bit 1 im dritten Byte den Wert 0 hat, während in allen anderen Paketen dieses Bit den Wert 1 hat. Somit ist diese 0 das Kennzeichen für den Pakettyp: **Daten**.

Das **Bit Q** im ersten Byte wird im Protokoll X.29 verwendet und soll hier nicht weiter betrachtet werden. Das **Bit D** zur **Übergabebestätigung** (*Delivery Confirmation Bit*) gibt an, ob dieses Paket von der Gegenstelle bestätigt werden soll.

Das **Bit M** im dritten Byte wird als Folgepaket-Bit (*More Data Bit*) bezeichnet. Es ist gesetzt (M=1), wenn das Paket nicht das letzte in einer Folge ist. Ist es das letzte oder einzige Paket, so wird M=0 gesetzt.

P(S) und P(R) entsprechen den Folgezählern N(S) und N(R) beim HDLC-Protokoll und werden auch genauso interpretiert. Die maximale Anzahl unbestätigter Pakete wird als **Fenster** (*Window*) bezeichnet; die Standard-Fenstergröße ist W=2. Solange W oder mehr Pakete unbestätigt sind, darf der Sender keine weiteren Pakete schicken. Die Teilnehmer dürfen vereinbaren, die Fenstergröße zu ändern.

Während der Datenphase kann eine DEE der Gegenstelle eine Nachricht zukommen lassen, indem sie ein Paket **Unterbrechung** abschickt; Pakete dieses Typs haben den folgenden Aufbau:

| Byte | Bit 8 | Bit 7 | Bit 6 | Bit 5 | Bit 4 | Bit 3 | Bit 2 | Bi 1 |
|---|---|---|---|---|---|---|---|---|
| 1 | Kennzeichen für das Grundformat | | | | Logische Kanalgruppennummer | | | |
| 2 | Logische Kanalnummer | | | | | | | |
| 3 | Kennzeichen für den Pakettyp **Unterbrechung** | | | | | | | |
| | 0 | 0 | 1 | 0 | 0 | 0 | 1 | 1 |
| 4 | Benutzerangaben zur Unterbrechung | | | | | | | |

Der Empfang einer Unterbrechung muß mit einem Paket **Unterbrechungsbestätigung** quittiert werden; Pakete dieses Typs haben den folgenden Aufbau:

| Byte | Bit 8 | Bit 7 | Bit 6 | Bit 5 | Bit 4 | Bit 3 | Bit 2 | Bi 1 |
|---|---|---|---|---|---|---|---|---|
| 1 | Kennzeichen für das Grundformat | | | | Logische Kanalgruppennummer | | | |
| 2 | Logische Kanalnummer | | | | | | | |
| 3 | Kennzeichen für den Pakettyp **Unterbrechungsbestätigung** | | | | | | | |
| | 0 | 0 | 1 | 0 | 0 | 1 | 1 | 1 |

Eine weitere Unterbrechung darf nur dann ausgesendet werden, wenn die vorherige bestätigt wurde, da andernfalls nicht alle abgeschickten Unterbrechungen bestätigt worden sein könnten, bzw. bei einer Bestätigung nicht bekannt ist, welche Unterbrechung quittiert wird.

### 9.2.5 Die Pakettypen zur Flußregelung und zum Rücksetzen

Wie beim HDLC-Protokoll so kann auch das X.25/PLP die Gegenstelle daran hindern, weiter Pakete zu senden, und zwar nur bezogen auf den jeweiligen logischen Kanal. Dazu werden Pakete des Typs **RNR** (*Receive not ready*) verwendet, deren Aufbau der folgende ist:

| Byte | Bit 8 | Bit 7 | Bit 6 | Bit 5 | Bit 4 | Bit 3 | Bit 2 | Bi 1 |
|---|---|---|---|---|---|---|---|---|
| 1 | Kennzeichen für das Grundformat | | | | Logische Kanalgruppennummer | | | |
| 2 | Logische Kanalnummer | | | | | | | |
| 3 | P(R) | | | Kennzeichen für den Pakettyp **RNR** | | | | |
| | | | | 0 | 0 | 1 | 0 | 1 |

P(R) gibt – wie N(R) beim HDLC-Protokoll – die Nummer des nächsten erwarteten Pakets an, so daß gleichzeitig die Pakete bis zur Nummer P(R)-1 mod 8 quittiert werden. Wenn die Station wieder empfangsbereit ist, muß sie dieses explizit durch Aussenden eines **RR**-Paketes (*Receive Ready*) bekanntgeben. Der Aufbau von Paketen dieses Typs ist der folgende:

| Byte | Bit 8 | Bit 7 | Bit 6 | Bit 5 | Bit 4 | Bit 3 | Bit 2 | Bi 1 |
|---|---|---|---|---|---|---|---|---|
| 1 | Kennzeichen für das Grundformat | | | | Logische Kanalgruppennummer | | | |
| 2 | Logische Kanalnummer | | | | | | | |
| 3 | P(R) | | | Kennzeichen für den Pakettyp **RR** | | | | |
| | | | | 0 | 0 | 0 | 0 | 1 |

Dieses Paket signalisiert somit **empfangsbereitschaft**. Auch hier kann dieser Pakettyp zur Quittierung empfangener Pakete verwendet werden, wenn keine zu sendenden Daten vorliegen. P(R) gibt die Nummer des Pakets an, welches als nächstes erwartet wird; somit werden alle Pakete bis zur Nummer P(R)-1 mod 8 bestätigt.

Wenn es nötig ist, feste oder virtuelle Verbindungen in einen definierten Anfangszustand zu versetzen, so kann dieses durch **Rücksetzen** (*Reset*) geschehen. Es werden dann sämtliche Zähler auf null gesetzt sowie alle Pakete, die sich noch im Netz befinden, vernichtet. Es ist danach also nicht mehr möglich zu bestimmen, welche Pakete den Empfänger noch erreicht haben. Das Rücksetzen kann sowohl von einer DEE als auch vom Netz, also der DÜE, initiiert werden. Die Pakete dieses Typs haben den folgenden Aufbau:

| Byte | Bit 8 | Bit 7 | Bit 6 | Bit 5 | Bit 4 | Bit 3 | Bit 2 | Bi 1 |
|---|---|---|---|---|---|---|---|---|
| 1 | Kennzeichen für das Grundformat | | | | Logische Kanalgruppennummer | | | |
| 2 | Logische Kanalnummer | | | | | | | |
| 3 | Kennzeichen für den Pakettyp **Rücksetzsanforderung** | | | | | | | |
| | 0 | 0 | 0 | 1 | 0 | 0 | 1 | 1 |
| 4 | Grund der Rücksetzung: Bit 1 2 3 4 5 6 7 8<br>Rücksetzung durch DEE: 0 0 0 0 0 0 0 0<br>Gegenstelle gestört: 0 0 0 0 0 0 0 1<br>Ablauffehler der Gegenstelle: 0 0 0 0 0 0 1 1<br>Örtlicher Ablauffehler 0 0 0 0 0 1 0 1<br>Netz überlastet: 0 0 0 0 0 1 1 1<br>Ferne DEE betriebsfähig: 0 0 0 0 1 0 0 1<br>Netz betriebsfähig: 0 0 0 0 1 1 1 1<br>Unverträgliches Ziel: 0 0 0 1 0 0 0 1 | | | | | | | |
| 5 | Diagnoseangaben (können entfallen) | | | | | | | |

Wiederum ist es notwendig, auf eine Rücksetzanforderung durch eine **Rücksetzbestätigung** zu reagieren. Das zugehörige Paket hat den folgenden Aufbau:

| Byte | Bit 8 | Bit 7 | Bit 6 | Bit 5 | Bit 4 | Bit 3 | Bit 2 | Bi 1 |
|---|---|---|---|---|---|---|---|---|
| 1 | Kennzeichen für das Grundformat | | | | Logische Kanalgruppennummer | | | |
| 2 | Logische Kanalnummer | | | | | | | |
| 3 | Kennzeichen für den Pakettyp **Rücksetzbestätigung** | | | | | | | |
| | 0 | 0 | 0 | 1 | 1 | 1 | 1 | 1 |

# 9.3 Ablauf des Vermittlungsprotokolls im X.25/PLP

## 9.3.1 Verbindungsaufbau und -auslösung

Der Ablauf des Vermittlungsprotokolls wird wieder mittels eines Zeitdiagramms dargestellt, wie dieses bereits beim HDLC-Protokoll im Kapitel 7 eingeführt wurde. Die Herstellung und Auslösung einer Verbindung läuft folgendermaßen ab:

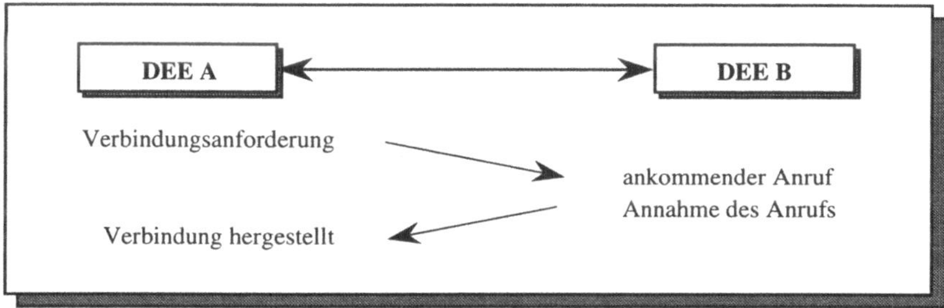


Lehnt die gerufene Gegenstelle die Verbindungsanforderung ab, so schickt sie statt einer Annahme des Anrufs eine Auslösungsanforderung:

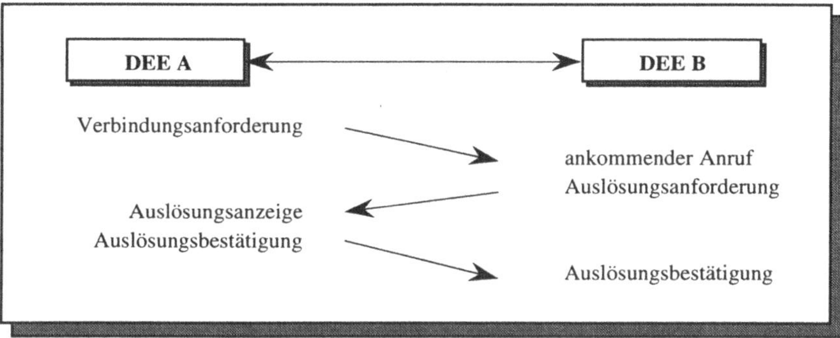


## 9.3.2 Lösung von Kollisionen und Namensverwaltung

Die Anzahl der logischen Kanäle einer Station ist begrenzt. Wenn eine Station den letzten logischen Kanal für einen Verbindungswunsch benutzen will, aber gleichzeitig ein Anruf ankommt, dem die Station intern einen eigenen logischen Kanal zuweisen muß, so entsteht ein Konflikt. Sei (3) der letzte logische Kanal der DEE B, so kann sich dieses Szenario folgendermaßen abspielen:

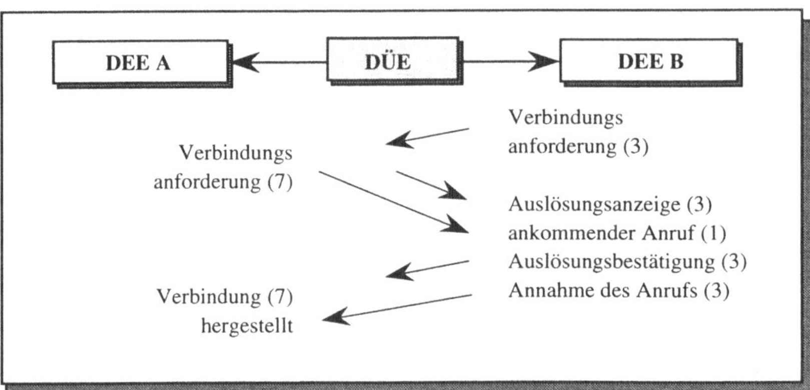


Anhand dieser Darstellung sieht man auch, daß ein logischer Kanal an der Station A innerhalb des Netzes auf eine andere Nummer umgesetzt werden kann und entsprechend beim Empfänger unter einer ganz anderen Nummer erscheint. Der Empfänger kann jedoch mit der DÜE einen anderen Namen (3) aushandeln, falls der vorgeschlagene (1) intern bereits belegt ist.

Die Umsetzung von Namen ist notwendig, da das Netz seine logischen Kanäle selbst verwalten muß und nicht auf jeder Teilstrecke die beliebigen logischen Kanäle eines Teilnehmers bewahren kann; ist auf der Teilstrecke A→C der Name einer Verbindung z.B. (7), so kann auf der Teilstrecke C→B dieser Name (3) sein.

Der Grund für dieses Vorgehen liegt darin, daß auf einer Leitung beliebig viele verschiedene virtuelle Verbindungen laufen können, und alle Stationen beim Aufbau ihrer Verbindungen beliebige logischen Namen verwenden können. Wählen zwei Rufer den gleichen Namen für ihre logischen Verbindungen, so könnten diese nicht über die gleiche Leitung geführt werden, wenn es keine Namensumsetzung geben würde.

Natürlich muß jeder Knoten eine Tabelle besitzen und die Nummern der Pakete auf jeder Teilstrecke umsetzen. Das ist ein nicht unerheblicher Aufwand, der einige der Probleme dieser Vermittlungsart charakterisiert. Beim Internetprotokoll (siehe nächsten Abschnitt) werden keine virtuellen Kanäle, sondern absolute Adressen verwendet, so daß diese Schwierigkeiten nicht entstehen können.

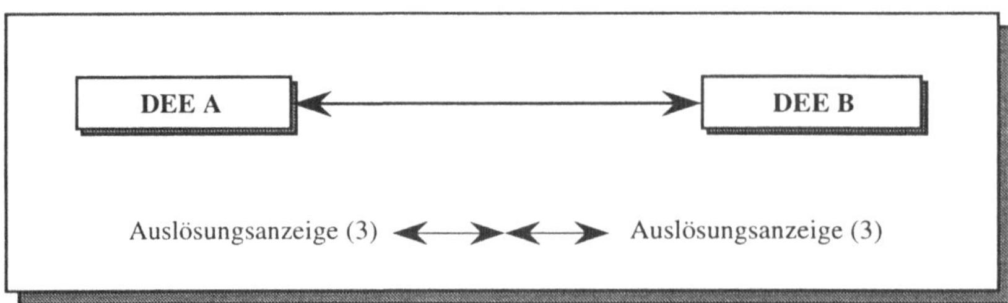

Schicken beide Teilnehmer einer Verbindung gleichzeitig eine Auslösungsanforderung, so gilt diese zugleich als Quittung. Diese braucht dann nicht mehr gesendet zu werden; gleiches gilt für Kollisionen beim Rücksetzen und beim Restart (siehe obiges Bild).

## 9.3.3 Ein typischer Ablauf eines X-25-Protokolls

Das folgende Ablaufbeispiel zeigt einige typische Situationen beim Ablaufen eines X.25-Protokolls auf der dritten Schicht. Wir verwenden die folgenden Notation:

<station> '-' <pakettyp> '('<kanal-nr.>, P(R), P(S))'

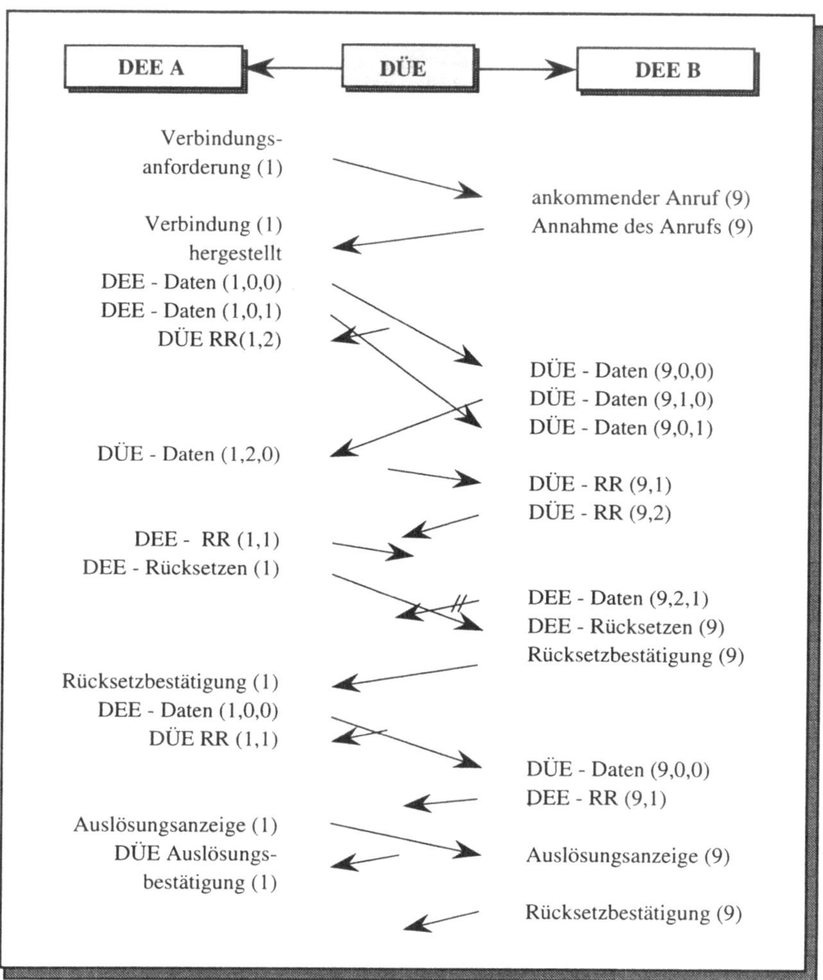

Der Pakettyp beschreibt die Funktionalität des Pakets, also Daten, RR, Rücksetzbestätitung usw. Die in runde Klammern gesetzte Liste gibt zunächst die virtuelle Kanalnummer an, und nennt dann (wenn vorhanden) die Werte der Zähler P(R) und P(S).

Dieses Beispiel soll jetzt kurz diskutiert werden. Zunächst wird eine Verbindung ordnungsgemäß aufgebaut. Die Station A sendet zwei Pakete, welche die DÜE quittiert. Dieses bedeutet, daß der erste Knoten in der DÜE die Pakete korrekt empfangen hat und solange zwischenspeichert, bis sie korrekt an den nächsten Knoten in der DÜE auf dem Weg bis zur Station B weitergereicht sind.

Die Station B erhält diese Pakete in diesem Beispiel zeitlich später als A die Quittung für die Pakete. Nach Erhalt des ersten Pakets sendet B selbst ein Paket an A. In diesem Paket wird zunächst nur der Erhalt des ersten Pakets quittiert. Die DÜE weiß natürlich, daß sie A bereits den Erhalt beider Pakete quittiert hat und setzt daher die Quittung in dem Paket von A auf P(R)=2 um (die Nummer des nächsten erwarteten Pakets). Nachdem dieses Paket bei A eingetroffen ist, erhält B von der DÜE eine explizite Quittierung seines gesendeten Pakets. Senden jetzt A und B explizite Quittungen für die erhaltenen Pakete, so dürfen diese von der DÜE nicht weitergereicht werden, da sie selbst bereits diese Pakete quittiert hatte.

Sendet jetzt A eine Rücksetzanforderung, so geht das letzte von B gesendete Paket verloren, da es von der DÜE gelöscht wird. B empfängt diese Rücksetzanforderung, bestätigt sie, und A empfängt diese Bestätigung. Beide Stationen setzten ihre sämtlichen Zähler auf null und eine weitere Datenübertragungsphase beginnt. Nachdem A die Auslösung anfordert, wird die Verbindung abgebrochen.

Man sieht an diesem Beispiel recht schön, daß das Netz einen großen Teil der Funktionen der Gegenstelle auch zeitlich vorweg ausführt: Während sich ein Paket noch im Netz befindet, wird es bereits beim Absender als korrekt empfangen quittiert. Solange keine Fehler auftreten, ist dieses Verfahren auch erträglich. Wenn aber ein Paket im Netz verloren geht, so ist dessen Quittierung ungültig; sie kann aber nicht zurückgenommen werden, so daß diese Situation nur durch ein Rücksetzen durch die DÜE gelöst werden kann.

Zwar bedeutet die frühzeitige Quittierung zugleich eine Erhöhung der Übertragungsrate; ein Fehlerfall kann aber nur durch eine rigorose Maßnahme gelöst werden. Darüber hinaus erfordert dieses Verfahren u.U. recht große Speicherkapazität im Netz, da alle Pakete in jedem Knoten solange gespeichert werden müssen, bis sie quittiert sind. Auch dieses stellt einen nicht unerheblichen Nachteil dieses Verfahrens dar, welches in den meisten Fällen, nämlich solange keine Fehler auftreten, unnötig Resourcen belegt.

## 9.4 Das Internetprotokoll

Das Internetprotokoll entstammt einer anderen Protokollfamilie als das X.25/PLP-Protokoll. Diese Protokollfamilie wird meist TCP/IP genannt. Während TCP ein Protokoll der

Transportschicht ist, also über der Vermittlungsschicht liegt und erst im nächsten Kapitel betrachtet wird, ist **IP** (**Internetprotokoll**) ein Protokoll, welches dem X.25/PLP-Protokoll vergleichbar ist, da es im wesentlichen für den Transport der Daten über mehrere Netze und Router zuständig ist. Da es jedoch auf einer ungesicherten Leitungsverbindung aufsetzt, gibt es einige Unterschiede, auf die wir hier kurz eingehen wollen.

### 9.4.1 Unterschiede zwischen dem Internet- und dem X.25-Protokoll

Dateneinheiten werden im Internet **Datagramme** (*Datagram*) genannt, was bereits einen Hinweis darauf liefert, daß die Kommunikation im Internetprotokoll **verbindungslos** (*Connection Less*) abläuft. Während das X.25/PLP zunächst die Route durch das Netz festlegt und dann auf jeder Leitung mit Kurzadressen auskommt, muß im Internetprotokoll wegen der verbindungslosen Kommunikation jedes Datagramm auf einem eigenen Weg zur Gegenstelle geleitet werden. Daher muß der Absender die vollständige Adresse des Empfängers angeben, was einen gewissen Overhead bedeutet. Zugleich vereinfacht dieses Verfahren aber den Aufbau des Netzwerks beträchtlich, da z.B. keine **Adreßumsetzung** (siehe letzten Abschnitt) durchgeführt werden muß.

Die Protokolle der TCP/IP-Protokollfamilie können folgendermaßen den Schichten des ISO/OSI-Basisreferenzmodells zugeordnet werden:

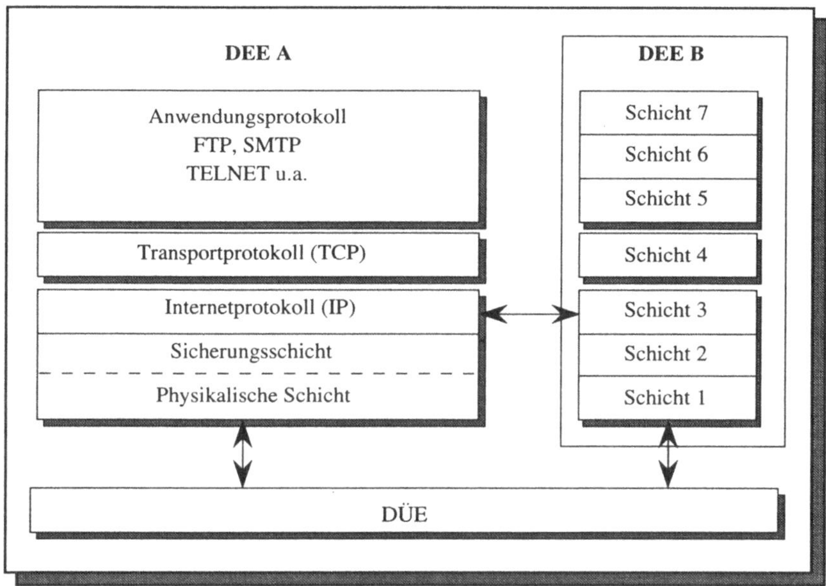


In der Vermittlungsschicht des X.25-Protokolls wird ein gesicherter Transport von Paketen durchgeführt, da diese Schicht auf dem gesicherten Leitungsprotokoll HDLC-LAPB aufsetzt; das Internetprotokoll transportiert Datagramme jedoch nur nach der ***Best***

***Effort* Strategie**, d.h. das Netz bemüht sich redlich, das Datagramm korrekt abzuliefern, aber es gibt keine Sicherheit hierfür. Im Internetprotokoll muß somit eine Sicherung der Übertragung in den höheren Schichten durchgeführt werden.

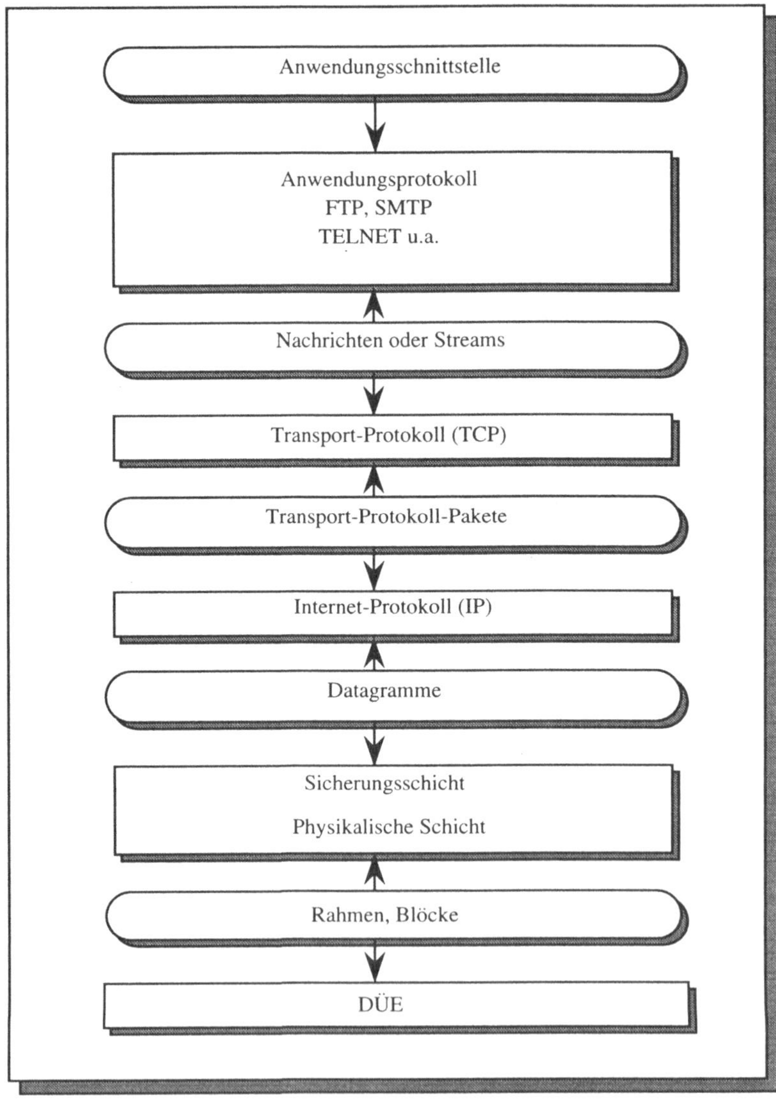


Neben anderen Unterschieden sind dieses die bei weitem wichtigsten, die zugleich auch zeigen, daß ein Vergleich der entsprechenden Schichten von X.25PLP und IP immer problematisch bleiben muß.

Uns interessiert in diesem Kapitel nur das Internetprotokoll. Die Sicherungsschicht kann die gleiche sein wie wir sie vom HDLC-LAPB-Protokoll kennen; sie kann jedoch auch in die Hardware eines lokalen Netzes integriert sein, z.B. im **ECB** (*Ethernet Control Board*) eines ***Ethernets***. Aus diesem Grunde werden die unteren beiden Schichten im TCP/IP-Protokoll in der Regel nicht getrennt dargestellt.

Zwischen den Schichten werden **Protokolleinheiten** (*Protocol Units*, auch PDU= *Protocol Data Unit*) ausgetauscht; Protokolleinheiten sind Datensätze, die sowohl Benutzerdaten als auch Aufträgen an eine benachbarte Schicht enthalten können. Im vorhergehenden Diagramm sind die Bezeichnungen der Protokolleinheiten in TCP/IP-Netzen eingezeichnet.

Die Anwenderschnittstelle kann sowohl ein Datensichtgerät für einen menschlichen Benutzer sein als auch die Schnittstelle zu einem anderen Anwendungsprogramm.

## 9.4.2 Das Modell des Internetprotokolls

Die Vermittlungsschicht im Internetprotokoll kann Datagramm nur an einen direkt erreichbaren Router senden. Wir verwenden hier das folgende einfache Modell für die Kommunikation im Internetprotokoll:

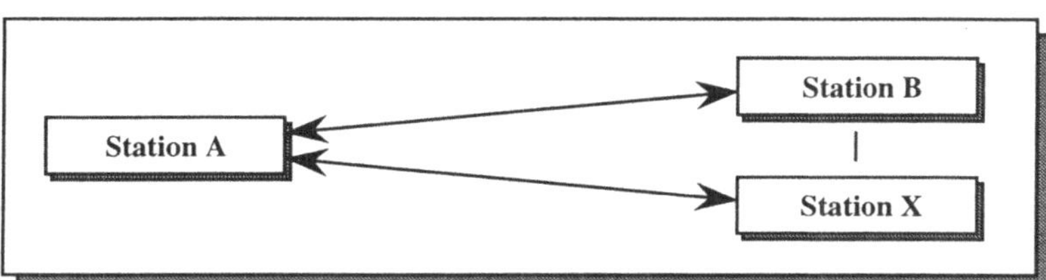


Eine **Station** ist entweder ein Router zwischen Netzen oder eine Datenendeinrichtung, die ein Datagramm nur absenden oder empfangen kann. Da das Internetprotokoll einen von evtl. mehreren direkt erreichbaren Routern auswählen muß, wurden mehrere Partnerstationen dargestellt.

## 9.4.3 Datenübertragung mit Datagrammen

Ähnlich dem Paket im X.25/PLP hat auch ein Datagramm im IP einen festen Aufbau, bestehend aus einem **Datagrammkopf** (*Datagran Header*) und einem **Datenbereich** (*Data Area*):

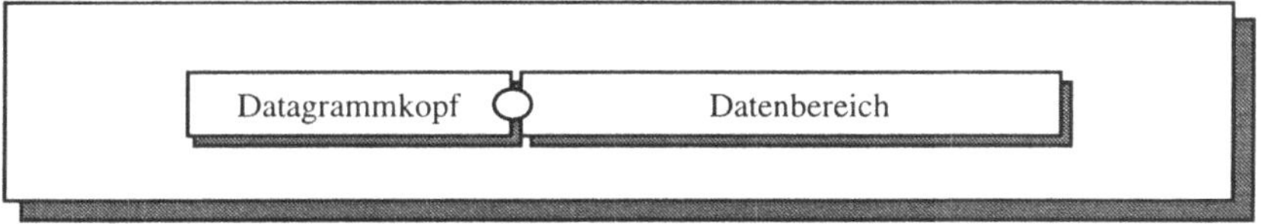

Im Internet werden die Datagramme nicht direkt zwischen Routern verschickt, sondern in der Regel in einen Block eingepackt, der sie an den nächsten Rechner transportiert; dieser Block kann z.B. ein Ethernet- oder ein FDDI-Rahmen sein. Hieraus resultiert die Forderung, daß Datagramme nicht beliebig lang sein dürfen. Ein effizienter Transport kann nur garantiert werden, wenn jedes Datagramm in einen Rahmen paßt. Die Größe eines solchen Rahmens ist jedoch von Netz zu Netz verschieden, so daß die Größe der Datagramme den Rahmengrößen der Netze, an die der jeweilige Rechner angeschlossen ist, angepaßt sein sollten. Der Aufbau eines Rahmens mit Datagramm kann dann folgendermaßen dargestellt werden:

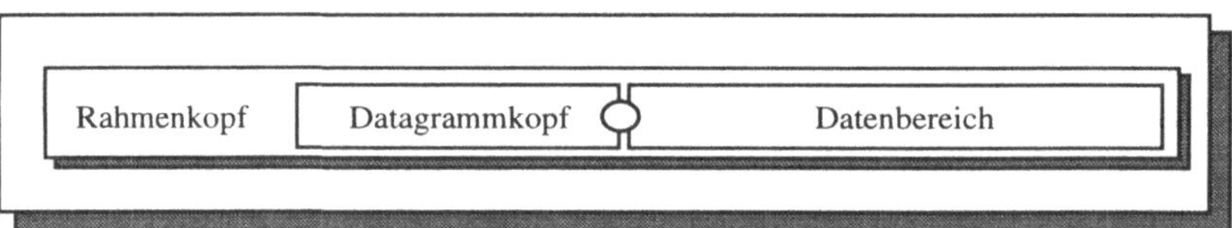


Diese Forderung ist jedoch i.allg. nicht zu erfüllen, da diese Größen zwischen 128 Bytes (in X.25-Netzen) und 4500 Bytes (in FDDI-Ringen) schwanken können, und zu kleine Datagramme wegen des recht großen Datagrammkopfes ineffizient sind. Daher legt das Internetprotokoll fest, daß das Netz Datagramme bis zu einer Länge von 576 Oktetten effizient übertragen muß. Wenn das Netz Rahmen mit Blöcken einer gegebenen Größe nicht übertragen kann, so darf es die Datagramme **fragmentieren** (*fragment*), d.h. in kürzere Blöcke zerlegen. Dabei enthält jeder Block neben einer Dateninformation auch den gesamten Datagrammkopf:

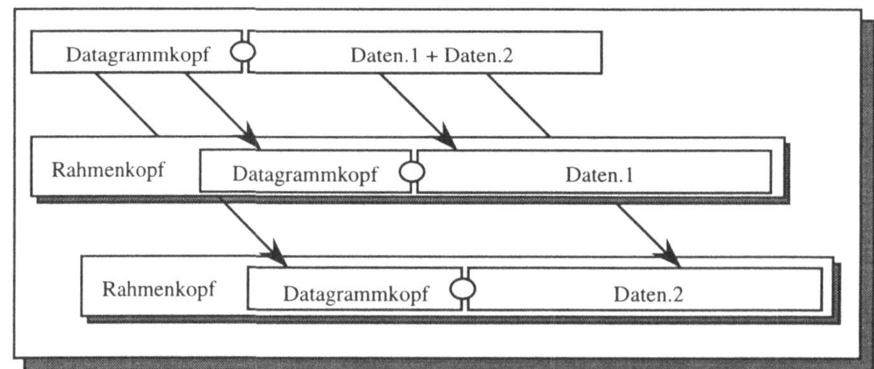


Ein einmal fragmentiertes Datagramm wird auf seinem Weg zum Empfänger nicht wieder zusammengesetzt (*reassemble*), sondern unverändert weitergeschickt; hierbei können durchaus verschiedene Wege für unterschiedliche Fragmente gewählt werden. Da jedes Fragment die gesamte notwendige Zielinformation enthält, können alle Zwischenstationen den richtigen Weg wählen. Sollten Fragmente eines Datagramms verloren gehen, so gilt das gesamte Datagramm als verloren und jene Teile, die den Empfänger evtl. erreichen, werden vernichtet. Die Information, ob ein Datagramm fragmentiert wurde, und in welcher Reihenfolge die Fragmente zusammengehören, muß natürlich gleichfalls im Datagrammkopf verschlüsselt werden.

### 9.4.4 Der Aufbau eines Datagramms

Man sieht aus dieser Darstellung, daß der Datagrammkopf sehr viel mehr Information enthalten muß als ein Block im X.25/PLP. Diese Information soll jetzt im einzelnen besprochen werden. Ein Datagrammkopf hat im Prinzip das folgende aussehen:

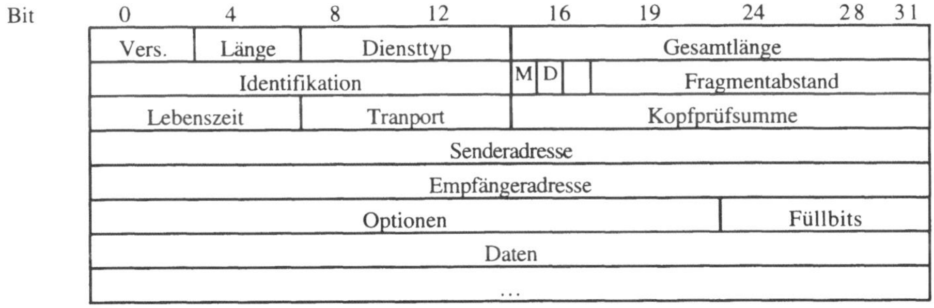

| Bit 0–3 | 4–7 | 8–15 | 16 | 17 | 18 | 19–31 |
|---|---|---|---|---|---|---|
| Vers. | Länge | Diensttyp | Gesamtlänge | | | |
| Identifikation | | | M | D | | Fragmentabstand |
| Lebenszeit | | Tranport | Kopfprüfsumme | | | |
| Senderadresse | | | | | | |
| Empfängeradresse | | | | | | |
| Optionen | | | | | | Füllbits |
| Daten | | | | | | |
| ... | | | | | | |

**Version**:

Dieses Feld gibt die Versionsnummer des Protokolls an, nach der das Datagramm aufgebaut ist. Zur Zeit wird die Version 4 betrieben. Bei zukünftigen Versionen kann durch Ändern dieses Feldes jedes neue Protokoll gleichzeitig mit alten Versionen betrieben werden; Implementierungen des IP-Protokolls, die Datagramme mit einer gegebenen Versionsnummer nicht bearbeiten können, verwerfen diese Datagramme.

**Länge**:

Dieses Feld gibt die Länge des Datagrammkopfes in Vielfachen von 32 Bits an. Die meisten Datagrammköpfe sind 20 Oktett lang, also 5*32 Bits, so daß in diesem Feld meistens eine 5 steht. Die meisten Datagrammblöcke haben im ersten Byte eine $45_{(16)}$ stehen.

**Diensttyp** = PRÄ + D + T + R + 00:

Dieses Feld unterteilt sich in vier Unterfelder. Das erste der Länge 3 Bit gibt an, welche Priorität dieses Datagramm hat; eine 000 bedeutet die geringste, eine 111 die höchste Priorität. Falls ein Knoten die Wahl zwischen verschiedenen zu sendenden Datagrammen hat, so sollte es jenes mit der höchsten Priorität auswählen.

Die nächsten drei Felder fordern eine möglichst geringe Verzögerung (D=*Delay*), einen möglichst hohen Durchsatz (T=*Throughput*) bzw. eine möglichst hohe Zuverlässigkeit (R=*Reliability*). Falls im Knoten eine alternative Wegewahl möglich ist, so kann die Wegewahl gegebenenfalls aufgrund dieser Felder entscheiden, welchen Weg sie auswählen sollte.

Gegenwärtige Implementaierungen des IP-Protokolls ignorieren diese Felder.

**Gesamtlänge**:

Dieses Feld gibt die Länge des gesamten Datagramms einschließlich des Kopfes und der Daten in Oktetten (zu 8 Bit)s an.

**Identifikation** **M** **D** **Fragmentabstand**:

Diese Felder kontrollieren die Fragmentierung und Reassemblierung von Datagrammen. Das Feld **Identifikation** enthält eine eindeutige Nummer des Senders. Sie wird in der Regel erzeugt, indem der Sender mit einer beliebigen Zahl in diesem Feld beginnt und für jedes neue Datagramm diese Zahl um 1 mod $2^{16}$ erhöht. Der Empfänger ersieht aus diesem Feld und der Adresse des Senders, zu welchem Datagramm ein Fragment gehört.

Das Feld Fragmentabstand gibt in Vielfachen von 8 Oktetten an, an welcher Stelle des Datagramms das zugehörige Fragment einzufügen ist. Da das Feld Länge nur die Länge des Fragments angibt, kann aus diesem Feld nicht geschlossen werden, wieviele Fragmente zu einem Datagramm gehören.

Das Feld M (M=*More Fragment*) hat den Wert M=1, falls dieses Fragment das letzte Fragment ist, also jenes mit dem größten Fragmentabstand. Aus dem Fragmentabstand und der Länge dieses Fragments kann der Empfänger dann die Gesamtlänge des Datagramms ermitteln.

Ist das Feld D=1 (D=*Do not fragment*), so darf ein Knoten dieses Datagramm nicht fragmentieren, z.B. weil der Empfänger nicht imstande ist, ein fragmentiertes Datagramm wieder zusammensetzen. Kann der Knoten Datagramme nicht weiterreichen, weil sie zu lang sind, so muß das Datagramm vernichtet werden.

Ist nach einer bestimmten Zeit (z.B. 30 Sekunden) nach dem ersten Fragment das letzte Fragment nicht beim Empfänger eingetroffen, so werden sämtliche Fragmente dieses Datagramms vernichtet und das Datagramm nicht weiter beachtet. Ein höheres Protokoll muß im Bedarfsfall das Datagramm noch einmal senden.

**Lebenszeit**:

Dieses Feld gibt an, wie lange ein Datagramm maximal im Netz bleiben darf. Die dort eingetragene Zahl soll die maximale Lebensdauer des Datagramms in Sekunden angeben; allerdings soll jeder Knoten diesen Wert um mindestens 1 erniedrigen, so daß diese Zahl praktisch mit der Anzahl der Knoten übereinstimmt, die ein Datagramm passiert.

Der Hauptgrund für diese Vorkehrung ist, daß Datagramme garantiert nach einer endlichen Zeit zerstört werden (wenn die restliche Lebenszeit null wurde). Ansonsten könnten falsch gelenkte Datagramme, die z.B. immer im Kreis laufen, das Netz überlasten und blockieren. Die meisten Implementierungen setzen diesen Wert auf 15 bis 30 (z.B. die UNIX-Versionen 4.2BSD und 4.3BSD). Sollte der Wert versehentlich zu klein gewählt werden, so kann eine Verbindungen über eine bestimmte Mindestanzahl von Knoten hinaus nie zustande kommen.

**Transport**:

Dieses Feld gibt die Nummer des (höheren) Protokolls an, welches dieses Paket erstellt hat, bzw. dem es auch wieder zuzuleiten ist. Diese Nummern werden vom *Network Information Center* des Internets (*nic.ddn.mil*), einer zentralen Interneteinrichtung, festgelegt. Es gibt zur Zeit etwa 50 solcher Protokolle, die in den RFCs (*Request For Comment*) veröffentlicht werden; diese können über den Rechner (*nic.ddn.mil*) angefordert werden.

**Kopfprüfsumme**:

Dieses Feld enthält eine Prüfsumme, nämlich die Summe der Worte (=2 Oktette) im Header, modulo $2^{16}$ (außer dem Feld Kopfprüfsumme). Das Einerkomplement dieser Prüfsumme wird in dieses Feld geschrieben, so daß bei erneutem Bilden dieser Zahl einschließlich dem Feld Kopfprüfsumme) das Ergebnis 0 sein muß.

Diese Prüfsumme muß an jedem Knoten neu gebildet werden, da jeder Knoten das Feld Lebenszeit verändert. Daher ist dieses recht aufwendig und sollte so effizient wie möglich durchgeführt werden. Da nur der Kopf eines Datagramms überprüft wird, erspart dieses Rechenzeit; höhere Protokolle müssen bei Bedarf bessere Prüfverfahren anwenden. Der Nachteil ist natürlich, daß fehlerhafte Daten erst vom Empfänger erkannt werden können, anstatt sie bereits unterwegs zu vernichten. Da Fehler jedoch in modernen Netzen relativ selten auftreten, ist dieses kein ernstes Problem.

**Senderadresse**:

Dieses Feld gibt die Adresse des Absenders an. Das Feld **Empfängeradresse** gibt die Adresse des Empfängers an. Die mit der Adressierung zusammenhängenden Fragen werden im nächsten Abschnitt behandelt.

**Optionen**:

Hier können Optionen zum *Network Management* oder zum Testen bei neuen Implementierungen eingefügt werden. Das erste Bit gibt an, ob die Optionen beim Fragmentieren in alle Fragmente kopiert werden müssen, bzw. ob nur das erste Fragment eine Kopie erhält. Die nächsten beiden Bits definieren eine Optionenklasse (Kontrolle oder Testen/Messen). Die letzten fünf Bits wählen dann zwischen verschiedenen möglichen Optionen aus; z.B. können bestimmte Wege ausgewählt werden, oder die gewählte Route soll aufgezeichnet werden.

**Füllbit**:

Dieses Feld wird mit 0-Bits aufgefüllt, um die Gesamtlänge des Kopfes auf ein Vielfaches von 32 Bits zu bringen.

**Data** :

Nach dem Datagrammkopf folgt unmittelbar der Datenteil, bestehend aus so vielen Daten, wie in den Feldern Länge und Paketlänge festgelegt wurde.

## 9.4.5 Adressierung im Internetprotokoll

Wegen der verbindungslosen Kommunikation ist es wichtig, daß der Teilnehmer am Internetbetrieb seine Adresse und die Adresse seines Partners kennt. Dazu muß er wissen, wie Adressen aufgebaut sind und was die einzelnen Teile einer Adresse bedeuten.

Internetadressen bestehen aus 32 Bits, und jedem Rechner im Internet ist genau eine solche Adresse zugeordnet; somit könnten bis zu $2^{32}$ (über 4 Milliarden) verschiedene Rechner adressiert werden. Würde jedem Rechner eine solche beliebige Zahl zugeordnet, so hätte jeder Knoten, der ein Datagramm weiterleitet, eine Tabelle zu führen, welche zu jeder Knotennummer die möglichen Wege enthielte, über welche die Datagramme geführt werden können. Dieses wäre sehr aufwendig.

Aus diesem Grunde werden selbstlenkende Adressen verwendet, die sowohl das Netz als auch den jeweiligen Rechner in einem Netz eindeutig beschreiben. Dieses läßt sich mit einer Telefonnummer vergleichen, bei der die ersten Ziffern das Land, die nächsten Ziffern die Stadt, die nächsten den Anschluß angeben.

Um bei der Wahl des Adreßformats flexibel sein zu können, wählt man verschiedene Formatklassen, welche jeweils durch bis zu vier Bits spezifiziert werden. Die Adreßklassen haben folgendes Format:

Bit 0 4 8 12 16 19 24 28 31

| | | | | | | |
|---|---|---|---|---|---|---|
| Kl. A | 0 | Netz-ID | Rechner-ID | | | |
| Kl. B | 1 | 0 | Netz-ID | Rechner-ID | | |
| Kl. C | 1 | 1 | 0 | Netz-ID | Rechner-ID | |
| Kl. D | 1 | 1 | 1 | 0 | Rechner-ID | |

Somit besteht jede Adresse aus einem Paar: Netz-ID Rechner-ID. Ein Knoten, der ein Datagramm weiterleiten muß, benötigt jetzt nur noch eine Tabelle mit Netz-Identifikatoren. Diese ist in der Klasse A nur 7 Bit (128 Werte) lang, in der Klasse B immerhin schon 14 Bit für 16384 verschiedene Netze. Für Netze der Klasse C dürfte auch diese Adresse bereits zu lang sein. In der Klasse B ist jedoch die Anzahl der Rechner mit $2^{16}$ bereits sehr groß; aus diesem Grunde werden in den Klassen noch Unternetze (*Subnet*) eingeführt, z.B.:

Bit 0 4 8 12 16 19 24 28 31

| | | | | | |
|---|---|---|---|---|---|
| Kl. B | | | Netz-ID | Subnetz-ID | Rechner-ID |

Dabei ist die genaue Grenze zwischen Subnetz-IDs und Rechner-IDs nicht festgelegt, sondern muß von dem Netzaministrator eingerichtet werden. In der Praxis werden die

Klassen A, B und C verwendet. Die Klasse D und eine weitere, hier nicht näher betrachtete Klasse E sind zur Zeit in der Erprobung.

Einige Adressen werden für Sonderzwecke verwendet. Sind alle Werte auf 1 gesetzt, so handelt es sich um eine **Rundspruch**- (*Broadcast*)-Nachricht, die für alle Netze bzw. Rechner bestimmt ist. Sind alle Werte auf 0 gesetzt, so sind alle Rechner innerhalb des jeweiligen Netzes gemeint. Die Netzadresse 0 mit einer gültigen Rechneradresse meint somit genau jenen Rechner, der dieses Datagramm empfängt, wenn seine Rechneradresse übereinstimmt, unabhängig von seiner Netzadresse. Eine weitere Adresse (127) wird für **Schleifenbildung** (*loop back*) benutzt.

Wenn ein Rechner einem anderen Rechner eine Nachricht schicken will, so muß er außer dessen Internetadresse auch dessen Hardwareadresse (z.B. die Ethernetadresse) kennen. Um diese zu erhalten, sendet er eine Rundspruch-Nachricht an alle anderen Rechner im eigenen Netz aus, in die er zusätzlich seine eigene Internet- und Hardwareadresse mit einfügt. Der angesprochene Rechner erkennt als einziger seine Internetadresse und liefert in einem Datagramm dem anfragenden Rechner seine Hardware- und Internetadressen (falls er mehrere besitzt) zurück. Dieses Verfahren wird als **ARP** (*Address Resolution Protocol*) bezeichnet.

Um zu einer bekannten physikalischen Adresse die Internetadresse zu finden, wird das Protokoll **RARP** (*Reverse Address Resolution Protocol*) verwendet. Dieses Problem tritt auf, wenn Arbeitsrechner ohne Plattenspeicher (*Diskless Workstation*) eingeschaltet werden. Sie können zwar ihre Netzhardware nach ihrer physikalischen Hardwareadresse abfragen, aber ihre Internetadresse ist ihnen unbekannt. Durch Senden der pyhsikalischen Adresse als Rundspruch-Nachricht können sie ihren *Server* auffordern, ihnen ihre Internetadresse mitzuteilen.

Die Internetadressierung wird meist in der **Punktnotation** (*Dotted Decimal Notation*) geschrieben, indem jedes Byte der Adresse als Dezimalzahl (0...255) geschrieben wird, mit jeweils einem Punkt zwischen zwei Dezimalzahlen. Aus der 32-Bit-Internetadresse:

10000000 00001010 00000010 00011110

wird also:

128.10.2.30

Da diese Schreibweise deutlich übersichtlicher ist als die Binärschreibweise, soll sie im folgenden immer verwendet werden.

Zwei Nachteile der Internetadressierung sollen noch erwähnt werden. Wird ein Rechner in ein anderes Netzwerk eingehängt, so benötigt er auch eine neue Adresse. Dieses ist ähnlich der Situation beim Umzug von einer Wohnung in eine andere, bei der man in der Regel auch eine völlig neue Telefonnummer zugewiesen bekommt. Der zweite Nachteil betrifft die Möglichkeit, daß ein Rechner an zwei Netzen gleichzeitig angeschlossen ist, welches für Knoten, die die Vermittlung zwischen Netzen übernehmen, die Regel ist, aber auch für andere Rechner möglich. Solche Knoten haben zwei oder mehr verschiedene

Internetadressen; sollte ein Anschluß ausfallen, und ist einem Sender die zweite Internetadresse nicht bekannt, so kann er diesen Knoten auch nicht mehr erreichen.

Um dieses zu vermeiden, kann man jedem Rechner einen logischen Namen geben. Diesem logischen Namen werden alle Adressen eines Rechners zugeordnet, welche in einem ***Domain Name Server*** gespeichert sind. Auf Anfrage sendet dieser alle dem logischen Namen zugeordneten Adressen, von denen der Anfrager eine auswählen, bzw. mehrere durchprobieren kann.

Logische Namen werden in der Regel auch für andere Zwecke verwendet, insbesondere um die Administration und die Benutzung des Rechnernetzes zu vereinfachen.

### 9.4.6 Wegewahl im Internetprotokoll

Wenn ein Datagramm im Internet transportiert werden soll, so ist es an einen bestimmten anderen Rechner zu schicken. der es auf den besten Weg weiterleitet. Es ist somit das Problem zu lösen, einen geeigneten, bzw. den geeignetsten Rechner zu finden, der ein Datagramm weiterschicken kann. Dieses Problem wird als **Wegewahl** (*Routing*) bezeichnet.

Dabei ist zu beachten, daß sich der Zustand des Netzes insgesamt ständig ändert, und es in der einen Situation sinnvoll sein kann, ein Datagramm mit jeweils dem gleichen Ziel von Rechner A nach Rechner B zu schicken, in einer anderen von A nach C. Die meisten Internetrechner lösen dieses Problem jedoch pragmatisch auf die Weise, daß sie alle Datagramme mit dem gleichen Ziel auch an den gleichen Rechner weiterschicken. In großen Vermittlungsnetzen werden heute jedoch auch komplexere Wegewahlalgorithmen eingesetzt, so daß Datagramme zum gleichen Ziel über unterschiedliche Pfade geschickt werden können.

Die Wegewahl im Internet wird im Kapitel 16 allgemein beschrieben. Hier sollen nur die Grundprinzipien angerissen werden.

Rechner, die nur Datagramme weiterschicken, also keine eigenen Datagramme erzeugen oder geschickt bekommen, sollen als ***Router*** bezeichnet werden, die anderen weiter als **Rechner** (*host*). Es gibt zwei wesentliche Klassen von Zielen, die **direkten Ziele** und die **indirekten Ziele**.

Wenn ein Rechner oder Router ein Datagramm zu einem Zielrechner schicken will, der an das gleiche Netz wie der Rechner oder Router angeschlossen ist, so kann er das Datagramm in einen Rahmen packen, es entsprechend adressieren, und abschicken. Ob dieses so ist, erfährt er dadurch, daß er aus dem Zieladreßteil des Datagrammkopfes die Netzadresse durch eine Maske ausblendet und diese mit einer Liste der direkt angeschlossenen Netze vergleicht.

Wenn ein Rechner oder Router in seiner Liste der direkt angeschlossenen Netze das Zielnetz nicht findet, so muß er das Datagramm an einen anderen Router schicken. Dazu hat er eine weitere Liste, in der zu jedem Zielnetz angegeben ist, zu welchem Router er das Datagramm zu schicken hat. Findet er einen solchen in dieser Liste, so wird das Datagramm wieder in einen netzspezifischen Rahmen gepackt und dem Router zugeschickt. Dieser verfährt entsprechend. Alternativ gibt es in dieser Situation noch die Möglichkeit, daß der Absender durch entsprechende Einträge in sein Optionen-Feld selbst die Route seiner Datagramme festlegt.

Findet der Router keinen Eintrag zu der Netzangabe in der Zieladresse, so gibt es zwei weitere Möglichkeiten. Entweder es gibt eine **Ausweichregelung** (*default routing*), welche einen Router definiert, zu dem alle Datagramme geschickt werden, für die es keinen Eintrag in der **Wegewahl-Tabelle** (*routing table*) gibt, oder es liegt ein Fehler vor, der durch eine Fehlermeldung an den Absender behandelt wird. Insgesamt erhalten wir den folgenden

Wegewahlalgorithmus im Internetprotokoll:

```
procedure WEGEWAHL(Datagramm);
begin
     ZielAdresse := Zieladresse(Datagramm);
     NetzAdresse := Netzadresse(ZielAdresse);
     if NetzAdresse in Direkte_Netzadressen then
          Sende (Datagramm, ARP(ZielAdresse))
     else if Datagramm.Option.Wegewahl then
          Sende (Datagramm, Datagramm.Option.EigeneRoute)
     else if NetzAdresse in Wegewahl_Tabelle then
          Sende (Datagramm, Wegewahl[NetzAdresse])
     else if Ausweich_Weg then
          Sende (Datagramm, Ausweich_Router)
     else Melde_Fehler;
end.
```

Fehler werden mit besonderen Datagrammen gemeldet, die im folgenden Abschnitt behandelt werden. Man beachte, daß eintreffende Datagramme auf eine bestimmte Weise behandelt werden müssen: Sie müssen aus dem Rahmen, in dem sie verschickt wurden, ausgepackt werden; es muß überprüft werden, ob der Kopf verfälscht wurde; es müssen gegebenenfalls die Optionen untersucht und interpretiert werden; es muß die Lebenszeit dekrementiert werden, und das Datagramm muß vernichtet werden, falls die restliche Lebenszeit auf 0 abgesunken ist; und es muß eine neue Kopfprüfsumme gebildet werden; und schließlich muß das Datagramm wieder in einen Rahmen gepackt und weitergeschickt werden. Somit ist die obige Wegewahl nur eine von vielen Aktionen, die ein Router mit den Datagrammen durchzuführen hat.

Erhält ein Host ein Datagramm, welches offensichtlich nicht für ihn bestimmt ist, so sollte er es nicht weiterschicken, sondern aus den folgenden Gründen vernichten:

- Der Rechner wird mit solchen Aufgaben zu stark belastet
- Die Datagramme belasten das Netz unnötig
- Auf dem Netz kann u.U. ein Chaos entstehen

- Ein aufgetretener Fehler wird in der Regel auf diese Weise nicht beseitigt
- Router senden im Fehlerfalle spezielle Fehlermeldungen, was Rechner, die nicht als Router arbeiten, oft nicht können

## 9.4.7 Fehlerbehandlung und -meldung im Internetprotokoll

Das Internetprotokoll ermöglicht die Kommunikation mittels Datagrammen über beliebig lange Pfade. Dabei können natürlich Fehler auftreten. Z.B. können einzelne Bits der Datagrammköpfe verfälscht werden, die Lebenszeit eines Datagramms kann abgelaufen sein oder das Transportprotokoll des Empfängers bemerkt, daß die empfangenen Daten nicht korrekt sind. Solche Fehler werden den jeweiligen Absendern gemeldet, indem ihnen Datagramme mit einem bestimmten Datensatz, der **Internetkontrollnachricht** (*Internet Control Message*), geschickt werden. Die Vereinbarung über den Aufbau und die Bedeutung dieser Nachrichten wird als **ICMP** (*Internet Control Message Protocol*) bezeichnet.

Die Kommunikation findet hier zwischen der Internetsoftware (also der IP-Schicht) statt. Dabei ist es auch erlaubt, daß die Kontrollnachrichten zwischen Rechnern (und nicht nur zwischen Routern bzw. von Routern zu Rechnern) verschickt werden. Somit ist das ICMP zum einen ein integraler Bestandteil des Internetprotokolls, zum anderen ein universelles Hilfsmittel zur Kommunikation zwischen den für die Datenübertragung verantwortlichen Instanzen eines Rechnernetzes.

Eine ICMP-Nachricht wird folgendermaßen in einem Datagramm verpackt:

| IP Datagrammkopf | ICMP-Nachrichten |
|---|---|

Durch den Eintrag [1] im Transportfeld des Datagrammkopfes wird der Datenteil dieses Datagramms als ICMP-Nachricht gekennzeichnet.

Das Nachrichtenformat des ICMP sieht folgendermaßen aus

Bit 0 4 8 12 16 19 24 28 31

| Typ | Code | Prüfsumme |
|---|---|---|
| Hilfsfeld | | |
| Weitere Daten (wenn nötig) | | |
| | | |

**Typ** **Code**: Spezifiziert die Funktion dieser ICMP-Nachricht

**Prüfsumme**: Summe aller 16-Bit-Felder der ICMP-Nachricht

Die folgenden Funktionen können spezifiziert werden:

### Echo-Anforderung

| Bit 0–7 | 8–15 | 16–31 |
|---|---|---|
| Typ=8 | Code=0 | **Prüfsumme** |
| Idenitifikation | | Sequenznummer |
| Weitere Daten | | |
| | | |

**Echo-Anforderung** (*echo request*): Fordert den Empfänger auf, dem Sender eine Echo-Antwort zu schicken, welche die gleichen Daten im beliebig langen Datenfeld enthält.

### Echo-Antwort

| Bit 0–7 | 8–15 | 16–31 |
|---|---|---|
| Typ=0 | Code=0 | **Prüfsumme** |
| denitifikation | | Sequenznummer |
| Weitere Daten | | |
| | | |

**Echo-Antwort** (*echo reply*): Antwort auf eine **Echo-Anforderung**.

### Ziel nicht erreichbar

| Bit 0–7 | 8–15 | 16–31 |
|---|---|---|
| Typ=3 | Code=0...5 | **Prüfsumme** |
| 0...0 | | |
| Internet-Datagrammkopf + 64 Bit Daten | | |
| | | |

**Ziel nicht erreichbar** (*destination unreachable*): Wenn ein Router ein Datagramm nicht abliefern kann, so sendet es diese ICMP-Nachricht an den Absender des Datagramms. Der Code gibt den Grund an:

| Code | Bedeutung |
|---|---|
| 0 | Netzwerk nicht erreichbar |
| 1 | Rechner nicht erreichbar |
| 2 | Protokoll nicht erreichbar |
| 3 | Adresse im Rechner nicht erreichbar |
| 4 | Fragmentierung nötig, aber 'Do not fragment' gesetzt |
| 5 | Angegebener Weg konnte nicht eingehalten werden. |

Die Daten enthalten den Internet-Datagrammkopf und 8 Byte weitere Daten, um das Datagramm am Empfänger dieser ICMP-Nachricht möglichst eindeutig zu identifizieren. Diese 8 Byte enthalten in der Regel Informationen des Anwendungsprogramms (z.B. TCP, UDP), so daß aus diesen das verantwortliche Anwendungsprogramm eindeutig ermittelt werden kann.

### Flußkontrolle

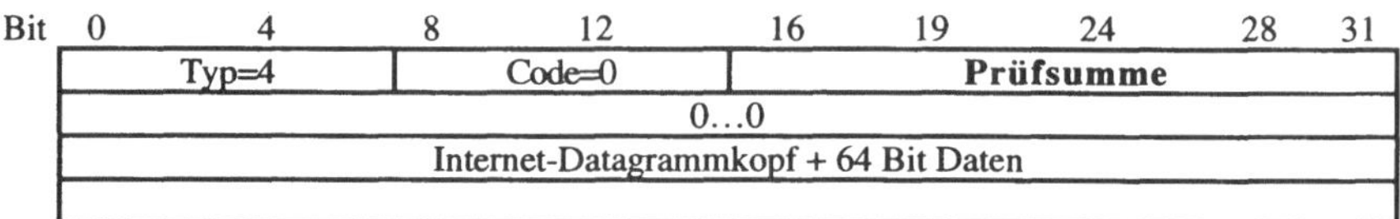


**Flußkontrolle** (Pufferüberlauf *source quench*): Wenn ein Router keinen Platz zum Puffern von Nachrichten hat, muß er diese vernichten. Dann sendet er für jedes vernichtete Datagramm eine solche ICMP-Meldung an die Quelle und fordert diese somit auf, den Datagrammstrom zu drosseln. Manche Router senden bereits solche Datagramme, wenn ihre Puffer sehr voll werden und überzulaufen drohen. Ältere Versionen des Internetprotokolls haben diese ICMP-Nachrichten ignoriert; neuere drosseln den Datagrammstrom so weit, bis keine ICMP-Meldungen mehr eintreffen, um den Datagrammstrom dann langsam wieder zu erhöhen usw.

### Aufforderung, den Weg zu ändern

Bit 0 4 8 12 16 19 24 28 31

| Typ=5 | Code=0...3 | **Prüfsumme** |
|---|---|---|
| Internetadresse des neuen Routers | | |
| Internet-Datagrammkopf + 64 Bit Daten | | |
| | | |

**Aufforderung, den Weg zu ändern** (*route change request*; oder *route redirect*): Wenn ein Router entdeckt, daß ein Rechner Datagramme über einen Umweg schickt, so sendet er diese Nachricht, die außer der Identifzierung des Datagramms auch noch die Adresse des richtigen Routers enthält. Das Datagramm wird auf jeden Fall weitergeschickt. Der Code bedeutet:

| Code | Bedeutung |
|---|---|
| 0 | Datagramme für das Netz umlenken |
| 1 | Datagramme für den Rechner umlenken |
| 2 | Datagramme für Netz+Dienst umlenken |
| 3 | Datagramme für Rechner+Dienst umlenken |

### Zeit abgelaufen

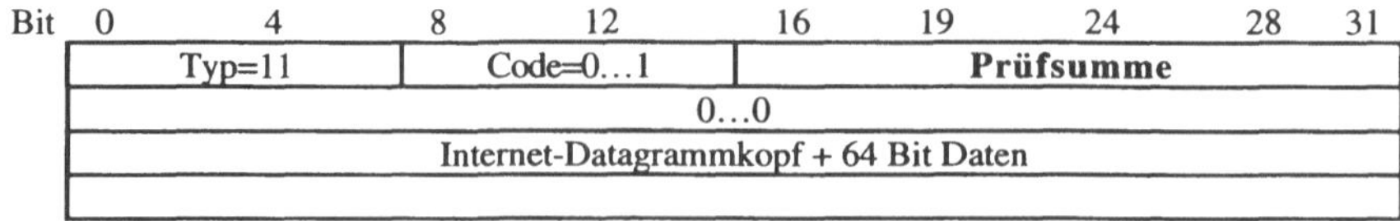


**Zeit abgelaufen** (*time exceeded*): Wenn der Lebenszeitzähler eines Datagramms den Wert 0 erhält, oder wenn der Fragmentierungstimer im Zielrechner abgelaufen ist, so sendet der Router diese ICMP-Nachricht an den Absender des Datagramms. Der Code gibt den Grund an:

| Code | Bedeutung |
|---|---|
| 0 | Lebenszeit des Datagramms abgelaufen |
| 1 | Fragmentierungszeit abgelaufen |

### Datagrammkopf ist inkorrekt

| Bit 0 4 | 8 12 | 16 19 24 28 31 |
|---|---|---|
| Typ=12 | Code=0 | **Prüfsumme** |
| Zeiger | 0...0 | |
| Internet-Datagrammkopf + 64 Bit Daten | | |
| | | |

**Datagrammkopf ist inkorrekt** (*incorrect datagramm header*): Wenn ein Router ein Datagramm vernichten muß, da er den Kopf nicht interpretieren kann, so sendet er diese ICMP-Nachricht an den Absender des Datagramms. Der Zeiger verweist auf das erste fehlerhafte Oktett im Kopf.

### Uhrzeitabfrage

| Bit 0 4 | 8 12 | 16 19 24 28 31 |
|---|---|---|
| Typ=13,14 | Code=0 | **Prüfsumme** |
| denitifikation | | Sequenznummer |
| Senderzeitmarke | | |
| Empfängerzeitmarke bei Zugang | | |
| Empfängerzeitmarke bei Abgang | | |

**Uhrzeitabfrage** (*clock synchronization*): Der Sender (Typ=13) schreibt in das Feld 'Senderzeitmarke' seine Uhrzeit (in Millisekunden seit Mitternacht), der Empfänger unmittelbar bei Eingang seine Uhrzeit in das Feld 'Empfängerzeitmarke bei Zugang'; wenn das Datagramm zurückgeschickt wird (Typ=14), schreibt der Empfänger in das Feld 'Empfängerzeitmarke bei Abgang' die augenblickliche Zeit.

Mit diesem Mechanismus können z.B. die Uhren verglichen werden, oder es kann die **Umlaufzeit** (*round trip time*) von Datagrammen ermittelt werden, usw.

### Anfrage nach Netzadresse

| Bit 0 4 | 8 12 | 16 19 24 28 31 |
|---|---|---|
| Typ=15,16 | Code=0 | **Prüfsumme** |
| denitifikation | | Sequenznummer |

**Anfrage nach Netzadresse** (*network address request*): Anfrage (Typ=15) nach der Adresse des Netzes, an dem ein Rechner angeschlossen ist (Funktion ähnlich wie RARP). Die Antwort (Typ=16) spezifiziert im Datagrammkopf die vollständige Adresse des Senders und Empfängers.

### Anfrage nach Unternetzmaske

| Bit 0 4 | 8 12 | 16 19 24 | 28 31 |
|---|---|---|---|
| Typ=17,18 | Code=0 | **Prüfsumme** | |
| denitifikation | | Sequenznummer | |
| Adreßmaske | | | |

**Anfrage nach Unternetzmaske** (*subnetwork address mask request*): Anfrage (Typ=17) nach der Maske des Subnetzes, an dem der Rechner angeschlossen ist. Da Subnetzadressen in jedem Netz beliebig vergeben werden können, ist dieses notwendig, damit der Rechner richtig adressieren kann. Die Antwort erfolgt mit Typ=18.

# 10 Transportprotokolle

## 10.1 Die OSI-Umgebung

Das ISO/OSI-Basisreferenzmodell beschreibt eine Architektur der Kommunikationssoftware, mit der die komplexe Software angemessen strukturiert werden soll, damit sie zuverlässig implementiert werden kann. Das ISO/OSI-Basisreferenzmodell verwendet dazu entsprechend dem Stand der Softwaretechnik aus der Mitte der siebziger Jahre einen strukturierten Ansatz, bei dem zum einen die Funktionen entsprechend dem Konzept blockorientierter Algol-Sprachen geordnet werden und zum anderen die Daten in Form von **Datensätzen** (*record*) zusammengefaßt werden (Datenstrukturen). Die Funktionen werden **Dienste** (*service*) genannt, die Datenstrukturen **Protokolldateneinheiten** (**PDU**=*protocol data unit*).

In der Netzwerkumgebung werden die netzwerkabhängigen Funktionalitäten realisiert, wobei verschiedene Netzwerke sehr unterschiedlich sein können. Die OSI-Umgebung faßt die Netzwerkfunktionen zu Transportdiensten zusammen, fügt jedoch zusätzliche Funktionalitäten hinzu, die zusammen mit den Transportdiensten die Kommunikation erleichtern sollen.

Das folgende Bild skizziert diese Sichtweise, wobei zusätzlich die Anwendungsumgebung aufgenommen wurde, in der die jeweiligen Anwendungsprozesse arbeiten. Die Netzwerk- und die OSI-Umgebung werden zusätzlich in **Protokollschichten** unterteilt. Diese ergeben die logische Struktur des OSI-Referenzmodells.

Innerhalb eines Systems verwendet eine Schicht die Dienste, welche die unter ihr liegende Schicht zur Verfügung stellt; sie bietet ihre Dienste (einschließlich jener der unteren Schichten) der höheren Schicht an. Damit steht der obersten Schicht jedes Systems eine Menge von Kommunikationsdiensten zur Verfügung.

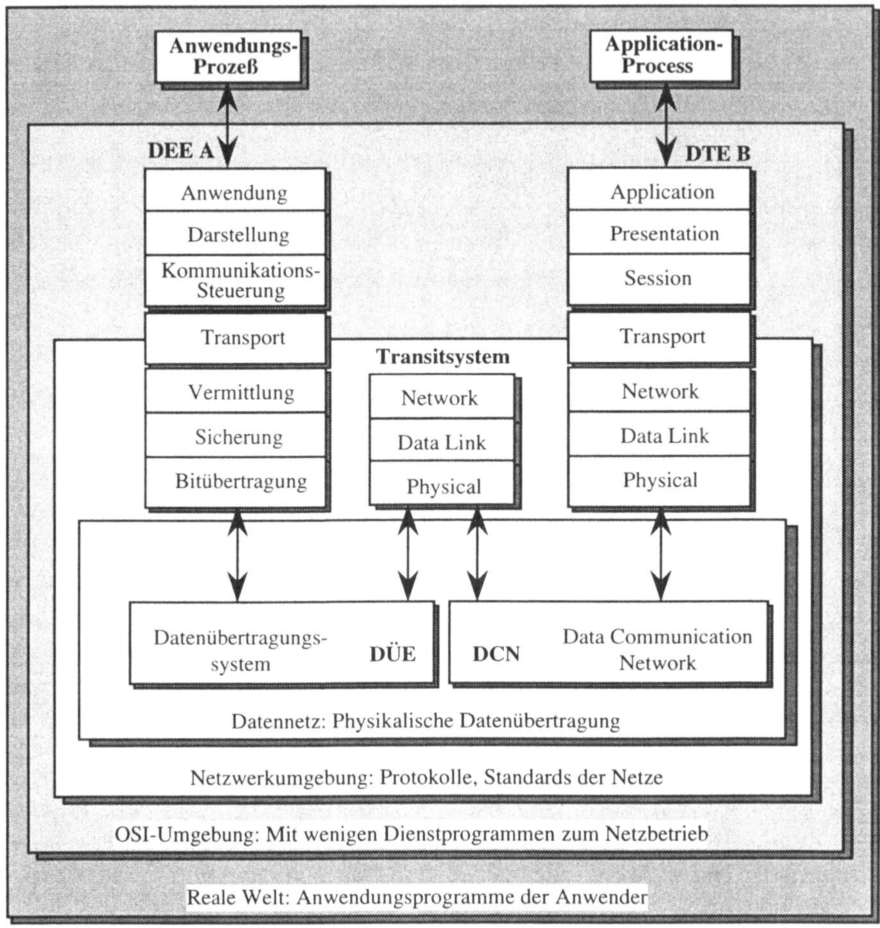


Netzwerk- und OSI-Umgebung im Basisreferenzmodell

In der Regel ist es allerdings nicht erwünscht, daß ein Anwendungsprozeß auf sämtliche Dienste zugreifen kann, da diese natürlich nur in einem bestimmten Zusammenhang sinnvoll benutzt werden können. Daher werden zwei Schichten definiert, die gerade das Ziel verfolgen, den Anwendern (auf den höheren Schichten) die gewünschten Dienste transparent anzubieten; daher braucht der Anwender in der OSI-Umgebung nicht zu wissen, welche Netzwerktechnik eingesetzt wird, da er von der Transportschicht einheitliche Dienste angeboten bekommt, die seine Kommunikationsaufgaben erledigen, ohne ihn mit Details über Blocklängen, Fehlererholung oder Flußregulierung zu belasten. Ähnlich braucht ein Anwendungsprozeß nur die Dienste der Anwendungsschicht in Anspruch zu nehmen, ohne Details der Kodierung von Information oder der geregelten Steuerung zu kennen. Während die Schnittstellen zwischen den meisten anderen Schichten stark von der verwendeten Technik abhängen, sollten diese beiden Schichten implementierungsunabhängige Dienste anbieten, die mit unterschiedlichen Prozessen auf vielfältigen Plattformen zusammenarbeiten können.

In einer modernen Softwarearchitekur hätte man die Transport- und Anwendungsschichten als Schnittstelle zu einem Modul oder Objekt ausgelegt, auf welche Prozesse nur in der vorgeschriebenen Weise zugreifen können. Da diese Terminologie aber in den sieziger Jahren noch nicht verbreitet war, hat man die – gegen unbefugten Zugriff nicht schützbare – Blockstruktur verwendet.

In diesem Kapitel werden Transportschichtprotokolle vorgestellt, wie sie zum einen im ISO/OSI-Basisreferenzmodell, zum anderen im Internet zur Verfügung stehen. Dabei wird nicht mehr darauf abgehoben, wie die darunterliegende Netzwerkumgebung (X.25, IP oder andere) realisiert ist.

## 10.2 Transportprotokolle des ISO/OSI-Basisreferenzmodell

In diesem Abschnitt wird das Transportprotokoll nach dem ISO/OSI-Basisreferenzmodell eingeführt. Dabei werden die in X.214/X,224 verwendeten Spezifikationsmethoden verwendet.

### 10.2.1 Adressierung im ISO/OSI-Basisreferenzmodells

Damit eine Kommunikation aufgenommen werden kann, muß die Identität des Kommunikationspartners bekannt sein. Innerhalb einer OSI-Umgebung wird der Kommunikationspartner in der Regel durch einen logischen Namen identifiziert, während er in der Netzwerkumgebung durch seine Adresse angesprochen werden muß:

**Name**: Innerhalb einer OSI-Umgebung wird zur Identifikation eines Anwendungsprozesses ein **symbolischer Name** verwendet, wobei jedem Anwendungsprozeß auf jedem Rechner in einer OSI-Umgebung eindeutig ein solcher Name zugeordnet sein muß. Ein System, welches dieses realisiert, wird als ***Name Server*** bezeichnet. Bei großen Netzen werden Prozesse durch Aneinanderhängen der Namen des Subnetzes mit den Namen innerhalb des Subnetzes gebildet; somit wird dort die OSI-Umgebung partitioniert (*partition*).

**Adressen**: Innerhalb einer Netzwerkumgebung wird zur Identifikation eines Anwendungsprozesses eine **Adresse** (*address*) verwendet, wobei jedem Anwendungsprozeß auf jedem Rechner in einer OSI-Umgebung eindeutig eine Adresse zugeordnet sein muß. Ein System, welches dieses realisiert, wird als **Systemverzeichnis** (*system directory*) bezeichnet.

In der OSI-Umgebung sind Adressen Aneinanderreihungen von Dienstzugangspunkten (*service access points*):

AP Adresse = PSAP + SSAP + TSAP + NSAP

wobei PSAP für *presentation service access point* steht, SSAP für *session service access point* steht usw. Während in praktischen Systemen PSAP und SSAP in der Regel zusammenfallen, ist NSAP die netzweite Adresse, die das System in der Netzwerkumgebung verwenden muß. TSAP ist ein Zugriffspunkt, der z.B. in BSD-UNIX-System als Socket, in System-V-Unix als Stream bezeichnet wird.

## 10.2.2 Die Dienste der Transportschicht

Es gibt drei Hauptphasen bei der verbindungsorientierten Datenübertragung: Der Verbindungsaufbau, die Datenphase, und der Verbindungsabbau.

Diese Dienste werden durch den Aufruf von Dienstelementen in Anspruch genommen. Eine Verbindung wird durch `T.CONNECT.request` angefordert und durch ein `T.CONNECT.confirm` bestätigt. Die Gegenstelle wird durch ein `T.CONNECT.indication` zum Datentransport aufgefordert und kann diesen durch ein `T.CONNECT.response` akzeptieren. Durch ein `T.DISCONNECT.request` kann der Verbindungsaufbauwunsch abgelehnt werden. Dieses wird der Gegenstelle durch ein `T.DISCONNECT.indication` angezeigt.

Während der Datenphase können Daten übertragen werden. Die Dienstprimitive heißen `T.DATA.request` und `T.DATA.indication`. Es gibt keine Bestätigung der Datenübertragung, da der Übertragungsdienst eigentlich sicher sein sollte. Durch `T.EXPEDITED-DATA.request` und `T.EXPEDITED-DATA.indication` können Vorrangdaten übermittelt werden.

Eine Verbindung kann jederzeit von jedem Teilnehmer oder dem Netzwerk durch ein `T.DISCONNECT.request` bzw. `T.DISCONNECT.indication` abgebrochen werden.

Von der ISO wurde auch ein verbindungsloser Dienst verabschiedet, der jedoch scheinbar nur selten verwendet wird. Er kennt nur die beiden Dienstprimitive `T.UNITDATA.request` und `T.UNITDATA.indication` und liefert die Daten nur mit einer gewissen Wahrscheinlichkeit beim Empfänger ab. Ein Protokoll, welches eine sichere Übertragung garantiert, müßte gegebenenfalls von der höheren Schicht implementiert werden.

## 10.2.3 Die Transportprotokollklassen

Abhängig von der Anwendung können Transportdienste unterschiedlicher Qualität benötigt werden; man nennt dieses auch ***Quality of Service*** (QoS). Die Transportschicht nach dem ISO/OSI-Basisreferenzmodell stellt dem Anwender insgesamt fünf Dienstgüteklassen zur Verfügung, die als ***Transportprotokollklassen*** bezeichnet werden.

Transportprotokollklasse 0: **Einfache Klasse** (*Simple Class*)

Es werden einfache Verbindungen aufgebaut und im Falle von Fehlern der unteren Schichten sofort wieder abgebaut. Es findet keine Erkennung verlorener Datenpakete statt. Diese Klasse ist nur für sichere Netzwerkumgebungen wie X.25 geeignet.

Transportprotokollklasse 1: ***Basic Error-Recovery Class***

Es werden einfache Verbindungen aufgebaut und im Falle von Fehlern der unteren Schichten eine automatische Wiederaufnahme der Verbindung versucht; nur wenn diese fehlschlägt wird der Teilnehmer informiert. Es können Vorrangdaten übermittelt werden. Diese Klasse ist für sichere Netzwerkumgebungen wie X.25 geeignet, die über weite Strecken führen, bei denen also eine Verbindungsunterbrechung wahrscheinlich ist.

Transportprotokollklasse 2: **Multiplexklasse** (*Multiplexing Class*)

Es werden einfache Verbindungen wie bei der Klasse 0 unterstützt, wobei jedoch über die gleiche Netzwerkverbindung mehrere Transportverbindungen geführt werden können; dieses kann Kosten bei der Datenübertragung einsparen.

Transportprotokollklasse 3: **Fehlererholung und Multiplexklasse** (*Error-Recovery and Multiplexing Class*)

Hier werden die Eigenschaften von Klasse 1 und 2 kombiniert angeboten.

Transportprotokollklasse 4: **Fehlerentdeckungs- und -erholungsklasse** (*Error-Detection and Recovery Class*)

Es werden außer den Diensten der Klasse 3 zusätzlich Fehler bei der Datenübertragung (verfälschte oder verlorene Daten, Pufferüberlauf usw.) korrigiert. Diese Klasse ist für unsichere Netzwerkumgebungen wie LANs geeignet, wenngleich wegen des großen Overheads in sicheren Umgebungen nicht empfehlenswert.

Die Aufgaben der Transportschicht umfassen neben den bereits erwähnten insbesondere die Fragmentierung und Reassemblierung der Datenpakete, da diese bis zu 60 kByte lang sein können.

### 10.2.4 Das Transportprotokoll

Nach dem ISO/OSI-Basisreferenzmodell soll die Transportschicht Endsystemver–bindungen zu Teilnehmerverbindungen erweitern. Damit ist gemeint, daß die Verbindung zwischen (beliebigen entfernten) Rechnern, die in der Netzwerkschicht behandelt wird, zu Verbindungen zwischen zwei Anwendungsprozessen auf den Rechnern erweitert wird. Es soll also die Möglichkeit geschaffen werden, daß zwei bestimmte Prozesse, die auf verschiedenen Rechnern arbeiten, miteinander kommunizieren können, ohne daß auf andere Prozesse, die gleichzeitig auf den gleichen Rechnern laufen, und die evtl. auch gleichzeitig eine Kommunikation mit anderen entfernten Prozessen durchführen, Rücksicht genommen werden müßte. Die Anwenderprozesse werden auch als **Teilnehmer** (*user*) bezeichnet.

Auf der Transportschicht werden die Daten in Paketen übertragen. Dazu müssen die eigentlichen Benutzerdaten in Pakete maximaler Länge aufgespalten werden. Die Pakete werden dann in einer Warteschlange zwischengespeichert, bis sie von der Netzwerkschicht abgenommen werden können. Im Empfänger werden die Pakete zunächst der Netzwerkschicht zugeordnet, welche diese wiederum in einer Warteschlange ablegt und der Transportschicht anzeigt (*T.DATA.indication*), daß ein Paket eingetroffen ist. Diese holt sich das Paket dann an der angegebenen Stelle ab.

### Das OSI-Modell der Transportschicht

Im ISO/OSI-Basisreferenzmodell bietet die Transportschicht einem Teilnehmer über den **Transportdienst-Zugangspunkt** (**TSAP**=*Transport Service Access Point*) ihre Dienste an; der Teilnehmer kommuniziert mit der Transportschicht mittels **Transportdienst-Dateneinheiten** (**TSDU**=*Transport Service Data Unit*) Die Transportschicht selbst verwendet Datensätze, die ein Ereignis ihrer Partnerstation anzeigt; diese Datensätze heißen **Transportprotokoll-Dateneinheiten** (**TPDU**=*Transport Protocol Data Unit*). Sie werden über den **Netzwerkdienst-Zugangspunkt** (**NSAP**=*network service access point*) zwischen zwei Transportschichten ausgetauscht (wobei sie selbst in **Netzwerkdienst-Dateneinheiten** (**NSDU**=*Network Service Data Unit*) verpackt werden.

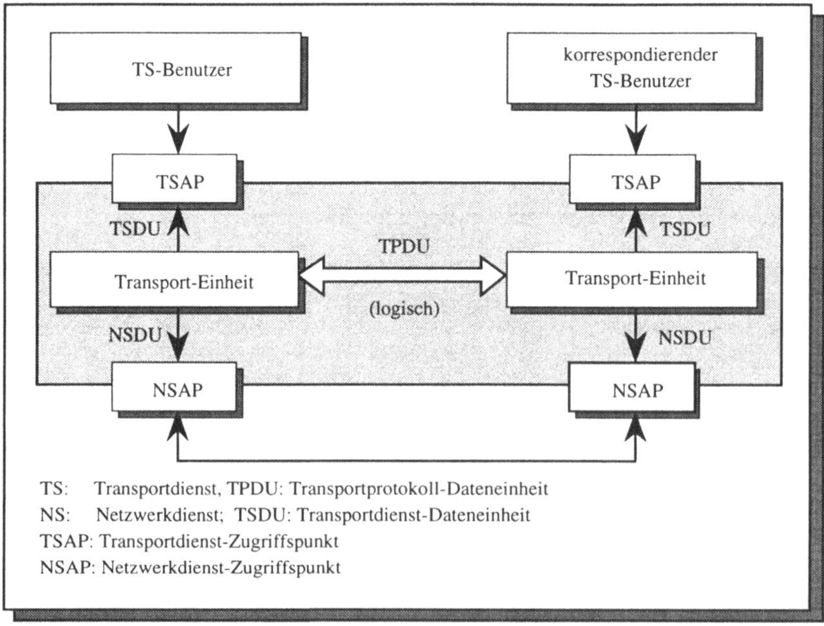


Modell der Transportschicht

## OSI-Spezifikation des Verhaltens der Transportschicht

In dem folgenden Bild werden noch einmal die Dienstelemente der unteren vier Schichten nach dem ISO/OSI-Basisreferenzmodell zusammengestellt:

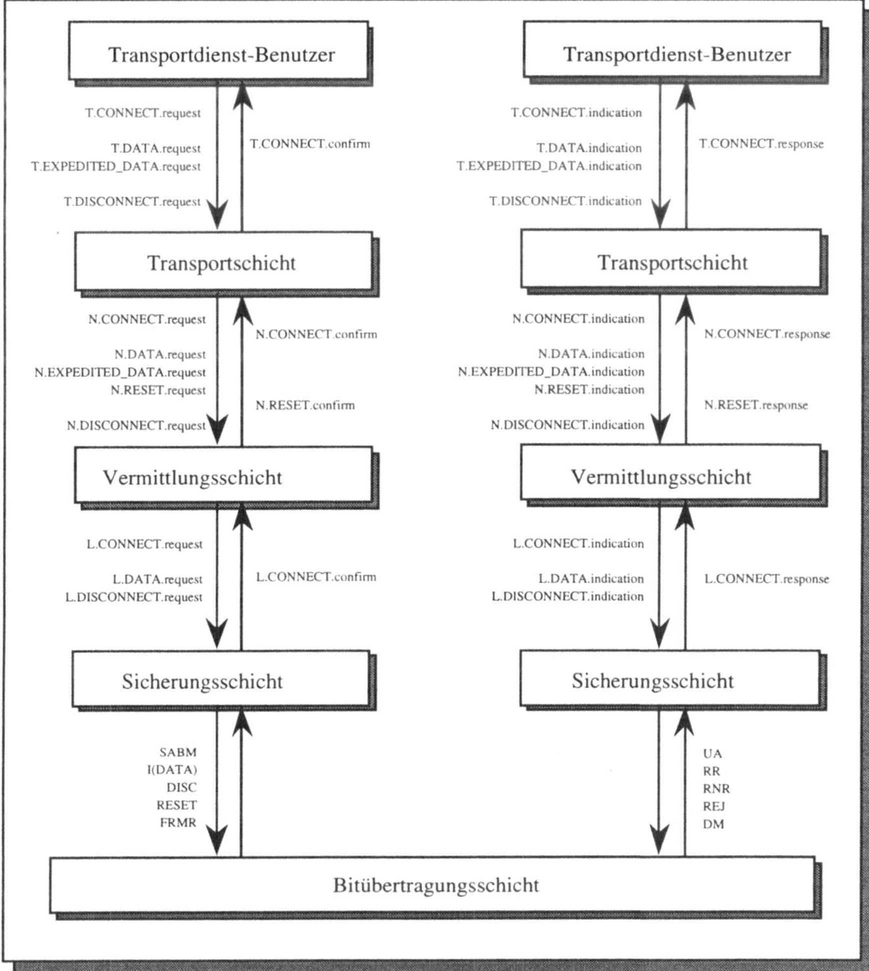


Protokolldienstelemente in der Netzwerkumgebung

Die Transportschicht erlaubt den Auf- und Abbau von Verbindungen, sowie die Übermittlung von normalen Daten und Vorrangdaten. Dazu werden die folgenden zehn Dienstelemente verwendet:

```
T.CONNECT.request (rufende Adresse, gerufene,Adresse, Vorrangdaten,
                   QOS, Transportschicht-Benutzerdaten)
T.CONNECT.indication (rufende Adresse, gerufene Adresse, Vorrangdaten,
                   QOS, Transportschicht-Benutzerdaten)
T.CONNECT.response (antwortende Adresse,Vorrangdaten, QOS,
                   Transportschicht-Benutzerdaten)
T.CONNECT.confirm (antwortende Adresse,Vorrangdaten, QOS,
                   Transportschicht-Benutzerdaten)
T.DATA.request (Transportschicht-Benutzerdaten)
T.DATA.indication (Transportschicht-Benutzerdaten)
T.EXPEDITED_DATA.request (Transportschicht-Benutzerdaten)
T.EXPEDITED_DATA.indication (Transportschicht-Benutzerdaten)
T.DISCONNECT.request (Transportschicht-Benutzerdaten)
T.DISCONNECT.indication (Abbruchsgrund, Transportschicht-Benutzerdaten)
```

Die folgende Tabelle gibt an, in welcher Reihenfolge diese Dienstelemente auftreten dürfen, damit beispielsweise Daten nur dann übertragen werden, wenn eine Verbindung aufgebaut wurde, usw.

| Dieser Dienst: | T.CONNECT | | | | T.DATA | | T.EXPE-DITED _DATA | | T.DIS-CONNECT | |
|---|---|---|---|---|---|---|---|---|---|---|
| kann gefolgt werden von: | requ | ind | res | conf | requ | ind | requ | ind | requ | ind |
| T.CONNECT.request | | | | | | | | | | |
| T.CONNECT.indication | | | | | | | | | | |
| T.CONNECT.response | | + | | | | | | | | |
| T.CONNECT.confirm | + | | | | | | | | | |
| T.DATA.request | | | + | + | + | + | + | + | | |
| T.DATA.indication | | | + | + | + | + | + | + | | |
| T.EXPEDITED_DATA.request | | | + | + | + | + | + | + | | |
| T.EXPEDITED_DATA.indicatio | | | + | + | + | + | + | + | | |
| T.DISCONNECT.request | + | + | + | + | + | + | + | + | | |
| T.DISCONNECT.indication | + | + | + | + | + | + | + | + | | |

Beim Aufbau einer Verbindung wird ein einfaches Handshakingverfahren durchgeführt, da die unterliegende gesicherte Verbindung zur Gegenstelle eine zuverlässige Übertragung der Daten garantiert. Auch bei der Datenübertragung wird durch Quittierung und gegebenenfalls Wiederholung der Übertragung (bei Klasse 4) auf den unteren Schichten die geforderte Sicherheit der Übertragung garantiert. Der Verbindungsabbau geschieht durch ein T.DISCONNECT.request mit der entsprechenden Quittung.

Die TPDUs werden in der Regel als Daten in den N.DATA.Elementen der Netzwerkschicht transportiert; ihre Kodierung ist ebenfalls in den Standards eindeutig geregelt.

Zur formalen Spezifikation des Verhaltens der Transportschicht verwendet X.224 Ereignis-Zustands-Tabellen. Den Ereignissen, Zuständen, Aktionen und Prädikaten werden Abkürzungen zugeordnet, die in die Tabellen eingetragen werden. Für den Verbindungsaufbau erhält man beispielsweise die folgende, nicht vollständige Tabelle:

| Zustand<br>Ereignis | CLOSED<br>Connection closed | WFTRESP<br>Wait for TCONNrespon | WFNC<br>Wait for NetworkCONN | WFCC<br>Wait for CONN.confirm | OPEN<br>Connection is open |
|---|---|---|---|---|---|
| T.CONN. request | p0: TDISCind CLOSED<br>p2: NCONNreq WFNC<br>p3: NCONNreq WFCC<br>p4: WFNC | | | | |
| T.CON. response | | NCONNconf OPEN | | | |
| N.CONN. indication | p1: NDISC.req CLOSED<br>NOT p1: TCONind WFTRESP | | | | |
| N.CONN. confirm | DR CLOSED | | NCONNresp WFCC | NOT p5: TCONconf OPEN;<br>p5: TDISind NDISreq CLOSED | |
| ... | | | | | |

Hier bedeutet TCONreq=T.CONNECT.request, usw. Die Aktionen und ausgehenden Prädikate werden entweder direkt in die Tabelle geschrieben, oder es wird durch eindeutige Einträge, z.B. Nummern, auf eine Extratabelle verwiesen, in der diese aufgelistet sind. Leere Einträge kennzeichnen Fehlerbedingungen.

### Beispiel einer Implementierung der Transportschicht

Um ein Protokoll nach dem ISO/OSI-Basisreferenzmodell zu implementieren, verwendet man in der Regel eine geeignete höhere Programmiersprache, welche u.a. die Implementierung paralleler Prozesse gestattet. Diese werden verwendet, um die einzelnen Verbindungen quasi-unabhängig zu bedienen, um Timer zu implementieren und für weitere Managementfunktionen. Die Prozesse interagieren in der Regel über **Warteschlangen** oder ***Mailboxen***, über welche **Ereigniskontrollblöcke** (**ECB**=*event control block*) ausgetauscht werden. Diese enthalten die für die Kommunikation notwendige Information, z.B. in Form eines Datensatzes (gegebenenfalls mit `tagged field`, wie in Pascal und MODULA möglich):

```
const   octet     = 255;
        max SSAP  = 2;
        max TSAP  = 2;
        max NSAP  = 11;

type    SSAPaddrtype  = array [1..maxSSAP] of octet;
        TSAPaddrtype  = array [1..maxTSAP] of octet;
        NSAPaddrtype  = array [1..maxNSAP] of octet;

        TranportECBType     = record
             EventType      : integer;
             UDBpointer     : ^UDB;
             UDBlength      : integer;
             CallingSSAP    : SSAPaddrtype;
             CallingTSAP    : TSAPaddrtype;
             CallingNSAP    : NSAPaddrtype;
             CalledSSAP     : SSAPaddrtype;
             CalledTSAP     : TSAPaddrtype;
             CalledNSAP     : NSAPaddrtype;
             DestinationID  : integer;
             SourceID       : integer;
             QOS            : integer;
        end record TranportECBType  ;

var     TranportECB: TranportECBType;
```

Die lokalen Schichten enthalten in ihren Daten nur die **Zeiger** (*pointer*) auf diese Datensätze; sollen Protokolldatenelemente (**PDU**=*protocol data unit*) ausgetauscht werden, so werden die Zeiger in die entsprechenden Warteschlangen eingefügt. Der angesprochene Prozeß, der regelmäßig seine Eingangswarteschlangen abfragt, verwendet diesen Zeiger als Referenz auf den ECB und führt die geforderten Aktionen aus.

Wird mehr als eine Verbindung verwaltet, so werden üblicherweise für jede Verbindung eigene Warteschlangen erzeugt. Das erleichtert die Verwaltung dieser Warteschlangen beträchtlich (z.B. bei Vorrangdaten); allerdings wird dadurch auch die Verwendung paralleler Prozesse (von denen jetzt beliebig viele instanziert werden müssen) erzwungen. Dieses erfordert einige Unterstützung durch das Laufzeitsystem; eine Programmiersprache, die zu diesem Zweck entwickelt wurde, ist **CHILL** (***CCITT High-Level Language***).

Die Benutzerdaten, die in einem Protokolldatenelement übergeben werden, werden durch den Zeiger **UDBPointer** (UDB=*user date block*) referenziert. Die Länge dieses Blocks steht in dem Feld UDPlength. Zum Senden wird eine Protokoll-Kontrollinformation (***PCI***=*protocol control information*) erzeugt; diese wird den Benutzerdaten vorangestellt. Da jede Schicht eine PCI erzeugt, wird der eigentlich zu übertragende Datenblock immer länger (siehe nächstes Bild).

Umgekehrt muß durch eine empfangende PDU jeweils diese PCI wieder entfernt werden. Dieses geschieht schichtenweise. Eine Schicht, die eine solche PDU ausgepackt hat, sendet sie weiter an die übergeordnete Schicht, wobei sich der Adressat (bei mehreren Verbindungen) aus der entfernten PCI ergibt.

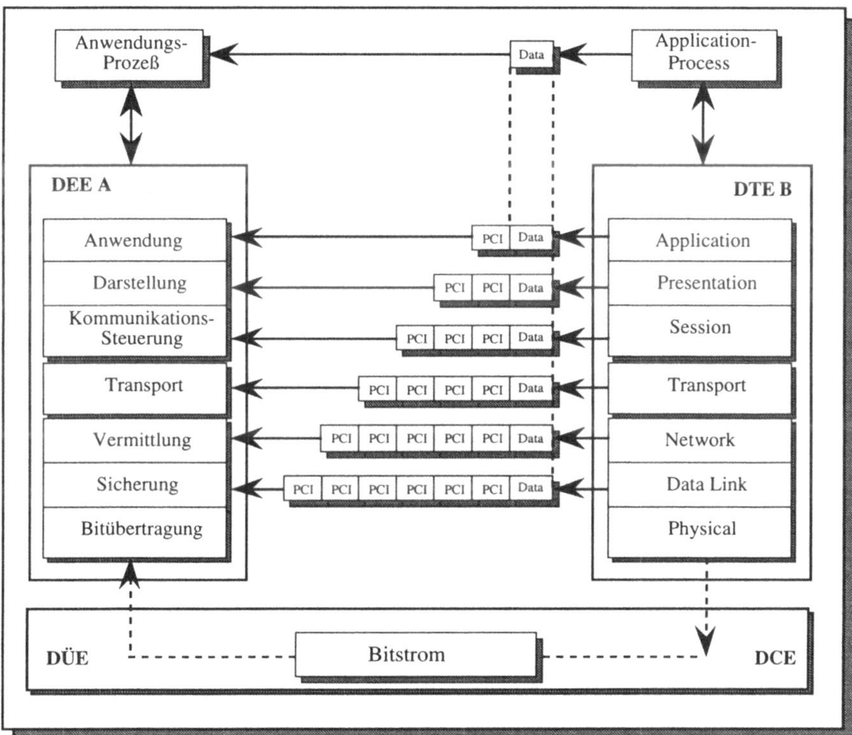


Die ECBs würden in einer Programmiersprache wie Pascal auf dem Heap angelegt werden. In anderen Programmiersprachen könnte man sich vorstellen, daß zunächst eine Menge von ECBs erzeugt wird, welche dann entweder in einer Freispeicherliste eingehängt sind, oder von den einzelnen Instanzen verwendet werden.

Die Prozesse, die eine Verbindung verwalten, realisieren im wesentlichen eine Schleife, die einen Zustand und ein eintreffendes Ereignis (abhängig von dessen Typ) auf eine Folge von Aktionen abbilden. Diese können noch von einem Prädikat abhängen:

```
process
    repeat
        wait (Nächstes_Ereignis);
        Event_Type := Type of Event in ECB;
        case EventStateTable[PresentState, EventType] of
            0:  begin
                    TDISind; NDISreq; PresentState:=CLOSED
                end;
            1:  begin
                    if P0 then begin
```

```
                    TDISind; PresentState:=CLOSED
                end else if P2 then begin
                    NCONreq; PresentState:=WFNC
                end else if P3 then begin
                    CR; PresentState:=WFCC
                end else if P4 then begin
                    TDISind; NDISreq; PresentState:=CLOSED
                end;
            end;
        end case;
    until CLOSED;
end process;
```

Wir gehen hier davon aus, daß ein Prozeß, der eine bestimmte Verbindung bearbeitet, erzeugt (instanziiert) und wieder gelöscht wird, sobald die Verbindung geschlossen wird, d.h. der Zustand CLOSED angenommen wird. Dazu ist es notwendig, daß jeder Schicht ein Prozeß zugeordnet ist, der auf Anforderung neue Prozesse dieser Schicht erzeugt. Dieser sind zugleich bestimmte Warteschlangen zugeordnet, über die mit diesen Prozessen kommuniziert werden kann.

## 10.3 Transportprotokolle im Internet

Die Transportschicht der verbreiteten TCP/IP-Protokollfamilie umfaßt im wesentlichen zwei Protokolle, von denen das eine **TCP** (*Transmission Control Protocol*) genannt wird, das andere **UDP** (*User Datagram Protocol*). Während TCP ein verbindungsorientiertes Protokoll ist, baut UDP unmittelbar auf IP auf und stellt dem Benutzer somit ein Datagramm-Transportprotokoll zur Verfügung.

### 10.3.1 TCP Reliable Stream Transport Service

TCP (*Transmission Control Protocol*) ist ein allgemeines Transportprotokoll, welches außer im Internet auch z.B. im Macintosh eingesetzt wird. Es hat die folgenden Merkmale:

- **Verbindungsorientiert**: Zwischen den kommunizierenden Stationen ist vor der Übermittlung von Information eine **virtuelle Verbindung** aufzubauen und nach der Kommunikation wieder abzubauen.
- **Vollduplex-Verbindung**: Beide Anwendungsprozesse können unabhängig voneinander Daten übermitteln.
- **Zuverlässigkeit**: TCP garantiert dem Benutzer eine hohe Zuverlässigkeit der Datenübermittlung bezüglich Verfälschung und Verlust von Daten durch ein entsprechendes Protokoll; dieses ist dem Benutzer verborgen.
- **Stromorientiert**: Jede Folge von Bits (bzw. Bytes), die der Sender abschickt, wird unverändert (d.h. gleiche Bytes und gleiche Reihung) dem Empfänger übermittelt.
- **Gepufferte Übertragung**: Daten werden **byteweise** an die Kommunikationsinstanz geliefert, welche diese in Paketen sammelt und selbsttätig übermittelt; durch

einen ***Push***-Mechanismus kann der Sender das System zwingen, alle bisher abgesetzten Daten unverzüglich dem Empfänger abzuliefern.

- **Unstrukturierter Strom**: Die Anwendungsprozesse müssen die Struktur ihres Datenstroms selbst vereinbaren und überwachen; TCP unterstützt nicht die Aufteilung der Information in Datensätze.

Zur Identifizierung einer Verbindung sieht TCP einen Header vor, der die **Port**-Adressen von Quell- und Zielrechner in jedem Segment explizit kennzeichnet. Diese müssen von den Anwenderprozessen bei jedem Aufruf der entsprechenden Betriebssystemroutinen angegeben werden. Die Werte dieser Portnummern sind teilweise festgelegt, z.B. für elektronische Post (25) oder *remote job entry* (5). Andere Portnummern sind jedoch frei vereinbar und können vom Betriebssystem beliebig vergeben werden.

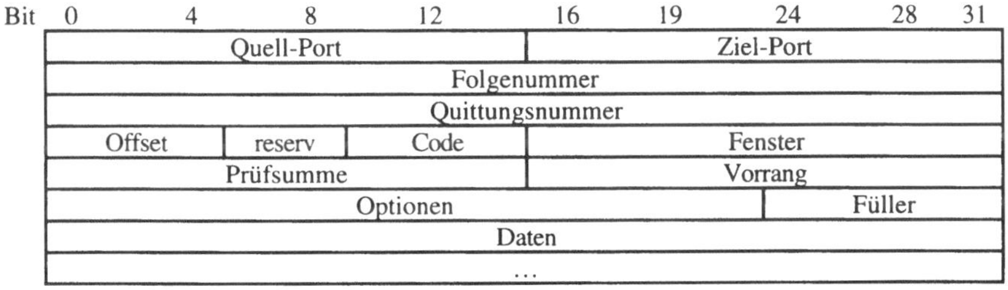

<table>
<tr><td>Bit 0</td><td>4</td><td>8</td><td>12</td><td>16</td><td>19</td><td>24</td><td>28 31</td></tr>
<tr><td colspan="4">Quell-Port</td><td colspan="4">Ziel-Port</td></tr>
<tr><td colspan="8">Folgenummer</td></tr>
<tr><td colspan="8">Quittungsnummer</td></tr>
<tr><td>Offset</td><td>reserv</td><td colspan="2">Code</td><td colspan="4">Fenster</td></tr>
<tr><td colspan="4">Prüfsumme</td><td colspan="4">Vorrang</td></tr>
<tr><td colspan="6">Optionen</td><td colspan="2">Füller</td></tr>
<tr><td colspan="8">Daten</td></tr>
<tr><td colspan="8">...</td></tr>
</table>

Die **Folgenummer** gibt die Lage dieser Daten in dem Datenstrom des Senders an. Die **Quittungsnummer** ist die Nummer jenes Datenbytes in dem Bytestrom, welches der Absender dieses TCP-Segments als nächstes von der Gegenstelle erwartet. Das Feld **Offset** gibt an, ab welchem Byte dieses Segment Daten enthält (dieses ist nötig, da das Optionenfeld variable Länge haben kann). Da manche Pakete nur Daten, manche nur Quittungen enthalten, gibt **Code** an, welche Bedeutung dieses Paket hat. Dieses Feld enthält 6 Bits, welche gesetzt oder gelöscht sein können und folgendes bedeuten:

| Bit (links nach rechts) | Bedeutung |
|---|---|
| URG | Vorrang-Zeigerfeld ist gültig |
| ACK | Quittungsfeld ist gültig |
| PSH | Dieses Segment bewirkt eine Vorrangoperation |
| RST | Setze die Verbindung zurück |
| SYN | Synchronisiere die Sequenznummern |
| FIN | Sender hat das Ende seines Bytestroms erreicht. |

Der **Vorrang-Zeiger** zeigt auf jenes Byte innerhalb dieses Pakets, bis zu welchem Vorrangdaten vorhanden sind. Dieses Feld ist jedoch nur gültig, wenn das **URG**-Bit gesetzt ist. Das **PSH**-Bit wird gesetzt, wenn Daten vom Sender unmittelbar abgeschickt wurden; dieses wird besonders beim interaktiven Betrieb benötigt. Das **Fenster** gibt an, wie viele Bytes der Sender dieses Pakets von der Gegenstelle noch maximal akzeptieren kann; damit ist eine Flußkontrolle möglich, d.h. Sender und Empfänger synchronisieren sich entsprechend der vorhandenen Ressourcen.

Die **Prüfsumme** wird gebildet, indem dem TCP-Kopf ein **Pseudo-TCP-Kopf** vorangestellt wird. Dieser besteht aus den Internetadressen von Sender und Empfänger sowie aus der TCP-Protokollnummer (PROTO) und der Länge des TCP-Datagramms.

Bit 0 4 8 12 16 19 24 28 31

| Bit 0–7 | Bit 8–15 | Bit 16–31 |
|---|---|---|
| Internetadresse des Senders | | |
| Internetadresse des Empfängers | | |
| 0 0 0 0 0 0 0 0 | PROTO | TCP-Länge |

Der Verbindungsaufbau beim TCP-Protokoll wird durch ein **3-Wege-Verfahren** (*three-way handshake*) durchgeführt, welches nach folgendem Prinzip arbeitet:

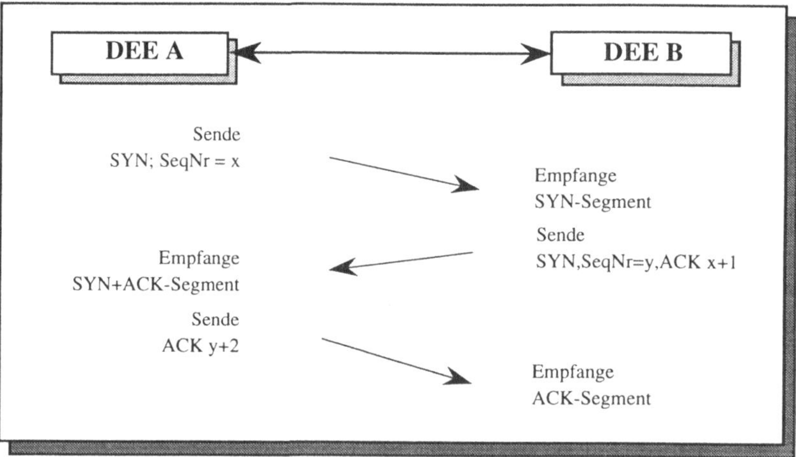


Nach dem Aufbau der Verbindung wissen somit beide Stationen, daß sie empfangsbereit sind und wie die jeweiligen Bytes numeriert werden. Um eine Verbindung zu schließen, wird ein Segment mit dem gesetzten FIN-Bit geschickt. Damit ist die jeweilige Richtung geschlossen; es dürfen keine Daten mehr übermittelt werden. In der Gegenrichtung können jedoch noch weiter Daten transportiert werden. Erst wenn beide Stationen ein FIN-Segment geschickt haben, ist die Verbindung vollständig beendet. Bei fehlerhaften Situationen besteht die Möglichkeit, durch Setzen des RST-Bits die Verbindungen sofort abzubrechen.

TCP ist standardisiert und wird im RFC 793 spezifiziert. Weitere RFCs beschäftigen sich mit der Fensterverwaltung (RFC 813), Fehlerbehandlung (RFC 816) und den optimalen Segmentgrößen (RFC 879).

### 10.3.2 **UDP** User Datagram Protocol

Das IP-Protokoll sendet einem anderen Rechner ein beliebiges Datagramm, wobei es IP nicht interessiert, welcher Anwendungsprozeß dieses Datagramm erhalten soll. Da in der Regel auf einem Zielrechner mehr als ein Prozeß abläuft, ist es wichtig, ein Datagramm einem bestimmten Zielprozeß zuzuordnen. Dieses kann mit dem UDP-Protokoll realisiert werden, so daß dem Anwender hiermit auf der Transportschicht auch ein verbindungsloses Übertragungsprotokoll zur Verfügung gestellt wird.

Eine **UDP-Nachricht** (*UDP-Message*) besteht aus einem Kopf und einem Datenteil; die UDP-Nachricht wird in einem IP-Datagramm wie ein Datenpaket behandelt:

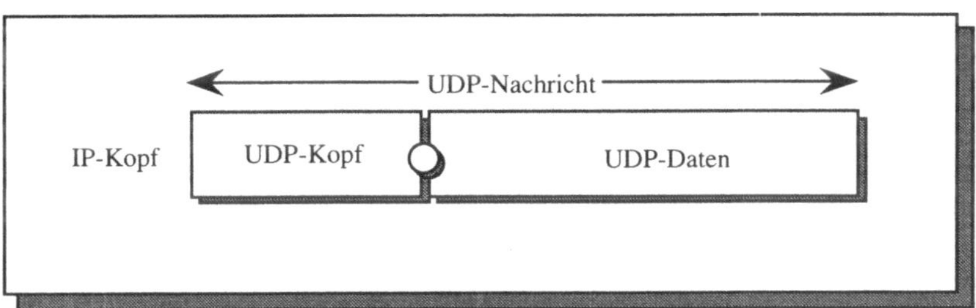


IP-Datagramm

Der **UDP-Kopf** hat den folgenden Aufbau:

| Bit 0 – 15 | Bit 16 – 31 |
|---|---|
| Quell-Port | Ziel-Port |
| Länge | UDP-Prüfsumme |

(Bitpositionen: 0, 4, 8, 12, 16, 19, 24, 28, 31)

Der Quell- bzw. Ziel-Port identifiziert eindeutig den Anwendungsprozeß, der dieses Datagramm entweder sendet oder empfängt. Dabei ist der Quell-Port optional, d.h. entweder enthält er die Adresse des Absenders, an die der Empfänger Antworten schicken soll, oder er enthält den Wert null. Die Länge enthält die Anzahl der Bytes, einschließlich dieses Headers, die mit diesem Datagramm verschickt werden. Somit werden die nachfolgenden Datenoktette transparent übermittelt. Es können bis zu $2^{16}$-9=65527 (8=Header-Länge) Oktetts mit einem Datagramm übertragen werden.

Die UDP-Prüfsumme wird gebildet, indem dem UDP-Kopf ein **Pseudo-UDP-Kopf** vorangestellt wird. Dieser besteht aus den Internetadressen von Sender und Empfänger, sowie aus der UDP-Protokollnummer (PROTO=17) und der Länge des UDP-Datagramms.

| Bit 0 – 7 | Bit 8 – 15 | Bit 16 – 31 |
|---|---|---|
| Internetadresse des Senders | | |
| Internetadresse des Empfängers | | |
| 0 0 0 0 0 0 0 0 | PROTO=17 | UDP-Länge |

(Bitpositionen: 0, 4, 8, 12, 16, 19, 24, 28, 31)

Die Prüfsumme wird nach dem üblichen Internet-Verfahren über das gesamte UDP-Datagramm, einschließlich Pseudo-Kopf, gebildet. Der Empfänger erhält jedoch nur das UDP-Paket, ohne den Pseudo-Kopf. Somit muß er sich den gleichen Kopf aufbauen, damit auch er die Prüfsumme bilden kann.

Hat die Prüfsumme den Wert null, so wurde keine berechnet; wenn diese zufälligerweise den Wert null hat, so kann offenbar ein fehlerhaftes Paket nicht erkannt werden.

Man beachte, daß die Internetadressen eigentlich nur von IP, also der Netzwerkschicht, berücksichtigt werden sollten. Da UDP trotzdem die Internetadressen verwendet, wird die wünschenswerte Trennung zwischen diesen beiden Schichten durchbrochen. Es stellt sich auch die Frage, ob dieses umständliche Verfahren wirklich etwas zur Sicherheit der Übertragung beiträgt. Die Idee war es wohl, ein korrekt übertragenes Datagramm, welches nur durch die Port-Nummer identifiziert wird, noch einmal darauf zu überprüfen, ob es auch den richtigen Rechner erreicht hat. Aber diese Überprüfung wird (als einzige) auch von IP durchgeführt. Wenn diese Prüfung also nicht unbedingt erforderlich ist, so ist es auch nicht schädlich, wenn man sie unterläßt und somit den zusätzlichen Rechenaufwand und den Durchgriff durch die Protokollschichten vermeidet.

Die Port-Nummern sind teilweise festgelegt, da sie mit bestimmten Dienstprogrammen, z.B. dem Datei-Übertragungssystem (ftp=*file transfer protocol*), fest verbunden sind. Ansonsten können sie frei von den Anwendungsprozessen gewählt werden. Man beachte auch, daß sich die Portnummern für verschiedene Protokolle überlappen können, d.h. TCP und UDP können die gleichen Port-Nummern verwenden, auch wenn sie verschiedene Dienste oder Verbindungen meinen.

# 11 Anwendungsorientierte Schichten

Die oberen drei Protokollschichten des ISO/OSI-Basisreferenzmodells können als anwendungsorientiert bezeichnet werden, da sie dem Benutzer Dienste zur Verfügung stellen sollen, die weitgehend unabhängig von den Diensten des Netzes sind. Die fünfte Schicht wird als **Kommunikationssteuerungsschicht** (*session layer*) bezeichnet, da sie das koordinierte Senden, Empfangen und Unterbrechen von Verbindungen regelt. Die sechste Schicht wird **Darstellungsschicht** (*presentation layer*) genannt, da sie die Information abhängig von deren Bedeutung in eine netzweit einheitliche Darstellung umwandelt.

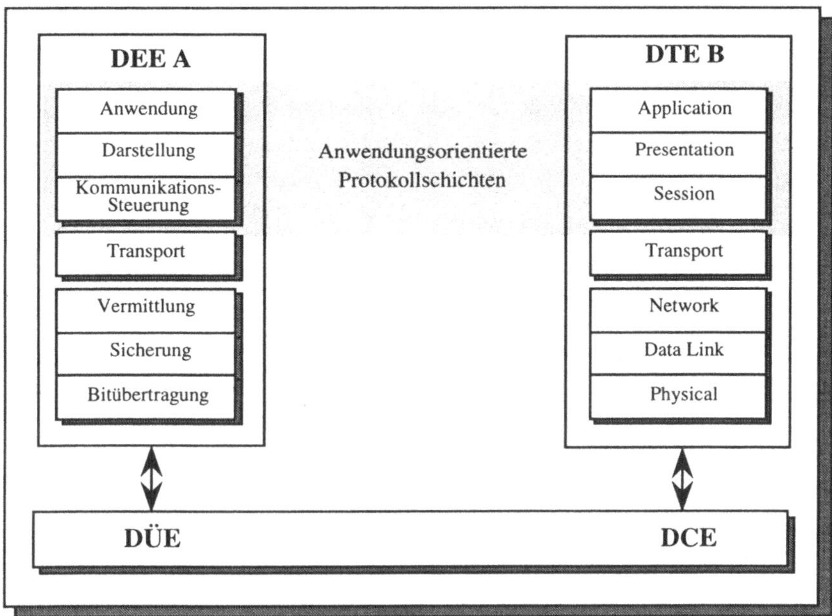


Die siebte Schicht stellt schließlich dem Anwender eine Menge von Funktionen zur Verfügung, die ihm die einfache Nutzung der Netzdienste erleichtern sollen. In dieser

**Anwendungsschicht** (*application layer*) werden somit die Funktionalitäten der unteren Schichten zu Diensten zusammengefaßt, die den Benutzer bei seinen Anwendungen direkt unterstützen. Beispiele für solche Dienste sind die Übertragung von Dateien (**FTAM**=*file transfer, access and management*), der elektronische Austausch von Nachrichten (**MHS**= *message handling system*) sowie das Starten von Aufträgen auf anderen Rechnern (**JTM**= *job transfer and manipulation*). Darüber hinaus sind weitere Dienste standardisiert und in Gebrauch.

In diesem Kapitel werden die drei Anwendungsschichten genauer betrachtet. Wir beschränken uns hier ausschließlich auf die OSI-Darstellung, da im Internet solche Dienste nicht standardisiert sind. Dennoch gibt es auch dort Dienste wie **ftp** (*file transfer protocol*), **email** oder allgemeine Informationsdienste wie Gopher oder WWW.

## 11.1 Die Kommunikationssteuerungsschicht

Die **Kommunikationssteuerungsschicht** (*session layer*) gibt dem Benutzer die Möglichkeit, seine Kommunikation mit einem anderen Benutzer selbst zu kontrollieren und zu synchronisieren. Während die tieferen Schichten die Aufgabe hatten, eine Dateneinheit unverfälscht von einer Station zu einer anderen zu übertragen, ist es die Aufgabe dieser Schicht, sprachliche Mittel zur Durchführung dieser Kommunikation zur Verfügung zu stellen. Dabei gibt es weder Beschränkungen in der Größe der Daten noch in der Dauer einer Verbindung.

Man kann die folgenden Funktionen, welche von der Kommunikationssteuerungsschicht angeboten werden, unterscheiden:

- Auf- und Abbau von Verbindungen
- Festlegung von Synchronisationspunkten
- Unterbrechung und spätere Fortsetzung eines Dialogs
- Ausnahmebehandlung bei Netzfehlern

Es gibt 58 Dienstelemente, die in 21 Dienste aufgeteilt sind, welche wiederum zu 12 Funktionseinheiten gruppiert sind. Diese werden in drei Teilmengen gegliedert (1984 Recommendation), welche als

- **BCS** Basic Combined Subset
- **BSS** Basic Synchronized Subset
- **BAS** Basic Activity Subset

bezeichnet werden. Zur Synchronisation werden **Marken** (*token*) verwendet. Es gibt vier Arten von Marken:

- **Datenmarken** (*data token*)
- **Beendigungsmarken** (*release token*)

- **Synchronisiermarken** (*synchronize-minor token*)
- **Aktivitätsmarken** (*activity-major token*)

Die Datenmarke gibt an, welcher Kommunikationspartner Daten senden darf (bei Halbduplex-Betrieb). Zur Erlangung dieser Marke kann ein Teilnehmer ein S.TOKEN.please.-request absetzen. Die Beendigungsmarke erlaubt es einem Teilnehmer, die Sitzung zu beenden.

Die **Synchronisationsmarken** dienen der Synchronisation der Verbindung. In gewissen Abständen kann der Sender diese Marken absetzen, und der Empfänger diese quittieren; die Datenmenge zwischen zwei Synchronisationspunkten wird als **Dialogeinheit** (*dialogue unit*) bezeichnet. Dadurch können – bei größeren Datenmengen – die Teilnehmer darüber Einverständnis erzielen, wie weit ihre Kommunikation bereits vorangeschritten ist. Bei einem Fehler des Netzes kann ab einem bestimmten Synchronisationspunkt die Übertragung wieder aufgenommen werden. Die Synchronisationsmarken werden von der Kommunikationssteuerungsschicht verwaltet; sie sind von 0 bis 999.999 durchnumeriert.

Die **Aktivitätsmarken** dienen der größeren Unterteilung einer Verbindungen. Sie erlauben es, eine Verbindung in Aktivitäten zu unterteilen. Dabei können Aktivitäten jederzeit unterbrochen, und später in der gleichen oder einer anderen Sitzung wieder aufgenommen werden. Aktivitäten werden in Dialogeinheiten gegliedert.

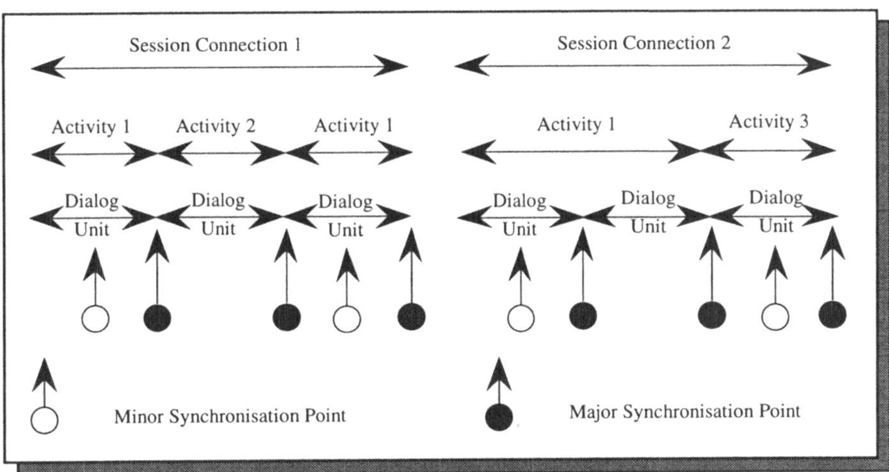


Strukturierung von Sitzungen und Aktivitäten

Beim Aufbau einer Verbindung können gewisse **Gütemerkmale** beantragt werden, wie Schutz der Sitzung, Priorität, Fehlerrate, Durchsatz, Übermittlungszeit, optimierte Übermittlung oder erweiterte Kontrolle. Kann der Diensterbringer (also die vierte Schicht) diese Gütemerkmale nicht erfüllen, so wird der Verbindungsaufbauwunsch abgelehnt.

Kommt eine Verbindung zustande, so wissen beide Teilnehmer über die Gütemerkmale beider Übertragungsrichtungen Bescheid.

Die Kommunikationssteuerungsschicht soll den Benutzer des Kommunikationssystems bei der geregelten Durchführung seiner Tätigkeiten unterstützen. Dienste, die ein Anwender gegebenenfalls selbst implementieren müßte, werden von dieser Schicht bereits vorgegeben. Wichtiger ist es jedoch, daß ein gewisses Kommunikationsszenario von den Standardisierungsgremien durchgespielt und dessen Fehlermöglichkeiten, wie Verklemmungen, nicht terminierte Subprozesse oder unkontrollierte Unterbrechungen von Sitzungen, analysiert wurden. Es zeigt sich jedoch, daß das entstandene System sehr komplex ist, d.h. dem Anwender ein tiefgehendes Verständis für die Regeln und deren Rechtfertigungen abverlangt, weshalb dieses System nur schwierig einsetzbar ist.

Verschiedene Netze, wie ARPANET, USENET und andere kommen vollständig ohne eine Sitzungsschicht aus; andere Netze implementieren nur rudimentäre Teile davon.

## 11.2 Die Darstellungsschicht

### 11.2.1 Aufgaben der Darstellungsschicht

Die sechste Schicht wird als **Darstellungsschicht** (*presentation layer*) bezeichnet. Ihre Aufgabe ist es, den verschiedenen Teilnehmern auf verschiedenen Rechensystemen Daten mit der gleichen Bedeutung zu übertragen.

Wenn ein Rechner eine ganze Zahl (**integer**) mit 3 Bytes im Einerkomplement darstellt, während ein anderer eine ganze Zahl mit 4 Bytes im Zweierkomplement repräsentiert, so soll die Darstellungsschicht dafür sorgen, daß die beiden Rechner dennoch die jeweiligen Werte gleich interpretieren. Im Sinne unserer früheren Definition geht es also um die Übertragung von Information (=Bedeutung) statt nur um die Übertragung von Daten (=Bitmuster). Weitere Beispiele für diese Anwendung sind die unterschiedliche Darstellung von Zeichen des zu übertragenen Datensatzes, z.B. im ASCII (IA5)-Code oder im IBM-Standard EBCDIC, oder die unterschiedliche Reihung der Bytes einer ganzen oder reellen Zahl im Speicher (*big endian, small endian*).

Diese Problematik wird gegenwärtig zumeist pragmatisch gelöst, indem man Daten in einem Alphabet darstellt, zumeist IA5, und es dem Empfänger überläßt, diese Daten richtig zu interpretieren. Dazu kann dem Empfänger vorher mitgeteilt werden, wie er die Nachricht zu verstehen hat. Bei Rechnern gleicher Hersteller entstehen zumeist auch keine Probleme bei der Darstellung von Zahlen, wenngleich die verbreitete Motorola M68000 Architektur (Macintosh, Apollo usw.) und die Intel-Prozessoren (IBM-PC) genau hier unterschiedliche Darstellungen verwenden.

Als Alternative wird daher vorgeschlagen, in der Darstellungsschicht eine netzweit einheitliche Umwandlung von Daten durchzuführen, so daß alle gleichen Werte im Netz auf die gleiche Weise dargestellt werden. Das Netz muß vom Teilnehmer zunächst erfahren, welche Bedeutung bestimmte Bitfolgen besitzen, und vor der Übertragung in das Netz diese in eine einheitliche Darstellung umwandeln. Der Empfänger muß dann die entsprechenden Rückumwandlungen durchführen, indem er die Werte, die er vom Netz erhält, in die lokale interne Kodierung transformiert. Es wird also im strengen Sinne des Wortes Information, und nicht nur eine Nachricht, übertragen.

Offenbar muß die Beschreibung der Bedeutung von Werten durch eine Semantiksprache geschehen. Eine solche Sprache wird in X.208 bzw. IS 8824 auch als **abstrakte Syntax** bezeichnet. Der abstrakten Syntax ist zu entnehmen, was dargestellt wird, z.B. Zahlenwerte, Begriffe oder logische Werte (also die eigentliche Information oder Semantik). Die Repräsentation solcher Werte während der Übertragung (die Nachricht) wird durch eine eigene **konkrete Syntax** beschrieben, die im Prinzip unabhängig von der abstrakten Syntax gewählt werden kann.

Die Darstellung der Daten bei der Übertragung nennt man **Transfersyntax**. Diese kann somit wieder unterschieden werden in eine abstrakte Transfersyntax, welche die übertragbaren Werte beschreibt, und eine konkrete Transfersyntax, welche die Kodierung dieser Werte beschreibt.

Die Darstellungsschicht leistet somit die folgenden Aufgaben:

- Bereitstellung mindestens einer abstrakten Syntax, in welcher der Teilnehmer die Bedeutung seiner Daten deklarieren kann
- Bereitstellung mindestens einer konkreten Syntax, in der die Daten im Netz übertragen werden können
- Bereitstellung der notwendigen Umwandlungsprozeduren, welche die konkrete Syntax der Anwendungsschicht in eine konkrete Syntax des Netzes umwandelt, bzw. umgekehrt.

Die **abstrakte Syntax** ist somit im Netz und auf der Anwendungsebene die gleiche; sie ist durch die **Abstrakte Syntaxnotation Nummer 1** (**ASN.1**=*abstract syntax notation*) in der ISO 8824 bzw. CCITT T.409 definiert. Die **konkrete Syntax**, wie sie für die Übertragung verwendet werden soll, wurde in der ISO 8825 standardisiert und wird als ***Basic Encoding Rules*** (**BER**) bezeichnet.

Diese beiden Sprachen werden in den folgenden Abschnitten vorgestellt. Dabei wird ASN.1 außer für die Spezifikation der abstrakten Syntax auch für die Spezifikation von Protokollen und in vielen anderen Bereichen eingesetzt.

### 11.2.2 Die Abstrakte Syntaxnotation Nummer 1 (ASN.1)

Die abstrakte Syntaxnotation ASN.1 wird in Form einer formalen Grammatik in Backus-Naur-Notation angegeben. Da diese als Semantiksprache verwendet wird, sollte die Bedeutung einem Leser unmittelbar einsichtig sein. Wir stellen ASN.1 hier etwas informaler und unvollständiger vor als sie in den entsprechenden Standards spezifiziert ist.

Zusammengehörende Definition werden in einem **Modul** zusammengefaßt:

```
ModulName DEFINITIONS ::= BEGIN
    linkage
    declarations
END
```

Ein Modul kann Definitionen exportieren oder aus anderen Modulen importieren. Dieses wird im *Linkage* festgelegt. Neue Definitionen werden in den *Declarations* gegeben. Hier gibt es drei Arten von definierbaren Objekten:

- **Typen** (*Types*), die neue Datenstrukturen definieren
- **Werte** (*Values*), die die Ausprägungen von Typen definieren
- **Makros** (*Macros*), die die Grammatik der Sprache ändern können.

Zur Unterscheidung werden **Typen** mit einem Großbuchstaben am Anfang geschrieben: (`DatenTyp`), **Werte** mit einem Kleinbuchstaben (`zustand`), und **Makros** in Blockbuchstaben (`OBJEKT-TYP`); auch die Schlüsselwörter von ASN.1 werden nur in Blockbuchstaben geschrieben.

Ein Typ in ASN.1 wird durch:

```
TypName ::= TYPE                    (ADA:: TypName is TYPE)
```

eingeführt, eine Variable durch:

```
WerteName TypName ::= WERT          (ADA::WerteName: TypName := WERT)
```

Vergleicht man dieses mit höheren Programmiersprachen, so entspricht die Typdeklaration dem Konstrukt `TypName` **`is`** `TYPE` in der Programmiersprache ADA, und die Variablendeklaration dem Konstrukt `WerteName: TypName := WERT` in ADA.

Man unterscheidet **einfache** (*simple*), **zusammengesetzte** (*constructed*) und ***tagged*** Typen. Die einfachen Typen sind:

`BOOLEAN`: Der Datentyp, dessen Ausprägung nur die logischen Werte **`true`** und **`false`** annehmen kann.

`INTEGER`: Der Datentyp, dessen Ausprägungen alle ganzzahligen Werte sein können, wobei den Werten ein eigener Wertname zugewiesen werden kann:

```
Status     ::=    INTEGER { up(1), down(2), testing(3) }
MeinStatus Status    ::=    up          --    oder 1
```

Während ASN.1 es erlaubt, daß in dem letzten Beispiel die Variable MeinStatus jeden ganzzahligen Wert annehmen kann, ist es in vielen Anwendungen (z.B. im SNMP) üblich, nur die explizit aufgelisteten Werte zuzulassen.

`BITSTRING`: Dieser Datentyp kann als Folge von einzelnen Bits aufgefaßt werden; dieses kann z.B. mit **`array of boolean`** in Pascal verglichen werden. `BITSTRING` wird häufig für eine Liste von Optionen benutzt:

```
DienstKlassenTyp = BITSTRING{lesen(0), schreiben(1), dateizugriff(2)}
DienstKlasse DienstKlassenTyp    ::=    { lesen, schreiben }
```

Hier kann jede der drei Optionen unabhängig von den anderen gesetzt oder gelöscht werden.

`OCTET STRING`: Dieser Datentyp kann als Wert eine Folge beliebig vieler Oktetts (mit Werten zwischen 0 und 255) annehmen.

`NULL`: Enthält kein Datum.

`OBJECT IDENTIFIER`: Dieser Datentyp dient der Identifizierung eines Objekts in einer *Management Information Base* (**MIB**). Eine MIB hat eine Baumstruktur, wobei von jedem Knoten mehrere Nachfolger abgehen können, die einen Namen (eine Zahl oder einen Bezeichner, oder beides) haben. Die Folge der Knoten von der Wurzel bis zu dem Zielknoten identifiziert einen Knoten eindeutig. Der OBJECT IDENTIFIER ist somit eine Folge solcher Namen, die jeweils durch einen Punkt getrennt sind:

`1.0.8571.` oder `iso.standard.ftam.`

Diese Art der Bezeichnung ist vor allem in SNMP wichtig. Weitere einfache Typen sind `Real`-Zahlen und Aufzähltypen. Von den zusammengesetzten Typen sind vor allem die folgenden wichtig:

`SEQUENCE`: Dieser Datentyp gibt eine Liste von Datentypen an, vergleichbar dem **`record`** in Pascal. Es ist erlaubt, daß bei der Konstruktion einzelne Typen fortgelassen werden.

`SEQUENCE OF Type`: Dieser Datentyp stellt eine Liste von Daten des gleichen Typs zur Verfügung, analog einem **`array of`** `type` in Pascal. Im Gegensatz zu Pascal darf die Anzahl der Elemente bei verschiedenen Ausprägungen unterschiedlich sein.

`SET`: Dieser Datentyp definiert eine nicht geordnete Menge beliebiger Datentypen. Diese können in der Regel durch eine Tag-Nummer unterschieden werden.

`SET OF Type`: Dieser Datentyp definiert eine nicht geordnete Menge gleicher Typen. Diese können gleichfalls durch eine Tag-Nummer unterschieden werden.

`CHOICE`: In diesem Datentyp darf von den aufgezählten Datentypen nur genau einer vorkommen. Dieser Datentyp ist durch seinen Tag eindeutig identifiziert. Vergleichbar ist dieses mit einem `Variant-Tag-Field` in Pascal (oder einem `union` in C).

In ASN.1 hat ein **Tag** die Aufgabe, einen Datentyp zu identifizieren. Dabei kann er zum einen benutzt werden, um einen Standardtyp auszuwählen (`universal tag`, siehe Tabelle), oder man unterscheidet innerhalb eines Moduls verschiedene Tags (`appli-`

cation) oder in einer SEQUENCE oder SET (context-specific) oder innerhalb einer Anwendung bzw. Unternehmung (private-use). Um in einer Typspezifikation eine Tagnummer anzugeben, wird diese in eckigen Klammern hinter dem Zuweisungszeichen '::=' geschrieben:

```
Typ1 ::= [APPLICATION 2]  OCTET STRING
Typ2 ::= [4]  INTEGER
Typ3 ::= [PRIVATE 4]  BOOLEAN
Typ4 ::= [2]  IMPLICIT OCTET STRING
```

Beim Typ1 wurde das Schlüsselwort APPLICATION hinzugefügt. Damit wird eine neue Tagnummer vergeben, anhand derer der Wert eindeutig identifiziert werden kann. Beim Typ2 wurde dieses Schlüsselwort fortgelassen. Dieses bedeutet, daß es sich um ein kontext-abhängiges Tag handelt. Dürfen z.B. in einem CHOICE zwei verschiedene Werte verwendet werden, so läßt sich anhand der Tagnummer sofort erkennen, welcher Wert tatsächlich gespeichert ist.

```
Job ::= CHOICE{ [1] JobNumber INTEGER;
                [2] JobName   OCTET STRING }
```

Dies ist besonders dann wichtig, wenn beide Werte den gleichen Typ haben:

```
Temperature ::= CHOICE{ [1] DegreeCelsius     INTEGER;
                        [2] DegreeFahrenheit  INTEGER }
```

Beim Typ4 wurde das Schlüsselwort **IMPLICIT** verwendet. Es bedeutet, daß (innerhalb einer SEQUENCE) der Typ dieses Datums in der Kodierung (in BER) nicht erneut angegeben werden muß; er ist aus der Stellung des Datums implizit bekannt. Die abstrakte Syntaxnotation stellt auch sprachliche Mittel zur Verfügung, die eigentlich nur für die konkrete Syntax relevant sind.

ASN.1 macht keine Einschränkungen bezüglich der Größe von Werten, also von Zahlen oder der Länge von Zeichenketten. Durch die Bildung von Untertypen ist dieses jedoch möglich:

```
IpAddress ::= [APPLICATION 1] IMPLICIT OCTET STRING (SIZE(4))
```

gibt eine Zeichenkette von genau 4 Bytes Länge an; diese kann hier als Internetadresse verwendet werden. In dem Beispiel:

```
Semaphore  ::= [APPLICATION 1] IMPLICIT INTEGER (0..99)
```

wird ein Zähler definiert, der nur die Werte von 0 bis 99 annehmen darf.

In der folgenden Liste sind alle Standarddatentypen von ASN.1, denen auch jeweils ein UNIVERSAL TAG zugeordnet ist, aufgelistet.

| Universal Tag | ASN.1 Typ |
|---|---|
| 1 | BOOLEAN |
| 2 | INTEGER |
| 3 | BIT STRING |
| 4 | OCTET STRING |
| 5 | NULL |
| 6 | OBJECT IDENTIFIER |
| 7 | ObjectDescriptor |
| 8 | EXTERNAL |
| 9 | REAL |
| 10 | ENUMERATED |
| 12-15 | Reserved for addenda |
| 16 | SEQUENCE, SEQUENCE OF |
| 17 | SET, SET OF |
| 18 | NumericString |
| 19 | PrintableString |
| 20 | TeletexString |
| 21 | VideotexString |
| 22 | IA5String |
| 23 | UTCTime |
| 24 | GeneralizedType |
| 25 | GraphicsString |
| 26 | VisibleString |
| 27 | GeneralString |
| 28 | CharacterString |
| 29- ... | Reserved for addenda |

Da jeder Anwender beliebige neue Datentypen definieren kann, stellt diese Liste keine Einschränkung dar.

Mittels Macros läßt sich die Definition der ASN.1-Sprache selbst erweitern; eine genaue Beschreibung, die den Rahmen dieses Buches sprengen würde, findet man in den Standards X.208 bzw. IS 8824 im Anhang A.

### 11.2.3 Basic Encoding Rules (BER)

Die konkrete Transfersyntax legt fest, wie die Werte der oben aufgezählten Datentypen bei der Übertragung dargestellt werden. Dieses geschieht mittels der ***Basic Encoding Rules*** (**BER**), wie sie in ISO 8825 bzw. CCITT X.409 definiert sind. Da sich Sender und Empfänger vorher über die Bedeutung der Werte in der Sprache ASN.1 geeinigt haben, können bei der Interpretation keine Mißverständnisse auftreten.

Die Ordnung der Bits in einem Oktett (Byte) ist die folgende:

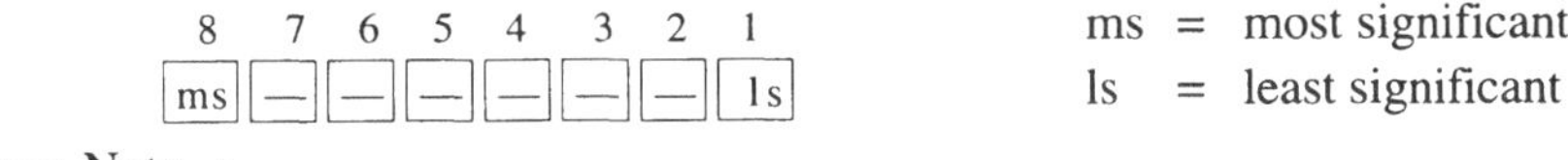


ms = most significant
ls = least significant

Die Ordnung der Oktette (Bytes) ist die folgende:

| ms-Byte | 2. Byte | 3. Byte | ...... | ls-Byte |

zum Netz ←————————

Ganze Zahlen werden im Zweierkomplement dargestellt; führende Bytes dürfen dabei nicht nur aus 0-Bits bzw. 1-Bits bestehen. Es ist auch möglich, Kardinalzahlen (ohne Vorzeichen) darzustellen.

Ein Wert eines Datentyps nach ASN.1 wird in BER folgendermaßen kodiert:

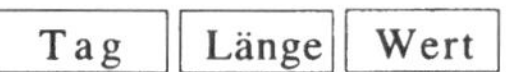


Die obersten beiden Bits des Tags bestimmen die Tagklasse:

| Klasse | Bit 8 | Bit 7 |
|---|---|---|
| universell | 0 | 0 |
| Anwendung | 0 | 1 |
| Kontext | 1 | 0 |
| Privat | 1 | 1 |

Ein einfacher Typ wird durch Bit 6=0, ein zusammengesetzter Typ durch Bit 6=1 gekennzeichnet. Die letzten fünf Bits (Werte 0..31) werden verwendet, um die Tag-Klasse zu identifizieren. Es werden jedoch nur die Werte 1 bis 30 benutzt. Sind alle unteren fünf Bits gesetzt, so werden die folgenden Oktette als Nummer der Tag-Klasse interpretiert. Die Anzahl wird durch das höchste Bit dieser Oktette bestimmt. Ist es 0, so ist dieses das letzte Oktett für diese Tagnummer.

Tag 1...30: | KK|f|——— |

Tag > 30: | KK|f|11111 | | 1------ | | 1------ | ...... | 0------ |

Das Längenfeld gibt an, wie viele Datenoktette folgen. Der kleinste Wert ist null, der größte ist 126.

Länge 0..126: | 0|Länge |

Ist die Länge des Werts größer als 126 Oktette, so wird deren Anzahl in entsprechend vielen Oktetten hinter dieses Byte geschrieben. Die Anzahl dieser Längenoktette wird in das erste Byte geschrieben, dessen höchstes Bit auf 1 gesetzt ist.

Länge >126: | 1|#Oktett | | ------- | | ——— | ...... | ——— |

Dieser Adreßraum reicht auch für zukünftige Anwendungen aus. Ist die Anzahl der Datenoktette beim Erstellen des Flags nicht bekannt, so kann man eine **unbestimmte** (*indefinite*) Längenangabe machen:

Unbestimmte Länge: | 10000000 | ...Datenoktette... | 00000000 | | 00000000 |

Natürlich ist darauf zu achten, daß das **Inhaltsende**-Oktett (*end-of-contents*) nicht in den Daten vorkommt. In manchen Anwendungen, z.B. SNMP, ist die unbestimmte Länge nicht zugelassen.

Die Werte werden entsprechend kodiert, wie oben angedeutet. Ein logischer Wert wird als $FF_{16}$ für TRUE, $00_{16}$ für FALSE kodiert:

BOOLEAN: TRUE
`00|0|00001` `00000001` `11111111` = $1_{16}$ $1_{16}$ $FF_{16}$

INTEGER: 100
`00|0|00010` `00000001` `01100100` = $2_{16}$ $1_{16}$ $100_{10}$

INTEGER: 256
`00|0|00010` `00000010` `00000001` `00000000` = $2_{16}$ $2_{16}$ $1_{16}$ $0_{10}$

BITSTRING: "0111110111"
`00|0|00011` `00000010` `01111101` `11000000` = $3_{16}$ $2_{16}$ $0111110111_2$

OCTET STRING: "abcd"
`00|0|00100` `00000100` `01100001` `01100010` `01100011` `01100100`
= $4_{16}$ $4_{16}$ $97_{10}$ $98_{10}$ $99_{10}$ $100_{10}$

NULL:
`00|0|00101` `00000000`

UTCTime: 4. Mai 1950, 8.10 Uhr
`00|0|10111` `00001010` `00110101` `00110000` `00110000` `00110101`
`00110000` `00110100` `00110000` `00111000` `00110001` `00110000` = "5005040810"
Bem.: Die Ziffern werden zeichenweise kodiert.

Um einen OBJECT IDENTIFIER: '$a_1.a_2.a_3.a_4.a_5.a_6$' zu kodieren, werden die ersten beiden Stellen in einem Byte kodiert: $a_1*40+a_2$. Hierzu ist festgelegt, daß die zweite Zahl niemals größer als 40 sein darf. Die anderen Stellen werden in aufeinanderfolgenden Bytes kodiert. Ist der Wert kleiner als 127, so werden sie in einem Byte kodiert, sonst in beliebig vielen, deren letztes als höchstes Bit eine 0 hat (wie die anderen Bytes auch):

OBJECT IDENTIFIER: 1.0.8571.5.1
`00|0|00110` `00000101` `00101000` `11000010` `01111010` `00000101` `00000001`
Länge=5 40+0 8571 5 1

Ein zusammengesetzter Typ besteht aus mehreren Untertypen, welche einzeln als vollständige Typen aufgelistet werden. Dabei verhalten sich in der BER-Kodierung SEQUENCE und SEQUENCE OF identisch, d.h. auch wenn jede Komponente den gleichen Typ hat, muß dieser immer wieder angegeben werden:

```
Datei ::= SEQUENCE { Name  IA5String, Inhalt  OCTETSTRING }
          Name = "Hans", Inhalt = 0D16, 0A16, 3016.
```

```
[01|1|10000] [00001011]
     96          11

[00|0|10110] [00000100] [01001000] [01100001] [01101110] [01100011]
     22       Länge=4      "H"        "a"        "n"        "s"

[00|0|00100] [00000100] [00001101] [00001010] [00110000]
     4        Länge=4     0D16                   0A16       3016
```

Man sieht an diesen wenigen Beispielen, daß die Kodierung in BER nicht ganz einfach ist. Allerdings gibt es relativ viele Compiler, die diese Arbeit zuverlässig ausführen. Genaueres entnehme man auf jeden Fall den Standards.

## 11.3 Anwendungsdienstelemente

Die Anwendungsschicht setzt sich aus verschiedenen **spezifischen Anwendungsdienstelementen** (**SASE**=*Specific Application Service Element*) zusammen, welche spezielle Dienste (Dateiübertragung, Directory-Dienste, Nachrichtenübermittlung usw.) anbieten. Diese verwenden in der Regel **gemeinsame Anwendungsdienstelemente** (**CASE**=*Ccommon Application Service Element*). SASE wird auch als **Anwendungseinheit** (AE=*Application Entity*) bezeichnet.

Wir betrachten in diesem Abschnitt CASE etwas genauer und gehen in den folgenden Abschnitten auf die speziellen Anwendungsdienste ein. In CASE sind verschiedene Dienste zusammengefaßt, die von SASE benutzt werden. Die wichtigsten Beispiele für CASE sind:

- Der **Verbindungskontrolldienst** (**ACSE**=*Association Control Service Element*) baut Verbindung auf und ab. Solche Verbindungen werden auf dieser Schicht *Associations* genannt. Der Aufbau einer Verbindung durch `A-ASSOCIATE.REQUEST` wird von der Gegenseite bestätigt; der Abbau geschieht geordnet durch `A-ASSOCIATE.REQUEST`, bzw. ungeordnet durch `A-ASSOCIATE.ABORT`.
- Die Dienste zur **entfernten Operationskontrolle** (**ROSE**=*Remote Operation Service Element*) rufen mit dem Dienstelement `RO-INVOKE` eine Operation auf. Ergebnisse werden mit `RO-RESULT` geliefert, und Fehler durch `RO-ERROR` gemeldet. Durch `RO-REJECT-U` bzw. `RO-REJECT-P` wird die Ausführung einer entfernten Operation abgewiesen; `U` steht für *User*, `P` für *Provider*.

  Die RO-Dienste werden in der Regel über Makros aufgerufen mit Namen wie `Bind`, `UNBIND`, `OPERATION` und `ERROR`. Für den Verbindungsaufbau werden Dienstelemente des *Association Controls* und des *Reliable Transfers* verwendet.

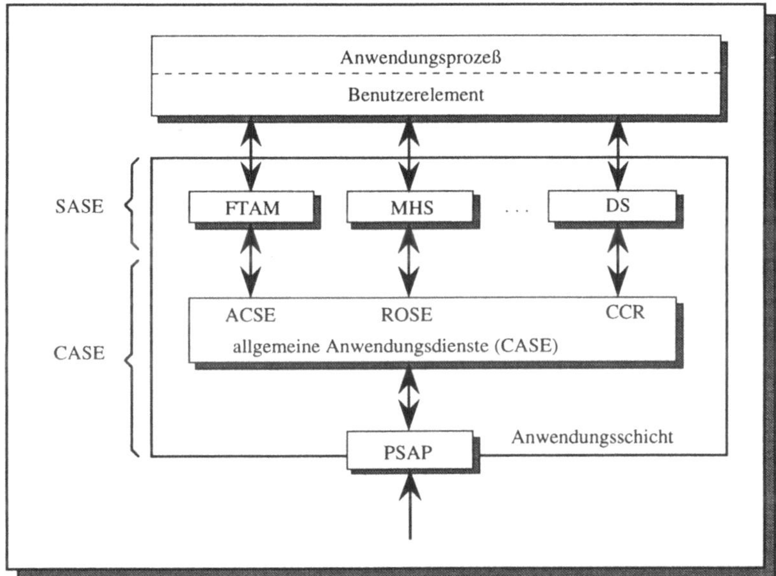


- Die Dienste zur **Zuverlässigen Übertragung** von Daten (RTSE=*Reliable Transfer Service Element*) sorgen insbesondere bei einer Unterbrechung der Verbindung dafür, daß eine gesicherte Wiederaufnahme und Beendigung erfolgt. Es werden die Dienstelemente RT-OPEN und RT-CLOSE für die Verbindungseröffnung sowie RT-TRANSFER für die Datenübertragung verwendet.

  Die Sendeberechtigung wird durch einen Token (*TURN*) geregelt, der durch RT-TURN-PLEASE angefordert und durch RT-TURN-GIVE überlassen wird. Dieser Dienst wird vorwiegend für die Nachrichtenübertragung (MHS) verwendet, bei dem ein Monolog-Modus ausreicht. Mit den Dienstelementen RT-U-ABORT und RT-P-ABORT werden die Verbindungen abgebrochen.

- Die Dienste zur **Synchronisation atomarer Aktionen** (CCR=*Commitment, Concurrence, and Recovery*) leiten mit C-BEGIN eine Aktion ein, z.B. die Übertragung von Daten. Durch ein C-PREPARE wird der Empfänger aufgefordert, die Aktion zu beenden (die Daten zu speichern). Kann er diese Arbeit erfolgreich abschließen, so sendet er ein C-READY, ansonsten ein C-ROLLBACK, nach welchem Sender und Empfänger in ihren Anfangszustand übergehen; danach kann die Aktion durch ein C-RECOVER wieder von vorne aufgenommen werden. Durch ein C-COMMIT wird der erfolgreiche Abschluß der Aktion noch einmal ausdrücklich bestätigt.

  CCR läßt sich auch verteilt in einem Netz ausführen; es wird dann eine Hierarchie von Aktionen aufgebaut, die nach einem genau festgelegten Schema bestätigt werden.

- Ein Dienst zur **Transaktionsbearbeitung** (TP=*Transaction Processing*). Eine Transaktion besteht aus mehreren atomaren Aktionen, von denen entweder genau alle ausgeführt werden oder keine; dabei hat die Ausführung korrekt zu sein, im Fehlerfall dürfen keine falschen Zustände hinterlassen werden und Zwischenergebnisse werden nicht zur Verfügung gestellt. TP ist ähnlich wie die Kommunikationssteuerungsschicht strukturiert und stützt sich auf CCR ab.

Eine verfeinerte Struktur der Anwendungsschicht wird als ***Application Layer Structure*** (**ALS**) bezeichnet und definiert die Art der Referenzierung von Anwendungsdienstelementen (ASE) durch die Anwendungsprozesse (AP).

Ein Anwendungsprozeß initiiert eine Verbindung (*association*) über einen SASE (z.B. FTAM). SASE erzeugt eine Initialisierungs-PDU und verwendet ACSE von CASE, um eine Verbindung mit der korrespondierenden SASE der gerufenen Gegenstelle zu initiieren. Die Parameter, die beim Aufruf der SASE zu übergeben sind, enthalten neben der Initialisierungs-PDU noch Angaben über die Adressen, die SASE (z.B. FTAM), Steuerungsanforderungen (Marken), Darstellungskontext, usw.

Die ACSE kreiert sodann eine weitere PDU, welche die genannten Parameter enthält, und welche sie an die entsprechenden Dienstelemente der Darstellungsschicht weiterreicht.

Da Prozesse in der Regel nicht über absolute Adressen, sondern über Namen miteinander kommunizieren, werden zunächst die Adressen der beteiligten Anwendungseinheiten ermittelt, welche in den folgenden Dienstaufrufen gleichfalls mitgeteilt werden müssen. Die Adressen werden von einem speziellen Dienst, dem **Verzeichnis-Dienst** (DS= *directory service*), ermittelt.

Eine weitere Schnittstelle ergibt sich zwischen den Anwendungsdiensten (in der Anwendungsschicht: **OSIE**=*OSI Environment*) und der realen Welt (d.h. den Anwendungsprozessen, die auf dem jeweiligen Rechner laufen: **RSE**=*Real System Environment*). Letzteren sind die Dienste der Anwendungsschicht zugänglich zu machen.

Dazu wird jedem Anwendungsdienst ein **virtuelles Gerät** (*virtual device*) zugeordnet, welches der Anwendungsprozeß so benutzen kann, als hätte er es alleine zur Verfügung und als würde er nur mit einer lokalen Instanz kommunizieren. Diesem virtuellen Gerät werden Dienstelemente zugeordnet, welche Dienstelemente des Betriebssystems entsprechen, unter dem der Anwendungsprozeß läuft. Bei Aufruf der entsprechenden Betriebssystemfunktionen (**UE**=*User Element*) werden dann die jeweiligen Dienstprimitive der virtuellen Geräte angesprochen.

## 11.4 Anwendungsdienste

Im Prinzip könnten jetzt durch Verwendung beliebiger zur Verfügung gestellter Dienstelemente zwei Anwendungsprozesse miteinander kommunizieren. Statt die jeweiligen Elemente direkt zu benutzen, werden diese jedoch noch einmal in speziellen Anwendungsdiensten zusammengefaßt, welche bestimmte Aufgabenstellungen definieren und lösen. Diese Dienste umfassen u.a. Datei-, Directory- und Nachrichtendienste, sowie Dienste zur

Absetzung von Aufträgen auf entfernten Rechnern. Diese sollen jetzt etwas genauer besprochen werden, wobei wir uns auf die grobe Darstellung der Funktionalitäten beschränken, so daß der Leser den ungefähren Anwendungsbereich der Dienste verstehen kann.

### 11.4.1 Message Handling System (X.400)

**MHS** (*message handling system*) nach der Empfehlung CCITT X.400 erlaubt es Benutzern, auf verschiedenen verteilten Systemen Nachrichten auszutauschen. Es wird auch als **elektronische Post** (*electronic mail*) bezeichnet.

Ein Anwendungsprozeß fungiert als **Postmeister** (*mail server*), welcher der Aufbereitung einer zu sendenden Nachricht und der Ausgabe der zu empfangenden Nachricht dient. In der Anwendungsschicht wird ein Programm als **Nachrichtenübertragungsagent** (**MTA**=*message transfer agent*) zur Verfügung gestellt, welches über Benutzerelemente (**UE**=*user element*) aufgerufen werden kann; dieses kann als **virtuelles Postsystem** (*virtual mail server*) betrachtet werden. Das System aller MTAs in allen Rechnern wird als **Nachrichtenübertragungssystem** (*message transfer system*) bezeichnet. Die lokalen Betriebssystemkomponenten (UE) und das Nachrichtenübertragungssystem zusammen werden als **Nachrichtenbehandlungssystem** (**MHS**=*message handling system*) bezeichnet.

Eine **Nachricht** (*message*) besteht aus einem **Umschlag** (*envelope*), der die Adresse enthält, sowie dem **Inhalt** (*contents*). Der Inhalt wird üblicherweise in einer vereinbarten Syntax übertragen, meist IA5/ISO646. Sollte der Inhalt in einer anderen Syntax vorliegen, so muß er entsprechend konvertiert werden. Der Umschlag kann neben der Adreßinformation, die unerläßlich ist, noch weitere Information enthalten, wie ein **cc** (*copy to*), ***subject***, usw. Dieses ist jedoch transparent zum Übertragungssystem (**MTS**=*message transfer system)*.

Nachrichten werden üblicherweise den lokalen Postmeistern des Empfängers zugestellt. Diese benachrichtigen den Empfänger (z.B. beim Einloggen eines Benutzers) oder erwarten, daß der Empfänger nachfragt, ob es eine Nachricht gibt. Alternativ gibt es die Möglichkeit, einen **zentralen Postmeister** (*central mailbox*) einzurichten, welches einer **postlagernden** Sendung (*repository service*) entspricht. Dieser muß jeweils explizit nach neu eingegangen Mitteilungen abgefragt werden. Dadurch können auch Teilnehmer, die nicht ständig am Netz angeschlossen sind, an dem elektronischen Postsystem teilnehmen. Die DBP Telekom bietet mit ihrem TELEBOX-System einen zentralen Postmeister an. Dieser kann über das Daten- oder Telefonnetz der Telekom erreicht werden.

### 11.4.2 Directory Service (X.500)

Man nennt ein Verzeichnis mit symbolischen Namen und den tatsächlichen Adressen von Teilnehmern eine ***Directory***. Ein **Directorydienst** (**DS**=*directory service*) ist nötig, um einen lokal verwendeten symbolischen Namen für einen Teilnehmer mit der vollständigen Adresse dieses Teilnehmers zu verbinden. Dieses wird als ***Address Resolution Ser-***

***vice*** bezeichnet. Der Anwenderprozeß kann dadurch von der tatsächlichen Konfiguration eines Netzes, die sich ändern kann, abgeschirmt werden. Durch Verwendung eines hierarchischen Namens:

Land ; Unternetz ; System ; Benutzer ;

kann ein Name im Prinzip weltweit eindeutig sein, so daß keine Mehrfachbenennungen vorkommen können, auch wenn sich ändernde Einträge in Directories nur lokal durchgeführt werden. Allerdings ist es gestattet, daß verschiedene Namen den gleichen Eintrag bezeichnen, so daß unterschiedliche Suchkriterien (Name, Branche, Ort usw.) greifen können.

Nach der Empfehlung X.500 kann eine Directory jede Art von Information enthalten, von der Netzadresse eines Teilnehmers über dessen Telefonnummer, Postanschrift, eine nähere Beschreibung (bei Firmen) usw. Die Information ist hierarchisch in einem Baum organisiert (DIB=*Directory Information Base*), der physisch auf verschiedenen Systemen gespeichert sein kann. Der Zugriff geschieht über einen *Directory User Agent* (DUA), der Anfragen zu formulieren gestattet und Antworten entgegennimmt. Dieser kommuniziert über das *Directory System Protocol* (DSP) mit einem *Directory Service Agent* (DSA), der mit anderen DSAs Information austauscht, um die Einträge in einer Directory auf dem neuesten Stand zu halten.

Findet ein *Directory Service Agent* die gewünschte Information nicht direkt, so konsultiert er einen anderen DSA. Man kann sich also vorstellen, daß jeder DSA einen Teilbaum der DIB verwaltet, wobei er aufgrund der Struktur des Baums und der Anfrage entscheiden kann, an welchen anderen DSA er eine Anfrage weiterleiten muß. Das Protokoll hierzu heißt *Directory System Protocol.* Diese zusätzliche Anfrage über das Netz ist vor dem Anwender verborgen. Er hat allerdings die Möglichkeit, spezielle Einträge zu ändern, was sich dann auf die gesamte DIB auswirkt.

### 11.4.3 File Transfer, Access, and Manipulation

Das Protokoll zur Dateiübertragung, -zugriff und -verwaltung (**FTAM**=*File Transfer, Access and Management*; ISO 8571) gibt einem Anwendungsprozeß (der hier ***client*** genannt wird) die Möglichkeit, Dateien auf einem anderen Rechner (***server***) zu manipulieren. Da Client- und Serverrechner auch von unterschiedlichen Herstellern stammen können, ist dieses eine sehr komplexe Aufgabe. Jeder Client soll die Möglichkeit bekommen, die Dateien auf der anderen Maschine so zu manipulieren, wie er Dateien auf seiner eigenen Maschine manipulieren würde.

Hierzu ist ein allgemeingültiges Dateimodell nötig, welches von allen Maschinen unterstützt werden muß; dieses sollte daher möglichst generell und flexibel sein. Das Modell eines Dateisystems in FTAM wird als adressierbare Einheit verstanden, mit der gleichzeitig verschiedene Prozesse assoziiert sein können; die Anzahl der Dateien in dem Dateisystem ist nicht beschränkt. Jeder Datei sind ein Name und weitere Attribute zugeordnet:

- **Dateiname**: Zur eindeutigen Referenzierung einer Datei
- **Zulässige Aktionen**: Lesen, einfügen, ändern, usw.
- **Zugriffskontrolle**: Nur lesen, lesen und schreiben
- **Dateigröße**
- **Darstellungskontext**
- **Name des Erstellers, Datum und Zeit der Erstellung**
- **Name des letzten Änderers/Lesers**
- **Datum und Zeit des letzten Zugriffs**
- usw.

Zum Zugriff wird zunächst der Dateispeicher assoziiert, und dann die Datei in dem Speicher. Der Dateispeicher ist wie ein Baum organisiert; es gibt genau eine Wurzel, interne Knoten und Blätter. Jeder Unterbaum eines Knotens wird als **Dateizugriffsdateneinheit** (FADU=*File Access Data Unit*) bezeichnet. Der Inhalt einer Datei wird in einer oder mehreren Dateneinheiten (DU=*data unit*) gehalten. Einem Knoten kann höchstens eine Dateneinheit zugeordnet werden; somit wird auf eine DU über den Knoten des Unterbaums, in dem sie sich befindet, zugegriffen.

Eine Dateneinheit selbst ist wiederum ein Datenobjekt eines bestimmten Typs (Skalar, Vektor, Menge); sie enthält atomare Daten, die Datenelemente genannt werden. Jedem Datenelement ist eine abstrakte Syntax zugeordnet. Die Datenelemente selbst sind in der Regel durch eine hierarchische Beziehung (Baum) zueinander in Beziehung gesetzt. Der Baum wird in einer bestimmten Reihenfolge durchlaufen (preorder), und die Datenelemente in dieser Reihenfolge (beim Lesen der Datei) an die Darstellungsschicht weitergereicht. Diese betrachtet jede Dateneinheit als unabhängig, so daß sie diese getrennt – entsprechend der vereinbarten Transfersyntax – bei Beibehaltung der relativen Ordnung übertragen kann.

Die Dienstelemente werden in verschiedenen **Bereichen** (*regimes*) zusammengefaßt:

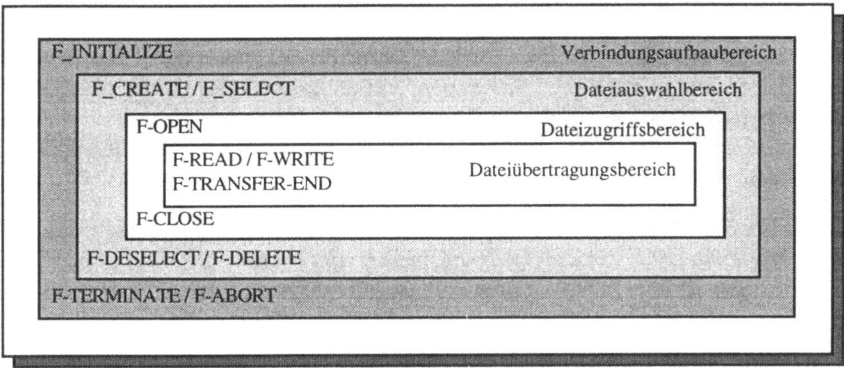

- **Application connection regime**: Allgemeiner Aufruf zum Verbindungsaufbau an CASE. FTAM-spezifisch wird hier die Zugriffsberechtigung für den initiierenden Prozeß ausgehandelt.
- **File selection regime**: Hier wird eine bestimmte Datei (durch ihren Namen) festgelegt, auf die sich die folgenden Operationen beziehen.
- **File access regime**: Hier wird festgelegt, wie die Datei im folgenden verwendet werden soll.
- **Data transfer regime**: Hier wird die eigentliche Datenübertragung durchgeführt, bzw. hier werden einzelne Teile einer Datei manipuliert.

Die Dienstelemente für FTAM werden in funktionellen Gruppen zusammengefaßt, welche den Verbindungsaufbau vereinfachen sollen. Diese Gruppen sind:

- **Kern** (*kernel*): Anwendungsassoziation und -beendigung, Dateiselektion und -öffnung.
- **Lesen** (*read*): Lesen von Massendaten und einzelnen Datenelementen.
- **Schreiben** (*write*): Schreiben von Massendaten und einzelnen Datenelementen.
- **Dateizugriff** (*file access*): Finden und Löschen von Dateien
- **Beschränkte Dateibearbeitung** (*limited file management*): Dateierzeugung, -löschung und Lesen einzelner Attribute.

### 11.4.4 Virtuelle Terminals

Ein *Virtual Terminal* (ISO 9040, ISO 9041) modelliert ein reales Terminal so, daß ein Anwendungsprozeß dieses ansteuern kann. Dabei muß insbesondere eine Übersetzung der verwendeten Steuerzeichen durchgeführt werden, welche bei Beginn der Terminalsitzung ausgehandelt werden müssen. Danach kann der Anwendungsprozeß jedes spezielle Terminal auf die gleiche Weise ansteuern.

Um ein virtuelles Terminal konfigurieren zu können, ist zunächst seine Struktur zu vereinbaren. Mittels *Display Objects* können die Paramter von Bildschirm und Tastatur festgelegt werden. *Control Objects* dienen der Behandlung von Kontrollzeichen, z.B. um einen Signalton zu erzeugen, Zeichen lokal zu reflektieren (*echo*) oder einen Text zusätzlich auf einem Hilfsterminal anzuzeigen. *Device Objects* enthalten Information über bestimmte Eigenschaften von Geräten oder über deren Zustand (an/aus); jedem *Display Object* ist dabei mindestens ein *Device Object* zugeordnet. Die Zusammenfassung aller Objekte eines Terminals wird als *VT Profile* bezeichnet.

Da die Kommunikation über die Anwendungsschicht geführt wird, existieren Dienstelemente zum Auf- und Abbau von Verbindungen (`VT-ASSOCIATE`, `VT-RELEASE`) sowie zum Senden von Daten (`VT-DATA`) sowie weitere Dienstprimitive zum Senden von Vorrangdaten, Anfordern von Berechtigungsmarken usw. Weitere Dienstprimitive werden für das Aushandeln von Parametern verwendet: `VT-SWITCH-PROFILE`, `VT-START-NEG`,

VT-NEG-INVITE, VT-NEG-OFFER, VT-NEG-ACCEPT, VT-NEG-REJECT, VT-END-NEG. Mit eine VT-BREAK können beide virtuellen Terminals wieder resynchronisiert werden.

### 11.4.5 Manufacturing Automation Protocol (MAP)

Protokolle für den Einsatz in einer Produktionsumgebung, z.B. die Fließbandsteuerung, werden als *Manufacturing Automation Protocols* /MAP) bezeichnet. Sie verwenden als Übertragungsmedium zumeist das Token Bus Protokoll, da es eine höhere Fairness garantiert; zur Fehlersicherung wird die Klasse 4 Transportschicht eingesetzt. Auf der Anwendungsschicht wird neben ACSE, FTAM und DS insbesondere die *Manufacturing Message Specification* (MMS) verwendet (siehe unten). Ein dem MAP analoges Protokoll für die Anwendung in technischen Büroumgebungen wird als *Technical Office Protocol* (TOP) bezeichnet und spezifiziert in der Version TOP 3.0 Anwendungsdienste wie FTAM, MHS, DS und VT.

Der Anwendungsdienst **MMS** (*manufacturing message service*) ist für die Anwendung in automatisierten Produktionsstätten entwickelt worden. Er wird benutzt, um Automaten, Roboter, NC-Maschinen (*numerical controlled machines*), Transportsysteme, programmierbare Logikkontroller usw. anzusteuern. Typische Anwendungen sind Anweisungen:

- bestimmte Werkzeuge einzulegen
- bestimmte Teile auf einen Förderwagen zu legen
- bestimmte Schweißnähte auszuführen
- usw.

In der Regel wird einem speziellen Kontroller eine Einheit solcher Produktionsstätten zugeteilt; diese wird als **Zelle** (*cell*) bezeichnet: **CC** (*cell controller*). Diesem wird über ein allgemeines Protokoll (z.B. FTAM) ein Typ (z.B. Wagen) genannt, den er zu produzieren hat. Dieser instruiert dann über MMS die einzelnen Instanzen, welche Handlungen sie auszuführen haben. Die Funktionen eines CC können z.B. sein:

- Verbindungsaufbau mit einem speziellen Maschinenkontroller
- Übermittlung einer Datei, die z.B. zu benutzende Werkzeuge beschreibt
- Übermittlung eines Programms zur Steuerung einer Werkzeugmaschine
- Überwachung der Operationen eines Kontrollers
- Verändern oder Ablesen bestimmter Variablen eines Kontrollerprogramms
- Abfrage eines Kontrollers, welche MMS-Dienste er unterstützt

### 11.4.6 Job Transfer and Manipulation

Die Dienste des **JTM** (*job transfer and manipulation*) werden eingesetzt, um Aufträge an andere Instanzen eines verteilten Systems zu senden.

Die Aufträge werden in einer **Auftragsspezifikation** (*Job Specification*) beschrieben, welche transparent von den JTM-Diensten zu einem Rechner, der den entsprechenden Auftrag ausführen soll, übermittelt werden. Der beauftragende Anwendungsprozeß wird als ***Initiating Agency*** bezeichnet, der Anwendungsprozeß, der den Auftrag ausführt, wird als ***Execution Agency*** bezeichnet; ein ***Job Monitor*** überwacht die Ausführung eines Auftrags, und falls ein wichtiges Ereignis geschieht (Fehler, Ende, Datennachfrage) erstellt dieser ein ***Report Document***, welches an die ***Source Agency*** gesandt wird.

Die Auftragsspezifikation enthält in der Regel eine Beschreibung des Auftrags, z.B. ein auszuführendes Programm mit den zugehörigen Eingabedaten, oder ein zu druckendes Dokument. In der Regel wird JTM also benutzt, um die Übertragung von Dokumenten, die mit einem Auftrag in Zusammenhang stehen, zu bewerkstelligen.

# 12 Öffentliche Datennetze

Die Übertragung von Daten über andere als eigene, private Grundstücke unterliegt in Deutschland wie in vielen anderen Ländern dem Monopol eines oft staatlich kontrollierten oder betriebenen Telekommunikationsunternehmens (**PTT** = Post-, Telegramm- und Telefonbehörde). Neben den technischen Problemen, die bei dieser Art von Kommunikation zu überwinden sind, gibt es auch noch eine Reihe juristischer Probleme, die bei der Verwendung öffentlicher Kommunikationsstrecken zu beachten sind. Letztere werden uns hier jedoch nur am Rande interessieren.

## 12.1 Geschichte der öffentlichen Telekommunikation

Die öffentlichen Telekommunikationsunternehmen begannen ihre Tätigkeit mit der Einrichtung des Telegramm- und später des Telefondienstes. Die verwendete Technik für die Sprachübertragung dürfte allgemein bekannt sein: Über verdrillte Kupferleitungen werden die in einem Mikrophon in analoge elektrische Ströme umgesetzten Schallwellen über ein System von Schaltern und Verstärkern zwischen den Teilnehmern übertragen. Durch geeignete Filterungstechniken kann das 'Ferngespräch' über die gleiche Leitung (Zwei-Draht) zwischen zwei Teilnehmern gleichzeitig übertragen werden (wozu sonst eine Vier-Draht-Leitung erforderlich wäre). Die elektrischen Verbindungen zwischen den Teilnehmern wurden zunächst manuell auf einem Schaltbrett, später automatisch über elektromechanische Hub-Drehwähler bzw. **EMD** (Edelmetallmotordrehwähler) hergestellt. Die Auswahl des angerufenen Teilnehmers erfolgte stets 'im-Band', d.h. auf dem gleichen Kanal, auf dem auch das Gespräch übertragen wurde (zunächst durch verbale Angabe der Anschlußnummer des Teilnehmers, später durch deren Wahl auf einer Wählscheibe und Umsetzung in elektrische Impulse auf der Leitung bzw. durch frequenzmodulierte Kodierung).

Als Datendienst stellten die PTTs zunächst nur das Telex-Netz zur Verfügung, welches für die Übermittlung von Fernschreiben verwendet wurde; die Übertragungsrate betrug 50 Bit/sec, die Übertragungsqualität (Zeichensatz, Bedienung, Kosten) war nach heutigen Maßstäben sehr niedrig.

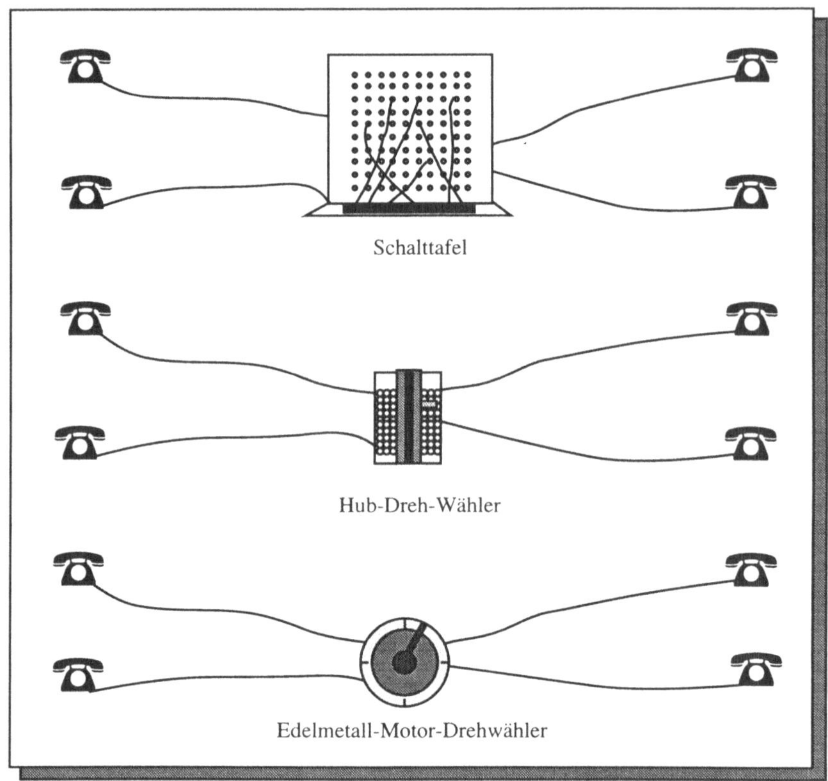


Klassische Vermittlungstechnik

Als die Nachfrage nach Datenübertragungskapazitäten stieg, bot die Deutsche Bundespost zunächst die Datenübertragung über bestehende digitale (Telex) und analoge Netze (Telefon über Modems) an. 1967 wurde ein digitaler Dienst mit 200 Bit/sec eingeführt (DATEX-L200). Seit ca. 1973/75 erfolgte die Einrichtung eines elektronischen Datenvermittlungssystem (EDS), welches für die digitale Datenübertragung optimiert und zunächst für ein komfortableres Fernschreibnetz eingesetzt wurde; später erfolgte die Einführung des leitungsvermittelten Datendienstes DATEX-L, der eine digitale Übertragung im Bereich von 300 bis 2400 Bit/sec, seit 1978 auch bis 9600 Bit/sec, ermöglichte. DATEX steht für 'DATa EXchange', -L für leitungsvermittelt.

Seit 1980 wird der DATEX-P-Dienst angeboten, der eine paketvermittelte Kommunikation ermöglicht. Während die leitungsvermittelten Dienste an beiden Gegenstellen die gleichen Geschwindigkeiten verlangen, können hier die Teilnehmer ihre Daten in Form von Paketen senden, wobei beliebige zeitliche Abstände, selbst mit unterschiedlicher maximaler Rate, zulässig sind. Das Zugangsprotokoll entspricht dem Standard X.25 der CCITT bei DATEX-P10-Diensten bei 300 bis 48.000 Bit/sec. Ein anderer Dienst:

DATEX-P20 ermöglicht den Anschluß nicht paketfähiger 'Start-Stop'-Geräte an das Paketnetz (PAD=*Packet Assembly Disassembly*). Zwischen den verschiedenen Diensten bietet die Post eine Umsetzung an, so daß z.B. Telex-Sendungen an einer DATEX-P-Station empfangen werden können (**IDN**=integriertes Text- und Datennetz).

Mit der Entwicklung der digitalen Technologie setzte sich bereits Ende der siebziger Jahre die Erkenntnis durch, daß die digitale Übertragung auch von Sprache für die PTTs kostengünstiger ist als die Entwicklung elektronischer analoger Vermittlungen. Aus diesem Grunde begann man, zunächst die internen Verbindungen der Post zu digitalisieren (PCM30 mit 2048 kBit/sec, PCM480 bis PCM7680 mit 34 MBit/sec bis 565 MBit/sec). Die Verbindungen werden zunächst an den Ortsvermittlungen digital umgesetzt, sodann zur Ortsvermittlung des Empfängers übertragen, dort schließlich analog umgesetzt und wieder an das Fernsprechgerät des Empfängers geleitet. Diese Technik garantiert, trotz der Analog/Digital- und der Digital/Analog-Umsetzung, eine wesentlich bessere Qualität, besonders auf längeren Strecken. Außerdem sind kostengünstigere Vermittlungsstellen möglich.

Der nächste Schritt ist dann die Übermittlung auch der digitalen Information bis zum Teilnehmer; dieser kann die angebotene Übertragungsrate von 64 kBit/sec dann sowohl für Sprachkommunikation als auch für die Übertragung digitaler Information verwenden. Da hier alle Dienste in einem digitalen Netz zusammengefaßt werden, spricht man von **ISDN** (*Integrated Services Digital Network*). Dieses verringert sowohl die Kosten für die Teilnehmer, die nicht mehr teure Digitalleitungen mieten müssen, als auch für die PTTs, die jetzt nur noch ein einziges Netz mit einer kostengünstigen, zeitgemäßen Technologie betreiben müssen. Das ISDN-Netz befindet sich zur Zeit im Aufbau und wird nach neuesten Schätzungen der Deutschen Bundespost Telekom vermutlich bis zum Jahre 2000 jedem Telefonteilnehmer einen digitalen Anschluß bescheren.

Der nächste Schritt wird die Entwicklung eines **integrierten Breitbandnetzes** sein (**IBN**=*Integrated Broadband Network*), welches dem Teilnehmer ein integriertes Netz mit Übertragungsraten von bis zu 150 MBit/sec anbieten wird. Die hierfür notwendige Technologie befindet sich gegenwärtig in der Entwicklung und Standardisierung.

## 12.2 Die DATEX-Dienste

Die DATEX-Dienste werden noch einige Zeit lang von der Deutschen Bundespost Telekom angeboten und sind daher für die Datenübertragung noch von Wichtigkeit. Sie sollen aus diesem Grund in diesem Abschnitt etwas genauer erläutert werden.

Alle DATEX-Dienste haben eine digitale Schnittstelle zum **Anschluß der Datenendeinrichtung (DEE)**. Es handelt sich jeweils um vermittelte Dienste, wobei sowohl leitungsvermittelte (DATEX-L) als auch paketvermittelte (DATEX-P) Dienste angeboten werden. Ein **Hauptanschluß** wird dem Teilnehmer von der Deutschen Bundespost Telekom mittels einer Verbindung zum nächsten Netzknoten sowie der Bereitstellung eines Datenübertragungsgeräts mit digitaler Schnittstelle zur Verfügung gestellt. Ein Hauptanschluß kann einen oder mehrere **logische Kanäle** bereitstellen.

Zwischen den (logisch) getrennten Netzen (Telex, Teletex, DATEX-L, DATEX-P, Telefon mit Modem) erlaubt die Deutsche Bundespost Telekom einen (kostenpflichtigen) Übergang, indem sie in der Regel von jedem Netz einen Zugang ins DATEX-P Netz erlaubt. Da dies ein Netz mit Paketvermittlung ist, können hier am einfachsten Geschwindigkeitsanpassungen und Pufferungen durchgeführt werden. Darüber hinaus können auch mit einem besonderen Dienst (PAD) einfache Datenendgeräte direkt an das DATEX-P-Netz angeschlossen werden, obgleich für diese eigentlich das DATEX-L200 Netz entworfen worden ist.

Die **DATEX-L-Dienste** werden in zwei Klassen eingeteilt: Die **asynchronen Dienste** DATEX-L200 und DATEX-L300 und die synchronen Dienste. **DATEX-L200** wurde bereits 1967 eingeführt. Die Schnittstelle wird nach CCITT X.20bis ausgelegt, die Übertragungsrate beträgt 50 bis 200 Bit/sec. Sämtliche Bits werden **transparent** durchgeschaltet, so daß sehr unterschiedliche Datenendgeräte angeschlossen werden können. Die Zahl der Bits je Zeichen schwankt zwischen 7,5 und 11; es werden keine Vorschriften bezüglich der Kodierung gemacht.

Da die für DATEX-L200 zu betreibende Hardware sehr teuer war, wurde mit **DATEX-L300** ein Netz eingeführt, daß für die Start-Stop-Zeichenübertragung je Zeichen 7 Bits bei einem Paritätsbit (gerade Parität) verwendete; die Zeichen waren nach dem internationalen Alphabet Nr. 5 (ASCII) kodiert. Da die Übertragung asynchron mit 300 Bit/sec geschieht, können auch Geräte verschiedener Hersteller miteinander kommunizieren; darüber hinaus kann im Netz eine einfachere Technik verwendet werden. Der Anschluß erfolgt über die digitale Schnittstelle X.20, bzw. über eine V.24-kompatible Schnittstelle X.20bis. Die Verbindungsaufbauzeit beträgt typisch 0,5 sec. DATEX-L300-Dienste werden z.B. für Reiseauskunfts- und -buchungssysteme verwendet.

Die **synchronen Dienste DATEX-L2400, DATEX-L4800** und **DATEX-L9600** verwenden Hauptanschlüsse mit X.21 bzw. X.21bis Schnittstellen. Sie bieten eine vollduplex, bittransparente Datenübertragung mit schnellem Verbindungsaufbau (< 0,5 sec), Anschlußkennung des rufenden Teilnehmers und verbesserten Netzdiagnosemöglichkeiten. Anwendungen sind Kurzverbindungen von weniger als 5 Sekunden für Buchungsverkehr im Bankenbereich, Nutzung von Servicerechenzentren oder Auskunftssystemen, oder die Übertragung großer Datenmengen zu günstigen Nachttarifen. Die Übertragungsraten liegen bei 2400, 4800 oder 9600 Bit/sec.

Der **Paketvermittlungsdienst DATEX-P** bietet dem Teilnehmer Hauptanschlüsse für Endgeräte und Datenverarbeitungsanlagen an, einen Zugang zu anderen öffentlichen Wählnetzen, feste oder gewählte virtuelle Leitungen sowie weitere Leistungsmerkmale, wie Wahl der Fenstergrößen, Teilnehmerbetriebsklassen, Subadressen und Gebührenübernahme. Es gibt verschiedene Protokollgruppen, die durch zwei Ziffern hinter dem P angegeben werden, z.B. **DATEX-P10** (X.25-Standarddienst) oder **DATEX-P33** (Anschluß Siemens-8160-kompatibler Datenstationen). Die erste Ziffer bedeutet:

Gruppe 1: Intelligente Datenendeinrichtung mit dem Protokoll X.25

Gruppe 2: TTY-kompatible Datenendeinrichtungen (zeilenorientierte Geräte mit zeichenweiser Start/Stop-Übertragung)

Gruppe 3: Datenendeinrichtungen mit Basic-Mode-Prozeduren, vorzugsweise Dialoggeräte

Gruppe 4: Remote-Job-Entry-Datenendeinrichtungen (Stapelfernverarbeitungsstation)

Die zweite Ziffer gibt eine Variante an. Sie bedeutet:

Variante 0: International standardisiertes Protokoll (z.B. X.25)

Variante 1: Zweites internationales oder nationales Protokoll

Variante 2,3,...: Herstellerprotokoll (z.B. IBM, Siemens usw.)

Der Paketvermittlungsdienst **DATEX-P10** erfordert eine intelligente Datenendeinrichtung mit X.25-Schnittstelle. Die Übertragung ist voll-duplex, synchron und kann mit den Geschwindigkeiten 2400, 4800, 9600, 48.000 Bit/sec und 64.000 Bit/sec betrieben werden. Man kann feste oder gewählte virtuelle Verbindungen vereinbaren, wobei an einen Hauptanschluß ein oder mehrere (bis zu 4096) logische Kanäle angeschlossen werden können. Pakete können eine Länge von bis zu 128 Oktetten haben. Die Anzahl der Pakete in einer Verbindung ist nicht beschränkt.

Die Gebührenstruktur von DATEX-P10 setzt sich aus Grundgebühren für den Hauptanschluß, Verbindungsaufbau-, Zeit- und Volumengebühren zusammen, sowie weiteren Gebühren für die Verwendung der weiteren Leistungsmerkmale.

Der Paketvermittlungsdienst **DATEX-P20** bedient einfache Datenendeinrichtung, die die Daten zeichenweise im Start-Stop-Betrieb übertragen. Verbindungsaufbau, Datentransfer und Verbindungsabbau werden nach den Protokollen X.25, X.3, X.28 und X.29 betrieben.

Das Datenendgerät sendet die zu übertragenden Zeichen im ASCII-Code (7 Bit + Startbit + Paritätsbit + 1-2 Stoppbit) an eine Einrichtung, die **PAD** (*Packet Assembler Disasssembler*) genannt wird; diese faßt mehrere Zeichen in einem Paket zusammen und sendet es an die Gegenstelle. Umgekehrt werden die Zeichen aus ankommenden Paketen ausgepackt und dem Endgerät zeichenweise zugestellt. Dadurch ist es möglich, einfache Geräte (TTYs) auch im Paketbetrieb zu verwenden. Da ein Teilnehmer häufig nur zu einer anderen Station eine Verbindung aufbauen muß (z.B. Terminal ↔ Großrechner), werden neben den gleichen Leistungsmerkmalen wie für den Basisdienst auch ein Direktruf sowie eine Teilnehmerkennung angeboten. Die Datenübertragung geschieht mit 110, 200, 300 oder 1200 Bit/sec.

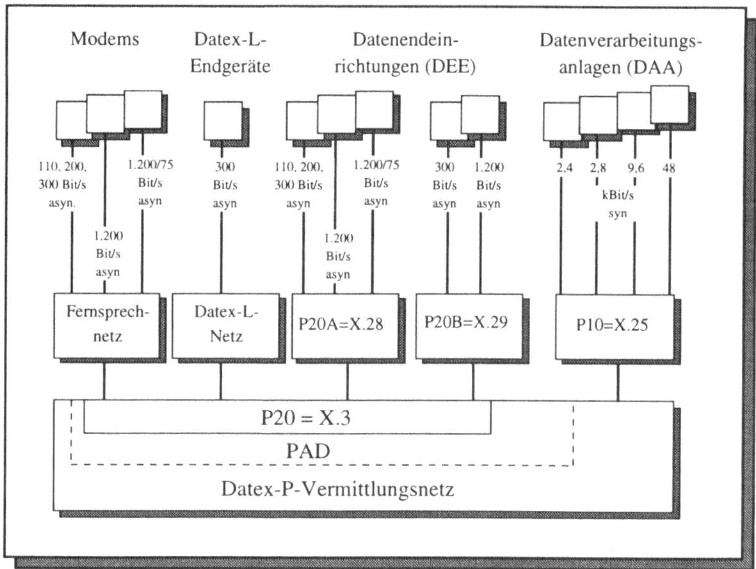


Datex-P Netzzugang und Netzkonfiguration

Außerdem werden dem Teilnehmer vom DATEX-P20-Dienst Einwählzugänge aus dem Fernsprech- und dem DATEX-L-Netz angeboten, wobei die Nutzungsbedingungen der jeweiligen Zugangsnetze unverändert bleiben. Datenverarbeitungsanlagen können über asynchrone Hauptanschlüsse mit PAD-Unterstützung oder über X.25-Mehrfachanschlüsse an das DATEX-P-Vermittlungsnetz angeschlossen werden.

Weitere Paketvermittlungsdienste sind **DATEX-P32** und **DATEX-P33**, die spezielle Geräte (kompatible zu IBM- und Siemens-Datenendgeräte) an das Paketvermittlungsnetz anschließen, sowie **DATEX-P42** für Stapelfernverarbeitung (*Remote Job Entry*). Sie haben heute wegen der Entwicklung im Bereich der Arbeitsplatzrechner nur noch eine geringe Bedeutung.

Die **DATEX-**Dienste werden als Träger für weitere Anwendungsdienste verwendet, z.B. für TELETEX oder MHS (*Message Handling System*); außerdem gibt es Übergänge zum Bildschirmtext.

Die Datenübertragung sämtlicher Dienste (Gentex, Telex, DATEX-L, DATEX-P, Direktdatenverbindungen, internationale Mietleitungen) geschieht auf dem integrierten Digitalnetz **IDN** (Integriertes Text- und Datennetz) der Deutschen Bundespost Telekom. Dieses verwendet in der Regel Kabelstrecken mit einer Rate von 2 MBit/sec, auf denen Kanäle von 64 kBit/sec betrieben werden. Datenendeinrichtungen werden durch das Basisbandübertragungsverfahren an eine Datenumsetzerstelle angeschlossen, welche gegebenenfalls durch statisches oder dynamisches Multiplexen mehrere virtuelle Verbindungen auf einer 64 kBit/sec-Strecke überträgt.

# 12.3 ISDN

Seit der Mitte der achtziger Jahre bietet die Deutsche Bundespost Telekom mit dem integrierten Datennetz ihren Teilnehmern die Möglichkeit, einen 64 kBit/sec Digitalanschluß zu betreiben. Dieser ist außer für übliche Telefongespräche auch für digitale Datenübertragung geeignet. Das folgende Bild zeigt den Übergang des bis in die siebziger Jahre analogen Telefonnetzes zu einem digitalen Netz. Dieser Übergang wurde weitgehend 'transparent' für die Teilnehmer realisiert, so daß der Telefonteilnehmer außer einer Verbesserung der Übertragungsqualität keine Änderung oder gar Beeinträchtigung des Telefondienstes bemerkte.

Nach der ISDN-Norm I.120 der CCITT sollte sich das ISDN-Netz aus dem analogen Telefonnetz heraus entwickln. Dieses ist z.B. von der Deutschen Bundespost Telekom auch weitgehend so durchgeführt worden. Die analogen Verbindungsleitungen zwischen den Vermittlungsstellen bestanden aus 300 bis 10800 Kanälen, die im Frequenzmultiplexverfahren betrieben wurden. Diese wurden durch digitale Leitungen mit 480 bis 7680 Kanälen ersetzt, die in der Zeitmultiplex-Technik betrieben werden. Aus diesem Grunde mußten die Signale vor den Vermittlungen digital, danach wieder analog umgesetzt werden. Erst als auch die Vermittlungen digitalisiert wurden, konnten innerhalb des Netzes die Telefongespäche ohne Umsetzung übertragen werden, mußten jedoch an den Ortsvermittlungen zu den Teilnehmern hin jeweils analog gehalten werden.

Mit der Einführung von ISDN ist es jetzt wahlweise möglich, die digitalen Leitungen bis zum Teilnehmer hin zu führen, so daß dieser eine digitale Verbindung mit 64 kBit/sec zwischen zwei ISDN-Datenendeinrichtungen herstellen und betreiben kann. Über die Teilnehmerleitungen zwischen Ortsvermittlung und **NT** (*Network Termination* s.u.) werden verschiedene Kanäle geführt, die teilweise genormt sind:

A: 4 kHz analoger Telefonkanal
B: 64 kBit/sec: Digitaler Kanal für PCM-kodierte Sprache oder digitale Daten
C: 8 oder 16 kBit/sec: Digitaler Kanal
D: 16 oder 64 kBit/sec: Digitaler Kanal für Außerbandsignalisierung
E: 64 kBit/sec: Digitaler Kanal für interne ISDN-Signale
H: 384, 1536 oder 1920 kBit/sec: Digitaler Kanal

Es sind jedoch nur gewisse Kombinationen dieser Kanäle zulässig:

1. **Basisanschluß**: 2 B + 1 $D_{16}$
2. **Primärratenanschluß**: 30 B + 1 $D_{64}$ (in USA und Japan: 23 B + 1 $D_{64}$)
3. **Hybridanschluß**: 1 A + 1 C

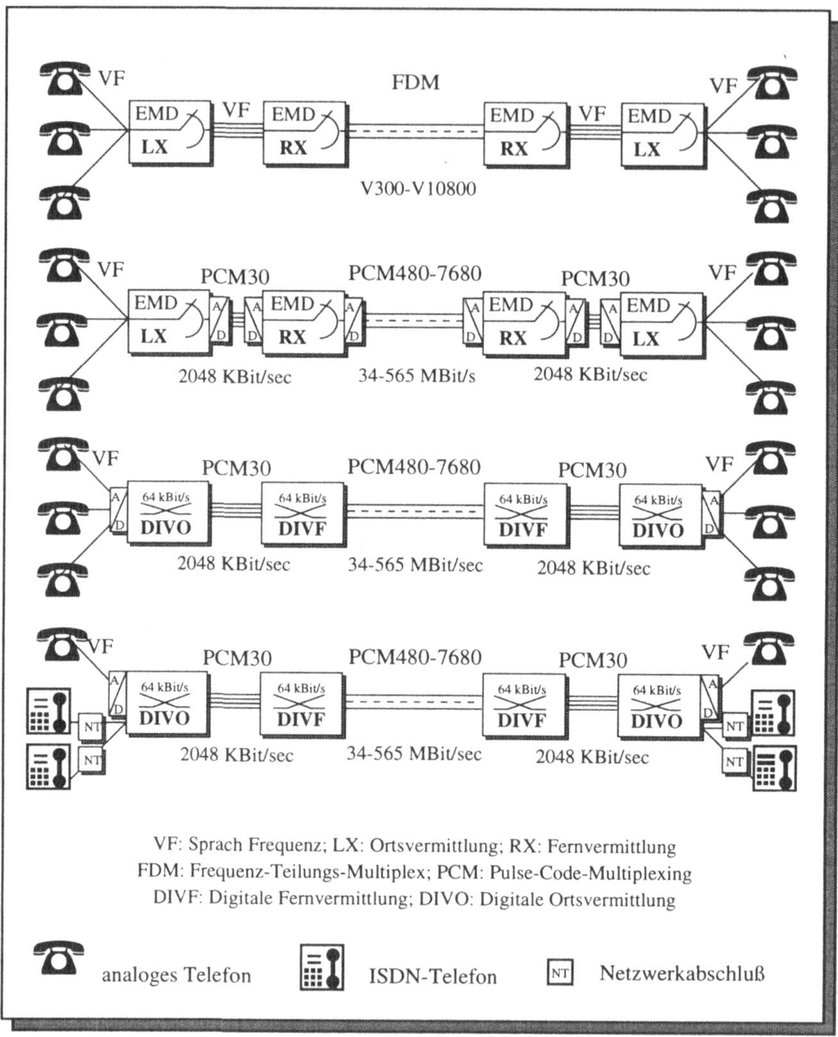


Übergang zum digitalen Telefonnetz

Der B-Kanal wurde zu 64 kBit/sec ausgelegt, um über diesen PCM-Sprache übertragen zu können (siehe auch Abschnitt 3.4.5). Man beachte, daß hier 64 kBit/sec 8 kHz × 8 Bit bedeutet, also 64.000 Bit/sec und nicht $2^{16}$=65.536 Bit/sec. Der Index beim D gibt die Bitrate des entsprechenden Signalisierungskanals an.

Ein ISDN-Anschluß wird über eine Schnittstelle, genannt **NT** (*Network Termination*) dem Teilnehmer zugeführt. Auf der Teilnehmerseite wird diese Schnittstelle $\mathbf{S_0}$ genannt. An dieser können bis zu acht Geräte gleichzeitig fest angeschlossen sein. Ein normaler

**ISDN-Basis-Anschluß** kann zwei 64 kBit/sec-Verbindungen (2 B) gleichzeitig aufbauen. Von den acht Geräten am $S_0$-Bus können somit zwei gleichzeitig eine Verbindung betreiben. Ein Basis-Anschluß kann auch mit einem klassischen analogen Gerät betrieben werden, wenn es über einen **Terminaladapter** (TA) an den $S_0$-Bus angeschlossen wird.

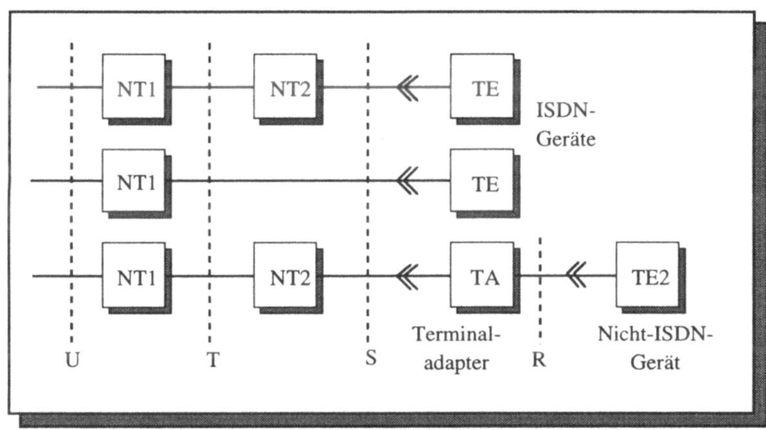


Referenzpunkte im ISDN-Teilnehmerbereich

Die Schnittstelle NT ist in der Regel noch einmal in zwei Teile aufgeteilt, die NT1 und NT2 genannt werden. Zwischen beiden liegt der **Referenzpunkt** T (statt Schnittstelle nennt man diese Punkte Referenzpunkte). NT2 ist in der Regel imstande, Geräte, die am lokalen Bus angeschlossen sind, untereinander zu vermitteln, was NT1, der nur Funktionen der ersten Schicht des Protokollstapels ausführt, nicht kann. Daher wird NT2 zumeist als **Nebenstellenanlage** (**PBX**=*Private Branch Exchange*) betrachtet. Die Deutsche Bundespost Telekom sieht diese Einrichtung jedoch als private Angelegenheit des Teilnehmers an, so daß dieser selbst entsprechende Geräte beschaffen und betreiben muß.

Die Referenzpunkte T und $S_0$ haben physikalisch und logisch die gleichen Eigenschaften. Sie können gleichzeitig zwei B-Kanäle und einen D-Kanal betreiben, so daß sie 144 kBit/sec übertragen müssen; da weitere Information für Rahmenbildung, Gleichspannungsausgleich (AMI-Kodierung) u.a. gefordert waren, mußte eine höhere Bitrate gewählt werden; man entschied sich für die dreifache Bitrate des B-Kanals, d.h. 192 kBit/sec.

Physikalisch besteht die Anschlußleitung aus einer Vierdrahtverbindung (getrennt für Senden und Empfangen); außerdem gibt es 4 Drähte für eine Spannungsversorgung über diese Leitung, so daß insgesamt acht Drähte vorhanden sein müssen. Die Leitung darf bei einem passiven Bus bis zu 100 m lang sein; bei einem aktiven Bus (mit Verstärkern, häufig als Ring oder Stern betrieben) kann sie bis zu 1000 m lang sein.

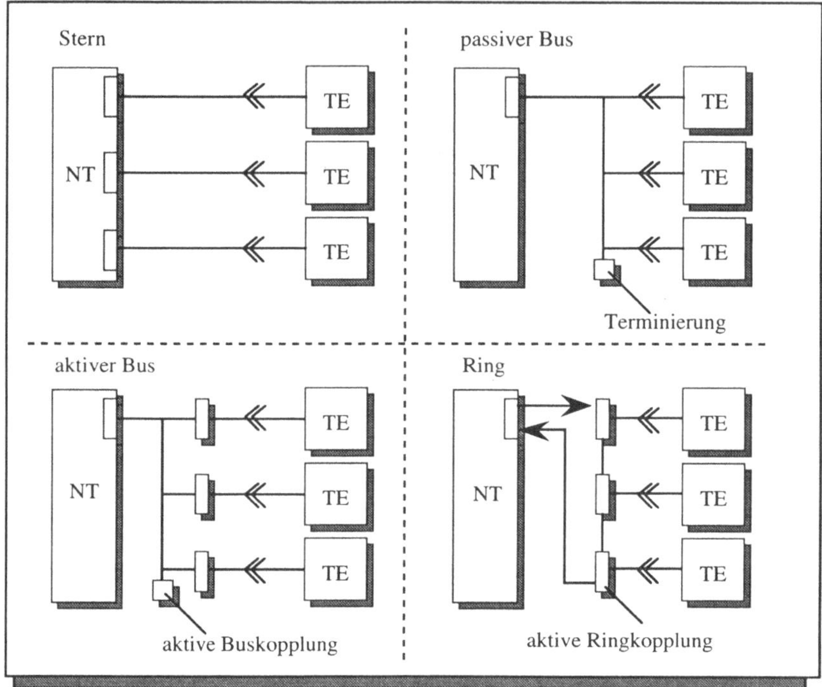


Installationsstruktur beim ISDN-Teilnehmer

Zur Signalisierung wird der D-Kanal verwendet. Da bis zu acht Geräte an einem Bus angeschlossen sein können, könnten mehrere gleichzeitig eine Verbindung aufbauen wollen, so daß es zu Konflikten kommen kann. Konflikte werden hier gelöst, indem die Bit-Belegung des D-Kanals allen Stationen am $S_0$-Bus stets wieder zurückgeschickt wird. Sobald der D-Kanal mehrfach belegt ist, entdecken das jene Stationen, bei denen ein Bit nicht mehr mit dem gesendeten übereinstimmt. Eine Station bleibt bei diesem Verfahren übrig, die dann das Recht erhält, den D-Kanal zu belegen.

Neben dem Basisanschluß stellt die Deutsche Bundespost Telekom auch einen **Primärratenanschluß** zur Verfügung. Dieser hat 30 B-Kanäle und einen 64 kBit/sec D-Kanal; die Schnittstelle wird $S_{2M}$ genannt (2M=2 MBit/sec; genau sind es $30 \times 64.000B+64.000D = 1.984.000$). Da dieser Anschluß in der Regel für eine Nebenstellenanlage des Teilnehmers gedacht ist, wird nur eine Punkt-zu-Punkt-Verbindung zwischen NT1 und NT2 zur Verfügung gestellt. Das Protokoll entspricht der CCITT Empfehlung I.431 und somit dem digitalen Multiplexanschluß wie er auch im Postnetz verwendet wird.

Die Teilnehmerleitung eines Basisanschlusses muß über eine größere Entfernung zwei Kanäle mit je 144 kBit/sec Nettobitrate übertragen. Um die existierenden Zweidrahtleitungen (0,4 mm bzw. 0,6 mm Durchmesser) verwenden zu können, mußten Verfahren entwickelt werden, die die geforderte Übertragungsleistung ermöglichen. Man untersuchte verschiedene Verfahren (Vierdraht, Frequenzmultiplex, Zeitmultiplex) und entschied sich für das **Gleichlageverfahren mit Echounterdrückung**. Hierbei werden gleichzeitig über die gleiche Leitung in entgegengesetzer Richtung die entsprechenden Signale geschickt. Entsteht auf der Leitung ein Echo, so wird dieses von dem eintreffenden Signal wieder subtrahiert und der Rest als abgesendetes Signal der Gegenstelle interpretiert. Die aufwendige Technik hierzu läßt sich mittels digitaler Filter herstellen und in VLSI integrieren, so daß die zusätzlichen Kosten geringer sind als die für andere Techniken.

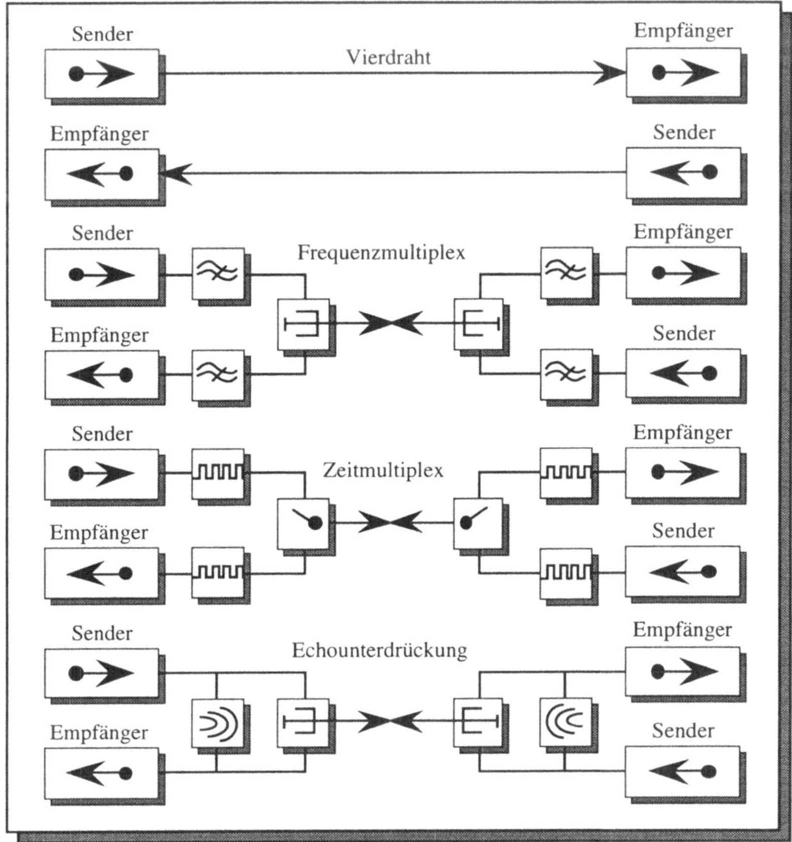


Übertragungsverfahren auf der ISDN-Teilnehmerleitung

Auf diese Weise konnte man die existierenden Zweidrahtleitungen bis zu einer Entfernung von 8 km einsetzen; längere Leitungen oder zu hohes Rauschen auf den Leitungen können in der Regel durch Verstärker kompensiert werden, so daß ein großer Teil des existierenden Anschlußnetzes (mehr als 99 %) unverändert auch für ISDN übernommen werden kann.

Für die Signalisierung zwischen NT1 und Ortsvermittlung wird das D-Kanal-Protokoll verwendet, das gleichfalls durch die ISO bzw. von der CCITT standardisiert ist. Es verwendet auf der ersten Schicht eine modifizierte AMI-Kodierung.

Auf der zweiten Schicht wird LAPD nach den CCITT-Empfehlungen I.440 und I.441 benutzt, welches abgesehen von einigen Änderungen dem HDLC-LAPB-Protokoll entspricht. So wird der Nullzustand (d.h. keine Information wird übermittelt) statt durch eine Folge von 'flags' durch eine Folge von '1'en angezeigt. Dieses war nötig, um die oben beschriebene Kollisionsvermeidung zu realisieren.

Das Adreßfeld im LAPD-Protokoll enthält eine Gerätekennung (**TEI**=*Terminal Endpoint Identifier*; 7 Bits) und eine Dienstekennung (**SAPI**=*Service Access Point Identifier*, 6 Bits). Die Dienstekennung unterscheidet zwischen Signalisierung, Wartung und Paketübertragung (im D-Kanal!); der letzte Dienst ist jedoch zur Zeit bei der Deutschen Bundespost Telekom nicht vorgesehen.

Die Signalisierungsinformation wird in einem Informationsfeld untergebracht und umfaßt bis zu 128 Oktette. Die anderen Felder (Kontrollfeld, Prüffeld) sind analog zu jenen im HDLC-LAPB aufgebaut.

Die Prozeduren zum Verbindungsauf- und abbau sowie zur Informationsübertragung sind ebenfalls analog zu jenen im HDLC. Zusätzlich wird eine Prozedur benötigt, die einem TEI eine neue Gerätenummer zuweist. Dazu wählt die Vermittlung eine Nummer aus und bittet eine TEI, die diese Nummer hat, sich zu melden. Wenn dieses nicht innerhalb von einer Sekunde geschieht, geht die Vermittlung davon aus, daß diese Nummer unbenutzt ist und kann sie daher einer neu angeschlossenen TEI zuweisen. Von Zeit zu Zeit wird auch überpüft, ob bereits vergebene Nummern noch benutzt werden, d.h. ob die entsprechenden Geräte noch beim Teilnehmer angeschlossen sind. Eine einmal vergebene Nummer wird in der Regel immer weiter benutzt, auch für spätere Verbindungen.

Auf der dritten Schicht werden Verbindungen zwischen entfernten Vermittlungen aufgebaut. In erster Linie werden durch diese Schicht die digitalen Vermittlungen so gesteuert, daß sie einen B-Kanal zwischen den Teilnehmern bereitstellen. Dazu ist u.a. eine Wegewahl (*Routing*) zwischen den Vermittlungen durchzuführen. Außerdem können besondere Dienste bereitgestellt werden, z.B. die Übermittlung der Nummer des Anrufers, die Übermittlung weiterer Wählinformation für Nebenstellenanlagen sowie die Behandlung von Zusatzgeräten. Das Protokoll ist ähnlich dem X.25/PLP-Protokoll der Vermittlungsschicht, wobei jedoch eine Reihe spezifischer Funktionen hinzugefügt wurden.

Bereits in den siebziger Jahren wurde erkannt, daß für die Kommunikation zwischen verschiedenen Vermittlungsstellen am besten ein international genormtes Protokoll verwendet werden sollte, welches z.B. Wählinformation über einen Datenkanal – und nicht länger 'im-Band' über den Benutzerkanal – überträgt. Das Ergebnis dieser Bemühungen war das

**CCITT-Signalisierungssystem Nr. 7**. Dieses wird z.B. für den Aufbau von Wählverbindungen, die nicht ISDN benutzen, verwendet. Da dieser Standard bereits früh in den siebziger Jahren entwickelt wurde, läßt er sich nicht vollständig in das ISO/OSI-Basisreferenzmodell einfügen.

ISDN ist sicherlich vom technischen und wirtschaftlichen Standpunkt aus gesehen eine überzeugende Idee, die auch relativ schnell in die Praxis Eingang gefunden hat – schneller als die meisten Kunden imstande sind, ihre Einstellung zur Telekommunikation zu ändern. Aus diesem Grunde überrascht es nicht, daß bei privaten Haushalten, welche zahlenmäßig den größten Anteil an den Hauptanschlüssen der Deutschen Bundespost Telekom ausmachen, die Nachfrage nach ISDN eher zurückhaltend ist. Daran ändert auch nichts, daß die Deutsche Bundespost Telekom jedem Teilnehmer, der ISDN wünscht, unverzüglich einen solchen Anschluß zur Verfügung stellt, häufig schneller als einen klassischen Analoganschluß.

Nachteilig für private Nutzer sind vor allem die Kosten: Man muß stets einen vollen Basis-Anschluß (für zur Zeit 72 DM im Monat) mieten, auch wenn man nur ein Telefon betreibt. Aus diesem Grunde dürfte ISDN zunächst auch nur für den Geschäftsverkehr sinnvoll sein. Allerdings wird zur Zeit bereits am Breitband-ISDN (**IBN**=*Integrated Broadband Network*) geforscht, so daß u.U. auch das 64 kBit/sec-ISDN nur eine 'Zwischenlösung' ist, die vor ihrer umfassenden Einführung bereits überholt sein könnte.

Dienste, die erst durch ISDN ermöglicht werden, sind im zweiten Kapitel aufgelistet. Es ist sicherlich noch nötig, den Nutzen dieser Dienste auch für private Teilnehmer deutlich zu machen. Aber auch für die Datenkommunikation steigt zur Zeit die Anzahl von DATEX-Anschlüssen noch, so daß auch Unternehmen von den Vorteilen des ISDN noch nicht völlig überzeugt zu sein scheinen.

## 12.4 Breitband-ISDN

Wird auf einem digitalen Kanal eine höhere Übertragungsrate verwendet, so spricht man von **Breitband-ISDN**. In der Empfehlung I.113 hat die CCITT definiert, daß Systeme, die größere Übertragungsraten als die Primärrate im ISDN ermöglichen (2 MBit/sec) als Breitband-ISDN-Systeme bezeichnet werden.

Werden gegenwärtig höhere als die standardmäßig im Wählverkehr angebotenen Übertragungsraten im öffentlichen Bereich benötigt, so können nur Standleitungen angemietet werden. Diese sind meistens sehr teuer und unterstützen in der Regel keine Verbindungen zwischen mehr als zwei Standorten. Außerdem ist die vorhandene Bandbreite, nachdem sie einmal festgelegt wurde, nicht mehr ohne weiteres zu ändern.

Während im lokalen Bereich Übertragungsraten von 10 MBit/sec heute Standard sind, findet man im Weitverkehrsbereich gegenwärtig nur selten Übertragungsraten, die über wenige kBit/sec hinausgehen. Im Gegensatz dazu geht die Entwicklung von Rechenleistung heute bereits auf hundert Megaflops pro Sekunde und mehr zu. Neuere Entwicklungen im Bereich der lokalen Netze erreichen heute bereits Übertragungsraten von mehr als 100 MBit/sec., so daß sich hier ein großer Graben auftut. Aus diesem Grunde gibt es in der CCITT und in anderen Forschungsinitiativen, z.B. RACE (*Research and Developement of Advanced Communication in Europe*), Untersuchungen, die auf die Entwicklung von Breitband-ISDN abzielen. Im folgenden sollen einige Möglichkeiten und Ansätze für das Breitband-ISDN vorgestellt werden.

### 12.4.1 Techniken der Breitbandkommunikation

Der naheliegendste Ansatz für Breitband-ISDN verfolgte ein Konzept, welches das ISDN in Richtung höherer Bitraten weiterentwickelt; dazu wurde eine Bandbreitenhierarchie fester Übertragungsraten vorgeschlagen, die als H-Hierarchie bezeichnet wurde. Eine endgültige Festlegung der H-Hierarchie wurde jedoch bisher noch nicht standardisiert:

| | |
|---|---|
| B | 64 kBit/sec |
| H0 | 384 kBit/sec |
| H11 | 1536 kBit/sec |
| H12 | 1920 kBit/sec |
| H2 | 32...34 MBit/sec |
| H3 | 45, 70 MBit/sec |
| H4 | 135...139 MBit/sec |

Diese Bitraten wurden so gewählt, daß sie mit der sogenannten plesiosynchronen Hierarchie übereinstimmen, d.h. mit entsprechenden Basis-Transportdiensten übertragen werden können (siehe Abschnitt 12.7). Ein solches System wurde versuchsweise in Berlin installiert (**BERKOM**=Berliner Kommunikationssystem). Trotz der erwähnten Pilotanlage entstanden schon früh alternative Vorschläge, von denen die schnelle Umschaltung von Kanälen (***Frame Relay***) vermutlich am populärsten wurde. Beim Frame-Relay wird zunächst eine virtuelle Verbindung aufgebaut; soll ein Paket übertragen werden, so wird dieses mit einem Header versehen (2 bis 4 Bytes Länge) und dann 'möglichst' schnell über die verschiedenen Knoten (*Relays*) zum Ziel übertragen; eine Fehlerkontrolle findet (auf dieser Schicht) nicht statt. Daher hat das Frame-Relay zwar eine gewisse Ähnlichkeit mit dem X.25-Protokoll, unterscheidet sich aber auch in bestimmten Punkten wesentlich. Diese Technik wurde in Pilotanlagen getestet und stellt bei geringer zusätzlicher Infrastruktur eine wirtschaftliche Lösung zur Datenübertragung dar. Da die Information jedoch auf den gleichen Kanälen übertragen wird (Konzentration), kann Frame-Relay keine Übertragungszeiten garantieren; daher ist diese Technik nicht z.B. für Sprachübertragung geeignet.

Eine andere Entwicklung versucht, das FDDI-Protokoll zu erweitern, so daß es auch im MAN-Bereich synchrone Anwendungen gestattet. Dazu wurde 1990 ein Folgeprojekt für FDDI ins Leben gerufen: **FFOL** (*FDDI-Follow-On-Project*). Sollte sich jedoch ein Breitband-ISDN durchsetzen (was dann sowohl den WAN als auch den MAN/LAN-Bereich abdecken würde), so wäre dieser Ansatz sicherlich überflüssig.

Eine andere Entwicklung stellt das DQDB-Netz dar (DQDB=*Double Queue, Double Bus*). Hier werden die Stationen auf einem Bus aufgereiht, welcher zwei Übertragungskanäle besitzt (Double-Bus). Soll ein Paket gesendet werden, so muß dieses auf dem Reservierungsbus (stromaufwärts) angemeldet werden, und nachdem eine bestimmte Anzahl freier Rahmen auf dem Datenbus (stromabwärts) vorbeigelaufen sind (welche von 'unteren' Stationen verwendet werden) darf ein freier Rahmen mit eigener Information versehen werden. Durch diesen verteilten Zuteilungsalgorithmus soll das System fair, aber dennoch effizient arbeiten.

Die Standardisierungen für DQDB sind soweit vorangeschritten, daß die ersten Installationen als Dienste von den Postverwaltungen angeboten werden. Marktstudien sagen diesem Dienst einen Höhepunkt in den Jahren von 1995 bis 1997 voraus, prognostizieren jedoch danach dessen Verdrängung durch Breitband-ISDN. Da es sich bei DQDB nicht eigentlich um ein öffentliches Netz handelt (jede Station übernimmt Verantwortung für das gesamte Netz), und da vermutlich ein DQDB-Netz nur eine beschränkte Ausdehnung haben kann, stellt dieses keine Alternative zum Breitband-ISDN dar.

Die Postverwaltungen verwenden bereits seit längerer Zeit für die digitale Übertragung von Information Breitbandnetze, deren Bitraten in der sogenannten plesiosynchronen digitalen Hierarchie (PDH, siehe 12.7) festgelegt sind (G.702). Da diese Hierarchie jedoch zusätzliche Hardware für das Ein- und Auspacken von Daten benötigt, wurde 1988 mit dem SDH–Standard (G.707, G.708, G.709; SDH=*Synchronous Digital Hierarchie*) ein Verfahren eingeführt, mit welchem Daten gemultiplext werden können, gleichzeitig jedoch einfacher ein Basiskanal (64 kBit/sec) aus der höchsten Hierarchiestufe (150 MBit/sec) entkoppelt werden kann. Dieses geschieht im wesentlichen über Zeiger, die die Lage der jeweiligen Datenblöcke in den Transportmodulen der jeweiligen Hierarchiestufe angeben. Eine weiterführende Diskussion erfolgt im Abschnitt 12.7. SDH wurde 1988 bewußt so spezifiziert, daß ATM-Daten effizient übertragen werden können.

Die gegenwärtige Diskussion zielt darauf ab, eine möglichst flexible Lösung für alle denkbaren zukünftigen Anwendungen zu finden, die praktisch jede Übertragungsrate in bestimmten Grenzen unterstützt, diese sogar während einer Verbindung verändern kann und dennoch den Anforderungen an eine schnelle, verzögerungsarme Übertragung gerecht wird. Von den bisher vorgestellten Systemen (Berkom, FFOL, DQDB, usw.) erfüllt diese Voraussetzungen keines. Um die Anforderungen an ein künftiges Breitband-ISDN genauer zu verstehen, sollen im folgenden einige mögliche Dienste beschrieben werden.

### 12.4.2 Anforderungen an die Breitbandkommunikation

Die Anforderungen an ein Breitbandübertragungssystem sind bei verschiedenen Anwendungen sehr unterschiedlich. Sie reichen von der Forderung nach sehr kurzen Übertragungszeiten im Schmalbandbereich (z.B. zur Sprachübertragung) über mittlere Übertragungsraten mit längeren Verzögerungszeiten (z.B. elektronische Post) bis zu hohen Übertragungsraten mit unkritischen Verzögerungen.

Wir unterscheiden im folgenden zwischen interaktiven (*conversational*) Diensten, Nachrichtenvermittlungsdiensten (*mail*), sowie Abfragediensten und Verteildiensten (*distribution*), mit oder ohne Nutzereingriff.

### Interaktive Dienste

Zu den interaktiven Diensten zählen die Bewegtbildübertragung (Bildtelefon), Sprachübertragung (Telefonieren), Inter-LAN-Kommunikation (Gateways) u.a. Bei diesen Diensten ist besonders auf eine kurze Übertragungszeitverzögerung zu achten.

**Sprachübertragung:** Die Anforderungen an die Übertragung menschlicher Sprache wurden insbesondere im Rahmen der Entwicklung von ISDN untersucht. Man geht heute davon aus, daß die Übertragungszeitverzögerung typisch nicht länger als 20 msec betragen sollte, während die Informationsmenge nicht mehr als 64 kBit/sec, bzw. bei höheren Anforderungen die doppelte Rate beträgt. Für die Übertragung höchstwertiger akustischer Information (HiFi) sind für das menschliche Gehör 2 MBit/sec ausreichend.

**Bewegtbildübertragung**: Für Videobilder erbringen bei einfachen Anforderungen (deutliches Rucken, geringe Auflösung, hoher Kodierungsaufwand) bereits 64 kBit/sec gute Ergebnisse, während für hochwertige Bildübertragung (HDTV) 90–900 MBit/sec angesetzt werden müssen. Die Verzögerung bei der Übertragung kann hier jedoch deutlich größer sein als bei der Sprachübertragung.

**Inter-LAN-Kommunikation**: Werden lokale Netze, die sich nicht am gleichen Ort (im Umkreis weniger Kilometer) befinden, über eine Weitverkehrsstrecke verbunden, so werden hier ebenfalls Verzögerungszeiten erwartet, die denen innerhalb lokaler Netze entsprechen. Dieses kann nur bei ausreichenden Übertragungsraten garantiert werden. Die absolute Übertragungszeit sollte sich deutlich unterhalb einer Sekunde bewegen.

### Nachrichtenvermittlungsdienste

Bei **Nachrichtenvermittlungsdiensten** (*Mail*) handelt es sich um die Übertragung von Daten, Sprache oder Bilder, wobei der Empfänger in der Regel erst später die Nachrichten entgegennimmt (*Mailboxes*). Bei großen Datenmengen, wie sie besonders bei der Bildübertragung anfallen, sind hohe Datenübertragungsraten nötig; die Verzögerungszeit ist weniger kritisch.

### Abfragedienste

Abfragedienste sind eine Sonderform der interaktiven Dienste, bei denen auf kurze Anfragen lange Antworten erfolgen können. Sie können häufig ökonomisch mit unsymmetrischen Kanälen unterhalten werden. Man definiert:

$$Symmetrie = \frac{kleinere\ mittlere\ Bandbreite}{größere\ mittlere\ Bandbreite}$$

und spricht z.B. von 100 % Symmetrie, wenn beide Richtungen gleich belastet sind, und 20 % Symmetrie wenn eine Richtung fünfmal so stark belastet ist wie die andere.

### Verteildienste

Verteildienste werden eingesetzt, um einer großen Zahl von Benutzern qualitativ hochwertige Daten (meist Bild und Ton) zu übermitteln, wobei die Anwender nur gewisse 'Programme' auswählen. Verteildienste werden gegenwärtig in Deutschland vorwiegend über Breitbandkabel oder Satelliten vorgenommen. Mit diesen Techniken ist allerdings kein ***Information-On-Demand*** möglich, welches vermutlich bald als Basis einer entwickelten Kommunikationsgesellschaft angesehen wird. Inwieweit hier das Breitband-ISDN auf absehbare Zeit Fuß fassen kann ist nicht abzusehen. In anderen Ländern mögen bei anderer Infrastruktur andere Verhältnisse vorliegen.

Neben der Punkt-zu-Punkt-Kommunikation bei Telefon und der Punkt-zu-Mehrpunkt-Kommunikation bei den Verteildiensten ist auch eine Mehrpunkt-zu-Mehrpunkt-Kommunikation denkbar; hierunter fällt besonders die Videokonferenz, bei der entsprechende Anforderungen an gute Sprach- und Bildübertragungen gestellt werden, wobei zusätzlich spontan die Übertragung von anderen Dokumenten wie Standbild, Dateien, Akustik (Musik) oder andere Daten möglich sein sollte. Hierbei sind also besonders variable Übertragungsraten bereitzustellen, die sich kurzfristig höherer Belastung anpassen können.

Weitere Anwendungen des Breitband-ISDN sind Telemetrie (Meßdatenerfassung und -übertragung), Kooperatives Arbeiten, Multimedia-Datenbankabfragen u.a. Die große Palette von Anwendungen erfordert offenbar eine große Anzahl verschiedener Übertragungsbandbreiten, sowie unterschiedliche Anforderungen an Übertragungszeitverzögerung, Zuverlässigkeit, Kosten usw. Auch werden in manchen Diensten zeitlich schwankende Übertragungsraten gefordert. Man nennt das Verhältnis aus:

$$Burstiness = \frac{maximale\ Bandbreite}{mittlere\ Bandbreite}$$

auch die ***Burstiness*** eines Dienstes. Dienste mit hoher Burstiness sind z.B. multimediale Dienste oder Dateiübertragungen. Hier werden Überlegungen angestellt, die vorhandene Bandbreite unter verschiedenen Benutzer aufzuteilen, ohne daß diese sich gegenseitig stören. Bisherige Untersuchungen zeigen jedoch, daß diese Technik nicht den erwarteten Qualitätsanforderungen genügen kann.

Da nach gegenwärtiger Einschätzung ATM diesen Anforderungen gerecht werden wird, wird vorwiegend ATM als das denkbare Zielnetz von Breitband-ISDN diskutiert. In der Empfehlung I.121 der CCITT heißt es daher:

*Asynchronous Transfer Mode (ATM) is the transfer mode for implementing B-ISDN ...*

Aus diesem Grunde werden die Grundlagen von ATM im nächsten Abschnitt genauer beschrieben.

## 12.5 Grundfunktionen von ATM

In diesem Abschnitt wird das ATM-Konzept erläutert, da es nach der Empfehlung I.121 der CCITT die Basis des zukünftigen Breitband-ISDNs darstellt.

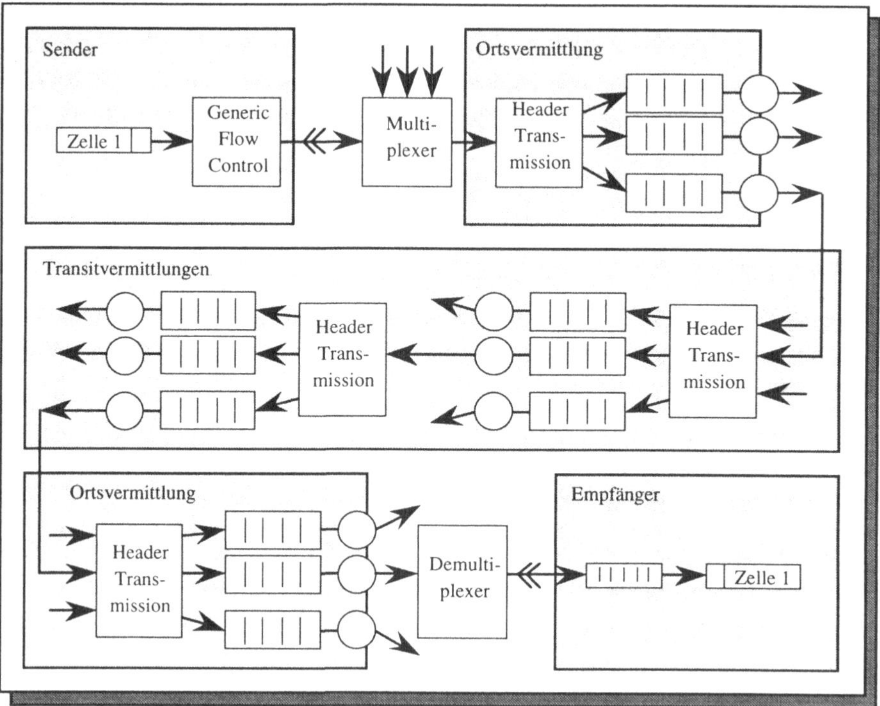


Prinzip der Übertragung einer ATM-Zelle

ATM ist weder ein reines Zeitmultiplex-, noch ein Konzentrierungsverfahren, obgleich es von beiden wichtige Eigenschaften besitzt. Vom Zeitmultiplexen hat ATM die Einteilung des Kanals in **Zeitschlitze** (*Time Slots*) fester Länge. Allerdings sind bestimmte Zeitschlitze nicht bestimmten virtuellen Verbindungen fest zugeordnet, sondern es ist möglich, nach bestimmten Kriterien an jede Verbindung jeden freien Zeitschlitz zu vergeben; daher findet eine Konzentrierung statt. Die in ATM verwendeten Dateneinheiten werden **Block** oder **Zelle** (*Cell*) genannt.

Bei der Verwendung von ATM entstehen jedoch mehrere Probleme:

- Wie sind Kollisionen zu vermeiden?
- Wie sind virtuelle Verbindungen zu erakennen?
- Wie sind Überlastungen zu verhindern?

**Kollisionen** treten auf, wenn ein Teilnehmer in einen bereits belegten Zeitschlitz eine Zelle einfügen will. Aus diesem Grund verwendet ATM eine besondere Kennzeichnung der Zeitschlitze, durch welche die freie Verwendbarkeit festgestellt werden kann.

ATM ist verbindungsorientiert, so daß vor der eigentlichen Datenübertragung ein Verbindungsaufbau durchgeführt werden muß. Bei diesem Verbindungsaufbau wird sowohl eine Brandbreitenreservierung durchgeführt als auch eine virtuelle Kanalnummer vergeben, die es erlaubt verschiedene virtuelle Verbindungen auf den gleichen Leitungen zu unterscheiden. Diese Kanalnummer wird in einem kurzen Datensatz (***Header***) mitgeführt, der neben der Kanalnummer noch weitere Information enthält. Da auf sehr weit entfernten Leitungen eine bestimmte virtuelle Kanalnummer bereits vergeben sein kann, muß in jeder Vermittlung (*Switch*) die virtuelle Kanalnummer umgesetzt werden. Daher können Kanalnummern nur zusammen mit den Verbindungsleitungen eindeutig einer virtuellen Verbindung zugeordnet werden.

Wie oben geschildert, kann eine virtuelle Verbindung praktisch jeden freien Zeitschlitz verwenden, um Information abzusetzen. Da jedoch viele Anwendungen ihre Daten stoßweise (***Burst***) ins Netz schicken, z.B. bei der Dateiübertragung, können die internen Puffer der Vermittlungsstellen kurzzeitig überlastet werden. Deshalb muß der Strom von Zellen beschränkt werden.

Aus diesem Grunde muß während des Betriebs die Einhaltung der beim Verbindungsaufbau reservierten Bandbreite überwacht werden. Dafür gibt es verschiedene **Quellüberwachungsverfahren** (***Congestion Control***), deren Eignung sich gegenwärtig noch in der Erforschung befindet.

Einige dieser Quellüberwachungsverfahren sollen hier kurz geschildert werden: Eine einfache Methode überwacht lediglich, ob der Mindestabstand zwischen zwei Zellen, die zur Vermittlung abgesetzt werden, eingehalten wird (***Minimum Distance***). Es kann nur die Übertragungsrate beschränken und ist wegen der schwankenden Zugänge aufgrund der Zeitschlitzsynchronisation u.U. zu ungenau. Ein zweites Verfahren ist etwas flexibler: Sobald eine Zelle abgesetzt wird, wird ein Zähler inkrementiert; er wird durch einen Zeitgeber (*Timer*) in festen Abständen dekrementiert, jedoch nicht unter den Wert 0. Trifft eine Zelle ein, wenn der Wert des Zählers eine vorgegebene Schranke überschreitet, so wird diese Zelle ignoriert. Dieses Verfahren ist einem tropfenden Eimer vergleichbar, der gefüllt wird und einen stetigen Verlust durch ein Leck hat, woher auch der Name rührt (***Leaky Bucket***). Ein anderes Verfahren überwacht die maximale Anzahl von Zellen innerhalb fest vorgegebener Zeitintervalle, die als **Fenster** (*Window*) bezeichnet werden. Sind diese Fenster in ihrer Lage und Länge fest vorgegeben, so nennt man dieses Verfahren ein **festes Fenster** (*Fixed Window*), sonst ein **gleitendes Fenster**

(*Moving Window*). Beide Verfahren sind vermutlich für die Sicherung des Netzes vor Überlast nicht gut geeignet.

Weitere Verfahren sind denkbar. Interessant sind auch Methoden, die Kombinationen verschiedener Verfahren darstellen, oder gleicher Verfahren mit verschiedenen Parametern; z.B. ein Leaky-Bucket, welches zum einen den maximalen Zellstrom über eine längere Periode absichert, aber durch entsprechende Parameter auch kurzen Stoßverkehr zuläßt.

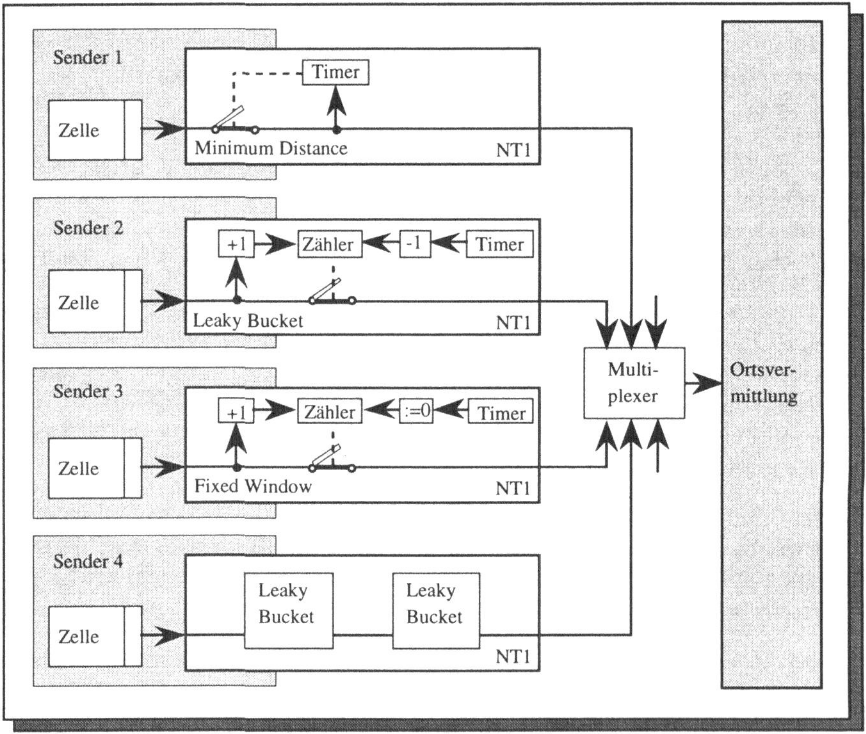


Verfahren zum Source Policing

Wie oben erwähnt werden innerhalb des Netzes Vermittlungsknoten verwendet, über welche die Zellen vom Sender zum Empfänger geleitet werden. Da die Teilnehmer ihre Zellen in unregelmäßigen Abständen absetzen können, treffen diese in unterschiedlichen zeitlichen Abständen in den Vermittlungsknoten ein, so daß in Zeitabschnitten gleicher Dauer unterschiedlich viele Zellen eintreffen können. Diese müssen vor der Weiterleitung evtl. gepuffert werden, da auch die Übertragungsleitung auf der Ausgangsseite nur eine beschränkte Kapazität besitzt. Da die Wartepuffer überlaufen können ist es möglich, daß Zellen verlorengehen. Die Analyse solcher Wartesysteme kann nur mit wartetheoretischen Methoden oder simulativ durchgeführt werden.

# 12.6 ATM-Schnittstellen und ATM-Protokolle

ATM befindet sich derzeit im Prozeß der Standardisierung, wobei es von der CCITT in den Empfehlungen I.121 als Breitband-ISDN bezeichnet wird. Die meisten Empfehlungen (z.B. I.321, I.433, Q.93B) befinden sich noch in dem Draft-Stadium; viele Punkte werden als '*for forther studies*' gekennzeichnet, sind also noch nicht ausgearbeitet, so daß ATM gegenwärtig nur grob skizziert werden kann.

Das Architekturmodell von ATM verwendet ein Schichtenmodell; die Funktionen der jeweiligen Schichten unterscheiden sich jedoch grundlegend von dem OSI-Basisreferenzmodell.

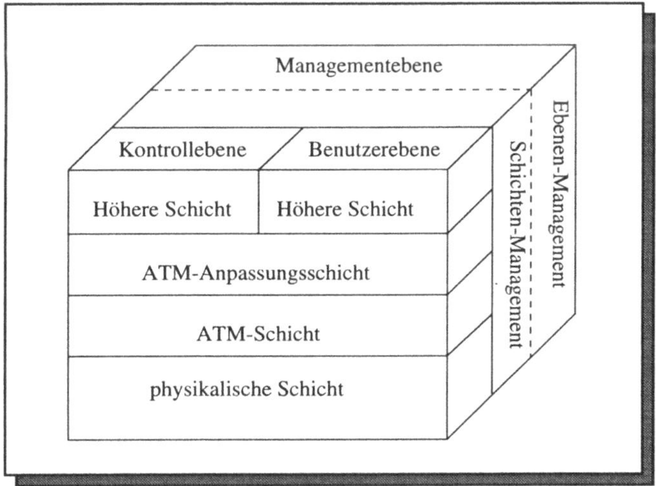


Die **physikalische Schicht** besteht aus der **Übertragungskonvergenzteilschicht** (*Transmission Convergence Sublayer*) und aus der Teilschicht zur Anpassung an das auf dem physikalischen Medium verwendete Übertragungsverfahren (*Physical Medium Sublayer* z.B. PDH, SDH, FDDI usw.). Die Übertragungskonvergenzteilschicht sorgt dafür, daß sich die Zellen der ATM-Schicht in die logische Struktur des Übertragungsmediums (z.B. PDH, SDH oder direkte Übertragung) einfügen. Zusätzlich wird durch ein geeignetes Verfahren die Zellgrenze im Zellstrom markiert. Zuletzt muß noch ein Prüfbyte zum Schutz des Headers (HEC=*Header Error Control*) generiert und als fünftes Byte dem Header angefügt werden.

Als physikalisches Medium kann jedes verfügbare Übertragungsmedium für höhere Übertragungsraten eingesetzt werden, also neben LWL und Koaxialkabel auch STP oder UTP (*Shielded* oder *Unshielded Twisted Pair*), sowie bei entsprechend geringen Entfernungen einfaches Kupferkabel. Die **ATM-Schicht** versieht die 48 Byte langen Informationseinheiten der darüber liegenden Anpassungsschicht mit einem 5 Byte langen Header, wobei das HEC (*Header Error Control*) jedoch erst von der physikalischen Schicht eingefügt wird. Die ATM-Schicht fügt in den Header 4 Bits für die generische Flußkontrolle, 8+16 Bits für die Pfad- und Kanalidentifikation, eine Typangabe des Zelleninhalts (*Payload-Type*; 3 Bits), sowie ein Prioritätsbit ein. Beim Transport von Zellen zwischen Vermittlungsstationen wird statt der generischen Flußkontrolle ein größerer Bereich für die Pfadkennung verwendet. Die generische Flußkontrolle dient der Einhaltung der Bandbreitenbeschränkung.

Benutzer-Netwerk-Schnittstelle

| Oktett | 8 | 7 | 6 | 5 | 4 | 3 | 2 | 1 |
|---|---|---|---|---|---|---|---|---|
| 1 | Generic Flow-Control | | | | Virtual Path Identifier | | | |
| 2 | Virtual Path Identifier | | | | Virtual Channel Identifier | | | |
| 3 | Virtual Channel Identifier | | | | | | | |
| 4 | Virtual Channel Identifier | | | | Payload Type | | | CLP |
| 5 | Header Error Control | | | | | | | |

Netwerk-Netwerk-Schnittstelle

| Oktett | 8 | 7 | 6 | 5 | 4 | 3 | 2 | 1 |
|---|---|---|---|---|---|---|---|---|
| 1 | Virtual Path Identifier | | | | | | | |
| 2 | Virtual Path Identifier | | | | Virtual Channel Identifier | | | |
| 3 | Virtual Channel Identifier | | | | | | | |
| 4 | Virtual Channel Identifier | | | | Payload Type | | | CLP |
| 5 | Header Error Control | | | | | | | |

Zell-Header-Formate

Die **Anpassungsschicht** (AAL=*ATM-Adaptation-Layer*) besteht aus der Fragmentierungs- und Reassemblierungsteilschicht (SAR), sowie der Konvergenzteilschicht (CS= *Convergence Sublayer*). Die SAR fragmentiert die Daten der höheren Schichten in 48 Byte lange Informationseinheiten, bzw. reassembliert solche Dateneinheiten wieder. Die Konvergenzschicht paßt die AAL an die jeweilige Anwendung an.

Es werden vier verschiedene **Dienstklassen** definiert:

| Klasse | Class A | Class B | Class C | Class D |
|---|---|---|---|---|
| Zeitabhängigkeit zwischen Quelle und Ziel | notwendig | | nicht notwendig | |
| Bitrate | konstant | variabel | | |
| Verbindungsart | verbindungsorientiert | | | verbindungslos |
| Beispiel | virtuelle Datenverbindung *Circuit Emulation* | variables Bewegtbild | verbindungs-orientierte Daten-übertragung | verbindungslose Daten-übertragung |
| AAL-Typ | Typ 1 | Typ2 | Typ37Typ5 | Typ4 |

Man unterscheidet die Anwendungen nach den Kriterien:

- Echtzeitanforderung
- variable/konstante Bitrate

- verbindungsorientiert/-los

ATM verwendet einen eigenen Signalisierungskanal, sowie eigene virtuelle Kanäle für Betrieb und Wartung (OAM=*Operation And Maintenance*).

Während der Entwicklung der Datenübertragungstechnik hat sich die Einstellung zum Umfang der zu standardisierenden Dienste geändert. Der erste Datendienst in Deutschland DATEX-L-200 übertrug lediglich die Signalpegel, wobei selbst die Zeichenkodierung dem Anwender überlassen wurde. Die synchronenen DATEX-L-Dienste und der DATEX-P-Dienst kodierten die Zeichen nach Vorgaben des Betreibers des Netzes; die Interpretation der Zeichen blieb jedoch den Anwendern überlassen. Sollen jedoch auch differenziertere Dienste von verschiedenen Teilnehmern gleichzeitig verwendet werden, so wäre eine standardisierte Interpretation der Daten hilfreich. Dieses wurde im Prinzip vom ISO/OSI-Basisreferenzmodell durchgeführt, welches jedoch bei ATM nicht eingesetzt werden kann, da es zum einen eine Sicherungsschicht verlangt, die ATM (zumindest bis zur ATM-Schicht) nicht zur Verfügung stellt; außerdem werden bestimmte Dienste, wie die Sprachübertragung oder andere synchrone Dienste, vom ISO/OSI-Basisreferenzmodell überhaupt nicht betrachtet. Im ATM-Referenzmodell werden in den genannten Dienstklassen jedoch bestimmte typische Dienste definiert, wodurch ein spezieller Dienst in der Regel eine sehr viel einfachere Implementierung ermöglicht.

Die ersten Dienste, die in ATM spezifiziert wurden, sind u.a. Cell-Relay, Frame-Relay, SMDS/CBDS (*Switched Megabit Data Service/Connectionless Broadband Data Service*), B-ISDN-Signalisierung, Netzwerkmanagement für B-ISDN sowie verschiedene Videodienste.

Das **Ebenenmanagement** verwaltet die Aufgaben, die das gesamte System betreffen, während sich das **Schichtenmanagement** auf die Ressourcen und Parameter der einzelnen Schichten bezieht. Die **Benutzerebene** ist für die Übertragung, Überwachung und Fehlerbehandlung von Benutzerinformation zuständig. Die **Kontrollebene** überwacht den Verbindungsaufbau, -ablauf und -abbau. Benutzer- und Kontrollebene verwenden ebenfalls eine Schichtenarchitektur, wobei beide die physikalische und die ATM-Schicht benutzen, sich jedoch auf der Anpassungs- und den höheren Schichten unterscheiden.

## 12.7 Plesiosynchrone und synchrone digitale Hierarchie

Im Weitverkehrsbereich verwenden die PTTs heute ein synchrones Übertragungsverfahren, entweder die ältere **PDH** (plesiosynchrone digitale Hierarchie; *plesio* gr. fast) oder die neue **SDH** (synchrone digitale Hierarchie). Bei beiden werden innerhalb eines Rahmens verschiedene Datenströme miteinander gemultiplext, indem sie in größere Rahmen gepackt und dann übermittelt werden. Ein Problem bei diesem Verfahren besteht darin, daß die verschiedenen Rahmen zu verschiedenen Zeiten eintreffen, und sich diese Zeiten auch gegeneinander verschieben können. Dieses Phänomen hat seine Ursache in der Unmöglichkeit, ein weltweites Netz völlig synchron zu halten.

Man versucht dieses Problem dadurch zu lösen, daß man eine besondere Technik anwendet, die als plesiosynchron bezeichnet wird. Hier werden die Übertragungsrahmen etwas größer gewählt als es eigentlich nötig ist, so daß dort mehrere Bits zur freien Verfügung stehen. Ein eintreffender zu multiplexender Block wird zu jenem Zeitpunkt eingefügt, an dem er eintrifft, wobei um den Block herum Bits gestopft werden, die keine Bedeutung haben; dieses Verfahren wird als ***Bitstuffing*** bezeichnet (darf aber nicht mit dem Bitstuffing beim HDLC-Protokoll verwechselt werden). Der Empfänger kann aus der Folge von Bits die relevanten Blöcke herausmultiplexen, und da er die gestopften Bits herausfiltert, bleibt nur die relevante Information übrig. Auf diese Weise können feine Unterschiede in den Zugangszeiten und Übertragungsraten ausgeglichen werden. Allerdings kann es geschehen, daß ein Block einer langsamer laufenden Quelle nicht mehr rechtzeitig in einen Rahmen eingefügt werden kann; er muß dann bis zum nächsten Rahmen verzögert werden (*Frame Skipping*).

Die synchrone digitale Hierarchie SDH wurde so gewählt, daß mit ihr die Standardzellen von ATM (48+5 Bytes) effizient übertragen werden können. Während in PDH ein Datenblock erst dann identifiziert werden kann, wenn er aus dem Rahmen herausgemultiplext wurde (d.h. die gesamte digitale Hierarchie durchlaufen und gestopfte Bits entfernt wurden) wird bei SDH durch einen Zeigermechanismus ein Verweis auf den relevanten Datenblock erzeugt.

Die hierarchische Anordnung der Rahmen bietet den Vorteil, daß Rahmen kürzerer Länge in Rahmen größerer Länge mit höherer Bitrate übertragen werden können. Die erste Hierarchiestufe in SDH wird als **synchrones Transportmodul 1** (STM1) bezeichnet und besteht aus einem Rahmen von 2430 Bytes Länge; diese Rahmen werden mit einer Rate von 8000 Rahmen/sec übertragen, d.h. im Abstand von 125 µsec; jeder Rahmen enthält neun Zeilen à 270 Bytes, von denen 9 Bytes als ***Section Overhead*** betrachtet werden. Insgesamt ergibt sich eine Nutzdatenrate von 150,34 MBit/sec.

Innerhalb eines Transportmoduls werden verschiedene **Container** definiert, die mit zusätzlicher Kontrollinformation versehen werden und dann einen **virtuellen Container** bilden. Auf den Anfang eines solchen Containers wird mittels eines Zeigers verwiesen, so daß auch Schwankungen in der Laufzeit der einzelnen Container leicht ausgeglichen werden können. Neben dem STM1 gibt es auch einen STM4 und STM16 mit entsprechend vier- und sechszehnfacher Übertragungsrate.

Der internationale SDH-Standard entspricht dem amerikanischen SONET-Verfahren.

# 13 Grundlagen des Netzwerkmanagements

In den vorhergehenden Kapiteln haben wir uns vorwiegend mit Fragen beschäftigt, die den **Aufbau** und die korrekte Funktion eines Rechnernetzes betreffen. Nachdem ein Netz installiert wurde muß dieses jedoch auch betrieben werden. Der Problemkreis, der den **Betrieb** eines Rechnernetzes behandelt, wird als **Netzwerkmanagement** (*Network Management*) bezeichnet und häufig mit **NM** abgekürzt. Dieser Begriff wurde zunächst im Telekommunikationsbereich eingeführt (**TMN**=*Telecommunication Management Network*), wird aber mittlerweile auch für die Planung, Überwachung, Steuerung und Wartung lokaler Netze verwendet. In diesem Kapitel sollen zunächst die Aufgabenbereiche des Netzwerkmanagements vorgestellt werden. Im nächsten Kapitel werden dann konkrete, bereits standardisierte Netzwerkmanagementsysteme betrachtet.

## 13.1 Ziele des Netzwerkmanagements

Rechnernetze lassen sich von mindestens zwei Standpunkten aus betrachten. Der Benutzer eines Rechnernetzes ist in erster Linie an einer hohen Dienstgüte, einer hohen Verfügbarkeit und geringen Kosten für die Inanspruchnahme von Rechnernetzdiensten interessiert. Demgegenüber erwartet der Betreiber eines Rechnernetzes einen möglichst hohen wirtschaftlichen Gewinn durch die optimale Ausnutzung der bereitgestellten Ressourcen.

Erscheinen beide Anforderungen zunächst sehr widersprüchlich, so stellt sich dennoch die Frage, ob es geeignete Maßnahmen gibt, die beiden Zielrichtungen entgegenkommen. Insbesondere hat es sich in der Praxis als sinnvoll erwiesen, spezielles Personal bereitzuhalten, um diese Betriebsziele zu erreichen. Solche Netzwerkadministratoren sollten möglichst effektiv durch technische Hilfsmittel unterstützt werden, welche sich gerade in Rechnernetzen, die aus intelligenten Komponenten bestehen, die miteinander kommunizieren können, durch entsprechende Programme realisieren lassen. Softwaresysteme, die die Steuerung von Rechnernetzen und deren Komponenten erlauben, werden als **Netzwerkmanagementsysteme** bezeichnet.

Weitere Hilfsmittel aus der Elektrotechnik (Meßgeräte,Oszilloskope, Protokollanalysatoren) oder Optik (für Lichtwellenleitertechnik) werden ebenfalls eingesetzt, sollen uns aber hier nicht näher interessieren.

## 13.2 Aufgabenbereiche des Netzwerkadministrators

Das Netzwerkmanagement ist von einem Netzwerkadministrator auszuführen, der von geeigneten Systemen unterstützt werden sollte. Um die Funktionalität von Netzwerkmanagementsystemen abgrenzen zu können ist es erforderlich, die Aufgabenbereiche des Netzwerkadministrators zu verstehen.

Die im folgenden näher betrachteten Aufgabenbereiche des Netzwerkmanagements beziehen sich auf sämtliche Komponenten von Rechensystemen, so daß sie eigentlich nicht netzwerkspezifisch sind; man spricht daher auch vom Systemmanagement. Insbesondere der Netzwerkanteil soll jedoch in dieser Darstellung besonders betont werden.

### 13.2.1 Konfigurierung von Netzen (*Configuration Management*)

Das Konfigurationsmanagement umfaßt die grundlegenden Tätigkeiten zur Parametrisierung von Rechnernetzkomponenten und deren Verbindungen untereinander. Somit beinhaltet das Konfigurationsmanagement alle Aufgaben zur Einstellung der gewünschten Funktionalität, zum Sammeln von Information über den Rechnernetzzustand sowie dessen Dokumentation. Das Konfigurationsmanagement protokolliert den Standort, den Betriebszustand und die aktuelle Konfiguration der einzelnen Objekte sowie deren Beziehungen zueinander.

Damit liefert das Konfigurationsmanagement die grundlegende Information über die Struktur eines Rechnernetzes und ist somit die Basis aller anderen Tätigkeiten und Aufgabenbereiche des Netzwerkmanagements.

### 13.2.2 Fehlerbehandlung in Netzen (*Fault Management*)

Tritt ein **Fehlverhalten** (*fault*) in einem Netz auf, so wirkt sich dieses als Störung des normalen Betriebs aus. Das Erkennen von Störungen, die Diagnose der Ursachen und die Behebung des Fehlers sind grundlegende Aufgaben des **Fehlermanagements** (*fault management*).

Sobald ein Fehler auftritt, wird dieser in der Regel von der fehlerhaften Komponente selbst, einem Benutzer dieser Komponente oder einer speziellen Überwachungsinstanz erkannt und an die zuständige Stelle gemeldet. Diese diagnostiziert den Fehler anhand der eintreffenden Meldungen, protokolliert diesen und informiert die für die Fehlerbehebung zuständige Instanz. Das Fehlermangement kann insbesondere auch Information (Lösungsansätze und -strategien, Reparaturanweisungen oder Berichte über früher aufgetretene Fehler und ihre Lösungen) bereitstellen.

Ein gutes Fehlermanagement dient dem störungsarmen Betrieb eines Systems und ist somit für das Vertrauen der Anwender in das System wichtig.

### 13.2.3 Leistungsüberwachung in Netzen (*Performance Management*)

Wie andere technische Einrichtungen müssen auch Kommunikationssysteme bezüglich ihrer Leistung quantitativ und qualitativ bewertet werden. Die zentrale Aufgabe des Leistungsmanagements besteht in der kontinuierlichen Überwachung der Leistungskenngrößen eines Rechnernetzes, um dem Benutzer auch bei wechselnden Anforderungen eine optimale Dienstgüte auf Basis der vorhandenen Komponenten zu garantieren.

Um diese Aufgaben sinnvoll zu bewerkstelligen, sind:

- geeignete Leistungskenngrößen zu definieren
- diese Kenngrößen im Betrieb des Netzes zu messen
- die gewonnenen Daten zu sammeln
- aus den Datensammlungen statistische Aussagen zu gewinnen
- aus den statistischen Aussagen alternative Konzepte zu entwickeln

Auf diese Weise können in der Regel verschiedene Probleme erkannt werden, z.B.:

- schlechtes Leistungsverhalten (Durchsatz, Antwortzeit)
- kurzfristige oder ständige Überlastsituationen
- schlecht ausgelastete Ressourcen
- zu häufiges Auftreten von Fehlverhalten

### 13.2.4 Abrechnungsaufgaben in Netzen (*Accounting Management*)

Die Nutzung technischer Systeme ist mit Kosten verbunden, da solche Systeme finanziert, gewartet oder erneuert werden müssen. Bei Rechnernetzen deren Dienste von einer Vielzahl von Benutzern in Anspruch genommen werden, ist es oft nötig, über die erbrachten Leistungen genau Buch zu führen. Diese Maßnahme erleichtert die interne Verrechnung der in Anspruch genommenen Rechenzeit und anderer Leistungen. Es stellt sich hier also die Aufgabe, durch Kostenanalysen die kommunikationsrelevanten Kosten zu erfassen und dadurch gleichzeitig die Ausgaben transparent zu machen. Bei der Zuteilung der erfaßten Kosten an die einzelnen Anwender ist darauf zu achten, daß sie verursachungsgerecht und proportional entsprechend der Anzahl der dabei benutzten Geräteklassen erfolgt.

Die Aufgaben des **Abrechnungsmanagements** (*Accounting Management*) bestehen somit darin, die Belegung einer Kommunikationsressource durch einen Benutzer zu erkennen, diese zu bewerten, die entsprechenden Daten an eine Abrechnungsstelle zu senden, dort zu sammeln, zu speichern und auszuwerten.

### 13.2.5 Sicherheitsprobleme in Netzen (*Security Management*)

Alle Aktionen, die den unbefugtn Zugriffe auf ein Rechnernetz verhindern sollen, werden unter dem Begriff **Sicherheitsmanagement** zusammengefaßt. Das Spektrum der Tätigkeiten erstreckt sich von der Vergabe von Benutzerkennungen über die gesicherte Aufbewahrung von Daten bis hin zur Datenverschlüsselung. Das wesentliche Ziel des Sicherheitsmanagements ist es, einem Kommunikationsnetz und seinen Benutzern und Anwendungen einen möglichst großen Schutz zu bieten.

### 13.2.6 Systemmanagement

Ein Rechnernetz besteht im weiteren Sinne nicht nur aus Hard- und Software zur Kommunikation zwischen Benutzern oder Prozessen, sondern umfaßt auch Betriebssysteme, Anwendungen und Daten, die auf den Hardwarekomponenten eines Systems ablaufen oder dort benutzt werden. Da auch diese Komponenten vom Administrator zu verwalten sind, sollten sie gleichfalls in das Management einbezogen werden. Man spricht hier vom Systemmanagement, welches somit verschiedene weitere Aufgabenbereiche beinhaltet, die dem sinnvollerweise dem Netzwerkmanagement angegliedert sind. Hierzu zählen u.a.:

- Datensicherung
- Zeitmanagement
- Organisation verteilter Datensysteme
- Archivierung von Daten
- gemeinsame Nutzung von Druckern
- Benutzerverwaltung
- Software-Versionskontrolle

Im folgenden sollen zwei dem Systemmanagement angegliedert Aufgabenbereiche, die Datensicherung und das Zeitmanagement, genauer betrachtet werden.

Unter **Datensicherung** verstehen wir das Kopieren (Duplizieren) von Daten auf Speichermedien (z.B. Magnetband, -kassette), welche räumlich getrennt vom ursprünglichen Datenbestand aufbewahrt werden. Dabei können die Daten jedoch nur dann als wirklich gesichert gelten, wenn die entsprechenden Sicherungsmaßnahmen regelmäßig durchgeführt werden. Bei vernetzten Systemen kann die Datensicherung dezentral während des laufenden Betriebs durchgeführt werden und sollte dem Benutzer in seiner Arbeit weder behindern noch einschränken.

Um die Zeitpunkte der Entstehung von Alarmen miteinander vergleichen zu können, müssen alle Systeme eines Netzes die gleiche Uhrzeit kennen. Dieses ist insofern ein nicht triviales Problem als die Übermittlung entsprechender Zeitmarken über das Netz selbst Zeit kostet. Während lokale Netze häufig einen gemeinsamen Zeittakt über eine gesonderte Leitung besitzen, ist dieses bei größeren Netzen, die u.U. mehrere Kontinente miteinander verbinden, nicht mehr realisierbar.

Neben gesonderten Zeitgebern, z.B. Funkuhren, interessiert sich das **Zeitmanagement** für die Synchronisation von Uhren über das Netz. Insbesondere darf die vom Netz verwendete Zeit nicht lokal von dem jeweiligen Benutzer verstellt werden können, wie das bei heutigen Arbeitsplatzrechnern in der Regel der Fall ist.

## 13.3 Managementsysteme

Bei Tätigkeiten des Netzwerkmanagements können Administratoren durch verschiedene Hard- und Softwarewerkzeuge unterstützt werden. Neben isolierten Werkzeugen wie Protokollanalysatoren und Diagnosesoftware für die Betrachtung einzelner Abläufe im Rechnernetz, sind heute **Managementsystem**e eine wichtige Hilfe. Die Hauptaufgabe eines Managementsystems ist die Bereitstellung eines zentralen Zugangs zu managementrelevanter Information. Daneben können Managementsysteme jedoch noch weitere Dienste anbieten, welche die Information speichern, darstellen und für weitere Anwendungen verarbeiten.

Dienste zur Aufbereitung von Managementinformation umfassen die

- Filterung unwichtiger Daten: Es muß sicher entschieden werden können, welche Daten keine relevante Information enthalten, was ein nicht triviales Problem ist.
- Auswertung von Daten: Hierzu gehören die Entdeckung der Abhängigkeiten von Daten, die evtl. zu verschiedenen Zeiten an verschiedenen Orten gesammelt wurden; die Darstellung der Daten, so daß der Administrator insbesondere wichtige Information schnell erkennen kann, sowie die statistische Auswertung von Daten, um z.B. Leistungsengpässe möglichst schnell erkennen und beheben zu können.
- Speicherung von Daten für die spätere Auswertung, z.B. um Fehlerursachen verfolgen oder neue Dienste anbieten zu können.

Managementsysteme können somit den Administrator wirkungsvoll unterstützen, da ihm jederzeit verschiedene Sichtweisen (z.B. logische und physikalische Sicht) des gesamten Netzes zur Verfügung stehen. Für die Lösung des Problems kann der Administrator die geeignetste Sicht auswählen und die ggf. erforderlichen Maßnahmen von seinem Arbeitsplatz aus einleiten. Neben dieser rein passiven Hilfestellung (Auswahl einer Sichtweise) kann der Administrator auch wirkungsvoll durch aktive Komponenten unterstützt werden, die eine teilweise oder vollständige Automatisierung der einzuleitenden Aktionen erlauben bzw. den Administrator bei seinen Entscheidungen unterstützen. So reagiert in vielen Fällen der Administrator auf bestimmte Situationen immer sehr ähnlich, z.B. auf Überlast in Teilnetzen, so daß hier ein Potential für die Automatisierung vorhanden ist. Diese kann von der Entscheidungsunterstützung (bei der das Managementsystem eine bestimmte Handlungsweise vorschlägt, dem Administrator jedoch die Freiheit läßt, anders zu reagieren), bis zu einer automatischen Durchführung von Aufgaben des Administrators durch das Managementsystem reichen.

## 13.4 Managementansätze

Managementsysteme haben vielfältigen Aufgaben zu genügen und werden daher in einzelne Komponenten zerlegt. So gibt es in den einzelnen Rechnern Komponenten, meistens Agenten genannt, welche Vorort die Daten sammeln und diese auf Anfrage oder selbsttätig an den zentralen Manager schicken. Im Manager sammelt z.B. eine Komponente Information über die Konfiguration eines Netzes, und eine andere Komponente stellt diese Information so dar, daß der Administrator diese einfach überblicken kann.

Die Einzelbestandteile eines Managementsystems werden in der Regel von verschiedenen Herstellern bereitgestellt. So besitzen heute die meisten netzfähigen Geräte standardmäßig eine Agentenkomponente, so daß auch in einer heterogenen Umgebung verschiedene Komponenten die gleiche Funktionalität besitzen. Um eine fehlerfreie Zusammenarbeit zwischen den Bestandteilen eines Managementsystems zu ermöglichen, müssen Konventionen getroffen werden, die sich folgenden Bereichen zuordnen lassen:

- Standardisierung der Bedeutung und der Darstellung (Semantik und Syntax) managementrelevanter Information
- Festlegung der möglichen Bestandteile eines Managementsystems und der Aufgaben, die diese Komponenten zu erledigen haben. Man spricht hier auch von den **Rollen** der jeweiligen Komponenten
- Definition der grundlegenden Basismechanismen für die Abläufe in Managementsystemen
- Spezifikation von Protokollen zum Austausch managementrelevanter Information
- Beschreibung von Zugriffsschutzstrategien für managementrelevante Information
- Gruppierung der von Managementsystemen erbrachten Funktionen
- Spezifikation der Schnittstellen zwischen dem Managementsystem und darauf aufbauenden Anwendungsprogrammen

Ein **Managementansatz** (*Management Framework*) umfaßt jeweils eine Menge von Konventionen zu den genannten Bereichen, wobei nicht notwendigerweise jeder Bereich vollständig ausgefüllt werden muß. Zum Beispiel kann auf die Gruppierung der von Managementsystemen erbrachten Funktionen oder auf die Spezifikation von Schnittstellen zu Anwendungsprogrammen verzichtet werden. Unbedingt erforderlich ist hingegen die Festlegung von Bedeutung und Darstellung von Managementinformation sowie eine Einteilung der Rollen der in einem Managementsystem zusammenwirkenden Komponenten.

In heutigen Managementansätzen sind jeweils nur einige dieser Bereiche berücksichtigt. Am weitesten geht das OSI-Systemmanagement, welches u.a. die funktionalen Aspekte eines Managementsystems festlegt. In keinem Managementansatz werden jedoch Schnittstellen für die Anbindung von Anwendungsprogrammen vorgeschlagen.

Ein Managementansatz kann vollständig standardisiert und spezifiziert sein, wie man es beim OSI-Systemsmanagement findet. Der gegenwärtig am weitesten verbreitete Managementansatz ist das SNMP-Konzept des *Internet Activity Boards*. Dieser ist heute in fast allen vernetzbaren Geräten implementiert, da er zum einen sehr einfach gehalten wurde, zum anderen frei verfügbar und relativ flexibel einsetzbar ist. Nicht standardisierte Managementansätze haben in der Praxis keine Bedeutung erlangt. Dieses zeigt, daß ein Standard für die Verbreitung eines Managementansatzes von großer Bedeutung ist. Darüber hinaus ist eine Standardisierung die einzige Möglichkeit, eine Interoperabilität zwischen Managementkomponenten verschiedener Hersteller zu gewährleisten und eine Einsatzfähigkeit in gegenwärtig zunehmend heterogenen Rechnernetzen zu garantieren.

### 13.4.1 Aufbau eines Managementsystems

Managementsysteme besitzen eine umfassende Funktionalität, deren Implementation durch geeignete Konzepte strukturiert werden muß. Eine bestimmte Funktionalität wird in Managementsystemen auch als **Rolle** (*role*) bezeichnet und kann in Analogie zu einer Rolle in einem Theaterstück verstanden werden. Eine Rolle wird von gewissen Instanzen realisiert; im Vergleich sind diese Instanzen somit die Schauspieler, die die Eigenschaften einer bestimmten Figur nach außen darstellen und dadurch mit Leben füllen. Das Zusammenspiel der Personen besteht in der Regel aus Dialogen, d.h. dem Austausch von Information zwischen Figuren. In einem Managementsystem werden die Aufgaben gleichfalls auf verschiedene Instanzen verteilt, welche die Funktionalitäten realisieren, wobei ähnlich einem Schauspieler eine Instanz mehrere Rollen übernehmen kann, wenn sie dieses physisch und logisch leisten kann.

Die anfallenden Rollen in einem Managementsystem werden durch eine grobe Beschreibung des Managementansatzes festgelegt. Wir betrachten hier zwei wichtige Beispiele für Rollen in einem Managementansatz.

Es soll eine Komponente eines Netzes überwacht und gesteuert werden. Zur Überwachung einer Komponente muß ihr sich in der Zeit ändernder Zustand bekannt sein. Dieser Zustand wird nicht regelmäßig abgefragt, so daß in gewissem Umfang die Geschichte einer Komponente gespeichert werden muß. Zur Steuerung einer Komponente müssen gewisse Betriebsparameter der Komponente verändert werden können. Wir definieren also eine Rolle, die folgende Aufgaben erfüllt:

- Erhebung managementrelevanter Information einer Komponente
- Repräsentation der managementrelevanten Information in geeigneten Datenstrukten
- Steuerung einer Komponente mit Hilfe geänderter Datenstrukturen

Die Instanz, welche diese Rolle übernimmt, wird als **Agent** (*agent*) bezeichnet. Ein Agent überwacht somit ständig eine oder mehrere ihm zugeordnete Komponenten eines vernetzten Systems und stellt dem restlichen Managementsystem Information über den Zustand der von ihm kontrollierten Komponenten zur Verfügung. Darüber hinaus kann er Befehle von anderen Instanzen entgegennehmen und diese in Steuerbefehle für die ihm zugeordneten Komponenten umsetzen.

Wir erhalten somit die Sichtweise, daß die Schnittstelle zwischen dem realen System (den Komponenten) und dem Managementsystem vollständig durch einen Agenten repräsentiert wird. Genau die Funktionen, die ein Agent in Bezug auf eine Klasse von Komponenten realisiert, stellen die durch das Managementsystem kontrollierbaren Funktionalitäten dar. Aus diesem Grunde wird in vielen Managementansätzen ein modulorientierter Ansatz gewählt, der jede Einwirkung auf eine Komponente nur über standardisierte Schnittstellen zu dem jeweiligen Agenten erlaubt.

Neben den Agenten sind Instanzen notwendig, welche die Aufgaben der Erhebung des Systemzustands, seine Darstellung, Auswertung, Aufbereitung oder Weiterverarbeitung wahrnehmen. Hierzu ist neben Information über den Zustand der Rechnernetzkomponenten auch die Kenntnis anderer Größen, z.B. des eigentlichen Betriebsziels (hohe Leistung, geringe Kosten, hohe Ausfallsicherheit usw.) nötig, die nur vom Betreiber des Netzes bereitgestellt werden kann. Solche eine Rolle umfaßt daher die verschiedenen Aufgaben der Informationsverarbeitung (Sammeln, Speichern, Auswerten) und stellt Schnittstellen zum Administrator oder zu Anwendungsprogrammen bereit. Zur Erhebung der Information ist die ständige Kommunikation mit einer Anzahl von Agenten erforderlich, die auch koordiniert werden müssen. Ein Prozeß, der diese Rolle übernimmt, wird auch als **Manager** bezeichnet.

### 13.4.2 Beschreibung von Managementinformation

Die Daten, die beim Betrieb von Managementsystemen von Belang sind, werden unter dem Begriff **Managementinformation** zusammengefaßt; wir nennen sie auch managementrelevante Information. Es wird zunächst untersucht, welche Arten von Managementinformation es überhaupt gibt und dann festgelegt, welche managementrelevante Information in Managementsystemen enthalten sein kann bzw. muß.

Zur Modellierung realer Systeme sind jeweils die Struktur und das Verhalten der realen Welt auf Datenstrukturen und Funktionen abzubilden. Im Fall von Managementsystemen müssen die Struktur des zu betreibenden Rechnernetzes und das Verhalten seiner Bestandteile modelliert werden. In einigen Ansätzen geht man dazu über, auch die Struktur und das Verhalten des Managementsystems selbst zu modellieren und betrachtet dieses somit als Ressource des Rechnernetzes. Auf diese Weise kann man das Managementsystem gewissermaßen mit Hilfe seiner selbst steuern. Datenstrukturen mit den zugehörigen Programmen, auf die eine Ressource abgebildet wird, bezeichnet man als ***Managed Object*** (**MO**). Ein Managed Object repräsentiert somit ein zu verwaltendes Gerät.

Ein Managementansatz beinhaltet zumeist eine Sprache, in der Managed Objects beschrieben werden können. Meist umfaßt diese Sprache jedoch nur Konstrukte zur exakten

Beschreibung der Struktur der abgebildeten Ressourcen, nicht jedoch – oder nur sehr rudimentär – zur Beschreibung ihres Verhaltens. Bei der Definition einer solchen Sprache geht man im einfachsten Fall davon aus, daß die einzelnen Bestandteile eines Rechnernetzes auf eine nicht weiter strukturierte Menge von Variablen mit elementaren Wertebereichen wie *Integer*, *Real* oder *String* abgebildet werden können. Ein Managed Object entspricht also einer Variablen und wird durch deren Bezeichner referenziert. Eine Erweiterung dieses Konzepts ergibt sich, wenn man logisch zusammengehörige Variablen zu Gruppen zusammenfaßt und mit verwandten Bezeichnern versieht. Legt man nun noch fest, daß außer den zusammengehörigen Variablen auch die Prozeduren, welche auf diesen Variablen operieren, in einer Definition zusammengefaßt sind, so nähert man sich einer objektorientierten Darstellung von Managementinformation. Bei diesem Ansatz wird für jeden abzubildenden Ressourcentyp ein Objekttyp (eine Klasse) definiert. Einer bestimmten Ressource im Rechnernetz entspricht zur Laufzeit eines Managementsystems genau ein Objekt eines Typs (eine Instanz einer Klasse), auf welches nur über Schnittstellen zugegriffen werden kann, die in der Typdefinition definiert sind.

Eine sinnvolle Ergänzung zu einer Beschreibungssprache sind Richtlinien zur Definition von MOs. Sie sind daher in den meisten Managementansätzen enthalten. Diese Richtlinien legen fest, welche Arten von Ressourcen bzw. welche ihrer Eigenschaften auf eigene MOs abgebildet werden, und bei welchen dieses nicht sinnvoll ist. Hiermit wird auf ein allgemeines Problem der Wissensrepräsentation eingegangen: Wird zuviel repräsentiert, so führt dies zu einer unnötig hohen Komplexität; repräsentiert man zu wenig, d.h. ist die resultierende Beschreibung der realen Welt zu grob, so fehlt dem verarbeitenden System wichtige Information.

Darüber hinaus legt die Beschreibungssprache eine Darstellung für Managementinformation fest, so daß auch Managementobjekte verschiedener Hersteller ohne Anpassungsprobleme in unterschiedlichen Managementsystemen eingesetzt werden können.

Zum Zwecke der global eindeutigen Referenzierung der Definitionen von MOs ist eine globale Benennungsstrategie erforderlich. Dazu wird eine Verzeichnisstruktur verwendet, die gemeinsam von der ISO und der CCITT festgelegt wurde und auch für andere Zwecke genutzt wird, z.B. zur eindeutigen Benennung von internationalen Standards mit dem Ziel der eindeutigen, automatischen Referenzierbarkeit. Bei der Struktur handelt es sich um einen Baum, der auch als Registrierungsbaum (*Registration Tree*) bezeichnet wird. Innerhalb jeder Stufe des Baums wird den Kanten eindeutig eine natürliche Zahl als Bezeichnung zugeordnet. Zusätzlich kann jeder Kante optional eine (bedeutungsvolle) Zeichenfolge zugeordnet werden. Durch eine geordnete Folge von Bezeichnern der Kanten eines Pfads, der an der Wurzel des Registrierungsbaums beginnt, kann eine Gruppe von Objekten oder, wenn der Pfad bis zu einem Blatt führt, ein einzelnes Objekt eindeutig referenziert werden. Wir nennen eine solche Folge Objektbezeichner, wenn sie ein einzelnes Objekt – also z.B. einen Standard oder eine MO-Definition – identifiziert. Die heute gängigen Sprachen zur Definition der Struktur von Managementinformation basieren alle auf der Syntaxbeschreibungssprache ASN.1. In dieser Sprache wurde für

Objektbezeichner der Typ „OBJECT-IDENTIFIER" definiert. Damit sind die folgenden drei Festlegungen eines Objektbezeichners zueinander äquivalent.

```
ftam-1 OBJECT IDENTIFIER ::= { 1 0 8571 5 1 }

ftam-1 OBJECT IDENTIFIER ::= { iso standard 8571 5 1 }

ftam-1 OBJECT IDENTIFIER ::= { iso(1) standard(0) 8571 5 1 }
```

Managementansätze schreiben i.d.R. nicht vor, in welchen konkreten Datenstrukturen die Realisierung der managementrelevanten Information in den einzelnen Managementsystemen erfolgt. Die Verwaltung und der Zugriff auf Managementinformation zur Laufzeit eines Managementsystems erfolgt über Dienstschnittstellen. Hier werden die elementaren Dienste zum Schreiben und Lesen der Werte einzelner MOs sowie zu deren Verwaltung angeboten. Auch die Behandlung von Ereignissen, die Managementobjekte betreffen, erfolgt an dieser Schnittstelle. Neben der Möglichkeit, die Dienstschnittstelle explizit und getrennt festzulegen, ist es auch denkbar, diese implizit gemeinsam mit dem Protokoll zur Übertragung elementarer Managementinformation zu definieren.

## 13.4.3 Managementprotokolle

Damit die Komponenten eines Managementsystems Information untereinander austauschen können, werden meist spezielle Protokolle definiert. Diese sind nach dem ISO/OSI-Basisreferenzmodell auf der Anwendungsschicht anzusiedeln und spiegeln die elementaren Dienste wieder, die von den Managementansätzen zur Verfügung gestellt werden. Sobald ein elementarer Dienst aufgerufen wird, wird eine Protokolldateneinheit (PDU) versendet. Eine solche PDU umfaßt im allgemeinen die folgenden Einträge:

- Adreßinformation (Zielsystem, Zielobjekt(e))
- Typhinweis (Operationstyp, Frage/Antwort-Flag)
- Zugriffskontrollinformation
- weitere Nutzdaten (z.B. das Ergebnis einer Operation)

Für weitere Einzelheiten bezüglich der speziellen Managementprotokolle sei auf das folgende Kapitel verwiesen, in dem konkrete Managementansätze besprochen werden.

Neben Protokollen, die ausschließlich zum Management von Rechnernetzen entworfen wurden, werden in Managementsystemen häufig auch andere Anwendungsprotokolle eingesetzt, z.B. das RPC-Protokoll (*Remote Procedure Call*), welches bei der Realisierung verteilter Systeme weit verbreitet ist.

## 13.4.4 Zugriffsstrategien

Beim Management von Rechnernetzen – und ganz besonders beim Systemmanagement – hat der Administrator die Möglichkeit, auf verschiedene Komponenten einzuwirken bzw. die Werte gewisser Variablen zu lesen. Um die Sicherheit und den Datenschutz gewährleisten zu können, sollte nur das vom Betreiber authorisierte Administrationspersonal befugt sein, über Managementsysteme auf die Komponenten eines Rechnernetzen zuzugreifen, wobei Personen mit unterschiedlichen Zuständigkeiten auch unterschiedliche Zugriffsrechte erhalten müssen. Dieses kann durch die Zuteilung von Paßwörtern erfolgen, muß aber auf Seiten des Managementsystems zusätzlich durch Mechanismen der Authentisierung und der Privatisierung bei der Kommunikation zwischen den Komponenten des Netzes unterstützt werden. Um die Interoperabilität zwischen Managementkomponenten zu gewährleisten, müssen diese Mechanismen durch den jeweils zugrundeliegenden Managementansatz festgelegt werden.

Die bisher erwähnten Sicherheitsvorkehrungen stellen nur die technische Grundlage für die Gewährleistung der Betriebssicherheit von Managementsystemen dar. Es ist sinnvoll, diese durch weitere Maßnahmen zu ergänzen. Mit Hilfe eines Domänenkonzepts ist es möglich, MOs nach verschiedenen Kriterien zu gruppieren und verschiedene Zuständigkeiten auf unterschiedliche Domänen zu verteilen. Beispielsweise ist es denkbar, alle MOs, die Aspekte eines bestimmten Rechnerclusters modellieren, einer gemeinsamen Domäne zuzuordnen. Durch die Vergabe von Zugriffsrechten auf die Domäne wird es möglich, die administrative Zuständigkeit für das Rechnercluster auf einen bestimmten Administrator und ausgezeichnete Systeme mit Managerfunktionalität zu übertragen. Domänen können sich überlappen, so daß es möglich wird, verschiedenen Administratoren und Systemen eine unterschiedliche Sicht auf die gemanagten Ressourcen anzubieten.

### 13.4.5 Klassifizierung der zu erbringenden Funktionalität

Ein Managementsystem unterstützt den Rechnernetzadministrator bei einer Vielzahl der von ihm zu lösenden Aufgaben. Dazu erbringt es Dienste unterschiedlicher Komplexität, die teilweise aufeinander aufbauen.

Um den Entwurf von Managementsystemen zu erleichtern, kann ein Managementansatz Richtlinien für die Gliederung der Funktionalität von Managementsystemen anbieten. Eine solche Gliederung ermöglicht die Identifikation voneinander abhängiger Dienste und erleichtert damit den modularen Aufbau eines Managementsystems. Das OSI-Systems Management ist heute der einzige Ansatz, der eine funktionelle Gliederung der Managementdienste unterstützt. Die Gliederung richtet sich hier nach den in 13.2 vorgestellten Aufgabenbereichen des Managements. Jedem Aufgabenbereich (***Systems Management Functional Area***) sind mehrere sogenannte ***Systems Management Functions*** zugeordnet. Hierbei handelt es sich jeweils um eine Menge von Basismechanismen, welche über standardisierte Dienstschnittstellen zugänglich gemacht werden. Ein Beispiel für eine solche *Systems Management Function* ist die ***Event Reporting Function***, welche im OSI-Systemsmanagement die Mechanismen festlegt, mit denen in Managementsystemen Ereignisse weitergeleitet werden.

### 13.4.6 Schnittstellen für Anwendungsprogramme

Die Funktionalitäten eines Managementsystems müssen in der Regel dem jeweiligen Anwendungsfeld angepaßt werden. Bietet beispielsweise ein Rechenzentrum seine Ressourcen einem Kunden an, so wird eine detaillierte statistische Aufbereitung der erbrachten Dienstleistungen benötigt. Wird hingegen ein Rechnernetz ausschließlich von seinem Eigner benutzt, so werden zwar kaum statistische Auswertungen verlangt; es ist aber unter Umständen wichtig, die Administratoren intensiv bei der Fehlersuche im Rechnernetz zu unterstützen.

Neben gewissen Basisfunktionalitäten, wie z.B. der grafischen Darstellung der Topologie des Rechnernetzes oder der Abfrage des Zustands einzelner MOs, muß ein Managementsystem also je nach Einsatzgebiet verschiedene komplexe Dienste anbieten können, die teilweise sehr individuell auf eine spezielle Einsatzumgebung abgestimmt sein müssen. Daher ist es sinnvoll, Managementsysteme erweiterbar zu gestalten, so daß beliebige Programme zur Verarbeitung von Managementinformation angeschlossen werden können, die auch als Managementapplikationen bezeichnet werden. Viele der heute am Markt erhältlichen Manager bieten zu diesem Zweck sogenannte ***Application Programmer Interfaces*** an (**API**), die jedoch nicht einheitlich sind. Verschiedene Manager können daher nicht dieselben Managementapplikationen verwenden.

Um Managementapplikationen verschiedener Hersteller zwischen Managementsystemen austauschen zu können, müssen Standards für APIs geschaffen werden. Da die über die APIs auszutauschende Information größtenteils davon abhängt, welche Richtlinien das jeweilige Managementsystem für die Darstellung von Managementinformation festlegt, sollte die Spezifikation von APIs im Managementansatz erfolgen.

# 14 Standardisierte Managementansätze

Im letzten Kapitel wurden die grundlegenden Fragestellungen zum Netzwerkmanagement diskutiert; in diesem Kapitel werden zwei konkrete Managementstandards vorgestellt. Zunächst betrachten wir das Internet Management Protokoll SNMP, dann den OSI-Ansatz.

## 14.1 Der Internet Managementansatz

Der SNMP-Ansatz wurde vom *Internet Activities Board* (IAB) standardisiert und dient gegenwärtig als Basis für die meisten kommerziell verfügbaren Managementsysteme. Die korrekte Bezeichnung dieses Managementansatzes ist *Internet Standard Network Management Framework*; häufig bezieht man sich auf diesen Ansatz jedoch unter dem Namen des verwendeten Managementprotokolls **SNMP** (*Simple Network Management Protocol*). Die ursprüngliche Variante des *Internet Standard Network Management Frameworks* basiert im wesentlichen auf den RFCs (*Request for Comments*) 1155, 1157 und 1158 (siehe auch RFC 1052, 1156, 1089 u.a.), die das IAB im Mai 1990 zu Standards mit dem Status empfohlen (*recommended*) erhoben hat.

1993 wurde der ursprüngliche Ansatz zum SNMPv2 erweitert, das bislang jedoch kaum praktische Bedeutung gewonnen hat. Im folgenden wird zunächst die ursprüngliche Variante des SNMP (auch SNMPv1) vorgestellt, wobei im einzelnen die Struktur der Managementinformation, das Zusammenspiel der einzelnen Bestandteile von Managementsystemen sowie das verwendete Managementprotokoll beschrieben werden; soweit sinnvoll wird bereits hier die klarere Terminologie des SNMPv2 verwendet. Anschließend werden die wesentlichen Neuerungen im SNMPv2 vorgestellt.

### 14.1.1 Managementinformation

Der Internet Managementansatz definiert die managementrelevante Information, die die verwalteten Komponenten eines Rechnernetzes modelliert, mittels **Objekttypen**. Die gesamte Menge dieser Definitionen wird als ***Management Information Base*** (MIB) bezeichnet. Die MIB ist in einzelne MIB-Module aufgeteilt. Jedes MIB-Modul enthält Typdefinitionen für miteinander in Beziehung stehende Managementobjekte, z.B. für einen Protokollstapel oder für eine Token Ring-Interfacekarte.

Die für das Management benötigten Komponenten des Rechnernetzes werden auf eine Menge von Managementobjekten abgebildet, wobei ein Agent für jede Komponente in seinem Zuständigkeitsbereich eine Mindestmenge von Managementobjekten unterstützen muß. Diese Menge wird für jedes MIB-Modul in einem optionalen *Compliance Statement* festgelegt.

Neben den Mindestvoraussetzungen kann der genaue oder maximale Leistungsumfang festgelegt werden, den eine Agentenimplementierung erbringen muß. Hierzu dienen sogenannte *Capability Statements.*

Somit ist die Managementinformation in drei Typen von Informationsmodulen enthalten:

- den MIB-Modulen, die Definitionen von Managementobjekttypen umfassen;
- den Anforderungsmodulen, die jeweils genau ein *Compliance Statement* enthalten;
- den Leistungsmodulen, die aus dem *Capability Statement* zu einer Agentenimplementierung bestehen.

Informationsmodule werden mit verschiedenen Makros beschrieben, die in der Sprache ASN.1 notiert sind. Alle Definitionen der Informationsmodule werden durch ein Benennungsschema, welches auf dem ASN.1-Typ `OBJECT IDENTIFIER` beruht, in den globalen Registrierungsbaum eingeordnet.

Der globale Registrierungsbaum kann als eine hierarchische Datenbank (in Form eines Baumes) betrachtet werden, deren Blätter durch die Folge von inneren Knoten bezeichnet werden (siehe 13.4.2). Für das Internet Management ist ein Teilbaum reserviert, der über den Namen `{iso org(3) dod(6) internet (1) 2 }` referenziert werden kann. Daneben werden in der SMI jedoch zur Vereinfachung u.a. die folgenden Abkürzungen definiert:

```
internet      OBJECT IDENTIFIER ::= { iso org(3) dod(6) 1 }
mgmt          OBJECT IDENTIFIER ::= { internet 2 }
experimental  OBJECT IDENTIFIER ::= { internet 3 }
private       OBJECT IDENTIFIER ::= { internet 4 }
```

Der zweite Bezeichner (`mgmt`) referenziert die MIB-II, die im nächsten Abschnitt beschrieben wird. Die anderen Bezeichner enthalten weitere Information, die z.B. für Experimente oder für private Zwecke verwendet werden kann.

### Managementobjekte

Nach dem Internet-Ansatz ist ein Managementobjekt (MO) in der Regel nicht strukturiert, sondern besteht nur aus einer Variablen, die eine Zustandsgröße einer Komponente des Rechnernetzes speichern kann. Die einzige Ausnahme hiervon bilden geordnete Mengen von Variablen, die als Zeilen einer Tabelle aufgefaßt werden. Dieses sind die einzigen Managementobjekte, deren Anzahl sich dynamisch verändert, und die somit nicht fest in einer Agentenimplementierung kodiert sein können. Um eine zusätzliche Strukturierung zu ermöglichen, können innerhalb eines MIB-Moduls eng zusammenhängende Objekttypdefinitionen zu Gruppen zusammengefaßt werden; eine weitere Aufteilung von Gruppen in Untergruppen ist nicht vorgesehen.

Im [RFC1155] wird die **Struktur der Managementinformation** (*Structure of Management Information* (SMI)) definiert. Die Objekttypen werden mit dem ASN.1-Makro *OBJECT-TYPE-Macro* definiert:

```
OBJECT-TYPE MACRO ::=
BEGIN
    TYPE NOTATION ::= "SYNTAX" type (TYPE ObjectSyntax)
         "ACCESS" Access
         "STATUS" Status
    VALUE NOTATION ::= value (VALUE ObjectName)
    Access ::=    "read-only"
      | "read-write"
      | "write-only"
      | "not-accessible"
    Status ::=    "mandatory"
      | "optional"
      | "deprecated"
      | "obsolete"
END
```

Das folgende einfache Beispiel zeigt eine mögliche Typdefinition mit diesem Makro:

```
sysDescr OBJECT-TYPE
    SYNTAX DisplayString (SIZE (0.255))
    ACCESS read-only
    STATUS mandatory
    := { system 1 }
```

Hier wird ein Objekttyp mit dem Namen `sysDescr` definiert, der unter `system 1` im globalen Registrierungsbaum eingeordnet ist. Die Syntax von Objekten dieses Typs ist die eines `DisplayString` bis zu 255 Zeichen Länge; die Zugriffsrechte für Objekte dieses Typs sind auf `read-only` gesetzt, und jede SNMP-MIB muß ein Objekt dieses Typs enthalten (`mandatory`).

Der Definition eines Objekttyps wird – zusätzlich zu ihrem *Object Identifier* – ein Name zugeordnet, der in der gesamten MIB eindeutig sein muß. Zur Laufzeit eines Managementsystems ist – Zeilen von Tabellen ausgenommen – für jeden Agenten höchstens eine Instanz eines Objekttyps zugängig, so daß zu deren Benennung der um `.0` erweiterte *Object Identifier* eines Objekttyps vorgesehen ist. Die eindeutige Benennung von Objekten innerhalb eines Rechnernetzes ist gewährleistet, da über die Zieladresse eines Pakets mit Managementdaten implizit der Agent ausgewählt wird, der eine Objektinstanz ansprechen soll.

Die Syntax verwalteter Objekte wird durch den ASN.1-Datentyp `ObjectSyntax` definiert, der einen von mehreren durch CHOICE definierten Datentypen enthält, von denen es drei mögliche Arten gibt:

- **Einfache Typen** (*simple types*): sind einer der folgenden vier primitiven ASN.1-Typen:
  - `INTEGER`
  - `OCTET STRING`
  - `OBJECT IDENTIFIER`
  - `NULL`
- **Anwendungsweite Typen** (*application wide*:) sind spezielle durch die SMI definierte Datentypen
- **Einfach konstruierte Typen** (*simply constructed*) sind zusammengesetzte ASN.1-Typen:

```
<list> ::= SEQUENCE     { <type1>,
                             ...
                           typeN>,
                        }

<table> ::= SEQUENCE OF <list>
```

**Anwendungsweite Typen** (*application wide*:) sind sechs spezielle Datentypen, die durch die SMI definiert sind und im SNMP-Ansatz verwendet werden:

- **IpAddress**: Ein Datentyp für eine Internetadresse:

```
IpAddress ::= [APPLICATION 0]  IMPLICIT OCTET STRING (SIZE (4))
```

- **NetworkAddress**: Ein Datentyp für eine Adresse einer bestimmten Protokollfamilie. Zur Zeit gibt es nur ein CHOICE:

```
NetworkAddress ::= CHOICE { internet IpAddress }
```

- **Counter**: Eine nicht negative Zahl (0..$2^{32}$-1), die monoton wächst, bis sie einen maximalen Wert erreicht; dann wird sie auf null zurückgesetzt.

```
Counter ::= [APPLICATION 1] IMPLICIT INTEGER (0..4294967295)
```

- **Gauge**: Eine nicht negative Zahl (0..$2^{32}$-1), die wachsen oder fallen kann, die jedoch an einem maximalem Wert anhält:

```
Gauge ::= [APPLICATION 2] IMPLICIT INTEGER (0..4294967295)
```

- **TimeTicks**: Ein Datentyp für eine nicht negative ganze Zahl, welche die Zeit in hundertstel Sekunden zählt; der maximale Wert beträgt: $2^{32}$-1.

```
TimeTicks ::= [APPLICATION 3] IMPLICIT INTEGER (0..4294967295)
```

  In der Definition eines Objekts, welches `TimeTicks` verwendet, muß der Startzeitpunkt festgelegt sein.
- **Opaque**: Ein Datentyp für eine beliebige Kodierung.

```
Opaque ::= [APPLICATION 4] IMPLICIT OCTET STRING
```

Der Typ Opaque erweitert die restriktiven Datentypen, die sonst in SMI verwendet werden. Eine Instanz eines beliebigen ASN.1-Datentyps wird mittels der *Basic Encoding Rules* kodiert. Die so entstehende Oktett-Zeichenkette bildet den Wert des Opaque-Typen. Deren Bedeutung muß zwischen dem verwalteten Knoten und der Management-Station vereinbart sein.

SMI definiert zwei zusammengesetzte Typen, deren Anwendungsmöglichkeiten jedoch eingeschränkt sind.

Der erste zusammengesetzte Datentyp ist die **Liste** (*list*) mit der Form:

```
<list> ::= SEQUENCE { <type1>,
                      ...
                      <typeN>,
                    }
```

in welchem jeder <type> ein primitiver Typ sein muß, der weder SEQUENCE noch OPTIONAL sein darf. Der Typ <list> wird als Zeile in dem zweiten zusammengesetzten Datentyp, der **Tabelle** (*table*), verwendet.

```
<table> ::= SEQUENCE OF <list>
```

Somit sind alle im SNMP-Managementansatz definierten Tabellen zweidimensional: Eine Tabelle besteht bei der Instanziierung aus keiner oder mehr Zeilen, wobei jede Zeile die gleiche Anzahl von Spalten hat.

### Die Management Information Base (MIB)

Die MIB besteht aus einer Menge von MIB-Modulen, von denen jedes eine Anzahl von Typen zueinander in Beziehung stehender Managementobjekte definiert. Beim SNMPv2 umfaßt ein MIB-Modul zusätzlich die Definition von *Notification Types*. Hierbei handelt es sich um Typen von Meldungen, die bei gewissen Zustandsänderungen von Managementobjekten versendet werden.

| **M I B - I I** | | |
|---|---|---|
| Gruppe | Anzahl | Objekttypen für |
| System | 7 | den verwalteten Knoten selbst |
| Interface | 23 | Netzwerk-Zubehör |
| at | 3 | IP-Adreßübersetzung |
| ip | 38 | das Internetprotokoll |
| icmp | 26 | das Internet-Kontrollnachricht-Protokoll |
| tcp | 19 | das *Transmission Control Protocol* (TCP) |
| udp | 7 | das *User Datagram Protocol (UDP)* |
| egp | 18 | das *Exterior Gateway Protocol (EGP)* |
| Transmission | 0 | neu |
| snmp | 30 | Kontrolle des Managementsystems |
| Summe | 171 | |

Ein Beispiel für ein MIB-Modul ist die MIB-II [RFC 1213]. Dieses enthält Typdefinitionen für jene Managementobjekte, auf die ein über IP kommunizierender Knoten abgebildet wird. In der MIB-II werden die Objekttypen in zehn **Gruppen** (*Group*) eingeteilt, die in der vorhergehenden Tabelle aufgeführt sind.

Im folgenden werden zwei wichtige MIB-Gruppen etwas ausführlicher dargestellt, um dem Leser einen Überblick über die in SNMP vorgesehenen Funktionalitäten zu geben.

Die **Systemgruppe** (*System Group*) muß von allen verwalteten Knoten implementiert werden; sie enthält Konfigurationsinformation:

```
system OBJECT IDENTIFIER  ::=  { mib-2 1}
```

| | |
|---|---|
| **sysDescr** | Beschreibung des Gerätes |
| **sysObjectID** | Identität der Agentensoftware |
| **sysUpTime** | Startzeitpunkt des Agenten |
| **sysContact** | Name der Kontaktperson |
| **sysName** | Name des Geräts |
| **sysLocation** | Standort des Geräts |
| **sysServices** | Dienste, die das Gerät bietet |

Die **Schnittstellengruppe** (*interfaces group*) muß von allen verwalteten Knoten implementiert werden; sie enthält die Anzahl der Schnittstelleneinheiten dieses Knotens und eine Tabelle, die Information über diese Schnittstellen enthält:

```
interfaces OBJEKT IDENTIFIER  ::=  { mib-2 2 }
IfNumber OBJECT-TYPE
     SYNTAX INTEGER
     ACCESS read-only
     STATUS mandatory
          ::=  { interfaces 1}
ifTable  OBJECT IDENTIFIER  ::=  { interfaces 2 }
ifEntry  OBJECT IDENTIFIER  ::=  { ifTable 1 }
```

Eine Zeile der Tabelle enthält die folgenden Einträge:

| | |
|---|---|
| **ifIndex** | Schnittstellennummer |
| **ifDescr** | Beschreibung der Schnittstelle |
| **ifType** | Type der Schnittstelle |
| **ifMTU** | MTU-Größe |
| **ifSpeed** | Übertragungsrate in Bits pro Sekunde |
| **ifPhysAddress** | Medien-spezifische Adresse |
| **ifAdminStatus** | gewünschter Schnittstellezustand |
| **ifOperStatus** | gegenwärtiger Schnittstellezustand |
| **ifLastChange** | Wann wurde die Schnittstelle das letzte Mal geändert |
| **ifInOctets** | Gesamt Anzahl von Oktetten, die Mediun erhalten hat |
| **ifInUcastPkts** | Unicast-Pakete, die nach oben geliefert wurden |
| **ifInNUcastPkts** | Broad-/Multicast-Pakete, die nach oben geliefert wurden |
| **ifInDiscards** | Pakete, die wegen Überlastung ignoriert wurden |
| **ifInErrors** | Pakete, die wegen Formatfehlern ignoriert wurden |
| **ifInUnknownProtos** | für unbekannte Protokolle bestimmte Pakete |
| **ifOutOctets** | Anzahl der auf das Medium gesendeten Objekte |
| **ifOutUcastPkts** | Unicast-Pakete, die von oben gesendet wurden |

| | |
|---|---|
| `ifInNUcastPkts` | Broadcast/Multicast-Pakete, die von oben gesendet wurden |
| `ifInDiscards` | Pakete, die wegen Überlastung ignoriert wurden |
| `ifInErrors` | Pakete, die wegen Fehlern ignoriert wurden |
| `ifOutQlen` | Paketgröße der Ausgangswarteschlange |
| `ifSpecific` | MIB-spezifischer Zeiger |

### 14.1.2 Die Bestandteile eines SNMP-Managementsystems

Beim SNMP wurde die Philosophie verfolgt, möglichst einfache Konzepte bereitzustellen. Dieses wird in einem **fundamentalen Axiom** formuliert:

*Die Auswirkungen des Netzwerkmanagements auf einen verwalteten Knoten dürfen nur minimal sein, so daß nur der kleinste gemeinsame Nenner vertreten werden sollte.*

Dementsprechend wurde bei der Entwicklung von SNMP darauf Wert gelegt, die Bestandteile des Managementsystems so einfach wie möglich zu halten und nur minimale Festlegungen zu treffen.

#### Agenten

Jeder verwaltete Knoten (*Managed Node*) besitzt genau einen Agenten, der auf Anfrage die managementrelevante Information über die ihm zugeordneten Rechnernetzkomponenten in die für das Management notwendige Form überführt und an ein System mit Managerrolle weiterleitet. Gemäß des Internet-Ansatzes verwaltet ein Agent in der Regel zu jedem als `mandatory` gekennzeichneten Objekttyp genau eine Instanz. Hiervon ausgenommen sind die Tabellen, welche gleichzeitig mehrere Instanzen von Zeilen besitzen können. Für viele Module – so z.B. für die MIB-II – wird in den *Compliance Statements* vorgeschrieben, daß entweder von allen Objekttypen einer Gruppe eine Instanz bereitgestellt wird, oder von keinem.

Eine Vorverarbeitung von Managementdaten, wie z.B. eine statistische Aufbereitung oder die Sammlung solcher Daten, fällt nach der Rollendefinition im SNMP nicht in den Aufgabenbereich eines Agenten. Auch kann ein Agent nur in genau festgelegten Ausnahmefällen ohne vorherige Anfrage einfache Nachrichten (*Traps*) an einen Manager weiterleiten. Dieses gewährleistet, daß Systeme mit Agentenrolle nach dem SNMP-Ansatz nur wenig Speicherplatz und Rechenzeit beanspruchen.

Mittels eines internen Kommunikationsmechanismus (**SMUX**=*SNMP Multiplexing Protocol*), den Agenten optional implementieren können, kann die Managementinformation statt vom eigentlichen Agentenprozeß von einem Betriebssystem– oder Anwendungsprozeß verwaltet werden. Der eigentliche Agent ist dann nur noch für die Koordination sowie die Managementkommunikation zuständig. Mit dem beschriebenen Mechanismus lassen sich beispielsweise Systemprozesse, wie ein *Routing Daemon*, so erweitern, daß sie von einem Manager aus angesteuert werden können.

### Stellvertreteragenten

Geräte, die mangels Verarbeitungskapazität keinen Agenten betreiben können oder die Netze verschiedener Protokolle miteinander verbinden, können in der Regel nicht direkt über SNMP verwaltet werden. Um diese Geräte in ein Managementsystem nach dem Internet-Ansatz zu integrieren, sieht SNMP sogenannte **Stellvertreteragenten** (*Proxy Agent*) vor. Diese habem im wesentlichen die gleichen Aufgaben wie reguläre Agenten, übersetzen aber Anfragen von Managern aus dem Internet-Managementsystem in Anfragen und Steueranweisungen, die von dem Fremdgerät unterstützt werden.

Wenn das fremde Gerät zwar das Managementprotokoll, nicht aber die Ende-zu-Ende-Dienste (z.B. UDP und IP) unterstützt, so filtert der Proxyagent die SNMP-Protokolldateneinheiten heraus und sendet sie dem fremden Gerät zu. Unterstützt das fremde Gerät hingegen nur andere Management-Protokolle, so agiert der Proxyagent als *Application Gateway*.

### Manager

Die Rolle eines Managers liegt in der Abfrage, Veränderung, Bereitstellung und Weiterverarbeitung von Managementinformation, die er von den ihm zugeordneten Agenten erhalten hat. Im Normalfall gehen alle Aktivitäten in einem Managementsystem allein vom Manager aus. Um Information von einem verwalteten Knoten zu erhalten, greift ein SNMP-Manager auf zwei Methoden zurück:

- **Regelmäßige Abfrage** (*Polling*). Der Manager fragt bestimmte Zustandsinformation in gewissen Zeitabständen ab, die typischerweise von 30 Sekunden bis zu einer Stunde reichen. Der Manager kann durch diese Verfahrensweise selbst festlegen, in welchem Maß der Zustand des Netzes ermittelt werden soll.

  Bei diesem Verfahren ist die Ermittlung der richtigen Abfragerate kritisch: Ist der Abstand zwischen zwei Abfragen zu klein, so wird Bandbreite verschwendet; ist er zu groß, so reagiert der Manager u.U. zu langsam.
- **Unterbrechungsgesteuerte Abfrage** (*Trap-Directed Polling*). Trifft beim Manager eine einfache Trap-Nachricht ein, so schickt dieser Anfragen an den sendenden Agenten, um näheres über die Art und das Ausmaß des aufgetretenen Problems zu erfahren. Dadurch wird der Aufwand für die Verarbeitung von Traps von den Agenten zum Manager verlagert. Da Agenten im Fehlerfall nicht mit Sicherheit Traps schicken, kann auf Polling mit geringer Frequenz nicht verzichtet werden.

Im Internet-Managementansatz wird nur selten zwischen Hardwarekomponenten und der darauf ablaufenden Software unterschieden. Daher wird ein Prozeß mit Managerrolle auch als **Managementstation** bezeichnet. Jedes Managementsystem kann einen oder mehrere dieser Prozesse enthalten; der SNMPv1-Ansatz umfaßt jedoch keine Mechanismen, die eine Kommunikation zwischen Managern unterstützen.

### 14.1.3 Das Simple Network Management Protocol (SNMP)

Zwischen den elementaren Managementoperationen, die ein Managementansatz unterstützt, und den verwendeten Managementprotokollen besteht ein enger Zusammenhang. Daher werden in diesem Abschnitt zunächst die vom SNMP-Ansatz vorgesehenen Operationen erläutert. Nach der detaillierten Beschreibung der Adressierung in Managementsystemen gemäß des SNMP-Ansatzes wird dann das eigentliche Protokoll vorgestellt.

#### Managementoperationen

Im Internet-Managementansatz stellt jeder Agent eine Menge von **Variablen** bereit; der verwaltete Knoten wird durch Lesen der Werte dieser Variablen überwacht und durch Ändern beeinflußt. Zusätzlich zu den Lese- und Schreiboperationen sieht der Internet-Managementansatz zwei weitere Operationen vor:

- Mittels einer **Traversierungs-Operation** kann der Manager feststellen, welche Variablen ein Agent unterstützt; außerdem kann er mit dieser Operation Folgen von Variablen (z.B. Tabellen) auslesen.
- Mit der ***Trap*-Operation** kann ein Agenten dem Manager außerordentliche Ereignisse melden.

Dem Managementprotokoll stehen die folgenden Operatoren zur Verfügung:

- ***get*** erlaubt das Lesen von Variablenwerten
- ***get-next*** durchsucht die MIB eines verwalteten Knotens
- ***set*** verändert die Variablen eines verwalteten Knotens
- ***trap*** wird von Agenten gesendet, um außergewöhnliche Ereignisse zu melden.

Das SNMP-Protokoll enthält keine Operatoren zum Erzeugen und Löschen von Objekten. Ein derart einfacher Mechanismus reicht aus, weil der Internet-Ansatz nur für Zeilen von Tabellen eine mehrfache Instanziierung vorsieht und alle anderen Objekttypen entweder gar nicht oder genau einmal pro Agent instanziert werden können. Neue Zeilen werden zu einer Tabelle hinzugefügt, indem man eine einzelne *Set*-Operation verwendet: Jeder Parameter des Operators entspricht einem Eintrag in der neuen Zeile. Eine Zeile wird aus einer Tabelle entfernt, indem eine *Set*-Operation verwendet wird, die den Wert einer Spalte in dieser Zeile auf `invalid` setzt.

#### Adressierung im SNMP

Wird eine *Get-*, *Get-next-* oder *Set*-Operation verwendet, so bezieht sie sich auf bestimmte Objekte, die von einem bestimmten Agenten kontrolliert werden. Genauso bezieht sich eine *Trap*-Operation immer auf einen bestimmten Manager. Jedes Managementprotokoll muß daher Agenten, Manager und die realisierten Objekte adressieren können. Das *Internet Standard Management Framework* sieht vor, daß im Internet auf jedem Rechner höchstens ein Prozeß mit Agentenrolle und ein Prozeß mit Managerrolle abläuft, da diesen feste *Ports* zugeordnet sind. Daher genügt für die Identifikation von Managern oder Agenten die Angabe der Internetadresse des Rechners, auf welchem diese ablaufen, sowie die Angabe des festen Manager- oder Agentenports. Dieses wird von jedem Transport- oder Vermittlungsprotokoll unterstützt, so daß für das eigentliche Managementprotokoll nur noch die Aufgabe verbleibt, Objekte innerhalb von Agenten sowie die darauf anzuwendenden Operationen zu identifizieren.

Objekte werden durch eine Erweiterung der Methode zur Registrierung von Objekttypen identifiziert. Da nur Instanzen von Blattobjekten gelesen oder verändert werden dürfen, müssen keine zusammengesetzten Objekte adressiert werden. Einfache Objekte werden durch den Zusatz `.0` ausgewählt. Für die Adresse des Werts von `sysDescr` erhalten wir somit `sysDescr.0`.

Eine Zeile in einer Tabelle wird durch die Angabe eines eindeutigen Index adressiert, der in der Definition der Tabelle spezifiziert wird. In `ifTable` wird die Spalte `ifIndex` als Referenzpunkt verwendet: `ifIndex.1`.

Da für je zwei `OBJECT IDENTIFIER` a und b stets genau eine der drei Bedingungen: a<b, a=b, a>b gilt, erzeugen die `OBJECT IDENTIFIER` eine lexikographische Ordnung auf den Objekt-Instanzen. Da der Operator `get-next` den Namen des in dieser lexikographischen Ordnung nächsten `OBJECT IDENTIFIER` liefert, kann die MIB einfach vollständig durchsucht werden. Zum Beispiel liefert die Operation:

```
get-next (sysDescr.0)  ⇒  sysObjectID.0=1.3.6.1.4.1.42.2.1.1
```

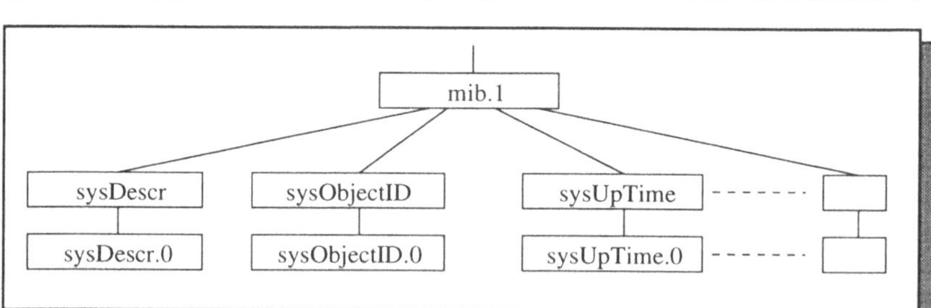


Ist der Operand keine Instanz, sondern ein allgemeiner `OBJECT-IDENITIFIER`, so liefert der Aufruf:

```
get-next (ifDescr)      ⇒  ifDescr.1 = "lo0"
```

den Namen und Wert der nächsten Instanz in dem Baum zurück. Mit dem *Get-Next*-Operator kann somit überprüft werden, ob ein Objekt von einem Agenten unterstützt wird. Die Tabellen werden spaltenweise durchlaufen, d.h. es werden zu einem Spalteneintrag die Werte der gleichen Spalte in der nächsten Zeile zurückgegeben. Zum Beispiel liefert der Aufruf:

```
get-next (ifType)  ⇒    ifType.1 = softwareLoopback(24)
```

```
get-next (ifType.1)      ⇒   ifType.2 = ethernet-csmacd(6)
get-next (ifType.2)      ⇒   ifMTU.1 = 1536
```

Der dritte Aufruf des *Get-Next*-Operators liefert eine Instanz zurück, die einen anderen Präfix als der angewendete Operand hat. Somit weiß der Manager, daß er das Ende der Spalte in dieser Tabelle erreicht hat. Da man mit einem Aufruf auch mehrere Spalten gleichzeitig inspizieren kann:

```
get-next (ifIndex, ifDescr, ifType)
ifIndex.1=1
ifDescr.1="lo0"
ifType.1=softwareLoopback(24)

get-next (ifIndex.1, ifDescr.1, ifType.1)
ifIndex.2=2
ifDescr.2="le0"
ifType.2=ethernet-csmacd(6)
```

läßt sich ein bestimmter Ausschnitt aus einer Tabelle einfach auslesen. Allerdings wird jetzt eine Zeile durch den Inhalt einer anderen identifiziert, was zu Schwierigkeiten führt, wenn Zeilen bezüglich des gewählten Ausschnitts den gleichem Inhalt besitzen. Dieses Problem wird durch eine interne Numerierung vom Agenten gelöst, z.B. für die `ipAddrTable` in der MIB-II.

**Das Protokoll**

SNMP ist ein asynchrones Anfrage/Antwort-Protokoll, so daß der Manager nach Absetzen einer Anfrage auf deren Beantwortung nicht warten muß. Zur Kommunikation werden Datensätze (**PDU**=*Protocol Data Unit*) verwendet, die mit der Sprache ASN.1 definiert sind; außer den Traps verwenden alle Operatoren die gleichen PDUs. Eine SNMP-Nachricht besteht aus Versions-Information, gefolgt von einem Community-Bezeichner sowie den Daten.

Eine PDU enthält eine **Anfrage-ID**, um eine Antwort der Anfrage zuordnen zu können; es wird ein **Fehler-Status** angezeigt (`tooBig`, `NoSuchName`, `badValue`, `readOnly` oder `genErr`); und es wird eine Liste von Variablen mit Werten gesendet. Die Werte werden bei der Abfrage (*get*, *get-next*) ignoriert, beim Setzen (*set*) bzw. bei der Antwort (*response*) jedoch interpretiert.

Eine **Trap-PDU** besitzt nur sechs Felder, von denen eines (`generic-trap`) sieben verschiedene Fehlerursachen melden kann. Sobald ein außergewöhnliches Ereignis geschieht, muß der Agent jene Manager identifizieren, denen er Traps zu senden hat, falls es solche gibt.

### 14.1.4 Sicherheitsmechanismen in SNMP

Der SNMP-Ansatz beinhaltet einen **administrativen Rahmen**, der Authentikations- und Authorisationsstrategien implementiert. Hiermit kann für jeden Agenten gesondert festgelegt werden, welche Information er mit welchen Rechten an welche Manager weitergibt, so daß nur autorisierte Anwendungsprozesse das Management ausführen können.

Um eine Authentifikation (Identifizierung) und Autorisation (Befugnis) zwischen SNMP-Managern und -Agenten einzuführen, wird die ***Community*** als eine Beziehung zwischen einem SNMP-Agenten und einem oder mehreren SNMP-Managern definiert. Jeder Agent kann mit verschiedenen Managern eine eigene *Community* bilden; der Ausschnitt von Objekten aus der MIB, den ein Agent einer *Community* zuordnet, wird als ***View*** dargestellt. Eine SNMP-Community wird als Kette uninterpretierter Oktette geschrieben. Die Kette von Oktetten wird als ***Community*-Name** bezeichnet. Jedes Oktett kann einen Wert zwischen 0 und 255 annehmen, obgleich in den meisten *Community*-Namen nur druckbare ASCII-Zeichen verwendet werden.

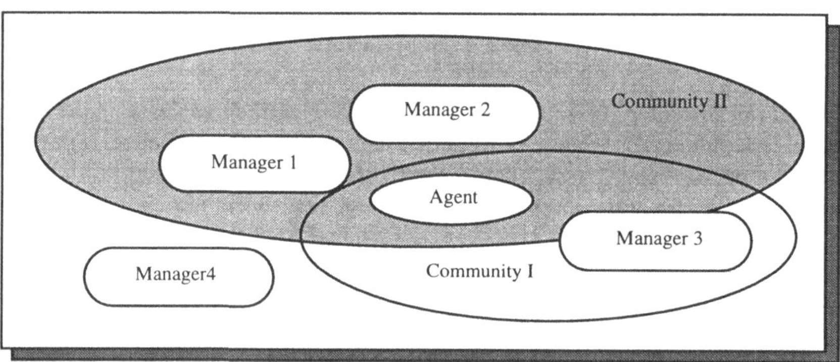


Da der *Community*-Name in Klarschrift in eine SNMP-Nachricht verpackt wird, ist der vorgesehene Authentikations-Mechanismus trivial. Das ***Community*-Profil** wird definiert als der Durchschnitt aus der *View*, den die Community von der MIB besitzt, und einem Zugriffsmodus: Für jedes Objekt wird durch das Community-Profil beschrieben, welche Operationen auf dem Objekt erlaubt sind:

| | **Objekt-Zugriff nach MIB** | | | |
|---|---|---|---|---|
| Zugriffsmodus | read-only | read-write | write-only | nicht zugreifbar |
| read-only | 3 | 3 | 1 | 1 |
| read-write | 3 | 2 | 4 | 1 |

wobei:

| **Klasse** | **erlaubte Operation** |
|---|---|
| 1 | nichts |
| 2 | **get, get-next, set, trap** |
| 3 | **get, get-next, trap** |
| 4 | **set** |

Das folgende Bild soll dieses veranschaulichen:

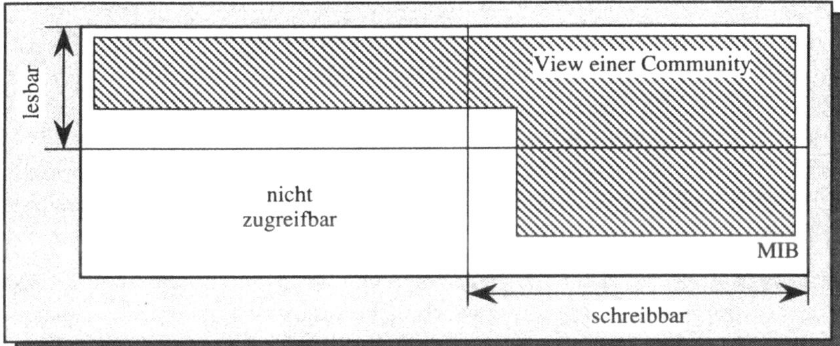


Ein Stellvertreter-Agent (*Proxy Agent*) hat eine *View* der verwalteten Objekte entsprechend seines Fremdgeräts. Da nicht alle Objekte, die ein Agent bereitstellt, in einer Community sichtbar zu sein brauchen, hat eine Stellvertreter-*Community* eine *View*, die exakt jene Objekte umfaßt, die einem bestimmten Fremdgerät entsprechen. Mit diesem *Community*-Zugriffs-Modus sind dann die zulässigen Stellvertreter-Operationen definiert.

### 14.1.5 SNMPv2

SNMP wird gegenwärtig von den meisten Managementsystemen benutzt, wobei jedoch einige Schwachstellen deutlich wurden. Daher veröffentlichte das *Internet Activities Board* im April 1993 einige RFCs mit den Nummern 1441-1452, welche den SNMP-Ansatz erweitern und an neue Bedürfnisse anpassen. Die Änderungen beziehen sich im wesentlichen auf die folgenden vier Punkte:

- Strukturierung von Managementsystemen
- Sicherheitsmechanismen
- Erweiterung des Managementprotokolls
- Änderung der MIB

Obgleich nur wenig verändert wurde, müssen nahezu sämtliche Bereiche des *Internet Standard Management Framework* angepaßt werden, auf die im folgenden genauer eingegangen wird.

#### Strukturierungshilfen für Managementsysteme

Soll die Verarbeitung von Managementinformation auf mehrere Komponenten verteilt werden, so muß der Informationsaustausch zwischen diesen Komponenten sowie die Strukturierung von Managementsystemen verbessert werden. Der SNMPv2-Ansatz unterstützt das Zusammenspiel verschiedener Manager durch zwei Maßnahmen.

In einem SNMPv2–Managementsystem kann ein Prozeß gleichzeitig in der Rolle eines Agenten und eines Managers auftreten. Sendet ein Manager über das SNMPv2-Protokoll eine Anfrage an einen Agenten, so kann dieser die gewünschte Operation entweder selbst vornehmen oder die Anfrage – wiederum über das SNMPv2-Protokoll – an einen anderen Agenten weiterleiten. In diesem Fall tritt der Agent gegenüber einem anderen Agenten in der Rolle des Managers auf. Man könnte dieses Verhalten auch als das eines erweiterten Stellvertreteragenten interpretieren, der außer für Geräte, die das Managementprotokoll nicht selbst verarbeiten können, auch für andere Agenten im Managementsystem eine Stellvertreterrolle übernimmt. Auf diese Weise können Managementsysteme strukturiert werden.

Die zweite Maßnahme besteht in der Bereitstellung eines Kommunikationsprimitivs zum Austausch von Ereignismeldungen (*Notifications*) zwischen verschiedenen Systemen mit Managerrolle. Mit diesem *Inform-Request* kann ein Manager einem anderen Manager beispielsweise mitteilen, daß in seinem Zuständigkeitsbereich eine zu überwachende Größe einen Schwellwert überschritten hat. Neben der erforderlichen PDU zum Austausch von Ereignismeldungen definiert SNMPv2 auch ein MIB-Modul, in dem Objekttypen für die Speicherung ereignis- oder alarmbezogener Information definiert werden.

### Sicherheitsmechanismen

Im SNMP-Ansatz (siehe 14.1.4) werden Community-Namen im Klartext übermittelt, was keinerlei Sicherheit garantiert, da sich beliebige Personen durch einfaches Abhören der Pakete auf einem Rechnernetz eine Zugriffsberechtigung für alle über das Management zugängliche Daten verschaffen können. Um die Akzeptanz des SNMP-Managementsystems zu erhöhen, müssen somit neue Mechanismen zum Schutz vor unbefugtem Zugriff auf Managementdaten geschaffen werden.

Im SNMPv2-Ansatz können Nachrichten mit Authentisierunginformation versehen werden, welche nicht mehr reproduzierbar ist; dieses wird z.B. mit einem kodierten Zeitstempel erreicht. Außerdem können Pakete verschlüsselt werden. Da sowohl die Authentisierung als auch die Verschlüsselung optional sind, kann der Entwickler eines Managementsystems selbst entscheiden, welche Managementkommunikation auf welche Weise geschützt werden soll. In der höchsten Sicherheitsklasse kann der Inhalt der Datenpakete für Managementzwecke von Unbefugten praktisch nicht mehr entschlüsselt werden, während jedoch weiterhin die Kommunikationsbeziehung (Sender und Empfänger eines Pakets) noch erkannt werden kann. Im folgenden Abschnitt wird der administrative Rahmen für diese Sicherheitsmechanismen vorgestellt.

Zunächst wurden die Rollen von Agenten und Managern verfeinert. Im SNMPv2-Ansatz kann die Rolle einer kommunizierenden Instanz (Agent oder Manager) spezialisiert werden, indem sie als eine von mehreren für diese Instanz definierten ***Parties*** auftritt; die jeweilige *Party* hängt vom Kommunikationspartner der Instanz ab. Jede *Party* legt mittels Attributen Sicherheitsvorkehrungen fest, die bei der Kommunikation mit anderen Instanzen angewendet werden; andere Attribute bestimmen den bei der Kommunikation verwendeten Transportdienst. Jede an einer Kommunikation beteiligten Instanzen muß wissen, in Form welcher *Party* ihr Kommunikationspartner auftritt.

Für die Zuordnung von Zugriffsrechten an eine SNMP-*Community* sah der ursprüngliche SNMP-Ansatz das Konzept der *View* vor. Der SNMPv2-Ansatz behält dieses Konzept im wesentlichen bei, erweitert es jedoch in einem Punkt. Ein Agent kann in SNMPv2 auch Objekte verwalten, auf die er keinen direkten Zugriff hat, sondern auf die er nur indirekt über einen weiteren Agenten zugreifen kann. Ein **Kontext** (*Context*) ist eine Menge von Objekten, auf die ein Agent entweder nur direkt oder nur indirekt Zugriff hat. Kann auf die Objekte des Kontexts direkt zugegriffen werden, so nennt man den Kontext auch **MIB-*View*** (diese Bezeichnung stammt von SNMPv1). Erfolgt der Zugriff indirekt, so handelt es sich um eine ***Proxy-Relationship***. Die Zugriffsrechte auf Managed Objects werden in einer Datenbasis durch Tripel der folgenden Form festgelegt:

```
(Name der Abfragenden Party, Name der Abgefragten Party, Kontextname)
```

Um zu gewährleisten, daß zwei Bestandteile eines Managementsystems nur dann Information über ein gegebenes *Managed Object* austauschen können, wenn sie ein bestimmtes Verschlüsselungsverfahren verwenden, können den Parties Zugriffsrechte für ihre Kommunikationsbeziehungen sowie Verschlüsselungsmethoden zugeordnet werden,

Für die Definition der Objekttypen zur Festlegung von Kontexten, MIB-*Views* und Zugriffsrechten sieht SNMPv2 ein eigenes MIB-Modul vor. Auf diese Weise kann auf diese Information, die das eigentliche Managementsystem betrifft, genauso zugegriffen werden wie auf Information des zu betreibenden Rechnernetzes.

### Änderungen am Managementprotokoll und an der MIB

Die *Inform-Request*-PDU wurde eingeführt, um den SNMP-Ansatz um Mechanismen zum Austausch von Ereignismeldungen zwischen Managern zu erweitern. Des weiteren ist das Protokoll um die sogenannte *Get-Bulk-Request*-PDU erweitert worden, mit der effizient die gleichzeitige Rückgabe von Wertebelegungen einer großen Menge von *Managed Objects* angefordert werden kann. Hiermit können gleichzeitig sowohl Tabellen als auch mehrere einfache Variablen gelesen werden, so daß in bestimmten Situationen der Overhead des Managementprotokolls stark reduziert wird. Schließlich ist noch die Form der *Trap*-PDU geändert worden, so daß nun alle PDUs des SNMPv2 die gleiche Grundstruktur aufweisen, während beim SNMPv1 die *Trap*-PDU als Sonderfall behandelt wurde. Als nützliche Erweiterung beinhaltet die *Trap*-PDU bei SNMPv2 zusätzlich einen Zeitstempel, was beim SNMPv1 nicht vorgesehen war.

Neben dem Protokoll wurde im SNMPv2-Ansatz auch die MIB den neuen Anforderungen angepaßt. Dazu sind neue MIB-Module zur Unterstützung der von SNMPv2 neu eingeführten Sicherheitsmechanismen (SNMPv2-PARTY-MIB), des Austauschs von Ereignismeldungen zwischen Managern (SNMPv2-M2M-MIB) und der Speicherung managementsystemspezifischer Information (SNMPv2-MIB) eingeführt worden.

# 14.2 Das OSI Systems Management

## 14.2.1 Managementinformation im OSI-Modell

Die ISO hat einen objektorientierten Ansatz zur Repräsentation managementrelevanter Information gewählt. Dieses führt einerseits zu einer intuitiveren Abbildung des zu betreibenden Rechnernetzes auf die Datenstrukturen des Managementsystems; andererseits ist aber auch ein zusätzlicher Verwaltungsaufwand erforderlich, weil ein komplexes Laufzeitsystem benötigt wird.

Im folgenden soll zunächst der Begriff des ***Managed Objects*** für das ***OSI Systems Management*** eingeführt werden. Danach folgt eine Übersicht über den verwendeten objektorientierten Ansatz sowie über die Sprache zur Definition managementrelevanter Information.

### Managed Objects

Der zentrale Begriff des Informationsmodells ist das ***Managed Object*** (**MO**). Im Managementsystem repräsentiert ein MO jeweils einen physikalischen oder logischen Bestandteil des zu betreibenden Rechnernetzes. Im OSI Systems Management ist jedoch ausdrücklich vorgesehen, daß Bestandteile des Managementsystems selbst durch MOs repräsentiert werden können. Damit kann ein Managementsystem auf die gleiche Weise wie ein zu betreibendes Rechnernetz sowohl überwacht als auch gesteuert werden.

Um eine Ressource verwaltbar zu machen, muß sie auf ein oder mehrere MOs abgebildet werden. Jedes MO wird durch eine Klasse im Sinne der objektorientierten Programmierung beschrieben. Instanzen einer solchen Klasse werden dynamisch erzeugt und gelöscht, so daß auch Ressourcen, die nicht statisch in einem System vorhanden sind, einfach eingebunden werden können. Jedes MO kann mittels eines Instanzennamens eindeutig identifiziert werden. Die Menge aller MOs im Einflußbereich eines Managementsystems wird als ***Management Information Base*** (MIB) bezeichnet.

An seiner ***Managed Object Boundary*** stellt jedes MO eine Menge von Operationen zur Verfügung, über die das Objekt als ganzes oder einzelne Attribute des Objekts gelesen oder geändert werden können. Außerdem kann ein MO über diese Schnittstelle **Meldungen** (*Notifications*) an das Managementsystem weiterleiten. OSI stellt mit der Sprache GDMO ein Mittel zur Definition von Objekttypen zur Verfügung, welche jeweils die Eigenschaften einer Klasse von MOs festlegt.

### MO-Klassen

Eine **MO-Klasse** (*Managed Object Class*) beschreibt die Eigenschaften eines bestimmten Objekttyps. Wird ein neues Managed Object erzeugt, so genügt dieses den in der entsprechenden MO-Klassendefinition festgelegten Kriterien. Im einzelnen umfaßt eine solche Definition:

- die Attribute, über die ein Objekt verfügt
- die Operationen, welche auf das Objekt anwendbar sind
- die Meldungen (*Notifications*), die ein Objekt aussenden kann
- das Verhalten (*Behaviour*) des Objekts
- optionale Gruppen von Attributen, Operationen und Meldungen, zusammen mit den jeweils zugeordneten Verhaltensregeln (*Conditional Packages*), die ein Objekt unterstützen kann
- von anderen Klassen ererbte Ausprägungen und Eigenschaften des MOs. Dieses wird indirekt durch die Position der MO-Klasse in der Vererbungshierarchie angegeben
- die Festlegung, zu welchen anderen Klassen von Objekten sich das MO – auf Anforderung – konform verhalten soll (**allomorphe Klassen**).

### Vererbung

Eine MO-Unterklasse (*Subclass*) ist die Spezialisierung einer MO-Oberklasse (*Superclass*). Die oberste MO-Klasse im OSI-Informationsmodell wird mit `top` bezeichnet und definiert Eigenschaften, die alle anderen MO-Klassen aufweisen. Objekte einer MO-Oberklasse können gegenüber Objekten von MO-Unterklassen auf folgende Weisen verändert werden:

- Erweiterung um neue Attribute
- Erweiterte Wertebereiche für Attribute
- Eingeschränkte Wertebereiche für Attribute
- Einführung neuer Operationen und Meldungstypen
- Hinzufügen neuer Parameter für Operationen und Meldungen
- Erweiterung oder Einschränkung der Wertebereiche für Parameter von Operationen und Meldungen

Eine MO-Unterklasse wird als **allomorph** zu einer ihrer MO-Oberklassen bezeichnet, wenn ihre Instanzen sich wie Instanzen der MO-Oberklasse verwenden lassen. Insbesondere müssen die gleichen Operationen mit derselben Parametrisierung möglich sein, und diese müssen sich auch auf die gleiche Weise wie bei der entsprechenden MO-Oberklasse auf das Verhalten der MOs auswirken.

Allomorphie in einer Klassendefinition schränkt zwangsläufig die zugelassenen Änderungen von MOs einer Unterklasse gegenüber MOs der Oberklasse ein. Durch bestimmte

Hinweise in Anweisungen einer Instanz der MO-Unterklasse kann allomorphes Verhalten explizit gefordert werden.

### Die Enthaltenseins-Relation und die Benennung von MOs

Die Vererbungsrelation des OSI-Informationsmodells legt eine statische Hierarchie zwischen den MO-Klassen fest. Darüber hinaus sieht das OSI-Informationsmodell eine Enthaltenseins-Relation zwischen den Instanzen von MOs vor, wodurch auch die Benennung der MOs gegeben ist.

Die Enthaltenseins-Relation ist durch eine Menge von ***Name Bindings*** definiert, welche Objekten einer (übergeordneten) Klasse einen möglichen Objekttyp (untergeordnete Klasse) zuordnet. So wird z.B. ausgesagt, daß jedes Objekt der Klasse `Rechner` Objekte vom Typ `Rechnernetzschnittstelle` enthalten kann. Desweiteren spezifiziert ein Name Binding, welches Attribut einer untergeordneten Klasse es ermöglicht, mehrere Instanzen dieser Klasse voneinander zu unterscheiden; jede MO-Klasse muß ein solches Attribut vorsehen. Der Name eines MOs, der diesem Attribut zugeordnet ist, muß lokal eindeutig sein und darf sich während der gesamten Lebenszeit dieses Objekts nicht ändern. Alle MOs können somit durch die Verkettung des Namens ihrer übergeordneten MOs mit dem eigenen Namen eindeutig identifiziert werden. Ebenso wie die statische Enthaltenseins-Relation durch einen ***Containment Tree*** veranschaulicht werden kann, ist es möglich, die dynamische[1] Benennung von MOs durch einen ***Naming Tree*** darzustellen.

### GDMO, die Sprache zur Definition von MO-Klassen

Als Grundkonstrukt für die Definition der Struktur managementrelevanter Information wurde von der ISO die Sprache **GDMO** (*Generic Definition of Managed Objects*) festgelegt. Sie stellt **Schablonen** (*Templates*) für die Definition verschiedener Objekttypen zur Verfügung. Die allgemeine Notation ist für alle Schablonen dieselbe. Im einzelnen werden folgende Schablonen definiert:

- Managed Object Class Template
- Package Template
- Parameter Template
- Name Binding Template
- Attribute Template
- Attribute Group Template
- Behaviour Template
- Action Template

---

[1]MO können zur Laufzeit erzeugt oder gelöscht werden. Daher ändert sich auch der "naming tree" dynamisch.

- Notification Template

Eine Definition beginnt jeweils mit dem Namen des zu definierenden Objekts sowie einem Namen, unter dem auf die definierende Schablone lokal, d.h. aus derselben Datei heraus, Bezug genommen werden kann. Ein Objekt kann global referenziert werden, indem optional am Ende einer Definition – nach den Schlüsselworten `REGISTERED AS` – die Positionierung der Definition im globalen Registrierungsbaum angegeben wird.

Am einfachsten läßt sich die Sprache anhand eines Beispiels einführen. Wir betrachten daher im folgenden die Definition einer MO-Klasse und der zugehörigen Objekte für das *FDDI Station Management.*

Zu Beginn der Definition wird der Name der Klasse (hier `fddiSMT`) angegeben. Es folgt mit der Angabe `DERIVED FROM` die Aussage, von welchen Oberklassen die zu definierende Klasse abgeleitet wird. An die Schlüsselworte `CHARACTERIZED BY` schließen sich nun die Eigenschaften von Instanzen der definierten Klasse an, die nicht bereits aus einer Oberklasse ererbt werden. Diese Eigenschaften sind in mehrere *Packages* gegliedert, von denen in der Regel eines die notwendigen Eigenschaften von Instanzen der definierten Klasse umfaßt. Die übrigen Eigenschaften, welche auf das Schlüsselwort `CONDITIONAL PACKAGES` folgen, stellen optionale Erweiterungen der Klassendefinition dar. Pro Rechner ist immer nur eine Variante einer Klasse aktiv, welche durch eine bestimmte Menge optionaler Erweiterungen festgelegt ist. Es ist somit unmöglich, daß innerhalb eines Rechensystems Instanzen einer Klasse verschiedenen Grundaufbaus existieren.

Wie jeder Bestandteil, der durch eine Schablone definiert ist, kann entweder der Name des Bestandteils als Verweis auf die Definition oder die Schablone selbst in der übergeordneten Definition enthalten sein. Die Definitionen von *Packages* werden in dem Beispiel nicht referenziert, sondern sind vollständig in der Klassendefinition enthalten.

Ein ***Package*** umfaßt nach dem Schlüsselwort `BEHAVIOUR` jeweils Angaben zum Verhalten und Sinn seiner Bestandteile (oder einen Verweis auf solche Angaben!). Auf das Schlüsselwort `ATTRIBUTES` folgen dann eine Menge von Paaren von Attributen sowie Eigenschaften dieser Attribute. Im Anschluß werden nach dem Schlüsselwort `ATTRIBUTE GROUPS` noch Attributgruppierungen angegeben, welche das *Package* unterstützt. Es folgen dann ggf. nach den Schlüsselworten `ACTIONS` und `NOTIFICATIONS` noch Angaben zu Aktionen auf Instanzen der umfassenden Klasse sowie zu Meldungen, die unterstützt werden.

Nicht in der Klassendefinition sind die Schlüsselworte `ALLOMORPHIC SETS` sowie `PARAMETERS` und die dazugehörigen Konstrukte enthalten; diese wären zwar zulässig, sind aber für das Beispiel nicht nötig.

```
fddiSMT                                    MANAGED OBJECT
CLASS
  DERIVED FROM "Rec.X.711 ISO/IEC 10165-2":top;
  CHARACTERIZED BY

    fddiSMTBase                            PACKAGE
      BEHAVIOUR
        fddiSMTBaseBhv BEHAVIOUR
            DEFINED AS "The fddiSMT object class provides the support necessary at
            the station (node) level to manage the processes underway in the various
            FDDI lagers such that a station (node) may work cooperatively as a part of an
            FDDI network. The fddiSMT object class provides services such as
            connection management, station insertion and removal, station initialization,
            configuration management, fault isolation and recovery, communication
            protocol for external authority, scheduling policies, and collection of
            statistics.";;
        ATTRIBUTES
          fddiSMTStationId                GET,
          fddiSMTOpVersionId              GET,
          fddiSMTHiVersionId              GET,
          fddiSMTLoVersionId              GET,
          fddiSMTUser Data                GET-REPLACE,
          fddiSMTMIBVersionId             GET
          fddiSMTMAC-Ct                   GET,
          fddiSMTNonMaster-Ct             GET,
          fddiSMTMaster-Ct                GET,
          fddiSMTAvailable Paths          GET,
          fddiSMTConfigCapabilities       GET,
          fddiSMTConfigPolicy             GET-REPLACE,
          fddiSMTConnectionPolicy         GET-REPLACE,
          fddiSMTT-Notify                 GET-REPLACE,
          fddiSMTStatRptPolicy            GET-REPLACE,
          fddiSMTTrace-MaxExpiration      GET-REPLACE,
          fddiSMTPORTIndexes              GET,
          fddiSMTMACIndexes               GET,
          fddiSMTBypassPresent            GET,
          fddiSMTECMState                 GET,
          fddiSMTCF-State                 GET,
          fddiSMTRemoteDisconnectFlag     GET,
          fddiSMTStationStatus            GET,
          fddiSMTPeerWrapFlag             GET,
          fddiSMTTimeStamp                GET,
          fddiSMTTransitionTimeStamp      GET,
        ATTRIBUTE GROUPS
          fddiSMTStationIdGrp,
          fddiSMTStationConfigGrp,
          fddiSMTStatusGrp,
          fddiSMTMIBOperationGrp;
        ACTIONS
          fddiSMTStationAction;
        NOTIFICATIONS
          fddiSMTPeerWrapCondition;;;

  CONDITIONAL PACKAGES
```

```
manufacturerdata                                  PACKAGE
  BEHAVIOUR
    manufacturerdataBhv BEHAVIOUR
      DEFINED AS "This package provides support for the Manufacturer data attribute
      of a node.";;
    ATTRIBUTES
      fddiSMTManufacturer Data,       GET;
    ATTRIBUTES GROUPS
      fddiSMTStationIdGrp;
        fddiSMTManufacturerData;
    REGISTERED AS {iso(1) standard(0) iso9314) fddiMIB(1) fddiSMTpkg(1)
        manufacturerdata(1)};
PRESENT IF                                        "Manufacturer Data Supported",

parametermangement                                PACKAGE
  BEHAVIOUR
    parametermangementBhv BEHAVIOUR
        DEFINED AS "This package provides support for the parameter management
        capability of a node.";;
    ATTRIBUTES
        fddiSMTSetCount               GET,
        fddiSMTLastSetStationId;      GET
    ATTRIBUTE GROUPS
        fddiSMTMIBOperationGrp
        fddiSMTSetCount
        fddiSMTLastSetStationId;
    REGISTERED AS  {iso(1) standard(0) iso9314(0314) fddiMIB(1) fddiSMTpkg(1)
        parametermanagement(2)};
PRESENT IF                                        "Parameter Management Frame
                                                  Set operations are supported";

hold                                              PACKAGE
  BEHAVIOUR
    holdBhv BEHAVIOUR
        DEFINED AS "This package provides support for the Hold policy. The Hold
        policy only applies to dual attach, dual MAC nodes.";;
    ATTRIBUTES
        fddiSMTHoldState              GET;
    ATTRIBUTE GROUPS
        fddiSMTStatusGrp
        fddiSMTHold State;
    NOTIFICATIONS
        fddiSMTHoldCondition;
    REGISTERED AS {is(0) standard(0) iso9314(9314) fddiMIB(1) fddiSMTpkg(1)
hold(3)};
PRESENT IF                                        "Hold policy supported",

smtvendorspecific                                 PACKAGE
  BEHAVIOUR
    smtvendorspecificBhv BEHAVIOUR
    DEFINED AS "This package provides support for the extension of the MIB for the
    use of specific vendors.";;
    ATTRIBUTES
      fddiSMTVendorAttrib             GET-REPLACE
    ACTIONS
      fddiSMTVendorActions;
```

```
        NOTIFICATIONS
          fddiSMTVendorNotification;
        REGISTERED AS {is(0) standard(0) iso9314(9314) fddiMIB(1) fddiSMTpkg(1)
          smtvendorsspecific(4)};
    PRESENT IF                                        "Vendor Extensions
                                                      Supported";
REGISTERED AS {is(0) standard(0) iso9314(9314) fddiMIB(1) fddiSMT(16)};
```

**fddiMACCapabilitiesGrp** **ATTRIBUTE GROUP**

```
      DESCRIPTION
        The MAC capabilities group includes attributes that describe the frame status
        handling, bridge, and timer bounds capabilities.;
REGISTERED AS {iso(1) standard(0) iso9314(9314) fddiMIB(1) fddiMAC(32)
              fddiMACCapabilitiesGrp(10)};
```

**fddiSMTStationId** **ATTRIBUTE**

```
  WITH ATTRIBUTE SYNTAX                FDDI-SMT.StationIdType;
  BEHAVIOUR
    fddiSMTStationIdBhv BEHAVIOUR
      DEFINED AS   Used to uniquely identify an FDDIstation.";;
REGISTERED AS {iso(1) standard(0) iso9314(9314) fddiMIB(1) fddiSMT(16)
fddiSMTStationId(11)};
```

**fddiSMTT-Notify** **ATTRIBUTE**

```
  WITH ATTRIBUTE SYNTAX                FDDI-SMT.T-Notify Type;
  BEHAVIOUR
    fddiSMTT-NotifyBhv BEHAVIOUR
      DEFINED AS   "The timer, expressed in seconds, used in the Neighbor Notification
      protocol. It has a range of 2 seconds to 30 seconds, and its default value is 30 seconds
      (see 8.2.).";;
REGISTERED AS {iso(1) standard(0) iso9314(9314) fddiMIB(1) fddiSMT(16) fddiSMTT-
Notify(29)};

T-NotifyType ::= SEQUENCE {
                               t-notify   INTEGER (0..65535)}   - - 2octets
```

**fddiSMTStation Action** **ACTION**

```
  BEHAVIOUR
    fddiSMTStationActionBhv BEHAVIOUR
      DEFINED AS      "The behavior of these actions is the following:
        Connect:      Generates a Connect signal to ECM to begin a connection
                      sequence. The fddiSMTRemoteDisconnectFlag is cleared on this
                      action (see 9.4.2).
        Disconnect:   Generates a Disconnect signal to ECM and sets the
                      fddiSMTRemote DisconnectFlag is received  in a Parameter
                      Management Frame (see 9.4.2.).
        Path_Test:    Initiates a station Path_Test. The Path_Test variable (see 9.4.1) is
                      set to 'Testing'. The results of this action are not specified in this
                      standard.
        Self_Test:    Initiates a station Self_Test. The results of this action are not
                      specified in this standard.
        Disable_A     Causes a PC_Disable on the A port if the A port mode is peer.
        Disable_B     Causes a PC_Disable on the B port if the B port mode is peer.
        Disable_M     Causes a PC_Disable on all M ports.";;
  WITH INFORMATION SYNTAX          FDDI-SMT.ActionInfoType;
```

```
REGISTERED AS {iso(1) standard(0) iso9314(9314) fddiMIB(1) fddiSMT(16)
                      fddiSMTStationAction(60)};

fddiSMTPeerWrapCondition                                    NOTIFICATION
   BEHAVIOUR
      fddiSMTPeerWrapConditionBhv   BEHAVIOUR
         DEFINED AS "This condition is active when fddiSMTPeerWrapFlag is set. This
         notification is a Condition in the Status Report Protocol (see 7.2.7 and 8.3).";;
   WITH INFORMATION SYNTAX            FDDI-SMT.PeerWrapConditionData Type;
REGISTERED AS {iso(1) standard(0) iso9314(9314) fddiMIB(1) fddiSMT(16)
                  fddiSMTPeerWrapCondition(72)};

   fddiMACName NAME BINDING
      SUBORDINATE OBJECT CLASS fddiMAC;
      NAMED BY SUPERIOR OBJECT CLASS fddiSMT;
      WITH ATTRIBUTE fddiMacIndex;
   REGISTERED AS {iso(1) standard(0) iso9314(9314) fddiMIB(1) fddiName Binding(6)
fddiMAC(1)};
```

### 14.2.2 Bestandteile eines Managementsystems nach dem OSI-Ansatz

Die *OSI Systems Management Standards* definieren zwei Rollen, die des Managers und die des Agenten. Beide Rollen sind recht allgemein gehalten, so daß bei der Implementierung eines realen Managementsystems viel Spielraum bleibt. Ein Prozeß kann beide Rollen gleichzeitig bekleiden.

Füllt ein Prozeß gerade die Rolle eines Managers aus, so ist er für eine oder mehrere Aktivitäten im Rahmen des Managements verantwortlich. Er kann zur Durchführung von Managementoperationen über den **Managementinformationsdienst** (*Management Information Service*) an andere Prozesse Aufträge versenden und die Resultate dieser Operationen empfangen. Andere Prozessen können ihm über den Managementinformationsdienst nicht angeforderte Mitteilungen zusenden.

Ein Prozeß mit Agentenrolle verwaltet die MOs in seiner lokalen Systemumgebung. Empfängt ein Agent Anweisungen eines Managers zur Durchführung von Managementoperationen, so führt er die geforderten Operationen auf den von ihm verwalteten MOs aus. Bei Bedarf leitet der Agent Mitteilungen der ihm zugeordneten MOs an Prozesse weiter, die eine Managerrolle bekleiden.

### 14.2.3 Mechanismen des *OSI Systems Managements*

Alle wichtigen Bestandteile von Managementsystemen und den zu betreibenden Rechnernetzen werden nach dem Ansatz des *OSI Systems Managements* durch MOs repräsentiert. Jede Aktivität im Managementsystem beruht auf Operationen, über die MOs erzeugt, gelöscht, beobachtet oder verändert werden, sowie auf **Meldungen** (*notification*), die von MOs versendet werden.

Jedes MO wird von einem Prozeß im Managementsystem verwaltet. Ein Prozeß kann dabei für mehrere MOs zuständig sein. Die Operationen auf MOs werden über eine elementare Dienstschnittstelle aufgerufen, die jeder Prozeß bereitstellen muß, der MOs verwaltet. Die Dienste, die an der Schnittstelle angeboten werden, werden **CMIS** (*Common Management Information Services*) genannt und sind im internationalen Standard IS 9595 definiert. Im einzelnen werden die im folgenden beschriebenen Dienste angeboten.

Mit `M-SET` und `M-GET` können Werte in MOs geändert und gelesen werden; `M-CREATE` und `M-DELETE` erzeugen und löschen dynamisch MOs; `M-ACTION` initiiert Aktivitäten, die ein MO durchführen soll. Mit `M-CANCEL-GET` kann eine Anfrage nach Managementinformation wieder anulliert werden. Außerdem werden durch das Dienstprimitiv `M-EVENT-REPORT` Ereignismeldungen unterstützt. Bei Inanspruchnahme einiger dieser elementaren Dienste muß festgelegt werden, auf welche MOs sich die Operation beziehen soll. Dazu stellt OSI die Mechanismen des *Scoping* (Eingrenzung) und des *Filtering* (Auswahl) zur Verfügung. Wird die Enthaltenseins-Relation durch einen Baum repräsentiert, so bestimmt das *Scoping* einen Teilbaum, der alle Objekte enthält, die von der Operation betroffen sein können. Diese Menge wird dann durch die Auswertung von Bedingungen (z.B.: verfügt das Objekt über ein bestimmtes Attribut) weiter eingeschränkt.

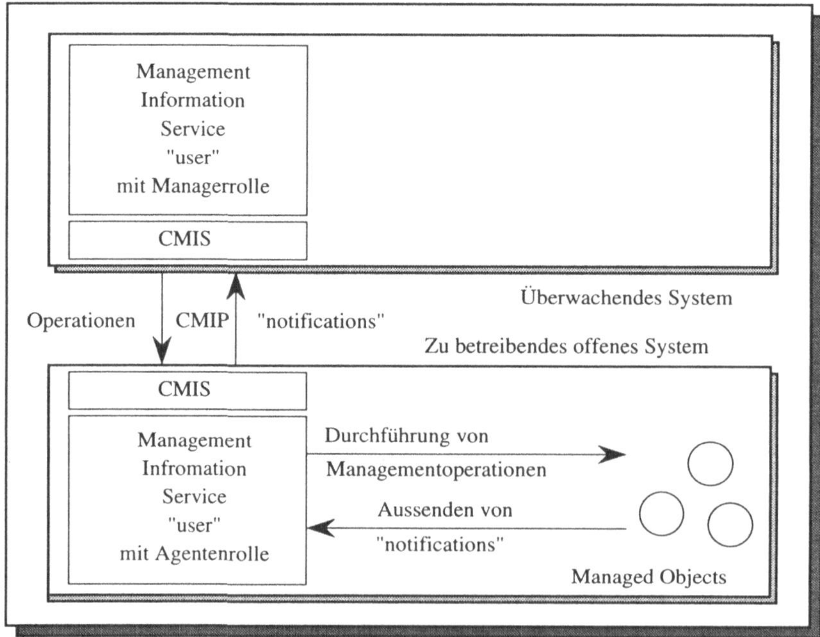


Interaktionen in Managementsystemen nach dem OSI Systems Management

Wird über die Dienstschnittstelle eine Operation auf einem MO angefordert, das nicht lokal verfügbar ist, so muß der Auftrag an eine andere Komponente des Managementsystems weitergeleitet werden. Dies erfolgt über ein auf die Dienstschnittstelle genau abgestimmtes Managementprotokoll: **CMIP** (*Common Management Information Protocol*). Neben der angesprochenen elementaren Dienstschnittstelle definiert das *OSI Systems Management* eine Vielzahl von Basisfunktionen sowie Mechanismen zu deren Realisierung. Eine Gruppe von Funktionen, die ein gemeinsames Ziel unterstützen, sowie die dazugehörigen Mechanismen sind jeweils in einem eigenen Standard beschrieben und werden als **Systemmanagementfunktionen** (*Systems Management Function*) bezeichnet. Jede der Systemmanagementfunktionen ist einem Aufgabenbereich des Managements zugeordnet.

Die **Objekt Management Funktion** befaßt sich mit der Repräsentation physischer Objekte in Managementsystemen.

Die **Status Management Funktion** stellt Basisfunktionen für das Lesen bzw. Setzen des **Status** (*State*) von MOs bereit. Man unterscheidet allgemeine Statusaspekte, die für die meisten Objekte zutreffen, und spezielle Statusaspekte, die der Programmierer selbst zu definieren hat.

Die Funktionen zum **Relationsmanagement** (*Relationship Management*) unterstützen die Verwaltung und die dynamischen Festlegung von Beziehungen zwischen MOs.

Die Systemmanagementfunktionen ***Alarm Reporting***, ***Event Reporting Management*** und ***Log-Control*** dienen der elementaren Unterstützung des Fehlermanagements. Die *Alarm Reporting Function* wird verwendet, wenn Fehlermeldungen im Managementsystem verbreitet werden sollen; die *Log-Control Funktion* vereinfachen das Protokollieren von Ereignissen zur späteren Auswertung.

| Funktion | ISO-Nr. | Herkunft | Verwendung |
|---|---|---|---|
| Object Management | 10164-1 | CM | * |
| State Management | 10164-2 | CM | * |
| Relationship Management | 10164-3 | CM | * |
| Alarm Reporting | 10164-4 | FM | |
| Event Report Management | 10164-5 | FM | * |
| Log Control | 10164-6 | FM | * |
| Security Alarm Reporting | 10164-7 | SM | SM |
| Security Audit Trail | 10164-8 | SM | SM |
| Accounting Meter | 10164-10 | AM | AM |
| Workload Monitoring | 10164-11 | PM | PM |
| Throughput Monitoring | 10164- | PM | AM |
| Response Time Monitoring | 10164- | PM | FM |
| Measurement Summarization | 10164- | PM | * |
| Confidence and Diagnostic Testing | 10164- | FM | FM |
| others | | | |

Weitere Funktionen unterstützen das **Sicherheitsmanagement**, das **Leistungsmanagement** und das ***Accounting Management***; sie befinden sich teilweise noch in der Entwicklung.

Die *Event Reporting Management Function* umfaßt die Mechanismen zur Weiterleitung von Ereignismeldungen in Managementsystemen und soll an dieser Stelle näher beschrieben werden.

Aufgrund eines Ereignisses wird eine entsprechende Meldung (*Notification*) erzeugt. Ein solches Ereignis kann z.B. die Überschreitung eines Schwellwerts oder eine Statusänderung sein. Die Mechanismen des *Event Reporting* legen die Ziele innerhalb des Managementsystems fest, an welche entsprechende Ereignisse gemeldet werden. Dieses wird durch spezielle MOs, sogenannte *Event Forwarding Discriminators* (**EFD**), ermöglicht.

Der Basismechanismus läuft wie folgt ab: Immer dann, wenn ein MO innerhalb eines offenen Systems durch (lokales) Aussenden einer *Notification* ein Ereignis bekannt gibt, werden durch das *Event Pre-Processing* zunächst potentielle Ereignismeldungen geformt. Diese werden an alle EFDs im lokalen System weitergeleitet. Potentielle Ereignismeldungen sind also außerhalb des Systems, in dem sie erzeugt werden, nicht sichtbar. Die EFDs entscheiden, welche Ereignisse an die zuständigen Prozesse innerhalb des Managementsystems weitergeleitet werden, und ob die resultierenden Ereignismeldungen zu bestätigen sind. Dazu ist in jedem EFD festgelegt, welche Bedingungen eine potentielle Ereignismeldung zur Weiterleitung erfüllen muß. Einige EFDs können außerdem Zeiträume festlegen, innerhalb derer sie Meldungen weiterleiten bzw. nicht weiterleiten.

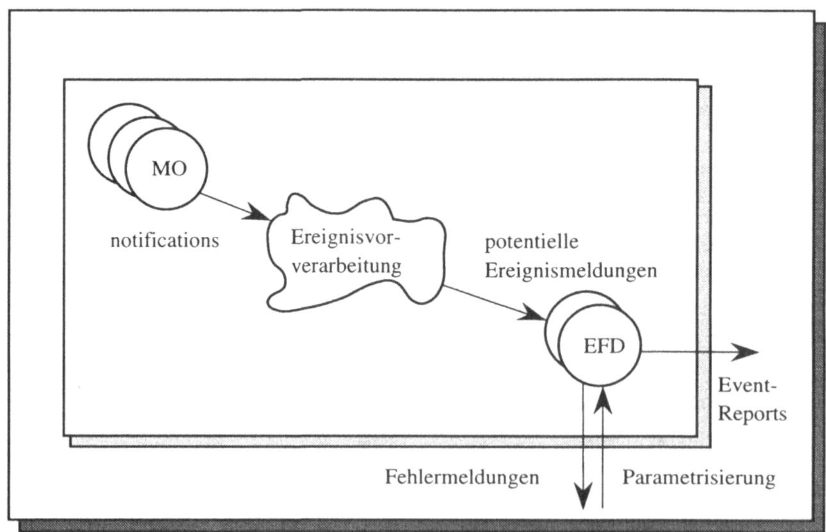


Der Event Report Forwarding Mechanismus

Der Aufbau von EFDs ist durch die MO-Klasse ***Event Forwarding Discriminator*** definiert. Im folgenden betrachten wir einige wichtige Attribute, über die Instanzen dieser Klasse überwacht und gesteuert werden können.

Das Attribut ***Discriminator Construct*** legt die Tests fest, denen eine potentielle Ereignismeldung unterzogen wird, um über eine Weiterleitung zu entscheiden. Beispielsweise könnte das Attribut die folgende Bedingung enthalten:

```
      (objectClass equal to protocolEntity)
and   (entityID starts with "123")
and   (   (severity not Equal to minor)
      or (badPduCount greater than 20))
```

Die genaue Notation solcher Attributwerte ist zwar in den OSI-Standards festgelegt, soll jedoch nicht weiter betrachtet werden.

Durch das Attribut ***Administrative State*** kann der gewünschte Zustand eines EFDs beeinflußt werden. Informationsverarbeitung ist nur gestattet, wenn der Wert dieses Attributs `unlocked` ist.

Mit Hilfe der Attribute ***Start Time*** und ***Stop Time*** lassen sich Zeitpunkt und Zeitdauer für die Ausführung der Funktion festlegen.

## 14.3 Anwendung und Ausblick

In der Praxis eingesetzte Managementsysteme verwenden heute den Managementansatz des IAB (SNMP), der in 14.1 vorgestellt wurde. Da sich dieser Ansatz im wesentlichen auf die Darstellung von Managementinformation und auf die Mechanismen für den Austausch dieser Information zwischen Managern und Agenten beschränkt, sind nur diese Aspekte heutiger Managementsysteme allgemein akzeptiert. Jede weitergehende Funktionalität ist herstellerspezifisch und variiert daher von Produkt zu Produkt. Häufig richten sich nur die Schnittstellen eines Managementprodukts nach dem SNMP-Standards, während z.B. die Kommunikation zwischen herstellereigenen Bestandteilen des Managementsystems über andere Protokolle abgewickelt wird.

Die Funktionalität, die ein kommerzielles Managementsystem den Administratoren zur Verfügung stellt, beruht beim SNMP-Ansatz im wesentlichen auf der Möglichkeit, managementrelevante Information über Netzbestandteile von zentraler Stelle aus abzufragen und zentral zu verarbeiten. Die einzelnen Funktionen kann der Administrator aus einer **Managementplattform** (*Management Platform*) abrufen. Die Funktionalität eines Managementsystems läßt sich über herstellerspezifische Schnittstellen zur Anwendungsprogrammierung (*Application Programmers Interfaces*) erweitern, indem Programme über diese Schnittstellen auf vorverarbeitete Information zugreifen können. Im folgenden sollen die wesentlichen Funktionalitäten heutiger Managementplattformen aufgezählt werden:

- **Visualisierung** der Topologie von Rechnernetzen, in der jeder wichtige Bestandteil mit einem *Icon* dargestellt wird. Das *Icon* gibt häufig Auskunft über den Grundzustand einer Komponente, der z.B. `betriebsbereit`, `eingeschränkt betriebsbereit`, `gestört`, `nicht erreichbar`, u.a. sein kann. In der Regel ist es möglich, durch Anklicken des *Icons* weitere Information über die jeweilige Rechnernetzkomponente anzufordern. Viele Managementplattformen können die Topologie bestimmter Rechnernetze automatisch erkunden und nehmen dem Administrator die Aufgabe der Erstellung einer Netzwerkkarte teilweise ab.
- **Abfrage von Managementinformation**: Es werden unterschiedliche Funktionalitäten zur Verfügung gestellt, von der einfachen Abfragemöglichkeit des Inhalts einzelner Managementvariablen, über Graphen, aus denen z.B. die zeitliche Entwicklung einer Zustandsgröße hervorgeht, bis hin zur originalgetreuen Abbildung einer Rechnernetzkomponente.
- **Definition von Ereignissen und ereignisgesteuerten Aktionen**: In der Regel stellen die heutigen Managementplattformen eine Möglichkeit zur Definition von Bedingungen bereit, die einzelne Zustandsgrößen erfüllen sollen. Wird eine solche Bedingung verletzt oder trifft eine Trap-Meldung von einem Agenten ein, so wird dieses als Ereignis bezeichnet. Als Reaktion auf ein Ereignis können je nach Plattform verschiedene Aktionen ausgeführt werden. Diese reichen von einfachen textuellen Meldungen an den Administrator, über grafische oder akustische Signale bis hin zur Ausführung von benutzerdefinierten *Shell-Scripts* oder anderen Programmen.
- **Datensammlung und Datenhaltung**: Als Basis für Entscheidungen des Administrators, zu Verwaltungszwecken und für die statistische Auswertung des Rechnernetzverhaltens ist die automatische Sammlung von Daten wie Ereignismeldungen oder Ausprägungen gewisser Systemgrößen sinnvoll. Entsprechende Funktionen sowie Mechanismen für die Speicherung statischer Daten über die Konfiguration von Rechnernetzen werden von heutigen Managementplattformen ebenfalls angeboten.
- **Einflußnahme auf den Zustand von Rechnernetzkomponenten** durch Manipulation von Managementinformation: Dies wird durch die Änderung einer MIB-Variablen erreicht.

Die heute übliche Funktionalität von Managementplattformen vereinigt viele Funktionen, die früher von einzelnen isolierten Managementwerkzeugen ausgeführt wurden. Die Integration dieser Funktionen zusammen mit einer einheitlichen Form des Zugriffs auf verteilte Managementinformation ist der Hauptvorteil heutiger Plattformen. Es wird deutlich, daß das Prinzip von Managementsystemen sich nicht allein auf Rechnernetze beschränkt, sondern daß solche Systeme auch in anderen Bereichen Anwendung finden können. Am naheliegendsten ist die Anwendung auf das Management von Betriebssystemen und Anwendungsprogrammen. Grundsätzlich ist hierzu nur die Auswahl relevanter Zustandsgrößen und die Realisierung von Agenten notwendig, welche diese Zustandsgrößen auf Managementobjekte abbilden. Weitere Anwendungen liegen in der Kontrolle beliebiger technischer Systeme, wie z.B. von Produktionsanlagen oder von Gebäudeleitsystemen.

Viele wünschenswerte Funktionen werden von heutigen Managementplattformen noch nicht realisiert, obwohl der Stand der Informationstechnik dies erlauben würde. Hierzu zählen Funktionen zur aktiven Unterstützung von Administratoren bei ihren Entscheidungen sowie Funktionen zur Automatisierung gewisser Managementabläufe. Erste Ansätze zur Entscheidungsunterstützung sind sogenannte *Trouble-Ticket* Systeme, die bereits in einigen Managementplattformen integriert sind. Hierbei handelt es sich im wesentlichen um Datenbanken, die bei der Behebung von Störungen auf einmal gespeicherte Lösungen zurückgreifen können. Die vollkommen automatische Durchführung einzelner Managementaufgaben wird bis heute von keiner Managementplattform angeboten.

Im selben Maße wie von Managementplattformen eine zunehmende Funktionalität gefordert wird müssen die Konzepte heutiger Managementansätze verbessert werden. Notwendig sind daher:

- Standardisierte Schnittstellen zu Anwendungsprogrammen (standardisierte APIs) für die anwendungsgerechte und benutzerfreundliche Erweiterung des Funktionsumfangs von Managementplattformen
- Verteilung von Managementaufgaben zwischen Managementsystemen verschiedener Hersteller, um eine erhöhte Funktionalität zu erreichen und die daraus resultierende Mehrbelastung auszugleichen
- Mechanismen zum Austausch von Information zwischen Managern auf höherer Ebene, um Managementprogramme, –pläne oder –strategien anderen Managern automatisch übermitteln zu können
- Mechanismen zur Portierung von Managementprogrammen, –plänen oder –strategien, um diese in verschiedenen Umgebungen einsetzen zu können

Zur Lösung der letzten beiden Problemklassen ist die Entwicklung standardisierter Managementsprachen notwendig, die zwischen verschiedenen Systemen portabel sind.

# 15 Bewertung von Rechnernetzen

## 15.1 Einleitung

Wenn Pakete in einem Rechnernetz von einer Station zu einer anderen geschickt werden, so müssen sie in der Regel zunächst darauf warten, daß ihnen die Leitung für die Übertragung zur Verfügung gestellt wird, z.B. weil andere Pakete gerade übertragen werden, deren Abarbeitung abzuwarten ist. Man kann sich also das folgende Modell eines solchen Systems machen:

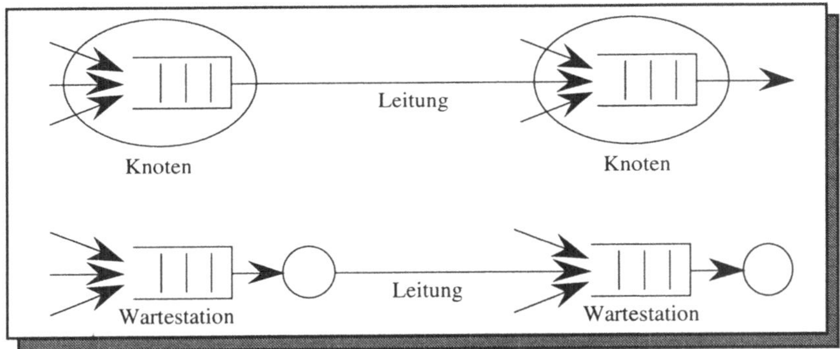


Wartemodell eines Rechnernetzes

Hier wird die sendende Station als eine Warteschlage modelliert, die Pakete in der Reihenfolge ihres Eintreffens aufnimmt; die Übertragungsleitung wird als eine Bedienstation betrachtet, die jedes Paket eine gewisse Zeit lang bearbeitet; dabei wird in der Regel nicht berücksichtigt, daß es zwischen Sender und Empfänger ein komplexes Protokoll gibt. Schließlich wird der Empfänger als Station betrachtet, die analog dem Sender Pakete speichern und bearbeiten kann.

Charakterisiert werden solche **Wartestation** (*Queueing Station*) durch folgende Eigenschaften:

- **Zugangsprozeß** (*Arrival Process*): Verteilung der Zeiten zwischen dem Eintreffen zweier Pakete in der Wartestation
- **Bedienprozeß** (*Service Process*): Verteilung der Zeiten, die ein Paket übertragen (oder allgemeiner ein Auftrag bedient) wird
- Anzahl der Bediener (oder paralleler Leitungen)
- **Bedienstrategie** (*Queueing Discipline*): Reihenfolge, in der Pakete zur Bedienung aus der Warteschlange herausgeholt werden. Üblich sind **FCFS** (*First Come First Served*) oder **FIFO** (*First In First Out*) für Bedienung des am längsten wartenden Pakets, **LCFS** (*Last Come First Serve*) oder **LIFO** (*Last In First Out*) für die Bedienung des am kürzesten wartenden Pakets, sowie **PRIO** (*Priority*) für bestimmte Prioritäten, und **SJN** (*Shortst Job Next*) bzw. **LJN** (*Longest Job Next*) für Pakete mit den kürzesten bzw. längsten Bedienzeiten.
- **Pufferkapazität** (*Queueing Capacity*) der Warteschlange: Anzahl der Pakete, die in der Warteschlange (oder Puffer (*Queue*) gespeichert werden können.

Eine verbreitete Notation (nach Floyd) zählt diese Parameter in einer Liste auf, z.B. M/G/1/FIFO/10 für eine Wartestation mit gedächtnislosem Zugangsprozeß, allgemeinem Bedienprozeß, einem Bediener, FIFO-Bedienstrategie und 10 Warteplätzen. In der Regel werden nur die ersten drei Werte geschrieben, z.B. M/D/2. Für die Verteilungen bedeuten die Buchstaben u.a.:

- **M** (*Markov*): Gedächtnislose Verteilung, d.h.: $P[\ V \leq x\ ] = 1 - e^{-\lambda \cdot x}$
- **G** (*General*): Beliebige Verteilung
- **D** (*Deterministic*): Konstante Verteilung, d.h.: $P[\ V \leq x\ ] = \begin{cases} 0 & x<D \\ 1 & sonst \end{cases}$
- **Bin** (*Binomial*): Binomiale (diskrete) Verteilung, d.h.:
  $P[\ V = n\ ] = p \cdot (1-p)^{n-1}$ und damit: $P[\ V \leq n\ ] = 1 - (1-p)^n$

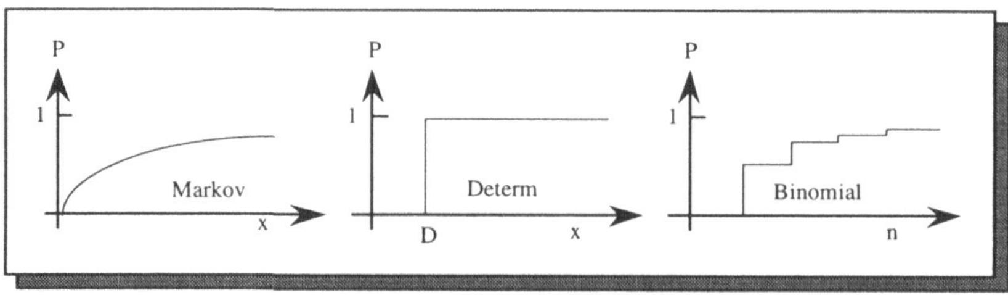


Einige Wahrscheinlichkeitsverteilungen

Dabei ist V eine Zufallsvariable, d.h. der Ausgang eines Zufallsexperiments. Wir gehen hier nicht weiter auf die stochastische Notation: $P[V \leq x]$ ein; sie wird im folgenden nicht benötigt.

Es soll jetzt gezeigt werden, wie die Verzögerungszeit von Paketen berechnet werden kann. Da sich die Verzögerungszeit eines Pakets aus der eigentlichen Bedienzeit und einer Wartezeit zusammensetzt, ist die Berechnung nicht einfach. Außerdem kann die Zeit nur im statistischen Sinne bestimmt werden, da die Wartezeit von den zufällig anwesenden anderen Paketen abhängt. In vielen Fällen kann nicht die Verteilung, sondern können nur Momente der Wartezeiten berechnet werden. In diesem Kapitel sollen die grundlegenden Begriffe aus der Wartetheorie eingeführt werden.

## 15.2 Das operationale Modell

In der Regel werden wartetheoretische Untersuchungen mit statistischen Modellen durchgeführt, da die oben eingeführten Begriffe 'Verteilung', 'Moment' usw. aus der Wahrscheinlichkeitstheorie[2] stammen. Wir verwenden hier jedoch ein mathematisch einfacheres Modell, welches zwar für unsere Zwecke die gleichen Ergebnisse liefert, welches jedoch leichter zu interpretieren und auf reale Anwendungen zu übertragen ist, da zugleich eine Meßvorschrift zur Anwendung der Theorie auf reale Phänome geliefert wird. Wir nennen diese Methode: **Operationale Wartetheorie** (*operational analysis*).

Das operationale Modell stellt Beziehungen zwischen Kenngrößen in dynamischen Systemen auf. In einem endlichen Zeitintervall der Länge T werden beobachtbare Größen gemessen, von diesen Kenngrößen (z.B. Mittelwerte) abgeleitet und deren Werte zueinander in Beziehung gesetzt. Wir nennen eine beobachtete Größe diskret, wenn sie nur für einen bestimmten Fall zu einem gewissen Zeitpunkt gemessen wird. Sie heiße statistisch, wenn sie aus mehreren solcher Größen zu einer Maßzahl oder Verteilung umgeformt wurde.

Um dieses zu verdeutlichen, geben wir ein sehr einfaches Beispiel an: Ein Paket muß vor einer Leitung eine Zeitlang warten. Numerieren wir alle Pakete durch und habe dieses die Nummer *i*, so betrage seine (diskrete) Wartezeit $w_i$. Nachdem es gewartet hat, wird es über die Leitung übertragen, d.h. bedient. Seine (diskrete) **Bedienzeit** (*service time*) betrage $s_i$. Als (diskrete) **Verweilzeit** $v_i$ (*sojourn time*) bezeichnen wir die Zeit, die das Paket insgesamt in dem System verbringt, d.h. sowohl wartet als auch bedient wird. Seine gesamte (diskrete) Verweilzeit ist somit:

$$v_i = s_i + w_i.$$

[2] Die Wahrscheinlichkeitstheorie und die Statistik werden gemeinsam als **Stochastik** bezeichnet.

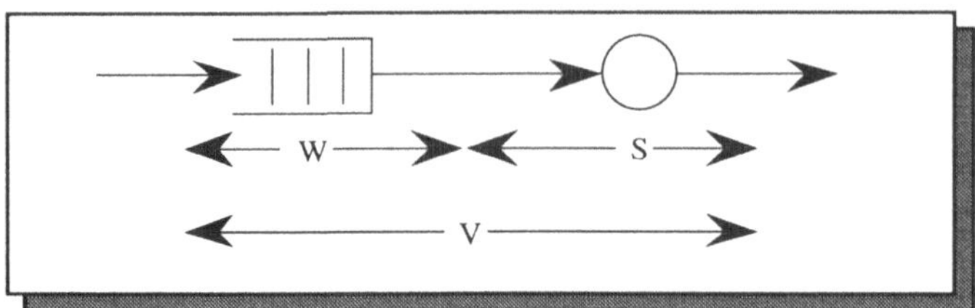


Zur Berechnung der Verweilzeit

Nimmt man jetzt als Mittelwert dieser Größen das arithmetische Mittel, so ergibt sich bei A beobachteten Paketen:

$$V = \frac{1}{A} \cdot \sum_{i=1}^{A} v_i = \frac{1}{A} \cdot \sum_{i=1}^{A} (w_i + s_i) = \frac{1}{A} \cdot \sum_{i=1}^{A} w_i + \frac{1}{A} \cdot \sum_{i=1}^{A} s_i$$

$$= W + S$$

Damit haben wir eine Beziehung zwischen Kenngrößen in solchen Wartesystemen gefunden: Die mittlere Verweilzeit V ist gleich der Summe aus der mittleren Wartezeit W und der mittleren Bedienzeit S. Dieses gilt offenbar unabhängig davon, wieviele Aufträge bedient wurden. Wurde mindestens einer bedient, so ist diese Beziehung bereits korrekt (wenngleich dann der statistische Fall und der diskrete Fall zusammenfallen).

Ziel unserer Untersuchungen ist es daher, Beziehungen zwischen Kenngrößen solcher Wartesysteme anzugeben. Diese Beziehungen lassen sich in Form von Gleichungen ausdrücken, so daß eine algebraische Behandlung naheliegend ist. Wir werden uns in mathematischer Hinsicht auf elementare algebraische Umformungen beschränken können.

Zunächst sei anhand eines weiteren Beispiels das mathematische Modell etwas genauer erklärt. Prinzipiell stellen wir uns auf den Standpunkt, das System eine endliche Zeit lang zu beobachten. Die Zeitpunkte seien auf der reellen Zahlenachse aufgetragen, wobei wir zum Zeitpunkt 0 mit der Beobachtung beginnen, und zum Zeitpunkt T damit aufhören. Daher betrachten wir nur Ereignisse, die in dem endlichen Zeitraum [0,T] stattfinden.

Es gibt drei Typen von Größen, die an Wartesystemen beobachtet werden können. Zum einen sind dieses Folgen, die etwa durch einen Auftragsstrom entstehen. Jeder der A Aufträge hat eine Wartezeit $w_i$, so daß $\{w_i\}_{i=1..A}$ eine Folge ist. Wir ordnen einer solchen Folge als Kenngröße u.a. das arithmetische Mittel zu (es gibt weitere Kenngrößen für Folgen). Solche Folgen, die das Verhalten einer dynamischen statistischen Größe beschreiben, werden von uns auch als **Zählgrößen** bezeichnet.

Der zweite Typ von Größen läßt sich mathematisch als Funktion über der Zeit modellieren. Zum Beispiel ist die Zahl von Paketen, die sich insgesamt zu einem bestimmten Zeitpunkt s im Puffer befinden, durch eine Funktion n: $s \in [0,T] \rightarrow n(s)$ angebbar; diese Funktion nennen wir auch Füllungsfunktion. n(s) gibt somit die Anzahl von Paketen im

System zur Zeit s an. Als Mittelwert einer Funktion definieren wir die 'mittlere Höhe' dieser Funktion. Dazu ist diese von 0 bis T zu integrieren und durch die Zeit T zu teilen. (Auch für Funktionen gibt es weitere Kenngrößen). Funktionen, die das Verhalten einer dynamischen Größe beschreiben, werden von uns auch als **Zeitgrößen** bezeichnet.

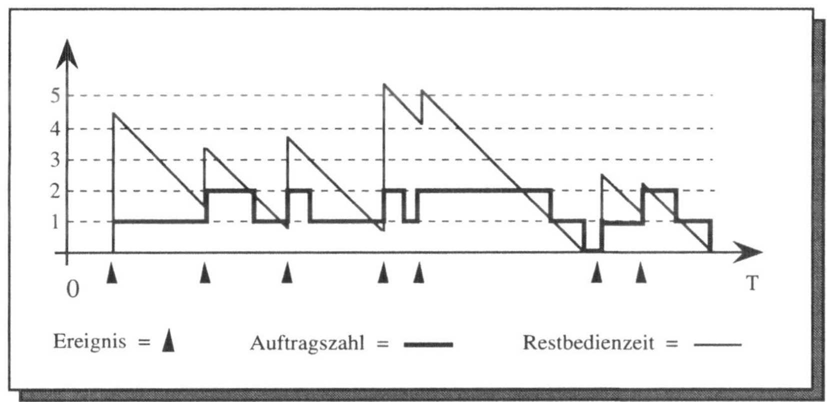


Das operationale Basismodell

Schließlich benötigen wir in manchen Fällen noch eine Größe, welche die Häufigkeit gewisser Ereignisse je Zeiteinheit angibt. Zum Beispiel kann man fragen, wie viele Pakete pro Minute in einem Knoten ankommmen. Eine solche Größe wird als **Rate** (*Rate*) bezeichnet; in diesem Beispiel würde man von einer **Zugangsrate** (*Arrival Rate*) oder auch Paketrate, Auftragsrate usw. sprechen.

Es läßt sich jetzt durch algebraische oder geometrische Betrachtungen zeigen, daß die Summe aller Verweilzeiten den gleichen Wert liefern muß wie das Integral über der Füllungsfunktion. Dann läßt sich leicht die Beziehung zeigen:

$$F = \lambda \cdot V$$ **Littles Gesetz**

wobei: F: Mittlere Füllung $\lambda$: Zugangsrate V: Mittlere Verweilzeit

wobei $\lambda$ die Rate der Auftragszugänge ist, F die mittlere Zahl von Aufträgen im System bezeichnet und V die mittlere Verweilzeit im System angibt. Diese Beziehung ist demnach wieder eine Gleichung zwischen Kenngrößen. Sie gilt sehr allgemein mit nur wenigen Einschränkung in jedem System und wird als **Littles Gesetz** bezeichnet.

Der Beweis dieser Behauptung ergibt sich aus dem folgenden Diagramm: Gleichartig schraffierte Flächen stehen für die Zeit, die sich jeweils ein bestimmter Auftrag im System befindet. Die Länge einzelner Flächen ist somit gleich der Verweilzeit der jeweiligen Aufträge, und da die Höhe konstant gleich eins ist, ist die Fläche numerisch gleich der Verweilzeit des jeweiligen Auftrags, und die Summe der Flächen (wir nennen diese hier

X) ist gleich der Summe aller Verweilzeiten. Kürzt man somit die Fläche unter der gesamten Kurve durch die Anzahl der Aufträge, so erhält man die mittlere Verweilzeit V=X/A. Andererseits ergibt aber die Höhe aller Flächen in dem Diagramm zu jedem Zeitpunkt t zugleich auch die Anzahl der Aufträge im System zum Zeitpunkt t. Somit ist die gesamte Fläche unter der Kurve gleich dem Integral über der Füllung des Systems mit Aufträgen; kürzt man dieses durch die gesamte Zeit T, so ist der Wert numerisch gleich der mittleren Füllung F=X/T.

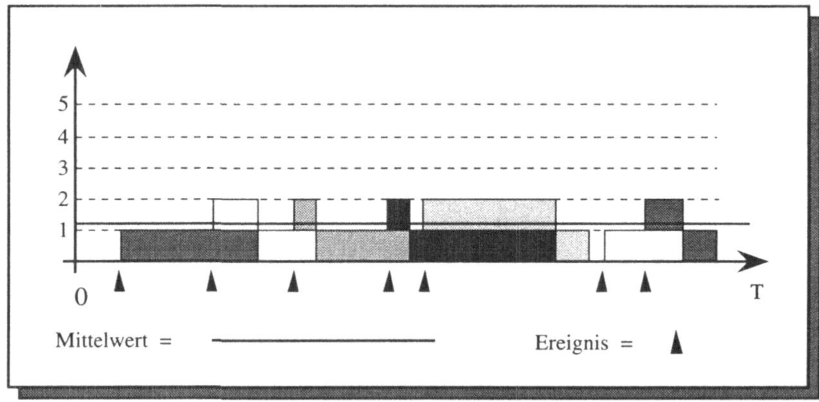


Zum Beweis von Littles Gesetz

Man erhält also:

$$F = \frac{X}{T} = \frac{A}{T} \cdot \frac{X}{A} = \lambda \cdot V$$

Hier wurde für das Verhältnis der Auftragszugangszahl A zur Zeit T noch die Auftragszugangsrate λ eingeführt. Um diese Formel rein algebraisch einzuführen, läßt sich eine **Indikatorfunktion** $f_i(s)$ einführen, die folgendermaßen definiert ist:

$$f_i(s) = \begin{cases} 1 & \text{falls zur Zeit } s \text{ Paket } i \text{ im System ist} \\ 0 & \text{sonst} \end{cases}$$

Dann ergeben sich offenbar einfach die folgenden Beziehungen. Summiert man diese Funktion über alle Pakete i=1...A, so erhält man die Anzahl der zur Zeit s im System befindlichen Pakete:

$$n(s) = \sum_{i=1}^{A} f_i(s)$$

Integriert man die Funktion $f_i(s)$ über die gesamte Zeit [0,T], so erhält man die diskrete Zeit, die sich das Paket i in dem betrachteten Zeitintervall [0,T] im System befunden hat. Also gilt:

$$v_i = \int_0^T f_i(s)\, ds$$

Jetzt braucht nur noch ausgerechnet zu werden, und man erhält das Gesetz von Little. Dieses soll dem Leser überlassen bleiben. Weitere Fragen des Modells und weiterführende Ergebnisse werden in [Kowalk91] beschrieben.

Eine einfache Anwendung von Littles Gesetz ergibt die Auslastung eines Bedieners. Sei in einem Bediener (z.B. einer Übertragungsleitung) immer höchstens ein (d.h. ein oder kein) Paket enthalten. Dann ist die mittlere Füllung gerade die relative Zeit, in der sich ein Paket in dem Bediener befindet:

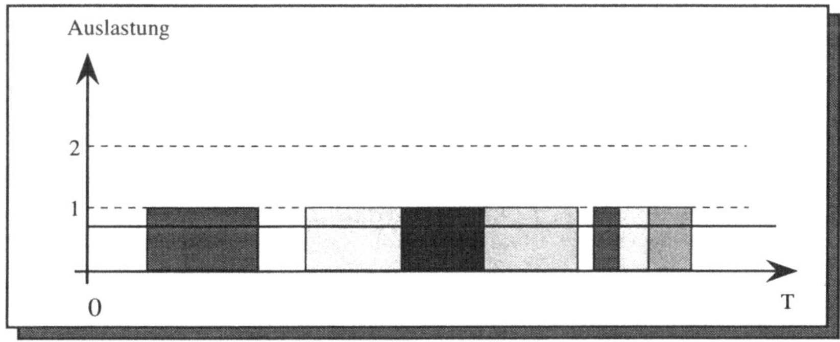


Zum Auslastungsgesetz

Diese Größe wird auch als **Auslastung** (*utilization*) ε bezeichnet. Es gilt dann also:

$$\boxed{\varepsilon = \lambda \cdot S}$$ **Auslastungsgesetz**

wobei: ε: Auslastung λ: Zugangsrate S: Mittlere Bedienzeit

Diese Formel gilt für sämtliche einfachen Bediensysteme.

## 15.3 Momente und mittlere Wartezeit

Wir haben bereits die Mittelwerte als anschauliche Kenngrößen dynamischer Systeme eingeführt. Allgemein werden diese auch als **erste Momente** bezeichnet; wesentlich abstrakter als die Mittelwerte sind die Momente von Zähl- oder Zeitgrößen, die keine eigentliche Interpration besitzen. Sie werden folgendermaßen definiert:

**Definition der Momente von Folgen und Funktionen**

$$\overline{v^k} = \frac{1}{A} \cdot \sum_{i=1}^{A} v_i^k$$ *k-tes Moment einer Folge:* $\{v_i\}_{i=1...A}$

$$\overline{f^k} = \frac{1}{T} \cdot \int_0^T f^k(s)\, ds$$ k-tes Moment einer Funktion: $f: [0,T] \rightarrow \mathbb{R}$

In beiden Fallen schreiben wir auch $V = \overline{V} = \overline{v^1}$ bzw. $F = \overline{F} = \overline{f^1}$ für die ersten Momente oder Mittelwerte.

Das erste Moment ist offenbar gleich dem Mittelwert. Das zweite Momente kann verwendet werden, um ein Streuungsmaß zu definieren. Man erhält:

**Definition der Varianz von Folgen und Funktionen**

$$\sigma_v^2 = \frac{1}{A} \cdot \sum_{i=1}^{A} (v_i - V)^2 = \overline{v^2} - V^2$$ Varianz einer Folge: $\{v_i\}_{i=1...A}$

$$\sigma_f^2 = \frac{1}{T} \cdot \int_0^T (f_i - F)^2 = \overline{f^2} - F^2$$ Varianz e. Funktion: $f: [0,T] \rightarrow \mathbb{R}$

Die positive Wurzel der Varianz heißt **Standardabweichung** (*Standard Deviation*). Die Varianz der Folge $\{v_i/V\}_{i=1...A}$ wird auch als **quadrierter Variationskoeffizient** (**SCV**=*Squared Coefficient of Variation*) $C_v^2$ bezeichnet. Der SCV hat den Vorteil, nicht von der Dimension abzuhängen, in der eine Größe gemessen wird (z.B. Sekunden oder Millisekunden), was bei der Verwendung quadrierter Kennzahlen zu sehr großen oder sehr kleinen Werten führen könnte. Die Definition lautet:

**Definition des quadrierten Variationskoeffizienten (SQV)**

$$C_v^2 = \sigma_{(v/V)}^2 = \frac{\sigma_v^2}{V^2} = \frac{\overline{v^2}}{V^2} - 1$$

SQV einer Folge oder Funktion

Der Begriff der Mittelung kann verallgemeinert werden, indem man nicht jedes Element einer Folge bzw. jeden Punkt in der Zeit gleich wichtet, sondern verschiedene Gewichte einführt, deren Summe natürlich 1 eregeben sollte. Die folgende Definition der Momente für Folgen bzw. Funktionen zeigt, wie eine solche Wichtung einfach vorgenommen werden kann:

**Allgemeine Definition der Momente von Folgen und Funktionen**

$$\overline{v^k} = \sum_{i=1}^{A} p_i \cdot v_i^k$$ k-tes Moment einer Folge: $\{v_i\}_{i=1 \ldots A}$

$$\overline{f^k} = \int_0^T p(s) \cdot f^k(s) \, ds$$ k-tes Moment einer Funktion: $f: [0,T] \rightarrow \mathbb{R}$

wobei $\sum_{i=1}^{A} p_i = 1$ und $\int_0^T p(s) \, ds = 1.$

Mit $p_i=1/A$ und $p(s)=1/T$ erhält man die obige Definition der Momente.

Wir interessieren uns besonders für die Wartezeiten. Obgleich auch die höheren Momente der Wartezeiten berechnen werden können, übersteigt dieses den Rahmen dieses Buchs, so daß wir nur das erste Moment der Wartezeit unter bestimmten vereinfachenden Annahmen berechnen werden. Sei F die mittlere Zahl von Paketen in einem System mit einer Warteschlange und einem Bediener. Ein ankommendes Paket wird bei einer Bedienung in der Reihenfolge der eintreffenden Pakete im Mittel eine gewisse Zeit W warten müssen. Wir werden verschiedene Annahmen machen, um W (und damit F) zu bestimmen.

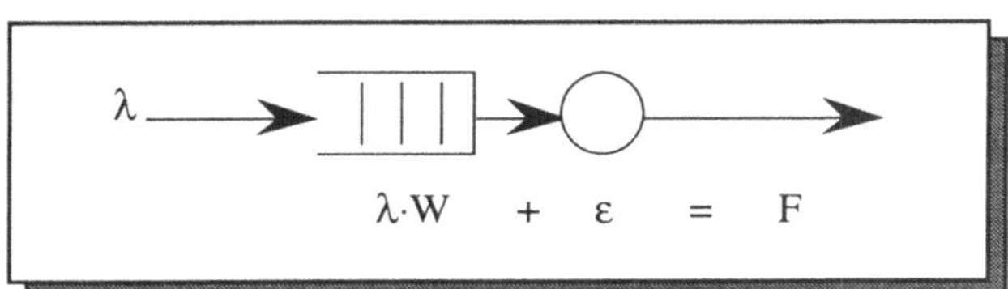


Zur Berechnung der mittleren Wartezeit

Als erstes folgt aus Littles Gesetz, daß $\lambda \cdot W$ die mittlere Zahl von Paketen in der Warteschlange ist (ohne die Bedienstation). Aus dem Auslastungsgesetz folgt, daß $\varepsilon$ die mittlere Zahl von Paketen im Bediener ist. Also folgt für die gesamte Füllung des Systems:

$$F = \lambda \cdot W + \varepsilon$$ (Gleichung 15.3.1)

Wir nehmen zunächst an, daß ein Paket, das in das System eintritt, im Mittel F Pakete im System antrifft. Die mittlere Bedienzeit jedes Pakets, das vor ihm bedient wird, sei S. Dann ist die mittlere Wartezeit dieses Pakets $F \cdot S$. Setzen wir dieses für die Wartezeit W in Gleichung 15.3.1 ein, so folgt nach Auflösen nach F:

$$F = \frac{\varepsilon}{1 - \lambda \cdot S}$$

Nach dem Auslastungsgesetz 3.5.1 gilt: $\varepsilon=\lambda\cdot S$. Ist $\lambda\cdot S=\varepsilon<1$, so gilt ebenfalls:

$$F = \frac{\varepsilon}{1-\varepsilon}$$

Nach Littles Gesetz und dem Auslastungsgesetz folgt für die mittlere Verweilzeit im gesamten System:

$$V = \frac{\varepsilon / \lambda}{1-\varepsilon} = \frac{S}{1-\varepsilon}$$

Subtrahiert man hiervon die mittlere Bedienzeit, so erhält man die mittlere Wartezeit:

$$W = \frac{S}{1-\varepsilon} - S = \frac{\varepsilon\cdot S}{1-\varepsilon}$$

Damit erhalten wir für die Mittelwerte von Füllung, Verweilzeit und Wartezeit:

**Satz 15.3.2**: Für ein M/M/1-Wartesystem gilt:

| | | |
|---|---|---|
| $F = \frac{\varepsilon}{1-\varepsilon}$ | F: | Mittlere Füllung in M/M/1-Systemen |
| $V = \frac{S}{1-\varepsilon}$ | V: | Mittlere Verweilzeit in M/M/1-Systemen |
| $W = \frac{\varepsilon\cdot S}{1-\varepsilon}$ | W: | Mittlere Wartezeit in M/M/1-Systemen |

$\varepsilon$ : Auslastung S : Mittlere Bedienzeit

Offenbar sind dieses vernünftige Ergebnisse: Für ein sehr kleines $\varepsilon$ wird die mittlere Füllung des Gesamtsystems ebenfalls sehr klein, da entweder Aufträge nur selten ankommen, oder die Bearbeitung eines Auftrags sehr kurz ist. Auch erfüllt die Gleichung stets die plausible Bedingung, daß $F\geq\varepsilon$, wobei die Gleichheit nur gilt, wenn $\varepsilon=0$ ist. Diese Bedingung $F\geq\varepsilon$ muß gelten, da $\varepsilon$ nicht nur die Auslastung, sondern zugleich auch die mittlere Füllung des Bedieners (ohne Warteeinheit) angibt. Wächst $\varepsilon$ sehr stark an, so wird auch die mittlere Füllung sehr groß. Wird $\lambda\cdot S\geq 1$, so wird:

$$\lambda\cdot S = \frac{A}{T} \cdot \frac{T_b}{A} = \frac{T_b}{T} > 1$$

also $T_b>T$. Dann ist die gesamte geforderte Bedienzeit $T_b$ größer als die gesamte Zeit T, und daher kann das System niemals die Bedienzeitforderung erfüllen. Daher werden sich immer mehr Aufträge in der Warteschlange ansammeln, ohne daß das System jemals die Chance hat, die Warteschlange einmal ganz leerbedienen zu können. (Die negative Füllung bei $\varepsilon>1$ ergibt sich aus dem mathematischen Modell und hat natürlich keine Bedeutung in dem realen System.)

Hier wurde angenommen, daß ein eintreffender Auftrag unabhängig von vorher eintreffenden Aufträgen die Wartestation betritt (daher M/...). Gleichzeitig wurde angenommen, daß die mittlere Zeit, die ein Paket noch bedient wird, wenn ein anderes das System betritt (die sogenannte **Restzeit** *residual recurrence time*), gerade so lang ist wie die mittlere Bedienzeit. Dieses gilt, wenn die Bedienzeitverteilung gleichfalls gedächtnislos ist, wie hier nicht weiter gezeigt werden kann. Insgesamt folgt die obige Formel für M/M/1-Systeme.

Wir wollen jetzt eine Formel für die mittlere Wartezeit eines M/G/1-Systems herleiten. Dazu muß ein Ausdruck für die mittlere Restbedienzeit bestimmt werden, was bei Kenntnis des zweiten Moments der Bedienzeit einfach möglich ist:

$$\overline{s^2} = \frac{1}{A} \cdot \sum_{i=1}^{A} s_i^2$$

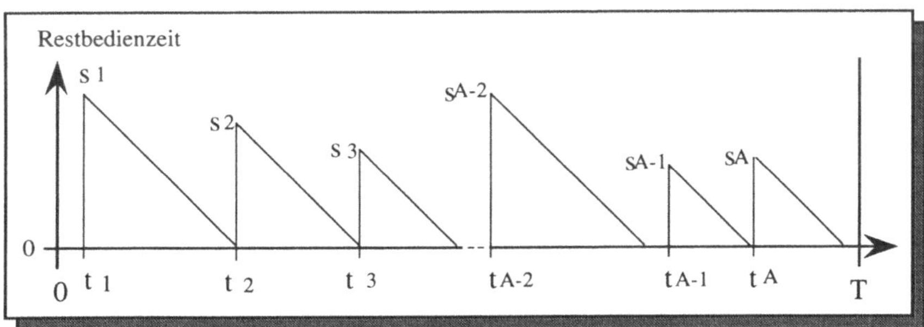


Berechnung der Restbedienzeit

Den Ausdruck für die mittlere Restzeit gewinnt man, indem man die Restbedienzeit in einem Diagramm aufzeichnet und die Fläche unter der so entstehenden Kurve berechnet. Diese Fläche ist dann durch die Zeit T zu teilen, um die mittlere Restbedienzeit zu erhalten:

$$Z = \frac{1}{T} \cdot \int_0^T z(s)\, ds = \frac{1}{T} \cdot \frac{1}{2} \cdot \sum_{i=1}^{A} s_i^2 =$$

$$= \frac{A}{2 \cdot T} \cdot \frac{1}{A} \cdot \sum_{i=1}^{A} s_i^2 = \frac{\lambda}{2} \cdot \overline{s^2}$$

$$\boxed{Z = \frac{\lambda \cdot \overline{s^2}}{2}}$$

wobei: Z : Mittlere Restbedienzeit S: Mittlere Bedienzeit $\overline{s^2}$ : 2. Moment der Bedienzeit

Wir nehmen jetzt an, daß ein ankommendes Paket aufgrund zweier Ursachen zu warten hat. Im Mittel befinden sich (F-ε) Pakete in der Warteschlange, die die Bedienung des eintreffenden Pakets um (F-ε)·S verzögern. Außerdem müssen die Pakete im Mittel zusätzlich die Restzeit Z warten. Dann folgt für die Wartezeit eines Pakets:

$$W = (F-\varepsilon) \cdot S + Z$$

Einsetzen in Gleichung 15.3.1 und Auflösen nach F ergibt:

$$F = \frac{\lambda \cdot Z}{1 - \varepsilon} + \varepsilon$$

Für die Wartezeit erhalten wir somit:

$$W = \frac{Z}{1 - \varepsilon}$$

Setzen wir jetzt den letzten Ausdruck für Z ein, so folgt:

$$\boxed{W = \frac{\lambda \cdot \overline{s^2}}{2 \cdot (1-\varepsilon)} = \frac{\varepsilon \cdot S \cdot (1 + C_S{}^2)}{2 \cdot (1-\varepsilon)}}$$

**P-K-Formel**

| | | | |
|---|---|---|---|
| W | : Mittlere Wartezeit | ε | : Auslastung |
| λ | : Zugangsrate | S | : Mittlere Bedienzeit |
| $\overline{s^2}$ | : 2. Moment der Bedienzeit | $C_S{}^2$ | : SQV der Bedienzeit |

Diese Gleichung wird auch als P-K-Formel bezeichnet (nach den beiden Erfindern Pollaczek und Khintchine, die unabhängig voneinander Anfang der dreißiger Jahre die Verteilung der Wartezeiten für M/G/1-Systeme gefunden haben). Sie zeigt deutlich, daß die mittlere Wartezeit mit der Streuung der Bedienzeit wächst. Daher hängt hier ein Mittelwert von der Streuung einer anderen Kenngröße ab, was zeigt, daß bei der Beurteilung von Wartezeiten sehr vorsichtig argumentiert werden muß.

# 15.4 Operationale Zustandstheorie

In diesem Abschnit soll eine andere Methode zur Analyse dynamischer Systeme entwickelt werden. Dazu stellen wir uns vor, daß das System eine gewisse Menge von Zuständen annehmen kann. Zum Beispiel kann in einer Wartestation die Anzahl von Paketen (oder Aufträgen), die sich in der Station befinden, als der Zustand dieser Station festgelegt werden. Die Zustände können somit als folgende Menge $\{\boxed{0}, \boxed{1}, \ldots, \boxed{n\text{-}1}, \boxed{n}, \ldots\}$ beschrieben werden. Ein Zu- oder Abgang eines Pakets kann als Zustandswechsel in der Zeit dargestellt werden:

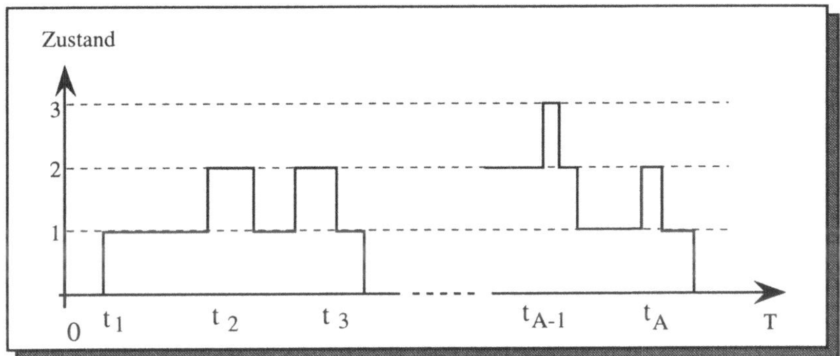


Zustände eines Auftragssystems

Dabei betrachten wir nur jene Teilmenge von Zuständen, die das System in dem endlichen Beobachtungszeitraum [0,T] annimmt. Wir werden stets voraussetzen, daß diese Menge endlich, aber nicht leer ist. Graphisch werden Zustände durch Kreise symbolisiert; mögliche Übergänge zwischen Zuständen durch Pfeile, die die Kreise verbinden:

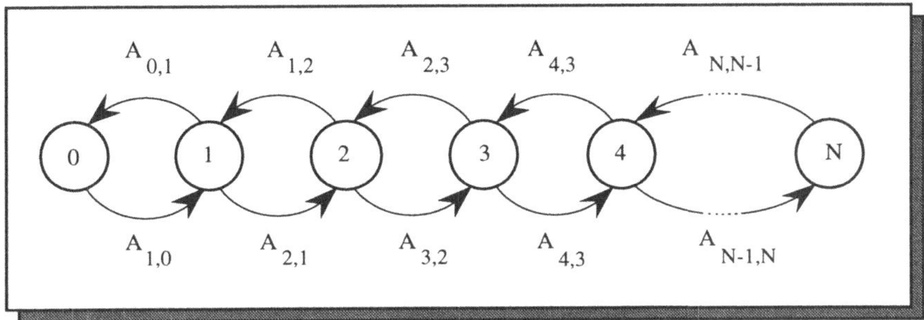


Graphische Darstellung von Zuständen

Sei $\boxed{i}$ der i-te aller Zustände, $\{\boxed{i}\}_{i=1,2...}$ die Menge aller von uns betrachteten Zustände. Sei $T_i$ die gesamte Zeit, die sich das System im i-ten Zustand befindet, und sei $A_{ij}$ die Zahl von Übergängen von Zustand $\boxed{i}$ in den Zustand $\boxed{j}$; dabei wird zwischendurch kein anderer Zustand angenommen. Der Übergang $\boxed{i} \rightarrow \boxed{j}$ wird auch als **direkter Zustandswechsel** bezeichnet. Sei

$$A_i = \sum_j A_{ij}$$

die Zahl von Übergängen aus dem Zustand $\boxed{i}$ in einen beliebigen anderen Zustand. Wird der Zustand $\boxed{i}$ in [0,T] einmal angenommen, ist also $T_i > 0$, so nennen wir:

$$\lambda_i = \frac{A_i}{T_i}$$

die **Übergangsrate** aus dem Zustand $\boxed{i}$. Man beachte jetzt, daß jeder Zustand, der einmal betreten wird, auch wieder verlassen werden muß. Daraus folgt natürlich, daß die Anzahl von Zugängen in einen Zustand gleich der Anzahl von Abgängen aus diesem Zustand sein muß. Dieses gilt für alle Zustände, die das System in der Zeit [0,T] annimmt, außer (evtl.) für den **Anfangszustand** (in dem sich das System zur Zeit 0 befindet) und dem **Endzustand** (in dem sich das System zur Zeit T befindet). Der Anfangszustand wird einmal mehr verlassen als betreten, der Endzustand entsprechend einmal mehr betreten als verlassen.

Ist jedoch der Anfangszustand gleich dem Endzustand, so gilt auch für diese beiden Zustände, daß die Zahl der Zugänge in diesen Zustand gleich der Zahl der Abgänge aus diesem Zustand ist. Im folgenden werden wir stets annehmen, daß dieses für alle Zustände gilt. Sind Anfangs- und Endzustand verschieden, so werden wir zur Vereinfachung der Formeln annehmen, daß der daraus resultierende Fehler einen vernachlässigbaren Einfluß auf das gesamte Ergebnis hat. Es soll also für alle Zustände $\boxed{i}$ gelten:

$$A_i = \sum_j A_{ij} = \sum_j A_{ji}$$

Dabei ist die Summe über alle Zustände zu nehmen, die in [0,T] angenommen werden. Man beachte, daß dieses auch für Zustände $\boxed{i}$ gilt, die niemals angenommen werden. Dann sind nämlich sowohl alle $A_{ji}=0$ als auch alle $A_{ij}=0$, für alle j. Im folgenden betrachten wir aber weiterhin nur Zustände, die das System mindestens einmal während der Beobachtungszeit [0,T] annimmt (damit stets $T_i>0$ gilt, und somit keine undefinierten Ausdrücke entstehen). Ebenso soll die Summe nur über derartige Zustände genommen werden. Wir formen die letzte Gleichung etwas um:

$$\frac{A_i}{T} = \frac{T_i}{T}\cdot\frac{A_i}{T_i} = \frac{1}{T}\cdot\sum_j A_{ij} = \sum_j \frac{A_{ij}}{T} = \sum_j \frac{A_{ij}}{A_j}\cdot\frac{A_j}{T_j}\cdot\frac{T_j}{T}$$

Wir definieren die relative Häufigkeit $q_{ji}$ oder Wahrscheinlichkeit, daß ein Zustandswechsel aus dem Zustand $\boxed{j}$ direkt in den Zustand $\boxed{i}$ führt.

$$q_{ji} = \frac{A_{ij}}{A_j}$$ **Übergangswahrscheinlichkeit**

Außerdem sei:

$$\pi_i = \frac{T_i}{T}$$ **Zustandswahrscheinlichkeit**

so daß $\pi_i$ die relative Zeit oder Wahrscheinlichkeit angibt, daß sich das System im Zustand $\boxed{i}$ befindet. Dann folgt aus der letzten Gleichung:

$$\pi_i \cdot \lambda_i = \sum_j \pi_j \cdot q_{ji} \cdot \lambda_j$$ **Flußgleichung**

Das Produkt $\pi_i \cdot \lambda_i = \frac{A_i}{T}$ ist eine Rate, nämlich die Rate von Zustandsübergängen aus dem Zustand $\boxed{i}$. Man nennt diese Rate zumeist den **Fluß** aus dem Zustand $\boxed{i}$. Ähnlich kann man $q_{ji} \cdot \pi_j \cdot \lambda_j = \frac{A_{ji}}{T}$ als den Fluß vom Zustand $\boxed{j}$ in den Zustand $\boxed{i}$ bezeichnen. Die letzte Gleichung besagt dann einfach, daß der Fluß aus einem Zustand gleich der Summe der Flüsse in diesen Zustand ist. Aus diesem Grunde wird diese Gleichung auch als **Flußgleichung** bezeichnet.

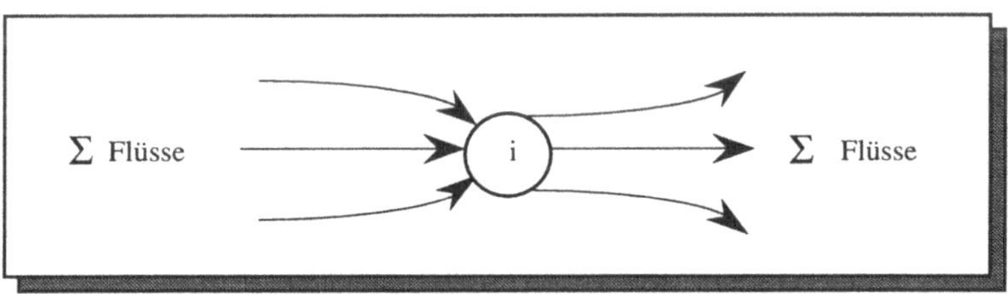


Zur Bedeutung der Flußgleichung

Diese Gleichung ist die Schlüsselgleichung zur Analyse solcher **Zustandssysteme**. Man beachte, daß die bisher hergeleiteten Beziehungen exakt gelten (bis evtl. auf den Fehler durch die Anfangs- und Endzustände). Sind die Parameter $\lambda_i$ bekannt, und ebenso die Übergangswahrscheinlichkeiten $q_{ij}$, so lassen sich aus diesem System von Flußgleichungen die Zustandswahrscheinlichkeiten $\pi_i$ berechnen, wenn noch die **Normalisierungsbedingung**:

$$\sum_i \pi_i = \sum_i \frac{T_i}{T} = \frac{T}{T} = 1$$ **Normalisierungsbedingung**

berücksichtigt wird. Aus den Zustandswahrscheinlichkeiten lassen sich dann andere Kenngrößen solcher Systeme ermitteln, wie später noch gezeigt wird.

Die $\lambda_i$ können aus jenen Prozessen, die die jeweiligen Zustandswechsel bewirken, hergeleitet werden, wenn angenommen wird, daß diese gedächtnislose Prozesse sind. Wir können hier auf eine genaue Begründung dieser Feststellung nicht eingehen; der Leser sei aber darauf hingewiesen, daß bei anderen Prozessen in der Regel die $\lambda_i$ anders berechnet werden müssen. Handelt es sich aber um gedächtnislose Prozesse, so können die Übergangsraten gleich den Raten der jeweiligen Prozesse gesetzt werden.

# 15.5 Einige Ergebnisse aus der Wartetheorie

Die mathematische Wartetheorie untersucht das Verhalten von Wartesystemen; dieses sind Systeme, bei denen sich Objekte um einzelne Betriebsmittel bewerben. Da hier das Systeme auf sich selbst zurückwirkt, entstehen sehr komplexe Beziehungen, die nur mit sehr vereinfachenden Annahmen mathematisch berechnet werden können. Ein Beispiel hierfür wurde bereits oben mit der P-K-Formel gegeben. In diesem Abschnitt untersuchen wir, wie die Methoden der Zustandstheorie zur Lösung von Warteproblemen eingesetzt werden können.

## 15.5.1 Berechnung von Kenngrößen mit Zustandsmodellen

Wir zeigen jetzt, wie Wartestationen und Netze von Wartestationen mit der Zustandstheorie bewertet werden können. Als erstes ist zu einem System ein Modell zu finden. Für ein einfaches Wartemodell wählen wir:

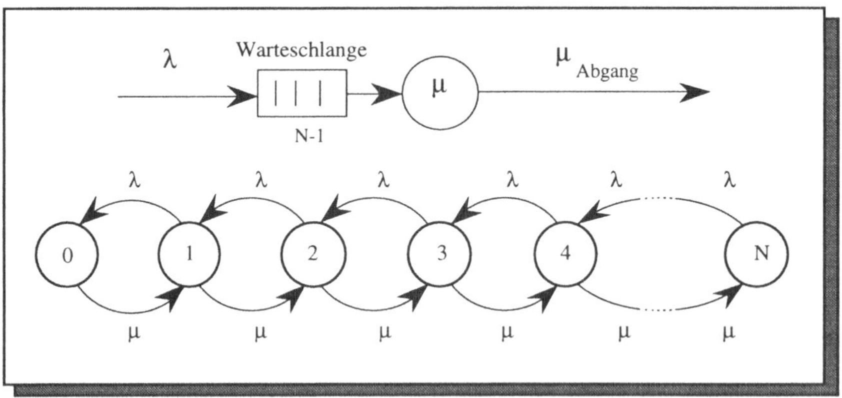


Ein-Bediener-System mit N Plätzen

Hier ist die Nummer des Zustands gleich der Anzahl der Pakete in der Wartestation. Hat die Warteschlange nur eine endliche Kapazität, so ist auch die Anzahl der Zustände beschränkt.

Einige interessante Probleme werden mit **zustandsabhängigen Übergangsraten** behandelt. In einem ersten Beispiel nehmen wir an, daß es in einer Station mehrere Bediener gibt, die parallel arbeiten können; bei einer größeren Zahl von Aufträgen wird sich in der Station auch die Bediengeschwindigkeit erhöhen. Zur Vereinfachung der Notation nehmen wir an, daß es eine Funktion $\delta:\mathbb{N}\rightarrow\mathbb{R}$ gibt, so daß die zustandsabhängige Bedienrate durch $\mu_n=\mu\cdot\delta(n)$ berechnet werden kann, wobei n die Zahl von Aufträgen im System ist, und $\mu$ die Bedienrate eines einzelnen Bedieners angibt. Diese Annahme kann nur dann mathematisch gerechtfertigt werden, wenn die Bedienzeitverteilung gedächtnislos ist; ansonsten gibt dieses nur eine Näherung der wahren Verhältnisse wieder: Das folgende Bild zeigt das Zustandsmodell zu diesem System:

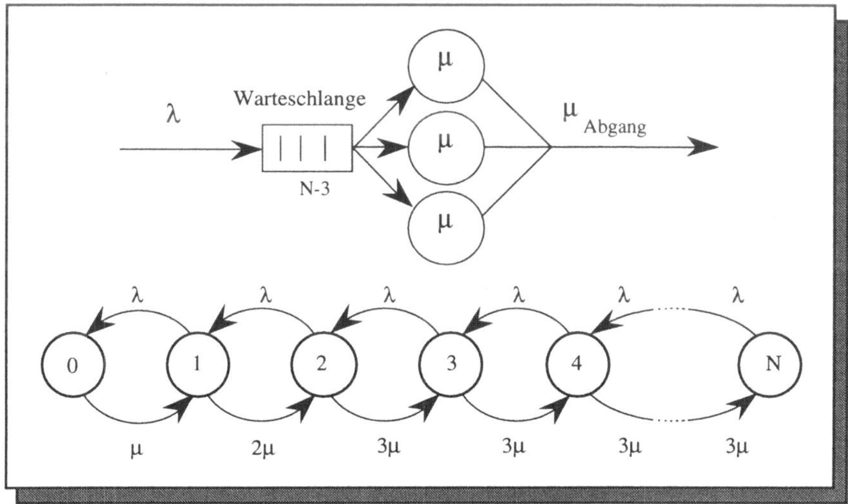


Drei-Bediener-System mit N Plätzen

Ebenso lassen sich auch zustandsabhängige Zugangsraten einführen, z.B. wenn Aufträge bei zu langen Warteschlangen entmutigt die Wartestation gar nicht erst betreten (*Disencouraged Arrival*), usw. In all diesen Fällen ist jedoch nicht gemeint, daß der Zeitpunkt, wann ein Auftrag ankommt bzw. fertiggestellt wird, von dem Systemzustand abhängt; lediglich die entsprechende Übergangsrate, also die Zahl von fertiggestellten Aufträgen in diesem Zustand, bezogen auf die Zeit in diesem Zustand, soll nicht mehr für alle Zustände gleich sein. Stattdessen sollen die zustandsabhängigen Übergangsraten zueinander in einem festen Verhältnis stehen. Man kann somit genauso rechnen wie vorher, nur daß nicht mehr notwendigerweise alle $\lambda_i=\lambda$ bzw. $\mu_\iota=\mu$ sind.

Die Auswertung dieser Zustandssysteme kann durch Lösen linearer Gleichung bewerkstelligt werden. Da es sich hier jedoch um spezielle Probleme handelt, sind in vielen Fällen spezielle Lösungsansätze effizienter.

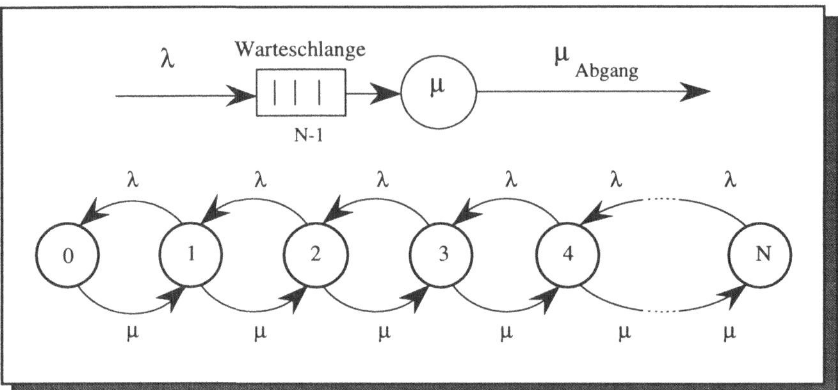


Ein-Bediener-System mit N Plätzen

Als Beispiel betrrachten wir zunächst dieses einfache System mit konstanter Zugangsrate $\lambda$ und konstanter Bedienrate $\mu$. Somit ist $\lambda_{i,i+1} = \lambda$, und $\lambda_{i,i-1} = \mu$. Das lineare Gleichungssystem hat die Form:

$$\pi_0 \cdot \lambda = \pi_1 \cdot \mu$$ Fluß durch Zustand 0

$$\pi_{i-1} \cdot \lambda + \pi_{i+1} \cdot \mu = \pi_i \cdot (\mu + \lambda), \quad i=1...N-1$$ Fluß durch Zustand 1...N-1

$$\pi_{N-1} \cdot \lambda = \pi_N \cdot \mu$$ Fluß durch Zustand N

Dieses Gleichungssystem läßt sich systematisch lösen und man erhält:

**Satz**

In einem einfachen Wartesystem mit Zugangsrate $\lambda$ und Bedienrate $\mu$ gilt bei gedächtnisloser Zwischenzugangszeit- und Bedienzeitverteilung für die Zustandswahrscheinlichkeiten:

$$\pi_i = \frac{1 - \varepsilon}{1 - \varepsilon^{N+1}} \cdot \varepsilon^i \quad \text{mit} \quad \varepsilon = \frac{\lambda}{\mu}$$

Dieses ist eine geschlossene Lösung für die Zustandswahrscheinlichkeiten $\pi_i$ das einfache Wartesystem. Man kann dieses leicht erweitern, indem man unbeschränkt viele Warteplätze vorgibt. Dazu läßt man N gegen unendlich gehen (was in unserem endlichen Modell natürlich nur bedeutet, daß N größer wird als eine hinreichend große endliche Zahl, z.B. die Anzahl der Aufträge A, die insgesamt das System betreten) und erhält dann für die Zustandswahrscheinlichkeiten:

$$\pi_i = (1 - \varepsilon) \cdot \varepsilon^i \quad \textit{für alle } i \geq 0$$

Für das Zwei-Bedienersystem erhält man das folgenden Zustandsmodell:

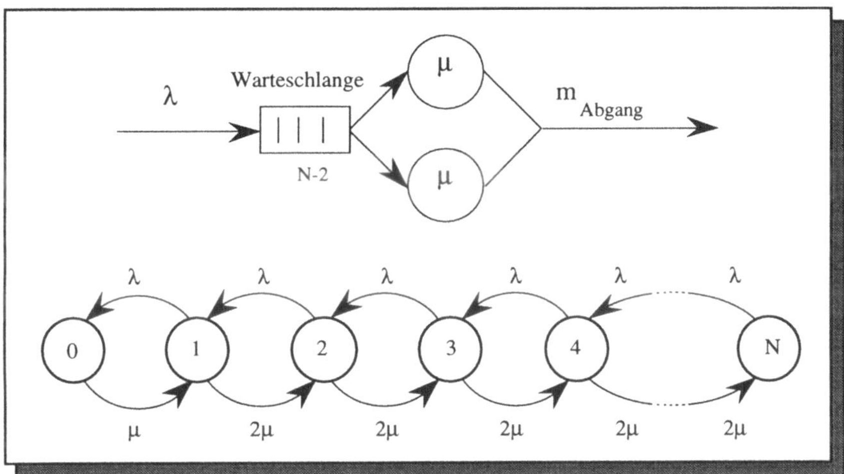


Zwei-Bediener-System mit N Plätzen

Auch hier läßt sich eine geschlossene Lösung angeben, die jedoch deutlich komplexer ist. Für die Zustandswahrscheinlichkeit $\pi_i$ erhalten wir:

$$\pi_i = \frac{1 - \varepsilon/2}{1 + \varepsilon/2 - \varepsilon\cdot(\varepsilon/2)^N} \cdot \frac{\varepsilon^i}{2^{i-1}}$$

Der Beweis bleibe dem Leser überlassen.

Die Zustandswahrscheinlichkeiten alleine sind meist nur von geringem Interesse, da die dort gefundenen Werte wenig aussagekräftig für das Verhalten eines Wartesystems sind. Es sollen daher aus den Zustandswahrscheinlichkeiten andere Größen hergeleitet werden, die für die Beurteilung eines Wartesystems geeigneter erscheinen.

Die wichtigsten Größen sind die **Auslastung**, der **Durchsatz** und die mittlere Zahl von Aufträgen in einer Station. Diese Größen können aus den Zustandswahrscheinlichkeiten ermittelt werden.

Wir beginnen mit dem **Durchsatz**. Diese Größe ist als die gesamte Zahl von Aufträgen definiert, die eine Station in der Zeiteinheit verlassen. Wir betrachten ein Wartesystem mit einem Bediener und einer Warteschlange. Die Zahl der Aufträge, die das System verlassen, wenn es sich im Zustand $\boxed{i}$ befindet, soll $A_i$ sein. Dann definieren wir als Durchsatz:

$$\mu_{Bediener} = \frac{A}{T} = \sum_{i\geq 1} \frac{A_i}{T} = \sum_{i\geq 1} \frac{A_i}{T_i} \cdot \frac{T_i}{T} = \sum_{i\geq 1} \mu_i \cdot \pi_i$$

(Traditionsgemäß wird $\mu$ auch für den Durchsatz eines Wartesystems verwendet. Wir benutzen hier einen Index: $\mu_{Bediener}$, um denkbaren Fehlinterpretationen vorzubeugen.)

Um die Rate von Aufträgen aus einer Station bzw. den Durchsatz durch diese Station zu erhalten, summiert man die mit den Zustandswahrscheinlichkeiten gewichteten Übergangsraten; dabei wird die Summe über alle Zustandsnummern genommen, aus denen ein Auftrag diese Station verlassen kann; $\mu_i$ ist die Übergangsrate jenes Prozesses, der einen Abgang von Aufträgen aus dieser Station im Zustand $\boxed{i}$ bewirkt. Verursacht mehr als ein Prozeß einen solchen Abgang von Aufträgen in diesem Zustand aus dieser Station, so ist statt $\mu_i$ die Summe dieser Übergangsraten zu nehmen.

**Beispiel**

Wir wollen dazu als Beispiel ein Wartesystem mit zunächst einem Bediener betrachten. Ist $\mu$ die Bedienrate des Bedieners, so ist $\mu_j=\mu$ die Übergangsrate aus dem Zustand $\boxed{j}$, $j\geq 1$, aufgrund des Abgangs eines Auftrags aus dieser Station. Ist $\pi_j$ die Wahrscheinlichkeit, daß sich j Aufträge in dieser Station befinden, so ist:

$$\mu_{1\text{-Bediener}} = \sum_{i\geq 1} \mu_j \cdot \pi_j = \mu \cdot \sum_{i\geq 1} \pi_j = \mu \cdot (1-\pi_0)$$

da sich die $\pi_i$ zu 1 summieren.

In einem System mit zwei Bedienern ist $\mu_1=\mu$. Sind zwei Aufträge im System, so können beide Bediener arbeiten. Also ist die Übergangsrate: $\mu_2=\mu+\mu=2\cdot\mu$. Dieses gilt auch, wenn sich mehr als zwei Aufträge im System befinden. Für den Durchsatz folgt dann:

$$\mu_{2\text{-Bediener}} = \sum_{j\geq 1} \mu_j \cdot \pi_j = \mu \cdot \pi_1 + 2\cdot\mu\cdot\sum_{j\geq 2} \pi_j = 2\cdot\mu\cdot(1-\pi_0) - \mu\cdot\pi_1$$

Auf ähnliche Weise lassen sich die Durchsätze von Systemen mit mehreren parallelen Bedienern berechnen; dieses ist auch möglich, wenn die einzelnen Bediener mit unterschiedlicher Bediengeschwindigkeit arbeiten.

Um die mittlere Füllung von Paketen in den Wartestationen zu berechnen, beachte man, daß sich im Zustand $\boxed{j}$ gerade j Aufträge in der untersuchten Station befinden; dann folgt für die mittlere Zahl von Aufträgen im System:

$$F = \frac{1}{T} \cdot \int_0^T n(s)\, ds = \frac{1}{T} \cdot \sum_{j\geq 1} j \cdot T_j = \sum_{j\geq 1} j \cdot \frac{T_j}{T} = \sum_{j\geq 1} j \cdot \pi_j$$

$$= \sum_{j \geq 1} P[\, n \geq j \,]$$

Als Beispiel betrachten wir die Formel für die Zustandswahrscheinlichkeiten eines unbeschränkt großen Wartesystems. Es ist:

$$P[\, n \geq j \,] = \sum_{i \geq j} \pi_i = (1-\varepsilon) \cdot \sum_{i \geq j} \varepsilon^i = (1-\varepsilon) \cdot \varepsilon^j \cdot \sum_{i \geq 0} \varepsilon^i = \frac{(1-\varepsilon) \cdot \varepsilon^j}{(1-\varepsilon)} = \varepsilon^j$$

Also ist:

$$F = \sum_{j \geq 1} P[\, n \geq j \,] = \sum_{j \geq 1} \varepsilon^j = \frac{\varepsilon}{1-\varepsilon}$$

wie bereits in Satz 15.3.2 gefunden. Nach Littles Gesetz kann aus dem Durchsatz und der mittleren Zahl von Aufträgen in einer Station sehr einfach die mittlere Zeit berechnet werden, die sich ein Auftrag in einer Station aufhält. Daher fällt die **mittlere Verweilzeit** bei dieser Rechnung mit an.

Zuletzt wollen wir noch die **Auslastung** (*Utilization*) einer Station berechnen. Dazu muß dieser Begriff zunächst genau definiert werden. Meint man damit einfach die relative Zeit, die das System mindestens einen Auftrag bedient, so ist die Auslastung $\varepsilon = 1 - \pi_0$. Versteht man darunter jedoch den relativen Anteil an fertiggestellten Aufträgen zu den maximal möglichen Fertigstellungen, so spricht man auch von **Ausnutzung**. Es ist:

$$\varepsilon_n = \frac{\lambda_{Abgang}}{\lambda_{max}}$$ **Ausnutzung**

Im Falle eines Systems mit einem Bediener ist der maximale Durchsatz gegeben, wenn der Bediener stets arbeitet, also $\pi_0 = 0$; für den Durchsatz gilt: $\lambda_{max} = \mu \cdot (1 - \pi_{0,min}) = \mu \cdot (1-0) = \mu$. Dann folgt für die Ausnutzung:

$$\varepsilon_n = \frac{\mu \cdot (1 - p_0)}{\mu} = 1 - p_0 = \varepsilon$$

Also stimmen hier die Ergebnisse für Auslastung und Ausnutzung überein. Dieses ist aber nicht mehr bei zwei parallelen Bedienern der Fall. In diesem Fall gilt für die Ausnutzung:

$$\varepsilon_n = \frac{2 \cdot \mu \cdot (1 - \pi_0) - \mu \cdot \pi_1}{2 \cdot \mu} = 1 - \pi_0 - \frac{\pi_1}{2}$$

In vielen Fällen lassen sich noch andere Größen aus den Zustandswahrscheinlichkeiten ermitteln, z.B. die Momente der Füllung. Allerdings sind die hier hergeleiteten Größen die gebräuchlisten.

Wir betrachten jetzt geschlossene Netze von Wartesystemen. Für die folgenden Betrachtungen legen wir einige Parameter solcher Systeme fest. Das System habe M

Stationen, und es gebe insgesamt F Aufträge in dem System. Gesucht ist nach der Zustandsverteilung, d.h. der Wahrscheinlichkeit, daß sich die Aufträge in dem System derart verteilen, daß sich in Station i $n_i$ Aufträge befinden. Wir schreiben für den Zustand wieder: $\boxed{n_1,n_2,\ldots,n_M}$ und für die entsprechende Wahrscheinlichkeit, in diesem Zustand zu sein: $P[\boxed{n_1,n_2,\ldots,n_M}]$. Ein Beispiel eines solchen geschlossenen Wartenetzes, wie es bei der Analyse von Rechnernetzen vorkommen kann, ist im nächsten Bild dargestellt.

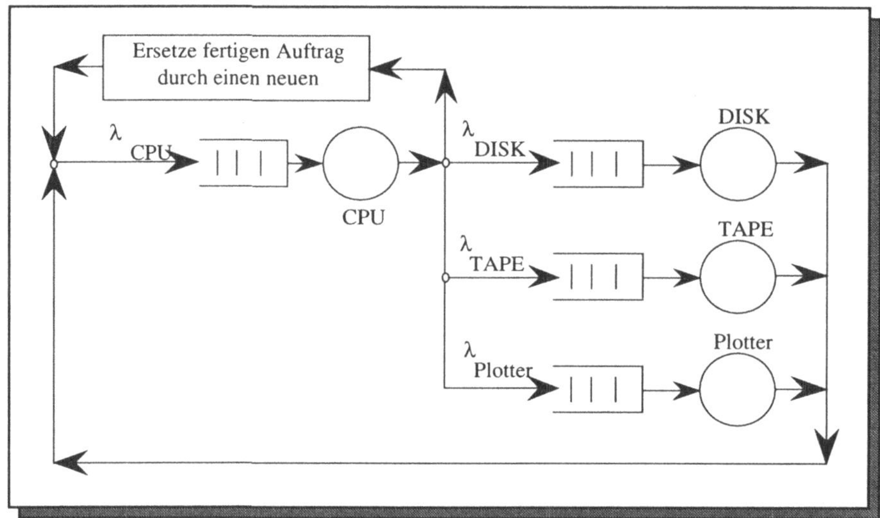


Ein geschlossenes Bedienersystem

Wir nehmen wieder an, daß ein Zustandswechsel durch Übergang eines Auftrags von Station r in die Station s erfolgt:

$$\boxed{\ldots,n_r,\ldots,n_s,\ldots} \rightarrow \boxed{\ldots,n_r-1,\ldots,n_s+1,\ldots}$$

unabhängig von dem Zustand des restlichen Systems stattfinden kann. Sei $\boxed{n_r}_r$ der Zustand, in dem sich in Station r genau $n_r$ Aufträge befinden; die Verteilung der restlichen Aufträge auf die anderen Stationen ist beliebig. Die Übergangsrate aus dem Zustand $\boxed{n_r}_r$ bezeichnen wir als $\mu_r(n_r)=\mu_r \cdot \delta_r(n_r)$; dabei ist $\mu_r$ die Bedienrate der entsprechenden Station r und $\delta_r(n_r)$ ein Proportionalitätsfaktor, der die Änderung der Bedienrate abhängig von der Füllung der Station r angibt. In jedem Falle ist $\delta_r(0)=0$, d.h. aus einer leeren Station kann kein Auftrag austreten. In einem Ein-Bedienersystem wird man $\delta_r(n)=1$ setzen, für n>0. Gibt es beliebig viele paralle Bediener, so wird man $\delta_r(n)=n$ setzen. Jede andere Wahl der Funktion $\delta_r(n):\mathbb{N}_0 \rightarrow \mathbb{R}^+$ ist ebenfalls zulässig.

Man nennt die hier betrachteten Netze **Gordon-Newell-Netze** (obgleich sie zuerst von **Jackson** beschrieben wurden). Eine Rekursion zur Berechnung der Zustandswahrscheinlichkeiten geht auf **Buzen** [Buzen73] zurück. Eine andere Rekursion verwendet die folgende rekursive Formel:

$$\lambda(n,m) = \frac{\lambda(n,m-1)}{1 + x_m \cdot (\lambda(n,m-1) - \lambda(n-1,m))}$$

mit den Anfangswerten:

$$\lambda(n,1) = \frac{\delta_1(n)}{x_1} \qquad \text{für } n = 0 \ldots F$$

$$\lambda(0,m) = 0 \qquad \text{für } m = 1 \ldots M$$

Dieses Verfahren wird auch als **Durchsatzalgorithmus** bezeichnet. Es kann auf Systeme mit lastabhängigen Bedienraten in einigen Stationen erweitert werden. Sei:

$$Q(n,m) = \sum_{k=0}^{n} \prod_{j=1}^{k} \frac{\delta_m(n+1-j)}{\lambda(j,m-1) \cdot x_m}$$

Dann gilt:

$$\lambda(n,m) = \frac{\delta_m(n)}{x_m} \cdot \frac{Q(n-1,m)}{Q(n,m)}$$

wobei die Anfangsbedingungen wie oben gelten.

## 15.5.2 Fehlversuchstheorie

Wird ein Übertragungsmedium von verschiedenen Stationen benutzt, so kann es zu Kollisionen kommen. Wir berechnen hier eine Formel, die im Falle unabhängiger Zugriffe von vielen Stationen auf ein solches Medium die Anzahl der Fehlversuche ermittelt. Dieses wird verwendet, um für das einfache ALOHA-Verfahren die maximale Übertragungsrate zu ermitteln.

Sei $T_b$ die Zeit, während der der Kanal belegt ist. Während dieser Zeit führt ein Zugriff zu einer Kollision. Die Anzahl der Kollisionen sei f (Fehlversuche). Während der Zeit $T-T_b$ ist das Medium unbelegt, der Zugriff also erfolgreich. Sei e die Anzahl erfolgreicher Versuche. Dann ist:

$$\lambda_f = \frac{f}{T_b}$$

die Fehlversuchsrate. Entsprechend ist:

$$\lambda_e = \frac{e}{T - T_b}$$

die Rate erfolgreicher Versuche.

Die **Fehlversuchshäufigkeit** H ist definiert als die Anzahl von Fehlversuchen je erfolgreichem Versuch. Also erhalten wir:

$$H = \frac{f}{e} = \frac{\lambda_f}{\lambda_e} \cdot \frac{T_b}{T - T_b} = \frac{\lambda_f}{\lambda_e} \cdot \frac{\varepsilon_b}{1 - \varepsilon_b}$$

Hier ist eb die relative Zeit, die das Medium belegt ist. Falls der Zugriff unabhängig von der Belegung des Mediums ist, so sind die Raten gleich: $\lambda_f = \lambda_e$. Dann folgt für die Fehlversuchshäufigkeit:

$$H = \frac{\varepsilon_b}{1 - \varepsilon_b}$$

Hier wurde vorausgesetzt, daß eine Station im Prinzip auch dann erneut auf das Medium zugreifen kann, wenn sie gerade sendet. Obgleich das unrealistisch ist, wird dieser Fehler beliebig klein, wenn die Anzahl zugreifender Stationen sehr groß ist. Sei

$$p = \frac{f}{f+e}$$

die **Fehlversuchswahrscheinlichkeit**. Dann gilt offenbar:

$$p = \frac{f}{f+e} = \frac{f/e}{1 + f/e} = \frac{H}{1 + H}$$

und ebenso zeigt man leicht, daß:

$$H = \frac{p}{1 - p}$$

## 15.6 Durchlaufzeiten durch Rechnernetze

Die Durchlaufzeit von Paketen bzw. Nachrichten durch Rechnernetze hängt außer von der reinen Verarbeitungs- und Übertragungszeit auch von Wartezeiten, evtl. sogar von Routingstrategien ab, und kann daher in der Regel nicht für einzelne Pakete eindeutig bestimmt werden. Auch für statistische Größen wie die mittlere oder die maximale Durchlaufzeit lassen sich solche Werte nur dann ermitteln, wenn stark vereinfachende Annahmen gemacht werden. Die folgenden recht einfachen Untersuchungen sind daher nur als Näherungen für die tatsächlichen Verhältnisse in Rechnernetzen zu betrachten. Insbesondere nehmen wir implizit an, daß die Stationen unabhängige M/M/1-Systeme sind, und daß sich die Verweilzeiten linear addieren.

Als mathematisches Modell werden zu diesem Zweck häufig ‚Offene Wartenetze' nach **Jackson** betrachtet. Ein solches Netz besteht aus beliebig vielen Knoten, die beliebig untereinander verbunden sind. Jeder Knoten empfängt Aufträge, die eine für den Knoten (nicht für den Auftrag) typische Bedienzeit haben; außerdem können Aufträge von externen Quellen in das Netz an einem Knoten eingespeist werden. Ein fertiggestellter Auftrag wird zufällig einem beliebigen anderen Knoten mit einer knotentypischen Wahrscheinlichkeit zugeordnet. Dieses läßt sich folgendermaßen in einem Bild darstellen:

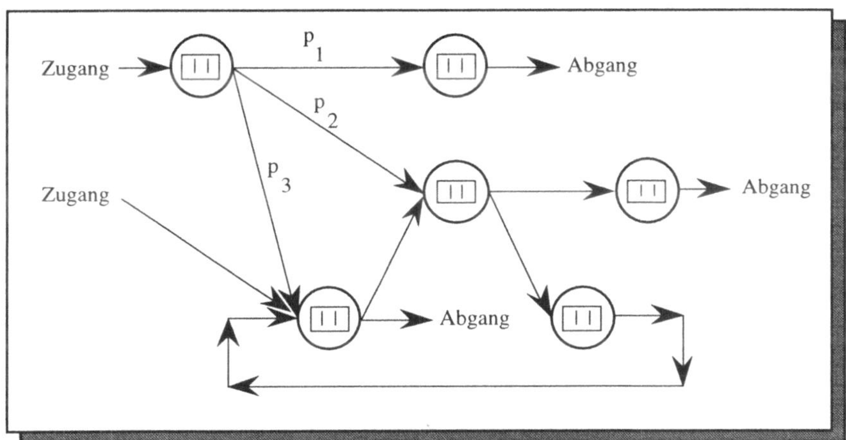


Beispiel eines Jackson-Netzes

Solche Jackson-Netze haben jetzt die angenehme Eigenschaft, daß jede Station unabhängig von allen anderen Stationen als M/M/1-Wartesystem betrachtet werden kann. Somit wird nur die Auslastung (auf der jeweiligen Ausgangsleitung) benötigt, um die mittleren Wartezeiten vor jeder Leitung zu berechnen. Dieses Modell stimmt mit einem Rechnernetz zwar nur sehr grob überein, aber für die folgenden Untersuchungen soll es ausreichen.

Für jede Verbindung i mit Paketerzeugungsrate $\lambda_i$ und mittlerer Paketlänge $1/\mu_i$ zwischen zwei beliebigen Stationen sind deren Wege und die Belastung auf den einzelnen Übertragungsleitungen zu bestimmen. Für die Menge der Wege schreiben wir $W_i$, so daß zu einem Weg ein Knoten und eine Übertragungsleitung gehören. $j \in W_i$ ist dann eine Übertragungsleitung, welche von der Verbindung i benutzt wird. Werden die Verbindungen und die Übertragungsleitungen durchnumeriert, und sei

$$\varepsilon_{ij} = \frac{\lambda_i}{\mu_i \cdot C_j}$$

$\varepsilon_{ij}$: **Belastung** der Leitung j durch Verbindung i
$1/\mu_i$: Mittlere Paketlänge der Verbindung i
$\lambda_i$: paketerzeugungsrate der Verbindung i
$C_j$: Übertragungsrate der Leitung j

die Belastung, die Verbindung i auf Übertragungsleitungen j erzeugt, so läßt sich die gesamte Last auf Übertragungsleitung j durch die Summe:

$$\varepsilon_j = \sum_i \varepsilon_{ij}$$

$\varepsilon_j$: gesamte Last auf Übertragungsleitung j

berechnen, wobei die Summe über alle Verbindungen zu nehmen ist. Aus der Auslastung läßt sich die Verweilzeit berechnen, wenn die Bedienzeit gedächtnislos verteilt ist und alle Bedienzeiten (d.h. $\frac{1}{\mu_i \cdot C_j}$) auf der Übertragungsleitung j gleich sind (alle $\mu_i=\mu$); dann erhalten wir für die Verweilzeit $T_j$ (als Summe aus Warte- und Übertragungszeit) an der Übertragungsleitung j:

$$T_{Verz\_j} = \frac{1}{\mu \cdot C_j \cdot (1 - \varepsilon_j)}$$

$T_{Verz\_j}$: **Verzögerung** auf der Leitung j

$1/\mu$: Mittlere Paketlänge aller Verbindungen

$\varepsilon_j$: Belastung der Leitung j

$C_j$: Übertragungsrate auf der Leitung j

Um die gesamte mittlere Verzögerung für die Verbindung i zu berechnen, sind die einzelnen Verzögerungszeiten je Übertragungsleitung, sowie die Bearbeitungszeiten in den einzelnen Knoten und die Signallaufzeiten zu summieren, so daß man insgesamt erhält:

$$T_i = \sum_{j \in W_i} \left( T_{Verzögerung\_j} + T_{Verarbeitung\_j} + T_{Laufzeit\_j} \right)$$

Wir hatten mit $\varepsilon_j$ die Auslastung der Leitung j bezeichnet. Natürlich darf keine Auslastung größer als 1 sein: $\varepsilon_j<1$ für alle Leitungen j. Dieses ist somit eine notwendige Bedingung dafür, daß das Netz die Gesamtlast übermitteln kann.

Da die mittlere Übertragungszeit je Paket auf der Leitung j gerade $\frac{1}{\mu \cdot C_j}$ beträgt, ist nach dem Auslastungsgesetz:

$$\eta_j = \varepsilon_j \cdot \mu \cdot C_j$$

$\eta_j$ : Paketrate auf Übertragungsleitung j

$\varepsilon_j$ : Auslastung der Übertragungsleitung j

$1/\mu$ : Mittl. Paketlänge auf der Übertragungsleitung j

$C_j$ : Übertragungsrate auf der Übertragungsleitung j

die Paketrate auf der Leitung j. Für diese gilt mit den von uns gemachten Annahmen:

$$\eta_j = \varepsilon_j \cdot \mu \cdot C_j = \sum_{i=1}^{M} \mu \cdot C_j \cdot \varepsilon_{ij} \cdot W_{ij} = \sum_{i=1}^{M} \frac{\mu \cdot C_j \cdot \lambda_i}{\mu \cdot C_j} \cdot W_{ij} = \sum_{i=1}^{M} \lambda_i \cdot W_{ij}$$

Hier sei $W_{ij}$ eine Indikatorfunktion, die genau dann 1 ist, wenn die Verbindung i über die Leitung j geht; sonst ist $W_{ij}=0$. Sei $|W_i|$ die Anzahl der Leitungen, über die Verbindung i geführt wird. Wird die Paketrate über alle Leitungen summiert, so erhält man die Gesamtrate von Paketen in dem Netz.

$$\eta = \sum_j \eta_j = \sum_j \sum_{i=1}^{M} \lambda_i \cdot W_{ij} = \sum_{i=1}^{M} \lambda_i \cdot \sum_j W_{ij} = \sum_{i=1}^{M} \lambda_i \cdot |W_i|$$

Die Paketrate von Verbindung i ist $\lambda_i$. Die Summe aller Paketraten

$$\lambda = \sum_i \lambda_i$$

$\lambda$: Datenfluß $\lambda_i$: Paketrate von Verbindung i

ergibt die gesamte Paketrate; sie wird auch als **Datenfluß** im Netz bezeichnet. Werden diese Zahlen durcheinander dividiert, so erhält man die mittlere Anzahl von Leitungen, über die eine Verbindung läuft:

$$W = \sum_{i=1}^{M} \frac{\lambda_i}{\lambda} \cdot |W_i| = \frac{1}{\lambda} \cdot \sum_{i=1}^{M} \lambda_i \cdot |W_i| = \frac{\eta}{\lambda}$$

Man beachte, daß die mittlere Anzahl durch Wichtung mit $\lambda_i/\lambda$ erhalten wird; somit wird bei dieser Kennzahl die Leitungszahl der Verbindungen mit höherer Paketrate stärker berücksichtigt als solche mit niedrigerer. Wir erhalten:

$$\boxed{W = \frac{\eta}{\lambda}}$$

W : Mittlere Anzahl von Leitungen je Verbindung
$\eta$ : Paketratensumme auf allen Leitungen
$\lambda$ : Paketratensumme aller Verbindungen

Jetzt folgt auch sofort wegen $\eta_j = \varepsilon_j \cdot \mu \cdot C_j$:

$$\frac{\lambda}{\mu} \cdot W = \frac{1}{\mu} \cdot \sum_j \eta_j = \frac{1}{\mu} \cdot \sum_j \varepsilon_j \cdot \mu \cdot C_j = \sum_j \varepsilon_j \cdot C_j$$

Hier ist $\varepsilon_B = \lambda/\mu$ die Belastung des Netzes durch Pakete aller Verbindungen. Wären alle $C_j$ gleich, so wäre $\varepsilon = \sum_j \varepsilon_j$ die Summe der Auslastung aller Leitungen; man erhielte dann also die Auslastung aller Leitungen aus dem Produkt von Belastung und mittlerer Anzahl von Leitungen je Verbindung:

$$\boxed{\varepsilon_B \cdot W = \frac{\lambda \cdot W}{\mu} = \sum_j \varepsilon_j \cdot C_j}$$

W : Mittlere Anzahl von Leitungen je Verbindung

| | |
|---|---|
| $\eta$ | : Paketratensumme auf allen Leitungen |
| $\lambda$ | : Paketratensumme aller Verbindungen |
| $\varepsilon_B$ | : Belastung des Netzes durch alle Verbindungen |
| $\varepsilon_j$ | : Auslastung auf der Leitung j |
| $C_j$ | : Kapazität der Leitung j |

Ein Maß für die mittlere Übertragungszeit von Nachrichten im Netz erhält man analog:

$$T_{Netz} = \sum_{i=1}^{M} \frac{\lambda_i}{\lambda} \cdot T_i =$$

$$= \frac{1}{\lambda} \cdot \sum_{i=1}^{M} \lambda_i \cdot T_i =$$

$$= \frac{1}{\lambda} \cdot \sum_{i=1}^{M} \sum_{j} (T_{Verz\_j} + T_{Verarbeitung\_j} + T_{Laufzeit\_j}) \cdot \lambda_i \cdot W_{ij} =$$

$$= \frac{1}{\lambda} \cdot \sum_{j} (T_{Verz\_j} + T_{Verarbeitung\_j} + T_{Laufzeit\_j}) \cdot \eta_j$$

Hier ist $T_i$ die oben berechnete mittlere Übertragungszeit jedes Pakets in Verbindung i. Die zweite Zeile drückt die mittlere Übertragungszeit durch die Parameter der Verbindung ($\lambda_i$ und $T_i$) aus. Die dritte Zeile betrachtet diese abhängig von den Parametern der Leitungen. Die vierte Gleichung drückt dieses durch die Eigenschaften der einzelnen Leitungen aus.

## 15.7 Leitungsbelastung

Wir haben bereits verschiedene Kenngrößen eines Rechnernetzes kennengelernt:

- Kosten der Leitung (abhängig von Entfernung und Übertragungsleistung)
- Datenfluß $\lambda_i$ zwischen zwei Stationen A→B
- Voraussichtliche Wege $W_i$ des Datenflußes $\lambda_i$
- Zulässige mittlere Verzögerung der Pakete bei der Übertragung

Aus diesen Parametern läßt sich in der Regel nicht geschlossen ein optimales Netz erzeugen. Um dennoch zu einem Ergebnis zu kommen, werden einige Heuristiken verwendet. So geht man von einem Netz mit offensichtlich vernünftiger Struktur aus und variiert einzelne Parameter, um Übertragungszeiten oder Kosten zu minimieren oder die Ausfallsicherheit zu maximieren.

Ist eine gegebene Verkehrsbeziehung (in $\varepsilon_{ij}$) zwischen je zwei Knoten i und j gegeben, so läßt sich stets die Zulässigkeit dieses Verkehrs durch die Bedingung: $\varepsilon_k<1$ für jede

Leitung k ermitteln. Ist $W_{ik}$ die im letzten Abschnitt eingeführt Indikatorfunktion für die Verbindung i und die Leitungen k, so läßt sich ebenfalls schreiben:

**Satz:** Gilt für alle Leitungen k: $W_{ik} \cdot \varepsilon_k < 1$, so ist die i-te Verbindung zulässig.

Faßt man das Rechnernetz als einen Graphen auf, so müssen zwei Knoten A und B zusammenhängend sein, damit eine Verbindung zwischen beiden bestehen kann. Entfernt man einzelne Kanten (d.h. Verbindungsleitungen) so, daß A und B nicht mehr zusammenhängend sind, so wird die Menge dieser Kanten als **Schnitt** bezeichnet. In der Regel gibt es mehrere Schnitte, die zwei bestimmte Knoten A und B trennen. Sei $S_r$ ein solcher Schnitt, und sei $\Gamma_r = \sum_{j \in S_r} C_j$ die gesamte Kapazität dieses Schnittes; würde man die Kanten irgendeines Schnitts $S_r$ entfernen, so könnten die beiden Stationen A und B nicht mehr miteinander kommunizieren. Also ist das minimale $\Gamma_r$ zugleich die maximale Datenkapazität (in Bit je Sekunde), die zwischen den Stationen A und B übertragen werden kann. Dieses wird in dem Satz von **Ford-Fulkerson** ausgedrückt:

**Min-Cut-Max-Flow-Theorem**

Werden A und B durch Schnitte $S_r$ getrennt, und sei $\Gamma_r = \sum_{j \in S_r} C_j$ die gesamte Kapazität dieses Schnittes. Dann ist:

$$\Gamma_{A \to B} = \min_r \Gamma_r$$

die maximale Datenkapazität (in Bit je Sekunde), die zwischen den Stationen A und B übertragen werden kann.

$\Gamma_{A \to B}$ ist eine Maßzahl, die die maximale Kapazität zwischen zwei Knoten A und B angibt. Wir hatten bereits andere Maßzahlen für Rechnernetze kennengelernt. So ist $\eta$ die gesamte genutzte Kapazität aller Übertragungsleitungen in Paketen je Sekunde. Es gilt: $\lambda \cdot W = \eta$, wobei W die mittlere Anzahl von Leitungen ist, über welche die Verbindungen geführt werden und $\lambda$ die gesamte Kapazität, die alle Verbindungen (in Paketen je Sekunde) übermitteln. Da $\mu \cdot C_j$ die gesamte Kapazität der Übertragungsleitungen j (in Paketen je Sekunde) ist, ist die Summe

$$\mu \cdot C = \mu \cdot \sum_j C_j$$

die gesamte Kapazität aller Übertragungsleitungen. Diese muß natürlich kleiner als die effektive Ausnutzung, also als $\eta$, sein:

**Satz:** Das Netz ist überlastet, wenn $\eta \leq \mu \cdot C = \mu \cdot \sum_j C_j$ *ist.*

| | |
|---|---|
| $\eta$ | : Paketrate auf allen Übertragungsleitungen |
| $1/\mu$ | : Mittlere Paketlänge |
| $C_j$ | : Kapazität der Übertragungsleitung j |
| C | : Kapazität des Netzes |

Dieses ist ein recht grobes Maß. Natürlich darf keine einzige Leitung überlastet sein, so daß folgt:

**Satz:** Die Leitung j ist überlastet, wenn $\varepsilon_j = \frac{\eta_j}{\mu \cdot C_j} \geq 1$ ist, oder $\eta_j \geq \mu \cdot C_j$.

| | |
|---|---|
| $\varepsilon_j$ | : Auslastung der Übertragungsleitung j |
| $\eta_j$ | : Paketrate auf Übertragungsleitung j |
| $1/\mu$ | : Mittlere Paketlänge |
| $C_j$ | : Kapazität der Übertragungsleitung j |

Die hier entwickelten Kriterien sind eigentlich nur noch bei 'klassischen' Rechnernetzen relevant. Moderne Netze verwenden in der Regel Hochleistungsverbindungen mit Übertragungsraten von mehreren hundert Gigabit je Sekunden. Hier stellt weniger die Kapazität der jeweiligen Leitungen als vielmehr die Verarbeitungsgeschwindigkeit von Paketen in den jeweiligen Knoten den Verkehrsengpaß dar.

## 15.8 Ausfallsicherheit

Neben der Übertragungsleistung spielt die Ausfallsicherheit eines Systems eine große Rolle. In diesem Abschnitt soll untersucht werden, wie die Verfügbarkeit von Rechnernetzen durch die Bereitstellung alternativer Routen erhöht werden kann. Allerdings kann die Ausfallsicherheit in Netzen nur dann durch Umleitung von Daten erhöht werden, wenn der Routingalgorithmus dieses vorsieht.

Wir betrachten ein Netz mit N Knoten und untersuchen nur den Fall, daß zwischen zwei Knoten eine Verbindung existiert, wobei die Kapazität dieser Verbindung nicht berücksichtigt wird. Gesucht ist also die Wahrscheinlichkeit:

$$P^{Aus}_{A \to B} = P[\textit{keine Verbindung zwischen den Knoten A und B}]$$

Zur Vereinfachung der Formeln nehmen wir im folgenden meist an, daß jede Leitung mit der gleichen Wahrscheinlichkeit p ausfällt; dieses läßt sich einfach auf den Fall erweitern, daß Leitungen unterschiedliche Ausfallwahrscheinlichkeiten haben. Darüber hinaus müssen die Ausfallwahrscheinlichkeiten als unabhängig angesehen werden, so daß die Gesamtwahrscheinlichkeit als Produkt der Einzelwahrscheinlichkeiten berechnet werden kann.

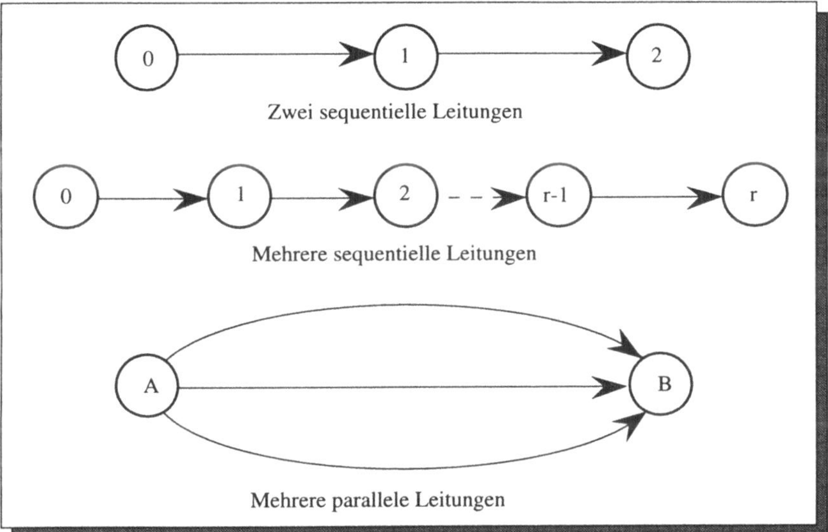


Zur Ausfallwahrscheinlichkeit einfacher Netze

Besteht das Netz nur aus zwei Leitungen, die die Daten nacheinander übertragen, so erhält man die Ausfallwahrscheinlichkeit für die Fälle, daß eine oder beide Leitungen ausgefallen sind; einfacher bestimmt sich dieses aus der Formel *1–P[keine Leitung ausgefallen]*. Es gilt also:

$$P^{Aus}_{0\to 1\to 2} = 1 - ((1-P^{Aus}_{0\to 1}) \cdot (1-P^{Aus}_{1\to 2})) = 1 - ((1-p) \cdot (1-p)) = p \cdot (2-p)$$

Dieses läßt sich auf einen Pfad beliebiger Länge verallgemeinern:

$$P^{Aus}_{0\to 1\to \dots \to r} = 1 - \prod_{j=1}^{r} (1-P^{Aus}_{j-1\to j}) = 1 - (1-p)^r$$

Gibt es stattdessen r parallele Pfade der Länge 1 zwischen zwei Knoten A und B, so ist die Ausfallwahrscheinlichkeit gleich der Wahrscheinlichkeit, daß alle Pfade ausgefallen sind:

$$P^{Aus}_{A\to B,\dots,A\to B} = \prod_{j=1}^{r} P^{Aus}_{A\to B} = p^r$$

Gibt es r unabhängige Pfade zwischen zwei Knoten mit der Ausfallwahrscheinlichkeit $P_1^{Aus}, P_2^{Aus}, \ldots, P_r^{Aus}$ so ist die gesamte Ausfallwahrscheinlichkeit das Produkt der einzelnen Wahrscheinlichkeiten, d.h.:

$$P^{Aus}_{A\to B,\ldots,A\to B} = \prod_{j=1}^{r} P_j^{Aus}$$

Werden jedoch gleiche Leitungen von verschiedenen Wegen benutzt, so sind die Ausfallwahrscheinlichkeiten komplizierter zu berechnen. Man kann z.B. die Schnitte $S_r$ zwischen zwei Knoten A und B verwenden, wobei $S^j_{A\to B}$ die Anzahl der Schnitte zwischen A und B sein soll, die j Leitungen enthalten. N sei die Anzahl der Leitungen im Netz, so daß es $\binom{N}{j}$ Kombination von j Leitungen gibt, von denen jedoch nur $S^j_{A\to B}$ die Knoten A und B trennen. Dann läßt sich offenbar berechnen:

$$P^{Aus}_{A\to B,\ldots,A\to B} = \prod_{j=1}^{N} S^j_{A\to B} \cdot p^j \cdot (1-p)^{N-j}$$

Allerdings ist es i.allg. ein komplexes kombinatorisches Problem, sämtliche Schnitte eines Netzes zu finden. Sind die einzelnen Ausfallwahrscheinlichkeiten unterschiedlich, so kann dieses Verfahren bei größeren Netzen nicht mehr angewendet werden. Stattdessen läßt sich folgendes rekursive Verfahren anwenden, welches als **Reduktion nach Hänseler** bezeichnet wird.

Mit $N_A$ bezeichnen wir die Menge der Nachbarknoten von A, d.h. jener Knoten, die A über eine Verbindungsleitung direkt erreichen können. Man entferne den Knoten A aus dem Netz sowie sämtliche Verbindungen zu A. Kennt man jetzt die Ausfallwahrscheinlichkeiten zwischen den Nachbarknoten von A und dem Knoten B, so läßt sich die Ausfallwahrscheinlichkeit zwischen A und B rekursiv berechnen.

Dazu betrachten wir jede Teilmenge $K_j \subseteq N_A$ und berechnen zum einen die Wahrscheinlichkeit, daß die Verbindung zwischen A und allen Knoten in $K_j$ ausgefallen ist, zum anderen die Wahrscheinlichkeit, daß die Verbindung zwischen allen Knoten in $N_A \backslash K_j$ und B ausgefallen ist. Für die bedingte Wahrscheinlichkeit, daß die Verbindung zwischen A und B ausgefallen ist, falls die Verbindung zwischen $N_A \backslash K_j$ und B ausgefallen ist, erhalten wir:

$$P[A \leftrightarrow B \mid N_A\backslash K_j \not\leftrightarrow B] = P[A \leftrightarrow N_A\backslash K_j,\ A \not\leftrightarrow K_j]$$

Aufgrund des Satzes von der totalen Wahrscheinlichkeit erhält man dann:

$$\begin{aligned} P^{Aus}_{A\to B} &= P[A \leftrightarrow N_A] \cdot P[N_A \not\leftrightarrow B] && K=\{\} \\ &+ P[A \leftrightarrow N_A\backslash\{1\},\ A \not\leftrightarrow \{1\}] \cdot P[N_A\backslash\{1\} \not\leftrightarrow B] && K=\{1\} \end{aligned}$$

$$+ \; P[A \leftrightarrow N_A \backslash \{2\},\; A \not\leftrightarrow \{2\}] \cdot P[N_A \backslash \{2\} \not\leftrightarrow B] \qquad K=\{2\}$$

...

$$+ \; P[A \leftrightarrow N_A \backslash \{1,2\},\; A \not\leftrightarrow \{1,2\}] \cdot P[N_A \backslash \{1,2\} \not\leftrightarrow B] \qquad K=\{1,2\}$$

...

$$+ \; P[A \not\leftrightarrow N_A] \qquad K=\{N_A\}$$

Enthalten die $K_j$ alle Kombinationen der Knoten aus $N_A$, so gilt:

$$P^{Aus}_{A \to B} = \sum_j P[A \leftrightarrow N_A \backslash K_j,\; A \not\leftrightarrow K_j] \cdot P[N_A \backslash K_j \not\leftrightarrow B]$$

Die erste Wahrscheinlichkeit in der Summe kann durch entsprechende Produktwahrscheinlichkeiten berechnet werden, da die Ausfallwahrscheinlichkeiten der einzelnen Leitungen als unabhängig angenommen werden. Im Falle gleicher Ausfallwahrscheinlichkeiten für alle Leitungen erhalten wir:

$$P[A \leftrightarrow N_A \backslash K_j,\; A \not\leftrightarrow K_j] = p^{|K_j|} \cdot (1-p)^{|N_A|-|K_j|}$$

Die zweite Wahrscheinlichkeit in der Summe ist für das um den Knoten A reduzierte Netz zu berechnen. Daher führt dieses auf ein etwas einfacheres Problem, wenngleich hier die Ausfallwahrscheinlichkeiten zwischen Knotenmengen zu bestimmen sind.

# 15.9 Optimierung der Fragmentierung

Bekanntlich werden in Rechnernetzen Nachrichten nicht im ganzen, sondern in Paketen fragmentiert übermittelt. Hier stellt sich die Frage, welche Paketlängen optimal sind, so daß die Übertragungszeit minimiert wird. Dieses wurde für eine einzelne Leitung beim möglichen auftreten von Fehlern bereits im Abschnitt über Leitungsprotokolle berechnet. Hier soll die minimale Übertragungszeit bei mehreren Übertragungsleitungen berechnet werden.

Sei N die Nachrichtenlänge. Ein Paket habe die Länge $n=n_a+n_h$ bestehend aus $n_a$ Nutzdatenbit und $n_h$ Headerbit je Paket. Haben alle Leitungen die gleiche Kapazität C und jeder Knoten die Verarbeitungszeit Z, so ist bei m Knoten die Übertragungszeit der Nachricht in einem Paket:

$$T_1 = m \cdot (\frac{N+n_h}{C} + Z)$$

wobei Leitungslaufzeiten und andere Größen hier ignoriert bzw. in die Knotenverarbeitungszeit integriert werden. Etwas allgemeiner soll die Übertragungszeit aus zwei Teilen berechnet werden, einem Nutzdatenteil für N Bit mit der Übertragungszeit $N \cdot T_D$ und einem Paketanteil mit der Übertragungszeit $T_P$, jeweils bezogen auf eine Leitung; somit lautet jetzt die letzte Formel:

$$T_1 = m \cdot (N \cdot T_D + T_P)$$

Für die obige Formel wird offenbar $T_D=1/C$, während $T_P=n_h/C+Z$ ist. Zerlegen wir die Nachricht in k Pakete, so kann das erste Paket bereits auf der zweiten Leitung weitergeschickt werden, während bereits das zweite Paket über die erste Leitung geschickt wird. Die Übertragungszeit ist also:

$$T_k = m \cdot (N/k \cdot T_D + T_P) + (k-1) \cdot (N/k \cdot T_D + T_P) = (m+k-1) \cdot (N/k \cdot T_D + T_P)$$

Für k=1 geht dieses offenbar in die obige Formel über. Durch Variieren von k läßt sich eine optimale Übertragungszeit finden. Es gilt:

$$k_{min} = \sqrt{\frac{(m-1) \cdot N \cdot T_D}{T_P}}$$

wie der Leser leicht nachrechnet. Man sieht hier, daß $k_{min}$ mit der Wurzel der Anzahl der Übertragungsleitungen m bzw. der Wurzel der Nachrichtenlänge N wächst. Für die optimale Paketlänge bei einer Nachrichtenlänge von N und m Übertragungsleitungen folgt:

$$\frac{N}{k_{min}} = \sqrt{\frac{N \cdot T_P}{(m-1) \cdot T_D}}$$

| | |
|---|---|
| N | : Nachrichtenlänge |
| $k_{min}$ | : Optimale Anzahl von Paketen |
| $T_P$ | : Feste Übertragungszeit je Paket (Overhead) |
| $T_D$ | : Lägenabhängige Übertragungszeit je Bit |
| m | : Anzahl der Übertragungsleitungen |

Mit dieser Formel läßt sich somit abschätzen, für welche Paketlänge man bei den gemachten Annahmen. eine optimale Übertragungszeit erhält. Allerdings wurden hier keine anderen Parameter berücksichtigt wie Fehlerwahrscheinlichkeiten oder Protokolloverhead, so daß die Ergebnisse nur für sehr zuverlässige Leitungen gelten, bei denen z.B. auch auf Quittungen verzichtet werden kann. Solche Systeme lssen sich beispielsweise mit LWL-Netzen durchaus realisieren.

Interessant ist hier noch die Frage, bei welchen Parametersätzen man von einer Paketierung absehen sollte, da die Übertragungszeiten ganzer Nachrichten kleiner sind als die fragmentierter Nachrichten. Das Verhältnis $T_P/T_D=n_h+Z \cdot C$ hängt von der Verarbeitungszeit Z in den Knoten ab, sowie von der Übertragungsrate C auf den Leitungen. Es sei C=20 kBit/sec, 1 MBit/sec und 100 MBit/sec; die Verarbeitungszeit in den Knoten sei Z=10 μsec, 100 μsec und 1 msec; für $n_h$ nehmen wir (bei X.25) $n_h$=24 Bit. Dann variiert $T_P/T_D$ in den Bereichen: $T_P/T_D \approx 24+2$, 24+100.000. Also ist $\sqrt{T_P/T_D} \approx 5 \ldots 316$.

Damit eine Fragmentierung sinnvoll ist, muß $k_{min}$ offenbar mindestens größer als 2 sein, also

$$k_{min} = \sqrt{\frac{(m-1) \cdot N \cdot T_D}{T_P}} \geq 2$$

oder

$$(m-1) \cdot N \geq 2 \cdot \frac{T_P}{T_D} \approx 52...200.048$$

Man sieht hieraus, daß bei großer Übertragungs- und kleiner Verarbeitungsgeschwindigkeit der Pakete in den Knoten eine Fragmentierung nur bei entweder sehr großen Paketlängen oder sehr vielen Knoten sinnvoll ist. Die Knotenzahl liegt meist nicht über 5, so daß nur Nachrichten mit einer Länge von mehr als 40.000 Bit in Pakete mit 20 kBit Länge fragmentiert werden sollten. Bei langsamen Verbindungsleitungen sind jedoch kleinere Pakete effizienter.

## 15.10 Schlußbemerkungen

In diesem Kapitel wurden verschiedene mathematische Techniken eingeführt, die sich allgemein zur Analyse dynamischer Systeme eignen. Insbesondere die Wartetheorie ist eine sehr komplexe Methode, welche jedoch zugleich nur für stark vereinfache Fälle zu handhabbaren Aussagen kommt. Diese Methoden sind dennoch interessant, da sie beispielsweise Grenzaussagen und prinzipielle Ergebnisse liefern.

Für praktische Fragen stellt sich jedoch immer die Alternative, ob nicht simulative Untersuchungen differenziertere Betrachtungen gestatten, die zugleich vertrauenswürdiger modelliert werden können, da ein weiterer Nachteil der rein mathematischen Analyse die nicht jedermann unmittelbar zugängliche mathematische Technik ist. Mit Simulation hingegen können die erstellten Modelle einfacher dargestellt, sogar animiert werden, so daß mehr Menschen von der Richtigkeit der angestellten Untersuchungen überzeugt werden können.

Beide Methoden liefern Ergebnisse, die als Grundlagen dienen können, Rechnernetze bereits beim Entwurf angemessen auszulegen, um von Anfang an ein lauffähiges System zu erhalten. Darüber hinaus können die Techniken beider Methoden auch verwendet werden, um während des Betriebs das Verhalten des Systems zu überwachen, d.h. insbesondere Leistungskenndaten adäquat zu formulieren und zu messen, sowie zu interpretieren. Daher bilden diese Techniken zugleich die Grundlage für die Aufgaben des *Performance Managements* im Netzwerkmanagement.

# 16 Routing

## 16.1 Einleitung

Die Vermittlungsschicht des ISO/OSI-Basisreferenzmodells hat die Aufgabe, Benutzernachrichten zwischen Endsystemen transparent auszutauschen. Können zwei Endsysteme ihre Daten nicht direkt über eine Leitung übertragen, z.B. weil die Systeme in verschiedenen Subnetzen liegen, so muß eine zu übertragende Nachricht auf dem Weg vom Quell- zum Zielrechner über eine oder mehrere Transitsysteme geführt werden. In vermaschten Netzen kann es mehr als einen Weg zwischen zwei Endsystemen geben, so daß eine Auswahl zwischen diesen Pfaden getroffen werden muß; dieses wird in der Regel mit besonderen Algorithmen durchgeführt, die u.a. als **Leitwegbestimmungs**-, **Routing**-, **Wegeermittlungs**-, **Wegebestimmungs**- oder **Wegelenkungsalgorithmen** bezeichnet werden. Die Implementierung solcher Algorithmen stellt einen umfangreichen Teil der Vermittlungsschicht dar und wird in diesem Kapitel beschrieben und analysiert.

Die Wegewahlalgorithmen hängen in der Regel von der Art der Verbindungen ab. Im öffentlichen Telefonnetz und anderen leitungsvermittelten Netzen werden ausschließlich verbindungsorientierte Dienste verwendet, d.h. daß bereits beim Verbindungsaufbau der Weg der Nachricht durch das Netz von Transitstationen festgelegt wird; auch das speichervermittelte DATEX-P-Netz wird in der Regel verbindungsorientiert betrieben, so daß auch hier bereits beim Aufbau einer Verbindung eine Wegewahl zu treffen ist. Das gleiche wird für das zukünftige Breitband-ISDN der Fall sein.

Im Internet wird für die Übertragung von Daten ein verbindungsloser Datagrammdienst verwendet, das Internetprotokoll (IP), welches für jede Dateneinheit, hier Datagramm genannt, an jedem Vermittlungsknoten eine eigene Routingentscheidung durchführen muß. Daher wurden die Forschungsarbeiten zur Verbesserung der Routingverfahren mit dem Aufbau und dem Einsatz des Internets in eine andere Richtung getrieben als bei den klassischen verbindungsorienten Nachrichtendiensten.

Unabhängig vom Vermittlungsverfahren muß jedoch jeweils mindestens einmal eine Wegeauswahl getroffen werden, so daß für beide Verfahren Routingalgorithmen zu implementieren sind, die sich jedoch bezüglich des Aufwands, der für eine einzelne Routingentscheidung zu erbringen ist, unterscheiden.

## 16.2 Begriffe zum Routing

Die folgenden Abschnitte geben eine grundlegende Einführung in die Begriffe der Routingtechniken.

### 16.2.1 Das Modell

Für die Beschreibung eines Rechnernetzes verwenden wir im folgenden ein Modell, bei dem die einzelnen Rechner (sowohl Endsysteme wie auch Vermittlungssysteme) als Knoten und Verbindungen zwischen Rechnern als Kanten eines Graphen aufzufassen sind. Den Kanten des Graphens wird zusätzlich noch eine Gewichtung (Metrik) zugeordnet, welche z.B. die Übertragungsgeschwindigkeit oder die Kosten bei der Verwendung der Verbindung repräsentiert, so daß als Optimierungsziel bei der Wegewahl das Minimum der Summe der Kantengewichte auf einem bestimmten Pfad verwendet werden kann.

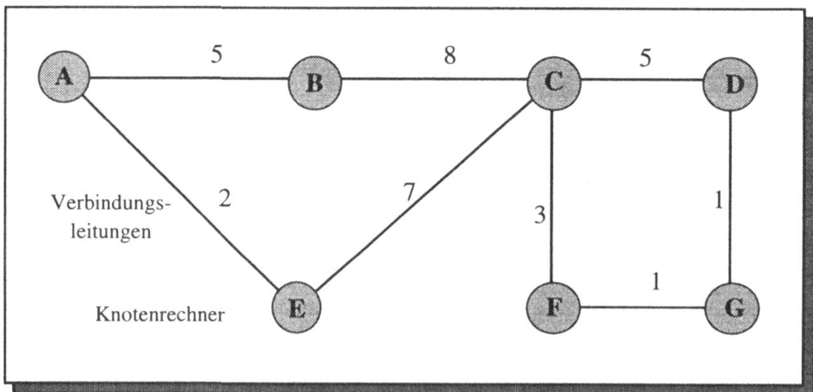


Rechnernetz als Graph

Ein Knotenrechner besteht in diesem Modell aus mindestens einem Prozessor, sowie ein- und ausgehenden Warteschlangen bzw. Puffern, in denen Pakete beim Eintreffen in einem Knoten vor ihrer Verarbeitung und beim Absenden gespeichert werden. In realen Systemen werden hierfür in der Regel eigene E/A-Prozessoren vorgesehen, die den zentralen Prozessor bei der Behandlung der jeweiligen Ein- und Ausgangsleitung unterstützen.

Dadurch kann der zentrale Prozessor ausschließlich für die eigentliche Vermittlungsarbeit eingesetzt werden, was ein solches System sehr viel effizienter macht. Bei sehr schnellen Übertragungstechniken, z.B. ATM, werden für die Vermittlung ausschließlich spezielle Hardware-Schaltungen verwendet, da hier auf jeder Leitung Pakete mit einer Rate von über 150 MBit/sec eintreffen können. Solche großen Datenraten lassen sich nicht mehr mit üblichen Prozessoren bearbeiten.

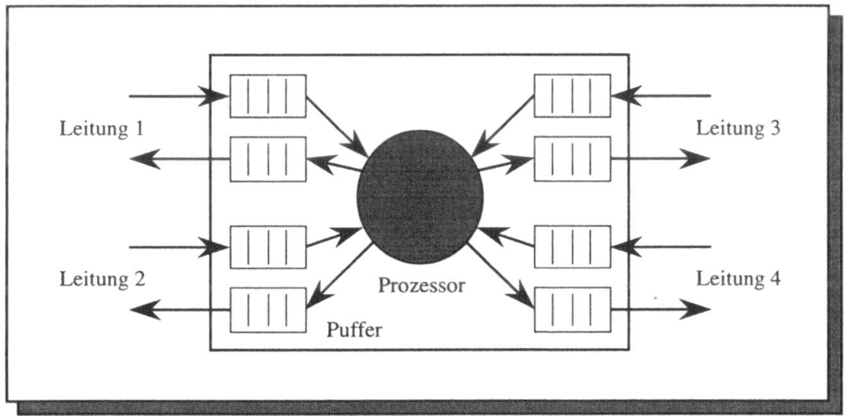


Modell eines Knotenrechners

Dieses Modell kann insofern als klassisch bezeichnet werden, als bei früheren Übertragungstechniken in der Regel die Übertragungsleitungen den Verkehrsengpaß darstellten. Heutige moderne Systeme verwenden meist Lichtwellenleiter oder andere sehr schnelle und zuverlässige Medien, so daß sich der Verkehrsengpaß in die Knotenrechner verlagert. Wir betrachten hier jedoch nur die klassische Fragestellung.

### 16.2.2 Bewertungskriterien für Routing-Algorithmen

Rechnernetze unterscheiden sich außer in ihrer Topologie auch in den Anwendungen, für die sie eingesetzt werden (z.B. Bürokommunikation, Maschinensteuerungen usw.). Aus diesem Grunde sind für die einzelnen Aufgabenbereiche auch unterschiedliche Routingverfahren einzusetzen, um eine möglichst effiziente Datenübertragung zu gewährleisten. Diese Auswahl sollte nach objektiven Entscheidungskriterien geschehen, welche in der Regel von bestimmten Parametern des Netzes abhängen. Solche Randbedingungen umfassen insbesondere die Topologie des Netzes, die Übertragungsgeschwindigkeit der Leitungen, langfristige mittlere Belastungen sowie die geforderte Dienstqualität. In einem begrenzten Umfang können auch schwankende Größen wie die Auslastung einzelner Leitungen oder die Belegung der Puffer vor den Ausgangsleitungen für bestimmte Entscheidungen herangezogen werden. Darüber hinaus sollten die folgenden allgemeinen Bewertungskriterien berücksichtigt werden:

- **Stabilität**: Bei gleichen Verhältnissen soll das Routing immer nach dem gleichen Verfahren ablaufen.
- **Robustheit**: Bei Änderungen des Netzes (Ausfall von Knoten oder Leitungen; Hinzufügen neuer Knoten; Änderung der Belastung) soll das Netz weiterhin im Rahmen der noch verfügbaren Kapazität Pakete übertragen.
- **Einfachheit**: Die Routing-Algorithmen sollen einfach zu verstehen, zu implementieren und gegebenenfalls zu verifizieren sein.
- **Korrektheit**: Die Pakete sollen immer beim Empfänger eintreffen.
- **Optimalität**: Bezüglich der gewünschten Bewertungskriterien (Kosten, Verzögerung, Sicherheit, Ausnutzung, Auslastung usw.) soll das Netz die bestmögliche Dienstqualität liefern.
- **Fairness**: Alle Teilnehmer sollen möglichst gleich gut bedient werden.

Ein stabiles Netz verhält sich bezüglich seiner Kenngrößen, z.B. Antwortzeiten oder verfügbarer Kapazität, immer ähnlich, was für viele Anwendungen wichtig ist. In vielen Anwendungen ist es wichtig, daß die Reihenfolge der Pakete erhalten bleibt; dann darf in der Regel während des Betriebs einer Verbindung die Route nicht geändert werden.

Ein robustes Netz paßt sich bei Änderung seiner Parameter automatisch der neuen Situation an. Solch ein **selbstadaptierendes** Verhalten wird mit gewissen Risiken bezüglich der Stabilität und Korrektheit erkauft, da die damit notwendig werdende Regelung der Wegewahl zu schwingendem Verhalten führen kann, Fehler provoziert und die Komplexität erhöht. Letzteres widerspricht der Forderung nach Einfachheit der Algorithmen.

Die Korrektheit des Algorithmus soll garantieren, daß Pakete stets beim richtigen Empfänger eintreffen. Insbesondere bei dynamischen oder optimalen Routingstrategien können Pakete u.U. nur zwischen zwei Knoten oder zyklisch über mehrere Knoten im Kreis geschickt werden, ohne jemals den eigentlichen Zielknoten zu erreichen, was nur schwierig zu erkennen ist, aber dennoch auf jeden Fall vermieden werden muß.

Wie jedes technische System, so müssen auch Rechnernetze insbesondere bezüglich der Kosten optimiert werden. Dennoch hängen die Kosten häufig von den Gebühren öffentlicher Anbieter ab (z.B. bei Leitungen der Deutschen Bundespost Telekom), welche sich kurzfristig aus politischen Gründen ändern können. In solchen Fällen muß man sich mit suboptimalen Lösungen zufriedengeben. Auch steigen die Kosten häufig bei größeren Übertragungsleistungen sprunghaft an; z.B. stellt der Übergang von DATEX-P zu FDDI eine enorme Kostensteigerung dar, bei gleichzeitig großer Leistungssteigerung. Hier sind die Kosten, auch in Hinblick auf zukünftige Anforderungen, praktisch nicht mehr objektiv optimierbar.

Um die Kenngrößen zu bestimmen, sind entsprechende Formeln anzugeben, aus denen die jeweiligen Werte errechnet werden können. Die Verzögerung muß als Zeit angegeben werden, die von der Absendung einer Nachricht bis zu deren Empfang vergeht. Als Zeitpunkte kann man entweder den der Übergabe eines Pakets (der Referenz auf ein

Paket) oder die Absendung des ersten Bits und Empfang des letzten Bits definieren. Dieses hängt jedoch u.U. stark von der jeweiligen Anwendung ab, so daß hier genaue Definitionen zu den jeweiligen Kennzahlen erforderlich sind.

Die Sicherheit eines Netzes wird in der Regel als Wahrscheinlichkeit angegeben, daß ein Paket korrekt beim Empfänger eintrifft. Sie kann nur als statistische Größe gesehen werden (wie die meisten anderen auch) und muß entsprechend durch ein statistisches Modell ermittelt werden.

Unter Auslastung wird das Verhältnis zwischen der Zeit, die ein System überhaupt arbeitet, und der gesamten Zeit verstanden. Die Ausnutzung wird hingegen als das Verhältnis zwischen der geleisteten Arbeit und der maximal möglichen Arbeit eines Systems definiert. Beide Größen können bei Systemen, die mehrere Aufträge gleichzeitig bearbeiten können, sehr unterschiedlich sein. In Rechensystemen kann z.B. durch die Nutzung paralleler Einheiten die Ausnutzung vergrößert werden, während sich gleichzeitig die Auslastung verringern kann.

Fairness ist nur dann gegeben, wenn alle Teilnehmer gleichberechtigt sind. Allerdings kann in manchen Umgebungen für gewisse Nutzergruppen die Dienstqualität verbessert werden, falls diese Nutzer bereit sind, höhere Kosten zu tragen. Ebenso können aufgrund rechtlicher oder technischer Bedingungen bestimmte Dienste bevorzugt werden, z.B. Alarme, Managementinformation oder kurze Nachrichten. Daher kann Fairness in der Regel nur bezüglich einzelner Nutzergruppen gefordert werden.

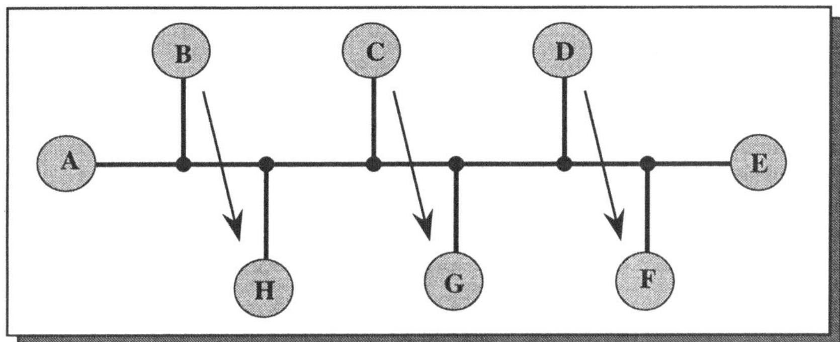


Fairness und Optimalität

Auch kann die Fairness zu anderen Anforderungen, z.B. der Optimalität, im Widerspruch stehen. Braucht ein einzelner Teilnehmer einen sehr langen Weg, während alle anderen nur kurze Wege benötigen, so erreicht man einen optimalen Durchsatz (und damit vermutlich einen maximalen Nutzen für den Netzbetreiber), wenn nur die kurzen Verbindungen bedient werden, da dann bei geringerer Arbeit die Anzahl übertragener Pakete, maximal ist. Im obigen Bild ist die Verbindung A–E für das Netz sehr kostspielig, während die Verbindungen B–H, C–G und D–F besonders einträglich sind. Liegt in den letzteren Knoten genügend Arbeit vor, so würde die Verbindung A–E bei rein nutzenoptimaler Strategie niemals bedient werden.

### 16.2.3 Topologien

Die Topologie eines Netzes spielt eine entscheidende Rolle, da durch bestimmte Einschränkungen in der Netztopologie das Routingproblem stark vereinfacht wird, bzw. ganz entfallen kann, wie z.B. beim vollständig vermaschten Netz oder beim lokalen Bus.

In vollständig vermaschten Netzen ist jedes Rechensystem mit jedem anderen über eine eigene Leitung verbunden; die zu übertragenden Nachrichten können also direkt an den Zielrechner geschickt werden. Eine vollständig vermaschte Topologie kann jedoch nur für sehr kleine bzw. sehr spezielle Systeme eingesetzt werden, da die Anzahl der zu installierenden Verbindungen sich nach folgender Formel berechnet:

$$\sum_{i=1}^{n-1} i = \frac{(n-1) \times n}{2} = \frac{n^2}{2} - \frac{n}{2}$$

d.h. die Anzahl der Verbindungsleitungen wächst quadratisch mit der Anzahl der Knoten. Bei einer Erweiterung eines vollvermaschten Netzes mit n Teilnehmern um einen Teilnehmer werden n neue Verbindungsleitungen benötigt. Allerdings stellt die Kopplung eines Rechnernetzes mit einer vollständig vermaschten Topologie ein Maximum an Ausfallsicherheit und ein Minimum an anfallenden Vermittlungszeiten dar.

Ringe oder Busse haben in der Regel eine sehr ökonomische Verbindungsstruktur. Bei Ringen werden n Knoten mit n Leitungen verbunden; bei Bussen benötigt man hingegen nur ein Übertragungsmedium. Die Linienstruktur ist zwar sehr ökonomisch, da n Knoten mit n-1 Leitungen verbunden werden, beinhaltet jedoch bei Fehlern eine sehr große Wahrscheinlichkeit, daß das Netz unterbrochen und in zwei disjunkte Teilnetze zerlegt wird, die natürlich nicht mehr miteinander kommunizieren können. Die Sternstruktur wird z.B. in lokalen Ringnetzen zur Erhöhung der Ausfallsicherheit verwendet. In modernen Verkabelungskonzepten werden auch für das Ethernet-Protokoll STP–Leitungen (*shielded twisted pair*) eingesetzt, die ebenfalls sternförmig mit einem ***Hub*** **(Sternkoppler)** als Mittelpunkt verbunden werden. Diese Struktur hat jedoch keinen Einfluß auf die Übertragungsleistung.

Die meisten größeren Netze sind heute aus verschiedenen Gründen hierarchisch organisiert. Zum einen ermöglicht die im lokalen Bereich verwendete Topologie (Ethernet, Tokenring, Tokenbus) nur den Anschluß einer beschränkten Anzahl von Knoten, so daß über Gateways mehrere lokale Netze miteinander gekoppelt werden müssen. Zum anderen ist die Datenübertragung über größere Entfernungen noch immer unverhältnismäßig teuer, so daß der Einsatz von Fernleitungen immer sorgfältig auf Kostenoptimalität hin zu bewerten ist.

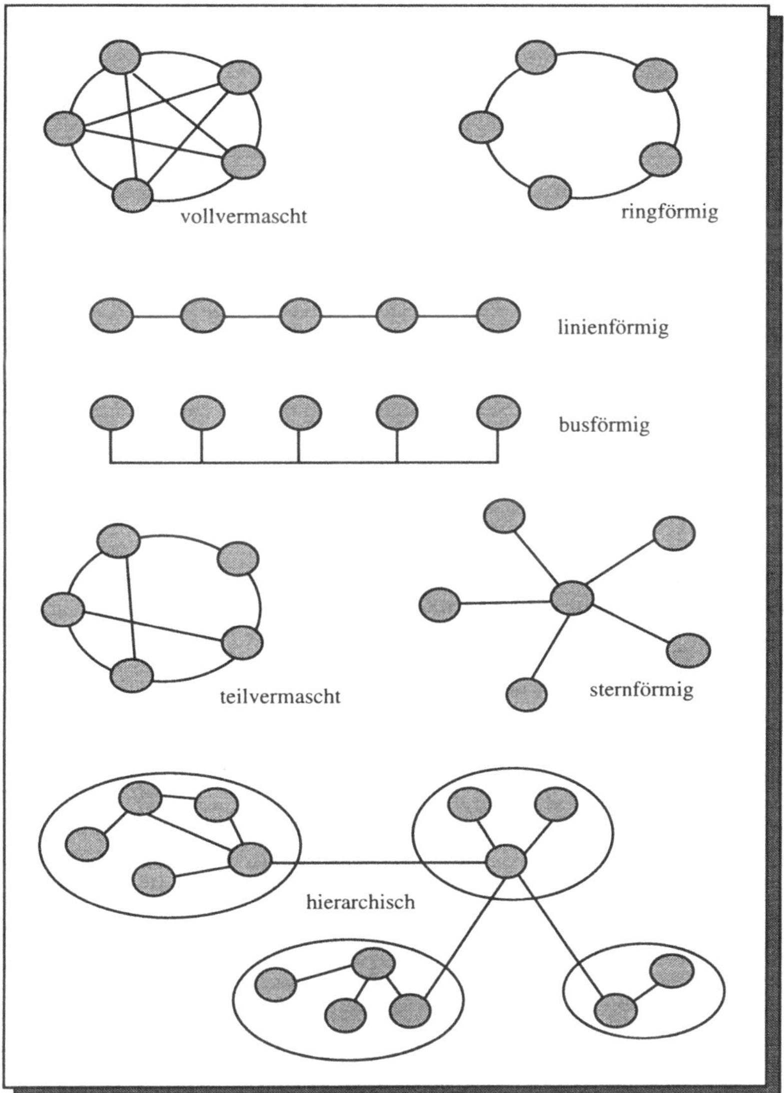


Gebräuchliche Topologien von Rechnernetzen

Netze werden in der Regel nach ihrer Leistungsfähigkeit bewertet, wobei zumeist zwei Leistungskennzahlen betrachtet werden: **Durchsatz** (*throughput*) und **Übertragungszeit** (*delay time*). Während der Durchsatz die Übertragungskapazität bestimmt, bewirkt eine geringe Übertragungszeit ein schnelles Reaktionsvermögen des Netzes, was vor allem bei interaktiven Diensten gefordert wird. Allerdings ist für manche Dienste, wie die

Sprachübertragung, die Schwankung der Übertragungszeit (*delay jitter*) eine wichtigere Kenngröße.

Die Übertragungszeit hing bei älteren Netzen vorwiegend von den Übertragungsraten der verwendeten Leitungen ab. Moderne Kommunikationsstrecken können gegenwärtig 100 GBit/sec oder mehr an Übertragungsleistung erbringen. Hier stellt meistens der jeweilige Knotenrechner den Verkehrsengpaß dar, d.h. er kann die hohe Geschwindigkeit, mit der eingehende Pakete weitergeleitet werden müssen, in der Regel nur noch mit spezieller, sehr schneller Hardware realisieren (siehe z.B. die ATM-Technik). In solchen Netzen spielt das Routing nur noch beim Verbindungsaufbau eine Rolle, d.h. solche Systeme können in der Regel nicht mehr verbindungslos betrieben werden. In diesem Kapitel wird jedoch die Übertragungsleistung der Leitungen als klein im Vergleich zur Verarbeitungsgeschwindigkeit der Knotenrechner angenommen, so daß der Verkehrsengpaß in den Leitungen liegt.

## 16.3 Klassifikation der Wegeermittlungsverfahren

In diesem Abschnitt werden Verfahren vorgestellt, die eine Wegewahl zwischen einem Quellknoten und einem Zielknoten über mehrere Transitsysteme erlauben. Dabei wird eine Unterscheidung in:

- **nicht adaptive** (statische) Verfahren und
- **adaptive** (dynamische) Verfahren

vorgenommen.

Nicht adaptive oder statische Verfahren berechnen aufgrund der Topologie und der zu erwartenden Belastung der Leitungen den Weg zwischen der Quelle und der Senke vor der eigentlichen Inbetriebnahme des Netzes; diese Daten werden dann in den einzelnen Rechnern gespeichert. Wird während des Betriebs eine Änderung der Routingtabellen nötig, so muß der laufende Betrieb unterbrochen und eine Neuberechnung der optimalen Wege durchgeführt werden. Ein Beispiel für ein statisches Wegeermittlungsverfahren stellt das Unix–Programm *pathalias* dar, das statische Routingtabellen generiert; es wird im Unix-Mail-System in periodischen Abständen ausgeführt (jede Nacht oder wöchentlich), um die Routen, die die UUCP-Pakete benutzen, zu erstellen.

Adaptive Verfahren passen den zu wählenden Weg an die augenblickliche Auslastung der verschiedenen Leitungen sowie an die aktuelle Topologie an. Man unterscheidet im wesentlichen drei verschiedene Kategorien adaptiver Verfahren.

Die **lokalen adaptiven Verfahren** (*isolated dynamic routing*) waren die ersten dynamischen Verfahren. Diese Algorithmen laufen lokal und unabhängig auf den einzelnen Knotenrechnern ab und nutzen lediglich die in den Knoten vorhandene Information zur Wegeermittlung, z.B. die Länge der Warteschlange in den Leitungspuffern, oder sie wählen eine zufällige Ausgangsleitung. Für die Wegewahl wird somit keine Information mit anderen Knoten ausgetauscht. Diese Technik wird heute jedoch kaum noch genutzt.

Die **zentralisierten Verfahren** (*centralized dynamic routing*) gewinnen ihre Information zur Berechnung eines voraussichtlich optimalen Weges aus Daten, die aus dem gesamten Netz zusammengetragen und an einer ausgezeichneten Stelle (dem **Routingkontrollzentrum**) verarbeitet werden. Ein Beispiel für ein Netz, welches das zentralisierte Routingverfahren benutzt, ist das kommerzielle TYMNET, bei dem jedes Gateway regelmäßig seine aktuelle Belastung an den für die Routingentscheidung zuständigen zentralen Knoten übermittelt. Aus der so gewonnenen Information berechnet der zentrale Knoten dann die globale Routinginformation. Der wesentliche Nachteil dieses Verfahrens besteht darin, daß jeder Knoten, der eine Nachricht verschicken will, zuerst den zentralen Knoten kontaktieren muß, um die Daten für die Weiterleitung von Paketen zu erhalten. Dieses Verfahren ist deshalb nur für verbindungsorientierte Protokolle geeignet, die eine Wegewahl nur einmal beim Aufbau einer virtuellen Verbindung treffen müssen.

Die **verteilten Verfahren** (*distributed dynamic routing*) benutzen eine Mischung aus globaler und lokaler Information, um ihre Entscheidung zu fällen. Ein Beispiel ist das TCP/IP Internet, welches ein verteiltes dynamisches Routing anwendet. Bei diesem Verfahren tauschen die einzelnen **IMP**s (*Internet Message Processors*) in regelmäßigen Abständen Leitweginformation mit ihren Nachbarn aus. Diese besteht aus einer nach allen anderen IMP's indizierten Leitwegtabelle mit jeweils einem Eintrag für jeden anderen IMP im Subnetz; die Leitwegtabelle enthält die voraussichtlich optimale Ausgangsleitung und eine Näherung für die benötigte Zeit bzw. für die Entfernung.

## 16.4 Nicht adaptive Wegeermittlung

In diesem Abschnitt werden einige nicht adaptive Routingverfahren betrachtet. Es handelt sich dabei zum Teil um sehr einfache Methoden, die in realen Netzen zwar keine oder nur eine sehr untergeordnete Rolle spielen, die aber dennoch einen Einblick in die grundlegenden Techniken des Routings erlauben. Darüber hinaus können sie als Vergleichsmaßstab zur Beurteilung komplizierterer Strategien herangezogen werden.

### 16.4.1 Fluten

Die wohl extremste Form der Wegewahl ist das **Fluten**. Bei diesem Verfahren wird jede in einem Knoten ankommende Nachricht auf alle Ausgangsleitungen weitergesendet, außer auf diejenige, auf der sie eingetroffen ist. Um zu verhindern, daß durch dieses Verfahren unbeschränkt viele Duplikate einer Nachricht im Netz entstehen, müssen Vorkehrungen zur Begrenzung der Duplikate getroffen werden. Die hierfür einfachste Technik besteht darin, jedes Paket mit einem Zähler auszustatten und bei jedem Kopiervorgang des Pakets diesen Zähler zu dekrementieren. Erreicht der Zähler den Wert 0, so wird das Paket zerstört. Eine Voraussetzung für die Durchführbarkeit dieses Verfahrens besteht allerdings darin, daß der Sender einer Nachricht die Anzahl der Teilstrecken vom Sender zur Senke kennt. Andernfalls muß der Sender die maximale Anzahl der Teilstrecken zwischen zwei Knoten im gesamten Netz angeben, was wiederum zu einer starken Leitungsbelastung führt.

Der Hauptnachteil dieses Verfahrens liegt in der extrem großen Anzahl von Paketen, die während der Übertragung zwischen der Quelle und der Senke erzeugt werden und der damit verbundenen starken Belastung der Übertragungsleitungen. Andererseits besitzt dieses Verfahren auch einige bemerkenswerte Eigenschaften wie die extreme Robustheit bei Veränderungen der Topologie eines Netzes oder die Fähigkeit, stets ein Paket auf dem kürzesten bzw. schnellsten Weg zu übertragen. Aus diesem Grund bietet sich das Fluten als Bezugsverfahren für den Vergleich und die Bewertung anderer Wegelenkungsverfahren an. Darüber hinaus sind keine Tabellen oder Berechnungen in den Knoten erforderlich.

## 16.4.2 Feste Wegetabellen

Bei diesem Verfahren werden vor der Inbetriebnahme eines Netzes die optimalen Wege in festen **Wegetabellen** abgelegt. Dazu muß die Topologie sowie eine Gewichtung der Verbindungsleitungen gegeben sein; außerdem sollte die mittlere zu erwartende Belastung bekannt sein, um zu verhindern, daß einzelne Leitungen überlastet werden. Als Optimalitätskriterien können hier die Länge des Verbindungsweges oder die Kosten der Nutzung der Verbindungsleitung einfließen.

Die grundlegende Idee zur Berechnung des optimalen Weges besteht darin, einen Graphen des Netzes zu erstellen, in dem die Knoten die IMPs, und die Kanten zwischen den Knoten die Leitungen repräsentieren. Zur Berechnung der Wegetabellen wird dann nach einem der genannten Bewertungskriterium der optimale Weg zwischen jeder Quelle und jeder Senke bestimmt.

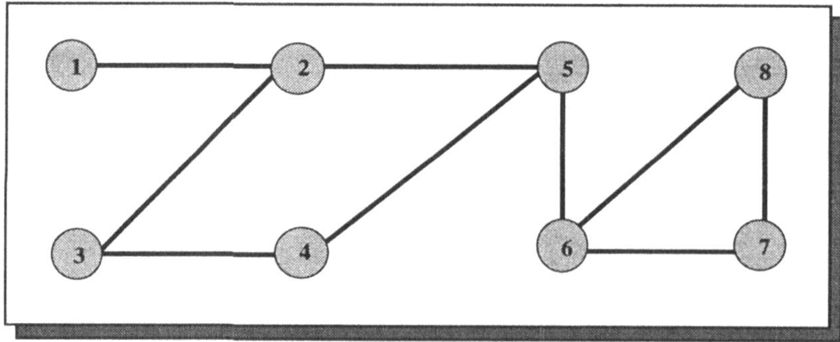


Beispieltopologie

Zur Demonstration dieses Verfahrens wird für das im Bild dargestellte Netz mit 8 Knoten beispielhaft die Erstellung einer Wegetabelle vorgeführt.

Sei $D_{qs}(w)$ die Zielfunktion bei der Wahl des Wegs w zwischen den Knoten q und s. Für alle möglichen Wegen w zwischen einer Quelle q und einer Senke s gibt es einen oder mehrere optimale Wege, so daß für deren Bewertungskriterium $D_{qs}^{opt}$ gilt:

$$D_{qs}^{opt} = \min_{w} \{D_{qs}(w)\}$$

Mit Hilfe dieser Wege kann dann ein **Quelle-Senken-Baum** definiert werden, der alle optimalen Wege von einer festen Quelle zu allen anderen Senken beschreibt.

Als Bewertungskriterium für den optimalen Weg soll in diesem Beispiel die Distanz zwischen zwei Knoten verwendet werden, wobei die Distanz benachbarter Knoten im Netz den Wert 1 erhalten soll. Damit erhalten wir für den Quellknoten 5 die folgenden optimalen Wege $W_{5i}^{opt}$:

$W_{51}^{opt} = (5, 2, 1) \quad = D_{51} \quad = 2$
$W_{52}^{opt} = (5, 2) \quad = D_{52} \quad = 1$
$W_{53}^{opt} = (5, 4, 3) \quad = D_{53} \quad = 2$ *(möglich wäre auch $W_{53}^{opt} = (5, 2, 3)$)*
$W_{54}^{opt} = (5, 4) \quad = D_{54} \quad = 1$
$W_{56}^{opt} = (5, 6) \quad = D_{56} \quad = 1$
$W_{57}^{opt} = (5, 6, 7) \quad = D_{57} \quad = 2$
$W_{58}^{opt} = (5, 6, 8) \quad = D_{58} \quad = 2$

Unter dem Quelle-Senken-Baum für einen Quellknoten q verstehen wir den Baum, der nur noch optimale Wege für q umfaßt. Für unser Beispiel erhalten wir als Quelle-Senken-Baum für den Quellknoten 5:

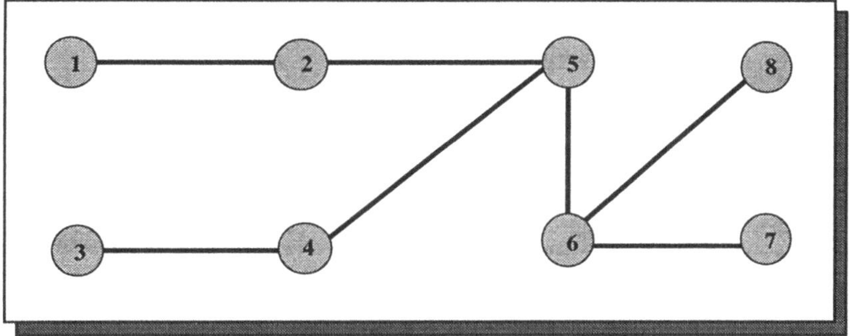


Quelle-Senken-Baum für Quellknoten 5

Aus dem Quelle-Senken-Baum läßt sich unmittelbar erkennen, daß jeder Teilweg eines optimalen Weges gleichfalls ein optimaler Weg ist. Führt ein optimaler Weg $W_{ij}^{opt}$ über zwei Knoten r und s: $\{r,s\} \subset W_{ij}^{opt}$, so ist der optimale Weg zwischen r und s der Teilweg von $W_{ij}^{opt}$,der von r nach s führt.

Aus dieser Überlegung ergibt sich, daß der weitere Weg eines Pakets unabhängig von seinem Ursprung ist. Ein Paket in Knoten r, welches nach Knoten j soll, wird zwischen r und j über den gleichen Pfad weitergereicht wie ein Paket, welches von i nach j soll (und über r geführt werden muß). Daher braucht jeder Knoten für die Wegfindung nur das Ziel eines Pakets zu kennen, nicht jedoch die Quelle. Das vereinfacht die Speicherung der Routinginformation, sowie die Auswahl der Ausgangsleitung. Systeme, deren Verhalten nicht von der Vorgeschichte abhängt, werden auch als Markov-Systeme bezeichnet. Im folgenden soll die Wegetabelle für das oben gezeigte Netz angegeben werden, indem für jeden Knoten (wie zuvor für den Knoten 5) ein Quelle-Senken-Baum angegeben wird. Die Tabelle der opimalen Wege besitzt folgende Einträge:

| s/q | 1 | 2 | 3 | 4 | 5 | 6 | 7 | 8 |
|---|---|---|---|---|---|---|---|---|
| 1 | - | 2,1 | 3,2,1 | 4,5,2,1 | 5,2,1 | 6,8,2,1 | 7,8,2,1 | 8,2,1 |
| 2 | 1,2 | - | 3,2 | 4,5,2 | 5,2 | 6,8,2 | 7,8,2 | 8,2 |
| 3 | 1,2,3 | 2,3 | - | 4,3 | 5,2,3 | 6,8,2,3 | 7,8,2,3 | 8,2,3 |
| 4 | 1,2,3,4 | 2,3,4 | 3,4 | - | 5,4 | 6,5,4 | 7,6,5,4 | 8,2,3,4 |
| 5 | 1,2,5 | 2,5 | 3,2,5 | 4,5 | - | 6,5 | 7,6,5 | 8,6,5 |
| 6 | 1,2,8,6 | 2,5,6 | 3,4,5,6 | 4,5,6 | 5,6 | - | 7,6 | 8,6 |
| 7 | 1,2,8,7 | 2,8,7 | 3,2,8,7 | 4,5,6,7 | 5,6,7 | 6,7 | - | 8,7 |
| 8 | 1,2,8 | 2,8 | 3,2,8 | 4,5,6,8 | 5,6,8 | 6,8 | 7,8 | - |

Aufgrund der vorher gezeigten Markov-Eigenschaft muß nur in jedem Knoten i die entsprechende Spalte der Wegfindungstabelle gespeichert werden. Dieser Wegefindungsvektor besitzt den Eintrag für den nächsten Knoten, auf dem das Paket oder Datagramm auf dem Weg zur Senke (Zielknoten) weiterzuleiten ist. Der Wegefindungsvektor für den Knoten 3 besitzt dann folgende Einträge:

| q/s | 1 | 2 | 3 | 4 | 5 | 6 | 7 | 8 |
|---|---|---|---|---|---|---|---|---|
| 3 | 2 | 2 | - | 4 | 2 | 4 | 2 | 2 |

Bisher gingen wir davon aus, daß der optimale Weg zwischen zwei Knoten unmittelbar bestimmt werden kann. Dieses ist jedoch nicht der Fall, wenn die Anzahl der zu verbindenden Knoten im Rechnernetz sehr groß ist und die Gewichtung der Kanten sehr unterschiedlich. Aus diesem Grund wurden Algorithmen entwickelt, mit denen die optimalen Wege eines Graphen mit einer gegebenen Anzahl von Knoten und festgelegter Bewertung der Kanten effizient ermittelt werden können. Diese Verfahren werden allgemein als '*shortest path algorithms*' bezeichnet. Eines der bekanntesten Verfahren ist der Algorithmus von Dijkstra, der im folgenden vorgestellt werden soll.

Vorgegeben sei ein Rechnernetz in Form eines gewichteten, ungerichteten Graphen, wobei die Gewichtungsfunktion die Distanz zwischen zwei Knoten repräsentiert. Gesucht ist der kürzeste Weg zwischen den Knoten 1 und 6.

Der Algorithmus sucht zunächst den Knoten mit dem kürzesten Abstand zum Quellknoten, markiert diesen als permanent und sucht dann unter den verbleibenden Knoten denjenigen mit dem kürzesten Abstand zum Quellknoten usw. Um den Knoten mit dem kürzesten Abstand zu finden, werden nur die Knoten betrachtet, die mit einem Schritt vom Quellknoten oder von einem der als permanent markierten Knoten erreicht werden können. Da jeder andere Knoten nur über einen der betrachteten Knoten erreicht werden kann, ist der mit dem kürzesten Abstand zum Quellknoten in dieser Menge zu finden, so daß der Suchraum auf die direkten Nachbarknoten eingeschränkt werden kann. Ist das Netz nicht stark vermascht, so läßt sich mit linearem Aufwand für einen Quellknoten der kürzeste Weg zu allen anderen Knoten des Netzes finden.

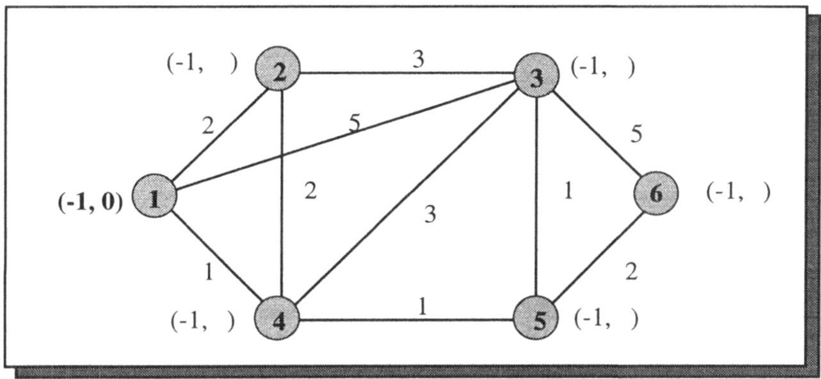


Der erste Schritt des Algorithmus besteht darin, alle Knoten des Graphen mit einer initialen Marke (s, d) zu versehen. Der erste Wert der Marke weist einen Knoten als direkten Nachfolger des Knotens s aus und ordnet ihm einen Abstand d zu. In der Initialisierungsphase werden jedoch zunächst alle Knoten mit s = –1 und mit dem Abstandswert∞ markiert. Eine Ausnahme bildet lediglich der Quellknoten, der als permanent markiert wird, d.h. die Werte der Marken werden nicht mehr verändert, und für dessen Abstand (nämlich zu sich selbst) wird null eingetragen.

Im zweiten Schritt werden dann alle direkten Nachbarknoten des als permanent gekennzeichneten Knotens untersucht und mit der Nummer des Quellknotens sowie mit dem Abstand zu diesem beschriftet: (Nummer des Quellknotens, Abstand zum Quellknoten). Der Nachbarknoten mit dem kleinsten Abstandswert (im Beispiel Knoten 4) wird zum Arbeitsknoten. Falls mehrere Nachbarknoten den gleichen minimalen Abstand aufweisen, kann die Auswahl zufällig erfolgen. Der Weg zwischen dem Quell- und dem Arbeitsknoten wird als permanent markiert, da es keine kürzere Verbindung zwischen diesen beiden Knoten geben kann; im Bild sind permanente Knoten fett markiert:

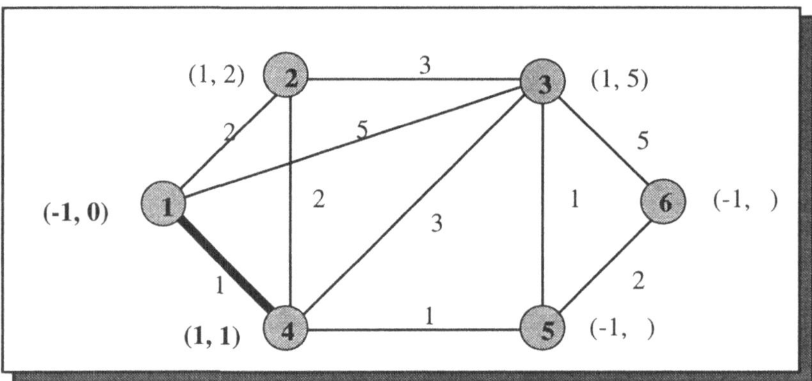


Im allen weiteren Schritten werden alle Nachbarknoten des aktuellen Arbeitsknotens untersucht und beschriftet; trifft man dabei auf einen bereits markierten, nicht permanenten Knoten, so wird die Marke geändert, falls ein kleinerer Gesamtabstand zum Quellknoten gefunden wird; andernfalls bleibt die Marke unverändert. Dann werden alle beschrifteten, nicht permanenten Knoten nach dem kleinsten Abstand zum Quellknoten durchsucht; der Knoten mit den kleinsten Abstand wird als permanent markiert und zum neuen aktuellen Arbeitsknoten (Knoten 5 im Beispiel):

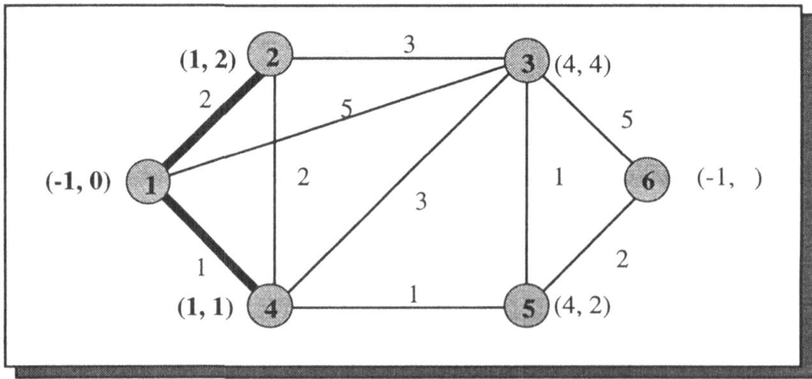


Dieser Schritt wird solange wiederholt, bis alle Knoten als permanent markiert sind:

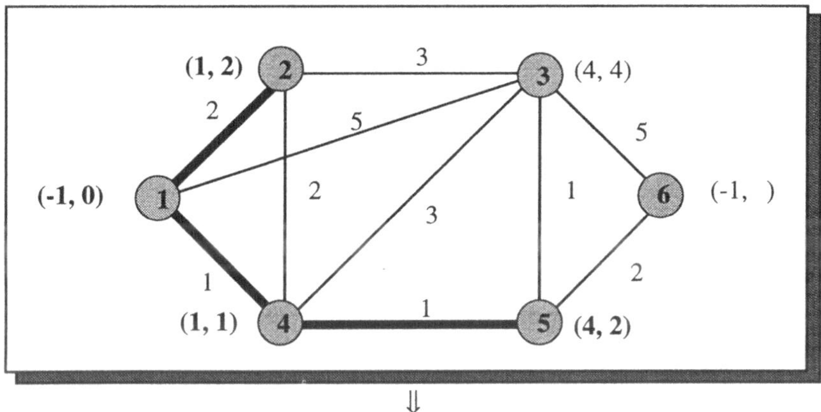


⇓

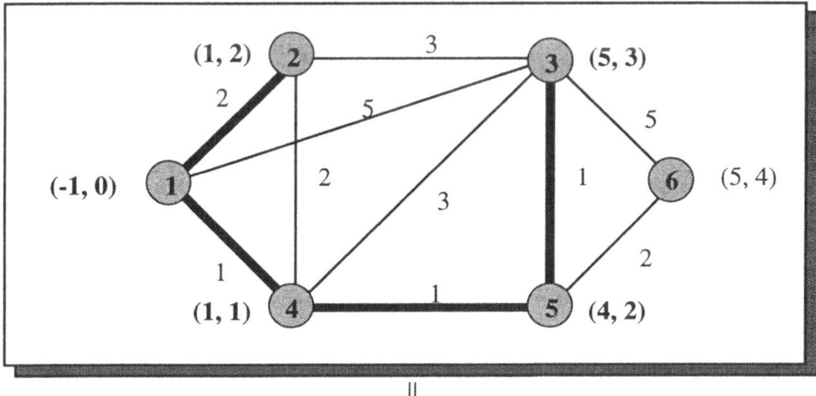


⇓

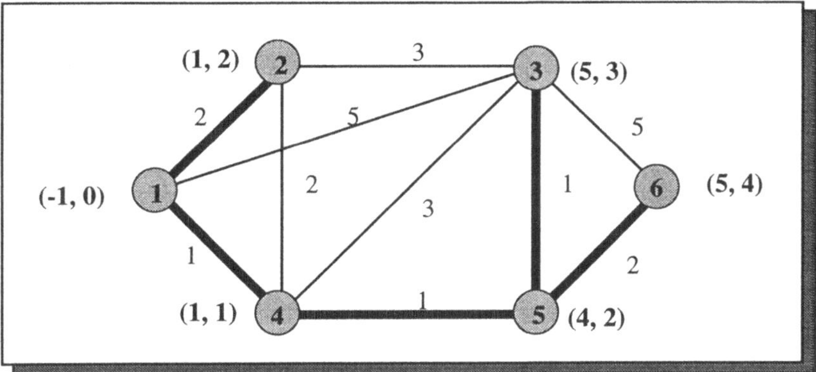


Damit ist der kürzeste Weg zwischen einer Quelle und jedem anderen Knoten im Netz gefunden. In der Praxis wird allerdings vorwiegend ein Rückwärtssuchen durchgeführt, d.h. es wird nicht von der Quelle, sondern von der Senke aus gesucht, um in der Marke jeweils den direkten Wert für die zu benutzende Ausgangsleitung zum nächsten Knoten zu erhalten.

Um eine gleichmäßige Auslastung der Verbindungsleitungen zu gewährleisten, kann das Verfahren der festen Wegetabellen so modifiziert werden, daß der Verkehr zwischen einer Quelle und einer Senke nicht nur über einen einzigen Verbindungsweg geführt wird, sondern das mehrere Alternativen bereitstehen. Diese Technik, die zwischen zwei Knoten mehr als einen Verbindungsweg vorsieht, wird **Mehrfach-Leitwegbestimmung** (*multipath routing*, *bifurcated routing*) genannt. Zur Durchführung des Verfahrens wird die Wegetabelle um zusätzliche Spalten, in denen die alternativen Wege angegeben sind, erweitert. Die Auswahl der einzelnen Alternativen erfolgt dann in der Regel zufallsgesteuert, wodurch zugleich Prioritäten für einzelne Wege festgelegt werden können.

Die Entscheidung über die Weiterleitung des Pakets oder eines Datagramms verläuft folgendermaßen: Im ersten Schritt wird aus der entsprechenden Zeile der Wegetabelle, die durch den Zielknoten bestimmt werden kann, der Vektor für die alternativen Wege gesucht. Danach erfolgt die Berechnung einer Zufallszahl z zwischen 0 und 1, mit der die entsprechende Ausgangsleitung bestimmt werden kann (z.B. Ausgangleitung 1 für $0 \leq z < 0,3$; Ausgangsleitung 2 für $0,3 \leq z < 0,7$ und Ausgangsleitung 3 für $0,7 \leq z < 1$); durch diese Gewichtung der Ausgangsleitungen können die Topologie, die unterschiedliche Leistungsfähigkeit der einzelnen Verbindungsleitungen und andere Netzparameter berücksichtigt werden.

Ein weiterer Vorteil der Mehrfach-Leitwegbestimmung besteht darin, daß unterschiedliche Arten des Datenverkehrs (Terminalsitzungen, Dateitransfer) auf verschiedenen Verbindungsleitungen, die für die jeweils benötigte Verbindungsart besonders geeignet sind, übertragen werden können. In diesem Fall wird die jeweilige Ausgangsleitung dann nicht mittels einer Zufallszahl, sondern aufgrund der Art des Datenverkehrs bestimmt. Darüber hinaus kann die Verfügbarkeit des Netzwerks erhöht werden, da bei Ausfall einer Verbindungsleitung oder eines Knotens auf eine andere Verbindung ausgewichen werden kann. Voraussetzung dafür ist allerdings die Unabhängigkeit der Verbindungswege.

Bei den bisher beschriebenen Methoden werden die Tabellen bzw. Vektoren in den einzelnen Knoten gespeichert. Ein anderes Verfahren sieht vor, die gesamte Information zur Wegewahl zentral in einem Knoten abzulegen, wodurch die aufgeführten Vorteile der festen Wegetabellen erhalten bleiben jedoch einige Nachteile vermieden werden können. Ein wesentlicher Nachteil der festen Wegetabellen – ihre in der Regel recht unflexible Reaktion auf Topologieveränderungen – kann damit deutlich verbessert werden, da die gesamte Information in einem zentralen Knoten gespeichert werden kann und somit bei einer Neuberechnung nach Ausfall eines Knotens keine Inkonsistenzen entstehen, die bei der Verteilung und dem Wechsel zu den neuen Routingtabellen auftreten könnten. Allerdings erhält man den bereits in den vorhergehenden Kapiteln angesprochenen Nachteil, daß vor jeder Übertragung der zentrale Knoten befragt werden muß, wodurch u.U. eine zusätzliche starke Netzbelastung entstehen kann. Darüber hinaus ist bei einem

Ausfall des zentralen Knotens die gesamte Routinginformation verloren, so daß im Netz keine Datenübertragung mehr stattfinden kann.

## 16.5 Adaptive Wegeermittlung

Statische Wegeermittlungsverfahren können keine automatische Anpassung an sich ändernde Betriebsbedingungen gewährleisten. Ist dieses aufgrund der Anforderungen an das Netzverhalten nötig, so sind adaptive Wegeermittlungsverfahren einzusetzen. In diesem Abschnitt werden zunächst die isolierten dynamischen Routingverfahren vorgestellt, sodann die zentralen und die verteilten.

### 16.5.1 Isolierte dynamische Routingverfahren

Bei den isolierten dynamischen Routingverfahren führen die Knoten die Leitwegbestimmung nur mit Hilfe der von ihnen selbst gesammelten Information durch, die lokal in den einzelnen Knoten verarbeitet wird. Eines der einfachsten Verfahren ist das 1964 von Baran entwickelte sogenannte **Heiße-Kartoffel-Verfahren** (*hot-potato-algorithm*).

#### Das Heiße-Kartoffel-Verfahren

Das Verfahren mit diesem sehr intuitiven Namen basiert auf dem Konzept, eine weiterzuleitende Nachricht so schnell wie möglich wieder loszuwerden. Deshalb wird die Nachricht auf jene Ausgangsleitung weitergegeben, in deren Warteschlange sich die wenigsten Aufträge befinden, wobei es völlig unerheblich ist, wohin diese Ausgangsleitung führt. Da nach diesem Verfahren gelenkte Nachrichten u.U. niemals ihren Bestimmungsknoten erreichen, wird in der Regel eine Variante dieser Strategie mit einer stärkeren Zielorientierung eingesetzt. Sie ist eine Kombination aus dem Heiße-Kartoffel-Verfahren und der statischen Leitwegbestimmung. Zur Durchführung werden für die einzelnen Zielknoten die Ausgangsleitungen gemäß einer Zielrichtung angeordnet und eine Bewertung auf der Basis von Wegetabellen vorgenommen. Die Auswahl einer mehr oder weniger zum Ziel führenden Ausgangsleitung, die durch die Wegetabellen festgelegt ist, erfolgt nach der Methode des Heiße-Kartoffel-Verfahrens.

Das Heiße-Kartoffel-Verfahren bringt für den Benutzer das Problem mit sich, daß die lokale Minimierung der Knotenverweilzeit zu einer erheblichen Verlängerung der Transportzeit führen kann. Ein noch gravierenderes Problem bei Anwendung dieses Verfahrens besteht darin, daß es in Hochlastsituationen fast zwangsläufig zu Blockaden innerhalb des Netzes führt, da auch dann noch Nachrichten angenommen werden können, wenn der Weg zum Ziel bereits verstopft ist.

Eine andere Verfeinerung des Heiße-Kartoffel-Verfahrens wurde 1978 von Jolly und Adams vorgestellt. Es beruht darauf, daß für jede Ausgangsleitung eine maximale Pufferbelegung festgelegt wird; diese maximale Pufferbelegung dient als Grenzwert für die

Annahme von Nachrichten. Darüber hinaus darf die eigentliche Grundidee des Heiße-Kartoffel-Verfahrens – die mehr oder weniger willkürliche Auswahl einer Verbindungsleitung – nicht mehr in den Nachbarknoten der Senke angewendet werden. Die Nachrichten sind hier solange zwischenzuspeichern, bis die direkte Verbindung zum Zielknoten wieder benutzt werden kann.

#### Baran's heuristische Methode

Ein anderer Algorithmus zur Leitwegbestimmung, der ebenfalls von Baran entwickelt wurde, wird als **heuristische Methode** (*backward learning*, **Rückwärtslernen**) bezeichnet. Die Kernidee dieses Algorithmus besteht darin, daß jeder Knoten aus den weiterzuleitenden Nachrichten Information über den bisherigen Weg der Nachricht gewinnen sollte. Eine einfache Implementierungsmöglichkeit besteht darin, daß eine Nachricht neben der Information über ihren Quellknoten auch einen Zähler erhält, in dem die Anzahl der bereits passierten IMPs angegeben ist. Damit ist es den IMPs möglich, aus den Knotenzählern den Abstand zu dem Quellknoten zu berechnen. Besitzt ein empfangenes Paket den Wert 1, stammt das Paket von dem Nachbarknoten am anderen Ende der Verbindungsleitung, auf der das Paket eingegangen ist. Trifft eine Nachricht ein, deren Knotenzähler einen geringeren Wert als der bisher eingetragene besitzt, wird der alte Wert durch den neuen überschrieben; durch die Verarbeitung und Speicherung der so erhaltenen Information lernt ein Knoten das ganze Netz und die Entfernung zu den anderen Knoten kennen.

Dieses Verfahren funktioniert nach einer bestimmten Einschwingphase sehr gut, besitzt jedoch den Nachteil, nur Verbesserungen des Netzwerks zu erlernen. Fällt ein Knoten aus oder treten Überlastsituationen auf, so besteht keine Möglichkeit, auf diese neue Situation zu reagieren. Allerdings gibt es Ansätze, diese Nachteile des Rückwärtslernens auszugleichen, indem alle Knoten veranlaßt werden, ihre Information nach einer bestimmten Zeit zu vergessen, und die Topologie- und Abstandsinformation neu zu erlernen. Während der Einschwingphase ist der Algorithmus jedoch weit von einer optimalen Wegeermittlung entfernt, so daß eine zu häufig durchgeführte Erneuerung der Information zu völlig instabilen Routingentscheidungen führt. Werden die Tabellen hingegen nur sehr selten gelöscht, ist der Anpassungsprozeß an eine veränderte Netztopologie in der Regel zu langsam. Ein weiterer wesentlicher Nachteil dieses Verfahrens besteht darin, daß von einer symmetrischen Leitungsbelastung in beide Übertragungsrichtungen ausgegangen wird. Das kann jedoch in den meisten Fällen nicht vorausgesetzt werden.

### 16.5.2 Zentralisierte Leitwegbestimmung

Bei den bisher vorgestellten Verfahren zur Leitwegbestimmung wurde in jedem einzelnen Knoten Information über die Netztopologie und Verkehrssituation des Netzwerks benötigt, um eine Routingentscheidung zu treffen. Diese Verfahren arbeiten sehr zuverlässig, wenn davon ausgegangen werden kann, daß sich die Topologie bzw. die Datenflüsse in einem Netz – insbesondere im Fall der nicht adaptiven Verfahren – nur sehr langsam oder gar nicht ändern. Unterliegen die Netzparameter jedoch permanenten Schwankungen, so werden Verfahren zur Anpassung an diese wechselnden Topologie- und Verkehrsverhältnisse benötigt. In diesem Abschnitt soll das Verfahren der zentralisierten Leitwegbestimmung betrachtet werden, bei dem ein ausgezeichneter Knoten, das ***Routing Control Center*** (RCC), die Routingentscheidung für das gesamte Netz trifft.

### Zentralisierte Leitwegbestimmung mit *Routing Control Center*

Bei der Verwendung der zentralisierten Leitwegbestimmung senden die einzelnen Knoten im Netzwerk in periodischen Abständen oder bei wichtigen Veränderungen dem ***Routing Control Center*** die bei ihnen lokal anstehende, für die Wegewahl relevante Information. Das RCC speichert diese Information und berechnet dann aufgrund seiner globalen Kenntnis des Netzwerks die optimalen Verbindungswege zwischen den einzelnen Knoten, wobei häufig zur Ermittlung der optimalen Wege der bereits vorgestellte *Shortest Path Algorithm* angewendet wird.

Die wesentlichen Vorteile eines zentralen Routingzentrums liegen in der zentralen Auswertung aller für die Wegewahl wichtigen Information und der damit verbundenen Möglichkeit einer Optimierung nach jeweils festzulegenden Kriterien. Im Gegensatz zu den meisten lokalisierten Verfahren, denen nur Annahmen bzw. Erfahrungen über bestimmte Netzsituationen zugrunde liegen, und die aus praktischen Gründen auch nur einen Teil der möglichen Fälle abdecken können, kann die zentralisierten Leitwegbestimmung auf eine weit größere Anzahl kritischer Situationen adäquat reagieren.

Allerdings hat die zentrale Leitwegbestimmung auch einige schwerwiegende Nachteile. Die Übertragungszeit für relevante Information zwischen der Routingzentrale und den einzelnen Knoten kann im Vergleich zu der Zeitspanne, in denen sich starke Veränderungen im Netz ergeben, sehr lang sein. Damit stellt sich das Problem der Überalterung von Routingdaten noch stärker als bei den verteilten Algorithmen. Darüber hinaus wird durch die Kommunikation zwischen den Knoten und dem Routingzentrum ein Teil der Übertragungsleistung für unproduktive Verwaltungszwecke verbraucht, was nur durch den Aufbau direkter Verbindungsleitungen zwischen den Knoten und dem Routingzentrum umgangen werden kann. Ist dieses nicht möglich, so entsteht die zusätzliche Schwierigkeit, daß die Verbindungsleitungen in der Nähe der Routingzentrale erheblich stärker belastet werden (siehe Bild).

Weitere Probleme enstehen beim Ausfall einer Verbindungsleitung in der Nähe der Routingzentrale, was zwangsläufig die Trennung eines Teils des Netzwerks von der Zentrale bedeuten würde. Desweiteren stellt die Verwundbarkeit der Routingzentrale eine Fehlerquelle dar, weil bei einem Fehlverhalten der Routingzentrale oder bei Unterbrechung einer Hauptverbindungsleitung im gesamten Netz keine Datenübertragung mehr durchgeführt werden kann.

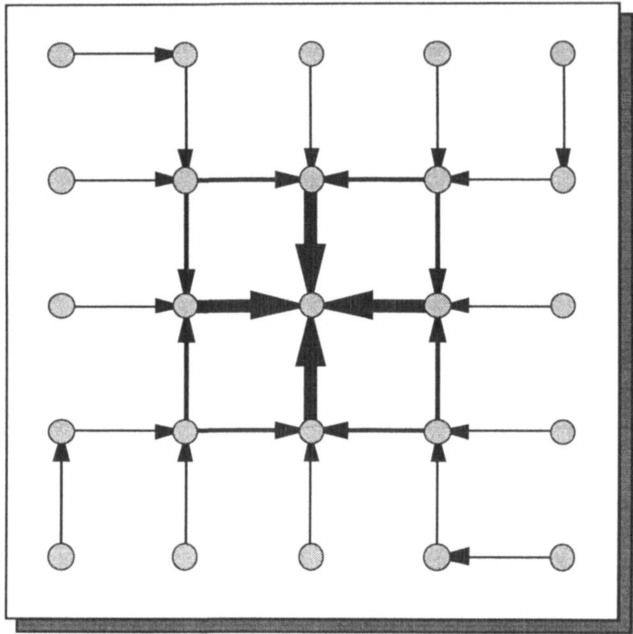

Belastung der Pfade zum Routing Control Center

Zur Sicherung gegen Fehlverhalten der Routingzentrale wird deshalb in der Regel ein zweiter Rechner vorgesehen, der im Fehlerfall die Berechnung der notwendigen Information übernimmt. Zwischen diesen potentiellen Zentralen muß dann allerdings eine Koordinierung (*arbitration*) stattfinden, die bei einer räumlichen Trennung der Geräte erneut die Übertragung von Verwaltungsdaten verursacht und somit die Nutzdatenkapazität einschränkt.

### Delta-Leitwegbestimmung

Statt einer weitgehend zentralisierten Routingentscheidung kann auch eine dynamische Verteilung der Routingentscheidung zwischen einer Routingzentrale und den lokalen Transitsystemen vorgenommen werden; dieses kann auch als eine Kombination aus der isolierten und der zentralisierten Leitwegbestimmung angesehen werden. Das hier geschilderte Verfahren wurde 1976 von Rudin vorgestellt und ist unter dem Namen **Delta-Leitwegbestimmung** bekannt.

In diesem Verfahrens ermittelt jeder IMP in regelmäßigen Abständen die Kosten jeder seiner Ausgangsleitungen nach einer bestimmten Gewichtungsfunktion (Kosten, Warteschlangenlänge, Verzögerung usw.) und leitet diese Werte an ein Routing Control Center weiter, welches bei diesem Verfahren der Knoten ist, der für das gesamte Netz die Routingentscheidung trifft.

Aus der Information der einzelnen Knoten berechnet dann das RCC für alle Knoten i und j die nach der Gewichtungsfunktion besten n Wege zwischen den Knoten i und j, die sich auf der ersten Teilstrecke unterscheiden müssen, wobei n ein willkürlich gewählter Parameter ist. Die Kosten $K_{w,ij}$ für zwei verschiedene Wege $w_1$, $w_2$ zwischen den Knoten i und j werden als äquivalent angesehen, falls

$$| K_{w_1,ij} - K_{w_2,ij} | < \partial$$

gilt, wobei $\partial$ eine vom Netzwerkbetreiber festzulegende Größe ist; danach wird die Liste der äquivalenten Wege von jedem Knoten zu jedem anderen an die einzelnen Knoten im Netz verteilt; die endgültige Wegewahl aus der Menge der äquivalenten Wege wird dann von den einzelnen Knoten (evtl. zufällig) durchgeführt.

Durch die Einstellung der Werte $\partial$ und n kann der Betreiber des Netzwerks die Verantwortung für die Wegewahl zwischen dem RCC und den IMPs verschieben. Wählt er für $\partial$ und n einen sehr kleinen Wert wird sich gegen den besten ein anderer möglicher Weg niemals durchsetzen können und die Verantwortung für die Wegewahl wird ausschließlich im RCC getroffen. Wählt er hingegen sehr große Werte, werden den IMP's viele äquivalente Wege zur Auswahl angeboten.

Durch Simulationen konnte gezeigt werden, daß die Delta-Leitwegbestimmung bessere Ergebnisse liefert als die rein isolierte oder rein zentralisierte Leitwegbestimmung.

## 16.5.3 Verteilte Leitwegbestimmung

Die dritte Klasse der adaptiven Leitwegbestimmungsalgorithmen bilden die verteilten Verfahren, bei denen jeder Knoten seine Leitwegbestimmung nicht isoliert durchführt, sondern in bestimmten zeitlichen Abständen Leitweginformationen mit seinen Nachbarknoten austauscht und so einen Überblick über den Zustand des Netzes und seiner Verbindungsleitungen gewinnt.

### Verfahren mit Austausch von Übertragungszeitvektoren

Das Verfahren mit **Austausch von Übertragungszeitvektoren** wurde erstmals 1969 im ARPANET inplementiert; es hat einen wesentlichen Beitrag zur Entwicklung der verteilten dynamischen Routing-Algorithmen geleistet.

Das Verfahren beruht nicht auf einer Abschätzung der Übertragungszeiten durch die Laufzeit einer Nachricht – siehe Baran´s heuristische Methode – sondern auf dem Austausch von Übertragungszeitvektoren in speziellen Nachrichten. Dieses Verfahren soll anhand eines Netzausschnittes mit fünf Knoten erklärt werden:

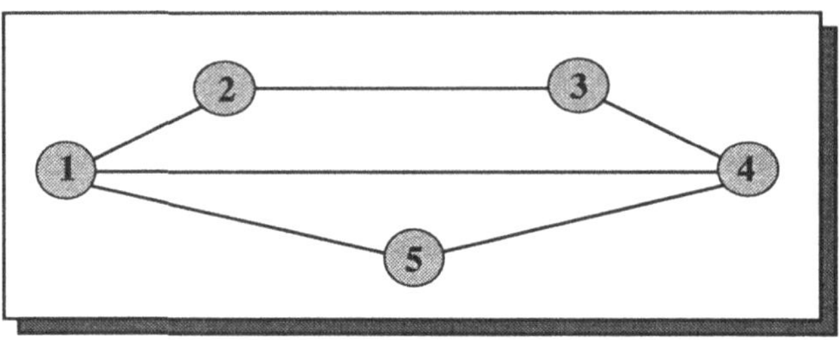


Beispielnetz

Sind in allen Knoten i Wegewahltabellen mit den optimalen Übertragungszeiten zwischen den einzelnen Knoten gespeichert (z.B. ermittelt durch den Shortest Path Algorithmus), so können die Knoten zu bestimmten Zeitpunkten allen Nachbarknoten ihren aktuellen Übertragungszeitvektor mit den Übertragungszeiten und der bevorzugten Ausgangsleitung zu den jeweils anderen Knoten übermitteln. In der folgenden Tabelle sind mögliche Übertragungszeiten, die Knoten 4 gesendet wurden, angegeben:

| Zielknoten / von Knoten | 1 | 3 | 5 |
|---|---|---|---|
| 1 | - | 49 ms | 10 ms |
| 2 | 9 ms | 30 ms | 26 ms |
| 3 | 52 ms | - | 24 ms |
| 4 | 21 ms | 11 ms | 12 ms |
| 5 | 12 ms | 24 ms | - |

Aus dieser Information der Nachbarknoten und mit seiner eigenen Übertragungszeittabelle kann dann der Knoten 4 eine neue Übertragungszeittabelle berechnen. Für das Beispiel des Zielknotens 1 ergibt sich eine neue Transportzeit von 18 ms,

- weil die Übertragungszeit von Knoten 4 nach Knoten 5 gemäß der alten Übertragungszeittabelle des Knotens 4 gerade 8 ms dauert,
- weil der Transport von Knoten 5 nach Knoten 1 entsprechend der in Knoten 4 eingegangenen Übertragungszeittabelle 10 ms dauert,
- welches einer Gesamtübertragungszeit von 18 ms entspricht.

Auf die gleiche Weise überprüft der Knoten 4 die anderen Übertragungszeiten und korrigiert ggf. die im alten Übertragungszeitvektor gespeicherten Werte:

| Zielknoten | Transportzeit | Ausgangsleitung |
|---|---|---|
| 1 | 26 ms | 1 |
| 2 | 51 ms | 3 |
| 3 | 16 ms | 3 |
| 5 | 8 ms | 5 |

⇓

| Zielknoten | Transportzeit | Ausgangsleitung |
|---|---|---|
| 1 | 18 ms | 5 |
| 2 | 27 ms | 1 |
| 3 | 16 ms | 3 |
| 5 | 8 ms | 5 |

Der größte Nachteil dieses Verfahrens besteht darin, daß für den Austausch der Übertragungszeitvektoren zwischen den Nachbarknoten wertvolle Übertragungszeit und -kapazität aufgewendet werden muß. Dies ist jedoch bei allen nicht ausschließlich lokalen adaptiven Verfahren unumgänglich und muß den erzielbaren Vorteilen gegenübergestellt werden.

Ein anderes Problem dieses Algorithmus ist darin zu sehen, daß das Verfahren mit dem Austausch von Übertragungszeitvektoren sehr schnell auf Verbesserungen im Netz reagiert (wie beim Rückwärtslernen), Verschlechterungen jedoch nur verzögert weitergegeben werden. Als Beispiel hierfür soll im folgenden ein sehr vereinfachtes Netz mit vier Knoten und einem dazugehörigen Ausschnitt aus der Übertragungszeittabelle zu den Zeitpunkten t und t + d betrachtet werden (Agl. = Ausgangsleitung).

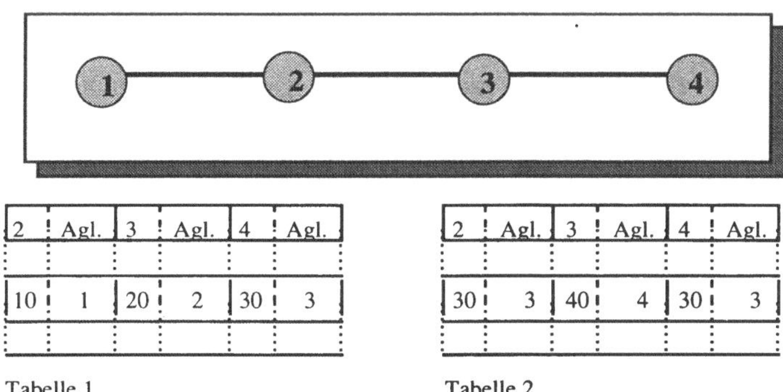


| 2 | Agl. | 3 | Agl. | 4 | Agl. |
|---|---|---|---|---|---|
| : | : | : | : | : | : |
| 10 | 1 | 20 | 2 | 30 | 3 |
| : | : | : | : | : | : |

Tabelle 1

| 2 | Agl. | 3 | Agl. | 4 | Agl. |
|---|---|---|---|---|---|
| : | : | : | : | : | : |
| 30 | 3 | 40 | 4 | 30 | 3 |
| : | : | : | : | : | : |

Tabelle 2

In der ersten Tabelle sind jeweils die Übertragungszeiten der Knoten 2, 3 und 4 zum Knoten 1 zum Zeitpunkt t angegeben. Unter der Voraussetzung, daß zwischen den Zeitpunkten t und t + d ein erheblicher Datenverkehr zwischen den Knoten 1 und 2 eintritt, welcher die Verzögerungszeit dieser Verbindung auf 50 ms erhöht, ergibt sich nach einem erneuten Austausch der Übertragungszeitvektoren zum Zeitpunkt t + d die folgende Situation:

- Knoten 2 erkennt, daß der Weg nach Knoten 1 eine Übertragungszeit von 50 Zeiteinheiten beansprucht.
- Durch die von Knoten 3 zum Zeitpunkt t + d erhaltene Übertragungszeittabelle weiß Knoten 2, daß es einen Weg über Knoten 3 gibt, der nur 20 Zeiteinheiten benötigt; also überträgt der Knoten 2 alle Pakete für Knoten 1 über Knoten 3.

- Diesem Irrtum unterliegt ebenfalls Knoten 3, der durch die Übermittlung des Übertragungszeitvektors von Knoten 2 darüber informiert wird, daß der Weg von Knoten 2 nach Knoten 1 stark belastet ist. Folglich sendet er alle für Knoten 1 bestimmten Pakete nach Knoten 4, der nach wie vor eine geringe Belastung für den Weg zum Knoten 1 meldet.

Dieses Beispiel macht deutlich, daß eine Verschlechterung der Verbindungswege zwischen den Knoten nur verzögert von den entsprechenden Knoten aufgenommen wird und zu einer chaotischen Netzsituation (Oszillationen) führen kann. Während dieser Phase werden die Nachrichten völlig unkontrolliert transportiert, und ein stabiler Zustand kann sich erst sehr langsam wieder einstellen.

Dieses Problems läßt sich umgehen, indem auf die Verschlechterung der Übertragungszeit auf einer Verbindungsleitung nicht unmittelbar reagiert wird; es wird solange gewartet, bis sich die schlechte Nachricht im ganzen Netzwerk verbreitet hat (*hold down time*). Dieses Verfahren würde die vorher beschriebene Reaktionsphase des Netzes verhindern; allerdings ist die Bestimmung der Zeitspanne, innerhalb der eine Reaktion ausbleiben sollte, ein weiteres zu lösendes Problem.

Das grundlegende Problem des Verfahrens mit Austausch von Übertragungszeitvektoren liegt jedoch in der völligen Unkenntnis der Netzwerktopologie; dieses kann nur behoben werden, wenn neben der Information der Übertagungszeitvektoren auch Information über die Topologie des Netzes übertragen wird. Dieses widerspricht jedoch der Forderung, daß Routingentscheidungen möglichst lokal getroffen werden sollten.

## 16.6 Spezielle Verfahren

In dem folgenden Abschnitt sollen spezielle Verfahren zur Leitwegbestimmung behandelt werden, die insbesondere in sehr großen Netzen Anwendung finden, die von ihrem Aufbau her dem des Telefonnetzes gleichen.

### 16.6.1 Hierarchische Leitwegbestimmung

In sehr großen Netzwerken mit vielen Tausenden von Teilnehmern ist die Anzahl der Knoten sehr groß. Dies hat zur Folge, daß die Tabellengröße zur Leitwegbestimmung und damit auch der Berechnungsaufwand, insbesondere bei alternativen Wegen, stark zunimmt. Dies ist aus vielen Gründen nachteilig:

- Bei einem Austausch von Routingtabellen hängt die Transportzeit und die damit für den Verwaltungsaufwand verbrauchte Transportkapazität ausschließlich von der Größe der Tabellen ab.
- Die Zeit, die für das Suchen eines bestimmten Tabelleneintrags benötigt wird, nimmt mit der Größe der Routingtabelle zu.

- Die Routingtabellen sind speicherresident zu halten, damit auf die Einträge schnell zugegriffen werden kann. Daher ist bei zunehmend größer werdenden Routingtabellen ein Speicherausbau in allen Knoten erforderlich.

Deshalb sollten bei großen Netzwerken einzelne Knoten zu einer Region zusammengefaßt werden. Dieses hat verschiedene Vorteile: Die Region kann für außerhalb liegende Knoten wie ein einzelner Knoten betrachtet werden, wodurch die Größe der in jedem Knoten zu speichernden Routingtabellen erheblich reduziert werden kann. Darüber hinaus haben Veränderungen, die nicht in der eigenen Region stattfinden (z.B. Ausfall oder Überlastung einer Leitung) keinen Einfluß mehr auf die Routingentscheidungen in der eigenen Region, wodurch die Verfügbarkeit erhöht wird. Dabei benötigt die Routingentscheidung zwischen zwei Regionen bei einer hierarchische Gliederung des Netzes keinen zusätzlichen Aufwand, wenn für die Kommunikation zwischen zwei bestimmten Regionen jeweils ein ausgezeichneter Knoten zuständig ist.

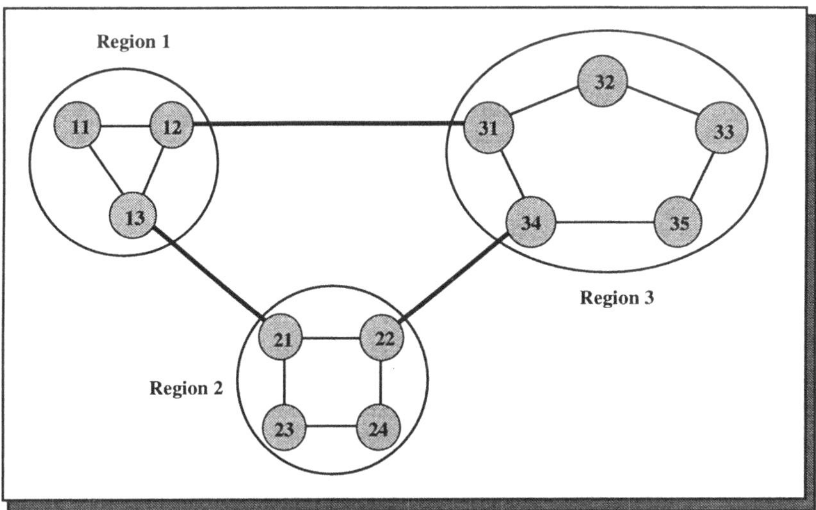


Hierarchische Netzwerkstruktur

Das folgende Beispiel soll die Vorteile dieses Ansatzes noch etwas genauer verdeutlichen. Würde für jeden Knoten die vollständige Wegetabelle aufgestellt werden, so würde die Wegetabelle für das Netzwerk im Bild die Länge 12 besitzen.

Durch den hierarchischen Aufbau des Netzes verringert sich die Anzahl der Einträge jedoch erheblich; für die Knoten in Region 1 sind sechs Einträge, für Region 2 sind fünf Einträge und für Region 3 sind sieben Einträge erforderlich. Als Beispiel soll für den Knoten 33 die Wegetabelle angegeben werden.

| q\s | 31 | 32 | 33 | 34 | 35 | R1 | R2 |
|---|---|---|---|---|---|---|---|
| $D_{33}$ | 2 | 2 | 0 | 2 | 1 | 3 | 3 |
| Agl. | 32 | 32 | - | 35 | 35 | 32 | 35 |

Allerdings ergibt sich durch die Zusammenfassung der Knoten in Regionen nicht nur der Vorteil, daß die Wegetabellen kürzer werden, sondern auch der Nachteil länger werdender Pfadlängen. Während der optimale Weg (bzgl. einer minimalen Pfadlänge) vor der Einteilung in Regionen zwischen den Knoten 34 und 11

$$W^{opt}_{34,11} = (34, 31, 12, 11)$$

die Pfadlänge drei hatte, ist nach der Einteilung in Regionen der Weg

$$W^{opt}_{33,11} = (34, 22, 21, 13, 11)$$

und hat damit die Pfadlänge vier.

Es stellt sich also die Frage, ob bei einer Einteilung eines Netzwerkes in Hierarchiestufen die Vorteile der kürzeren Wegetabellen und des geringeren Verwaltungsaufwands die größer werdenden Pfadlängen rechtfertigt. In einer Studie, die 1979 von Khan und Kleinrock erstellt wurde, konnte gezeigt werden, daß die optimale Anzahl von Hierarchiestufen in einem Netz mit N Knoten *ln N* ist, und daß die durch die Einteilung in Hierarchiestufen bedingte Steigerung der durchschnittlichen Pfadlängen vernachlässigbar ist.

## 16.6.2 Die Rundsende-Leitwegbestimmung

In einigen Anwendungen ist es erforderlich, daß ein Host eine Nachricht an alle anderen Hosts im Netzwerk versendet, um beispielsweise eine Aktualisierung bestehender Einträge (z.B. der Leitwegtabellen) vorzunehmen; diese Form der Datenübertragung wird als ***Broadcasting*** bezeichnet. Im folgenden sollen vier verrschiedene Verfahren zum Broadcasting beschrieben werden, zu deren Beurteilung die Anzahl der während eines Broadcasts zwischen Nachbarknoten übertragenen Pakete $A_{q,s}$ dienen soll. Ausgangspunkt bildet das im Bild gezeigte Netzwerk mit dem Knoten 4 als Quelle des Broadcasts.

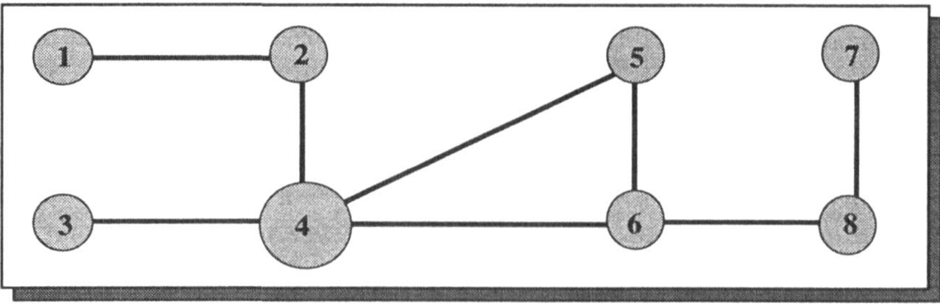

## Die direkte Übertragung

Bei diesem Verfahren wird vom Quellknoten zu jedem anderen Knoten eine Nachricht übertragen. Damit ist dieses Verfahren nicht nur außerordentlich verschwenderisch bzgl. der Ausnutzung der Übertragungskapazität (über die gleiche Ausgangsleitung wird mehrfach das gleiche Paket übertragen) sondern erfordert auch komplette Leitwegtabellen in den Knoten. Für die Anzahl der insgesamt zwischen Nachbarknoten zu übertragenden Pakete ergibt sich der Wert 11.

$$A_{4,1} = 2,\ A_{4,2} = 1,\ A_{4,3} = 1,\ A_{4,4} = 0,\ A_{4,5} = 1,\ A_{4,6} = 1,\ A_{4,7} = 3,\ A_{4,8} = 2$$

$$\Rightarrow \sum_{s=0}^{8} A_{q,s} = 11$$

## Fluten

Als weiteres Verfahren für die Übertragung eines Broadcasts bietet sich das Fluten an, das bereits im Kapitel 16.4.1 besprochen wurde und für eine Punkt-zu-Punkt-Verbindung nur theoretischen Wert hatte. Für einen Broadcast bleibt jedoch zu überprüfen, ob das Verfahren bzgl. der Anzahl der erzeugten Pakete einsetzbar ist.

Zu diesem Zweck muß zunächst im Broadcastpaket ein Zähler auf die benötigte Anzahl von Leitungen gesetzt werden, um vom Quellknoten (hier Knoten 4) jeden anderen Knoten zu erreichen. Für das obige Beispiel kann dieser Wert auf 3 gesetzt werden, da der Knoten 7 in drei Schritten zu erreichen ist. Damit ergibt sich die in der folgenden Abbildung dargestellte Überflutung des Netzes.

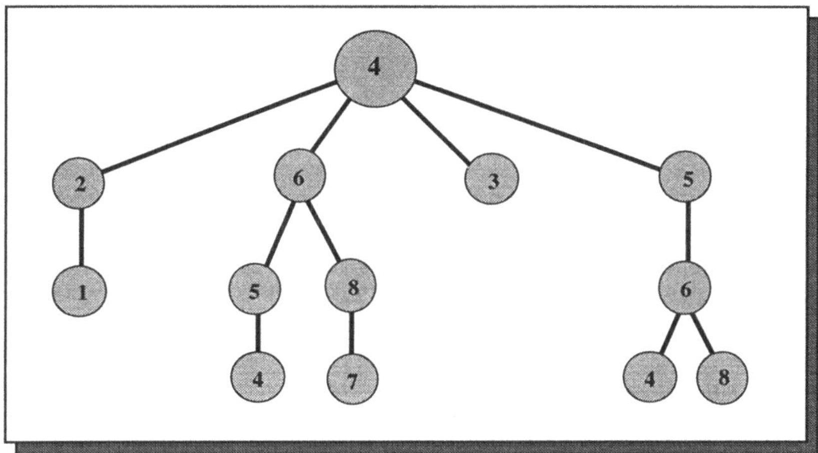


Insgesamt werden bei diesem Verfahren zwölf Pakete zwischen Nachbarknoten übertragen, was keine Verbesserung gegenüber dem zuvor beschriebenen Verfahren darstellt.

### Mehrziel-Leitwegbestimmung

Das Verfahren der **Mehrziel-Leitwegbestimmung** (*multidestination routing*) überprüft im Quellknoten q, zu welchen anderen Knoten i welche seiner Ausgangsleitungen der Anfang eines optimalen Weges ist. Für alle Zielknoten, deren optimaler Weg mit einer gemeinsamen Ausgangsleitung beginnt, wird nur ein Paket erzeugt. In den Kopf dieses Pakets werden dann jeweils die Indizes der Knotennummern eingetragen, die auf dem gemeinsamen Weg liegen. Jeder Knoten, der auf dem optimalen Weg passiert wird, entfernt den Index seiner Knotennummer und leitet das Paket weiter; an einer Vergabelung der Wege werden die Pakete kopiert und nur jene Zielknotenadressen übernommen, die auf den jeweiligen Wegen liegen. Zum Schluß ist nur noch ein Index in dem Paket vorhanden, und der Knoten vernichtet das Paket.

In unserem Beispiel werden vom Quellknoten 4 die folgenden vier Pakete erzeugt:

| 2 | 1 | | Leitung zum Knoten 2 |
|---|---|---|---|
| 3 | | | Leitung zum Knoten 3 |
| 5 | | | Leitung zum Knoten 5 |
| 6 | 8 | 7 | Leitung zum Knoten 6 |

In den Knoten 3 und 5 wird das Paket nicht weitergeleitet. Die Knoten 2 und 6 entfernen jeweils ihre Knotennummer und reichen das Paket an den Knoten 1 bzw. 8 weiter.

| 1 | | Leitung zum Knoten 1 |
|---|---|---|
| 8 | 7 | Leitung zum Knoten 8 |

Knoten 8 leitet schließlich das Paket an Knoten 7 weiter.

| 7 | Leitung zum Knoten 7 |
|---|---|

Insgesamt werden bei diesem Verfahren 7 Pakete zwischen den Nachbarknoten ausgetauscht. Dieses Verfahren ist also deutlich besser für einen Broadcast geeignet, da es offensichtlich vermieden wird, zu viele Pakete zu senden. Allerdings müssen hier zusätzliche Adressen in jedem Paket verwaltet werden, deren Anzahl von der Anzahl der über einen Pfad zu erreichenden Pakete abhängt, also für verschiedene Pfade verschieden ist. Das Verfahren erfordert also einen größeren Implementierungsaufwand.

### Weiterleitung über den umgekehrten Pfad

Wenn die Eintragung der Knotennummer in den Paketen vermieden werden soll, kann ein Verfahren angewendet werden, das einen absteigenden Baum für die Übermittlung der Nachricht verwendet.

Bei diesem Verfahren wird in jedem Knoten i überprüft, ob ein ankommendes Paket der Quelle q auf der Leitung eingegangen ist, auf dem auch der Knoten i seine Pakete an q übermittelt. Ist dieses der Fall, so wird angenommen, daß das Paket auf dem besten Leitweg vom Sender gekommen ist, und es wird auf alle Ausgangsleitungen übertragen, außer auf jener, auf der es eingegangen ist. Wenn allerdings das Paket nicht über eine Leitung ankommt, auf der Daten an den Sender des Broadcasts übermittelt werden, so wird angenommen, daß es sich um ein Duplikat handelt, und das Paket wird vernichtet.

Im Bild ist der Ablauf dieses Verfahrens dargestellt. Im ersten Schritt übermittelt der Sender auf allen Ausgangsleitungen die Broadcast-Nachricht, die die Nachbarknoten 2, 3, 5 und 6 unmittelbar erreicht. In diesen Knoten wird dann überprüft, ob das Paket über die bevorzugte Leitung zum Quellknoten des Broadcasts eingegangen ist (dies ist bei Nachbarknoten des Quellknotens mit Sicherheit der Fall). Danach wird eine Kopie des Paketes erstellt, die auf allen Ausgangsleitungen (außer auf der Leitung zum Knoten 2) weitergeleitet wird. Im nächsten Schritt erfolgt dann die Überprüfung in den Knoten 1, 5, 6 und 8 bzgl. der bevorzugten Leitung. Von den insgesamt 4 im zweiten Schritt erzeugten Paketen, die die Knoten 1, 5, 6 und 8 erreichen, kommen jedoch nur eins auf der bevorzugten Leitung an, und nur dieses wird weitergeleitet. Danach haben alle Knoten das Paket auf ihrer bevorzugten Leitung erhalten, so daß keine weiteren Pakete erzeugt oder weitergeleitet werden.

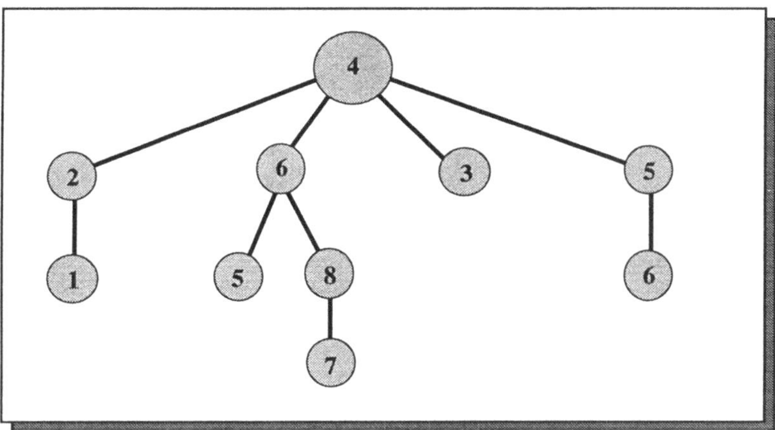


Ein wesentlicher Vorteil dieses Verfahrens ist seine einfache Implementierbarkeit. Die einzelnen Knoten benötigen keine Information über den überspannenden Baum, noch müssen Knotennummern in den Paketen vermerkt werden, wie dieses bei der Mehrziel-Leitwegbestimmung der Fall war. Die einzige Information, die in den Knoten gespeichert werden muß, ist eine Liste bereits eingegangener Pakete, um Duplikate von neuen Nachrichten zu unterscheiden. Zwar werden hier unter Umständen mehr Pakete übertragen als bei der Mehrziel-Leitwegbestimmung, aber wegen seiner Vorteile ist dieses Verfahren dennoch empfehlenswert.

## 16.7 Routing im Internet

In den folgenden Abschnitten sollen Verfahren beschrieben werden, die im Internet für die Wegeermittlung eingesetzt werden. Dies kann jedoch nur geschehen, wenn wir uns zunächst mit der Struktur und der Terminologie dieses Netzwerks vertraut machen, das ja keineswegs ein einzelnes in sich geschlossenes Netzwerk ist, sondern aus einer Reihe unabhängiger Netzwerke besteht, die jeweils unterschiedliche Protokolle (auch für das Routing) verwenden und jeweils einer lokalen Administration unterliegen.

### 16.7.1 Autonomous Systems und Core Network

Untrennbar mit den Internet ist der Begriff des *Autonomous Systems* verbunden, das innerhalb des Internets ein eigenständiges System darstellt und einer lokalen Administration unterliegt. Autonomous Systems bestehen aus mindestens einem, aber in der Regel mehreren Netzwerken, die mit Hilfe von internen Gateways miteinander verbunden sind. Daneben verfügt ein Autonomous System jedoch noch mindestens über ein externes Gateway, welches die Verbindung zum sogenannten Core Network zur Verfügung stellt. Das Core Network ist für die Verbindung der Autonomous Systems untereinander zuständig.

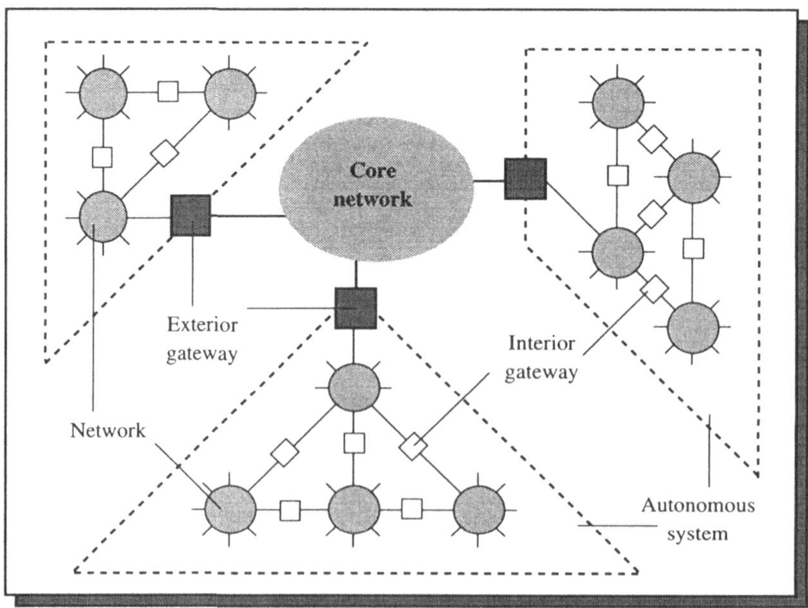


Struktur des Internets

Das Internet besteht aus einer Reihe von Autonomous Systems (den Teilnetzen), die sich über einen langen Zeitraum entwickelt haben. Aus diesem Grund werden in den einzelnen Autonomous Systems auch unterschiedliche Protokolle und Topologien verwendet, so daß von keiner einheitlichen Routingstrategie innerhalb der Netze ausgegangen werden kann. Man unterscheidet deshalb im Internet bzgl. der Wegewahlverfahren zwischen den Interior Gateway Protocols, die innerhalb der Autonomous Systems verwendet werden und dem Exterior Gateway Protocol, welches im Core Network für die Kopplung der Autonomous Systems seine Anwendung findet.

Darüber hinaus ist diese Aufteilung notwendig, da es für einen einzelnen Rechner oder ein einzelnes Gateway unmöglich ist, die gesamte Routinginformation für alle anderen Endsysteme im Internet vollständig in einer Tabelle zu verwalten. Aus diesem Grund verwendet das Internet eine hierarchische Struktur zur Speicherung der Routinginformation:

- Endgeräte erhalten ausschließlich jene Routinginformation, die sie benötigen, um Datagramme an andere Endsysteme oder Interior Gateways zu schicken, die am gleichen (Sub-) Netzwerk angeschlossen sind.
- Interior Gateways können Nachrichten nur an Endgeräte oder Gateways senden, die innerhalb des gleichen Autonomous Systems liegen.
- Exterior Gateways besitzen Routinginformation, die es ihnen erlaubt, Datagramme an Interior Gateways ihres Autonomous Systems oder an andere Exterior Gateways zu versenden.

Zur Realisierung dieser Struktur wurden verschiedene Protokolle entwickelt. Die bekanntesten sind das *Address Resolution Protocol* (ARP) für Endsysteme. Die Interior Gateway Protocols (IGPs) wie z.B. das *Routing Information Protocol* (RIP) oder das *Open Shortest Path First* (OSPF) für die Verwendung innerhalb von Autonomous Systems und die *Exterior Gateway Protocols* (EGPs) wie das spezielle Exterior Gateway Protocol (EGP) oder das Border Gateway Protocol (BGP) für Exterior Gateways. Im folgenden sollen diese Protokolle vorgestellt werden.

## 16.7.2 Address Resolution Protocol (ARP)

Der IP Adreßraum ist ein virtueller Adreßraum, der keine Beziehung zum unterliegenden Adreßraum des Protokolls der Sicherungsschicht besitzt. Aus diesem Grund ist jedem Netzwerk-Interface neben der frei wählbaren IP-Adresse auch eine fest vorgegebene Adresse der Sicherungsschicht (die auch als Hardware-Adresse bezeichnet wird) zugeordnet, die in Abhängigkeit vom verwendeten Protokoll in ihrem Format variiert (z.B. Ethernet 6 Bytes, Token Ring 2 oder 6 Bytes, usw.). Für die Übertragung eines IP-Rahmens ist also eine Umsetzung von der IP-Adresse in die Adresse der Sicherungsschicht erforderlich, um die Nachricht an die Zielstation weiterleiten zu können. Somit benötigt ein Interior Gateway für die Weiterleitung von Datagrammen, die es für Endsysteme ihres lokalen Netzwerks empfängt, eine Tabelle, in welcher die Adreßpaare

(Internet- und Hardware-Adresse) der an das Netzwerk angeschlossenen Endsysteme gespeichert sind.

Diese Tabelle wird mit Hilfe des ARP Protokolls aufgebaut, welches jedes Endsystem in periodischen Abständen dazu veranlaßt, allen anderen Systeme im lokalen Netzwerk sein Adreßpaar zu senden. Alle Stationen, die eine ARP-Message mit einem Adreßpaar empfangen, bauen eine Adreßtabelle auf, in der die Zuordnung zwischen der IP-Adresse und der Hardware-Adresse gespeichert ist. Die für die Bildung des Adreßpaares benötigte IP-Adresse wird einem System bei der Installation durch den Netzwerkadministrator zugeteilt und ist danach gewöhnlich auf der lokalen Platte des Endsystems gespeichert. Erhält nun ein Gateway ein Datagramm, das für ein Endsystem in seinem lokalen Netzwerk bestimmt ist, so kann er mit Hilfe der Adreßtabelle die Hardwareadresse des Endsystems bestimmen und das Datagramm weiterleiten.

Möchte hingegen ein Endsystem ein Datenpaket an ein anderes Endsystem im gleichen Netzwerk senden, so benötigt es genau wie ein Gateway die Hardwareadresse des adressierten Endsystems. Diese Adresse erhält es, indem es zunächst seine lokale Adreßtabelle durchsucht. Findet es dort die gesuchte Adresse, so kann das Endsystem das Datagramm unmittelbar an das Zielsystem übertragen. Ist die Adresse jedoch nicht vorhanden, so sendet es eine sogenannte ARP Request Message mit seinem eigenen Adreßpaar und der gesuchten Adresse an alle anderen Systeme des lokalen Netzes. Das Endsystem, das seine eigene (gesuchte) Hardware-Adresse in dieser Nachricht erkennt, durchsucht zunächst seine lokale Tabelle und korrigiert bzw. ergänzt seinen eigenen Tabelleneintrag um das im ARP Request Message gesendete Adreßpaar. Anschließend sendet das Endsystem eine ARP Reply Message mit seinem eigenen Adreßpaar direkt an das anfragende Endsystem zurück (die Zieladresse hat es aus der ARP Request Message erhalten). Das Endsystem, welches die Reply Message empfängt, ergänzt die eigene Routingtabelle und überträgt anschließend das auf die Übertragung wartende Datagramm an das Zielsystem.

In dem vorhergehenden Abschnitt gingen wir davon aus, daß Endsysteme das eigene Adreßpaar auf der Festplatte oder einem anderen permanenten Speicher sichern. Dies ist jedoch nur möglich, wenn das System auch über einen permanenten Speicher verfügt und z.B. keine *Diskless Workstation* ist. Diese Systeme benötigen beim Ladevorgang (*booten*) ihre eigene IP-Adresse, um mit dem TFTP Daemon ihres Servers zu kommunizieren und den Ladevorgang einzuleiten. Aus diesem Grund wurde das RARP (Reverse Address Resolution Protocol) entwickelt. Es dient für den umgekehrten Fall, bei dem ein System zwar seine Hardwareadresse (beim Ethernet aus dem Speicher des Ethernet-Kontrollers), jedoch nicht seine IP-Adresse kennt. Es erhält seine Adresse, indem es unmittelbar nach dem Starten einen RARP Broadcast mit seiner eigenen Hardwareadresse an alle Stationen im Netz sendet. Der Server, der für diese Maschine zuständig ist, empfängt diese Nachricht und sendet dann eine *Reply Message* mit dem erfragten Adreßpaar zurück und ermöglicht dem System somit das Laden des Betriebssystems.

ARP bzw. RARP verwenden für die Kommunikation eigene Pakete, in welche die entsprechenden Daten eingetragen werden. Das folgende Bild zeigt den Aufbau der Pakete.

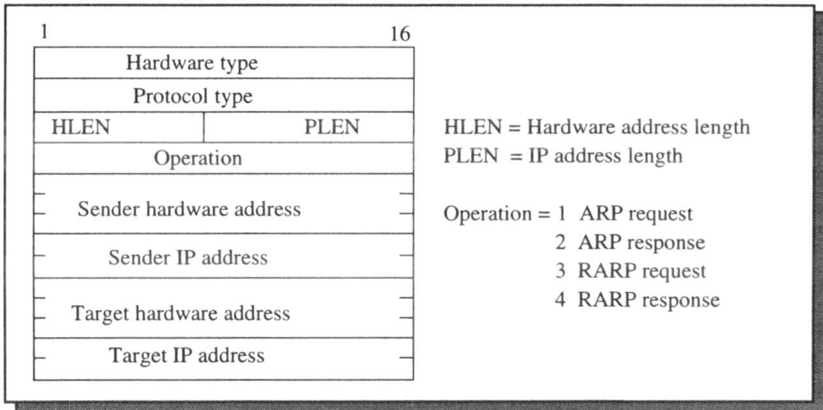


ARP und RARP Protokollformat

Durch die Verwendung des ARP Protokolls ist es den einzelnen Systemen möglich, eine Zuordnung zwischen der Hardware- und der IP-Adresse zu erhalten. Um jedoch zu vermeiden, daß die ARP-Tabelle zu groß oder inkonsistent wird (etwa durch den Austausch einer Ethernet-Kontrollerkarte), werden die Einträge periodisch gelöscht und erst bei Bedarf wieder aufgebaut. Da dieser Vorgang ausschließlich in lokalen Netzen stattfindet, ist die dadurch entstehende Verzögerung bei der Übertragung von Datenpaketen minimal.

## 16.7.3 Interior Gateway Protocols (IGP)

Als ***Interior Gateway Protocols*** (IGPs) werden die Protokolle bezeichnet, die innerhalb von Autonomous Systems eingesetzt werden. Es gibt eine Reihe von IGPs von denen die bekanntesten das ***Routing Information Protocol*** (RIP) und das ***Open Shortest Path First*** Protokoll (OSPF) sind. Zwar können innerhalb des Internets in verschiedenen Autonomous Systems gleichzeitig verschiedene IGPs verwendet werden, innerhalb eines Autonomous Systems muß jedoch ein einheitliches Protokoll eingesetzt werden.

### Routing Information Protocol (RIP)

Das am häufigsten in Autonomous Systems verwendete Protokoll ist das RIP, welches in jeder TCP/IP Implementierung (in Form des *Routed Process*) verfügbar ist. Ursprünglich wurde das RIP von der Firma Xerox für die *Xerox Network Services* entwickelt. Ausgangspunkt für die Verbreitung war jedoch eine Implementierung des RIP-Protokolls an der University of California at Berkeley, mit der die Routingtabellen innerhalb des

Universitätsnetzes stabil gehalten werden sollten. An eine weltweite Verbreitung dieses Protokolls – wie es später mit der Berkeley 4.X Unix-Implementierung erfolgte – war während keines Zeitpunkts der Entwicklung oder Implementierung gedacht.

Beim RIP Protokoll handelt es sich um ein verteiltes Routingprotokoll, das auf einem sogenannten Distance-Vector Algorithm (DVA) beruht. Kennzeichnend für Algorithmen dieser Klasse ist die Verwendung einer Metrik zur Bestimmung eines Abstandes (Distance) zwischen zwei Gateways (die Metrik kann z.B. aus der Anzahl der Knoten auf dem Weg oder aus der Übertragungszeitverzögerung zwischen verschiedenen Gateway gebildet werden). Unabhängig von der verwendeten Metrik benutzen DVAs jedoch in jedem Fall einen verteilten Algorithmus, mit dem sie jedem Gateway im Autonomous System den Aufbau der Routingtabelle ermöglichen, in welche die Distance zu den anderen Gateways eingetragen werden.

Das RIP-Protokoll verwendet als Metrik die Anzahl der Gateways (*Hop Counts*), die bei der Übertragung von Datenpaketen auf dem Weg zum Ziel durchlaufen werden müssen. Der hierfür vorgesehene maximale Wert ist im RIP-Protokoll mit 15 Hop Counts festgelegt; größere Werte besagen, daß das Netzwerk nicht erreicht werden kann. Da Verbindungswege zwischen den einzelnen Gateways im RIP-Protokoll gewichtet werden können, besteht für den Fall, daß zwei unterschiedliche Wege zu einem Ziel führen, die Möglichkeit den Hop Count für einen Weg künstlich zu erhöhen. Somit kann ein Verbindungsweg genutzt werden, der mehr Hop Counts benötigt, aber dennoch eine höhere Übertragungsleistung bereitstellt. In jedem Fall muß sich das RIP Protokoll jedoch für einen Weg zu einem bestimmten Ziel entscheiden, es kann nicht beide Wege gleichzeitig (etwa für verschiedene Verbindungen) nutzen.

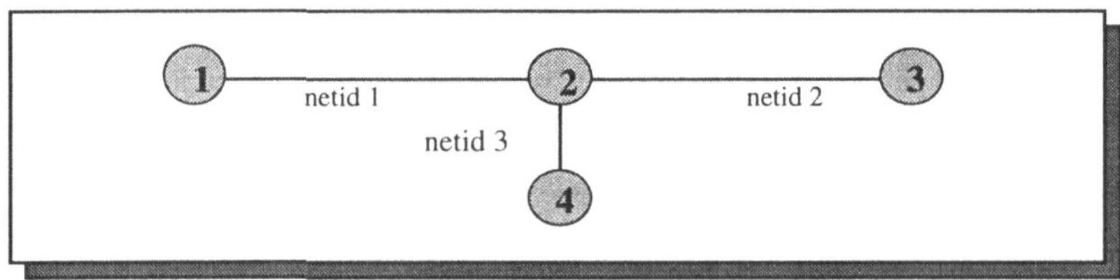


Beispieltopologie

Den Ausgangspunkt bei der Verwendung des RIP Protokolls bildet die Initialisierung der Gateways in einem Autonomous System, die durch den manuellen Aufbau von zwei Tabellen (*Remote Routing Table* und *Adjacency Table*) erfolgt. In den Remote Routing Tables werden für jedes Gateway zunächst die Netzwerkadressen (*netid*) aller direkt angeschlossenen Netzwerke eingetragen, denen eine Distanz zugeordnet wird. Die Distanz ist bei einem benachbarten Netzwerk immer null, da es in jeden Fall direkt (ohne einen Hop Count) zu erreichen ist. Danach erfolgt der Aufbau der Adjacency Table, in welcher die Adreßpaare aller direkt benachbarten Gateways gespeichert werden. Für die in der Beispieltopologie gezeigten Gateways ergeben sich somit die folgenden Remote Routing Tables:

GW 1

| Netz | D, G |
|---|---|
| 1 | 0, 1 |

GW 2

| Netz | D, G |
|---|---|
| 1 | 0, 2 |
| 2 | 0, 2 |
| 3 | 0, 2 |

GW 3

| Netz | D, G |
|---|---|
| 2 | 0, 3 |

GW 4

| Netz | D, G |
|---|---|
| 3 | 0, 4 |

Nach diesem manuellen Aufbau der initialen Tabellen erfolgt für den weiteren Aufbau die Übertragung der Routinginformation. Das RIP Protokoll verwendet hierfür einen einfachen Broadcast-Mechanismus, mit dem es den anderen Gateways in regelmäßigen Abständen (standardmäßig alle 30 Sekunden) die neuen Tabellen übergibt. Die Gateways, die diese Broadcast-Message erhalten, vergleichen die in der Nachricht propagierten Routen mit ihren eigenen und korrigieren bzw. ergänzen ihre Tabellen, falls erforderlich. Für die im Beispiel gezeigte Topologie sind die Routingtabellen bereits nach dem ersten Austausch vollständig aufgebaut und enthalten die folgenden Einträge.

GW 1

| Netz | D, G |
|---|---|
| 1 | 0, 1 |
| 2 | 1, 2 |
| 3 | 1, 2 |

GW 2

| Netz | D, G |
|---|---|
| 1 | 0, 2 |
| 2 | 0, 2 |
| 3 | 0, 2 |

GW 3

| Netz | D, G |
|---|---|
| 1 | 1, 2 |
| 2 | 0, 3 |
| 3 | 1, 2 |

GW 4

| Netz | D, G |
|---|---|
| 1 | 1, 2 |
| 2 | 1, 2 |
| 3 | 0, 4 |

Das Beispiel zeigt, daß es sich beim RIP Protokoll um ein sehr einfaches Protokoll handelt, bei dem die Gateways eines Autonomous Systems in periodischen Abständen ihre Routingtabellen austauschen und ggf. Korrekturen vornehmen. Allerdings wurde in den Tabellen neben der Distanz auch eingetragen, über welches Gateway ein bestimmtes Netz zu erreichen ist und somit eine Technik eingeführt, die als *Split Horizon* bezeichnet wird. Diese Technik wurde eingeführt, um das Problem der langsamen Konvergenz (Aufbau von stabilen Routingtabellen nach einer Veränderung in der Topologie z.B. nach dem Ausfall einer Leitung) des RIP-Protokolls zu verbessern. Bei dieser Erweiterung des Protokolls speichert ein Gateway neben der Distanz zu einem bestimmten Zielnetz auch das Gateway, mit dessen Hilfe es das Zielnetz erreichen kann. Dieses Verfahren besitzt den Vorteil, daß eine vorliegende Routinginformation nicht global an die benachbarten Gateways übertragen wird, sondern selektiv entschieden werden kann, welche Routinginformation an ein bestimmtes Gateway weitergegeben wird. Somit kann verhindert werden, daß Routinginformation an ein Gateway (zurück-) übertragen wird, von dem diese Information stammt. In bestimmten Situation kann durch Split Horizon ein schnellerer Aufbau von stabilen Routingtabellen erfolgen.

Im folgenden soll die Konvergenz des RIP Protokolls mit und ohne Split Horizon betrachtet werden. Der erste Teil des Bildes zeigt ein Netzwerk bei dem Gateway 2 eine Verbindung zum Gateway 1 besitzt. Bei einem Ausfall der Verbindung in b) würde das

Gateway 2 ohne Split Horizon von Gateway 3 die Information erhalten, daß Gateway 1 von Gateway 3 mit einem Hop Count zu erreichen ist. Es würde daraufhin seine Routingtabelle anpassen und dem gesamten Datenverkehr zum Gateway 1 über das Gateway 3 weiterleiten. Die Folge wäre eine Routingschleife. Beim nächsten Update der Routingtabellen würde Gateway 3 vom Gateway 2 lernen, daß das Gateway 1 nun mit zwei Hop Count zu erreichen ist und seine Routingtabelle anpassen. Dieser Ping-Pong-Effekt würde solange fortgesetzt bis beide Gateways einen Hop Count von 16 erhalten und damit das Gateway 1 als nicht erreichbar eintragen.

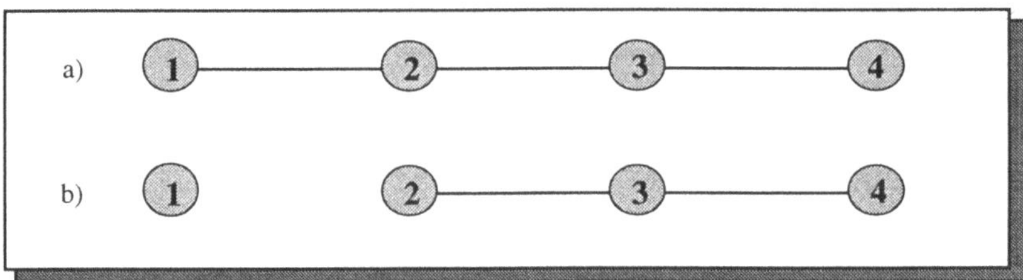


Bei der Verwendung von Split Horizon speichern die Gateways neben der Distanz zu einem Zielnetz auch, woher diese Information stammt, und propagieren keine Routen mit höheren Kosten zurück an dieses Gateway. In dem Beispiel würde also Gateway 3 seine Routinginformation über die Erreichbarkeit von Gateway 1 nicht an Gateway 2 zurücksenden. Damit wäre die Bildung der Routingschleife verhindert. Nach dem Austausch weiterer *Update Informationen* würden alle Gateways erkennen, daß Gateway 1 nicht erreichbar ist.

Eine andere Technik zur Verbesserung der langsamen Konvergenz des RIP-Protokolls wird durch das sogenannte ***Hold Down*** erreicht. Bei diesem Verfahren ignorieren Gateways für eine bestimmte Zeit (ca. 60 sec.) Nachrichten, die besagen, daß ein zuvor als nicht erreichbar gekennzeichnetes Gateway über eine andere Route erreichbar ist. Hiermit soll erreicht werden, daß nach dem Ausfall einer Verbindungsleitung so lange gewartet wird, bis alle Gateways die Nachricht über den Ausfall der Leitung erhalten haben und nicht irrtümlich Wege propagieren, welche die ausgefallene Verbindung benutzen.

## Open Shortest Path First (OSPF)

Das OSPF ist ein von der *Internet Engineering Task Force* (IETF) entwickeltes Routingprotokoll, das auf einem hierarchischem *Link State*-Protokoll beruht. Im Gegensatz zum RIP-Protokoll unterstützt es gleichzeitig mehrere Verbindungswege gleicher Kosten zu einem Zielnetz und ist in der Lage, den auftretenden Datenverkehr über verschiedene Verbindungswege zu übertragen. Die besonderen Vorzüge des OSPF-Protokolls liegen in seiner sehr schnellen Konvergenz und in der sehr sparsamen Verwendung von Bandbreite bei der Erstellung neuer Routingtabellen. OSPF besitzt darüber hinaus einige interessante Eigenschaften, die es von anderen Verfahren zur Wegeermittlung unterscheidet. Es unterstützt die Authentisierung, das TOS-Routing (TOS = ***Type of Service***; Routing, bei dem die Auswahl einer Metrik durch die Auswertung des TOS-Eintrags in einem Datagramm vorgenommen wird) sowie die Aufteilung des Autonomous Systems in Teilnetze, die ***Areas*** genannt werden.

Zur Beschreibung der Arbeitsweise des OSPF Protokolls soll das folgende Beispielnetz verwendet werden, das dem RFC 1247 entnommen ist. Die durchgezogenen Linien kennzeichnen Verbindungen innerhalb des Autonomous Systems; gestrichelt eingezeichnete Linien sind Verbindungen, die aus dem Autonomous System herausführen.

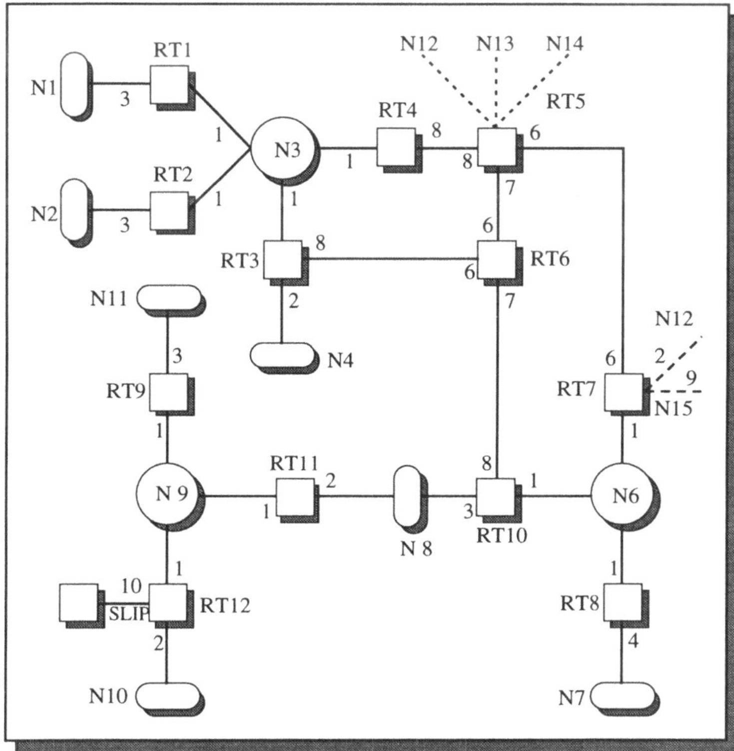


Beispiel einer OSPF Area [RFC 1247]

Die Grundlage für die Arbeitsweise des OSPF-Routingprotokolls bildet die Topologie-Datenbank, die gemeinsam von den einzelnen Routern aufgebaut wird. Dazu überträgt (flutet) jeder Knoten die Information seiner lokalen Sicht (seine Interfaces und die erreichbaren Nachbarn) zu allen anderen Knoten im Netzwerk. Mit dieser Information kann dann jedes einzelne Gateway einen Baum aufbauen, der die kürzesten Wege zu allen erreichbaren Knoten enthält. Die Wurzel des Baumes ist der Router selbst, der für den

Aufbau des Baums den bereits in den vorhergehenden Abschnitten beschriebenen Shortest Path Algorithmus verwendet (im Bild ist der Shortest Path Tree des Routers 6 dargestellt).

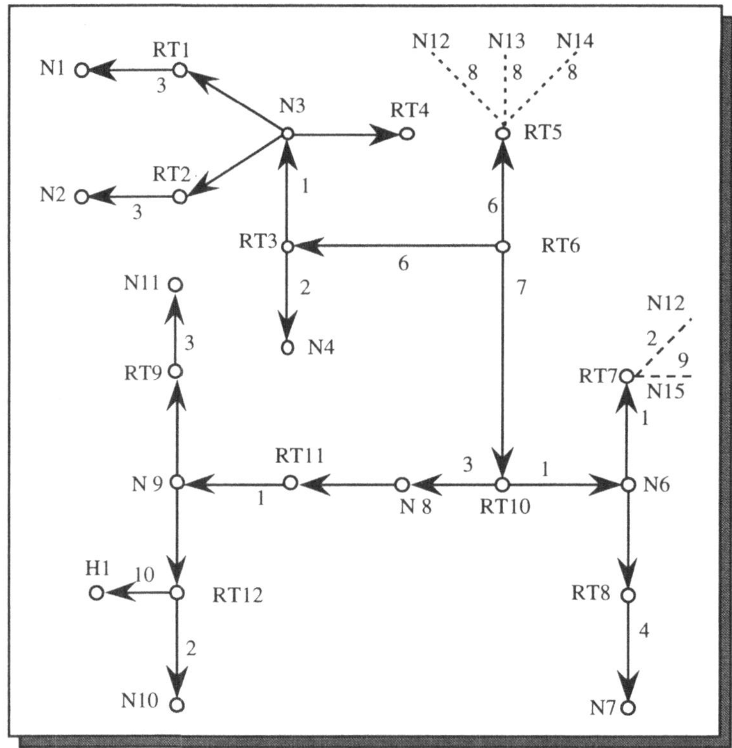


SPF Baum für Router RT 6 [RFC 1247]

Mit Hilfe des Baums, der die kürzesten Wege zu jedem Netzwerk bzw. jedem Endsystem beschreibt, wird dann eine Tabelle erstellt, in der die Routinginformation zusammengefaßt ist. Für die Weiterleitung von Datagrammen werden dabei nur das Zielnetz, der nächste Knotenrechner und die Distanz benötigt; die Beschreibung des kompletten Weges ist nicht erforderlich. Zusätzlich wird nach dem Aufbau des Baums die externe Routinginformation untersucht, die von anderen Autonomous Systems (und einem evtl. anderen IGP) stammt und von Routern, die an der Grenze zu einem anderen Autonomous System liegen, in das Autonomous System übertragen wird. Diese Information wird unverändert im bzw. durch das Autonomous System übertragen.

Generell unterscheidet OSPF zwei Arten von Routen mit externen Metriken (Metriken von anderen Autonomous Systems): Typ 1 Metriken sind externe Metriken, die äquivalent zur *Link State Metrik* sind; sie werden bei der Berechnung von Pfaden wie interne Metriken behandelt. Bei Typ 2 handelt es sich um Metriken, deren externe Kosten in jedem Fall höher sind als die Kosten innerhalb des Autonomous Systems. Aus diesem Grund wird für Typ 2 Metriken kein Vergleich der Kosten von internen Routern durchgeführt, sondern der Router mit den geringsten Kosten zum externen Netz benutzt. Für die Berechnung einer externen Route mit einer Typ 1 Metrik (z.B. der Weg zum Netz 12 über Router 5 bzw. Router 7) werden jedoch die Kosten der internen Metrik und der externen Metrik addiert; anschließend wird ein Kostenvergleich angestellt und die günstigste Route ausgewählt. Im Beispiel ergeben sich für die beiden Routen folgende Kosten für den Weg von Router 6 zum Netz 12: 7+1+2 für den Weg über Router 7 und 6+8 für den Weg über Router 5. Damit wird der Weg über Router 7 gewählt und in die Routingtabelle eingetragen.

Die folgende Tabelle zeigt interne und externe Teile der Routingtabelle von Router 6:

| Destination | Next Hop | Distance |
|---|---|---|
| N1 | RT 3 | 10 |
| N2 | RT 3 | 10 |
| N3 | RT 3 | 7 |
| N4 | RT 3 | 8 |
| N6 | RT 10 | 12 |
| . | . | . |
| . | . | . |
| N12 | RT 10 | 10 |
| N13 | RT 5 | 14 |

Bei der bisherigen Betrachtung des OSPF-Routings wurde von der Annahme ausgegangen, daß nur ein Weg zu einem Endsystem existiert. Eine OSPF-Implementierung muß jedoch in der Lage sein, mehrere Einträge zu dem gleichen Endsystem zu verwalten, die bei der Berechnung der unterschiedliche Metriken für verschiedene TOS-Einträge berücksichtigt werden. In diesem Fall wird für die einzelnen TOS-Werte jeweils ein eigener Shortest Path Tree erstellt, dessen Werte in eine gemeinsame Routingtabelle aufgenommen werden. Diese zweifellos sehr nützliche Eigenschaft des Protokolls birgt jedoch die Gefahr von sehr großen Routingtabelle in sich, die für eine schnelle Auswahl eines Weges nicht mehr geeignet sind. Auf Grund dieser Problematik erlaubt das Protokoll eine Reduktion auf das sogenannte *TOS-0-only-Routing*, bei dem für alle TOS-Werte eine einheitliche Routingtabelle verwendet werden kann. Router, die dieses Verfahren verwenden werden als TOS-0-only-Router bezeichnet, können jedoch gemeinsam mit anderen Routern, die mehrere Einträge verwalten, in einem Autonomous System arbeiten.

Eine andere Möglichkeit, die Größe der Routingtabellen zu begrenzen, besteht in der Aufteilung des Autonomous Systems in sogenannte Areas, die aus einer Ansammlung von benachbarten Endsystemen, Netzwerken und den Routern mit Schnittstellen zu einem dieser Netzwerke bestehen. Sie verwalten in ihren Routern eine eigenständige Kopie des OSPF-Protokolls und erzeugen aus diesem Grund auch eine eigene Topologie-Datenbank sowie einen Shortest Path Tree. Diese Technik erlaubt in großen Autonomous Systems eine erhebliche Reduktion der Routingtabelle, die zusammen mit der Abgeschlossenheit dieser Bereiche gegenüber der Außenwelt zu einer höheren Konvergenz und zu sichereren Routingtabellen führt. Darüber hinaus ist es durch diese Technik möglich, daß eine Änderung der Topologie in einem Teil des Netzes nicht das Gesamtnetz belastet, und so das OSPF Protokoll mit relativ wenig Overhead arbeiten kann.

Die Übertragung von Datagrammen zwischen verschiedenen Areas verläuft in drei Schritten: Im ersten Schritt wird die Übertragung zwischen dem Endsystem und dem sogenannten *Area Border Router* durchgeführt, der dann die Weiterleitung der Daten über das Backbone (Verbindungsweg zwischen Areas) zur Area des Zielsystems durchführt. Die Daten werden dort von einem Area Border Router empfangen und dem Endsystem zugestellt. Die Wegewahl zwischen unterschiedlichen Areas verläuft analog zur Wegewahl zwischen verschiedenen Autonomous Systems.

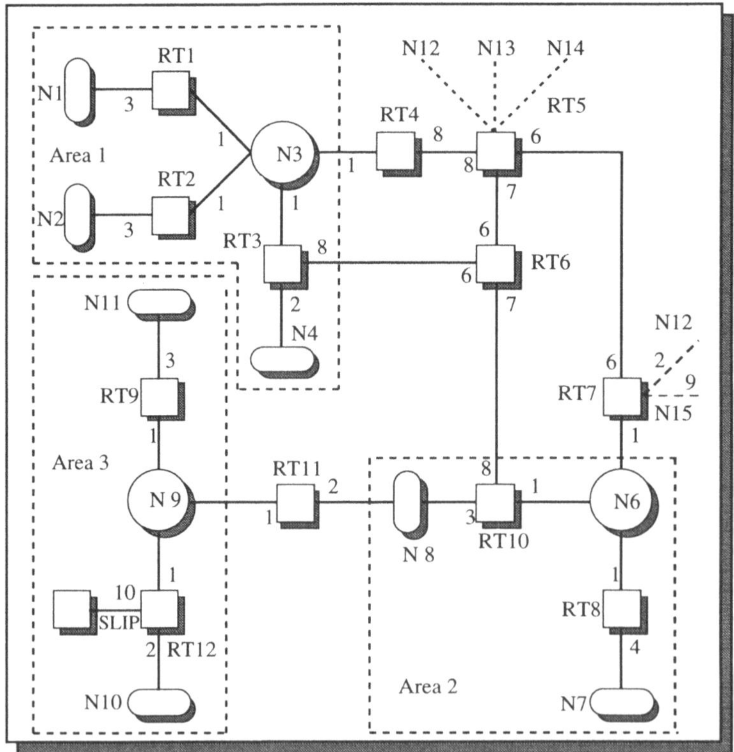

Einteilung eines Autonomous Systems in Areas [RFC 1247]

Eine andere Besonderheit des OSPF-Protokolls ist die Unterstützung von IP-Netzen mit untergliederten Subnetzen. Zu diesem Zwecke versieht das Protokoll jede Route mit einer Subnetz-Maske, die einen bestimmten Bereich von Adressen einer bestimmten Route zuordnet. So können durch das Adreß-Masken-Paar [0xffff0000, 134.106.0.0] mit einem

Eintrag in der Routingtabelle die Wege zu den Netzen im Bereich von 134.106.0.0 bis 134.106.255.255 propagiert werden. Ist jedoch das Netzwerk weiter unterteilt, so daß z.B. ein Router A alle Datagramme mit einer Zieladresse im Bereich von 134.106.0.0 bis 134.106.127.255 zum Router B und alle Datagramme mit der Zieladresse im Bereich von 134.106.128.0 bis 134.106.255.255 zum Router C weiterleiten muß, so kann dies durch den Eintrag der beiden Adreß-Masken-Paare [0xffff1000, 134.106.128.0] und [0xffff1000, 134.106.0.0] in der Routingtabelle realisiert werden.

Ein weiteres Merkmal von OSPF ist der Einsatz eines Authentisierungsmechanismus. Die Authentisierung erfolgt mit Hilfe eines *Authentication Type Fields* (AuType) sowie einem 64-Bit Datenfeld, die Bestandteile des OSPF Protokoll-Formats sind. Hier kann z.B. durch die Verwendung des AuType = 1 ein einfacher Paßwort-Mechanismus als Sicherheit implementiert sein oder durch den Eintrag AuType = 0 die Authentisierung ausgeschaltet werden. Die Authentisierung stellt sicher, daß keine Routen in das Netzwerk eingebracht werden, die nicht von authorisierten Routern stammen, und deren Routen in keinem Fall in das Netz eingebracht werden dürfen.

Zusammenfassend kann gesagt werden, daß es sich beim OSPF-Protokoll um ein sehr komplexes und modernes Routing-Protokoll handelt, dessen Merkmale im Rahmen dieses Buches nicht vollständig behandelt werden können. OSPF eignet sich insbesondere für den Einsatz in großen bis sehr großen Netzwerken. In kleineren Netzen sollte es aufgrund seiner Komplexität nicht angewendet werden.

### 16.7.4 Exterior Gateway Protocol (EGP)

Der Begriff ***Exterior Gateway Protocol*** ist eine Bezeichnung für Protokolle, die für die Verbindung von Gateways zwischen verschiedenen Autonomous Systems eingesetzt werden. Gegenwärtig wird für diesen Zweck vorwiegend das EGP (EGP ist sowohl der Begriff für Routingprotokolle des Core Networks wie auch eine spezielle Implementierung) verwendet, das aber technisch als nicht zufriedenstellend angesehen wird. Als Ersatz ist das sogenannte Border Gateway Protocol (BGP) vorgesehen, das im RFC 1105 dokumentiert ist.

#### Exterior Gateway Protocol (EGP)

Beim EGP handelt sich es um ein 1984 für die Verbindung von Autonomous Systems konzipiertes Protokoll, das von Exterior Gateways verwendet wird, um dem Core Network und den Exterior Gateways anderer Autonomous Systems Information über die Erreichbarkeit seiner eigenen Netze mitzuteilen. Die mit der Verwendung von bestimmten Routen entstehenden Kosten werden im EGP nicht berücksichtigt, da keine Auswertung von Distanzen (EGP verwendet im Gegensatz zu OSPF keine Metriken sondern Distanzen) erfolgt. Es handelt sich somit bei EGP im eigentlichen Sinn nicht um ein Wegewahl-Protokoll, sondern um ein Erreichbarkeits-Protokoll.

Zur Realisierung des Austausches dieser sogenannten ***Network Reachability Information*** zwischen den Gateways werden im EGP drei grundlegende Funktionen verwenden:

- ***Neighbor Reachability***: Periodische Überwachung der Erreichbarkeit benachbarter Exterior Gateways mit Hilfe von Hello- und I-Heard-You-Messages
- ***Neighbor Acquisition***: Anfrage, ob ein Exterior Gateway bereit ist, Reachability Information auszutauschen und damit ein Nachbarschaftsverhältnis einzugehen
- ***Routing Update***: Periodischer Austausch von Routinginformation mit Hilfe von *Network Reachability Messages*, mit denen ein Exterior Gateway propagiert, welche Netze er direkt erreichen kann

Diese Funktionen enthalten wiederum spezielle Nachrichten (siehe Tabelle), die es erlauben, mit Hilfe eines *Request-Response*-Verfahrens Information auszutauschen:

| Funktion | EGP Nachricht | Bedeutung (Nachbarschaft = NS) |
|---|---|---|
| Neighbor Reachability | Hello | Anfrage nach Bestätigung einer NS |
| | I-heard-you | Bestätigung der NS |
| Neighbor Acquisition | Acquisition Request | Anfrage auf NS |
| | Acquisition Confirm | Zusage der NS |
| | Aquisition Refuse | Absage der NS |
| | Cease Request | Anfrage nach Auflösung der NS |
| | Cease Confirm | Bestätigung der Auflösung |
| Routing Update | Poll Request | Anforderung einer Routingtabelle |
| | Routing Update | Routinginfornation |
| Error Response | Error | Antwort auf inkorrekte Anfrage |

Nach dem Aufbau eines Autonomous Systems und der Installation eines Exterior Gateways muß zunächst von diesem Gateway ein Nachbarschaftsverhältnis mit mindestens einem anderen Exterior Gateway aufgebaut werden, bevor es zum Austausch von Routinginformation kommen kann. Diese Aufgaben wird von der ***Neighbor Acquisition Function*** durchgeführt, indem sie ein *Acquisition Request* an ein benachbartes Exterior Gateway schickt und auf eine Bestätigung dieser Anfrage wartet. Kommt das Nachbarschaftsverhältnis zustande, wird zunächst durch ein *Poll Request* Routinginformation angefordert. Anschließend erfolgt ein periodischer Austausch von Neighbor Reachability Nachrichten.

Die kontinuierliche Erneuerung der Routinginformation in einem Gateway erfolgt durch einen *Update Poll* an ein benachbartes Exterior Gateway, welches seine Routinginformation zurückliefert. Die Routinginformation darf dabei nur die Information enthalten, die aus dem Autonomous System des Exteriror Gateway stammt, obwohl das Gateway auch in der Lage wäre, Information, die es von anderen Gateways gelernt hat, zu propagieren. Diese Einschränkung – nur Daten des eigenen Autonomous Systems weiterzuleiten – wird als *EGP third party restriction* bezeichnet.

Darüber hinaus wird in einem Gateway die Update Information eines anderen Exterior Gateways nicht bezüglich der Distanz ausgewertet. Dies bedeutet, daß eine angegebene Distanz zu einem Netzwerk keine Auswirkungen auf die Wahl eines Weges zu diesem Netzwerk hat, sondern nur als Information angesehen wird, welche die Erreichbarkeit des Netzwerks sicherstellt. Ein Gateway eines Autonomous Systems übergibt somit an ein Gateway des Core Networks nur die Information, daß ein Gateway eines anderen Autonomous System erreichbar ist, nicht aber zu welchen Kosten. Aus diesem Grund ist EGP Protokoll nicht in der Lage eine intelligente Routingentscheidung zu treffen.

### Border Gateway Protocol (BGP)

Mit der Entwicklung des ***Border Gateway Protocol*** wurde versucht, die Probleme des EGP Protokolls zu lösen und ein Routing Protokoll zu schaffen, das fähig ist, intelligente Routingentscheidungen zu treffen. Aus diesem Grund findet gegenwärtig im Internet ein Übergang von EGP zum BGP statt.

Die Hauptaufgabe des BGP-Protokolls besteht im Austausch von Routing Information zwischen Exterior Gateways im Core Network. Für die Übertragung dieser Information verwendet das BGP Protokoll eine Network Reachability Information, die im Gegensatz zum EGP Protokoll neben der Information zur Erreichbarkeit eines bestimmten Zielnetzes noch weitere Angaben beinhaltet. Diese Angaben, die als Attribute bezeichnet werden, umfassen:

- ***Origin***: Angaben über den Ursprung der Routing Information (z.B. aus einem IGP Protokoll).
- ***AS Path***: Eine Aufzählung von Autonomous Systems, die auf dem Weg zum Zielnetz zu durchqueren sind.
- ***Next Hop***: Den nächsten Router, der auf dem Weg zu einem bestimmten Ziel zu kontaktieren ist.
- ***Unreachable***: Ein Attribut, das angibt, ob eine zuvor angegebene Route noch korrekt ist.
- ***Inter-AS Metric***: Eine Maßeinheit, die ein EGP Router propagiert, um Kosten für Wege, die im Inneren seines Autonomous Systems liegen, bekannt zu geben. Diese Information darf von Routern aus anderen Autonomous Systems verwendet werden, um einen besseren Einstiegspunkt in das Autonomous Systems zu finden, von der die Information stammt. Ein Weiterleiten dieser Information ist jedoch nicht erlaubt.

Mit Hilfe dieser Information baut dann ein Router einen Graphen auf, der Angaben über die Erreichbarkeit und die Kosten eines bestimmten Zielsystems enthält. Evtl. vorhandene Zyklen im Graphen werden eliminiert, so daß von einem Router aus nur ein einziger Pfad zu einem Zielnetz existiert.

Obwohl BGP mit Hilfe des AS Path Attributs eine sehr weitgehende Sicht der Netzwerktopologie aufbaut, kann es dennoch nicht eindeutig der Klasse der Link State-Verfahren zugeordnet werden, da es an andere Router lediglich Information über Pfade weitergibt, die das BGP Protokoll selbst verwendet. Dies ist eigentlich ein Kennzeichen von Distance Vector-Verfahren. Zur Reduktion der Bandbreite, die für den Austausch von Routing Information benötigt wird, benutzt das BGP – nachdem es am Anfang seine komplette Routing Tabelle übertragen hat – nur noch Update Information, die Veränderungen im Netzwerk beschreiben. Liegen keine Veränderungen im Netzwerk vor, werden in festgelegten zeitlichen Abständen sogenannte *Keep Alive*-Messages übertragen, die sicherstellen, daß ein benachbarter Router noch erreichbar ist.

Für die Übertragung der Routing Nachrichten verwendet das BGP eine TCP-Verbindung, die sicherstellt, daß Routing-Information den benachbarten Router erreicht. Dabei können neben den eigenen Sicherungsmechanismen alle Mechanismen zur Authentisierung verwendet werden, die das Protokoll der Transportschicht zur Verfügung stellt. Das BGP verwendet intern sehr unterschiedliche Mechanismen zur Authentisierung, die auch in ihrer Komplexität stark varieren. Als Teil des BGP-Mechanismus zur Authentisierung erlaubt das Protokoll z.B. die Versendung von digitalen Unterschriften, die in den BGP-Nachrichten vorhanden sind.

### 16.7.5 Zusammenfassung

Die Auswahl eines geeigneten Routingalgorithmus für ein gegebenes Netzwerk ist ein komplexes und schwieriges Problem. Wie bereits im vorhergehenden Abschnitt gezeigt, werden gegenwärtig eine Reihe von Anstrengungen unternommen, die zur Zeit am häufigsten eingesetzten Routingalgorithmen durch intelligentere Verfahren abzulösen. Dennoch ist für die meisten Netzwerke ein einfaches, statisches Routing-Verfahren völlig ausreichend, so daß hier keine komplexen Lösungen angestrebt werden sollten. Insbesondere verfügen die meisten Netzwerke ohnehin nur über eine Verbindung zur Außenwelt, so daß u.U. auch statische Verfahren eingesetzt werden könnten. Erst bei großen und komplexen Topologien ist der Einsatz von intelligenten Routing-Verfahren sinnvoll.

# 17 Kryptologie

Datenübertragung und -verarbeitung kennen verschiedene Klassen von Unsicherheit. So sollen Computer 'richtig' rechnen, sie sollen Daten und Systeme vor unberechtigtem Zugriff schützen, und sie sollen Daten vor der Zerstörung bewahren. In diesem Abschnitt untersuchen wir Techniken, die den unberechtigten Zugriff auf vertrauliche Daten verhindern sollen, da dieser Problemkreis in der Kommunikationstechnik eine wichtige Rolle spielt. Weitere Problemkreise werden hier nur kurz angerissen.

Um Daten vor unberechtigtem Zugriff zu schützen, kann man sie entweder verbergen, verschließen oder verschlüsseln. Im ersten Fall versucht man, die Existenz der Daten geheimzuhalten. Im zweiten Fall verhindert man durch entsprechende Vorkehrungen den physischen Zugriff auf die Daten. Beide Techniken benötigen organisatorische Maßnahmen, die wir hier nicht weiter besprechen. Stattdessen beschäftigen wir uns eingehender mit der Frage, wie wir Daten so verändern können, daß sie von Unbefugten praktisch nicht mehr verstanden werden, während Befugte sie gleichzeitig einfach interpretieren können. Diese Fragestellungen werden im Rahmen der Kryptologie behandelt.

## 17.1 Einführung in die Kryptologie

**Kryptologie** ist die Lehre der geheimen Nachrichtenübertragung (griech. krypto=geheim, Logie=Lehre); ihr Ziel ist es, Information so zu verändern, daß sie von Unbefugten nicht entziffert werden kann, Befugte jedoch mit möglichst einfachen Mitteln den Informationsgehalt einer Nachricht verstehen können.

Zwar wurden kryptologische Methoden bereits in der Antike verwendet, doch sind entsprechende Verfahren erst durch die Entwicklung der neuen Technologien der automatischen Informationsverarbeitung wieder interessant geworden. Die ersten Anfänge der Kryptologie sind aus Ägypten und Mesopotamien bekannt; von dort sind uns Funde überliefert, die in verschlüsselter Form Anweisungen zur Bearbeitung von Tontöpfen enthalten. Aus Griechenland und aus Rom sind vorwiegend Beispiele für den militärischen Einsatz der Kryptologie bekannt. Nach dem Verfall des römischen Reiches und dessen

Kultur wurde die Kryptologie bis in das Mittelalter hinein nicht mehr eingesetzt; in Zeiten, in denen noch nicht einmal Kaiser und Könige lesen oder schreiben konnten, war die Schrift an sich ein Geheimnis und bedurfte keiner kryptographischen Maßnahmen. Erst mit der Renaissance wird die Kryptologie in Europa – weiterhin für militärische Zwecke – fortentwickelt und erreichte ihren Höhepunkt während der beiden Weltkriege in diesem Jahrhundert.

Man unterteilt die Kryptologie in **Kryptographie** (griech. verborgenes Schreiben) und **Steganographie** (griech. verstecktes Schreiben). Unter Steganographie versteht man die Darstellung von Information, ohne daß ein möglicher Interessent von der Existenz der Information weiß. Z.B. wurde im antiken Griechenland einem Sklaven eine Nachricht auf den geschorenen Kopf geschrieben und gewartet, bis die Haare wieder überwachsen waren. Man kann in Bildern Information verbergen (z.B. in religiösen oder mythologischen Bildern die Regel), man kann unsichtbare Tinte verwenden (z.B. Zitronensaft, der erst nach Erwärmung des Papiers sichtbar wird) oder man fügt beliebige andere Information zwischen zwei kryptischen Nachrichten ein. Lord Bacon verwendete sehr ähnliche, aber dennoch verschiedene Schrifttypen, in denen er Texte beliebigen Inhalts abfaßte, wobei jedoch die Folge der einzelnen Schrifttypen als Binärwort interpretiert werden konnte und somit eine verdeckte Information enthielt.

| **Beispiel:** | Diese Nachricht enthält eine Information. |
|---|---|

In der Informatik werden steganographische Methoden nur bedingt eingesetzt. So kann man innerhalb eines Textes einen wichtigen Text verbergen, oder es kann ein Programm durch die Reihenfolge der Prozeduren identifiziert werden. Im folgenden werden wir uns jedoch ausschließlich auf kryptographische Verfahren beschränken.

Eine Rechenanlage wird heute in den meisten Fällen nicht nur von einer Person benutzt, sondern von einer Gruppe von Anwendern, etwa den Angehörigen einer Firma. Natürlich möchte jeder Benutzer dieser Rechenanlage seine persönlichen Daten gegen unautorisierte Einsicht bzw. Nutzung sichern. Dieses geschieht in der Regel durch ein Paßwort. Den Nutzern oder Betreibern einer Rechenanlage dürfte es jedoch in den meisten Fällen nicht schwerfallen, diese Sicherungsmaßnahme zu umgehen. Eine zusätzliche Sicherheit – auch gegen Betreiber von Rechenanlagen – bieten hier kryptographische Techniken.

Bei der Übertragung von Daten an andere Teilnehmer einer Kommunikation liegt der Sachverhalt jedoch häufig etwas anders. Während bei der Verschlüsselung lokaler Daten der Benutzer beliebige Kodierungen oder Schlüssel verwenden kann, muß bei der Kommunikation mit anderen Teilnehmern diesen das Verfahren und der Schlüssel mitgeteilt werden. Dieses kann u.U. einen folgenschweren Vertrauensbruch nach sich ziehen, da die Übertragung dieser Information in der Regel im Klartext zu geschehen hat. Aber auch hier möchte der Benutzer einer Rechenanlage sicher sein, daß keine dritte Person – etwa ein elektronischer Lauscher – nicht für jenen bestimmte Information mithört. Methoden, die u.a. auch solche Probleme lösen, sollen in diesem Kapitel behandelt werden.

## 17.2 Grundbegriffe der Kryptographie

Zunächst sollen die hier verwendeten Begriffe der Kryptologie eingeführt werden. Die übliche Methode, lesbare Daten in unlesbare zu transformieren, wird als **verschlüsseln** oder **chiffrieren** (*encipher*) bezeichnet. Eine **Chiffre** (*cipher*) ist ein Verfahren, mit dem ein Sender oder Erzeuger einer Nachricht evtl. mit Hilfe eines **Schlüssels** (*key*) eine injektive Abbildung eines **Klartexts** (*plaintext, cleartext*) in einen **Chiffretext** (*ciphertext, cryptotext*) durchführen kann. Die Umwandlung eines Chiffretexts in einen Klartext wird als **Entschlüsselung** oder **Dechiffrierung** des Chiffretextes bezeichnet, der Vorgang als **entschlüsseln** oder **dechiffrieren** (decipher).

Ein **kryptographisches System** (Kryptosystem) besteht aus den folgenden fünf Komponenten, von denen H, C und K höchstens abzählbar sind:

1. Klartextraum H
2. Chiffreraum C
3. Schlüsselraum K
4. Familie von Chiffriertransformationen $E_k : H \rightarrow C$ mit $k \in K$
5. Familie von Dechiffriertransformationen $D_k : C \rightarrow H$ mit $k \in K$

Jede (De-) Chiffriertransformation $E_k$ ($D_k$) wird mit Hilfe eines Schlüssels k und eines (De-) Chiffrieralgorithmus E (D) definiert.

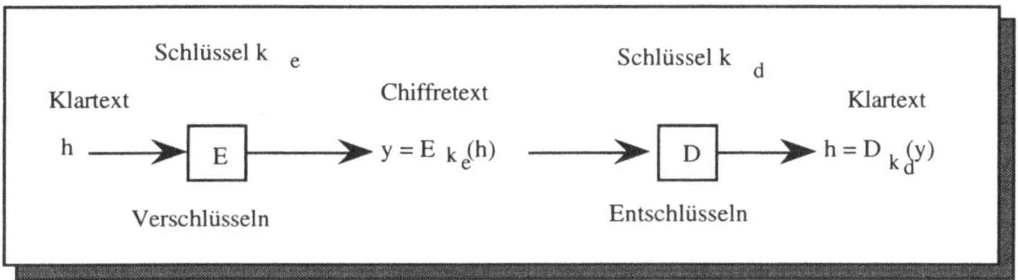


Allgemeines Verschlüsselungsverfahren

Das Bild zeigt die Umsetzung eines Klartextes in einen Chiffretext und wieder zurück. Die Begriffe Klartext und Chiffretext werden dabei in Bezug zur Ver- bzw. Entschlüsselung verwendet. Bei den sogenannten **Produktchiffren** wird ein bereits mit Hilfe eines anderen Verfahrens verschlüsselter Text nochmals als Eingabe für einen Chiffrieralgorithmus verwendet wird; dennoch wird auch eine solche Eingabe Klartext genannt. Die beiden Algorithmen zur Ver- bzw. Entschlüsselung werden im folgenden mit dem Buchstaben E (*Encipher*) und D (*Decipher*) bezeichnet.

Mathematisch ist die Verschlüsselung eine injektive Abbildung eines Wortes m ∈ H in ein Wort c ∈ C.

$$E: \quad H \to C$$
$$D: \quad C \to H$$

Es gilt die Beziehung:

$$D_k(E_k(h)) = h, \text{ für alle } h \in H \text{ und alle } k \in K$$

Ist E(H)=C, E also auch surjektiv, so ist E bijektiv, und damit D die Umkehrfunktion zu E: $D=E^{-1}$. Dann ist wie oben gefordert natürlich: $D...E=E^{-1}...E=I$ [1], wobei I die identische Abbildung ist. Es folgt dann aber offensichtlich auch: $E...D=E...E^{-1}=I$.

Sind die Chiffrier- und Dechiffrieralgorithmen gleich: $D=E=E^{-1}$, so heißt E auch eine **Involution**. Der Vorteil solcher Verfahren ist es, daß nur eine Implementierung (meist in Hardware) für die Verschlüsselungsfunktion nötig ist. Allerdings ist die Komposition von Involutionen in der Regel keine Involution mehr, so daß keine Produktchiffren verwendet werden können. Natürlich gilt für zwei Involutionen E und F: E...F...F...E=I. Somit ist F...E die Dechiffrierfunktion zu E...F.

Der Schlüssel k ∈ K kann sowohl für den Chiffrier- als auch für den Dechiffrieralgorithmus gleich sein. Man unterscheidet jedoch gewöhnlich zwischen dem Chiffrierschlüssel, der im folgenden $k_e$ genannt werden soll, und dem Dechiffrierschlüssel $k_d$. Sind beide Schlüssel gleich oder sind die beiden Schlüssel leicht auseinander ableitbar, so wird das Kryptosystem als **Ein-Schlüssel-System** bezeichnet.

Hängt die Sicherheit eines Verfahrens von der Chiffrierfunktion ab (und nicht vom Schlüssel), so muß diese Funktion geheimgehalten werden. Da die Anzahl der Chiffriermethoden jedoch beschränkt ist, können die wenigen bekannten Verfahren einfach ausprobiert und so u.U. die Chiffre entschlüsselt werden. Daher sollte nur der Schlüssel für die Sicherheit eines kryptographischen Systems verantwortlich sein, da zur Geheimhaltung der Nachricht nur noch einer von sehr vielen möglichen Dechiffrierschlüsseln geschützt werden muß. In einer offenen Umgebung sind in der Regel nur standardisierte Verfahren möglich, so daß dort alleine die Sicherung durch einen Schlüssel möglich ist.

Wird eine Chiffre entziffert, so wird dieses als **Brechung** der Chiffre bezeichnet. Eine Person, die dieses tut, wird als **Kryptoanalyst** oder **Angreifer** bezeichnet. Unter einem **passiven Angriff** versteht man das Lesen einer übertragenen oder gespeicherten Nachricht. Unter einem **aktiven Angriff** versteht man die Ersetzung einer übertragenen

[1] Wir schreiben F...G für die Abbildung: F...G(x)=F(G(x)) für alle x aus dem Urbildbereich von G. F...G wird auch als Produktabbildung von F und G bezeichnet.

oder gespeicherten Nachricht durch eine andere. Beide Formen des Kryptoangriffs sollten durch ein kryptographisches Verfahren unterbunden werden.

Bei der Beurteilung eines Kryptosystems spielen drei Eigenschaften eine entscheidende Rolle (weitere Kriterien findet man beim DES-Algorithmus): Die wichtigste Forderung, die an ein kryptographisches System gestellt wird, betrifft die **Sicherheit** (*security*). Dieser Begriff kann noch differenziert werden in die Unterbegriffe **Geheimhaltung** (*secrecy*), **Authentizität** (*authentication*), **Integrität** (*integrity*) und **Anerkennung** (*non repudiation*). Sicherheit kann durch einen geheimen Schlüssel erreicht werden, wozu in der Regel gefordert wird, daß eine Chiffre nur dann gebrochen werden darf, wenn man im Besitz des Schlüssels ist, so daß die Anzahl der Schlüssel sehr groß (am besten unbeschränkt) sein muß. Allerdings gibt es brauchbare Chiffrierverfahren, bei denen ein Chiffretext u.U. ohne Kenntnis eines Schlüssel dechiffriert werden kann. Hier wird dann verlangt, daß es rechentechnisch zu viel Zeit kosten würde, eine solche Chiffre ohne Kenntnis des Schlüssels zu brechen.

Darüber hinaus ist es für den Benutzer eines Systems von Interesse, wie effizient eine gegebene Nachricht ver- bzw. entschlüsselt werden kann. Es sind also Algorithmen zu finden, die für jeden Schlüssel aus einem gegebenen Schlüsselraum mit möglichst geringem Aufwand die gewünschte Aktion durchführen können. Als drittes sollte ein kryptographisches System leicht zu benutzen sein, und dem Benutzer nicht verdeutlichen, mit welcher Komplexität das Verfahren arbeitet.

Ein Kryptosystem garantiert die **Geheimhaltung**, wenn ein Angreifer eine gelesene oder gespeicherte Nachricht nicht entschlüsseln kann.

Ein Kryptosystem garantiert die **Authentizität**, wenn ein Angreifer nicht unentdeckt eine falsche Identität vortäuschen kann (*masquerade*).

Ein Kryptosystem bewahrt die **Datenintegrität**, wenn ein Kryptoanalytiker nicht unentdeckt einen falschen Chiffretext C' für einen Chiffretext C einsetzen kann (dieses Problem tritt häufig bei der Übertragung numerischer Daten auf).

Ein Kryptosystem garantiert die Anerkennung einer Nachricht, wenn ein Absender eine tatsächlich gesendete Nachricht nicht als Fälschung ausgeben kann. Man spricht in diesem Falle auch von **elektronischer Unterschrift** (oder *digital signature*).

Können $k_e$ und $k_d$ auseinander berechnet werden, so können Geheimhaltung und Datenauthentizität nicht getrennt werden. Derartige Kryptosysteme sind daher nur für die Übertragung von Daten in Rechnernetzen oder zur Sicherung privater Daten geeignet. In Zwei-Schlüssel-Kryptosystemen sind Chiffrier- und Dechiffrierschlüssel voneinander unabhängig. Somit kann jeder der beiden Schlüssel (Chiffrier- und Dechiffrierschlüssel) offengelegt oder auch entschlüsselt werden, ohne daß der andere gefährdet wäre. Diese Trennung der Schlüssel ist z.B. für Datenbankanwendungen wichtig, bei denen zwischen *read-only*- und *write-only*-Rechten unterschieden werden soll.

Generell unterscheidet man zwei Arten des Chiffrierens:

a) Ein intuitiv wohl naheliegendes Verfahren des Permutierens (Vertauschen) der Zeichen eines Klartextwortes wird als **Transpositionschiffrierung** bezeichnet.

> **Beispiel**
>
> (Chiffrieren des Wortes 'TRANSPOSITION' mit Hilfe eines Zauns)
>
> ```
> T   S   I   N
>  R N P S T O
>   A   O   I
> ```
>
> Die Zeilen der Matrix von oben nach unten gelesen ergeben den Chiffretext:
>
> `'TSINRNPSTOAOI'`

b) Das zweite Verfahren wird als **Substitutionschiffrierung** bezeichnet. Bei diesem Verfahren werden die einzelnen Zeichen eines Klartextes durch andere Zeichen eines oder mehrerer Alphabete ersetzt (mono- bzw. polyalphabetische Verfahren).

> **Beispiel**
>
> Caesar Chiffre: Verschieben jedes Buchstabens des Alphabetes um k Plätze
>
> `SUBSTITUTION --> VXEVWLWXWLRQ` für $k = 3$

Die beiden hier vorgestellten Verfahren würden jedoch einer kryptoanalytischen Untersuchung (Kryptoanalysis = Wissenschaft des Brechens von Chiffren) nicht lange standhalten. Im Beispiel des Transpositionschiffres würde allein die Kenntnis über die Art und die Tiefe des Zauns die Entschlüsselung des Chiffretextes ermöglichen, während im zweiten Beispiel nur die 26 möglichen Verschiebungen ausprobiert werden müßten, um den Code zu brechen.

Die Möglichkeiten, einen Chiffretext zu entschlüsseln, sind insbesondere durch die Entwicklung moderner Rechenanlagen in den letzten 20 Jahren stark verbessert worden; daher sollten nur solche Chiffrierverfahren verwendet werden, die auch einer Analyse bei der Benutzung schnellster Rechenanlagen eine vernünftige Zeit standhalten.

Grundsätzlich unterscheidet man drei Situationen, denen sich ein Kryptoanalytiker gegenüberstehen kann.

- Der Angreifer kennt ausschließlich den Chiffretext $[E_{ke}(H)]$ (Chiffretext-Angriff). Er kann den Klartext nur aus dem Chiffretext bestimmen.
- Der Angreifer besitzt die Möglichkeit nach der Eingabe eines Klartextes $[H, E_{ke}(H)]$, die Veränderung seines Texts durch das Kryptosystem zu beobachten (z.B. bei einer Datenbank).

- Der Angreifer verfügt über zusammengehörige Klar- und Chiffretextteile und kennt das Chiffrierverfahren [H,$E_{ke}$(H), E()] (Klartextangriff).

Die für die Entschlüsselung benötigte Rechenzeit und der benötigte Speicherbedarf wird als **Kryptokomplexität** bezeichnet. Natürlich besitzt die Kryptoanalyse nicht nur einen – wie bisher dargestellt – negativen Charakter. Die Kryptoanalyse wird auch benutzt, um zu zeigen, daß bestimmte Chiffrierverfahren sicher sind. Man unterscheidet in diesem Zusammenhang zwei Stufen der Sicherheit eines Chiffrierverfahren. Ein Chiffrierverfahren wird als **berechnungssicher** bezeichnet, wenn die Berechnung des Klartextes nicht mit der real vorhandenen Zeit- bzw. Rechenkapazität durchgeführt werden kann. Die **uneingeschränkte Sicherheit** eines Chiffrierverfahrens ist dann gegeben, wenn, unabhängig von der Menge des abgefangenen Chiffretextes, die gewonnene Informationsmenge nicht ausreicht, den Klartext eindeutig zu bestimmen.

## 17.3 Transpositionschiffren

Transpositionschiffren verschlüsseln den Inhalt eines Klartexts durch die Umstellung (Permutation) der einzelnen Zeichen bzw. Buchstaben. Dieses ist eines der ältesten bekannten Chiffrierverfahren. Die einfachste Transpositionschiffrierung besteht darin, die Buchstaben einer Nachricht gruppenweise, im folgenden Beispiel mit Hilfe der Permutation 42513, umzuordnen.

**Beispiel**

Einfacher Transpositionschiffre

```
Klartext:     DIEEINFACHETRANSPOSITION

 Schlüssel:   4 2 5 1 3

   Matrix:    E I I D E
              C F H N A
              A T N E R
              S P I S O
              N I T O X

Chiffretext: EIIDECFHNAATNERSPISONITOX
```

Solche Kodierungen können meist einfach analysiert werden. Durch eine Häufigkeitsanalyse kann zunächst festgestellt werden, daß es sich um eine Transpositionschiffre handelt. Aus der Analyse bestimmter Zeichenfolgen ist dann die Reihenfolge und Zahl der Spalten leicht zu ermitteln. Z.B. wird das C vor dem H stehen, also nach der Spalte 6 die Spalte 8 Folgen (jeweils Modulo der Spaltenzahl, hier 5). Auch die Zeichenfolge EIN ist im Deutschen sehr häufig, also wird die neunte Spalte vermutlich nach der zweiten oder dritten liegen. Beginnt die Nachricht mit einem Artikel im 1. Fall, so kann es sich nur um

DIE, DER oder DAS handeln. Hier wird es wegen der vorhandenen Vokale DIE sein, so daß die vierte Spalte die erste ist, die zweite oder dritte die zweite oder fünfte usw. Man kann also sehr viel Information aus dem Chiffretext ableiten, so daß mit etwas Probieren diese Chiffre sehr leicht gebrochen werden können.

Zur besseren Handhabbarkeit eines Schlüssels wird in den meisten Fällen statt einer Zahlenfolge ein Schlüsselwort verwendet. Bei diesem Vorgehen werden die Buchstaben eines Schlüsselwortes nach ihrer Reihenfolge im Alphabet mit Nummern bezeichnet. Das Schlüsselwort 'Computer' würde dann in die Zahlenfolge '14358726' überführt werden, mit der dann, wie im letzten Beispiel gezeigt, eine Verschlüsselung durchgeführt werden kann. Die eventuell nicht gefüllte letzte Zeile der Matrix wird mit Füllzeichen komplettiert; hierbei ist darauf zu achten, daß diese Füllzeichen nicht besonders seltene Zeichen sind, da dies einen Angriff eines Kryptoanalytikers erleichtern würde.

Eine Verbesserung der Verschlüsselung mit Hilfe der Transpositionschiffren kann durch die Verknüpfung der Spaltenpermutation mit der Zeilenpermutation erreicht werden. Bei diesem Vorgehen wird nicht nur innerhalb der Spalten permutiert, sondern es wird ebenfalls eine Vertauschung der Zeilen vorgenommen (siehe nächstes Beispiel). Der Chiffretext wird dann entsprechend der neu gewonnenen (Zeilen-) Ordnung gelesen.

**Beispiel**

Nihilisten-Transpositionschiffre

```
Klartext:     DIEEINFACHETRANSPOSITION

Schlüssel:    4 2 5 1 3

Matrix:       E I I D E     4
              C F H N A     2
              A T N E R     5
              S P I S O     1
              N I T O X     3
```

Chiffretext: SPISOCFHNA NITOXEIIDE ATNER

Die Entschlüsselung des Chiffretextes kann noch weiter erschwert werden, wenn der Text im letzten Beispiel nicht zeilenweise aus der Matrix gelesen wird, sondern horizontal abwechselnd von links nach rechts und umgekehrt, oder diagonal. Das Ergebnis des diagonalen Auslesens würde dann 'EICAFIDHTSNPNNEAEIITSROOX' lauten.

## 17.4 Substitutionschiffren

Eine weitere einfache Möglichkeit einen Klartext zu verschlüsseln erhält man, wenn man jedes Zeichen des Klartexts mit Hilfe eines festen Schemas durch ein anderes Zeichen des gleichen oder eines anderen Alphabets ersetzt. Solche Chiffren werden als **Substitutionschiffren** bezeichnet.

### 17.4.1 Chiffren mit einfacher Substitution

Die einfachste Substitutionschiffre ersetzt die Zeichen eines Klartexts durch jeweils einzelne neue Zeichen, die von den einzelnen Zeichen abhängen, nicht jedoch von Gruppen von Zeichen oder dem ganzen Klartext.

$D: \{A,...,Z\} \rightarrow \{A,...,Z\}$

Das gezeigte Vorgehen wird als **monoalphabetische** oder **einfache Substitution** bezeichnet. Bei dem von C.J. Caesar benutzten Verfahren werden den 26 Buchstaben des lateinischen Alphabets die Zahlen 0, .., 25 zugeordnet. Als Schlüssel wählt man eine Zahl $s \geq 1$ und chiffriert jeden Buchstaben i des Klartextes durch

$E(i) = (i + s) \; mod \; 26$

Durch diese Kodierung mit s = 1 wird z.B. der Klartext 'Rechnernetze' in den Chiffretext 'Sfdiofsofuaf' überführt. Allerdings ist diese Chiffre sehr einfach zu brechen, da nur höchstens 25 verschiedene Möglichkeiten (s=1..25) durchprobiert werden müssen. Dieses ist somit keine sichere Chiffre.

Wird statt einer gleichmäßigen Verschiebung eine beliebige Permutation der Buchstaben des Alphabets verwendet, so erhält man eine wesentlich bessere Chiffre:

```
ABCDEFGHIJKLMNOPQRSTUVWXYZ
XGHIRJKVAEWZLMNBCOYPDQSTUF
```

Um sich die Permutation einfacher merken zu können, bzw. um bei verschiedenen Gelegenheiten nach dem gleichen Verfahren verschlüsseln zu können, läßt sich die Permutation durch ein Schlüsselwort bestimmen. In dem folgenden Beispiel wird das Schlüsselwort 'SUBSTITUTION' hingeschrieben, wobei alle mehrfachen Buchstaben weggelassen werden; anschließend werden die restlichen Buchstaben des Alphabets angehängt.

**Beispiel**

Monoalphabetische Substitution mit Schlüsselwort: S U B S T I T U T I O N

| | |
|---|---|
| Klartext: | V O R L E S U N G |
| H: | A B C D E F G H I J K L M N O P Q R S T U V W X Y Z |
| C: | S U B T I O N A C D E F G H J K L M P W R V W X Y Z |
| Chiffretext: | V J M F I P R H N |

Chiffretexte, die nach diesem Verfahren gebildet wurden, sind leicht durch eine Häufigkeitsanalyse zu entschlüsseln. Dazu wird die relative Häufigkeit von Buchstaben in Texten der jeweiligen natürlichen Sprachen ermittelt und diese mit den Häufigkeiten der

Buchstaben in den Chiffretexten verglichen. Hat man einige Buchstaben gefunden, so lassen sich andere durch die Annahme häufig vorkommender Buchstabenkombinationen (z.B. CH, EIN im deutschen, THE im englischen) finden. Durch weiteres Erraten und Ausprobieren sind solche Chiffren relativ einfach zu brechen. Um die Häufigkeitsverteilung in den Substitutionsverfahren stärker zu verschleiern, werden im folgenden spezielle Varianten der Substitutionschiffren vorgestellt.

### 17.4.2 Chiffren mit polyalphabetischer Substitution

Als polyalphabetische Substitutionschiffren bezeichnet man Chiffren, die die Häufigkeitsverteilung einzelner Buchstaben verbergen, indem sie verschiedene Substitutionen benutzen. Dabei werden die Buchstaben des Klartextes $m_i \in H$ durch die Buchstaben $c_{ij}$, j=0..n-1, verschiedener Alphabete $C_0, C_1,...,C_{n-1}$ ersetzt; wir schreiben im folgenden $C_j(m_i)$, wenn der i-te Buchstabe $m_i$ eines Klartexts mit jenem Zeichen des j-ten Alphabets kodiert wird, das dem Zeichen $m_i$ zugeordnet ist. Bei einigen Chiffren, den sogenannten **periodischen polyalphabetischen Substitutionschiffren**, werden die Alphabete in einer festen Reihenfolge verwendet; nach dem letzten Alphabet wird wieder das erste Alphabet benutzt usw. Es ist also: $j \equiv i \bmod n$.

Ein Klartext $m = m_0\ m_1\ m_2\ \dots\ m_i\ m_{i+1}\ \dots$ wird chiffriert durch

$$E(m) = C_0(m_0)\ C_1(m_1)\ C_2(m_2)\ \dots\ C_{i \bmod n}(m_i)\ C_{i+1 \bmod n}(m_{i+1})\ \dots$$

Durch diese Art der Verschlüsselung wird dem Kryptoanalytiker die Möglichkeit genommen, durch eine einfache Häufigkeitsanalyse den Chriffretext zu entschlüsseln; es müssen wesentlich kompliziertere Verfahren angewendet werden. Eine große Hilfe ist dabei die Kenntnis der Anzahl der verwendeten Alphabete, zu deren Bestimmung verschiedene Techniken entwickelt worden sind. Eine Technik bedient sich dabei der Eigenschaft, daß gewisse Buchstabenkombinationen in den natürlichen Sprachen sehr viel häufiger auftreten als andere. Der Kryptoanalytiker kann – falls ein sehr langer Text vorliegt – bestimmte wiederkehrende Kombinationen von Buchstaben erkennen und so zunächst auf die Anzahl der verwendeten Alphabete schließen. Diese Methode zur Entschlüsselung periodischer polyalphabetischer Substitutionschiffren wurde 1863 von dem Preußischen Offizier Friedrich W. Kasiski veröffentlicht. Nachdem die Periode n der Alphabete bekannt ist, kann die Entschlüsselung nach dem bereits vorgestellten Verfahren zur Entschlüsselung einfacher Substitutionschiffren durchgeführt werden, indem jeweils genau das n-te Chiffretextzeichen verwendet wird.

In der **Vigenère Chiffre** (de Vigenère 1523 - 1596, nach Ideen von Cardano) betrachtet man den Klartext – wie bei der Caesar Chiffre – als eine Folge der Zahlen 0, ..., 25. Ein vom Sender und Empfänger vereinbarter Schlüssel $K = k_1 \dots k_n$ (Folge von Buchstaben), wobei $k_i$ $(1 \le i \le n)$ die Größe des Shiftes im i-ten Alphabet angibt, wird dann gliedweise modulo 26 auf die Klartextfolge addiert ($f_i(m) = (m + k_i) \bmod 26$). Im nächsten Beispiel wird für die Chiffrierung jeweils das gleiche Alphabet verwendet.

**Beispiel**

Vigenère Chiffre

```
Klartext:      A M A N F A N G W A R D A S W O R T
Schlüssel:     G E H E I M G E H E I M G E H E I M
Chiffretext:   H R I S N N U L E F A Q H X E T A G
```

Ein Angriff auf diese Chiffre läßt sich einfach durchführen, wenn ein Wort aus dem Klartext bekannt ist. Wird zum Beispiel vermutet, daß das Wort 'Anfang' in dem Klartext vorhanden ist, so läßt sich einfach ausprobieren:

```
Chiffretext:    HRISNNULEFAQHXETAG
- Klartext:     ANFANG
Ergebnis:       GDCRZG
Chiffretext:    HRISNNULEFAQHXETAG
- Klartext:     xANFANG
Ergebnis:       QUMMZN
Chiffretext:    HRISNNULEFAQHXETAG
- Klartext:     xxANFANG
Ergebnis:         HEIMGE             Schlüssel gefunden
```

Ein weiteres Verfahren, um Chiffren mit periodischer Substitution zu analysieren (d.h. die Periode zu bestimmen), ist die **Koinzidenzindex-Methode**. Bei dieser Methode wird die Variation der Häufigkeit der Buchstaben in einem Chiffretext gemessen. Wird in einem Substitutionschiffre nur ein Alphabet verwendet, so wird eine große Streuung der Häufigkeit der einzelnen Buchstaben (Koinzidenzindex) gemessen; sind jedoch alle Buchstaben zufällig verteilt, weil für jeden Buchstaben ein eigenes, zufälliges Alphabet gewählt wird, so ist jeder Buchstabe gleichwahrscheinlich, die Streuung der Buchstabenhäufigkeiten also null. Daher ist durch eine Analyse der Häufigkeiten der Buchstaben eine Aussage über die Periode einer Chiffre möglich. Bei einem Angriff wird zunächst die Varianz der Häufigkeit der Buchstaben relativ zu einer gleichmäßigen Verteilung bestimmt.

Wir führen die etwas komplexe Rechnung zunächst für zwei Alphabete durch und geben dann die Ergebnisse für beliebig viele Alphabete an. Die relative Häufigkeit des j-ten Zeichen $m_j$ im i-ten Alphabet werde mit $p_{ij}$ ausgedrückt. Hat der untersuchte Text N Zeichen, so gibt es N/2 Zeichen aus dem ersten bzw. dem zweiten Alphabet; also gibt es $p_{1j} \cdot N/2 + p_{2j} \cdot N/2$ Zeichen $m_j$ im Klartext, d.h.:

$$p_i = \frac{N}{2} \cdot (p_{1j}+p_{2j}) \cdot \frac{1}{N} = \frac{p_{1j}+p_{2j}}{2}$$

Um die mittlere Abweichung der relativen Häufigkeiten $p_i$ von ihrem Mittelwert zu bestimmen, läßt sich die folgende Formel verwenden:

$$\sigma^2 = \frac{1}{n} \cdot \sum_{i=1}^{n} (p_i - \frac{1}{n})^2$$

welche auch als Varianz der Folge ($p_1, \ldots p_n$) bezeichnet wird. Es gilt:

$$\sigma^2 = \frac{1}{n} \cdot \sum_{i=1}^{n} (p_i - \frac{1}{n})^2$$

$$= \frac{1}{n} \cdot \sum_{i=1}^{n} (p_i^2 + \frac{1}{n^2} - 2 \cdot p_i \cdot \frac{1}{n})$$

$$= \frac{1}{n} \cdot \sum_{i=1}^{n} p_i^2 + \frac{n}{n^3} - 2 \cdot \frac{1}{n^2} \cdot \sum_{i=1}^{n} p_i$$

$$= \frac{1}{n} \cdot \sum_{i=1}^{n} p_i^2 - \frac{1}{n^2}$$

da $\sum_{i=1}^{n} p_i = 1$. Ebenso folgt:

$$\sigma_1^2 = \frac{1}{n} \cdot \sum_{i=1}^{n} p_{1i}^2 - \frac{1}{n^2}$$

$$\sigma_2^2 = \frac{1}{n} \cdot \sum_{i=1}^{n} p_{2i}^2 - \frac{1}{n^2}$$

und nach Einsetzen:

$$\sigma^2 = \frac{1}{n} \cdot \sum_{i=1}^{n} p_i^2 - \frac{1}{n^2}$$

$$= \frac{1}{n} \cdot \sum_{i=1}^{n} \frac{(p_{1i}+p_{2i})^2}{4} - \frac{1}{n^2}$$

$$= \frac{1}{4 \cdot n} \cdot \sum_{i=1}^{n} (p_{1i}^2 + 2 \cdot p_{1i} \cdot p_{2i} + p_{2i}^2) - \frac{1}{n^2}$$

$$= \frac{1}{4 \cdot n} \cdot \sum_{i=1}^{n} p_{1i}^2 - \frac{1}{4 \cdot n^2} + \frac{1}{4 \cdot n} \cdot \sum_{i=1}^{n} p_{2i}^2 - \frac{1}{4 \cdot n^2} +$$

$$+ \frac{1}{2} \cdot (\frac{1}{n} \cdot \sum_{i=1}^{n} p_{1i} \cdot p_{2i} - \frac{1}{n^2})$$

$$= \frac{1}{4} \cdot (\sigma_1^2 + \sigma_2^2) + \frac{1}{2} \cdot Cov_{12}$$

Dabei ist

$$Cov_{12} = \frac{1}{n} \cdot \sum_{i=1}^{n} (p_{1i} - \frac{1}{n}) \cdot (p_{2i} - \frac{1}{n})$$

$$= \frac{1}{n} \cdot \sum_{i=1}^{n} p_{1i} \cdot p_{2i} - \frac{1}{n^2}$$

wie man leicht nachrechnet. Die Kovarianz kann als Maß verwendet werden, inwieweit die relativen Häufigkeiten der einzelnen Zeichen der Alphabe korreliert sind (d.h. $p_{1i}$ und $p_{2i}$ sind für gleiche i häufiger gleich groß bzw. verschieden groß als daß sie zufällige Werte annehmen). Sind sie unabhängig, so ist der Wert der Kovarianz null. Es gilt dann:

$$\sigma^2 = \frac{1}{4} \cdot (\sigma_1^2 + \sigma_2^2)$$

Haben somit die beiden Alphabete die gleiche Verteilung der Häufigkeiten, was in der Regel der Fall ist, dann ist:

$$\sigma^2 = \frac{1}{2} \cdot \sigma_1^2 = \frac{1}{2} \cdot \sigma_2^2$$

Das gemeinsame Alphabet streut also nur halb so stark wie die einzelnen Alphabete. Da aber die Streuung der einzelnen Alphabete bekannt ist, läßt sich auf diese Weise aus der empirischen Varianz der Häufigkeiten der Buchstaben in einem polyalphabetischen Chiffretext die Anzahl der Alphabete abschätzen. Für k Alphabete gilt, wie sich mit ähnlicher Rechnung ergibt:

$$\sigma^2 = \frac{1}{n} \cdot \sum_{i=1}^{n} \frac{(p_{1i}+p_{2i}+\ldots+p_{ki})^2}{k^2} - \frac{1}{n^2}$$

$$= \frac{1}{k^2} \cdot (\sigma_1^2 + \sigma_2^2 + \ldots + \sigma_k^2) + \frac{2}{k^2} \cdot \sum_{r \neq s} Cov_{rs}$$

wie man leicht nachrechnet. Daher erhalten wir bei unabhängigen Alphabeten:

$$\sigma^2 = \frac{1}{k} \cdot \sigma_1^2$$

so daß hieraus bei bekannter Varianz des Einzelalphabets die Anzahl k aus der empirischen Varianz des Polyalphabets berechnet werden kann.

$$k = \frac{\sigma_1^2}{\sigma^2}$$

Da wir hier mit statistischen Größen und Annahmen über Unabhängigkeiten arbeiten, gelten die Ergebnisse nicht exakt. Dennoch liefert eine solche Analyse einen wertvollen Hinweis auf die Anzahl der verwendeten Alphabete.

### 17.4.3 Homophone Substitution

Aus den bisher betrachteten Verfahren der Kryptographie wird deutlich, daß zum Brechen einer Chiffre in sehr vielen Fällen eine Häufigkeitsanalyse verwendet werden kann. Um dieses zu verhindern, gibt es Verfahren, die häufig vorkommende Buchstaben (z.B. das 'E' im deutschen) durch mehr als ein Zeichen kodieren.

Im folgenden betrachten wir die Alphabete A und B und verstehen unter einer **homophonen Substitution** eine Abbildung

$$f: A \rightarrow 2^B$$

wobei $2^B$ die Potenzmenge von B ist, und für alle $a_i, a_j \in A$ mit $i \neq j$ gilt:

$$f(a_i) \cap f(a_j) = \emptyset.$$

Für die Verschlüsselung eines Klartextes $m = m_1 m_2 .... m_n$ kann ein beliebiges $c_i \in f(m_i)$ gewählt werden:

$$E(m_1 m_2 .... m_n) = c_1 c_2 ... c_n \in f(m_1) \times f(m_2) \times ... \times f(m_n)$$

Wird die Anzahl der Elemente (Homophone) $|f(m_i)|$ für einen bestimmten Buchstaben $m_i$ proportional zur relativen Häufigkeit des Buchstabens gewählt, so kann eine einfache Häufigkeitsanalyse nicht mehr bestimmte Zeichen aufdecken. Im nächsten Beispiel werden zweistellige Zahlen als Homophone zur Verschlüsselung eines Klartextes benutzt.

**Beispiel**

Homophone Substitution

```
Klartext:        H  O  M  O  P  H  O  N  E
Chiffretext:     13 74 32 99 51 92 77 78 28
```

| Chiffre | | | | | | |
|---|---|---|---|---|---|---|
| Buchstabe | Homophone | | | | | |
| O | 74 | 63 | 12 | 99 | 52 | 77 |
| H | 13 | 56 | 11 | 92 | | |
| M | 54 | 32 | | | | |
| N | 78 | 82 | | | | |
| E | 28 | 29 | | | | |
| P | 71 | 51 | | | | |

Der Ausdruck 'Homophone' könnte dann als '137432995192777828' chiffriert werden. Bei diesem Verfahren kann der Kryptoanalytiker nicht durch eine Häufigkeitsanalyse feststellen, wie der Chiffretext zu entschlüsseln ist. Dennoch sind auch fast alle homophonen Substitutionschiffren berechenbar, da nur mit Hilfe eines Schlüssels ein sinnvoller Text rekonstruiert werden kann.

Um auch dieses zu verhindern, ist ein Chiffretext zu konstruieren, bei dem die Anwendung verschiedener Schlüssel verschiedene, aber dennoch jeweils sinnvolle Nachrichten ergibt. Dieses kann mit Hilfe einer Matrix und sogenannter Dummy-Nachrichten erreicht werden. Die Buchstaben des Klartextalphabets werden mit $a_1, a_2, \ldots, a_n$ bezeichnet.

| | $a_1$ | ... | $a_n$ |
|---|---|---|---|
| $a_1$ | | Eintragen | |
| . | | der Zahlen | |
| . | | von 1 bis $n^2$ | |
| $a_n$ | | | |

Die Verschlüsselung der beiden Nachrichten (Nachricht und Dummy-Nachricht) wird mit Hilfe von zwei Abbildungen $g_1$ und $g_2$ durchgeführt, wobei die Abbildung $g_1$ die Buchstaben $a_i$ des Klartextes in die Menge der Elemente der i-ten Zeile und $g_2$ die Buchstaben $a_i$ der Dummy-Nachricht in die Menge der Elemente der i-ten Spalte abbildet. Die Buchstaben $c_i$ des zu übertragenen Chiffretextes ergeben sich dann aus der Schnittmenge der Zeile und der Spalte. Mathematisch kann dies folgendermaßen definiert werden.

$$c_i = g_1(a_i) \cap g_2(a_i).$$

Für die Entschlüsselung der Nachricht kann die Umkehrfunktion $g_1^{-1}$ von $g_1$ verwendet werden, die nur dem legalen Empfänger bekannt ist, da jeder Zahl eindeutig ein Buchstabe sowohl aus der Nachricht als auch aus der Dummy-Nachricht zugeordnet ist. In dem folgenden Beispiel soll die Nachricht 'TRUEFFEL' mit Hilfe der Dummy-Nachricht 'SAALTUER' verschlüsselt werden. In diesen Fall besteht das gesamte für die Übertragung notwendige Alphabet nur aus acht verschiedenen Buchstaben.

| | A | E | F | L | R | S | T | U |
|---|---|---|---|---|---|---|---|---|
| A | 08 | 02 | 05 | 01 | <u>06</u> | 07 | 03 | <u>04</u> |
| E | 12 | <u>16</u> | 9 | 13 | 15 | 11 | 10 | 14 |
| F | 30 | 25 | 32 | 31 | 29 | 26 | 28 | 27 |
| L | 57 | <u>63</u> | 60 | 64 | 59 | 58 | 62 | 61 |
| R | 17 | 24 | 20 | <u>18</u> | 21 | 23 | 19 | 22 |
| S | 49 | 55 | 56 | 50 | 52 | 51 | <u>53</u> | 54 |
| T | 33 | 40 | <u>36</u> | 35 | 34 | 37 | 38 | 30 |
| U | 45 | 41 | <u>43</u> | 48 | 44 | 46 | 47 | 42 |

| Klartext: | T | R | U | E | F | F | E | L |
|---|---|---|---|---|---|---|---|---|
| Dummy: | S | A | A | L | T | U | E | R |
| Chiffre: | 53 | 06 | 04 | 63 | 36 | 43 | 16 | 18 |

Hier werden zum einen gleiche Buchstaben in verschiedene Chiffre abgebildet, zum anderen kann das Erraten eine Schlüssels zufällig den falschen Dummy-Text produzieren statt des gewünschten Klartexts; ein Angreifer kann sich also nicht sicher sein, ob er den richtigen Text entschlüsselt hat. Dazu sollte der Dummy-Text allerdings sinnvoll, wenn auch inhaltlich falsch, gewählt werden.

## 17.5 Verschlüsselungsmaschinen

Da die Ver- und Entschlüsselung häufig sehr eintönige Arbeiten sind, die meistens auch sehr genau durchgeführt müssen, um korrekte Ergebnisse zu erhalten, wurden schon früh Maschinen entwickelt, die diese Arbeiten übernehmen. Solche Maschinen bestehen meistens aus einfachen oder mehrfachen Scheiben oder Ringen, auf denen Buchstaben aufgetragen sind, die meist gegeneinander verdreht werden können; das Verschlüsselungsverfahren entspricht in der Regel dem der einfachen oder mehrfachen Substitutionschiffren.

Der **Jeffersonzylinder** verwendet für jedes Zeichen einen Ring, auf dessen Umfang die Buchstaben des Alphabets aufgetragen sind; die Reihenfolge der Ringe ist fest vorgegeben. Nach Einstellung eines geheimen Textes wird eine beliebige andere Zeile als Chiffretext übertragen. Der Empfänger stellt den Chiffretext ein und suchte dann unter den gefundenen Texten einen verständlichen Klartext. Hier handelt es sich um eine polyalphabetische Substitution, wobei für jede Stelle des Klartextes ein eigenes Alphabet verwendet wird; außerdem werden gleiche Klartexte wahlweise auf bis zu 25 verschiedene Chiffretexte abgebildet.

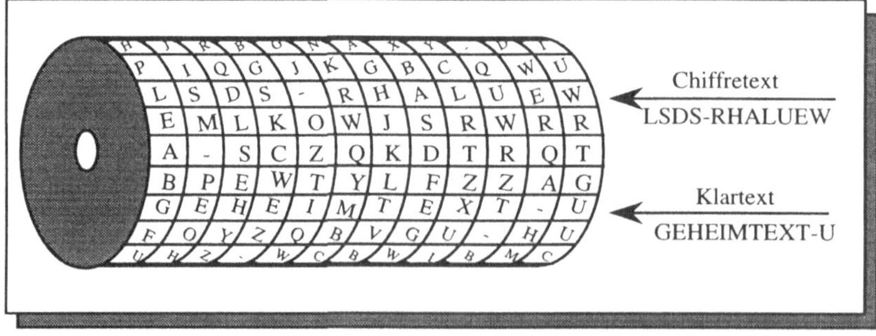


Jeffersonzylinder

Die **Wheatstonescheibe** benutzt zwei feste konzentrische Scheiben und zwei Zeiger, die durch eine Übersetzung mittels Zahnrädern verbunden sind. Bei jeder Umdrehung des äußeren Zeigers dreht sich der innere einmal plus ein Zeichen. Ein Klartextzeichen wird außen eingestellt und am inneren Zeiger der Chiffretext abgelesen, wobei die Drehrichtung beibehalten wird, so daß nach spätestens einem Wort (außen kann auch das Leerzeichen kodiert werden) das Substitutionsalphabet geändert wird. Nach 26 Umdrehungen beginnt dann allerdings wieder die gleich Substitution. Zur Dechiffrierung wird von einer vereinbarten Ausgangstellung aus der Chiffretext am inneren Zeiger eingestellt und der Klartext am äußeren Zeiger abgelesen.

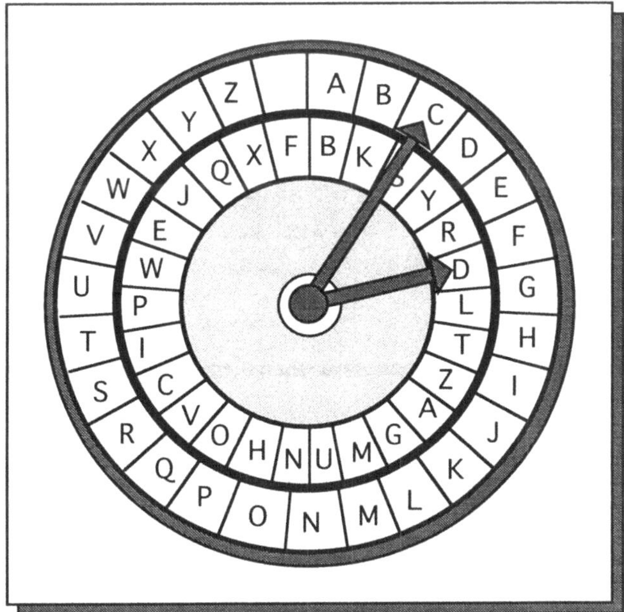


Wheatstonescheibe

Die **Enigma** wurde aus einer holländischen Erfindung von ca. 1920 entwickelt. Mehrere Räder permutieren Zeichen durch elektrische Kontakte, die im inneren der Räder verdrahtet sind. Bei jeder Eingabe eines Zeichens dreht sich ein Rad, bzw. beim 'Überlauf' dreht dieses das nächste Rad mit, wodurch ständig das Substitutionsalphabet geändert wird. Es werden drei Räder verwendet, die teilweise unregelmäßig fortgeschaltet werden, so daß insgesamt 26∗25∗26=16900 verschiedene Alphabete benutzt werden. Zusätzlich können noch über eine feste Verdrahtung auf einem Schaltbrett die ein- und ausgehenden Zeichen permutiert werden. Die Scheiben und die Schaltbrettverdrahtung wurden regelmäßig ausgewechselt, so daß eine Entschlüsselung sehr schwierig erschien.

Dennoch konnten die meisten mit der Enigma verschlüsselten Texte regelmäßig entziffert werden.

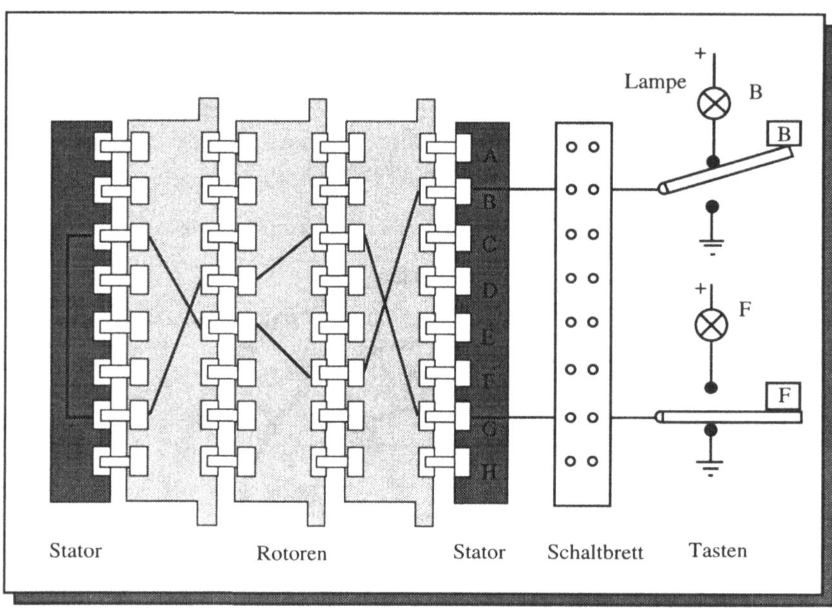


Die ENIGMA-Architektur

Weitere Chiffriermaschinen wurden z.B. von Siemens&Halske entwickelt (T52), die in einen Standarddrucker eingebaut wurden. Sie wurden direkt für die Datenübertragung verwendet. Die einfachste Version benutzte 10 Räder mit unterschiedlichen Kontaktzahlen und konnte fast $10^{18}$ verschiedene Substitutionschiffren erzeugen.

Moderne Chiffriermaschinen verwenden in der Regel geheime Chiffren, die nicht offengelegt werden, und können naturgemäß nicht in einer öffentlichen Kommunikationsumgebung eingesetzt werden. Sie werden daher von Firmen für die interne Datenkommunikation verwendet. Da die Sicherheit vor allem vom Vertrauen in die jeweiligen Hersteller abhängt, sind solche Chiffrierverfahren in der Regel nicht für eine breitere Anwendung geeignet.

## 17.6 Data Encryption Standard (DES)

Neben der bisher vorgestellten einmaligen Chiffrierung in Form einer Substitution oder Transposition, bieten sich natürlich auch Verfahren an, die eine Komposition mehrerer Funktionen $F_i$ ($F_i$ ist eine Substitution oder Transposition) verwenden. Diese Chiffren werden als **Produktchiffren** bezeichnet. Als Beispiel einer sehr komplexen Produktchiffre soll im folgenden die 1977 vom National Bureau of Standards (NBS) als Verschlüsselungsnorm eingeführte und von IBM entwickelte Blockchiffre, der sogenannte Data Encryption Standard (DES), vorgestellt werden.

Eine Ausschreibung des NBS aus dem Jahre 1973/4 legte die folgenden Kriterien für ein zu standardisierendes Verschlüsselungsverfahren fest:

1. Hohe Sicherheit
2. Vollständige Spezifikation, leichte Verständlichkeit
3. Die Sicherheit darf nicht auf dem Algorithmus beruhen
4. Generelle Verfügbarkeit
5. In verschiedenen Bereichen anwendbar
6. Wirtschaftlichkeit und Schnelligkeit
7. Validierbarkeit
8. Exportierbarkeit

Das NBS wählt ein von IBM entwickeltes Verfahren, das auf dem im Bereich der Geldautomaten bereits eingesetzten ***Lucifer cipher*** beruht .

## 17.6.1 Der Verschlüsselungs-Standard

Beim DES handelt es sich um einen Blockchiffre, d.h. es werden nur Zeichen bestimmter Länge, die Blöcke, chiffriert. Längere Nachrichten müssen gegebenenfalls in mehrere Blöcke zerlegt werden. Das DES-Verfahren setzt einen Klartext von 64 Bits Länge in einen 64 Bits Chiffretext unter Verwendung von Produkten von Substitutionen um; dazu wird ein 56 Bit langer Schlüssel verwendet. Der Verschlüsselungsalgorithmus des DES ist offengelegt; somit hängt die Geheimhaltung allein vom gewählten Schlüssel ab. Dieses entsprach der dritten Forderung des NBS.

Die Chiffrierung und Dechiffrierung beim DES Verfahren setzt sich im wesentlichen aus den folgenden Schritten zusammen:

- Der 64 Bit-Eingabeblock B wird zuerst einer initialen Permutation IP unterworfen. Man erhält $B_0$ = IP(B). Die hierfür benutzte Permutation und die später benutzte inverse Permutation haben folgenden Aufbau:

Initiale Permutation (IP) :

| | | | | | | | |
|---|---|---|---|---|---|---|---|
| 58 | 50 | 42 | 34 | 26 | 18 | 10 | 02 |
| 60 | 52 | 44 | 36 | 28 | 20 | 12 | 04 |
| 62 | 54 | 46 | 38 | 30 | 22 | 14 | 06 |
| 64 | 56 | 48 | 40 | 32 | 24 | 16 | 08 |
| 57 | 49 | 41 | 33 | 25 | 17 | 09 | 01 |
| 59 | 51 | 43 | 35 | 27 | 19 | 11 | 03 |
| 61 | 53 | 45 | 37 | 29 | 21 | 13 | 05 |
| 63 | 55 | 47 | 39 | 31 | 23 | 15 | 07 |

Inverse Permutation ($IP^{-1}$) :

| | | | | | | | |
|---|---|---|---|---|---|---|---|
| 40 | 08 | 48 | 16 | 56 | 24 | 64 | 32 |
| 39 | 07 | 47 | 15 | 55 | 23 | 63 | 31 |
| 38 | 06 | 46 | 14 | 54 | 22 | 62 | 30 |
| 37 | 05 | 45 | 13 | 53 | 21 | 61 | 29 |
| 36 | 04 | 44 | 12 | 52 | 20 | 60 | 28 |
| 35 | 03 | 43 | 11 | 51 | 19 | 59 | 27 |
| 34 | 02 | 42 | 10 | 50 | 18 | 58 | 26 |
| 33 | 01 | 41 | 09 | 49 | 17 | 57 | 25 |

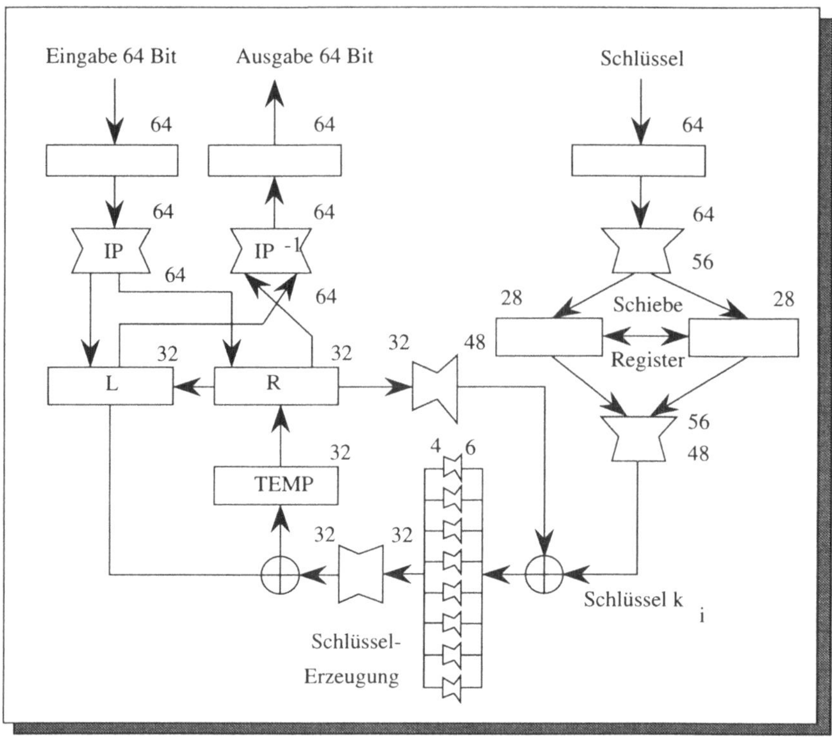


Logische Struktur des DES

- anschließend durchläuft $B_0$ eine Folge von 16 Iterationen einer Funktion f; dazu wird $B_0$ zunächst in zwei Hälften: $B_0=L_0R_0$ zerlegt und in jeder Iteration gerechnet:

$$L_i = R_{i-1}$$
$$R_i = L_{i-1} \oplus f(R_{i-1},k_i)$$

  Die linke Hälfte wird durch eine logische Antivalenz (XOR: ⊕) mit dem Ergebnis einer aus mehreren Substitutionen und Permutationen bestehenden Funktion f verknüpft, die sowohl von der rechten Hälfte $R_{i-1}$ als auch von einem 48 Bits langen Schlüssel $k_i$ abhängt. Der Schlüssel wird in jedem Iterationsschritt durch eine Auswahlfunktion aus dem 56 Bits langen Gesamtschlüssel ausgewählt.

- Zuletzt wird die inverse Transposition des ersten Schritts auf die resultierende Zeichenreihen angewendet.

Zur Umkehrung einer Verschlüsselung wird im wesentlichen der gleiche Algorithmus angewendet, wobei jedoch die Schlüssel $k_i$ in umgekehrter Reihenfolge verwendet werden. Dazu sind lediglich die letzten Formeln umzustellen:

$$R_{i-1} = L_i$$

$$L_{i-1} = R_i \oplus f(L_i, k_i)$$

wobei verwendet wurde, daß $(a \oplus b = c) \Leftrightarrow (a = b \oplus c)$ ist. Da hier R und L vertauschte Rollen übernehmen, ist am Ende der letzten Verschlüsselungsoperation eine Vertauschung durchzuführen. Insgesamt erhält man (für 4 Stufen):

| L | R |
|---|---|
| $P = IP(B)$ | |
| $L_o = P\vert_{links}$ | $R_o = P\vert_{rechts}$ |
| $L_1 = R_o$ | $R_1 = L_0 \oplus f(R_0, k_1)$ |
| $L_2 = R_1$ | $R_2 = L_1 \oplus f(R_1, k_2)$ |
| $L_3 = R_2$ | $R_3 = L_2 \oplus f(R_2, k_3)$ |
| $L_4 = R_3$ | $R_4 = L_3 \oplus f(R_3, k_4)$ |

$$C = IP^{-1}(R_4 L_4)$$
$$P' = IP(C) = R_4 L_4$$

| | |
|---|---|
| $L'_0 = R_4$ | $R'_0 = L_4$ |
| $L'_1 = R'_0 = L_4 = R_3$ | $R'_1 = L'_0 \oplus f(R'_0, k_4) = R_4 \oplus f(L_4, k_4) = L_3$ |
| $L'_2 = R'_1 = L_3 = R_2$ | $R'_2 = L'_1 \oplus f(R'_1, k_3) = R_3 \oplus f(L_3, k_3) = L_2$ |
| $L'_3 = R'_2 = L_2 = R_1$ | $R'_3 = L'_2 \oplus f(R'_2, k_2) = R_2 \oplus f(L_2, k_2) = L_1$ |
| $L'_4 = R'_3 = L_1 = R_0$ | $R'_4 = L'_3 \oplus f(R'_3, k_1) = R_1 \oplus f(L_1, k_1) = L_0$ |

$$B = IP^{-1}(L_0 R_0)$$

Hier ist C der Chiffretext; die gestrichenen Größen $L'_i$ usw. erscheinen in der Dechiffrierung und haben dort die genannten Werte, die bereits während der Chiffrierung, wenn auch in entgegengesetzter Reihenfolge, aufgetreten sind. Die Funktion f hängt außer von dem Schlüssel auch von dem Zwischenstand der Kodierung (den $R_i$) ab; der Grund hierfür ist, daß sowohl kleine Änderungen im Schlüssel als auch kleine Änderungen im Klartext bereits große Änderungen im Chiffre bewirken sollen, um eine Analyse zu erschweren. Tests haben ergeben, daß dieses in der Regel der Fall ist. Ein mathematischer Beweis für dieses Verhalten ist jedoch nicht bekannt.

Auf die Auswahl einer geeigneten Funktion f wurde sehr großer Wert gelegt. Die 56 Bit des Schlüssels werden zunächst in zwei 28 Bit Schieberegister permutiert, und diese dann in ein 48 Bit Register übergeben. In jeder der 16 Stufen werden die Schieberegister um eine bestimmte, jedoch unterschiedlichs Anzahl von Bits zyklisch verschoben, so daß jedesmal ein neuer Schlüssel $k_i$ entsteht. Die 32 Bits von $R_{i-1}$ werden durch eine entsprechende Schaltung auf 48 Bits expandiert und permutiert, und diese mit dem Schlüssel $k_i$ verknüpft (XOR). Jeweils sechs Bits werden dann einer von 8 Substitutionsboxen zugeführt, welche eine feste Abbildung auf 4 Bits an ihrem Ausgang liefern. Die so entstehenden 4×8=32 Bits bilden nach einer weiteren festen Permutation das Ergebnis der Funktion f.

Trotz häufig geäußerter Skepsis an der Sicherheit dieses Verfahrens ist es bis heute nicht gelungen, eine Regelmäßigkeit oder irgendeinen anderen möglichen Angriffspunkt für diese Chiffre zu finden. Es gibt somit keinen Grund, an der Sicherheit dieses Verfahren zu zweifeln. Aufgrund der Blockchiffre, d.h. der festen Länge von 64 Bits, werden darüber hinaus häufig mehrfache Verschlüsselungen oder sich ständig ändernde Schlüssel, sowie komplexe Schlüsselübertragungsverfahren verwendet, die eine zusätzliche Sicherheit versprechen.

### 17.6.2 Varianten der Blockchiffren

Die Verschlüsselung nach dem DES-Standard wird in Rechnernetzen auf verschiedene Arten durchgeführt, die jeweils eine andere Sicherheit bieten, aber auch unterschiedlich aufwendig sind. Der Grund liegt einerseits in einer Erhöhung der Sicherheit, andererseits in der Vermeidung des starren Blockformats. Darüber hinaus können gewisse Fehlerfälle auf diese Weise besser abgefangen werden.

Die erste und einfachste Art wird als **ECB-Modus** (*electronic code book*) bezeichnet. Bei dieser Methode wird der Klartext in Blöcke zu je 64 Bits zerlegt, und dann einzeln einer Verschlüsselung mit einem festen Schlüssel unterzogen. Wie bei allen Blockchiffren besteht auch hier die Gefahr, daß bestimmte im Klartext vorkommende Muster zu äquivalenten Mustern im Schlüsseltext kodiert werden. Diese Gefahr wird durch die relativ kurze Blocklänge (64 Bits = 8 Zeichen) im DES-Standard noch erhöht, so daß der ECB-Modus nur in einigen Spezialfällen – etwa bei der Übertragung des 56 Bits langen Schlüssels – verwendet wird.

Electronic Code Book (ECB)

$$X_1 \rightarrow E_k(X_1) = Y_1 \longrightarrow D_k(Y_1) = X_1$$

$$X_n \rightarrow E_k(X_n) = Y_n \longrightarrow D_k(Y_n) = X_n$$

Um die Unsicherheit des ECB-Modus zu verringern – und insbesondere die Unabhängigkeit der Teilblöcke zu gewährleisten – wird beim **CBC-Modus** (*cipher block chaining*) jeder Block vor der Übertragung mit dem Ergebnis des vorhergehenden Blocks durch eine logische Antivalenz verknüpft, ehe man ihn der Verschlüsselung unterwirft. Der erste Block wird vor der Übertragung mit einem für die Nachricht festgelegten oder festen Block, dem sogenannten Initialisierungs-Vektor (IV), zusammengefügt. Bei der Entschlüsselung wird jeder Block nach der Entschlüsselung mit dem vorangegangenen Block wiederum durch eine logische Antivalenz verknüpft, um den Klartext zu liefern. Der Vorteil des CBC-Modus gegenüber den ECB-Modus besteht vor allem darin, daß die Gefahr des Bruches der Chiffre durch eine Häufigkeitsanalyse weitgehend verhindert wird, da auch gleiche Blöcke in der Regel durch verschiedene Chiffretexte repräsentiert werden. Es sind darüber hinaus zwei 'Schlüssel' nötig, nämlich der eigentliche Schlüssel k, sowie der Initialisierungsvektor, die man beide zur Entschlüsselung benötigt.

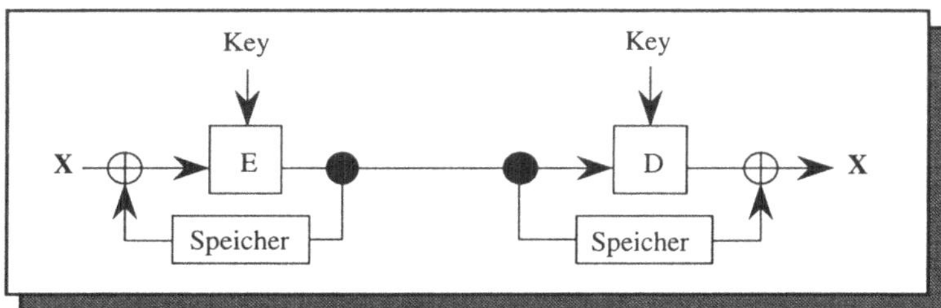


Chipher Block Chaining (CBC)

$$X_1 \rightarrow E_k(X_1 \oplus V) = Y_1 \longrightarrow D_k(Y_1) = X_1 \oplus V \rightarrow X_1 \oplus V \oplus V = X_1$$

$$X_2 \rightarrow E_k(X_2 \oplus Y_1) = Y_2 \longrightarrow D_k(Y_2) = X_2 \oplus Y_1 \rightarrow X_2 \oplus Y_1 \oplus Y_1 = X_2$$

$$X_n \rightarrow E_k(X_n \oplus Y_{n-1}) = Y_n \longrightarrow D_k(Y_n) = X_n \oplus Y_{n-1} \rightarrow X_n \oplus Y_{n-1} \oplus Y_{n-1} = X_n$$

Eine dritte Möglichkeit, das DES-Verfahren für die Anwendung in Rechnernetzen zu verbessern, besteht darin, das DES-Verfahren als Schlüssel-Generator für einen Schlüsselstrom zu verwenden. Hierbei wird zur Erzeugung des Anfangsschlüsselstroms ein Initialisierungsvektor verwendet. Danach wird der Schlüsselstrom mit einem entsprechend langen Stück des Klartextes durch bitweise logische Antivalenz verknüpft, um das resultierende gleichlange Stück Schlüsseltext zu erhalten. Dieses wird dann als Schlüssel für den nächsten Klartextblock verwendet. Die Entschlüsselung wird in analoger Weise durchgeführt, indem ein aus einem Initialisierungs-Vektor gewonnener Schlüssel zur Dechiffrierung verwendet wird. Die Sicherheit des Verfahrens ist um so höher, je kürzer die in einem Schritt bearbeitete Textmenge ist, bis zu dem Extremfall, bei dem jeweils einzelne Bits kodiert werden. Dieses Verfahren wird als **CFB-Modus** (*cipher feedback*) bezeichnet.

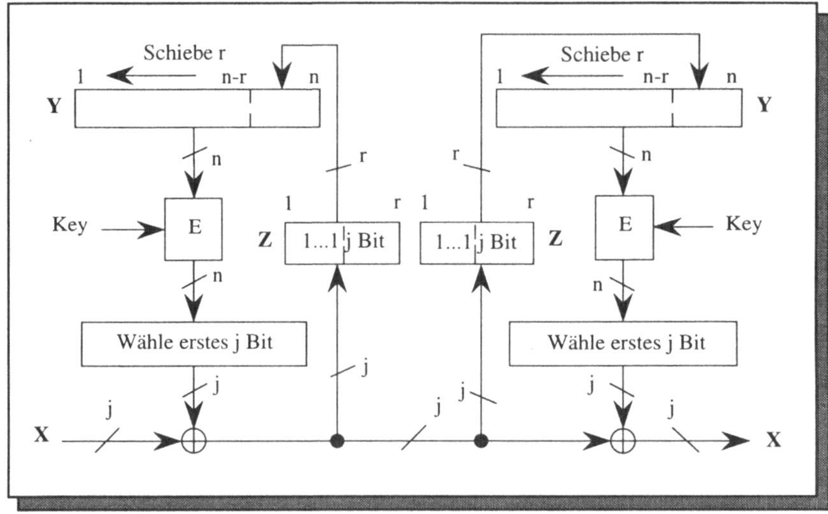


Cipher Feedback (CFB)

| Sender | | Empfänger |
|---|---|---|
| $Y_1 = IV$ | | $Y_1 = IV$ |
| $X_1 \rightarrow X_1 \oplus E_k(Y_1)$ | $\longrightarrow$ | $X_1 \oplus E_k(Y_1) \oplus E_k(Y_1) = X_1$ |
| $Z_1 = 1\ldots1 + (X_1 \oplus E_k(Y_1))$ | | $Z_1 = 1\ldots1 + X_1$ |
| $Y_2 = Y_1\|_{r+1\ldots n} + Z_1$ | | $Y_2 = Y_1\|_{r+1\ldots n} + Z_1$ |
| $X_2 \rightarrow X_2 \oplus E_k(Y_2)$ | $\longrightarrow$ | $X_2 \oplus E_k(Y_2) \oplus E_k(Y_2) = X_2$ |
| $Z_i = 1\ldots1 + X_i$ | | $Z_i = 1\ldots1 + X_i$ |
| $Y_{i+1} = Y_i\|_{r+1\ldots n} + Z_i$ | | $Y_{i+1} = Y_i\|_{r+1\ldots n} + Z_i$ |
| $X_{i+1} \rightarrow X_{i+1} \oplus E_k(Y_{i+1})$ | $\longrightarrow$ | $X_{i+1} \oplus E_k(Y_{i+1}) \oplus E_k(Y_{i+1}) = X_{i+1}$ |
| $Z_{i+1} = 1\ldots1 + X_{i+1}$ | | $Z_{i+1} = 1\ldots1 + X_{i+1}$ |

In vielen Anwendungen ist es wichtig, statt einer festen Blocklänge stets nur sehr kurze Blöcke, z.B. jeweils 8 Bits, sicher verschlüsseln zu können. Dieses ist mit dem CFB-Modus durchaus möglich, indem von dem erzeugten Schlüsselstrom immer nur eine bestimmte Bitfolge ausgewählt wird. Der Nachteil dieses Verfahrens ist jedoch, daß ein Bitfehler auf der Übertragungsstrecke mehrere folgende Zeichen zerstört; ansonsten ist das Verfahren stabil, da bei korrekter Übertragung stets nach einer endlichen Zahl von Schritten eine Fehlererholung eintritt. Die Folgefehler sind jedoch in vielen Anwendungen, z.B. bei der Sprachübertragung im ISDN, unerträglich, so daß dieses Phänomen eingeschränkt werden sollte. Dieses kann mittels der **OFB-Chiffre** (*output feed back*) erreicht werden, die statt des übertragenen Zeichens nur den erzeugten Schlüssel rückkoppelt. Dadurch verwenden Sender und Empfänger stets den gleichen Schlüssel, der sich jedoch bei jedem übertragenen Zeichen oder Byte im ISDN ändert. Allerdings müssen diese dazu stets synchron bleiben.

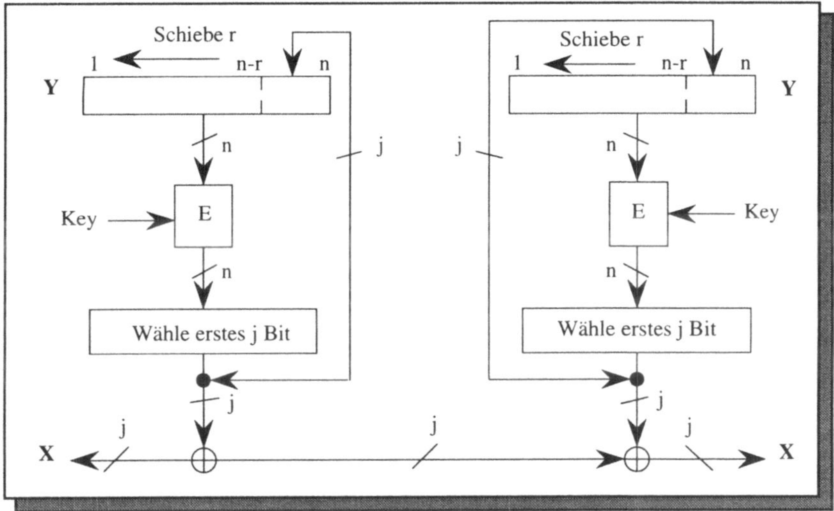


Output Feedback (OFB)

| | | |
|---|---|---|
| $Y_1 = IV$ | | $Y_1 = IV$ |
| $X_1 \rightarrow X_1 \oplus E_k(Y_1)$ | $\longrightarrow$ | $X_1 \oplus E_k(Y_1) \oplus E_k(Y_1) = X_1$ |
| $Y_2 = Y_1\|_{r+1\ldots n} + E_k(Y_1)\|_{1\ldots r}$ | | $Y_2 = Y_1\|_{r+1\ldots n} + E_k(Y_1)\|_{1\ldots r}$ |
| $X_2 \rightarrow X_2 \oplus E_k(Y_2)$ | $\longrightarrow$ | $X_2 \oplus E_k(Y_2) \oplus E_k(Y_2) = X_2$ |
| $Y_{i+1} = Y_i\|_{r+1\ldots n} + E_k(Y_i)\|_{1\ldots r}$ | | $Y_{i+1} = Y_i\|_{r+1\ldots n} + E_k(Y_i)\|_{1\ldots r}$ |
| $X_{i+1} \rightarrow X_{i+1} \oplus E_k(Y_{i+1})$ | $\longrightarrow$ | $X_{i+1} \oplus E_k(Y_{i+1}) \oplus E_k(Y_{i+1}) = X_{i+1}$ |

oder

| | | |
|---|---|---|
| $Y_1 = IV$ | | $Y_1 = IV$ |
| $X_1 \rightarrow X_1 \oplus E_k(Y_1)$ | $\longrightarrow$ | $X_1 \oplus E_k(Y_1) \oplus E_k(Y_1) = X_1$ |
| $Y_2 = E_k(Y_1)$ | | $Y_2 = E_k(Y_1)$ |
| $X_2 \rightarrow X_2 \oplus E_k(Y_2)$ | $\longrightarrow$ | $X_2 \oplus E_k(Y_2) \oplus E_k(Y_2) = X_2$ |
| $Y_{i+1} = E_k(Y_i)$ | | $Y_{i+1} = E_k(Y_i)$ |
| $X_{i+1} \rightarrow X_{i+1} \oplus E_k(Y_{i+1})$ | $\longrightarrow$ | $X_{i+1} \oplus E_k(Y_{i+1}) \oplus E_k(Y_{i+1}) = X_{i+1}$ |

Diese Verfahren sind auch in verschiedenen Standards festgelegt, z.B. von der ISO 1987 in IS 8372: *Information Processing, Modes of Operation for a 64-bit Block Cipher Algorithm.*

### 17.6.3 Die Sicherheit des DES

Die Sicherheit des DES-Standards wird in erster Linie durch die Verknüpfung jedes einzelnen Bits des Klartextes mit allen Bits des Schlüssels sowie mit allen anderen Bits des Klartextes erreicht. Das Verfahren sollte also nach den in den vorhergehenden Kapiteln angestellten Überlegungen, und insbesondere wenn die CBC - und CFB- bzw. OFB-Varianten angewendet werden, sicher sein.

Die hauptsächliche für die Unsicherheit verantwortliche Eigenschaft des DES-Standards liegt in der Begrenzung der Länge des Schlüssels auf 56 Bits, mit der lediglich eine Anzahl von $2^{56}$, also etwa 72 Billiarden Schlüssel, gewählt werden können. Diese Zahl ist zwar so hoch, das ein Durchprobieren aller Schlüssel auf den ersten Blick als unmöglich erscheint. Da aber Schlüsselwörter häufig der natürlichen Sprache entstammen, wird die Anzahl der Möglichkeiten drastisch verringert, so daß ein Angriff unter Verwendung sehr schneller Rechenanlagen durchaus Sinn macht. Es existieren Abschätzungen (Diffie, Hellman), die besagen, daß ein Spezialrechner mit 1 Millionen LSI-Chips alle $2^{56}$ möglichen Schlüssel an einem Tag durchprobieren könnte. Die Kosten einer solchen Maschine würden sich auf etwa 20 Millionen US $ belaufen. Diese Abschätzungen wurden später auf 50 Millionen US $ und zwei Tage durchschnittlicher Suchzeit (Technologie aus dem Jahre 1980) erhöht. Aus diesem Grund existiert die Empfehlung, die Schlüssellänge auf 112 Bits zu verdoppeln; dieses entsprach auch der ursprünglichen Empfehlung von IBM, soll aber angeblich auf Druck des NBS geändert worden sein.

Bei Anwendung des ECB-Modus, sowie in einigen Fällen auch bei der Anwendung der Verschlüsselung nach dem CBC-Modus, können im Klartext vorkommende Muster zu entsprechenden Mustern im resultierenden Chiffretext führen, die dann den bereits erwähnten Angriffspunkten der Kryptoanalytiker ausgesetzt sind. Die anderen Verfahren scheinen jedoch nach allen bekannten Veröffentlichungen ausreichend sicher zu sein.

### 17.6.4 Key-Management

Ein klassisches Problem der Kryptologie besteht in der sicheren Übertragung des Schlüssels zwischen zwei Teilnehmern, wobei auch häufig ein Schlüsselverwaltungszentrum zur Verteilung verwendet wird. Die sichere Schlüsselübertragung ist ein unerwartet komplexes Problem, da bei der Kommunikation z.B. zwischen N Terminals N(N-1)/2 verschiedene Schlüssel zu verwalten sind. Zum Management der Schlüssel wurden verschiedene Verfahren entwickelt, so von IBM und von der ISO 8732, die in der Regel mit einer in N linearen Anzahl von Schlüsseln auskommen.

Die meisten dieser Verfahren verwenden eine Schlüsselhierarchie, genannt Master-, Terminal- und Sitzungsschlüssel. Ein Schlüsselverwaltungszentrum besitzt für jedes Terminal mindestens einen geheimen Terminalschlüssel $k_t$, über den es dem Terminal geheime Nachrichten – insbesondere Sitzungsschlüssel – übermitteln kann. Für eine konkrete Verbindung wird ein vom zentralen Schlüsselverwaltungszentrum (*key distribution center* oder auch *security center*) zufällig erzeugter Sitzungsschlüssel zu den kommunizierenden Endgeräten geschickt:

$Zentrum \rightarrow E_{kt1}(k_s) \rightarrow T_1$ $\qquad$ $Zentrum \rightarrow E_{kt2}(k_s) \rightarrow T_2$

Aus Sicherheitsgründen sollte nur eines der Terminals den gemeinsamen Schlüssel $k_s$ erhalten, während dem anderen dieser Schlüssel von dem ersten zugeschickt wird:

$Zentrum \rightarrow E_{kt1}(k_s, E_{kt2}(ks)) \rightarrow T_1$ $\qquad$ $T_1 \rightarrow E_{kt2}(k_s) \rightarrow T_2$

Allerdings kann durch einen aktiven Angriff dieses Schema unsicher werden, wenn ein Angreifer z.B. einen alten Schlüssel noch einmal verwendet. Um dies zu verhindern, ist eine Authentikation des rufenden Terminals $T_1$ gegenüber dem gerufenen $T_2$ nötig. Dazu sendet

$T_1 \rightarrow adr_1, random, adr_2 \rightarrow Zentrum$
$Zentrum \rightarrow E_{kt1}(random, adr_2, k_s, E_{kt2}(k_s, a_1)) \rightarrow T_1$
$T_1 \rightarrow E_{kt2}(k_s, adr_1) \rightarrow T_2$

oder zur Authentikation von $T_1$ gegenüber dem Schlüsselzentrum:

$T_1 \rightarrow E_{kt1}(Seriennumer, random, adr_2) \rightarrow Zentrum$

Zur Authentikation von $T_2$ gegenüber $T_1$ läßt sich das folgende Protokoll verwenden:

$T_1 \rightarrow E_{kt1}(random) \rightarrow T_2$ $\qquad$ $T_2 \rightarrow E_{ks}(\ f(random)\ ) \rightarrow T_1$

Hierbei ist f eine zwischen $T_1$ und $T_2$ vereinbarte Funktion. Analog kann sich $T_1$ gegenüber $T_2$ ausweisen, wobei jedoch das Problem der Maskerade besteht. Sollte einem Angreifer darüber hinaus der Schlüssel $k_{t1}$ bekannt sein, so kann er einige Schlüssel $k_s$ sammeln, um in Zukunft einem anderen Terminal die Identität von $T_1$ vorzutäuschen. Dieses Problem kann durch eine Zeitmarke d/t behandelt werden:

$T_1 \rightarrow adr_1, adr_2 \rightarrow Zentrum$
$Zentrum \rightarrow E_{kt1}(k_s, adr_2, d/t, E_{kt2}(k_s, adr_1, d/t)) \rightarrow T_1$
$T_1 \rightarrow E_{kt2}(k_s, adr_1, d/t) \rightarrow T_2$

Es dürfen nur 'frische' Schlüssel verwendet werden, was durch die Teilnehmer offenbar leicht geprüft werden kann.

Die Verteilung der Terminalschlüssel muß in der Regel extern erfolgen. Dazu werden besondere Geräte verwendet, die nur unter kontrolliertem Zugriff (Paßwort, Schlüssel) auf eine hermetisch abgeschlossene Chiffrebox (TRM=*Tamper Resistant Module*) Zugriff gestatten. Die Verwaltung der Schlüssel erfolgt in der Regel stets so, daß Schlüssel außerhalb der TRM nur verschlüsselt gespeichert oder transportiert werden. Neben der Erzeugung neuer Schlüssel (Zufallsgenerator, Pseudozufall) ist auch die sorgfältige Zerstörung eines Schlüssels nach dessen Gebrauch zu beachten.

Ein von der Firma IBM entwickeltes Verfahren benutzt zwei Masterschlüssel $k_{m_0}$ und $k_{m_1}$, welche der Chiffrierung der Terminalschlüssel $k_t$ bzw. der Sitzungsschlüssel $k_s$ im Schlüsselzentrum dienen. Sie werden nur in dem TRM gespeichert, sind also nicht direkt lesbar:

$$k_s = D_{km0}(E_{km0}(k_s)) \qquad k_t = D_{km1}(E_{km1}(k_t))$$

Daten d können im Schlüsselzentrum durch die Funktion: $d' = E_{k_s}(d)$ ver- bzw. durch $d = D_{k_s}(d')$ entschlüsselt werden. Da der Schlüssel $k_s$ nur in der Form $E_{km_0}(ks)$ im Schlüsselzentrum bekannt ist, muß die Funktion: $d' = E_{D_{km0}(E_{km0}(ks))}(d)$ verwendet werden:

Es müssen zwei Masterschlüssel eingeführt werden, da sonst eine Offenlegung des Schlüssels $k_s$ im Schlüsselzentrum möglich wäre, wenn $E_{kt}(k_s)$ bei der Übertragung erlauscht würde; mit dem einzigen Schlüssel $k_m$ gilt dann wie im Falle der Entschlüsselung von Daten, wobei jetzt $d = E_{kt}(k_s)$ ist: $k_s = D_{D_{km}(E_{km}(k_t))}(E_{kt}(k_s))$. Da jedoch $k_{m0}$ und $k_{m1}$ verschieden sind, ist diese Operation nicht möglich: $D_{D_{km0}(E_{km1}(k_t))}(E_{kt}(k_s))$.

Terminalschlüssel $k_t$ werden in dem TRM verwendet, um Sitzungsschlüssel zu verschlüsseln: $k_s' = E_{kt}(k_s)$, wobei $k_t$ und $k_s$ wieder nicht offengelegt zu werden brauchen, da sie direkt entschlüsselt werden. Neue Sitzungsschlüssel werden in der Form $E_{km0}(k_s)$ durch einen Zufallszahlengenerator erzeugt. Probleme mit den Paritybit des Schlüssels nach dessen Dechiffrierung werden ignoriert. Für die Speicherung von Dateien werden ähnliche Schlüsselmechanismen verwendet, so daß Daten auch sicher gespeichert werden können. Beide Verfahren können jedoch niemals die gleichen Schlüssel verwenden; es werden daher zwei Masterschlüssel $k_{m0}$ und $k_{m2}$ benutzt.

Andere Verfahren kommen mit weniger Masterschlüsseln aus, z.B. Schlüssel mit besonderen Zusätzen (*tagged keys*). Das Schlüsselmanagement im Bankenbereich wird in einem eigenen Standard (ISO 8732) behandelt.

## 17.7 Public-Key-Systeme

In klassischen Kryptosystemen wird die Vertraulichkeit der Kommunikation zwischen zwei Partnern gesichert, indem beide einen gemeinsamen Schlüssel benutzen, der sowohl zur Verschlüsselung als auch zur Entschlüsselung einer Nachricht benutzt wird. Für den Austausch von Nachrichten zwischen zwei Kommunikationspartnern ist es demnach erforderlich, daß beide den gleichen Schlüssel besitzen; daher wird neben der Geheimhaltung auch die Authentizität der kommunizierenden Partner gefordert. Die Verteilung des Schlüssels mit Hilfe eines Rechnernetzes kann aber bei erstmaliger Verbindung beider Partner nur unkodiert bzw. über einen externen Kommunikationspfad erfolgen. Dieses verursacht ein Sicherheitsrisiko bzw. zusätzliche Kosten.

Es sind daher verschiedene Vorschläge gemacht worden, wie eine sichere und zugleich wirtschaftliche Übertragung eines Schlüssels von einem Partner zu einem anderen ermöglicht werden kann. Üblicherweise wird dieses mit Hilfe eines Boten durchgeführt, jedoch bieten Verfahren, die mit asymmetrischen Schlüsseln arbeiten auch eine hinreichend große Sicherheit. Diese *Public Key*-Verfahren sollen jetzt vorgestellt werden.

### 17.7.1 Grundlagen der *Public Key*-Verfahren

Im Jahre 1976 wurde von Diffie und Hellman ein Verschlüsselungskonzept vorgestellt, welches mit öffentlichen Schlüsseln arbeitet: Aus einem Schlüssel $k_s$ werden zwei Schlüssel generiert, welche die folgenden Eigenschaften besitzen:

| | |
|---|---|
| $F: k_s \rightarrow k_e$: | öffentlicher Schlüssel zum Verschlüsseln |
| $G: k_s \rightarrow k_d$: | geheimer Schlüssel zum Entschlüsseln |

Dabei ist $k_d$ nicht einfach aus $k_e$ ableitbar. Da jetzt jeder Text H einfach durch Anwendung von $E_{ke}(H)$ verschlüsselt werden kann, darf auch bei Vorlage eines Klartextes der Schlüssel nicht einfach aus Klar- und Chiffretext generiert werden können. Man nimmt weiter an, daß die Ver- und Entschlüsselungsfunktionen D und E gleich sind, und daß $D_{kd}(E_{ke}(H))=E_{ke}(D_{kd}(H))=H$, d.h. daß die Reihenfolge des Ver- und des Entschlüsselns vertauscht werden können. Dieses läßt sich mit einer Potenzierungsfunktion $H^x$ mod m realisieren (Das Produkt H×H×...×H wird jeweils Modulo m genommen). Sind m und x groß genug, so ist die Umkehrung dieser Funktion bei Vorgabe von $H^x$, m und x ein Problem, welches nur in einer Zeit von der Größenordnung: $e^{\sqrt{\ln m \times \ln \ln m}}$ logarithmisiert werden kann. Für ca. 500 Bit lange Zahlen m kann man mit etwa $10^{20}$ Operationen rechnen, was sicherlich zu viel Aufwand bedeutet. Mit dieser Funktion lassen sich die folgenden Probleme lösen:

**Schlüsselverteilung:**

Um einen gemeinsamen Schlüssel zwei Teilnehmern A und B zur Verfügung zu stellen, kann man folgendermaßen vorgehen: A und B wählen beliebige geheime Zahlen x und y und vereinbaren H und m öffentlich!

$$A \rightarrow m, H \rightarrow B$$

Dann sendet A an B die Zahl $H^x$, während B an A die Zahl $H^y$ schickt:

$$A \rightarrow H^x \rightarrow B$$
$$A \leftarrow H^y \leftarrow B$$

Jetzt kann A die Zahl $H^y$ mit x potenzieren, B $H^x$ mit y und man erhält jeweils: $H^{yx} = H^{xy}$, also die gleichen Zahlen. Da ein Angreifer nur m, H und $H^x$ bzw. $H^y$ kennt, kann er weder x noch y errechnen, und somit auch nicht $H^{xy}$. Damit haben A und B einen gemeinsamen geheimen Schlüssel.

**Authentisierung durch Paßwörter**

Um zwei Paßwörter auszutauschen, senden sich A und B abwechselnd jeweils die Hälften der beiden verschlüsselten Paßwörter:

| | | | | |
|---|---|---|---|---|
| $A$ | $\rightarrow$ | $E_k(P_A)\vert_{links}$ | $\rightarrow$ | $B$ |
| $A$ | $\leftarrow$ | $E_k(P_B)\vert_{links}$ | $\leftarrow$ | $B$ |
| $A$ | $\rightarrow$ | $E_k(P_A)\vert_{rechts}$ | $\rightarrow$ | $B$ |
| $A$ | $\leftarrow$ | $E_k(P_B)\vert_{rechts}$ | $\leftarrow$ | $B$ |

Hat sich ein aktiver Angreifer in die Leitung eingeschaltet:

$$A \rightarrow E_{kA}(H) \rightarrow Z \rightarrow E_{kB}(H) \rightarrow B$$

so kann er zwar mit A und B jeweils einen eigenen Schlüssel vereinbart haben, aber die verschlüsselten Paßworthälften nicht ohne die andere Hälfte entschlüsseln.

| | | | | | | | | |
|---|---|---|---|---|---|---|---|---|
| $A$ | $\rightarrow$ | $E_{kA}(P_A)\vert_{links}$ | $\rightarrow$ | $Z$ | $\rightarrow$ | $?\ E_{kB}(P_A)\vert_{links}$ | $\rightarrow$ | $B$ |
| $A$ | $\leftarrow$ | $E_{kA}(P_B)\vert_{links}\ ?$ | $\leftarrow$ | $Z$ | $\leftarrow$ | $E_{kB}(P_B)\vert_{links}$ | $\leftarrow$ | $B$ |
| $A$ | $\rightarrow$ | $E_{kA}(P_A)\vert_{rechts}$ | $\rightarrow$ | $Z$ | $\rightarrow$ | $?\ E_{kB}(P_A)\vert_{rechts}$ | $\rightarrow$ | $B$ |
| $A$ | $\leftarrow$ | $E_{kA}(P_B)\vert_{rechts}\ ?$ | $\leftarrow$ | $Z$ | $\leftarrow$ | $E_{kB}(P_B)\vert_{rechts}$ | $\leftarrow$ | $B$ |

Kann garantiert werden, daß die Schlüssel $k_A$ und $k_B$ verschieden sind (z.B. nach dem obigen Verfahren), so kann erst nach Erhalt der vollständigen verschlüsselten Paßwörter an der Gegenstelle das jeweilige Paßwort dechiffriert werden. Damit kann die Verbindung authentisiert werden.

**Geheimhaltung ohne Schlüssel**

Um eine Information H (z.B. einen Schlüssel) von A nach B zu senden, kann eine doppelte Verschlüsselung angewendet werden. Neben einem Modulo m wählen sich A und B geheime Zahlen x bzw. y; zugleich sind deren Reziprokwerte zu bestimmen: $x^{-1}$ bzw. $y^{-1}$, so daß $(H^x)^{x^{-1}}$ mod m = H. Dann kann folgendermaßen gerechnet werden:

| | | | | |
|---|---|---|---|---|
| $A, x$ | $\rightarrow$ | $m$ | $\rightarrow$ | $B, y$ |
| $A$ | $\rightarrow$ | $H_A = H^x \bmod m$ | $\rightarrow$ | $B$ |
| $A$ | $\leftarrow$ | $H_{AB} = H_A{}^y \bmod m$ | $\leftarrow$ | $B$ |
| $A$ | $\rightarrow$ | $H_B = H_{AB}{}^{x^{-1}} \bmod m$ | $\rightarrow$ | $B\quad H = H_B{}^{y^{-1}} \bmod m$ |

Da weder $H_A$ noch $H_B$ noch $H_{AB}$ zur Bestimmung von H verwendet werden können — auch nicht bei Kenntnis von m — ist dieses eine geheime Übertragung, ohne daß ein Schlüssel übermittelt werden müßte.

**Geheime Datenübertragung**

Um eine Information H von A nach B zu senden, kann B einen offenen Schlüssel $k_{eB}$ an A übermitteln, A kann hiermit H verschlüsseln, und $E_{k_{eB}}(H)$ an B übertragen; B kann dann H entschlüsseln:

| | | | | | |
|---|---|---|---|---|---|
| $A$ | $\leftarrow$ | $k_{eB}$ | $\leftarrow$ | $B$ | |
| $A$ | $\rightarrow$ | $E_{k_{eB}}(H)$ | $\rightarrow$ | $B$ | $H = D_{k_{dB}}(E_{k_{eB}}(H))$ |

Da H nicht aus $k_{eB}$ und $E_{k_{eB}}(H)$ berechnet werden kann, ist dieses eine geheime Datenübertragung.

**Authentisierte Datenübertragung**

Erhält B eine Information H, so kann B nicht sicher sein, ob diese Information wirklich von A stammt, da jeder den offenen Schlüssel $k_e$ zum chiffrieren verwenden kann. Kennt B jedoch einen authentisierten offenen Schlüssel $k_{eA}$ von A, so kann A seine Nachricht mit seinem geheimen Schlüssel verschlüsseln und an B (oder an jeden anderen Interessierten auch als authentisierten Rundbrief) versenden und jeder Empfänger kann diesen Text dechiffrieren:

| | | | | | |
|---|---|---|---|---|---|
| $A$ | $\rightarrow$ | $k_{eA}$ | $\rightarrow$ | $B$ | |
| $A$ | $\rightarrow$ | $D_{k_{dA}}(H)$ | $\rightarrow$ | $B$ | $H = E_{k_{eA}}(D_{k_{dA}}(H))$ |

Da kein Angreifer $D_{k_{dA}}(H)$ aus H berechnen kann, ist dieses eine authentisierte Datenübertragung.

**Geheime authentisierte Datenübertragung**

Damit B eine geheime Information H authentisiert von A erhält, können die letzten beiden Verfahren kombiniert werden:

| | | | | | |
|---|---|---|---|---|---|
| $A$ | $\rightarrow$ | $k_{eA}$ | $\rightarrow$ | $B$ | |
| $A$ | $\leftarrow$ | $k_{eB}$ | $\leftarrow$ | $B$ | |
| $A$ | $\rightarrow$ | $E_{k_{eB}}(D_{k_{dA}}(H))$ | $\rightarrow$ | $B$ | $H = E_{k_{eA}}(D_{k_{dB}}(E_{k_{eB}}(D_{k_{dA}}(H))))$ |

Die Sicherheit dieses Verfahrens ergibt sich analog wie bei den letzten beiden.

**Integre Datenübertragung**

Damit B eine integre (d.h. mit Sicherheit nicht durch einen Angreifer verfälschte) Information H von A erhält, kann eine Verschlüsselung mit einem authentisierten Schlüssel vorgenommen werden, d.h. eine authentisierte Datenübertragung. Eine Verfälschung der Chiffre ergibt keinen brauchbaren Klartext mehr, was zumindest dann erkannt werden kann, wenn dieser redundante Information enthält, z.B. einen Zähler.

**Digitale Unterschrift**

Damit B im Streitfall beweisen kann, daß eine Information H von A gesendet wurde, kann eine authentisierte Datenübertragung verwendet werden, wobei jedoch der Schlüssel $k_e$ sowohl authentisiert als auch notarisiert werden muß, d.h. eine glaubwürdige Instanz kann bestätigen, daß $k_e$ tatsächlich ein offener Schlüssel von A zu dem Zeitpunkt der Kommunikation war.

$$A \rightarrow k_{eA} \rightarrow B$$
$$A \rightarrow D_{kdA}(H) \rightarrow B \quad H = E_{keA}(D_{kdA}(H))$$

Da $D_{kdA}(H)$ außer von A von keinem anderen erzeugt werden kann, kann B durch Vorlegung von $D_{kdA}(H)$ und $E_{keA}$ beweisen, daß der Text H von A stammt. Damit B nicht selbst den Text $D_{kdA}(H)$ erzeugen kann, muß $k_{eA}$ authentisiert und notarisiert von A stammen.

### 17.7.2 Verschlüsselung durch das Rucksack-Problem

Ein Verfahren zur geheimen Übertragung von Daten kann mit Hilfe eines NP-vollständigen Problems, dem **Rucksatzproblem** (*knapsack problem*), durchgeführt werden. Bei diesem Verfahren gilt es, aus einer vorliegenden Menge von Zahlen (z.B. 9, 33, 112, 118, 203, 250, 269, 361) jene herauszufinden, die eine bestimmte Summe ergeben, z.B. 357; dieses ist zumindest für sehr große Zahlenmengen, z.B. mehr als 100 Zahlen, ein 'hartes' Problem, da im Prinzip jede Kombination von Zahlen ausprobiert werden muß. Allerdings ist das Rucksackproblem sehr einfach lösbar, wenn die Summe aller kleineren Zahlen kleiner ist als die nächstgrößere Zahl, z.B.: 1, 3, 5, 11, 23, 46, 136, 263. Jetzt kann eine Summe, z.B. 188, einfach durch Probieren der Subtraktion erhalten werden, beginnend mit der größten Zahl; damit ist das Problem in linearer Zeit lösbar:

$$188-263<0,\ 188-136=52,\ 52-46=6,\ 6-23<0,\ 6-11<0,\ 6-5=1,\ 1-1=0,$$

$$\text{d.h. } 1+5+46+136=188$$

Transponiert man ein einfaches Rucksackproblem durch Multiplikation modulo m mit einem Faktor a in ein schwieriges Rucksackproblem, so kann ein Sender eine Bitfolge (z.B. 11101000) durch Addition der entsprechenden Summanden chiffrieren, und diese Chiffre an den Empfänger übertragen. Der kennt den Faktor a und dessen Reziprokwert $a^{-1}$, und kann somit das schwierige Problem in ein einfaches zurücktransformieren. Dieses kann gelöst werden und ergibt somit wieder den Klartext:

**Beispiel zum Rucksackproblem**

| | | | | | | | | | | | | |
|---|---|---|---|---|---|---|---|---|---|---|---|---|
| einfaches Problem: | 1 | 3 | 5 | 11 | 23 | 46 | 136 | 263 × 203 mod 491 | | | | |
| transformiertes Problem: | 203 | 118 | 33 | 269 | 250 | 9 | 112 | 361 | | | | |
| umsortiert ergibt Schlüssel: | 9 | 33 | 112 | 118 | 203 | 250 | 269 | 361 | | | | |
| Klartext: | 1 | 1 | 1 | 0 | 1 | 0 | 0 | 0 | | | | |
| Chiffre: | 9 + | 33 + | 112 + | 0 + | 203 + | 0 + | 0 + | 0 | = | 357 | | |
| transformierte Chiffre: | $357 \times 203^{-1}$ mod 491 = 357 × 387 mod 491 = 188 | | | | | | | | | | | |
| Lösung einfaches Problem: | 136 + 46 + 5 + 1 = 188 | | | | | | | | | | | |
| Lösung schwieriges Problem: | 112 + 9 + 33 + 203 = 357 | | | | | | | | | | | |
| Klartext: | 1 | 1 | 1 | 0 | 1 | 0 | 0 | 0 | | | | |

Rucksackprobleme eignen sich nur bedingt für die Übertragung geheimer Nachrichten, da zum einen die Schwierigkeit eines transformierten Problems nicht einfach bewertet werden kann, zum anderen Schlüssel sehr lang sind (nämlich alle Zahlen) und der Overhead des Chiffre sehr groß ist, z.B. eine Verdoppelung (im Beispiel müssen 8 Bits in maximal 12 Bits chiffriert werden). Aus diesem Grunde werden meistens andere Verfahren verwendet, z.B. die RSA-Methode.

### 17.7.3 Die Schlüsselbildung beim RSA-Verfahren

In einem Public-Key-System werden zwei verschiedene Schlüssel zur Ver- und Entschlüsselung von Nachrichten benötigt; dabei dürfen die Schlüssel nicht auseinander ableitbar sein. Es werden immer wieder neue Algorithmen zu dieser Fragestellung entwickelt. Im folgenden soll das wichtigste und verbreiteste dieser Verfahren vorgestellt werden.

1978 wurde von Shamir, Adleman und Rivest am MIT ein Verfahren entwickelt, welches darauf beruht, daß für sehr große Zahlen (mehrere hundert Dezimalstellen) der Aufwand für die Zerlegung in Primfaktoren extrem hoch wird (der Zeitaufwand für die Zerlegung würde das Alter des Universums bei weitem übersteigen). Andererseits ist es aber für sehr große Zahlen noch in einer vertretbaren Zeit möglich festzustellen, ob es sich um Primzahlen handelt.

Im wesentlichen wird wieder die Exponentiation einer Nachricht H mit einem Schlüssel e bzw. dessen reziprokem Wert $d=e^{-1}$ durchgeführt:

$$E_e(H) = H^e \quad mod\ m$$
$$D_d(H^e) = (H^e)^d = H^1 = H \quad mod\ m$$

Da jedoch aus m und e sehr einfach d bestimmt werden kann, wenn m eine Primzahl ist, muß bei der Wahl der Werte m und der Schlüssel e bzw. d sehr sorgfältig vorgegangen werden.

Die Auswahl oder Berechnung des Schlüssels erfolgt nach den folgenden Schritten:

1. Auswählen zweier Primzahlen p und q mit jeweils mehr als 100 Dezimalstellen
2. Berechnung von m = p * q und r = KGV [p-l ; q-l]
3. Auswählen der Zahlen e, die zu (p-1) und (q-1) relativ prim sein muß, sowie $d=e^{-1}$, so daß $d \times e = 1 \mod r$

Für die Verschlüsselung zerteilt man die zu übertragende Information in Blöcke, die als Binärzahlen aufgefaßt kleiner als m sind, und erhebt diese Binärzahlen in die e-te Potenz, wobei man Arithmetik modulo m verwendet. In analoger Weise kann die Entschlüsselung durchgeführt werden, indem man die einzelnen Blöcke zur d-ten Potenz erhebt.

Wird eine Zahl H in die k-te Potenz erhoben: $H^k$ mod r, so wird für ein bestimmtes k zum ersten Mal $H^{k+1}=H$ sein. Dieses k wird als **Periode** bezeichnet. Ist diese bekannt, so läßt sich aus der Kenntnis von k und e der reziproke Wert $d=e^{-1}$ einfach bestimmen. Ist m eine Primzahl, so ist die Periode gleich m. Ist jedoch, wie im RSA-Algorithmus, m keine Primzahl, so ist die Berechnung der Periode nur möglich, wenn die Primfaktoren von m bekannt sind. Dieses ist jedoch aufgrund der Konstruktion im RSA-Verfahren gegeben. Die Sicherheit dieses Verfahrens beruht also darauf, daß die Primfaktoren einer großen Zahl nur schwierig zu bestimmen sind. Dieses ist jedoch ein bekanntes zahlentheoretisches Problem, welches bis heute noch nicht einfach gelöst ist.

## 17.8 Sicherheit in Rechnernetzen

Es gibt verschiedene Gründe, warum Rechnernetze besonders anfällig für einen Sicherheitsbruch sind. Zum einen werden dort mehrere Geräte angeschlossen, die von einer meist sehr großen Anwenderzahl benutzt werden, unter denen einige versuchen könnten, sich gegen die vorgeschriebenen oder vereinbarten Regeln zu verhalten. Darüber hinaus verschleiert die Komplexität solcher Netze häufig den Sicherheitsbruch an sich, tarnt zumindest jedoch dessen Urheber. Sobald ein Netz nicht mehr lokal ist, kann darüber hinaus prinzipiell jeder von der ganzen Welt aus auf das Netz zugreifen, so daß eine Sicherheit in solchen Fällen meistens nicht mehr garantiert werden kann. Da Dateien in Netzen häufig zentral gespeichert werden, z.B. beim Netzwerk-Dateisystem oder bei

Datenbank-Servern, gibt es viele Möglichkeiten, Information auszuhorchen. Diese Gefahr erhöht sich u.a. auch dadurch, daß meist die Wege, über die Daten zwischen zwei Knoten übertragen werden, unbekannt sind.

Aus diesem Grunde sollten einige Anforderungen an die Sicherheit in Netzen gestellt und von den Netzwerkbetreibern oder Administratoren garantiert werden. Neben Aspekten wie zuverlässige und unverfälschte Datenübertragung, die durch andere Maßnahmen erreicht werden können, müssen weitere Eigenschaften zugesichert werden: Daten müssen geheimgehalten werden können (*privacy*); Daten müssen integer gehalten werden könnne, d.h. gegen absichtliche Veränderungen geschützt (*data integrity*); und Teilnehmer müssen sich zweifelsfrei identifizieren können (*authenticity*). Weitere nützliche Dienste sind die digitale Unterschrift oder die Verkehrskontrolle, die in der Regel in Rechnernetzen seltener verlangt werden.

Die Vertraulichkeit von Daten muß bei der Lagerung der Daten und bei deren Transport garantiert werden. Bei der Lagerung auf Platten gibt es zum einen den üblichen Betriebssystemschutz, der meist mit Paßwörtern arbeitet, wobei es abgestufte Rechte geben kann. Werden die Daten verschlüsselt gelagert, so wäre noch ein Schlüssel erforderlich, um diese lesen zu können. Höhere Sicherheit erlangt man mit physischen Gegenständen, z.B. Magnetkarten, Lochkarten oder Sicherheitsschlüsseln, die nur eine Person besitzen kann. Darüber hinaus kann man auch Eigenschaften der Person (Fingerabdrücke, Gesicht) als Identifizierungsmerkmal nehmen. Solche Systeme sind in Gebrauch und werden immer wieder neu entwickelt.

Bei der Datenübertragung, z.B. über das Ethernet, kann die Vertraulichkeit in Rechnernetzen in der Regel nur durch Verschlüsselung erreicht werden. Man unterscheidet Link-Link-, Knoten-Knoten- und End-End-Verschlüsselung. Während die Link-Link-Verschlüsselung (Verschlüsseln der Blöcke in der Bitübertragungschicht) die bestehenden Verbindungen verbergen kann, werden in jedem Knoten die Daten wieder im Klartext dargestellt. Daher ist zusätzlich eine End-End-Verschlüsselung (Verschlüsseln der Benutzerdaten in einer der Anwendungsschichten, z.B. in der Darstellungsschicht) nötig. Eine Verschlüsselung nur der Benutzerdaten in der Vermittlungsschicht (Knoten-Knoten-Verschlüsselung) erscheint dagegen wenig nützlich und wird daher nicht empfohlen. Da häufig die Verbindung zwischen einzelnen Teilnehmern nicht verborgen zu werden braucht, ist eine End-End-Verschlüsselung die häufigste Anwendung der Kryptographie in öffentlichen Netzen.

Gegen die Verfälschung von Daten hilft nur eine redundante Verschlüsselung, d.h. die Daten werden mit Prüfsummen, Zählern oder persönlichen Identifizierungsnummern (PIN) gekoppelt, welche nur einmal verwendet werden; erst eine fehlerfreie Meldung wird als nicht verfälschtes Datum interpretiert. Natürlich helfen gegen die (zufällige) Verfälschung von Daten auch die bereits besprochenen CRC- oder Paritäts-Prüfverfahren.

Um den Zugriff zu einem Rechner über ein Netz zu kontrollieren, werden ebenfalls verschiedene Maßnahmen durchgeführt. Die meisten Verfahren benötigen eine sorgfältige administrative Kontrolle, d.h. Einführung und Geheimhaltung von Paßwörtern oder anderen Rechten. Weiterführende Techniken umfassen den automatischen Rückruf bei Telefonanschlüssen (*Automatic Call Back*; ein angerufener Rechner schließt die Verbindung und baut sie nur nach eigenen internen Tabellen wieder auf, um tatsächlich Daten zu übertragen); Zugriffsrechte, die vom Standort des Anrufers abhängen; 'schweigende Modems', die sich erst nach einer Identifizierung als Rechneranschluß zu erkennen geben, u.a.

## 17.9 Schlußbemerkungen

Kryptographische Verfahren beruhen auf teilweise recht komplizierten zahlentheoretischen oder komplexitätstheoretischen Problemen, deren Bewertung in der Regel eine gute Kenntnis der jeweilgen mathematischen Grundlagen erfordert. Aus diesem Grund sollten 'eigene' Verfahren stets einer kritischen Würdigung durch andere unterzogen werden, ehe man diese als vermeintlich sicher zum Einsatz bringt. Solange man nichts Nachteiliges weiß sind in der Regel Standardverfahren die geeignetste Wahl.

Da die mit der Sicherheit in Rechnernetzen zusammenhängenden Probleme hier nur angerissen werden konnten, sei auf die weiterführende Literatur verwiesen, von denen die drei Bücher [Davies84], [Denning82] und [Pfleeger89] besonders empfohlen werden.

# 18 Spezifikationstechniken

## 18.1 Protokolle

In diesem Kapitel untersuchen wir, wie Anforderungen an Übertragungsprotokolle festgelegt oder spezifiziert werden können. Da es sich bei Protokollen um die Beschreibung verteilter, interagierender Prozesse handelt, ist das Problem selbst relativ komplex. Aus diesem Grunde ist es ein erster Schritt, das Problem in kleinere Teilprobleme zu zergliedern. Das ISO/OSI-Basisreferenzmodell erreicht dieses, indem es verschiedene Schichten einführt. Jeder Schicht wird eine Menge von Funktionalitäten zugeordnet, die diese Schicht einer höheren Schicht zur Verfügung stellt. Die höhere Schicht benutzt diese Funktionalitäten, um nach einem Protokoll einen oder mehrere neue höherwertige Dienste zu kreieren und diese der nächsthöheren Schicht zur Verfügung zu stellen.

Eine solche Schicht kommuniziert logisch mit der entsprechenden Partnerschicht der Gegenstelle, indem sie die Daten einschließlich Zusatzinformation (Verwendungszweck, z.B. Adresse, Art der Kodierung, gewisse Prädikate wie Vorrang, Fehlersicherung usw.) in Protokolldateneinheiten (PDU=*protocl data unit*) verpackt. Diese müssen jedoch unter Inanspruchnahme der Dienste der unteren Schichten verschickt werden. Dazu werden die PDUs noch einmal in eine *Service Data Unit* (SDU) verpackt, welche zusätzliche Kontrollinformation für die untere Schicht enthalten kann. Das folgenden Bild stellt diese Zusammenhänge noch einmal graphisch dar.

Um eine Y-PDU der Partnerinstanz übermitteln zu können, muß diese in eine Z-SDU verpackt werden. Dazu kann die Z-SDU eine bitgenau Kopie der Y-PDU enthalten, oder sie kann völlig anders kodiert sein. Die genaue Vorgehensweise wird in der Spezifikation des Protokolls festgelegt. Man beachte, daß die PDUs für die horizontale Kommunikation verwendet werden (zwischen einer Protokollinstanz und deren Partnerinstanz), während die SDUs für den vertikalen Informationsaustausch benutzt werden.

Der in der Programmierung erfahrene Leser wird sich unter einem Protokolldatensatz einen einfachen Record, wie er z.B. in Pascal verwendet wird, vorstellen; auch bereitet die Übergabe von Information zwischen einzelnen Teilen eines Programms ,z.B. durch Parameterübergabe in einem Prozeduraufruf, wenig Probleme. Es stellt sich jetzt aber die Frage, wie einigermaßen genau beschrieben werden kann, wie ein Protokoll ablaufen soll, welches z.B. eine sichere Übertragung von Datenblöcken garantiert.

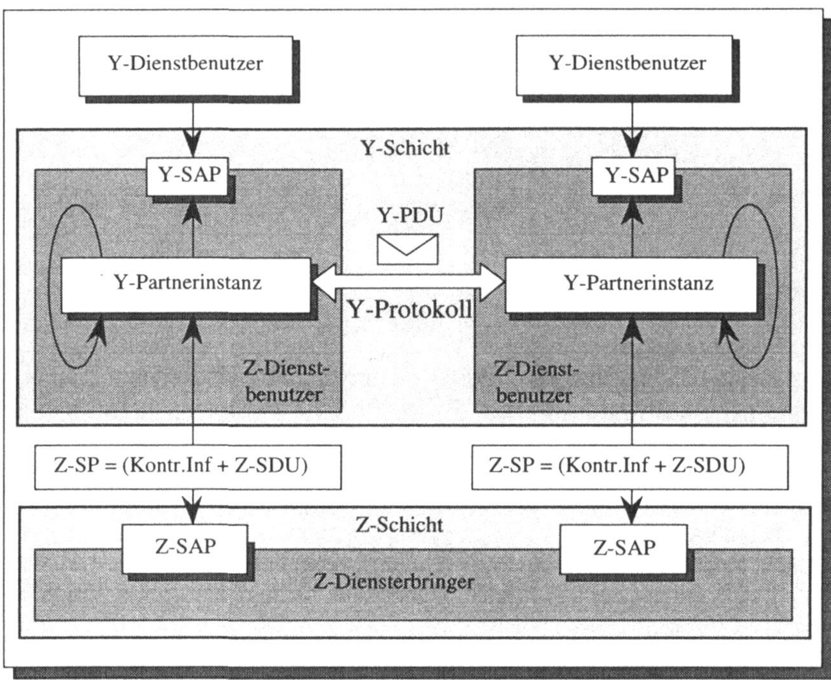


Man verwendet verschiedene Methoden, um das Verhalten von Kommunikationsprotokollen zu beschreiben: Wir betrachten in den nächsten Abschnitten als erstes **Zustandsdiagramme** (*state-transition diagrams*) und **Ereignis-Zustandstabellen** (*event-state tables*), die stark graphisch orientiert sind, sowie **strukturierte Hochsprachen** (*high-level structured programs*), die syntaktisch meist Pascal ähneln. Darauf aufbauend werden jedoch auch immer mehr Spezifikationssprachen wie Estelle oder LOTOS von der ISO, bzw. SDL oder CHILL von der CCITT verwendet. Diese werden in den danach folgenden Abschnitten dargestellt.

## 18.2 Ablaufspezifikation durch Zustandsdiagramme

**Zustandsdiagramme** benutzen für jeden Zustand eines Protokolls ein eigenes Symbol, wobei ein Zustand festlegt, wie weit ein Protokoll in seinem Ablauf vorangekommen ist. Somit läßt sich dem aktuellen Zustand entnehmen, welche für den jeweiligen Ablauf relevanten Ereignisse bisher geschehen sind. Sobald ein neues Ereignis geschieht, wird gegebenenfalls ein Zustandswechsel durchgeführt.

Jeder Zustand wird mit einem Namen versehen, und der Übergang von einem Zustand zum nächsten wird durch einen Pfeil angegeben, wobei an die Pfeile die Ereignisse geschrieben werden, bei denen ein entsprechender Zustandswechsel stattfindet. Als Beispiel betrachten wir ein einfaches Sende-und-Warte-ARQ-Protokoll. Dieses Protokoll ist genauer im Kapitel 6 über die Leitungsprotokolle beschrieben. Im wesentlichen wartet der Sender nach dem Abschicken einer Nachricht so lange, bis ihm eine positive Quittung zurückgeschickt wird. Trifft diese nicht ein, so läuft eine Zeitüberwachung (*Timer*) ab, und die letzte Nachricht wird noch einmal geschickt.

Im Sende-und-Warte-ARQ-Protokoll besitzt der Sender zwei Zustände, von denen einer angibt, daß auf den nächsten zu übertragenden Block gewartet wird, und der andere bedeutet, daß auf die Quittierung eines ausgesendeten Blocks gewartet wird. Der Empfänger wartet nur auf den nächsten Datenblock und besitzt somit nur einen Zustand.

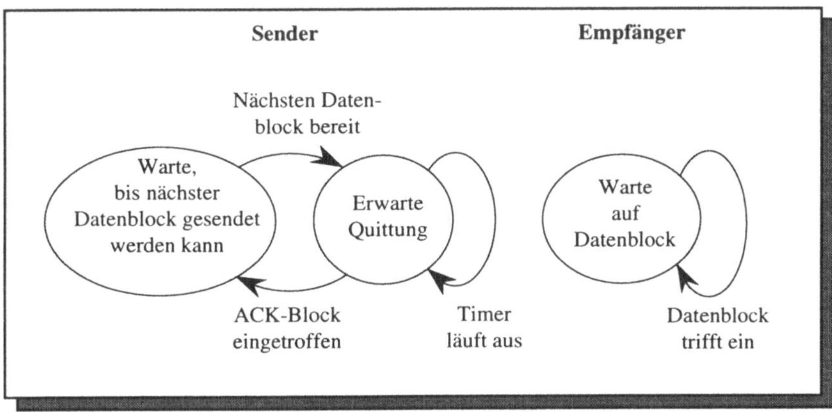


Zustandsdiagramm für das Sende-Warte-ARQ-Protokoll

Der erste Zustand des Senders bedeutet, daß weder ein Block zum Senden ansteht, noch daß ein ACK für einen Block aussteht, d.h. jede frühere Übertragung wurde korrekt abgeschlossen. Der Sender wartet in diesem Zustand darauf, einen neuen Block zu senden. Sollte in diesem Zustand ein ACK eintreffen, so wird dieses einfach ignoriert.

Solange ein Block abgesendet, aber noch nicht bestätigt wurde, befindet sich der Sender im zweiten Zustand. Trifft jetzt ein ACK ein, so wird dieses als Bestätigung des ausgesandten Blocks interpretiert, also die Übertragung abgeschlossen und wieder der erste Zustand angenommen. Läuft stattdessen die Zeit des Zeitgebers ab, so bleibt zwar der Zustand unverändert, aber es wird eine Aktion auszuführen sein (z.B. muß der Block ein weiteres Mal gesendet werden).

Zustandsdiagramme eignen sich besonders für kleine, einfache Protokolle. Allerdings ist zusätzlich zum Übergangsverhalten des Zustandsdiagramms auch noch im einzelnen festzulegen, welche Aktionen, gegebenenfalls unter welchen Bedingungen, auszuführen sind, so daß die Zusatzinformation u.U. sehr umfangreich werden kann. Für sehr viele Zustände werden Zustandsdiagramme sehr schnell zu unübersichtlich.

## 18.3 Ablaufspezifikation durch Ereignis-Zustandstabellen

**Ereignis-Zustandstabellen** enthalten die gleiche Information wie die Zustandsdiagramme, wobei jedoch die Zustände und die Ereignisse, die Übergänge bewirken können, in Tabellenform aufgeschrieben werden. Dadurch wird dieses Verfahren im Prinzip übersichtlicher. Die Zeilen der Tabellen werden den Zuständen zugeordnet, die Spalten den Ereignissen. Ein Eintrag in der Tabelle muß zum einen die Aktion beschreiben, die bei dem jeweiligen Ereignis durchzuführen ist, wenn sich das System in dem entsprechenden Zustand befindet, zum anderen den Zustand angeben, den das System danach anzunehmen hat. Das obige Beispiel als Ereignis-Zustandstabelle würde folgendermaßen aussehen:

***Sender***

| Zustand I Ereignis | Timer läuft aus | Nächster Datenblock bereit | ACK-Block eingetroffen |
|---|---|---|---|
| Warte, bis nächster Block gesendet werden kann<br>Zustand 0 | keine Aktion<br>Bleibe in Zustand 0 | Sende Block erstes Mal,Setze Timer<br>Gehe in Zustand 1 | Fehlerbehandlung<br>Bleibe in Zustand 0 |
| Erwarte Quittung (ACK)<br>Zustand 1 | Sende Block nochmal<br>Bleibe in Zustand 1 | Block in Warteschlange<br>Bleibe in Zustand 1 | Bearbeite Quittung (ACK)<br>Gehe in Zustand 0 |

***Empfänger***

| Zustand I Ereignis | Datenblock trifft ein |
|---|---|
| Warte auf Datenblock<br>Zustand 0 | Sende Quittung<br>Bearbeite Block<br>Bleibe in Zustand 0 |

In die Tabelle werden somit am Schnittpunkt von Zustand und Ereignis zum einen die Aktionen eingetragen, zum anderen die Nachfolgezustände, die angenommen werden, wenn das entsprechende Ereignis eingetreten ist. Sollten in einem Zustand bestimmte Ereignisse nicht möglich sein, so läßt man den entsprechenden Eintrag leer.

Im obigen Beispiel werden im ersten Zustand des Senders sämtliche möglichen Ereignisse behandelt. Läuft die Zeitüberwachung ab, so braucht nichts getan zu werden; wird ein Block zum Senden fertig, so wird er abgeschickt, und das System wechselt in den Zustand 1. Wird im Zustand 0 ein ACK empfangen, so bedeutet dieses einen Fehler, da der

Sender bereits ein ACK für seinen letzten Block erhalten hat. Fehlerhafte Ereignisse werden mittels einer besonderen Fehlerprozedur behandelt; der Zustand wird nicht verändert.

Im zweiten Zustand wird beim Ablaufen der Zeitüberwachung der letzte Block ein weiteres Mal gesendet; wird ein weiterer Block zum Senden fertig, so muß er in eine Warteschlange eingefügt werden; trifft eine Quittung ein, so findet ein Übergang in den ersten Zustand statt.

Die Ereignis-Zustandstabelle enthält offenbar mehr Information als das Zustandsdiagramm. Wegen der Tabellenform ist die Information auch einfacher zu überprüfen; insbesondere fällt es dem Leser schneller auf, ob gewisse Fälle bei der Spezifikation vergessen wurden, bzw. welche Ereignisse in besonderen Zuständen evtl. nicht ausreichend berücksichtigt worden sind.

## 18.4 Ablaufspezifikation durch höhere Programmiersprachen

Zusätzlich gibt es jedoch weitere Information, die auch in einer Ereignis-Zustandstabelle nicht vorhanden ist. Z.B. wird die Liste der augenblicklich wartenden Blöcke nicht ausreichend spezifiziert; die Veränderung dieser Liste beim Absenden eines Blocks bzw. bei der Bestätigung des Blocks kann nur durch eine genaue Beschreibung der entsprechenden Datenstrukturen und der sich ändernden Werte dargestellt werden. Aus diesem Grunde werden für eine noch genauere Darstellung des Verhaltens solcher Protokolle strukturierte Programme verwendet, die meistens in einer **pascal**ähnlichen Syntax geschrieben werden.

```
program Sender;
type    Ereignisse = (BlockFertig, AckEingetroffen, TimerZuEnde);
        Zustaende  = (ErwarteBlock, ErwarteACK);
        Aktionen    = (TueNichts, SendeBlock, Fehler,
                      SendeBlockNochmal, BlockInWS,
BearbeiteACK);
var         Zustand: ZustandsTyp; Ereignis: EreignisTyp ;
function AktionTueNichts: ZustandsTyp; ...
...
begin
    InitialisiereVariablen;
    while true do begin
        Ereignis := NeuesEreignis; {Wartet auf nächstes Ereignis }
        with EreignisZustandsTabelle[Ereignis,Zustand] do
            case Aktion of
                TueNichts          : Zustand := AktionTueNichts;
                SendeBlock         : Zustand := AktionSendeBlock;
                Fehler             : Zustand := AktionFehler;
                SendeBlockNochmal  : Zustand :=
                                        AktionSendeBlockNochmal;
                BlockInWS          : Zustand := AktionBlockInWS;
```

```
                BearbeiteACK       : Zustand := AktionBearbeiteACK;
            end;
        end;
    end;
end.

program Empfaenger;
var        Block: BlockTyp;
        LetzteBlockNummer: Integer;
begin
    InitialisiereVariablen;
    while true do begin
        Block := NeuerBlock; { Wartet auf nächsten Block }
        if Pruefe(Block) then
            SendeACK(Block.Nummer);
            if Block.Nummer = LetzteBlockNummer+1 then
                LetzteBlockNummer = Block.Nummer;
                VerarbeiteBlock(Block);
            end;
        end;
    end;
end.
```

Der `Sender` muß mehrere Zustände abarbeiten und hat daher die Möglichkeit, auf ein Ereignis zu warten. Dieses wird in der Regel durch das Betriebssystem des Rechners, auf dem der Prozeß abläuft, realisiert. Der globalen Variablen `Ereignis` wird eine Referenz auf dieses Ereignis übergeben. Durch Auswahl aus einem Feld, welches Referenzen auf Datensätze enthält, die den jeweiligen Zustand des Systems festhalten, wird die durchzuführende Aktion ausgewählt. Diese wird zweckmäßigerweise in einer Prozedur implementiert, so daß sie einfach zu ändern und neuen Anforderungen anzupassen ist. Die Prozeduren liefern jeweils den Nachfolgezustand zurück, so daß dieser Zustandsübergang außer von dem Paar `[Ereignis,Zustand]` auch von der Belegung einzelner Variablen abhängig gemacht werden kann.

Der `Empfaenger` wartet auf das Eintreffen eines Blocks. Trifft einer ein, so wird zunächst überprüft, ob er korrekt ist; falls nicht, wird nichts getan (alternativ wäre es auch möglich, ein NAK zu senden, was das einfache ARQ-Protokoll jedoch nicht vorsieht). Danach wird anhand der Blocknummer überprüft, ob der richtige Block eingetroffen ist, d.h. ob die Folge der Blöcke eingehalten wurde; aus irgendwelchen Gründen hätte der Sender den letzten Block zweimal schicken können. Danach wird die neue Blocknummer gespeichert und der Block zur Verarbeitung weitergereicht.

Der Vorteil dieser Art von Spezifikation liegt vor allem darin, daß diese weitgehend automatisch in ein ablauffähiges Programm 'übersetzt' werden kann; der Nachteil ist die Notwendigkeit, bereits hier Details zu berücksichtigen, die insbesondere nur durch die gewählte Programmiersprache bedingt sind. Allerdings sind die anderen Spezifikationsmethoden nicht unbedingt besser geeignet, zuverlässige Spezifikationen zu erstellen, da sie systembedingt keine vollständigen Spezifikationen erlauben, Details ignorieren, und vor allem das zeitliche Verhalten nicht eindeutig zu beschreiben gestatten; z.B. wird in den

Ereignis-Zustandstabellen nicht die Reihenfolge angegeben, in der Aktionen und Zustandsübergänge ausgeführt werden, was für kritische gleichzeitig auftretende Ereignisse u.U. wichtig sein könnte.

Das folgende Programm ist eine ADA-Version des Sende-Warte-ARQ-Protokolls. Man sieht in diesem Beispiel relativ viele syntaktische Details, die nur dem ADA-Programmierer, nicht jedoch einem Protokollspezifizierer bekannt sind, so daß die Richtigkeit dieses Programms eigentlich nur von beiden gemeinsam festgestellt werden kann. Die Struktur des Systems, z.B. stellt das Hauptprogramm den Erzeuger von zu übertragenden Blöcken dar, kann man ohne weitere Kommentare nicht aus diesem Programm herleiten.

```
Procedure ARQ is
  task Sender is
    entry RECEIVE (Ereignis: in EreignisTyp);
    entry RECEIVE_ACK (Nummer: in integer);
  end Sender ;

  task body Sender is
  type  Zustaende  is (ErwarteBlock, ErwarteACK);
    Zustand: ZustandsTyp;
  begin
    Zustand := ErwarteBlock ;
    loop
      if Zustand = ErwarteBlock then
        select
          accept RECEIVE (Block: in EreignisTyp) do
             Lege Block in Warteschlange;
             Empfaenger.RECEIVE(WS.Erster.Block);
             Zustand := ErwarteACK;
          end;
        or
          accept RECEIVE_ACK (Nummer: in integer) do
             Vernichte ACK;
          end;
        end select;
      else
        select
          accept RECEIVE_ACK (Block: in EreignisTyp) do
             Vernichte ACK;
             WS.LoescheErsten;
             if Warteschlang<>Leer then
              EmpfProc.RECEIVE(WS.Erster.Block);
             else Zustand := ErwarteBlock;
          end;
        else
          delay Timer do
             Empfaenger.RECEIVE(WS.Erster.Block);
        end select;
      end if;
    end loop;
  end Sender ;

  task Empfaenger is
    entry RECEIVE (Ereignis: in EreignisTyp);
```

```
    end Empfaenger ;

    task body Empfaenger is
    begin
      loop
        accept RECEIVE (Block: in EreignisTyp) do
          if Pruefe(Block) then
             Sender.RECEIVE_ACK (Block.Nummer);
             if Block.Nummer=LetzteBlockNummer+1 then
                LetzteBlockNummer=Block.Nummer;
                VerarbeiteBlock(Block);
             end if;
          end if;
        end accept;
      end loop;
    end Empfaenger ;

  begin
      loop Sender.RECEIVE(Block); end;
  end ARQ ;
```

# 18.5 Die Programmiersprache CHILL

Während in allgemeinen Programmiersprachen, wie im letzten Abschnitt, ein Protokoll leicht ad hoc entworfen werden kann, ist es häufig nicht möglich, dieses auch direkt Ablaufen zu lassen, da für die Programmierung von Mehrprozeßsystemen keine ausreichenden Konstrukte verfügbar sind. Aus diesem Grunde schien es naheliegend, eine Programmiersprache zu entwerfen, die solchen Anforderungen genügt.

| Pascal | CHILL |
|---|---|
| constant definition<br>**const** | synonym definition<br>**syn** |
| type<br>**type** | mode<br>**synmode, newmode** |
| enumration type<br>(id1, id2, ..., idn)<br>**set** | set mode<br>**set** (id1, id2, ..., idn)<br>**powerset** |
| record type<br>**record** ... **end** | structure mode<br>**struct** (...) |
| pointer type<br>↑ (in type definition)<br>↑ (dereferencing) | reference mode<br>**ref**<br>-> |
| variable<br>**var** | location<br>**dcl** |

Nachdem in den sechziger Jahren große Vermittlungssysteme programmiert wurden, erkannte die CCITT Anfang der siebziger Jahre die Notwendigkeit, eine geeignete Programmiersprache für solche Zwecke zu entwickeln. Da die damals verfügbaren Sprachen nicht den Anforderungen genügten, wurde eine Arbeitsgruppe eingesetzt, und bis zum

Jahre 1979 die Sprache **CHILL** (*CCITT High Level Language*) entworfen. Sie ähnelt vom Aufbau her Ada; ihre Syntax ähnelt somit der von Pascal, obgleich viele Schlüsselwörter umbenannt wurden (siehe Tabelle). Sie hat jedoch gegenüber Pascal ein sehr fein ausgearbeitetes Typkonzept. Darüber hinaus kennt sie den Prozeß und ein **Ausnahmebehandlungsverfahren** (*exception*). Da wir beim Leser die Kenntnis von Pascal bzw. Modula-2 voraussetzen, konzentrieren wir uns in dieser Darstellung auf die für die Protokollimplementierung wichtige Prozeßkommunikation und die Ausnahmebehandlung.

CHILL kennt ein Modulkonzept wie in Modula (**package** in Ada), welches besonders zum Verbergen von Daten benutzt werden kann. Ein Prozeß ist syntaktisch ähnlich einer Prozedur definiert, die jedoch parallel zu anderen Prozessen instanziert werden und entsprechend ablaufen kann. In CHILL wird durch:

```
ARQ_Sender:
process (...);
 dcl ...;
 do for ever;
 ...
 od;
end ARQ_Sender;
```

der Prozeß mit dem Namen `ARQ_Sender` definiert. Ein Prozeß kann durch

```
dcl ARQ_Sender_Inst;

start ARQ_Sender (..) set ARQ_Sender_Inst;
```

instanziert werden und über die Instanzvariable `ARQ_Sender_Inst` referenziert werden. In CHILL können Prozesse nur auf der äußersten Ebene definiert werden, sind jedoch von jedem anderen Prozeß aus instanzierbar und können sich selbst beenden (**stop**).

Zur Kommunikation zwischen Prozessen benutzt CHILL drei Mechanismen. Die **Region** (**region**) ist einem Monitor in Concurrent Pascal vergleichbar. Sie kann von verschiedenen Prozessen benutzt werden, aber da nur immer einer zur Zeit darauf zugreifen kann, ist die Änderung lokaler Variablen der `Region` immer eindeutig geregelt.

Ein **Puffer** (**buffer**) ist eine Warteschlange, welche genau einem Prozeß zur Zeit den Zugriff ermöglicht. Werte können dort hineingeschrieben bzw. herausgelesen werden, und werden bis zu einer maximalen Anzahl gespeichert. Ist der Puffer voll, so wird ein Prozeß, der ein Datum in den Puffer hineinlegen will, so lange verzögert, bis der Puffer wieder Platz hat. Beim Herauslesen von Werten kann eine Auswahl zwischen mehreren Puffern getroffen werden, und es kann im Falle leerer Puffer eine Ausweichanweisung ausgeführt werden.

```
dcl Container1, Container2 buffer (10) ContainerType;

    Sender:
    process (...);
      dcl Value ContainerType;
     do for ever;
```

```
  ... send Container1 (Value);
  od;
 end Sender;

 Receiver:
 process (...);
  dcl Value ContainerType;
  receive case set Sender_Reference;
   (Container1 in Value): ...;
   (Container2 in Value): ...:
 else ...:
 esac;
 end Receiver;
```

Der `Sender` legt in diesem Beispiel in einen Puffer `Container1` Daten ab; ebenso werden von irgendeinem anderen Prozeß die beiden Puffer mit Daten gefüllt. Der `Receiver` liest die Daten wieder aus, wobei er sich zufällig einen der beiden Puffer auswählt, der nicht leer ist; eine Referenz auf den Prozeß, der diese Daten in den Puffer geschickt hat, wird auf der Variablen `Sender_Reference` abgelegt. Sind beide Puffer leer, so wird der **`else`**-Zweig durchlaufen.

Als dritte Möglichkeit der Prozeßkommunikation kennt CHILL das **Signal** (**`signal`**). Es funktioniert ähnlich dem Puffer, allerdings wird in der Deklaration für jeden Kanal genau ein Empfänger ausgewählt; daher kann auch nur ein Prozeß die entsprechenden Signale empfangen.

```
dcl signal channel = (ContainerType) to Receiver;
```

Wird ein Signal gesendet, so weiß das System, welchem Prozeß dieses zukommen soll, falls nur eine Prozeßinstanz exisitiert. Gibt es jedoch mehrere Instanzen eines Prozeßtyps, so kann durch:

```
send channel (ContainerType) to Receiver_Instance;
```

gleichzeitig mitgeteilt werden, an welchen Prozeß das Signal zu senden ist. Der Empfänger selbst kann, genau wie bei einem Puffer, durch ein **`receive case`** die möglichen Signale abfragen. Im folgenden Beispiel wird das ARQ-Protokoll mit einem Signal-Mechanismus implementiert. Es wird zusätzlich angenommen, daß es einen Prozeß `Timer` gibt, der nach einer bestimmten Zeit ein Signal sendet.

```
dcl
 ARQ_Receiver_Instance, User_Process_Instance;
signal DataSignal = (DataType) to ARQ_Sender;
          ACKSignal to ARQ_Sender;
          TimerSignal to ARQ_Sender;

ARQ_Sender:
process ();
  dcl Value DataType;
  do for ever;
    receive case;
```

```
        (DataSignal in Value):
          begin
            send DataSignal(Value) to ARQ_Receiver_Instance;
            start Timer(10);
          end;
        (ACKSignal): /* Fehlerbehandlung */:
      esac;
      receive case;
        (ACKSignal): /* do nothing but restart loop */;
        (TimerSignal):
          begin
            send DataSignal(Value) to ARQ_Receiver_Instance;
            start Timer(10);
          end;
      esac;
    od;
  end ARQ_Sender;
  ARQ_Receiver:
  process ();
    dcl Value DataType;
    receive case;
        (DataSignal in Value):
          begin
            send ACKSignal;
          end;
    esac;
  end ARQ_Receiver;

  start ARQ_Sender;
  start ARQ_Receiver set ARQ_Receiver_Instance;
  start User_Process set User_Process_Instance;
```

Ähnlich wie es in ADA möglich ist, können in CHILL Ausnahmen behandelt werden. Ein System, welches z.B. eine Telefonvermittlung steuert, sollte natürlich selbst mit Ausnahmesituationen fertig werden können, da in der Regel eine längere Stillstandzeit nicht hingenommen werden kann. CHILL kennt neun vordefinierte Ausnahmen, wie Überlauf von Werten, Bereichsüberschreitung beim Zugriff auf Zeichenketten, Zugriff auf leere Referenzen, falschen Zugriff auf ein Tagfield in einem Record usw. Darüber hinaus kennt CHILL auch noch die Möglichkeit, daß sich der Benutzer selbst Ausnahmen definiert, oder daß einzelne CHILL-Implementierungen weitere Ausnahmebehandlungen zur Verfügung stellen.

Um eine Ausnahme zu deklarieren, wird hinter eine Anweisung, Prozedurdeklaration, Prozeduraufruf oder Prozeßdeklaration eine Anweisung der folgenden Art geschrieben:

```
on
  (overflow) : /* do something */
  (rangefail): /* do something else */
else: /* do this, if any exception is not handeled otherwise /*
end;
```

Sobald eine Ausnahme geschieht, werden die entsprechenden Befehle aufgerufen und die Anweisung oder die Prozedur beendet, indem mit der nächsten Anweisung fortgefahren wird. Steht die Ausnahmebehandlung hinter einer Deklaration, so wird bei einer Ausnahme eine Prozedur beendet und ein Prozeß terminiert.

CHILL stellt eine Reihe von Möglichkeiten zur Verfügung, die komplexe Software, die für Kommunikationssysteme nötig ist, einfacher und sicherer als mit üblichen Hochsprachen zu implementieren. Ebenfalls kann CHILL als Spezifikationssprache verwendet werden, da sie syntaktisch gegenüber reinen Spezifikationssprachen, wie z.B. Estelle, kaum Nachteile aufweist. Tatsächlich wurden bereits große Vermittlungssysteme in CHILL geschrieben, so daß sich hier eine Möglichkeit ergibt, die Erstellungs- und insbesondere auch die Wartungskosten solcher Systeme bei verbesserter Verläßlichkeit zu senken. Dennoch werden bei vielen Herstellern solcher Systeme noch eigene Entwicklungen vor allem auf de Basis nicht standardisierter Spezifikationssprachen verwendet.

## 18.6 Die Spezifikationssprache Estelle

Die Spezifikationssprache **Estelle** basiert auf dem logischen Konzept eines erweiterten, endlichen Automatens. Sie wurde von der ISO standardisiert (ISO/IS 9074, 1987).

Ein **endlicher Automat** kann als Menge von Zuständen beschrieben werden, zwischen denen bei gewissen Ereignissen gewechselt werden kann; siehe z.B. Abschnitt 18.2. Ein solcher Automat besitzt in der Regel außer seinen Zuständen keine weitere Möglichkeit, sich an irgend etwas zu erinnern. Ein **erweiterter endlicher Automat** besitzt über die Zustände hinaus lokale Variable, die beliebige Werte annehmen können und daher ein wesentlich umfangreicheres Gedächtnis besitzen; deshalb können bestimmte Sachverhalte wesentlich einfacher formuliert werden als wenn man nur mit Zuständen arbeiten würde. Die Nachteile, die wir oben beim Automaten geschildert haben, entfallen somit.

Ein solcher erweiterter endlicher Automat wird in Estelle als **Modul** bezeichnet. Syntaktisch werden zur Spezifikation von Daten und Kontrollelementen Konstrukte aus der Sprache ISO-Pascal verwendet. Die Kommunikation zwischen Automaten wird über **Kanäle** realisiert. Estelle verwendet einen asynchronen Kommunikationsmechanismus, d.h. ein abgesendeter Datensatz (z.B. eine PDU) wird in einem Puffer abgelegt, bis der empfangende Automat diesen bearbeiten kann; der sendende Automat kann unterdessen weiterarbeiten. Die Schnittstelle, über welche ein Modul eine Kommunikation abwickelt, wird als **Interaktionspunkt** bezeichnet. Ein Modul (Vatermodul) kann ein oder mehrere Untermodule (Sohnmodule) enthalten; dabei kann sich die Anzahl der Untermodule verändern, d.h. es können Module beendet werden, oder es können neue Module erzeugt werden. Das folgende Bild faßt einige dieser Definitionen graphisch zusammen.

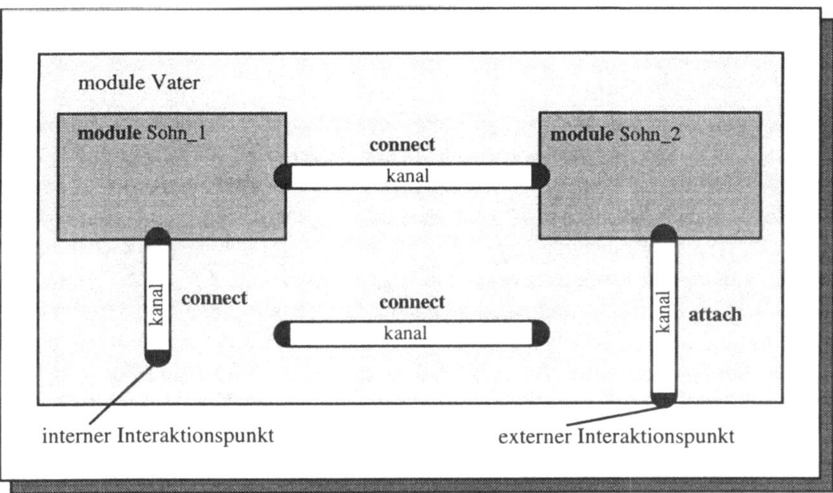


Ähnlich dem objektorientierten Programmierparadigma unterscheidet man zwischen Moduldefinition (d.h. einer Klasse in Smalltalk, C++ oder Simula) und der Modulinstanz. Die Moduldefinition beschreibt das Modul und besteht aus einem **Modulkopf** und einem **Modulrumpf** (*body*):

```
module Sende_PDU;
      ... {Beschreibung der Modulschnittstelle} end;
body Sende_PDU_Rumpf for Sende_PDU;
      ... {Beschreibung des Modulverhaltens} end;
```

Zu einem Modulkopf kann es mehrere Modulrümpfe geben. Der Modulkopf beschreibt die Liste der Interaktionspunkte und die Liste exportierter Variablen. Der Modulrumpf enthält jeweils einen Deklarationsteil, einen Initialisierungsteil und einen Transitionsteil. Außerdem werden drei Typen von Modulen unterschieden.

Ein **Blattmodul** enthält nur Konstanten, Variablen, Typen, Prozeduren und Funktionen in seinem **Deklarationsteil**, sowie die Zustandsmengen. Der **Initialisierungsteil** enthält eine Transition, welche allgemein das Übergangsverhalten zwischen Zuständen beschreibt. Diese spezielle Transition wird bei der Instanzierung des Moduls ausgeführt und kann zur Initialisierung lokaler Variablen benutzt werden. Im Transitionsteil werden die anderen Transitionen beschrieben.

Ein **passives Vatermodul** enthält zusätzlich Kanaldefinitionen, Moduldefinitionen, Modulvariablen (als Instanzen von Sohnmodulen) und einen Initialisierungsteil für die Kommunikationsstruktur der Sohnmodulen. Allerdings gibt es hier keinen Transitionsteil.

Ein **aktives Vatermodul** enthält zusätzlich einen Deklarationsteil für interne Interaktionspunkte (zur Kommunikation mit den Sohnmodulen), sowie einen Transitionsdeklarationsteil. Sohnmodule werden durch einen besonderen Befehl erzeugt:

```
begin
    init Sende_PDU with Sende_PDU_Rumpf;
end;
```

Bei einer **Kanaldefintion** werden die Typen der möglichen Variablen angegeben, die über diesen Kanal transportiert werden können; dabei wird zwischen der Rolle eines Senders oder eines Empfängers unterschieden. Ein **Interaktionspunkt** beschreibt die Schnittstelle zwischen Kanal und Modul; es muß festgelegt werden, ob eine individuelle oder eine allgemeine Warteschlange benutzt werden soll, welcher Kanal verwendet werden soll, und welche Rolle dieses Modul gegenüber diesem Kanal hat. Weiterhin kann angegeben werden, ob die Sohnmodule eines Moduls parallel oder sequentiell ausgeführt werden sollen; dabei sind gewisse Regeln zu beachten, z.B. daß das Vatermodul immer Priorität vor den Sohnmodulen hat, und daß es genau ein 'Systemmodul' in einer vertikalen Modulhierarchie geben muß; Systemmodule können als Hauptprogramme aufgefaßt werden, von denen die anderen Module abhängen. Allerdings kann es in einer Spezifikation mehr als ein Systemmodul geben.

Durch bestimmte Befehle (**connect, disconnect, attach, detach**) kann die Kommunikationsstruktur in dem System verändert werden, indem die beiden Interaktionspunkte genannt werden. Dabei wird **connect** verwendet, um zwei neue Warteschlangen aufzubauen, während bei **attach** die zwei existierenden Warteschlangen vereinigt werden; letzteres kann benutzt werden, um Nachrichten unvermittelt an einen Sohnmodul weiterzureichen; der Sohn greift somit direkt auf die externe Warteschlange seines Vaters zu.

Eine Transition beschreibt den Zustandswechsel in einem Modul. Dabei ist zu beachten, daß es vorkommen kann, daß die Bedingungen für die Ausführung verschiedener Transitionen in einem Modul gleichzeitig wahr sind. Ohne weitere Maßnahmen wird dann genau eine beliebige Transition ausgewählt und ausgeführt. Befindet sich das Modul in einem bestimmten Zustand (**from**), und ist eine Bedingung (**provided**) erfüllt, und wurde eine bestimmte Nachricht empfangen (**when**), so geht das Modul in einen bestimmten anderen Zustand (**to**) über, nachdem es eine Aktion (**begin...end**) ausgeführt hat. Insgesamt gibt es noch weitere Verfeinerungen:

```
from-Klausel
provided-Klausel
any-Klausel
delay-Klausel
when-Klausel
priority-Klausel
to-Klausel
begin
   ...
end
```

Durch Angabe einer Zeit (**delay**) wird angegeben, wann dieser Übergang stattfinden soll; er findet allerdings nicht statt, wenn sich vorher etwas an den Voraussetzungen geändert hat. Durch Angabe einer Zahl (**priority**) kann ein Vorrang zwischen gleichzeitig aktiven Transitionen definiert werden. Die Anweisung (**any**) gestattet es schließlich, mehrere Transitionen zu parametrisieren. Jede dieser Angaben darf fehlen; auch ist es erlaubt, daß ein Modul nur eine Transition enthält; dann können die Zustandsangaben entfallen.

Offenbar stellt Estelle ein mächtiges Werkzeug für die Beschreibung von Kommunikationssystemen dar. Es wurde vor allem auf die interne Kommunikation und die flexible Beschreibung sich dynamisch ändernder Instanzen Wert gelegt. Die vielfältigen Möglichkeiten, die das System bietet, sind jedoch mit einer stark diversifizierten Syntax erkauft.

Das folgende Beispiel beschreibt in Estelle das einfache Sende-Warte-ARQ-Protokoll. Es soll lediglich einen Überblick über die Syntax der Sprache gegeben. Feinheiten sollte man der Literatur entnehmen.

```
specification Sende_Warte_ARQ-Protokoll;
default individual queue;
timescale seconds;
type UserdataType = ...;
type SeqNumber = 0 .. 1;
type PDUType = (DT,AK);
type SDUType = record id: PDUType;
                      num: SeqNumber;
                      data: UserdataType;    end;
channel UserSAPchn(User,Communication);
    by User :
         DATA(Data: UserdataType);
    by Communication :
    DATA(Data: UserdataType);
channel CommSAPchn(Sender,Empfaenger);
    by Sender :
        DATA(id: PDUType; num: SeqNumber; Data: SDUType);
   by Empfaenger :
        ACK;

module Sender systemprocess;
       ip UserSAP: UserSAPchn(Sender);
ip CommSAP: CommSAPchn(Sender);  end;
body Sender_Rumpf for Sender;
 var SendData: UserdataType;
     Sequence: SeqNumber;
 state ErwarteBlock,ErwarteAck;
initialize to ErwarteBlock;    begin
  SeqNumber := 1;  end;
trans
 from ErwarteBlock to ErwarteAck;
   when UserSAP.DATA(Data);
         SendDate := Data;
         SeqNumber := 1 - SeqNumber;
         output CommSAP.DATA(DT,Sequence,SendData);
 from ErwarteBlock to same;
      when CommSAP.ACK;
         fehlerbehandung;
 from ErwarteAck to ErwarteBlock;
   when CommSAP.ACK;
              {nichts tun};
```

```
      from ErwarteAck to same;
        delay 3;
              output CommSAP.DATA(DT,Sequence,SendData);      end;

module Empfaenger systemprocess;
   ip UserSAP: UserSAPchn(Sender);
   ip CommSAP: CommSAPchn(Sender);   end;
body Empfaenger_Rumpf for Empfaenger;
var Sequence: SeqNumber;
initialize begin
  SeqNumber := 0; end;
trans
   when CommSAP.DATA(id,num,data);
       provided Sequence = num
             output UserSAP.DATA(data);
            SeqNumber := 1 - SeqNumber;   end;

modvar
 Send: Sender;
 Empf: Empfaenger;
 initialize begin
 init Send with Sender_Rumpf;
 init Empf with Empfaenger_Rumpf;
     connect Send.CommSAP to Empf.CommSAP
     connect Send.UserSAP to ...
     connect Empf.UserSAP to ...
     end;end.
```

# 18.7 Die Spezifikationssprache LOTOS

LOTOS wurde von der ISO in [ISO/IS 8807, 1987] spezifiziert. LOTOS ist im Gegensatz zu Estelle eine algebraische Prozeßspezifikationssprache. Es wird somit die Reihenfolge, in der gewisse Ereignisse stattfinden können, durch formale Sprachen spezifiziert. Ein endlicher Automat kann aufgefaßt werden als ein Spracherkenner, der eine Folge von Zeichen (oder Ereignissen, Handlungen) akzeptiert. Somit läßt sich auch durch die algebraische Beschreibung einer formalen Sprache das Verhalten eines Systems beschreiben. Ein Beispiel soll dieses verdeutlichen.

In unserem ARQ-Beispiel sendet der Sender (`SendData`) nach Eintreffen eines Datenblocks (`DataIn`) diese ab und muß dann auf das Eintreffen einer Quittung (`ACKin`) warten; somit ist eine zulässige Folge von Ereignissen bzw. Aktionen:

```
DataIn; SendData; ACKin
```

Nach der Quittung kann der nächste Datenblock gesendet werden. Für diese Art von Rekursion muß einem **Prozeß** ein Name gegeben werden, so daß dessen Ausführung wiederholt werden kann. Bei der Deklaration eines Prozesses müssen sämtliche Ereignisse aufgelistet werden, und dann ihre Reihung angegeben werden. Der Prozeßname bedeutet wiederholte Ausführung dieses Prozesses:

```
process Sender [DataIn, SendData, ACKin] :=
        DataIn; SendData; ACKin; Sender
endproc
```

Alternativen, und somit nicht deterministisches Verhalten, werden durch einen Operator '[]' beschrieben; wird ein Prozeß erfolgreich (durch **exit**) beendet, so kann durch den Folgeoperator '>>' ein weiterer Prozeß initiert werden. Wird jedoch ein Prozeß unterbrochen, z.B. weil ein Initialereignis eines anderen Prozesses stattfindet, so kann dieses durch den Unterbrechungsoperator '[>'spezifiziert werden. Der folgende Prozeß soll z.B. berücksichtigen, daß nach dem Senden eines Blockes ein weiterer Block bereitgestellt werden kann, ehe eine Quittung eingetroffen ist. Dazu sei (**QueueData**) das Einfügen eines Blocks in eine Warteschlange, entsprechend (**DeQueueData**) das Herausholen aus der (nicht leeren) Warteschlange. Man kann dann schreiben:

```
process Sender [DataIn, SendData, ACKin, DeQueueData] :=
        (DataIn [] DeQueueData); SendData;
        (ACKin; Sender
          [] Queueing; ACKin; Sender)
endproc
process Queueing [QueueData] :=
        QueueData; (Queueing [] exit)
endproc
```

Zusätzlich läßt sich Parallelität ausdrücken, wobei zwei Prozesse unabhängig oder abhängig parallel sein können. Im ersten Fall, der durch den Operator '|||' ausgedrückt wird, kann bei einem Ereignis einer von beiden Prozessen dieses akzeptieren; im zweiten Fall, der durch den Operator '||' ausgedrückt wird, müssen sich die beiden Prozesse synchronisieren, d.h. sie können nur dann ein Ereignis akzeptieren, wenn es beide ausführen können. Allgemeiner drückt

```
P |[E1, E2, .., En]|Q
```

den Fall aus, daß die beiden Prozesse P und Q sich nur bezüglich der explizit aufgelisteten Ereignisse [E1, E2, .., En] synchronisieren müssen, bezüglich anderer jedoch nicht. Zusätzlich ist es möglich, Ereignisse vor der Umgebung zu verbergen (mit dem *Hiding*-Operator). Bei der parallelen Ausführung kann ein nachgeschalteter Prozeß erst dann ausgeführt werden, wenn alle vorhergehenden terminieren.

Bisher wurden nur Ereignisse an sich eingeführt. Zusätzlich sind mit Ereignissen aber auch Daten verbunden. LOTOS führt konsequent den abstrakten Datentyp ein, d.h. im Prinzip hat sich der Anwender zunächst die verwendeten Daten (bool, int, nat, usw.) selbst durch deren Verhaltensbeschreibung zu definieren. Das macht die Syntax sehr schwerfällig. Allerdings sieht der Standard besondere Datentypen als vordefiniert an.

Geschieht ein Ereignis, an dem sich zwei abhängige parallele Prozesse synchronisieren, so können jetzt solche Daten ausgetauscht werden. Dazu werden in LOTOS strukturierte Ereignisse definiert, die aus einem **Gate**namen (CommSAP) bestehen, gefolgt von einem Wert (25) oder einer Variablen (Num), die diesen Wert annimmt. Durch:

```
process Sender [CommSAP] :=
        CommSAP ! 25 ; stop
endproc
process Receiver [CommSAP] :=
        CommSAP ? Num: Nat; stop
endproc
```

werden beide Prozesse solange verzögert, bis gleichzeitig der erste bereit ist zu senden, der zweite zu empfangen; danach hat die Variable Num im zweiten Prozeß den Wert 25. Treffen zwei Prozesse auf ein Gate, wobei beide senden (mit !) oder empfangen (mit ?), so findet auch hier eine Synchronisation statt; außerdem müssen im ersten Fall die beiden Werte übereinstimmen, im zweiten Fall erhalten beide den gleichen, jedoch zufälligen Wert.

Durch Bedingungskonstukte der Art:

```
CommSAP ! Num : Nat [Num<8];
( [x<7] -> x := x+1;
  [x=7] -> x := 0; )
```

kann spezifiziert werden, daß nur Werte in einem bestimmten Bereich akzeptiert werden, bzw. daß nur in bestimmten Fällen eines von mehreren möglichen Ereignissen ausgewählt wird. Es besteht auch die Möglichkeit, Prozeßklassen zu definieren, deren Verhalten erst beim Aufruf des Prozesses durch Parameter festgelegt wird. Darüber hinaus können bei der sequentiellen Ausführung von Prozessen zwischen den beteiligten Prozessen Werte übergeben werden.

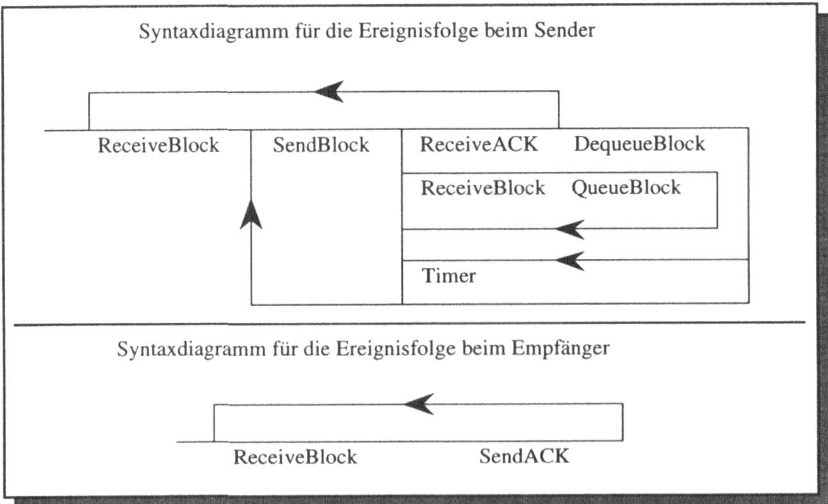


Im folgenden Beispiel soll auch in LOTOS das Sende-Warte-ARQ-Protokoll spezifiziert werden. Dabei wird zugleich die Übertragung von Daten durch Verwendung des synchronen Kommunikationsmechanismus dargestellt. Um den möglichen Ablauf des Protokolls zu beschreiben, scheint zunächst dessen Beschreibung in einem Syntaxdiagramm, wie er aus dem Compilerbau bekannt ist, hilfreich zu sein (siehe oben).

Hier wird beim Sender zunächst ein Block erwartet (`ReceiveBlock`) und dann gesendet (`SendBlock`). Danach können alternativ entweder eine Quittung (`ReceiveACK`) oder ein weiterer Block (`ReceiveBlock`) eintreffen, oder es kann der Timer auslaufen. Im ersten Fall ist alternativ entweder ein Block aus dem Puffer zu entnehmen und zu senden, oder auf das Eintreffen eines neuen Blocks zu warten. Trifft ein weiterer Block ein, so muß dieser gepuffert werden und dann wieder auf Block oder Quittung gewartet werden. Läuft der Timer aus, wird der Block noch einmal gesendet.

Beim Empfänger ist die Ereignisfolge kanonisch. Um den Sender zu implementieren, sind die Prozesse an geeigneten Stellen aufzuspalten; man wählt dazu jene Stellen, an denen ein 'Rücksprung' geschieht. Dann läßt sich schreiben:

```
process Sender [ReceiveBlock] :=
        ReceiveBlock ; Sender2
endproc
process Sender2 [Sendblock] :=
        Sendblock; Sender3
endproc
process Sender3 [...] :=
        (ReceiveAck; (Sender [] DequeueBlock; Sender2) )
                  []
        (ReceiveBlock; QueueBlock; Sender3)
                  []
        (Timer; Sender2)
endproc
process Receiver [Receiveblock,SendACK] :=
        Receiveblock; SendACK; Receiver
endproc
process SendBlock [CommSAP] :=
        CommSAP ! Block; stop
endproc
process ReceiveBlock [CommSAP] :=
        CommSAP ? Block; stop
endproc
process SendACK [CommSAP] :=
        CommSAP ! ACK; stop
endproc
process ReceiveACK [CommSAP] :=
        CommSAP ? ACK; stop
endproc
```

LOTOS selbst ist als reine Spezifikationssprache sicherlich nur schwierig zu erlernen und zu verwenden, da die Notation wenig Rücksicht auf die Verstehbarkeit nimmt. Ein vollständiges Beispiel in LOTOS müßte zunächst dem Leser formal mitteilen, wie man logische und ganzzahlige Datentypen spezifizieren kann und erscheint daher nicht angebracht. Für das weitere Studium sei der Leser auf die Standards der ISO oder auf Fachliteratur hingewiesen.

## 18.8 Die Spezifikationssprache SDL

SDL wurde von der CCITT [Z.100] übernommen; SDL war bereits vor ihrer Standardisierung weit verbreitet und wird in vielen Firmen, jeweils mit deutlichen syntaktischen und semantischen Varianten, eingesetzt. Erst im Jahre 1988 wurde von der CCITT ein Standard vorgeschlagen, der SDL eine eindeutige formale Syntax und Semantik gibt.

SDL verwendet ein prozeßorientiertes Konzept, welches logisch am meisten der Spezifikationssprache Estelle ähnelt. Das gesamte System besteht in SDL aus gleichberechtigten Prozessen; eine Hierarchisierung wie in Estelle findet also nicht statt. Der Prozeß kann Eingaben in einer Eingabewarteschlange puffern (asynchrone Kommunikation) und er kann diese Eingaben abarbeiten, indem er entsprechende Zustandswechsel vollführt.

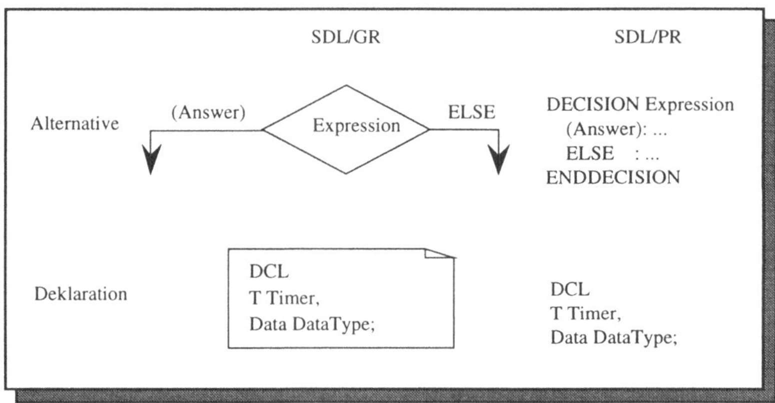


Alternative und Deklaration in SDL/GR und SDL/PR

SDL existiert in zwei syntaktisch verschiedenen, jedoch semantisch äquivalenten Formen, einer graphischen Darstellung, die im wesentlichen auf den klassischen Flußdiagrammen basiert (SDL/GR = *SDL Graphical Representaton*) und einer programmiersprachlichen Repräsentation (SDL/PR = *SDL Phrase Representaton*). Heute lassen sich natürlich beide Formen effizient verarbeiten, jedoch SDL/PR wurde nach SDL/GR eingeführt, um eine maschinelle Verarbeitung von SDL zu ermöglichen. Das obige Diagramm stellt diese beiden Varianten für einige Beispielkonstrukte in SDL gegenüber.

Wir werden uns im folgenden auf die graphische Repräsentation konzentrieren, da sie sich zur Darstellung sehr viel besser eignet. In manchen Fällen, z.B. bei der Deklaration von Variablen, stimmen beide natürlich nahezu überein. Zur Beschreibung des Zustandsübergangsverhalten kennt SDL verschiedene Basiskonstrukte, von denen das folgende Bild eine Auswahl bietet:

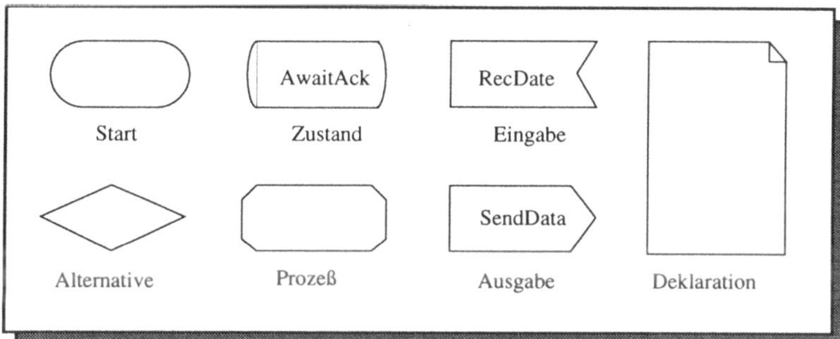


Basiskonstrukte in SDL

Während die programmiersprachlichen Notationen, wie sie beispielsweise in Estelle verwendet werden, sicherlich für Informatiker relativ verständlich sind, stellt eine graphische Notation, wie SDL/GR sie einsetzt, eine wesentlich mehr Anwendergruppen eingängige Beschreibungssprache dar. Ablaufdiagramme werden in vielen Darstellungen verwendet, über betriebswirtschaftliche, politische oder technische Vorgänge bis hin zu den ersten 'Programmiersprachen', welche ebenfalls in Ablaufdiagrammen entworfen und spezifiziert wurden. Wenn gegen die unbeschränkte Verwendung solcher Konstrukte auch einige berechtigte Einwänder herrschen, so kann ihr disziplinierte Einsatz zumindest zu Verständlichkeit sehr viel beitragen.

Aus diesem Grunde erklären sich die meisten SDL-Spezifikationen von selbst. Für unser Beispiel eines Sende-Warte-ARQ-Protokolls erhalten wir die auf dem folgenden Bild beschriebenen Prozeßblöcke. Auf Einzelheiten gehen wir später ein.

Es handelt sich hierbei, einschließlich der Umrahmungen der einzelnen Blöcke, um eine vollständige Prozeßspezifikation des Senders; allerdings müßten in diesem Beispiel die einzelnen Aktionen noch genauer spezifiziert werden. Ein spezielles Konstrukt ist der `Timer`, der in der angegebenen Weise zur Zeitüberwachung verwendet werden kann; durch einen ganzzahligen Parameter kann die Anzahl der `Timer` beliebig groß werden.

In SDL werden weitere syntaktische Konstrukte verwendet, um die Notation zu vereinfachen bzw. die Semantik zu erweitern. Schreibt man in einem Zustand ein '✱', so können aus jedem Zustand heraus die nachfolgenden Aktionen ausgeführt werden. Ein ' —' bedeutet, daß kein Zustandswechsel stattfindet; ein '✕' beendet einen Prozeß. Eine Alternative kann mehrere Ausgänge haben, von denen jedoch stets genau einer ausgewählt werden muß; es sind also keine mehrfach wahren Antworten erlaubt, und es muß immer eine Antwort richtig sein, was zumindest immer für den `ELSE`-Zweig erfüllt ist. Darüber hinaus können den Signalen, wie die Nachrichten in SDL heißen, zusätzliche Werte mitgegeben werden.

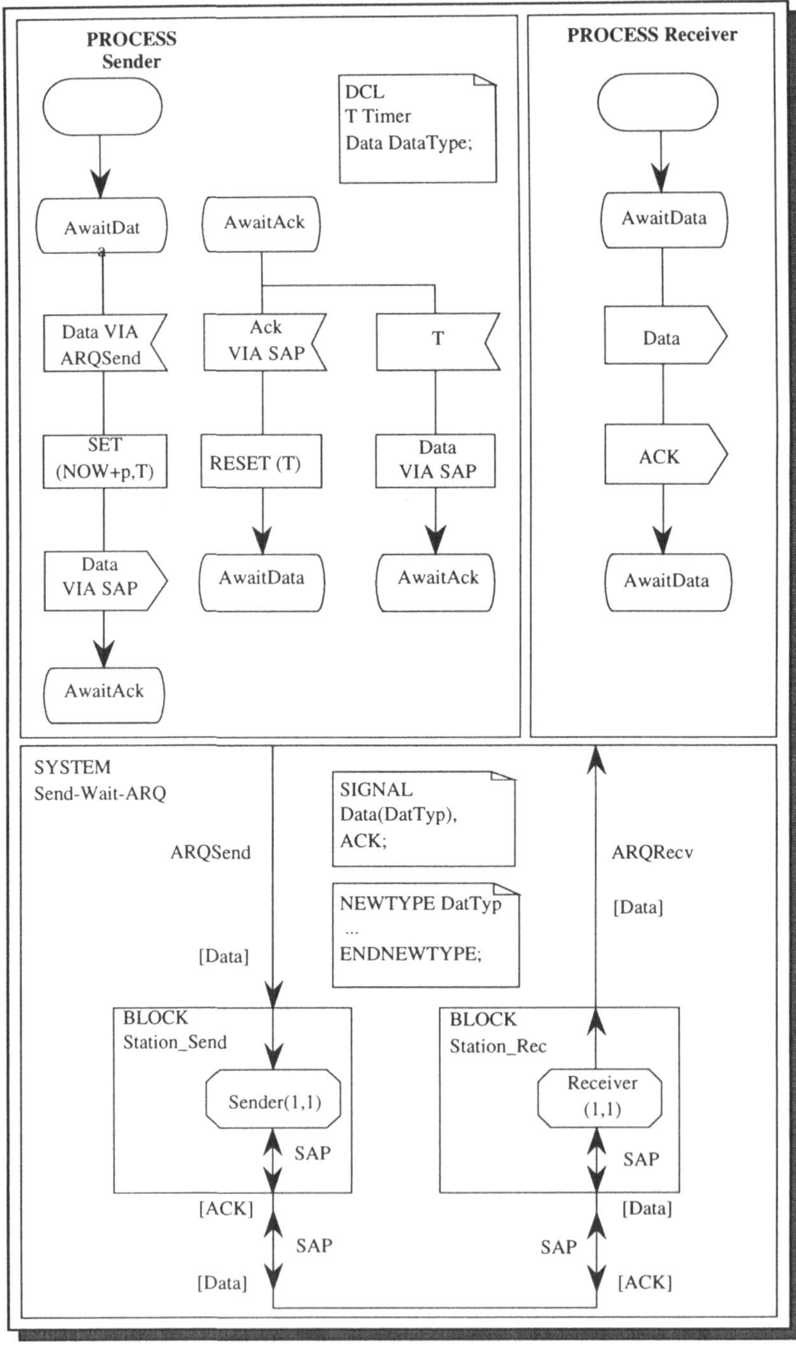
PROCESS Sender
DCL
T Timer
Data DataType;
AwaitData
AwaitAck
Data VIA ARQSend
Ack VIA SAP
T
SET (NOW+p,T)
RESET (T)
Data VIA SAP
Data VIA SAP
AwaitData
AwaitAck
AwaitAck
PROCESS Receiver
AwaitData
Data
ACK
AwaitData
SYSTEM
Send-Wait-ARQ
SIGNAL
Data(DatTyp),
ACK;
NEWTYPE DatTyp
...
ENDNEWTYPE;
ARQSend
[Data]
ARQRecv
[Data]
BLOCK
Station_Send
Sender(1,1)
BLOCK
Station_Rec
Receiver
(1,1)
SAP
SAP
[ACK]
[Data]
SAP
SAP
[Data]
[ACK]

In einer Liste von Werten können einzelne weggelassen werden; allerdings muß der gemeinte Wert aus der Stellung eindeutig ableitbar sein.

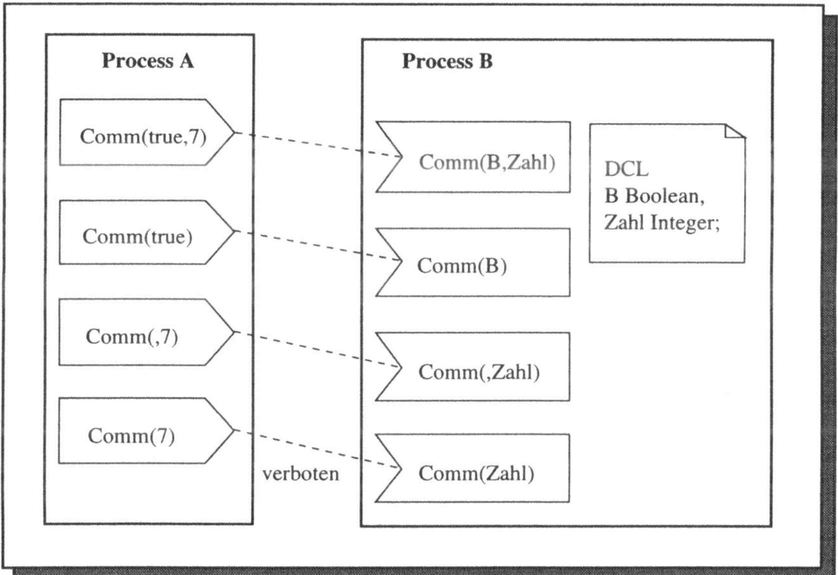


Signale mit Daten im SDL

Nachem die einzelnen Prozesse spezifiziert wurden, müssen ihre Kommunikationsstrukturen festgelegt werden. Auch dieses wird in SDL graphisch durchgeführt. Ein **System** ist in SDL die Menge aller Prozesse und Verbindungen zwischen diesen Prozessen. Das System kommuniziert mit seiner Umwelt über **Kanäle**. Das System besteht aus einem oder mehreren **Blöcken**, die über Kanäle mit ihrer Umwelt und miteinander kommunizieren; dieses wird in einem **Systemdiagramm** dargestellt. Ein **Blockunterstrukturdiagramm** spezifiziert die Kommunikationsstruktur der Blöcke innerhalb eines Blocks. Ein **Blockdiagramm** stellt die Kommunikationsstrukturen der Prozesse innerhalb eines Blocks dar. Ein **Prozeßdiagramm** ist ein Prozeß, wie er oben beispielhaft beschrieben wurde.

Durch diese Festlegung erhält man eine hierarchische Struktur, an deren Blättern sich die Prozesse befinden, welche wiederum in Blöcke zusammengefaßt sind, und welche schließlich einmal zu einem System zusammengefaßt werden.

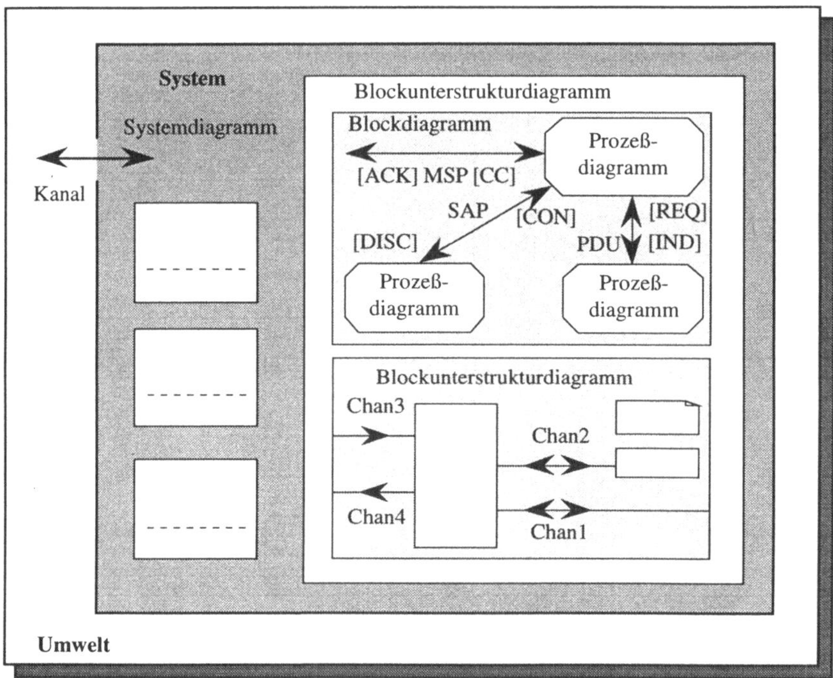


Kommunikationsstruktur in SDL

Innerhalb eines Blockunterstrukturdiagramms werden die Kommunikationspfade zwischen den Blöcken bzw. zur der Umgebung der Blöcke als Kanäle bezeichnet; sie werden durch Pfeile dargestellt, welche sich nicht an den Unterblöcken bzw. am Rand des Blocks befinden; sie enden also mitten auf der Linie. An die Linie muß der Kanalname, in die Nähe der Pfeile müssen die Namen der Signale geschrieben werden, die man durch diese Kanäle senden kann. Die Pfeile geben die Richtung der Kommunikation an, welche ein- oder zweiseitig sein kann. Mit jedem Kanal sind Warteschlangen assoziiert, die ein Signal verzögern; nachdem ein Signal in eine Warteschlange eingefügt wurde, wird es nach einer bestimmten Zeit wieder herausgenommen und erscheint am Ende des Kanals. Neben den Blöcken und den Kanälen enthält ein Blockunterstrukturdiagramm auch noch eine Datenbeschreibung in einem Textsymbol, in der sämtliche Signale, gegebenenfalls auch Signallisten, sowie weitere Daten deklariert sind. Deklarationen von höheren Blockunterstrukturdiagrammen sind an dieser Stelle bekannt und dürfen verwendet werden.

In einem Blockdiagramm werden die Verbindungen zwischen den Prozessen beschrieben, deren graphische Repräsentation anders ist als die von Blöcken. Die Kommunikationspfade heißen dort **Signalwege**; diese verzögern die Signale nicht, sondern leiten sie sofort weiter. Sie müssen jedoch gleichfalls mit einem Namen versehen werden, und die

Pfeile, die jetzt direkt an die Prozeßsymbole heranreichen, sind mit den Namen der jeweiligen Signale zu versehen. Auch hier können weitere lokale Daten definiert werden.

Eine Prozeßinstanz wird entweder zu Beginn der Systeminterpretation erzeugt (statisch), oder sie kann dynamisch erzeugt werden. Durch ein Zahlenpaar hinter dem Prozeßnamen (min,max) wird angegeben, wieviele Prozesse sofort erzeugt werden (min) und wieviel höchstens erzeugt werden können (max). Durch ein besonderes Symbol kann ein neuer Prozeß erzeugt werden, wenn die maximale Anzahl von Prozessen noch nicht erreicht ist. Prozesse dürfen nur lokal in dem gleichen Blockdiagramm kreiert werden.

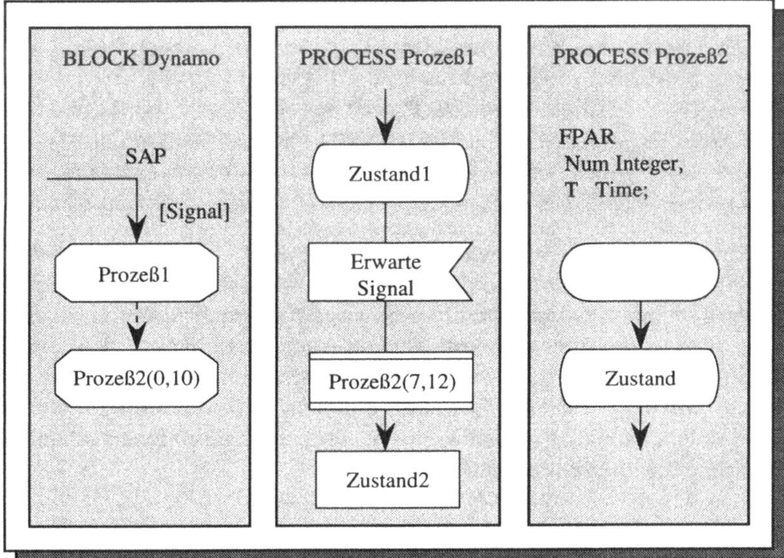


Dynamische Prozeßerzeugung in SDL

Im diesem Beispiel wird der Prozeß2 dynamisch von Prozeß1 erzeugt. Wenn bereits mehr als 10 Instanzen von Prozeß2 erzeugt wurden, dann ist diese Operation jedoch wirkungslos. Bei der Instanzierung können Parameter übergeben werden (im Beispiel (7,12)). Da jetzt eine beliebige Anzahl von Prozessen existieren kann, sind die einzelnen Prozesse über Adressen zu referenzieren, welche auf Prozeßvariablen vom Typ `PId` gehalten werden können. So gibt `SELF` die Adresse des aktuellen Prozesses an, `SENDER` des Prozesses, der zuletzt eine Eingabe gemacht hat, `OFFSPRING` die Adresse des zuletzt dynamisch erzeugten Prozesses und `PARENT` die Adresse des Erzeugerprozesses.

Durch die Angabe einer Prozeßadresse in einem Ausgabesymbol hinter dem Schlüsselwort `TO` kann ein Signal an den jeweiligen Prozeß geschickt werden; der Kanal braucht nicht genannt zu werden, wenn sich dieser eindeutig z.B. aus dem Typ des Signals ergibt (dieses wurde im ARQ-Beispiel zur Verdeutlichung gemacht, ist jedoch tatsächlich redundant). Ist nur der Kanal bekannt, nicht jedoch der Prozeß, so kann durch Angabe des Schlüsselworts VIA der Kanal spezifiziert werden.

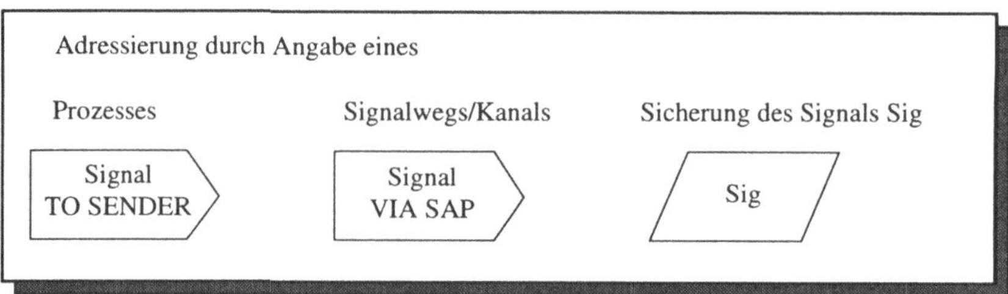


Wird ein Signal über einen Kanal transportiert, so wird dieses beim Empfänger in eine Warteschlange eingefügt; diese wird nach dem FIFO-Prinzip (FIFO=*first in first out*) abgearbeitet. In einem Zustand nimmt der Prozeß das erste Signal aus der Warteschlange; kann er es bearbeiten, führt er einen entsprechenden Zustandsübergang durch. Kann er es nicht bearbeiten, so wird es vernichtet! Um dieses zu verhindern, kann mit dem SAVE-Mechanismus dieses Signal gespeichert werden, um es später weiterzuverarbeiten.

Die Spezifikationssprache SDL ist wegen ihrer graphischen Repräsentation sehr intuitiv und somit einfach zu verstehen. Allerdings wurde wieder eine große Anzahl von Befehlen gesondert implementiert, ohne gemeinsame allgemeinere Konstrukte zu erschaffen. Dadurch ist wieder eine diversifizierte Syntax (viele verschiedene Kästchenformen) entstanden, die teilweise nur sehr schwerfällig für bestimmte Anwendungen eingesetzt werden kann. Hinzu kommt das bekannte Problem der Ablaufdiagramme, die den Anwender verleiten, zu viele Rücksprünge graphisch zu repräsentieren, so daß undurchschaubare 'Spaghetti-Programme' entstehen.

## 18.9 Zusammenfassung und Bewertung

In diesem Kapitel wurden die verbreitetsten Spezifikations- und Implementierungstechniken angerissen. Es war dabei nicht die Absicht, ein Handbuch für die jeweiligen Sprachen abzufassen, sondern dem Leser einen Eindruck von den Entwicklungen auf diesem Gebiet zu geben. Sollte jemanden die eine oder andere Sprache interessieren, so muß er auf die jeweiligen Unterlagen oder Standards zurückgreifen, die jeweils angegeben wurden. In vielen Büchern werden mehrere solcher Sprachen vergleichend vorgestellt, so daß dieses eventuell eine Hilfe bei der Entscheidung für eine Spezifikationssprache sein könnte.

Der gegenwärtige Stand der Technik auf dem Gebiet der Spezifikationstechnik ist uneinheitlich. Viele Protokolle werden relativ ad hoc in einer beliebigen höheren Programmiersprache entworfen; andere Anwender schwören auf praxisnahe Spezifikationssprachen wie SDL; die CCITT empfiehlt die eigene Programmiersprache CHILL, welche jedoch nur die Softwarekonzepte der siebziger Jahre bereithält; theoretisch orientierte Informatiker haben algebraische Spezifikationssprachen wie LOTOS oder Z entwickelt, die jedoch eine stark abstrahierende mathematische Notation verwenden und somit nicht jedem unmittelbar zugänglich sind.

Aus dieser kurzen Auflistung mag erkennbar sein, daß es zur Zeit nicht möglich ist, eine einzige Spezifikationsmethode zu empfehlen. Alle genannten haben deutliche Nachteile, jedoch führen alle irgendwie zu dem gewünschten Ziel. Die geeignete Wahl wird daher vorwiegend von den Vorkenntnissen und Neigungen der jeweiligen Anwender abhängen.

# 19 Ausblick

Die bisherigen Betrachtungen haben im wesentlichen den Stand der Technik wiedergegeben. In diesem Kapitel sollen kurz mögliche zukünftige Entwicklungen angerissen werden, die eventuell bald einen wesentlichen Teil des Gebiets Rechnernetze ausmachen werden.

## 19.1 Kommunikation in offener Umgebung

Wenn Anwendungsprozesse auf verteilten Systemen ausgeführt werden, so müssen diese Nachrichten austauschen können. Um die Kommunikation zwischen Anwendungen in einer offenen Umgebung zu vereinfachen, werden sowohl von Herstellern als auch von internationalen Gremien wie der CCITT Schritte zur Standardisierung des Datenaustauschs, -zugriffs und -verarbeitung in verteilten Systemen unternommen.

### 19.1.1 ODP

Unter **ODP** (*Open Distributed Processing*) versteht man die Verarbeitung von Daten mit verteilten Systemen.

ODP ist ein Standardisierungsvorhaben der ISO bzw. CCITT (X.901....X.904). Ziel ist es, in einer offenen Umgebung einfach Verarbeitungslast austauschen zu können.

Man unterscheidet fünf Sichtweisen auf ein ODP-System:

- Der ***Enterprise Viewpoint*** legt die Ziele und das Verhalten des Unternehmens, des Managements und der Menschen gegenüber der Umgebung fest; die Umgebung kann dabei selbst wieder ein solches Unternehmen sein, so daß hier auch die Wechselwirkungen zwischen Unternehmungen betrachten werden.
- Der ***Information Viewpoint*** spiegelt die Modellierung der Information wieder, ohne Beschränkung auf einzelne Komponenten, sondern allgemein die Erzeugung, der Fluß und die Senken von Information widerpruchsfrei dargestellt werden.

- Der ***Computational Viewpoint*** beschreibt ein abstraktes Programmiermodell, in welchem der Programmierer den Transport und die Verarbeitung von Information darstellen kann. Es wird ein objektorientiertes Programmierparadigma verwendet, wobei der Datenaustausch sowohl schubweiße als auch kontinuierlich erfolgen kann.
- Der ***Engineering Viewpoint*** unterstüzt die für die Verteilung von Information notwendigen Abstraktionsebenen und Transparenz.
- Der ***Technical Viewpoint*** betrachtet die in dem verteilten Systemen vorhandenen Komponenten sowie deren Verbindungen.

Der ODP-Standard X.901 motiviert das ODP-Konzept, gibt einen Überblick über die anderen Standards und stellt einen Anwendungsleitfaden zur Verfügung. Zusätzlich werden Grundbegriffe erläutert.

Der ODP-Standard X.902 wird als **Deskriptives Modell** (*descriptive model*) bezeichnet. Hier werden exakte Definitionen für das ODP-Konzept gegeben, indem insbesondere die verschiedenen sprachlichen Darstellungen, die im Bereich der verteilten Informationsverarbeitung vorhanden sind, vereinheitlich werden.

Der ODP-Standard X.903 gibt ein **Normatives Modell** (*prescriptive model*) an, welches Rahmenvorschriften für die verteilte Informationsverarbeitung in offenen Systemen enthält. Innerhalb dieses Rahmens können Basisfunktionen und deren Beziehungen zueinander spezifiziert werden.

Der ODP-Standard X.904 enthält die **Architekturelle Semantik**, indem grundlegende Modellierungs- und Spezifikationskonzepte des beschreibenden Modells in den formalen Spezifikationssprachen LOTOS, SDL und Z interpretiert werden. Da keine dieser Sprachen alle gewünschten Eigenschaften aufweist, wird gegenwärtig nach Alternativen zu diesen Sprachen gesucht.

Der **ODP-Trader** ist ein konkreter Mechanismus zum Einsatz in offenen Systemen. Er wird gegenwärtig in einem Arbeitspapier standardisiert und stellt eine funktionelle Einheit dar, welche Dienstleistungen verteilt, d.h. Information über angebotene Dienstleistungen sammelt und diese Dienste anbietet.

Der ODP-Trader hat die Aufgabe, die verschiedenen Dienste, die in einer verteilten Umgebung vorhanden sind, den potentiellen Nutzern dieser Dienste zugänglich zu machen. Dazu kann jeder Dienstanbieter (*Exporter*) seinen Dienst einem Trader bekannt machen. Will ein Objekt diesen Dienst nutzen (*Importer*), so muß es dem Trader die gewünschten Eigenschaften des Dienstes spezifizieren, und dieser stellt dann gegebenenfalls eine Schnittstelle für den gewünschten Dienst zur Verfügung.

Die Aufgaben der ODP-Trader umfassen somit zum einen das Sammeln möglicher Dienste, das Anbieten solcher Dienste, die Auswahl eines Dienstanbieters (nach einer vorgegebenen *Policy*) sowie die Zusammenarbeit mit anderen ODP-Tradern (*Trader Federation*), so daß Dienste auch zwischen verschiedenen Tradern ausgetauscht werden können.

Somit kann man sich diesen Trader als eine Art von Leiharbeitsvermittlung vorstellen. Der Trader bietet Dienste an, ohne daß der Auftraggeber etwas über den Dienstanbieter wissen muß. Die benötigte Information kann in der Sprache des *Information Viewpoints* beschrieben werden; die erlaubte Zugriffsmenge wird in einem Traderkontrakt (*Export/ Import Contract*) festgelegt.

### 19.1.2 Object Management Architecture (OMA)

Auch die Industrie bemüht um eine Standardisierung der Kommunikation zwischen Applikationen. Erste Ansätze waren die ***Remote Procedure Calls*** (RPC), die es jedem Prozeß (*Client*) in einem verteilten System ermöglichen, von anderen Prozessen (*Server*) bereitgestellte Funktionen aufzurufen.

Neuere Ansätze verbinden das Client-Server-Konzept mit dem der Objektorientierung. Für die Definition eines gemeinsamen Standards haben sich mittlerweile mehr als 300 Softwarehersteller, darunter die größten und wichtigsten Workstationhersteller, zur ***Object Management Group*** (OMG) zusammengeschlossen. Als erstes Ergebnis wurde mit der ***Object Management Architecture*** (OMA) eine Architektur zur Realisierung verteilter Anwendungen spezifiziert. Diese ist ähnlich zur ODP-Architektur: Methoden in bestimmten Objekten werden transparent über das Netz aufgerufen (*Request*). Für die Realisierung der benötigten Mechanismen werden von einem sogenannten ***Object Request Broker*** (ORB) geeignete Funktionalitäten zur Verfügung gestellt. Dieses sind unter anderem die Zuordnung von Namen zu Objekten, die Kodierung von Parametern der Methoden, die Synchronisation von Client und Server sowie Sicherheitsmechanismen. Durch den objektorientierten Ansatz kann eine Klassenbibliothek bereitgestellt werden, wodurch sich die Entwicklung verteilter Anwendungen stark vereinfachen soll.

Die OMA ist ein allgemeines Modell. Als konkrete verbindliche Architektur wurde die ***Common Object Request Broker Architecture*** (CORBA) definiert. Neben statischen Methodenaufrufen, die im wesentlichen den RPCs entsprechen, legt CORBA ein dynamisches Verfahren fest, welches die Bestimmung von Objektschnittstellen zur Laufzeit erlaubt. Daneben wird eine Standardschnittstelle definiert (BOA: *Basic Object Adapter*), über die der ORB mit den Objekten kommuniziert; BOA erzeugt und verwaltet Objekte über deren Referenzen, identifiziert und verwaltet den Client, ruft Methoden von instanzierten Objekten auf und aktiviert bzw. speichert persistente Objekte. Die Schnittstellen werden abstrakt mit der *Interface Definition Language* (IDL) beschrieben, sind konkret jedoch betriebssystemabhängig. IDL ist in Anlehung an C++ spezifiziert.

Beim OMA-Konzept liegen die im Netz verteilten Objekte lokal vor, und der Zugriff über das Netz auf entfernte Objekte bleibt dem Anwendungsprozeß verborgen. Das Rechnernetz mit heterogener Hardware ist in diesem Kontext eine homogene Einheit, bei der nicht mehr zwischen lokalen und entfernten Ressourcen unterschieden wird. Durch die standardisierten Schnittstellen können unterschiedliche Applikationen verschiedener Hersteller kommunizieren, was auch zu einem Aufbrechen der monolithischen Software hin zu verteilten Dienstmodulen führen dürfte.

## 19.2 Entwicklung neuer Informationsdienste

Während früher Rechnernetze vorwiegend zum Austausch von Information zwischen Rechnern eingesetzt wurden, werden heute immer mehr Dienste zur Verteilung von Information angeboten, die einem Endbenutzer den weltweiten Zugriff auf verteilte Datenbestände ermöglichen.

In den folgenden Abschnitten demonstrieren wir dieses beispielhaft an den neueren Informationsdiensten des Internets. Wir skizzieren hier drei dieser Dienste, die zwar schon im Einsatz sind, aber dennoch weiterentwickelt werden.

### 19.2.1 *World Wide Web*

*World Wide Web* (WWW) ist ein relativ neuer Informationsdienst, der sich auf die Standardprotokolle des Internets abstützt. WWW stellt eine interaktive Umgebung zur Verfügung, mit der ein großes Spektrum an Information abgefragt und bereitgestellt werden kann; dabei kann es sich um Text, Bilder oder Ton handeln. WWW verwendet das Hypertext-Konzept. Dazu wird jede Information mit inneren Referenzen versehen. Wird beispielsweise in dem Text:

Display Info in English

**Überblick über den Fachbereich Informatik**

- **Theoretische Informatik**
  - ◊ Formale Systeme
  - ◊ Semantik
- **Praktische Informatik**
  - ◊ Informationssysteme
  - ◊ Rechnernetze
  - ◊ Programmierspracen und Systeme
  - ◊ Systemarchitektur
- ***Technische Informatik***
  - ◊ Rechnerarchitektur
  - ◊ Entwurf integrierter Schaltungen
- **Angewandte Informatik**
  - ◊ Computer Graphics und Software-Ergonomie
  - ◊ Prozeßinformatik
  - ◊ Lehr- und Lernsysteme

das Wort Rechnernetze ausgewählt (z.B. durch 'Anklicken' mit der Maus), so erscheint die hierin enthaltene Information, z.B.

**Abteilung Rechnernetze**

**Personal:**

| | |
|---|---|
| **Leiter:** | • Prof. Dr. W. Kowalk |
| **Sekretariat:** | • Meike Brandes-Bruns |
| **Mitarbeiter:** | • Karsten Beckmann |
| | • Manfred Burke |
| | • Matthias Krippendorf |
| | • Michael Stadler |

Die unterstrichenen Wörter können wieder ausgewählt werden, und die dahinter erscheinende Information wird angezeigt, usw. Der Benutzer erhält somit direkt zu jedem Begriff weitere Information, wenn er es wünscht. Dieses ist somit kein linearer Text mehr, wie z.B. dieses Buch, sondern ein baumartig geordneter oder komplex verzweigter Text, innerhalb dessen Querverweise möglich sind. Ziel ist es, neben Sachinformation auch einen unmittelbaren Zugriff auf wissenschaftliche Texte, Veranstaltungen oder Diskussionen bereitzustellen.

WWW ist eigentlich nur ein moderner Zugang zu Information. Die inhaltliche Information wird von älteren, im Internet bereits verbreiteten Diensten zur Verfügung gestellt. Hierzu gehören Gopher und WAIS.

### 19.2.2 Gopher

Gopher ermöglicht den Zugang zu Information durch ein strukturiertes Inhaltsverzeichnis.

Anhand von Menüs kann der Benutzer über eine entsprechende Auswahl (z.B. mit Mausklick oder Zahleneingabe) Zugriff auf Information erhalten. Dabei ist es unerheblich, wo sich diese Information befindet, d.h. Gopher nimmt dem Benutzer die Adressierung anderer Rechner sowie die Übertragung von Dateien mit *ftp* oder anderen Diensten ab.

Beim Starten von Gopher kontaktiert der lokale Client einen speziellen Server, der das Hauptmenü bereitstellt. Von diesem aus lassen sich Unterpunkte anwählen, worüber der Client beim Server weitere Information anfordert. Der Server nennt die Art der Information (Text, Bilder, Directory, Host usw.) und liefert eine Internetadresse, unter der die Information nachgefragt werden kann; diese Adresse kann auch die des Servers selbst sein. Der Client merkt sich die alte Serveradresse (um zurückkehren zu können), kontaktiert den neuen Server, der jetzt sein aktueller Server wird, und bittet diesen um weitere Information, insbesondere um ein neues Menü. Damit kann dieser Prozeß weiter fortgesetzt werden.

Gopher erlaubt das Lesen einer Textdatei, die indizierte Suche (nach Schlagwörtern), und bietet Dienste wie *ftp* und *telnet* an. Außerdem können bestimmte Server explizit angesprochen werden oder Namensverzeichnisse inspiziert werden. Gopher liefert somit eine standardisierte Schnittstelle zu Information, die in der Regel im Internet verfügbar ist, befreit den Benutzer jedoch von der expliziten Adressierung, Dateiübertragung usw.

### 19.2.3 WAIS

WAIS ist ein erweitertes Datenabfragesystem. Es basiert auf dem ANSI-Standard Z39.50 zur Abfrage bibliographischer Information.

WAIS ist indexbasiert, d.h. ein WAIS Client erhält einige Such- oder Schlagwörter und bittet einen WAIS Server, der eine entsprechende Bibliothek verwaltet, sämtliche Indexverzeichnisse nach diesen Wörter zu durchsuchen. Die entsprechenden Dokumente werden nach einem bestimmten Verfahren gewichtet, und das 'schwerste' Dokument wird an den WAIS Client übermittelt.

In Textdokumenten wird in der Regel die Häufigkeit des Auftretens eines Begriffes als Gewicht verwendet. Die Abfrage ist ähnlich der in üblichen Bibliothekssystemen, d.h. es werden alle eingegebenen Begriffe (Wörter) als Suchwort verwendet; es können weder Begriffe ausgeschlossen, noch sonstige komplexe Optionen angegeben werden. Zwar können im Prinzip sämtliche im Internet angeschlossene Bibliotheken erreicht werden; da eine solche Suche aber sehr lange dauern würde, müssen die gewünschten Bibliotheken, die ebenfalls durch Suchbegriffe ausgewählt werden können, identifiziert werden.

WAIS ist sicherlich schwerfälliger als die anderen Abfragesysteme; der Grund liegt vermutlich in der langen Standardisierung, die von Personen durchgeführt wurde, die Erfahrung mit alten, klassischen Abfragesystemen hatten. Dennoch kann es zur Literaturrecherche eingesetzt werden und ist nützlicher als nur ein lokales Bibliothekssystem.

## 19.3 Integration der Kommunikationsmedien

Mit sinkenden Hardwarekosten und steigender Leistung der Rechensysteme ist ein Trend hin zur Integration verschiedener Kommunikationsmedien durch Rechner zu erkennen. Neben den klassischen Funktionen übernehmen sie vermehrt Aufgaben wie die von Telefaxgeräten, Anrufbeantwortern, Btx-Terminals oder Videotextdecodern.

Als Übertragungsnetz dienen dabei sowohl vorhandene lokale Netze als auch öffentliche Kommunikationsverbindungen (z.B. ISDN). So können Rechner über das lokale Netz auf Funktionen öffentlicher Kommunikationsnetze zugreifen.

Einen großen Markt versprechen auch die im wesentlichen noch in der Entwicklung befindlichen Videokonferenzsysteme. Die Konferenzsysteme werden in die verbreiteten grafischen Benutzeroberflächen integriert, so daß die von anderen Applikationen her gewohnte Bedienung möglich ist und die übertragenen Bilder in Fenstern dargestellt werden. Probleme bereitet noch die benötigte Übertragungsbandbreite, die insbesondere bei öffentlichen Kommunikationsverbindungen fehlen oder sehr teuer sind. Abhilfe versprechen hier Verfahren zur Bewegtbildkompression.

Auch im lokalen Bereich finden sich immer mehr Lösungen zur mobilen Datenübertragung. Nennenswert ist hier unter anderem die Anbindung von Druckern oder tragbaren Computern an Rechnernetze mit Hilfe von Infrarotübertragung oder konventionellen Funkwellen, so daß Geräte ohne Unterbrechung der Verbindung oder Umlegen von Kabeln innerhalb von Räumen oder Gebäuden bewegt werden können. Gegenwärtig werden drei Pilotinstallationen für Mobilkommunikation getestet, zwei von Herstellern und eine von der Columbia University.

## 19.4 Zukünftige öffentliche Kommunikationsdienste

Gegenwärtig gibt es eine intensive politische Diskussion um eine Entwicklung, mit welcher die Kommunikation zwischen praktisch allen Standorten dieser Welt technisch realisiert werden soll, wobei vor allem Hochgeschwindigkeitsnetze, z.B. ATM, zum Einsatz kommen sollen. Jede Form der Information, von privaten Gesprächen und einfachen Unterhaltungsproduktionen über elektronische Dienstleistungen wie Einkauf, Bankgeschäft oder Heimarbeitsplätze, bis hin zu wissenschaftlichen Texten oder Diskussionsforen sollen über Kommunikationsnetze durchgeführt werden. Wenngleich diese bereits z.B. mit dem Internet im Schmalbandbereich realisiert sind, so sind solche Dienste in privaten Haushalten noch nicht sehr verbreitet.

Schlagworte, die man in der Diskussion hört, sind 'das globale Dorf', 'Information Highway' usw. Gegenwärtig kann die stark politisch geführte Diskussion kaum bewertet werden. Aber mit der Zunahme technischer Möglichkeiten, wie Mobilfunk und Breitbandkommunikation, werden sich auch neue Möglichkeiten für die Rechnervernetzung ergeben, so daß diese Gebiete weiterverfolgt werden müssen.

Eine genauere Analyse möglicher Szenarien kann an dieser Stelle nicht durchgeführt werden. Es bleibt jedoch zu hoffen, daß die Möglichkeiten, die sich ergeben, in verschiedener Hinsicht, nicht zuletzt im Bildungsbereich, den Menschen nützen, was von den bisherigen Segnungen der Informationstechnologie sicherlich nicht immer gesagt werden kann.

# 20 Anhang

## 20.1 Abkürzungsverzeichnis

| | |
|---|---|
| AE | (Anwendungseinheit) application entity |
| ALOHA | Experimentelles Rechnernetz (Funknetz) der Universität Hawaii |
| AMI | alternating mark insertion |
| ANSI | American National Standards Institute |
| ARPA | Advanced Research Projects Agency |
| ARPANET | Advanced Research Projects Agency Network |
| ARQ | automatic-repeat-equest |
| ASN.1 | abstract syntax notation one |
| ATM | Asynchrones Time Division |
| BAS | Basic Activity Subset |
| BCC | Feld im Header einer Mail-Nachricht nach RFC822 |
| BCS | Basic Combined Subset |
| BER | Basic Encoding Rulse |
| Bisync | binary synchonous communication |
| BITNET | Because It's Time network |
| BSC | binary synchronous Control |
| BSS | Basic Synchronized Subset |
| CASE | common application service element |
| CC | cell controller |
| CCITT | Comité Consultatif Internationale de et Télégraphique et Téléphonique |
| CCR | commitment, concurrence and recovery |
| CHILL | CCITT **h**igh-**l**evel **l**anguage |
| CMIP | Common Mangement Information Protocol |
| CMIS | Common Management Information Service |
| CMOT | common management information services and protocoll over TCP/IP |
| Codecs | Codec = COdierer/DECodierer |

| | |
|---|---|
| CRC | Cyclic Redundancy Check |
| CSMA | carrier sense multiple access |
| CSMA/CD,-/CA | carrier sense multiple access with collision detection / - avoidance |
| DATEX-P | DATEX mit Paaaketvermittlung |
| DATEX | DATa EXchange |
| DDCMP | Digital`s data communication Message Protocol |
| DEE | Datenendeinrichtung |
| DFN | Deutsches Forschungsnetz |
| DIB | directory information base |
| ISDN | Digitales Netz Integrierter Dienste |
| DIN | Deutsche Industrienorm |
| DLE | data link escape |
| DS | directory service |
| DU | data unit |
| DÜE | Datenübertragungseinrichtung |
| EARNs | european academic research network |
| EBCDIC | Extended Binary Coded Decimal Interchange Code |
| ECB | Ethernet Control Board |
| EDS | elektronisches Datenvermittlungssystem |
| EMD | Edelmetallmotordrehwähler |
| ETX | Bildschirmtext |
| FADU | file access data unit |
| FCS | frame checking sequence |
| FDDI | Fiber Distributed Data Interface |
| FDM | Frequence Division Multiplexing |
| FTAM | file transfer, access and management |
| FTP | file transfer protocol |
| HASP | Ein Protokoll für abgesetzten Stapelbetrieb |
| HDLC | high level data link control |
| IAB | Internet activity board |
| IBN | Integrated Broadband Network |
| IDN | Integriertes Text und Datennetz |
| IEEE | Institue of Electrical and Electronics Engineers |
| IMPs | Inteface Messages Processors |
| ISDN | Integrated Services Digital Network: |
| ISO/OSI | International Organization for Standardization / Open Systems Interconnection |
| ISO | International Organization for Standardization |
| ITU | Internationale Telekommunikationsunion |
| JTM | job transfer and manipulation |
| LAP B | link access procedure balanced |
| LDIB | local directory information base |
| LRC | Longitudinal Redundancy Check |

| | |
|---|---|
| LWL | Lichtwellenreiter; fibre optics |
| MAC | Medium Access Control |
| MHS | message handling system |
| MIB | Management Information Base |
| MILNET | Military Network |
| MLMA | Multi Level Multi Access Protocol |
| MMA | manufacturing message service |
| MTA | message transfer agent |
| MTS | message transfer service |
| NAK | negative acknowledge |
| NM | network management |
| NMS | Netzwerkmanagement-Station |
| NSAP | network service access point |
| NSFNET | National Science Foundation Network |
| NT1 | Network Termination 1 |
| NT2 | Network Termination 2 |
| NT | network termination |
| OSI | Open Systems Interconnection |
| OSI CLTP | connection less transport protocol |
| OSI COTS | connection oriented transport service |
| OSIE | OSI environment |
| PAD | packet assembly disassembly |
| PBX | private branch exchange |
| PCI | protocol control information |
| PCM | Pulse Code Modulation |
| PDU | protocol data unit |
| PSAP | presentation service access point |
| PTT | Postes, Téléphone et Télégraphique |
| PTT | Post-, Telegramm- und Telefonbehörde |
| RFC822 | Request for Comments 882 |
| ROSE | remote operation service element |
| RPC | remote procedure call |
| RSE | real system environment |
| SAP | service access point |
| SAPI | service access point identifier; 6 Bit |
| SASE | specific application service element |
| SDU | service data unit |
| SMI | structure of management information |
| SMTP | simple mail transfer protocol |
| SNA | simple network architecture |
| SNMP | simple network management protocol |
| SOH | start of header |
| SSAP | session service access point / source service access point |

| | |
|---|---|
| STX | start of text |
| TCP/IP | Transmission Control Protocol / Internet Protocol |
| TDM | Time Division Multiplexing |
| TDMA | time division multiple access |
| TEI | terminal endpoint indentifier; 7 Bit |
| TELNET | Arpanet virtual terminal protocol |
| TPDU | transport protocol data unit |
| TSAP | transport service access point |
| TTYs | Teletypes |
| UDBPointer | (UDB) = user date block |
| USENET | User's Network |
| UUCP-Netz | Unix-to-Unix-CoPy |
| VRC | Vertical Redundancy Check |
| WiN | Wissenschaftsnetz |
| X.25 | ISO/OSI-Protokoll für die Datenkommunikation |
| X.400 | ISO/OSI-Protokoll für den Nachrichtenaustausch |

# 20.2 Literatur

Das folgende Literaturverzeichnis enthält neben den referenzierten Werken auch weiterführende Titel, z.B. über Hochgeschwindigkeitsnetze oder Netzwerkmanagement.

Es wurden weder die RFCs noch die Standards nach DIN, ISO, IEEE bzw. CCITT referenziert, da diese unter der jeweils angegebenen Nummer von den einschlägigen Verlagen bezogen werden können. Die RFCs sind im Internet auf dem Host

NIC.DDN.MIL

verfügbar; sie befinden sich im Verzeichnis rfc und sind unter dem Namen

rfcN.txt

abrufbar, wobei N die Nummer des RFCs ist.


Ambrosch89 Ambrosch, Maher, Sasscer: The Intelligent Network, ISBN 3-540-50897, Verlag, 1989

Apple89 Apple: Network System Overview, ISBN 0-201-51760-4, Addison Wesley, 1989

Bach86 Bach, M. J.: The design of the UNIX operating system, ISBN 0-13-201799-7, Prentice Hall, 1986

Barnes83 Barnes, J. G. P.: Programmieren in ADA, ISBN 3-446-13978-8, Hanser Verlag, 1983

Barz91 Barz, H.-W.: Kommunikation und Computernetze, ISBN 3-446-16241-0,1991, Hanser Verlag, 1991

Bauknecht76 Bauknecht, Kohlas, Zehnder: Simulationstechnik, ISBN 3-540-07960-2, Springer-Verlag,1976

Baumgarten88 Baumgarten, U.: ADA – Eine Einführung, ISBN3-89319-134-8, Addison-Wesley (Deutschland) GmbH, 1988

| | |
|---|---|
| Bertsekas92 | Bertsekas, D.; Gallager, R.: Data Networks. Second edition, ISBN 0-13-201674-5, Prentice Hall,1992 |
| Beth83 | Beth, Heß, Wirl: Kryptographie, ISBN3-519-02465-9, Teubner Verlag, 1983, |
| Bocker90 | Bocker, P.: ISDN - Das dienstintegrierende digitale Nachrichtennetz , 3. Auflage, ISBN 3-540-51894-0, Springer Verlag, 1990 |
| Bolch82 | Bolch, G., Akyildiz: Analyse von Rechnersystemen, ISBN 3-519-02359-8, Teubner Verlag, 1982 |
| Carl-Mitchell93 | Carl-Mitchell, S.; Quarterman, J. S.: Practical Internetworking with TCP/IP and UNIX, ISBN 0-201-58629-0, Addision Wesley, 1993 |
| Carter93 | Carter, G.: Communications Networks, ISBN 0 431 99005 0, International Computers Limited, 1993 |
| CCITT88 | CCITT Vol. X - Fascicle X.1; Functional Specification and Description Language (SDL) Criteria for Using Formal Description Techniques (FDT´s) IX th Plenary Assembly, Melbourne, November 14- 25, ISBN 92-61-03751-8, Verlag, 1988 |
| Chiu92 | Chiu, D. M.; Sudama, R.: Network Monitoring Explained (design and application), ISBN 0-13-614710-0, 1992 |
| Clark91 | Clark, M. P.: Networks and Telecommunications Design und Operation, ISBN 3 519 06442 1, Teubner Verlag,1991 |
| Comer88 | Comer, D. E.; Stevens D. L.: ,Internetworking with TCP / IP-Principles, Protocols and Architecture-, ISBN 0-13-470154-2 025, Prentice Hall, 1988 |
| Comer91 | Comer, D. E.; Stevens D. L.: Internetworking with TCP/IP Volume II Design, Implementation and Internal, ISBN 0-13-465378-5, Prentice-Hall, Inc., 1991 |
| Comer91 | Comer, D. E.; Stevens, D. L.: Internetworking with TCP/IP Vol. III, ISBN 0-13-020272-x, Prentice Hall, 1991 |
| Dal84 | Dal, C.;Lutz, Risse: Programmierung in Modula-2, ISBN 3-519-00100-4, Teubner Verlag, 1984 |
| Davies84/89 | Davies, Price: Security for Computer Networks, ISBN 0 471 92137 8, Teubner Verlag, 1984/1989 |
| de Prycker93 | de Prycker, M.: Asynchronous Transfer Mode Solution for Broadband ISDN Second Edition, ISBN 0-13-178542-7, Verlag, 1993 |
| Deasington90 | Deasington, R. J.: X.25 Explained, Second Edition, ISBN 0-13-972175-5, Ellis Horwood Books in Computing Science, 1990 |

| | |
|---|---|
| Denning82 | Denning, D. E.: Cryptography and Data Security, ISBN 0-201-10150-5, Addision-Wesley,1982 |
| Denning82 | Denning, P. J.: Computers under attack, ISBN 0-201-53067-8, Addision Wesley, 1982 |
| Encarnacao91 | Encarnacao, J. (Hrsg.): Telekommunikation und multimediale Anwendungen der Informatik GI Informatik-Fachberichte - 293, ISBN 3-540-54755-x, Springer Verlag, 1991 |
| Erhard90 | Erhard, W.: Parallelrechnerstrukturen, ISBN 3-519-02243-5, B. G. Teubner Stuttgart, 1990 |
| Fishmann78 | Fishman,: Principles of Discrete Event Simulation, ISBN 0-471-04395-8, John Wiley & Sons, 1978 |
| Fortier92 | Fortier, P. J.: Handbook of LAN Technology, ISBN 0-07-021625-8, Intertext Publications McGraw-Hill, 1992 |
| Franck86 | Franck, R.: Rechnernetze und Datenkommunikation, ISBN 3-540-15152-4 (Berlin), Springer-Verlag Berlin Heidelberg, 1986 |
| Frey90 | Frey, D.; Adams, R.: A Directory of Electronic Mail, ISBN, Verlag, 1990 |
| Garbe91 | Garbe, K.: Management von Rechnernetzen, ISBN 3-519-02418-7, Teubner Verlag, 1991 |
| Giese85 | Giese, Görgen, Hinsch, Schulze, Truöl: Dienste und Protokolle in Kommunikationssystemen, ISBN 3-540-15360-8, Springer Verlag, 1985 |
| Gora90 | Gora, Speyerer: ASN.1, ISBN 3-89238-023-6, DATACOM-Verlag, 1990 |
| Halsall92 | Halsall, F.: Data Communications, Computer Networks and Open Systems, ISBN 0-201-56506-4, Addision-Wesley, 1992 |
| Hammond86 | Hammond, O`Reilly: Performance Analysis of Local Computer Networks, ISBN 0-201-11530-1, Addison-Wesley Publishing Company, Inc., 1986 |
| Händel91 | Händel, R.; Huber, M. N.: Integrated Broadband Networks (An Introduction to ATM-Based Networks), ISBN 0-201-54444-x, Addison Wesley, 1991 |
| Harrison92 | Harrison, P. G.; Patel, N. M.: Performance Modelling of Communication Network and Computer Architectures, Addison Wesley, 1992 |
| Hegering83 | Hegering, H.-G.; Abeck, S.: Integriertes Netz- und Systemmanagement, ISBN 3-89319-508-4, Addison-Wesley, 1983 |

| | |
|---|---|
| Hegering93 | Hegering, H. G.; Yemini, Y. (Herausgeber): Integrated Network Management III, ISBN 0-444-89982-0, North Holland, 1993 |
| Heringer92 | Heringer, M. (Hrsg.): Rechtsvorschriften der Telekommunikation, Deutscher Wirtschaftsdienst, 1992 |
| Hillebrand81 | Hillebrand: DATEX - Infrastruktur der Daten- und Textkommunikation, ISBN 3-7685-3081-7, R. v. Decker's Verlag G. Schenck, 1981 |
| Hunt93 | Hunt, C: TCP / IP Network Administration, ISBN 0-937-175-82-X, O'Reilly & Associates, 1993 |
| Jain94 | Jain, R.: FDDI Handbook High Speed Network Using Fiber and Other Media, ISBN 0-201-56376-2, Addison Wesley, 1994 |
| Jensen91 | Jensen, K; Wirth, N.: Pascal Benutzerhandbuch, ISBN 3-54052052-x, Springer Verlag, 1991 |
| Johannesson92 | Johannesson, R.: Informationstheorie, ISBN 3-89319-465-7, Addison-Wesley, 1992 |
| Jonas91 | Jonas, C.; Cooke, J.: Formal Aspects of Computing The International Journal of Formal Methods Vol. 3 No. 1 - January-March 1991, ISBN: ISSN – 0934-5043, Springer Verlag, 1991 |
| Kahl86 | Kahl, P.: ISDN, ISBN 3-7685-2286-5, R. v. Decker's Verlag G. Schenck, 1986 |
| Kauffels85 | Kauffels: LAN-Praxis Anwendungserfahrungen mit lokalen Netzen, ISBN 3-481-33821-X, Müller, Rudolf, Köln, 1985 |
| Kauffels90 | Kauffels, F.-J.: Netzwerk - Management (Probleme-Standards-Strategien), ISBN 3-89238-027-9, DATACOM-Verlag, 1990 |
| Kerner92 | Kerner, H.: Rechnernetze nach OSI, ISBN 3-89319-408-8, Addison-Wesley, 1992 |
| Kowalk91 | W. Kowalk: Operationale Wartetheorie. RN 1 (1991) Interne Berichte an der Universität Oldenburg |
| Krishnan91 | Krishnan, I; Zimmer W. (Herausgeber): Integrated Network Management II; ISBN 0-444-89028-9, North Holland, 1991 |
| Kropp92 | Kropp, H.: DFÜ - Sämtliche Einsatzmöglichkeiten der Fernsprech- und Datex-Dienste - Band 1, WEKA Fachverlage GmbH, Augsburg, ISBN, 1992 |
| Kropp92 | Kropp, H.: DFÜ - Sämtliche Einsatzmöglichkeiten der Fernsprech- und Datex-Dienste - Band2, WEKA Fachverlage GmbH, Augsburg, 1992 |
| Kyas93 | Kyas, O.; Heim, T.: Fehlersuche in lokalen Netzen, ISBN 3-89238-071-6, DATACOM Verlag, 1993 |

| | |
|---|---|
| l'Anson93 | l'Ànson, C.; Pell, A.: Understanding OSI Applications, ISBN 0-13-639444-2, Prentice Hall, 1993 |
| Langendörfer92 | Langendörfer, H.: Leistungsanalyse von Rechnersystemen (Messen, Modellieren, Simulation), ISBN 3-446-15646-1, Carl Hanser Verlag, 1992 |
| Langsford93 | Langsford, A.; Moffett, J. D.: Distributed Systems Management, ISBN 0-201-63176-8, Addison-Wesley, 1993 |
| Lazowska94 | Lazowska, E. D.; Zahorjan, J.; Graham, G. S.; Sevcik, K.: Quantitative System Performance, ISBN 0-13-746975-6, Prentice Hall, 1984 |
| Marquardt87 | Marquardt, R.; Mues, D.; Olsowsky, G.; Suppan-Borowka, J.: ETHERNET-Handbuch, ISBN 3-89238-010-4, Datacom, 1987 |
| Meandzija89 | Meandzija, B. (Herausgeber); Westcott: Integrated Network Management I, ISBN 0 444 87398 8, North Holland, 1989 |
| Mirchandani93 | Mirchandani, S., Khama, R.: FDDI - Technology and Applications, ISBN 0-471-55896-6, John Wiley & Sons, 1993 |
| Nutt92 | Nutt, G. J.: Open Systems, ISBN 0-13-636234-6, Prentice Hall, 1992 |
| O'Reilly90 | O'Reilly, T.; Todimo, G.: Managing UUCP and Usenet, O'Reilly & Associates Inc., 1990 |
| Partridge94 | Partridge, C.: Gigabit Networking, ISBN 0-201-56333-9, Addison Wesley, 1994 |
| Perlman94 | Perlman, R.: Interconnetions Bridges and Router, ISBN 3-89319-718-4, Addison-Wesley, 1994 |
| Pfleeger89 | Pfleeger, C. P.: Security in Computing, ISBN 0-13-798943-1, Prentice Hall, 1989 |
| Pooch91 | Pooch, U. W.; Machuel, D.; McCahn, J.: Telecommunications and Networking, ISBN 0-8493-7172-4, CRC Press, 1991 |
| Protzel87 | Protzel, P.: Zuverlässigkeit von Nahbereichskommunikationsnetzen, ISBN 3-18-147110-0, VDI-Verlag GmbH, 1987 |
| Quarterman90 | Quarterman, J. S.: The Matrix Computer Networks and Conferencing Systems Worldwide, ISBN 1-55558-033-5, Digital Press, 1990 |
| Rose90 | Rose, M. T.: The Open Book, Prentice Hall, ISBN 0-13-643016-3, Verlag, 1990 |
| Rose92 | Rose, M. T.: The little Black Book (Mail Bonding with OSI Directory Services), ISBN 0-13-683210-5, Prentice Hall, 1992 |

| | |
|---|---|
| Rose94 | Rose, M. T.: The Simple Book: An introduction to internet management, ISBN: 0-13-177254-6, Prentice Hall, 1994 |
| Rusell89 | Rusell, D.: The Principles of Computer Networking, ISBN 0 521 32795 4 (hard covers) 0 521 33992 8 (paperback), Cambridge University Press, 1989 |
| Santifaller90 | Santifaller: TCP/IP und NFS in Theorie und Praxis, ISBN 3-89319-246-8, Addison-Wesley, 1990 |
| Scheibl87 | Scheibl, u. a.: Datennetzdiagnose, ISBN 3-8169-0056-9, expert verlag, 1987 |
| Schicker88 | Schicker, P.: Datenübertragung und Rechnernetze, ISBN 3-519-22463-1, B. G. Teubner Stuttgart, 1988 |
| Spragins91 | Spragnis, Hammond, Pawlikowski: Telecommunications, ISBN, Addison-Wesley Publishing Company, Inc., 1991 |
| Steedman90 | Steedmann, D.: Abstract Syntax Notation One (ASN.1) The Tutorial and Reference, ISBN 1 871802 06 7, Verlag, 1990 |
| Stevens90 | Stevens, W. R.: UNIX Network Programming, ISBN 0-13-949876-1, Prentice Hall, 1990 |
| Stevens92 | Stevens, W. R.: Advanced Programming in the UNIX Environment, ISBN 0-201-56317-7, Addison Wesley, 1992 |
| Tanenbaum90 | Tanenbaum, Andrew S.: Computer-Netzwerke, ISBN 3-925328-79-3, Wolframs Fachverlag, 1990 |
| Tasaka86 | Tasake, S.: Performance Analysis of Multiple Access Protocols, ISBN 0-262-20058-9, The MIT Press, 1986 |
| Terplan89 | Terplan: Kommunikationsnetze (Planung, Organisation, Betrieb), ISBN 3-446-15303-9, Hanser Verlag, 1989 |
| Timothy93 | Timothy Strayer W.; Dempsey, B. J.; Weaver, A. C.: XTP - The X-press Transfer Protocol, ISBN 0-201-56351-7, Addison Wesley, 1993 |
| Topsoe74 | Topsoe: Informationstheorie, ISBN 3-519-02048-3", Teubner Verlag, 1974 |
| UNIX90 | Programmer`s Guide: STREAMS UNIX System Release 4., ISBN 0.13.947003-4, AT & T, 1990 |
| Weck84 | Weck, G.: Datensicherheit, ISBN 3-519-02472-1, B. G. Teubner, Stuttgart, 1984 |

# 20.3 Namen- und Sachverzeichnis

## 1, 2, 3 ...



## A

# B

## C

# D

# E

# F

# G



# H

# I

# J



# K



# L

# M

# N

# O



# P

## Q



## R

# S

# T

# U



# V

## W



## X



## Z

Bolch

# Leistungsbewertung von Rechensystemen

**mittels analytischer Warteschlangenmodelle**

Gunter Bolch
Leistungsbewertung von Rechensystemen
mittels analytischer Warteschlangenmodelle
B. G. Teubner Stuttgart

Ziel des Buches ist es, dem Leser einen leichten Einstieg in das Gebiet der Leistungsbewertung und Leistungsvorhersage von Rechensystemen auf der Basis stochastischer Warteschlangenmodelle zu ermöglichen. Dazu werden nach einer allgemeinen Einführung in die Warteschlangentheorie alle wichtigen Methoden systematisch behandelt und ihre Anwendung anhand von Beispielen ausführlich erläutert.

***Aus dem Inhalt***

Warteschlangenmodelle, Elementare Wartesysteme, Warteschlangennetze, Modellerstellung, Leistungsgrößen – Wahrscheinlichkeitstheoretische Grundlagen, Markov-Prozesse, Globale und Lokale Gleichgewichtsgleichungen – Numerische Analyse – Produktformnetze, Jackson-, Gordon/Newell- und BCMP-Theorem – Faltungsalgorithmus, Mittelwertanalyse (MWA), RECAL, Parametrische und Erweiterte Parametrische Analyse – Bard-Schweitzer- und SCAT-Algorithmus – Asymptotische Analyse, Job-Bound-Analyse – Methoden von Courtois, Kühn und Marie, RTP-, Maximum-Entropie- und Summationsmethode – Erweiterungen der MWA – Diffusionsapproximation, Erweiterte Produktformmethode – Prioritätsnetze, Fork-Join-Systeme, Simultane Betriebsmittelbelegung, Blockiernetze, LAN – Operationelle Analyse

Von Dr.-Ing.
**Gunter Bolch,**
Universität
Erlangen-Nürnberg

Unter Mitwirkung von
Dipl.-Inform.
**Helmut Riedel,**
Universität
Erlangen-Nürnberg

1989. IX, 310 Seiten
mit zahlreichen Bildern
und Aufgaben.
16,2 x 22,9 cm.
Kart. DM 44,–
ÖS 343,– / SFr 44,–
ISBN 3-519-02279-6

(Leitfäden und Monographien der Informatik)

B. G. Teubner Stuttgart

Garbe

# Management von Rechnernetzen

Ziel des Buches ist es, dem Leser die Anforderungen der Steuerung und Überwachung des laufenden Betriebs von Rechnernetzen nahezubringen. Der Autor geht auf die bisher vorhandenen Lösungen ein und stellt künftige Architekturkonzepte sowie die dafür erforderlichen Werkzeuge dar.

Nach einer Einführung in die Prinzipien geschlossener und offener Rechnernetze werden die Funktionen des Rechnernetz-Managements, traditionelle Werkzeuge, Managementarchitekturen in geschlossenen Rechnernetzen, Managementkonzepte in TCP/IP- und OSI-Netzen sowie Fragen der Sicherheit in Rechnernetzen behandelt.

Von Prof. Dr. **Klaus Garbe**
Schlangen

1991. 406 Seiten
16,2 x 22,9 cm.
Kart. DM 52,–
ÖS 406,– / SFr 52,–
ISBN 3-519-02418-7

(Leitfäden der angewandten Informatik)

***Aus dem Inhalt:***

Grundlagen geschlossener Systeme – Beispiele: SNA, DNA – Grundlagen des OSI-Basisreferenzmodells – Überblick über TCP/IP – Hauptaufgaben und Gliederung des Netzmanagements – Lokale und globale Betreiberfunktionen – Traditionelle Werkzeuge des Sidestream Approachs: Leitungstester, Logikanalysatoren, Protokollanalysatoren – Herleitung des Mainstream Approachs – Managementarchitekturen geschlossener Systeme – Beispiele: SNA, DNA – TCP/IP-Management – OSI-Management: Architektur, Struktur der Management-Informationsbasis, CMIS/CMIP Konfigurations-, Störungs-, Leistungs-, Abrechnungs-, Sicherheits- und Softwaremanagement – allgemeine Systemmanagement-Funktionen – Schichtenmanagement – Beispiele für das Management verteilter Anwendungen – Sicherheit in Rechnernetzen – Gefahren, Sicherheitsarchitektur, Sicherheitsmechanismen.

B. G. Teubner Stuttgart